云南省重大科技专项计划(202202AG050006)
云南省三江成矿系统与评价创新团队培育项目(202305AS350015)
云南省高层次科技人才及创新团队选拔专项(202305AT350004) 等联合资助
云南省2024年度新一轮找矿暨地勘基金项目(Y202407)

滇东南薄竹山燕山晚期岩浆成矿系统及成矿规律

Late-Yanshanian Magmatic Metallogenic System and Regularities in Bozhushan Mountain in Southeastern Yunnan

刘学龙　李文昌　张世涛　刘　益　陆波德　朱　俊　等著

图书在版编目(CIP)数据

滇东南薄竹山燕山晚期岩浆成矿系统及成矿规律/刘学龙等著. —武汉:中国地质大学出版社,
2025.6. —ISBN 978-7-5625-6182-8

Ⅰ. P618.201

中国国家版本馆 CIP 数据核字第 20258KL982 号

| 滇东南薄竹山燕山晚期岩浆 | 刘学龙　李文昌　张世涛 | 等著 |
| 成矿系统及成矿规律 | 刘　益　陆波德　朱　俊 | |

| 责任编辑:韩　骑 | 选题策划:杨　念 | 责任校对:张咏梅 |

出版发行:中国地质大学出版社(武汉市洪山区鲁磨路388号)　　　　邮编:430074
电　　话:(027)67883511　　　传　　真:(027)67883580　　E-mail:cbb@cug.edu.cn
经　　销:全国新华书店　　　　　　　　　　　　　　　　　　https://cugp.cug.edu.cn

开本:880mm×1230mm　1/16　　　　　　　　　　　字数:721千字　　印张:22.75
版次:2025年6月第1版　　　　　　　　　　　　　　印次:2025年6月第1次印刷
印刷:武汉精一佳印刷有限公司

ISBN 978-7-5625-6182-8　　　　　　　　　　　　　　　　　　　　　定价:288.00元

如有印装质量问题请与印刷厂联系调换

《滇东南薄竹山燕山晚期岩浆成矿系统及成矿规律》

作者名单

刘学龙　李文昌　张世涛　刘　益　陆波德　朱　俊
程家龙　米　雪　陈书富　陈显超　王　涛　董有浦
贾福聚　史　楠　陈刘润玄　肖康丽

前　言

锡、钨是十分重要的战略性矿产资源。近年来,美国、欧盟和我国相继发布战略矿产清单,锡、钨均位列其中。锡、钨长期以来是我国的优势矿产,但近年随着经济的快速发展,需求量增加,2023年中国锡、钨产量分别占全球锡、钨产量的 23% 和 80%,锡、钨保有资源储量按我国 2024 年开采规模计算仅能保障 7 年和 12 年。因此,加强我国锡、钨战略性矿产成矿规律研究与找矿勘查,降低对外依赖程度,对我国经济持续健康发展和国家资源安全至关重要。

滇东南薄竹山银铅锌钨锡多金属矿集区位于特提斯-喜马拉雅构造域,是华南西部地区岩浆成矿带的重要组成部分,是云南省银铅锌钨锡多金属矿勘查重要区块之一。自 20 世纪 50 年代以来,该区已发现了 20 多个多金属矿床,其中,白牛厂、官房矿床目前已达到超大型、大型规模。区内矿床主要围绕燕山期花岗岩分布,成矿作用与燕山期花岗岩浆作用关系密切,随着侧伏及隐伏岩体的揭露,岩体顶部的系列找矿成果显示了该区具有优越的成矿条件和巨大的找矿潜力,根据目前掌握的地质资料和勘查成果推断,区内仍存在寻找类似白牛厂银多金属矿和官房钨铅锌多金属矿等大型、超大型矿床的有利条件,通过加深基础地质研究,查明大规模成矿物质来源、运移和存储机制,构建客观准确的成矿模型和找矿预测模型,精确定位找矿有利地段,是实现找矿突破的关键。通过加深研究区基础地质研究程度,特别是对花岗岩岩浆活动的时空演化和成矿专属性研究,查明岩浆作用与成矿作用的内在联系,结合精细的地质构造时空模型,构建薄竹山地区典型矿区成矿模型和找矿预测模型,可为实现找矿突破提供理论和技术支撑。

薄竹山矿集区行政区划涉及红河哈尼族彝族自治州蒙自市、屏边苗族自治县和文山壮族苗族自治州文山市,位于滇东南钨锡成矿带薄竹山花岗岩穹隆及向北西(白牛厂)倾伏地段,是云南省银铅锌钨锡多金属成矿勘查重要区段之一。滇东南地区构造、岩浆活动强烈,成矿地质条件优越,一直是我国重要的锡、钨、银、铅、锌、铟等资源勘查基地之一。

本书较为系统地总结了薄竹山矿集区内成矿作用、成矿系统、成矿规律和典型矿床的研究成果。通过对典型矿床(白牛厂、官房、菖蒲塘、大山脚、牛滚塘等)进行解剖,查明了矿床时空分布特征、物质结构特征、成矿构造、流体特征等控矿要素,总结了薄竹山矿集区成矿控制因素和成矿规律,建立了薄竹山矿集区矿床成矿模式;综合地、物、化、遥等异常特征,对矿集区找矿潜力及方向进行分析,提出 5 个有利找矿靶区;同时,创新地提出了剥离断层系统控矿理论,指出滇东南薄竹山地区银铅锌钨锡多金属矿床主要赋存于隐伏花岗岩与剥离断层带,矿体受隐伏岩体穹隆、系列逆冲推覆断裂破碎带、岩性界面的严格控制,钻孔揭露了主剥离断层控矿构造和隐伏花岗岩体的存在,验证了成矿理论的正确性,大大扩展了白牛厂地区未来找矿空间,为该区深边部地质找矿提供了重要科学依据。

本专著是在昆明理工大学、云南省地质矿产勘查院、自然资源部三江成矿作用及资源勘查利用重点实验室、云南省有色地质局三〇六队等支持下,由刘学龙、李文昌、张世涛、刘益、陆波德等共同努力完成的。编写分工:前言由李文昌、刘学龙编写;第一章由李文昌、刘学龙、张世涛、刘益、朱俊编写;第二章由张世涛、刘学龙、程家龙、朱俊、刘益、陈书富编写;第三章由刘学龙、董有浦、朱俊、陆波德、米雪、史楠编写;第四章由陆波德、刘学龙、米雪、王涛、贾福聚、肖康丽、史楠编写；第五章由刘益、陈刘润玄编写；第六章由陈显超、程家龙、刘学龙、史楠编写；第七章由刘学龙、李文昌、张世涛编写。全书由刘学龙统稿。参加项目的主要人员还有李方兰、曹振梁、蔡金定、任洋洋、左若函等。书中图件由陆波德、王涛、米雪、史楠、陈显超、陈刘润玄、肖康丽、周杰虎、罗聪、刘璇、邓亚峰、霍联双等绘制完成。

本项研究工作受云南省重大科技专项计划（202202AG050006）、云南省三江成矿系统与评价创新团队培育项目（202305AS350015）、云南省高层次科技人才及创新团队选拔专项（202305AT350004）、云南省2024年度新一轮找矿暨地勘基金项目（Y202407）等项目的资助，项目研究得到了项目负责人李文昌教授的全程指导。野外地质调查工作得到云南省地质矿产勘查院工程师刁瑞峰、蒋家明、刘超等的支持和帮助。感谢云南省有色地质局三〇六队蒙光志正高级工程师、刀俊山高级工程师、范茂煌高级工程师、范滔项目经理等人在野外工作中给予的支持与帮助！感谢蒙自矿冶有限责任公司张红副矿长、龙启和总工程师、韦贤工程师等人的热心帮助和大力支持！同时，衷心感谢中国地质大学出版社韩骑老师对本书出版工作提出的宝贵意见！

因矿集区成矿地质条件复杂多样，研究工作任务繁重，加之笔者对研究区地质及矿床的认识深度还不够、学术水平有限等，书中难免存在不足之处，敬请读者批评赐教！

笔　者
2024年12月

目 录

第一章 绪 论 (1)
- 第一节 研究意义 (1)
- 第二节 研究现状和存在的问题 (2)
- 第三节 研究内容、研究方案及技术路线 (8)
- 第四节 特色与创新成果 (12)

第二章 区域地质背景 (13)
- 第一节 地 层 (14)
- 第二节 构 造 (15)
- 第三节 岩浆岩 (16)
- 第四节 变质作用 (17)
- 第五节 区域航磁异常特征 (18)
- 第六节 区域地球物理特征 (19)
- 第七节 区域地球化学特征 (21)
- 第八节 区域矿产特征 (22)

第三章 构造-岩浆事件厘定 (25)
- 第一节 薄竹山二长花岗岩 (25)
- 第二节 白牛厂二长花岗岩 (46)
- 第三节 白牛厂花岗斑岩 (63)
- 第四节 白牛厂辉绿岩 (81)
- 第五节 构造-岩浆演化历史过程 (89)

第四章 白牛厂银多金属矿床研究 (97)
- 第一节 矿区地质 (97)
- 第二节 岩石地球化学特征 (105)
- 第三节 矿物地球化学特征 (107)
- 第四节 流体包裹体地球化学 (163)
- 第五节 成矿流体来源 (169)
- 第六节 成矿时代 (170)
- 第七节 矿化规律 (176)

第五章 官房钨铅锌多金属矿床研究 (183)
- 第一节 矿区地质 (183)
- 第二节 岩石地球化学特征 (190)

  第三节 矿物地球化学特征 ……………………………………………………………… (194)
  第四节 成矿时代 …………………………………………………………………………… (218)
  第五节 矿床成因类型及找矿标志 ………………………………………………………… (219)
第六章 薄竹山矿集区成矿系统研究 ……………………………………………………………… (221)
  第一节 白牛厂银多金属矿床 ……………………………………………………………… (221)
  第二节 官房钨铅锌多金属矿床 …………………………………………………………… (221)
  第三节 菖蒲塘钨锡多金属矿床 …………………………………………………………… (222)
  第四节 大山脚砷铅锌多金属矿点 ………………………………………………………… (228)
  第五节 牛滚塘铜锡多金属矿床 …………………………………………………………… (246)
  第六节 薄竹山复式花岗岩体矿物学特征 ………………………………………………… (265)
  第七节 成矿系统分析 ……………………………………………………………………… (309)
  第八节 成矿作用机理 ……………………………………………………………………… (315)
  第九节 成矿模式 …………………………………………………………………………… (317)
第七章 薄竹山矿集区成矿规律研究 ……………………………………………………………… (319)
  第一节 矿床成因类型 ……………………………………………………………………… (319)
  第二节 控矿因素分析 ……………………………………………………………………… (322)
  第三节 找矿标志与找矿方向 ……………………………………………………………… (326)
  第四节 成矿远景区评价 …………………………………………………………………… (327)
主要参考文献 ……………………………………………………………………………………………… (331)

第一章 绪 论

第一节 研究意义

在当前深刻变革和复杂多变的国际政治与经济形势下,大国博弈的核心是争夺地球资源及其控制权。2018 年 5 月 18 日,美国内政部公布 35 种关键矿产清单;2019 年 6 月 4 日,美国商务部发布《确保关键矿产安全可靠供应的联邦战略》;2019 年 8 月 31 日,美国白宫管理与预算办公室联合科技政策办公室发布《2021 财年政府研发预算优先事项》备忘录,将关键矿产安全列入优先领域。中国的关键矿产具有明显的优势,特别是稀土金属矿产,具有较大的储量优势和资源潜力。但也应该看到,我国数十年的经济高速增长和高科技、新兴产业的快速发展,对资源的消耗极大。已有资料表明,我国有 32 种主要矿产消费量居世界第一,8 种关键矿产中国产量占比超过全球的 50%,10 种关键矿产消费量占比超过全球的 50%(图 1-1)。关键金属矿产对外依存度居高不下(40%～99%),且矿产消费量还在不断上升,中国曾有优势的稀土元素矿产和多种稀有、稀散元素矿产储量全球占比近年来也持续下降。

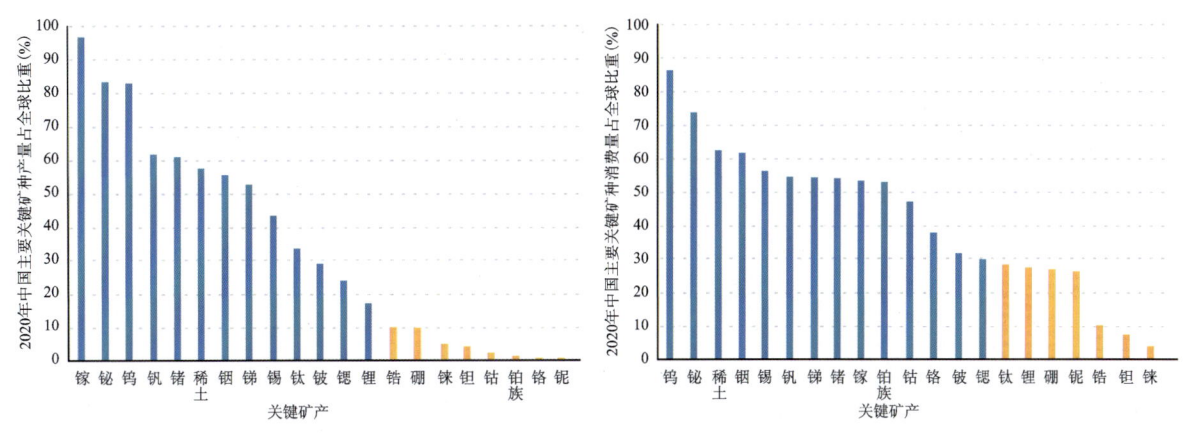

图 1-1　21 种主要关键矿产中国产量及消费量在全球的占比图(据李文昌等,2022 修改)

随着新技术和新兴产业的快速发展,对关键金属资源的需求高速增长,需求量在 2035 年前居高不下。关键矿产资源是支撑新兴产业发展的重要原材料,其需求呈跳跃式增长,预计到 2035 年全球对以稀土、稀有、稀散、稀贵金属为代表的关键矿产需求将有几倍到几十倍的增长,供需矛盾将十分突出。在此环境下,我国大多关键矿产长期依赖进口的局面难以得到根本改善,钴、铬、铌、钽、锆、钒和传统优势矿产钨、锡等对外依存度都将很大,受制于人的程度和安全风险不断增大。此外,国内关键矿产东西部差异明显,西部资源分布高度集中,但产业集中度低,开发利用条件差。面对新兴产业对关键矿产资源的迫切需求和严峻的国际资源竞争态势,亟待加强矿产资源科技创新,解决资源形成、勘查和开发利用中的系列理论难题和技术瓶颈,大幅提升中国资源保障能力。

锡、钨长期以来是我国的优势矿产,但近年随着经济的快速发展,需求量增加,2020 年中国锡、钨矿产品进口量分别占全球的75%和33%,中国锡保有储量按我国2020年需求量折算仅能保障5.1年。作为我国钨、锡、银等矿产的重要产区,截至2024年底,薄竹山地区已发现矿产地16处(大型2处,中型1处,小型5处,矿点8处),查明资源量银3 674.7t、铅锌172.4万t、钨11.6万t、锡5.8万t、铜2.7万t。本次研究选择薄竹山西部凹陷带作为研究区域,以白牛厂、官房、菖蒲塘等典型矿床作为研究对象,在前人研究工作的基础上,重点围绕矿床地质特征、物化探异常、矿体和矿石特征、矿化蚀变特征、岩石地球化学、流体包裹体以及稳定同位素等方面展开研究,探讨成矿物质来源、成矿流体来源和演化过程、成矿物质运移形式及沉淀机制,综合分析矿床成因,初步建立成矿模式,并为矿床深部及薄竹山周围区域开展进一步找矿地质勘查工作提供一定的理论依据或建议。因此,加强对薄竹山矿区关键矿产的科研攻关,将对新一轮找矿突破战略行动的实施起到积极的促进作用。

第二节 研究现状和存在的问题

一、研究区地理位置及自然地理条件

研究区行政区划涉及蒙自市、屏边苗族自治县和文山市。研究区位于滇东南钨锡成矿带薄竹山花岗岩穹隆及向北西(白牛厂)倾伏地段,是云南省银铅锌钨锡多金属成矿勘查重要区段之一。区内产有蒙自白牛厂银铅锌多金属矿,以及文山市薄竹山钨矿等,面积1100km²。

研究区位于文山壮族苗族自治州与红河哈尼族彝族自治州交界的薄竹山一带,北部有蒙自—文山—砚山高速公路,南部有文山至屏边的县际公路。文山至昆明323km,交通方便(图1-2)。

该区地貌属高原山区侵蚀河谷地貌,地势较陡,总体上以薄竹山为中心,向四周地势逐渐降低。研究区内最高峰薄竹山主峰山顶海拔2991m,是滇东南第一高峰,最低处位于薄竹山岩体南部的腰店河床,海拔标高1350m,相对高差1641m。

研究区地处北回归线附近,属亚热带季风气候,因地形高差大,气候变化明显。年平均气温10.6℃,最高气温在6月,达29.3℃,最低气温在1月,为6.5℃,12月至次年2月为冬季,偶有降雪,5月至9月为雨季,最大日降雨量115.8mm,年均降雨量1 366.1mm。年蒸发量1 238.6mm。日照时间长,年均日照319d。

研究区内居住有汉、苗、壮等民族。粮食作物以玉米为主,其次为水稻、荞、麦,经济作物以三七为主,其次为木材和竹林。该区经济较为落后,属贫困山区,劳动力资源丰富。

区内工业基础薄弱,白牛厂勘查区、下厂银勘查区和官房钨矿选厂等具有一定的生产规模。勘查区周边有小街电站和屏边中厂电站,电力资源较充足,完全可满足矿山生产、生活需要。

研究区内水系发育,水资源极为丰富,北有五色冲河,南有腰店河,河流量在64.27~1 147.4L/s之间,平均流量344.05L/s,能够满足矿山生产、生活用水。

二、年代学研究

1. 薄竹山岩体

张世涛和陈国昌(1997)根据岩体侵入接触关系,结合Rb-Sr定年结果,将薄竹山花岗岩体分解为23个侵入体,建立了7个单元,归并为2个序列和1个独立单元,认为该岩体为多期次的复式岩体。程

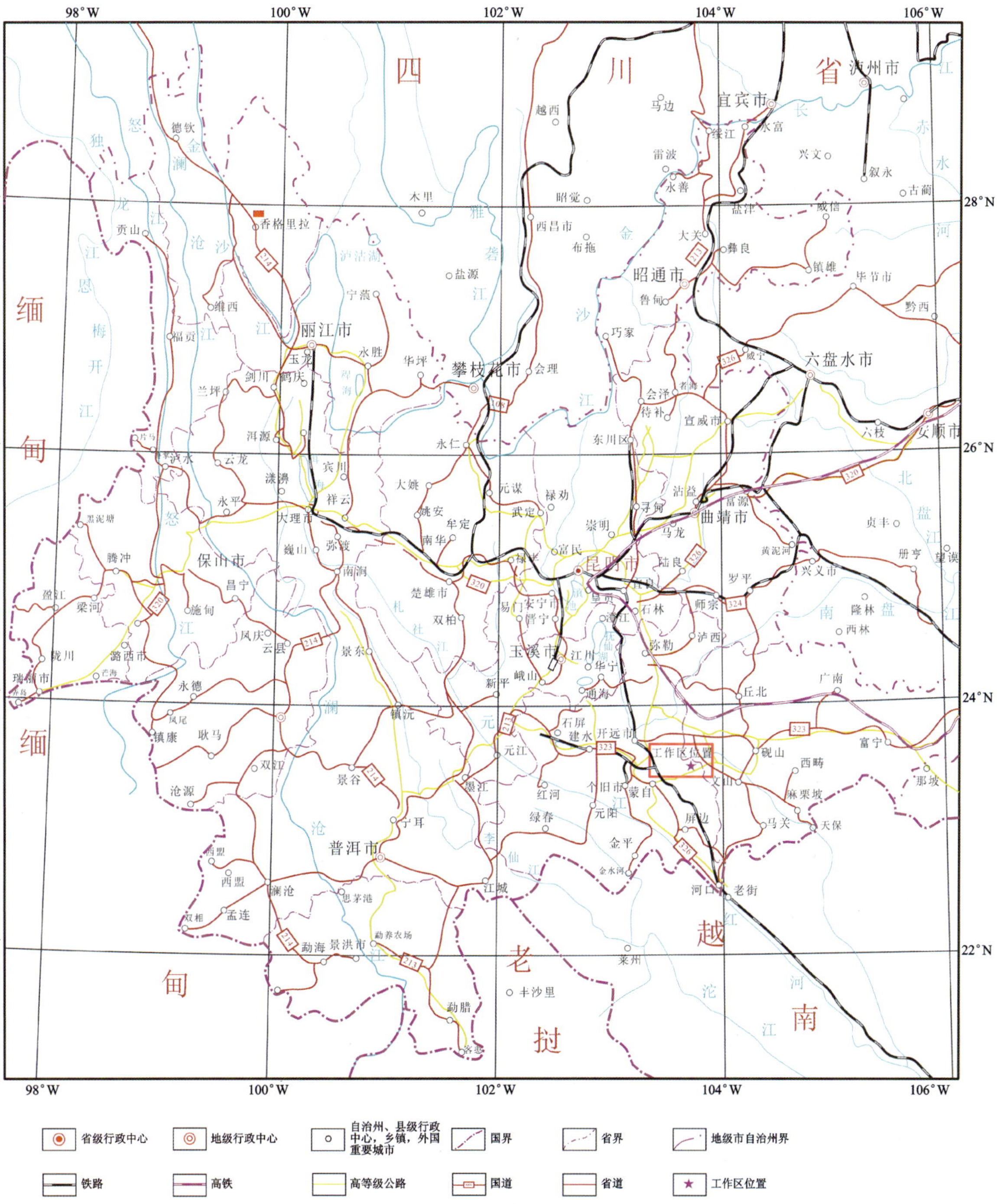

图 1-2 交通位置略图(据云南省地质矿产勘查院,2023 修改)

彦博等(2010)获得 3 个锆石 LA-ICP-MS U-Pb 年龄分别为 86.51±0.52Ma、87.54±0.65Ma、87.83±0.39Ma;李建德(2018)获得 7 个锆石 LA-ICP-MS U-Pb 年龄均介于 87.33~91.17Ma 之间。二者在误差范围内一致,限定了薄竹山花岗岩体的成岩时代。

2. 白牛厂银多金属矿床

李开文等(2013a)对白牛厂银多金属矿床内闪锌矿进行 Rb-Sr 和 Sm-Nd 定年,分别获得加权平均模式年龄为 126.00±0.41Ma 和 79±31Ma,9 件铅锌矿石 Sm-Nd 年龄为 83±16Ma,这与薄竹山花岗岩年代基本一致。另外,李开文等(2013b)还利用锡石 U-Pb 法进行定年,测定年龄值分别为 87.4±3.7M、88.4±4.3Ma。

3. 官房钨矿床

张亚辉(2013)获得官房钨矿床辉钼矿 Re-Os 等时线年龄为 91.55±3.4Ma,与薄竹山岩体侵位年龄近于一致,暗示官房钨矿床成矿作用与薄竹山岩体密切相关。刘益等(2021)对采集的官房钨矿床赋矿矽卡岩进行了石榴子石原位 LA-SF-ICP-MS U-Pb 定年,获得石榴子石 U-Pb 年龄为 101.3±5.4Ma、87.6±2.3Ma,晚期石榴子石年龄与岩体年龄一致,因此认为,花岗岩侵位、矽卡岩成岩、白钨矿成矿时代一致(约 88Ma),代表了同一期的成岩成矿作用。根据官房矽卡岩型钨矿床的成矿特征,晚期石榴子石贯穿矽卡岩阶段,白钨矿在矽卡岩阶段后期生成,嵌布于石榴子石、辉石、透闪石、阳起石等矿物中,矽卡岩成岩时代与白钨矿成矿近于一致,因此获得了石榴子石 U-Pb 年龄,也间接限定了白钨矿的成矿时代。

综合区域上的成岩成矿年龄谱系,约 88Ma 为薄竹山地区钨锡多金属矿主要成矿期,成矿作用与同期花岗岩密切相关;其他成岩事件成矿作用相对较弱。

三、构造地质学

该区构造控矿作用主要体现在以下三个方面。

1. 成矿构造环境的控制作用

早古生代,该区主要以升降运动为主,沉积了一套砂泥岩夹碳酸盐岩建造(张亚辉,2013;塞龙,2016)。由于受到南北向水平挤压,在形成北东向、近东西向宽缓开阔褶皱及张性断层的同时,薄竹山岩体北部白牛厂一带大幅隆起,加里东运动造成本区北西部高于南东部的格局(张亚辉,2013)。晚三叠世受印支运动影响,薄竹山地区受到北西-南东向挤压应力,形成北东向褶皱和断层,同时加强了以前形成的北西向断层,此阶段构造演化为后期燕山旋回成矿提供了有利的赋矿空间(张亚辉,2013,塞龙,2016)。燕山—喜马拉雅期,本区主要为北西-南东向走滑拉张,形成北西-南东向的张扭性断层,对区内的酸性岩浆活动起到一定控制作用,如开远-薄竹山断裂、文麻(文山-麻栗坡)断裂等(张洪培,2007;张亚辉,2013)。燕山晚期后造山陆壳重熔花岗质岩浆沿着构造薄弱部位(北东向褶皱核部与北西向深大断裂的交会部位)发生大规模酸性岩浆侵入,形成了薄竹山穹隆,也使得北西向断层以拉张的形式活动。岩浆活动为该区带来了强大的热动力条件及主要成矿物质,在黑云母二长花岗岩形成和定位过程中,一场强烈的矿化作用也在此发生(张亚辉,2013)。

2. 断裂构造对成矿的控制作用

区域性断裂构造带通常都是深部物质上涌的通道,而与其有成生联系的次级断裂或裂隙构造带往往就是成矿物质沉淀定位的空间。北西向薄竹山断裂控制了与花岗岩有关的钨、锡、银、铅、锌、铁、铜等矿产的分布,如开远—薄竹山地区围绕薄竹山复式花岗岩体边缘及其外围分布着白牛厂超大型银多金属矿床、官房大型钨多金属矿床以及腰店钨矿、菖蒲塘钨矿、下厂银矿等 10 多个矿点(张亚辉,2013)。

3. 褶皱构造的控矿作用

对于内生矿产来说,许多矿体、矿床的形成是由于褶皱构造的直接作用。成矿期及成矿前的褶皱往往给成矿提供有利的空间条件。在褶皱的核部会形成虚脱空间及其伴生裂隙,为成矿流体的进入和物质沉淀提供有利的空间,从而形成厚大矿体(张亚辉,2013)。官房钨铅锌多金属矿区东西向团山背斜为成岩成矿前背斜构造,在其背斜核部形成了厚大矿体。

四、成矿物质来源

1. 硫同位素

陈学明(1998)对白牛厂矿区、茅山洞矿区外围沉积地层的 $\delta^{34}S$ 值(18.6‰和23.4‰)及寒武纪海水硫酸盐的 $\delta^{34}S$ 值(30‰)的研究表明,它与矿集区内矿石硫化物具有完全不同的硫同位素组成。而且有研究表明在海底喷流同生沉积过程中,海底微生物对矿床硫同位组成的影响本身也是微乎其微的,认为白牛厂矿区矿石的硫同位素组成与一般的S型花岗岩($\delta^{34}S$ 值为 -9.4‰~7.6‰)基本相同。此外,茅山洞锑矿床辉锑矿的 $\delta^{34}S$ 值为 -4.5‰~1.04‰,绝对值并不大,分布范围也较窄,显示了来源的单一性,与S型花岗岩基本相同。蹇龙(2016)通过对白牛厂矿床内的各矿物的 $\delta^{34}S$ 值综合分析表明,各矿物的 $\delta^{34}S$ 平均值大小依次是磁黄铁矿>黄铁矿>方铅矿>闪锌矿>辉锑矿,其中黄铁矿、闪锌矿、方铅矿等的 $\delta^{34}S$ 值变化范围较宽,整个矿床总体上硫同位素分馏不平衡。矿区碎屑岩—碳酸盐岩中的硫化物 $\delta^{34}S$ 值为 -9.4‰~23.4‰,其中黄铁矿 0.2‰~8.6‰,平均 3.93‰;闪锌矿 -9.4‰~5.7‰,平均 0.32‰。热水沉积系统内矿石的硫同位素组成特点与碳酸盐岩的硫具有某种相似性,但后者范围更宽,数值绝对值较大。矿床中的硫是多阶段成矿叠加的结果,是多来源的,既有来自花岗质岩浆的,也有来自地层和海水的。在热水沉积作用阶段,铅、锌硫化物的 $\delta^{34}S$ 值之所以偏离岩浆硫,是因为岩浆源硫与热水沉积和生物成因的源硫混染,即热水沉积硫和生物成因硫参与了铅锌成矿,但岩浆硫占主导地位。在岩浆-热液系统中,矿石硫化物的硫具有花岗质岩浆单一来源硫的特征,且高度浓集于岩浆硫范围(0~5‰)。总的而言,两个阶段内,矿石硫化物的硫均是以岩浆硫占主导地位(蹇龙,2016)。

2. 铅同位素

张亚辉(2013)研究发现官房钨矿床 8 件矽卡岩样品的 μ 值在 9.57~9.78 之间,平均值为 9.64,明显大于 9.58,因此认为官房钨矿床的矿石铅主要来自上地壳。大陆地壳的平均 μ 值为 9.0,Th/U 值为 4.1,官房矿区的 μ 值和 Th/U 值与大陆地壳值接近。矿石铅同位素增长曲线上,所有的矿石铅值基本都落入了上地壳和造山带之间,而且大部分落入上地壳,表明官房钨矿铅主要来源于上地壳。

与沉积岩相比,白牛厂矿床铅同位素值更接近花岗岩同位素值,但其矿石铅同位素值范围较花岗岩与沉积岩范围更大,表明其铅源具有复杂性(张亚辉,2013;蹇龙,2016)。根据 $^{206}Pb/^{204}Pb$-$^{207}Pb/^{204}Pb$ 图解,矿石铅同位素投影呈线状,穿过了不同构造环境演化线,与花岗岩及花岗斑岩铅同位素投影线状分布特点基本一致,而沉积岩则主要集中在上地壳,不呈现线状分布特征,因此,白牛厂矿床成矿物质来源主要是花岗质岩浆(张亚辉,2013)。

综上所述,从官房和白牛厂矿区的铅同位素特征来看,矿集区成矿物质来源主要为花岗质岩浆。

3. 锶同位素

张亚辉(2013)研究表明,官房钨矿床锶同位素初始值相对较高,变化在 0.712 8~0.714 0 之间。成矿物质来源以壳源为主,但可能受到幔源物质不同程度的混染影响。

五、成矿流体

张亚辉等(2014)研究表明,官房钨矿床成矿过程经过了早期矽卡岩阶段、中期石英-硫化物阶段和晚期石英-碳酸盐-萤石阶段。各阶段分别发育 $H_2O\text{-}CH_4\text{-}NaCl$ 水溶液包裹体和含子矿物包裹体、$H_2O\text{-}CH_4 \pm CO_2 \pm N_2\text{-}NaCl$ 水溶液包裹体和含子矿物包裹体、$H_2O\text{-}CO_2\text{-}NaCl$ 水溶液包裹体。早、中、晚各阶段的包裹体均一温度分别为 371~581℃、227~378℃、115~221℃;盐度分别为 4.5%~9.9%、8.81%~10.61%、1.74%~5.71%,呈逐渐降低的趋势,早、中阶段成矿压力分别为 45~90MPa 和 10~30MPa。成矿深度约为 3km。从早阶段到晚阶段,成矿流体由高温、低 NaCl 含量、含 CH_4 的岩浆热液向低温、低 NaCl 含量、含少量 CO_2 的大气降水热液演化。

塞龙(2016)根据包裹体测温分析,白牛厂银多金属矿床与热水沉积成矿系统有关的成矿流体主要具有中—低温(180~255℃)、低盐度(0.18%~16.4%)、低密度(0.54~1.01g/cm³)的特点。包裹体的捕获压力介于 78~308MPa 之间,属于中等强度压力范畴。总的看来,该成矿系统中的包裹体均一温度范围较宽,表明成矿时间较长,成矿流体可能由于大气降水影响,成矿温度降低。白牛厂银多金属矿床与岩浆-热液成矿系统有关的成矿流体主要具有中—高温(275~335℃)、低盐度(0.53%~21.3%)、低密度(0.46~0.98g/cm³)的特点。包裹体的捕获压力介于 78~458MPa 之间,范围较宽,属于中—高强度压力范畴,说明白牛厂银多金属矿床该阶段处于近乎封闭的岩浆热液系统中。总的看来,该成矿系统中的包裹体均一温度范围较宽,表明成矿作用时间较长。从包裹体成分来看,岩浆热液中少 CH_4,富 H_2O,钾含量相对较高,均反映出岩浆-热液的叠加作用。显然塞龙(2016)的研究表明流体包裹体性质有较大的差异,支持叠加成矿作用的矿床成因。

六、成矿作用

薄竹山花岗岩体是主要成矿母岩,岩体高硅、富碱富钾,主要成矿元素含量高,钨含量是中国花岗岩平均含量的 23.7 倍(张洪培,2007)。区内花岗岩固结指数平均为 10.76,表明该岩系分异程度高,因此该岩浆在流体出溶前经历了一定程度的分离结晶。官房钨矿床早期成矿系统具有高温、低 NaCl 含量、含 CH_4 和 CO_2 的特征,属于陆陆碰撞背景下具有浆控高温热液矿床特点的钨锡铅锌银多金属矿床。初始成矿流体为含 CH_4 的岩浆热液,在中期阶段,由于成矿作用过程出现 CO_2,流体更为氧化,且随温度和压力的降低,黄铜矿、黄铁矿、毒砂等硫化物大量沉淀。蚀变过程中成矿流体内将会进入大量的钙离子,成矿流体中溶解形式的钨便以白钨矿的形式发生沉淀富集。这表明 W 可能与 Cl 和碱金属一道进入超临界流体,当高温岩浆侵位后,侵入体周围冷却的地下水得以被加热并发生对流循环,通过岩石裂隙与岩浆热液混合后,致使矿质发生沉淀(张亚辉,2013)。

白牛厂矿区存在热水沉积成矿系统与岩浆热液成矿系统(塞龙,2016)。热水沉积成矿系统中,白牛厂地区中寒武世断陷盆地中富含有机碳的深水还原环境为矿质的沉淀提供了有利环境。温度大于 300℃、偏酸性(pH<5.5)、较氧化($SO_4^{2-}/H_2S>1$)的初始热液上升到海水与岩石界面附近时,由于压力、温度下降,溶液进入过饱和状态,黄铁矿、磁黄铁矿、毒砂及富铁闪锌矿等矿物首先晶出,其中一部分在水岩界面之下的裂隙内充填,形成了细脉状或网脉状矿体。初步卸载的含矿流体,在海底斜坡流动时,与海底的有机碳、钙镁质沉积物发生化学反应,且溶液处于还原、f_{S_2} 和 pH 逐步升高、温度逐渐降低的环境,此时,黄铁矿、闪锌矿、方铅矿、辉银矿及一些硫盐矿物开始晶出沉淀。在岩浆热液成矿系统中,岩浆冷却会使其所溶解的流体释放出来,其中温度变化以及流体与围岩发生反应是成矿物质沉淀的重要因素。花岗岩岩浆分异演化,分泌出富含挥发组分(F、Cl、H_2S 等)的成矿流体。由于成矿早期温度相对较高,H_2S 溶解度小,银主要以银氯络合物形式迁移,因此结晶早的矿物含银低。随着成矿温度的降低,H_2S 溶解度增大,热液中 HS^- 等含硫离子团浓度增大,银氯络合物逐渐被银硫络合物代替。当温度降至一定范围时,H_2S 的溶解度达到一定浓度,其离解出来的 S^{2-} 浓度足以破坏银络合物而析出银物或含银硫盐,尤其是成矿热液遇到含 Ca 的围岩时,有利于平衡反应进行:① $H_2S \longrightarrow H^+ + HS^-$;② $HS^- \longrightarrow H^+ + S^{2-}$,从而有利于银的沉淀。

七、存在问题及研究意义

1. 薄竹山 Sn-Zn-W 矿田研究存在的问题

以往的研究对成矿特征及成矿过程等进行了较深入的研究,但也存在一些问题。

(1)岩浆多阶段演化与成矿谱系关系不清,花岗岩及斑岩共存的环境尚不明晰。88Ma 左右为薄竹山地区锡钨多金属矿主要成矿期,成矿作用与同期花岗岩密切相关。研究表明,该区存在多期次的岩浆作用,刘益等(2021)认为应该加强年代学的研究。近年来低 U 矿物 U-Pb 定年技术发展迅速,可以利用 LA-ICP-MS 分析技术对研究区锡石及其他副矿物进行原位的 U-Pb 同位素定年工作,进一步厘定成岩成矿时代,深化对区域成矿规律的认识。

(2)穹隆隆升的构造系统不清,控矿作用不明。区域性的北西向构造线受红河断裂和文麻断裂控制,区域挤压活动导致一系列褶皱构造与逆冲断裂及层间构造形成,出现挤压破碎带。这些断裂破碎带、层间滑动碎裂与褶皱构造空间成为花岗岩浆侵入的通道,也是岩浆期后含矿热液运移、循环、沉淀的通道和场所。断裂带的继承性活动使早生成的矿石破裂并被后来的含矿溶液充填胶结,导致矿体具有多阶段成矿作用的叠加,形成 Ag、Sn、Pb、Zn 等多种有用元素重合的矿体。侵入体接触带构造控制矽卡岩的分布形态,也就对矽卡岩型矿体的形成起着控制作用。通常情况下,接触带构造越复杂越利于花岗岩浆与碳酸盐岩的交代反应,也就越有利于矿化作用,如花岗岩"凹兜""凸起"部位与有利围岩的接触带是良好的成矿构造。深入对这两类构造的认识,将更好地指导找矿实践。

(3)矿物学研究薄弱。前期的研究中缺少对典型矽卡岩矿物如石榴子石、辉石、符山石、硅灰石等矿物微区原位分析,下一步可以从宏观和微观两个角度观察研究矿石和岩体的矿物组成、矿物生成顺序和结构构造,选择合适的样品及矿物用于后续的微区地球化学分析工作。另外白钨矿作为矽卡岩型钨矿中主要的矿石矿物,能够提供成矿的直接信息。不同地球化学类型的白钨矿(如矽卡岩型、石英脉型、斑岩型或云英岩型)可以同时出现在同一个岩浆热液体系中,因此,其地球化学成分(稀土元素以及其他微量元素,尤其是 Mo 和 Sr)的连续性变化可以提供整个矿床尺度上流体演化的全面信息(如物化条件以及物质组成的改变),有助于更好地揭示矿床的成因。

(4)成矿金属沉淀富集机制有待深入剖析。如在钨矿床中,往往是多个因素共同影响钨矿物的沉淀,查明不同阶段的主要沉淀机制有助于更好地理解钨的富集成矿规律。应在详细的野外和室内岩相学研究基础上,联合 SEM-CL 对白钨矿环带中的流体包裹体进行准确的测温、激光拉曼以及 LA-ICP-MS 微量元素分析,查明与钨矿化有关的成矿流体期次,成矿环境和成矿流体成分的特点及变化,更有针对性地探讨钨的成矿环境和成因机制。矽卡岩型矿床的成矿作用普遍存在多期次多阶段演化的特征,如李翔(2019)通过对个旧矿田矿床地质、矿物学及微区矿床地球化学研究(锡石微量元素组成、硫化物 S 同位素组成、黄铁矿 Pb 同位素组成等)发现,矿床的 S 源具有不同的来源。对官房钨矿床,可以针对不同阶段的钨矿化、铅锌矿化等,运用微区 O-Sr-Pb 同位素以及非传统同位素(如 Mo、Cu、Sn、W 等)等手段,厘清不同期次不同阶段的成矿流体及物质来源,更加深入和细致地认识源区特征,刻画成矿过程(李佳黛,2020)。另外针对区域上存在不同金属共生的现象,如老君山钨锡矿床,可以综合前人研究资料,并与世界上其他典型钨矿床及钨锡矿床进行类比,进一步精细化示踪钨锡成矿过程,揭示钨锡共生机制,建立研究区矿床的成矿模型。

(5)对白牛厂、官房之外的其他矿床缺乏深入研究。通过对周边钨、铅、锌、铁、银金属矿床的综合研究,可以深化对区域成矿规律的认识,更好地指导找矿实践。

2. 薄竹山 Sn-Zn-W 矿田研究意义

（1）锡钨是我国重要的战略性矿产，事关国家资源安全保障。近年来，美国、欧盟和我国相继发布战略矿产清单，锡钨均位列其中。锡钨长期以来是我国的优势矿产，但近年随着经济的快速发展，需求量增加，2020 年中国锡钨矿产品进口量分别占全球的 75% 和 33%，中国锡保有储量按我国 2020 年需求量折算仅能保障 5.1 年。因此，加强我国锡钨战略性矿产找矿勘查，降低对外依赖程度，对我国经济持续健康发展和国家资源安全至关重要。

（2）薄竹山矿田锡钨多金属资源潜力巨大。截至 2020 年底，薄竹山地区已发现矿产地 16 处（大型 2 处、中型 1 处、小型 5 处、矿点 8 处），查明资源量银 3 674.7t、铅锌 172.4 万 t、钨 11.6 万 t、锡 5.8 万 t、铜 2.7 万 t，矿体主要受文麻断裂和穹隆-推覆构造控制，容矿围岩主要为早—中寒武世田蓬组和大丫口组。据最新物化探资料，深部和外围仍具有巨大的寻找 Ag-Pb-Zn-Sn-W 潜力。

（3）薄竹山成矿地质背景复杂，成矿机制亟待研究。薄竹山岩体位于个旧-麻栗坡锡钨成矿带个旧岩体与老君山岩体之间，其成岩成矿时代与个旧、老君山两个多金属矿集区基本一致。不同于个旧以 Sn 为主，老君山以 W-Sn 为主，薄竹山矿产以 Ag-Pb-Zn 为主，伴生 Sn-W。深入剖析薄竹山成矿机制及构建成矿系统对于揭示个旧-麻栗坡矿集区成矿规律具有重要意义，也是开展矿集区内部对比研究的关键所在。课题组拟研究该区在复杂地质构造背景下的构造-岩浆-成矿耦合关系，揭示锡钨多金属超常富集机制和成矿规律，研发新的勘查技术方法（集成），实现资源增储。

第三节　研究内容、研究方案及技术路线

一、研究内容

1. 薄竹山矿集区钨锡多金属成矿作用及成矿系统研究

（1）成矿岩浆特征研究。通过对白牛厂深部隐伏岩浆岩和包体及金属矿物 S 同位素、暗色矿物及锆石的主微量元素原位分析测试，结合全岩元素特征，查明与区内 Ag-Pb-Zn、Sn-W 矿化有关岩浆的特征元素比值、氧逸度、挥发分、含水量、硫同位素等特征差异，建立含矿岩浆找矿标志。

（2）热液蚀变分带的研究。选择白牛厂银多金属矿床开展典型矿床解剖，通过构造-岩相地质填图，查明已知矿体的产出状态与结构构造。对蚀变岩体、构造-蚀变岩石和矿石进行详细描述，厘定成矿期次，划分成矿阶段。重点对岩浆-热液过程及流体活动形成的各类含矿脉体开展研究，查明脉体类型及生成顺序，蚀变类型与脉体发育的关系，脉体分布与构造发育的关系，查证矿区存在的同位叠加现象。

（3）成矿物质、流体来源及性质的研究。通过系统研究金属硫化物的 S、Pb 同位素，可以有效指示本矿集区成矿物质来源。此外，对与硫化物共生的石英、方解石脉石矿物开展 C-H-O 同位素分析，进而对形成硫化物的流体来源进行限定，进一步认识成矿物质和流体的来源。

开展典型矿床各成矿阶段流体包裹体测温、单个包裹体的 LA-ICP-MS 分析测试，获取流体冰点、均一温度和微量、稀土元素组成信息，计算盐度、温度、密度、压力、成矿元素离子活度等参数，结合流体包裹体 H-O 同位素，查明成矿流体来源和确定流体的性质，研究岩浆—热液—流体迁移规律和成矿物质卸载、叠加机制，阐明成矿作用的发育机制。

（4）成矿系统深部驱动机制及复合成矿系统的研究。剖析白牛厂银多金属矿床复合成矿系统构造格架—岩浆组成—元素富集—成矿流体—矿致异常的结构特征，通过分析探索原位流体包裹体、矿物微

量元素和非传统同位素成矿物质来源和物化条件,重点对热水沉积成矿系统、岩浆-热液成矿系统的矿体地质特征、蚀变类型和矿化期次进行研究,分析两套成矿系统之间成矿物质来源及构造演化之间的关联性与继承性,查明白牛厂 Ag-Pb-Zn 多金属矿床复合成矿作用特征,阐释多层次深部驱动机制和多因耦合成矿机理。

(5)成矿系统后期演变研究。研究元素分带特征、蚀变矿物共生组合和矿物标型特征,利用锆石裂变径迹(ZFT)和磷灰石裂变径迹(AFT)等低温热年代学研究方法,开展数值模拟工作,建立时间-温度函数及年龄-高程关系。一方面研究地壳抬升程度,对矿集区构造-岩浆事件进行研究与探讨,重建研究区冷却历史及构造热演化事件的时间格架,恢复成矿岩体的隆升演化历史;另一方面,估算岩体和矿床的剥蚀量,研究复合系统保存条件,评价深部找矿潜力。

(6)成矿系统模型研究。系统研究薄竹山岩体成矿系统及成矿规律,开展薄竹山岩体对官房大型钨矿床的控制作用研究,同时与滇东南其他典型钨矿床对比研究,建立该区复合成矿模型。

2. 薄竹山矿集区多期次岩浆作用叠加及其与成矿关系

(1)复式岩体的岩石学研究。将工作地点置于薄竹山岩基内的官房矿床、白牛厂银多金属矿床以及岩体出露典型地段(或矿点),识别不同岩石类型,确定各岩类的岩性特征,从矿物成分、结构、构造方面进行详细区别。查明岩体接触带地层及岩性的变化情况,核查岩体的产状和空间分布,在此基础上确定主要、次要岩石类型和不同岩石类型的空间分布规律,确定不同岩浆岩之间的相互关系,如不同岩石类型之间可能存在的过渡关系、侵入关系和穿插关系,并在此基础上确定典型区段的不同岩相单元。

(2)花岗岩成因与演化机制研究。88Ma 左右为薄竹山地区锡钨多金属矿主要成矿期,成矿作用与同期花岗岩密切相关;其他成岩事件成矿作用相对较弱。薄竹山复式岩基区域面积大,已有的年代学资料虽在部分区段有一定成果,但其他研究薄弱的地段值得进一步深入研究。确定岩浆活动时限,为进一步全面确定整个岩带的岩浆活动期次及岩浆活动性质提供依据。

(3)岩浆活动期次划分。在年代学和岩石岩相研究基础上进行岩浆活动期次划分,识别不同时序、不同岩性岩相单元,选取适当手段获取不同期次岩浆的性质和来源,纳入区域构造演化背景之中进行对比探讨。区内花岗岩类的形成与构造演化密切相关,重点关注更新期次(如新生代)和不同期次的岩浆活动。

(4)在岩浆活动期次划分的基础上分析岩浆动力学过程。复式岩基范围较大,可能存在较长时间的持续岩浆活动,其演化可能与部分熔融、分异作用、混合作用、液态不混溶作用、同化混染作用等有关。以往的工作着重强调同源岩浆演化与结晶分异,对于岩浆作用的其他过程重视不够,本次工作将在分解岩浆/期次活动的基础上对可能存在的岩浆动力学过程进行深入分析。

3. 薄竹山矿集区官房钨多金属矿床 W、Cu、Pb-Zn 耦合成矿机制

(1)矿床地质学及成矿期次划分。通过野外地质调查,进行系统的坑道编录、岩芯编录,查明矿区岩性、构造、蚀变分带和矿化分带等矿床地质学特征,识别(多期)多阶段的矿脉类型及矿化类型与不同蚀变矿物间的共生组合关系,如:白钨矿与石榴子石、辉石等矽卡岩阶段矿物;白钨矿与透闪石、阳起石等退化蚀变阶段矿物;白钨矿与石英、方解石等石英-硫化物阶段矿物;黄铜矿与石榴子石、辉石等矽卡岩阶段矿物及与石英、方解石等石英-硫化物阶段矿物;闪锌矿、方铅矿、硫化物与石英、方解石等。对上述矿物进行宏观尺度的成矿期、成矿阶段划分,并系统地采集样品。结合显微镜下详细观察、阴极发光及背散射对矿床中共生矿物组合开展显微矿相学分析,识别并区分(多期)多阶段流体作用的矿物学特征。

(2)成矿年代学研究。在矿物学研究基础上,挑选与黄铜矿紧密共生的石榴子石、与闪锌矿共生的方解石进行原位 U-Pb 定年,约束 Cu、Pb Zn 成矿年龄。明确高温矽卡岩矿(W、Cu)与相邻中低温矿(Pb-Zn)的联系是多期岩浆-热液作用的结果,还是同一成矿过程不同成矿阶段演化的产物。

(3)成矿流体物理化学条件、成分特征及演化。基于镜下观察和激光拉曼分析,对 W、Cu、Pb-Zn(多期)多阶段的包裹体开展岩相学分类和显微测温,获取流体包裹体的均一温度、压力、盐度、密度等物理化学参数,另外选择 W、Cu、Pb-Zn(多期)多阶段的流体包裹体开展激光拉曼分析,初步确定流体包裹体气液组分、成矿流体性质等。同时选取 W、Cu、Pb-Zn 各成矿阶段具有代表性的包裹体开展单个流体包裹体 LA-ICP-MS 主、微量元素分析,定量获取流体成分数据,结合成矿期、成矿阶段的划分等,建立(多期)多阶段成矿流体成分的时空演化模型。

(4)成矿金属元素的运移与沉淀。基于成矿流体物理化学条件、成分演化模型等,反演高温(W、Cu)与相邻中低温(Pb-Zn)成矿金属元素在流体系统中的分配、迁移、富集、沉淀过程。通过查明 W、Cu、Pb-Zn(多期)多阶段流体性质、物理化学及成分特征差异,揭示导致高温(W、Cu)与相邻中低(Pb-Zn)成矿金属元素发生阶段性或差异性沉淀的关键控制因素。在上述研究的基础上进一步完善区域矿床模型,促进滇东南地区同类型矿床找矿突破。

(5)开展薄竹山花岗岩与砚山流纹岩综合研究。基于全岩主、微量元素,锆石 U-Pb 年代学及 Hf 同位素,全岩 Sr-Nd-Pb-Hf 同位素研究,探讨滇东南地区晚白垩世成矿动力学背景。

4.薄竹山矿集区钨锡多金属找矿和勘查技术方法研究

(1)薄竹山地区(深部)地质构造的精确构型与时空演化研究。收集利用现有区域地质、矿区地质、钻探和坑道资料,结合遥感、物探、化探数据,补充必要的物探和钻探工程,详细刻画研究区地质结构,分析构造演化过程,阐明地质构造对岩浆活动和成矿作用的控制作用。利用现在成熟的数字模拟软件建立精确的研究区地质结构空间模型,为找矿模型构建奠定基础。

(2)建立找矿预测模型,圈定找矿靶区。重点解剖薄竹山地区的典型矿床,将白牛厂银多金属矿区、官方钨矿区作为典型矿床解剖,全面收集已有勘查资料和科研资料,详细查明各矿区的基本地质特征,详细研究分析各矿区可能的成矿地质体,包括岩浆岩、地层,查明控矿构造和控矿结构面,寻找成矿作用特征标志,如矿化蚀变标志,详细研究已知矿体的时空展布规律、成分变化和结构变化规律,在此基础上分别建立不同类型的成矿模型。综合花岗岩时空分布模型、地质构造精细模型和地质勘查技术手段,包括物探、化探、遥感技术资料分析,建立找矿预测模型,利用找矿预测模型圈定找矿靶区。

(3)工程验证,实现找矿突破。在圈定的靶区内选择1~2个有利部位实施工程验证,视地形和外部条件选用钻探或坑探。

二、研究方案

围绕拟解决的关键科学问题,采取的针对性研究方法如下。

综合地质解释:对前人已完成的深反射地震剖面数据和重、磁、电数据进行再处理,对探测所揭示的深部结构信息进行野外调查和对比分析。

区域地质调查:圈定带内多期岩浆岩的分布,对其特征开展研究。

构造-岩相填图:选择薄竹山矿集区的关键地段,开展斑岩侵入体大比例尺岩相填图,查明各期次斑岩的空间分布、侵入接触关系、岩相变化特征和岩浆演化序列,查明各期次斑岩与矿化的时空关系,厘定矿化在岩浆演化序列中的位置和分布,恢复矿区岩浆活动规律和岩浆侵位特征。

蚀变-流体填图：对薄竹山矿集区白牛厂、官房典型矿床开展野外地质调查。每个矿区布置1～2条主干地质路线，对矿区岩浆岩的分布及构造特征进行路线踏勘，结合矿山生产过程中矿体的揭露情况，绘制典型蚀变-矿化剖面，详细调查构造-蚀变-矿化分带特征和矿物共生组合的空间分布规律。

成矿系统解剖：针对三大成矿系统，选择区内不同类型的代表性矿床进行深入解剖。采用点面共举的研究方式，通过构造分析，厘定成矿系统的边界尺度；通过矿床、矿点和矿化体空间分布和构造配置关系的调查研究，查明成矿系统的物质结构和变化特征；利用成矿期矿物的高精度测年，查明成矿系统时间结构及其与关键地质事件的关系；通过典型矿床的深入解剖，厘定矿化地质特征（包括成矿分带、矿化样式、成矿期次、矿物组合）和主要成矿类型；通过区域和矿田构造研究，查明成矿系统的主要控矿因素。

壳幔作用探索研究：主要采用"岩石探针"技术和地球化学示踪技术，在查明不同构造环境和演化阶段的构造-岩浆组合类型和时空演变特征基础上，系统开展不同构造-岩浆组合中地幔和中下地壳岩石及其岩石包体的岩石地球化学研究，特别是具有示踪意义的微量元素研究和Sr-Nd-Pb-Hf-Os同位素联合反演，揭示不同时序岩浆起源的可能源区和深部过程（如板片拆沉、底侵、热蚀等），查明岩浆源区的深度范围、物质组成和热状态，厘定不同的源区类型和演化时序，分析不同的壳幔作用类型和物质交换方式；通过锆石SHRIMP测年和LA-ICP-MS成分分析等方法，测定不同类型锆石的年龄、REE和其他微量元素成分，详细再塑岩浆起源与演化历史，反演壳幔边界变化和壳内物质交换的演化过程。

成矿物质来源示踪研究：针对热液脉体中不同期次硫化物采用LA-MC-ICP-MS开展原位硫同位素和铅同位素分析，获得不同成矿阶段硫化物及硫酸盐的硫、铅同位素组成，分析$\delta^{34}S_{\Sigma s}$值的变化情况，查明成矿物质来源和硫的氧化还原形成机制，示踪成矿作用的发育过程。

地、物、化、遥综合数字化集成技术与找矿示范：利用已有地质、物探、化探和遥感数据，补充采集重点区域数据资料，构建成矿地质模型；在此基础上，应用地理信息集成技术和空间分析技术，开展综合集成试验，构建找矿模型，利用模型圈定成矿有利地段，优选找矿靶区。

三、技术路线

本项研究以薄竹山矿集区为主要研究对象，在系统的野外调查和样品采集基础之上，充分利用已有地质、矿产、勘探和遥感、物化探资料，开展岩石学、岩石化学、岩石年代学分析研究，围绕薄竹山燕山晚期岩浆成矿系统及成矿规律这一研究主题，以宏观观察和微观分析相结合的方式精细划分流体成矿期次，以此开展以矿物（石英、白钨矿及硫化物）和单个流体包裹体原位微区成分分析为主的综合研究，从而获取流体的物理化学和成分演化信息，白钨矿、硫化物中微量元素组成信息，花岗岩与流纹岩年代学、成分及同位素信息，综合讨论成矿金属元素的赋存、运移和沉淀机制；划分不同相带，分析不同类型、不同系列组合岩石的岩石化学、同位素地球化学特征，确定各相带岩石在地球化学方面的差异，查明岩浆演化特征，分析是否存在不同来源、不同成因岩浆活动的可能和证据，了解岩浆成因，进行同位素年代学测试，填补岩浆活动时限方面的空白，综合分析岩浆作用过程，优化丰富区域构造演化史；准确测定各类型岩石的矿物成分、结构构造、化学成分、形成年代等，判定其形成环境和演化过程，研究其含矿性及其有用组分存在形式，查明各地质体的相互关系，研究地质构造特征及其发展演化，构建空间模型。综合上述成果选择典型矿区构建成矿地质模型和找矿预测模型，利用模型确定找矿靶区，开展靶区工程验证（图1-3）。

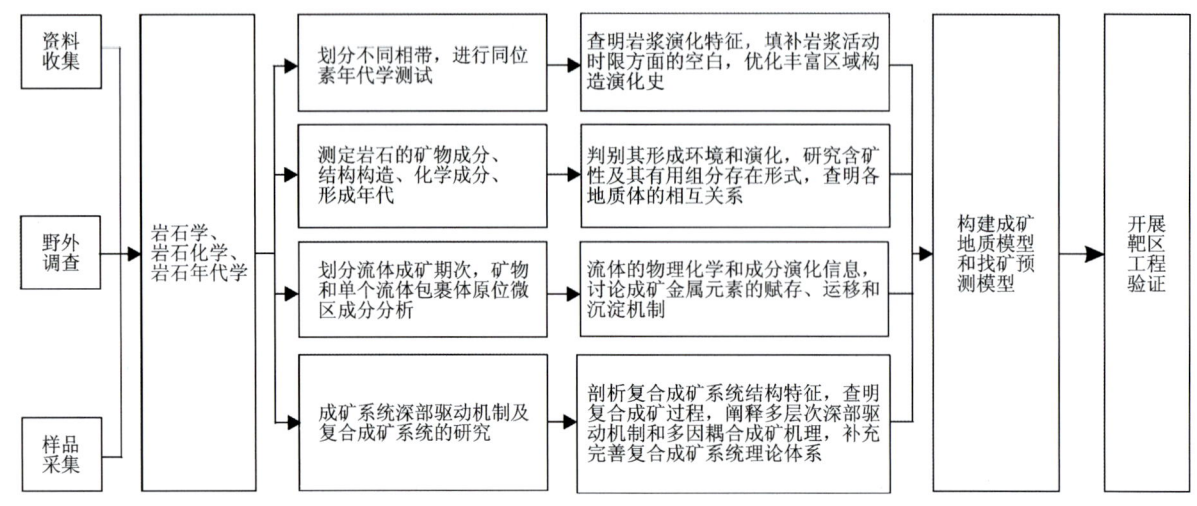

图 1-3 技术路线图

第四节 特色与创新成果

（1）层次递进认识复式岩体，划分不同岩浆序列，挖掘岩浆作用细节，对可能存在的更早期或更晚期的岩浆活动予以关注，探讨岩浆活动与成矿作用的关系。

（2）采用 LA-ICP-MS 单矿物原位微区成分分析技术，对典型矿床的金属矿物（黄铁矿、闪锌矿、黄铜矿等）和密切共生的脉石矿物（黑云母、石榴子石、电气石、磷灰石等）开展精细的微量元素分析，查明不同矿物成矿元素组成，分析成矿流体来源，约束成矿流体演化和沉淀机制，揭示 W、Cu、Pb-Zn 等成矿金属元素的赋存、运移和沉淀机制。

（3）将中寒武统田蓬组同生成矿作用与后期构造—变质—岩浆—热液复合叠加成矿作用作为整体开展成矿系统研究；采用原位矿石矿物测试技术方法，精确揭示金属沉淀机制，构建成矿模型，深入认识该区成矿规律。

第二章 区域地质背景

薄竹山矿集区大地构造位置处于滇东南 W-Sn 成矿带中部，西北以弥勒-师宗断裂为界，西南以红河断裂为界，东以文麻断裂为界（图 2-1a）。矿集区内岩浆活动强烈，侵入岩体大面积出露地表，岩性主要

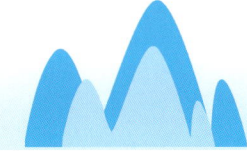

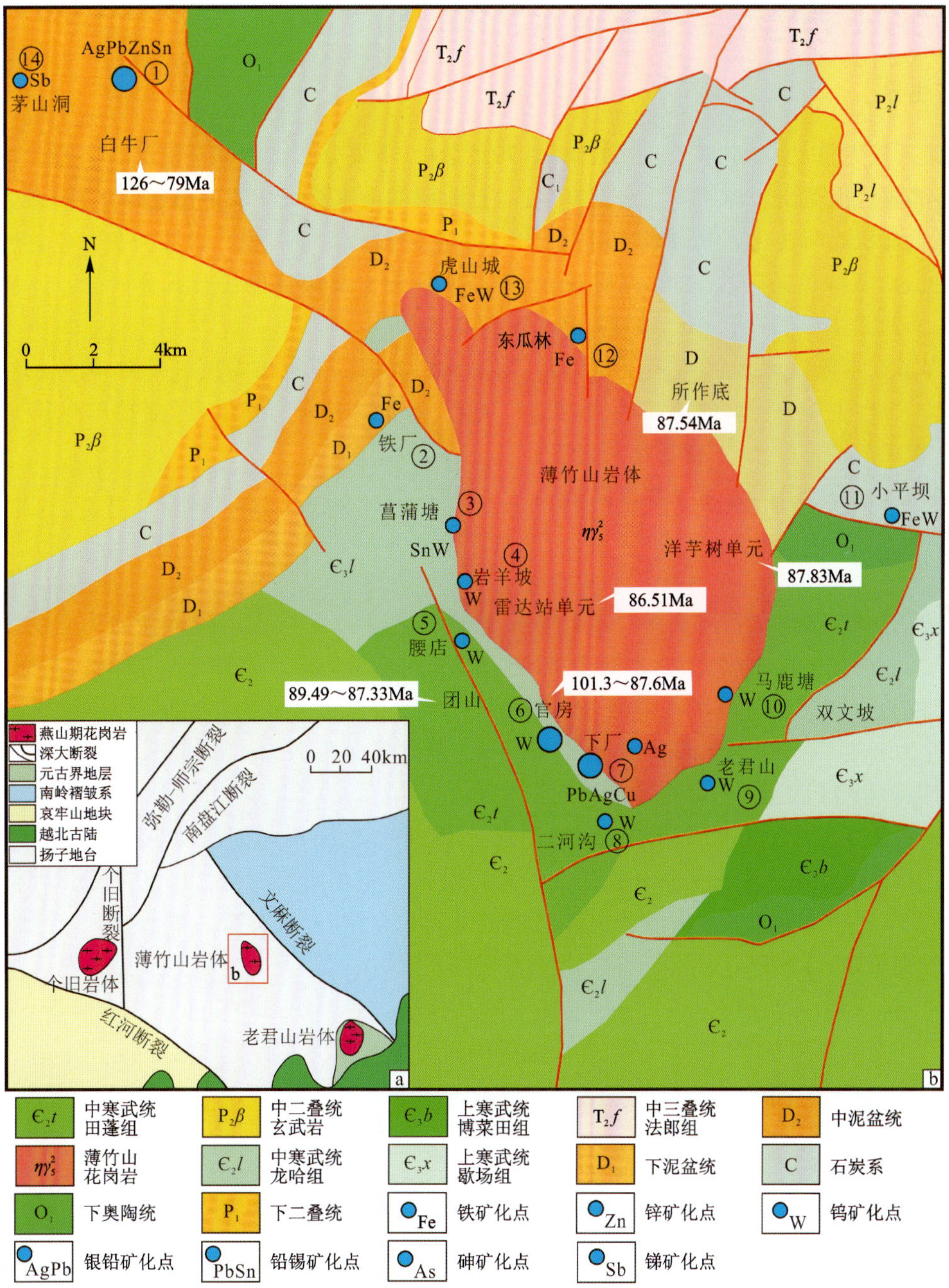

图 2-1 薄竹山锡银铅锌钨矿集区矿床(点)分布图（据张世涛等，1997 修改）

见黑云母二长花岗岩、伟晶岩、花岗细晶岩等(张世涛等,1997;程彦博等,2010;欧阳永棚,2013;张亚辉,2013;李建德,2018)。区内已知矿床(点)14个(图2-1b),主要为Ag、Sn、W、Pb、Zn、Fe、Sb等金属矿产,构成了薄竹山矿集区。

第一节 地 层

薄竹山矿集区及外围地层发育,总体以薄竹山为中心,南部主要出露寒武系和奥陶系,西北部白牛厂地区寒武系出露也相对集中。矿集区西部和薄竹山以北主要出露上古生界。中生界集中分布在薄竹山矿集区东北外围老回龙一带。新近系仅见于老君山附近,第四系分布于沟谷中。中、上奥陶统,志留系缺失。侏罗系、白垩系、古近系区内未见出露(图2-1)。

1. 下古生界

(1)寒武系较完整,主要出露于区域的南部,寒武系中、下统分布于中部至南部。上寒武统及下奥陶统仅在东南部薄竹山花岗岩体西侧及南侧有少许,自北西往南东缓倾。从下部往中上部,寒武系由浅海陆棚相砂泥质沉积逐渐转化为滨海潮坪相白云质碳酸盐岩和砂泥质沉积。岩性为黄绿色含粉砂质泥质板岩、泥质板岩、灰绿色条带状灰岩、泥质灰岩、粉晶质白云岩及灰黄色长石石英砂岩。厚度最大达到1 561.39m。寒武系主要赋存有Sn、Ag、Pb、Zn、W等矿产。

(2)奥陶系在本区发育不全,仅有下统出露,为浅海相沉积。下统出露独树柯组、闪片山组、老寨组、下木都底组。岩性主要为浅海陆棚相砂岩、页岩、灰岩、细晶白云岩交互层,厚度在1000m以上。奥陶系与下伏上寒武统整合接触,上被泥盆系超覆。

(3)受加里东运动影响,志留系在本区缺失。

2. 上古生界

(1)泥盆纪初期,区内沉积河流相砂砾岩建造,海西旋回后广泛沉积以碳酸盐岩为主的浅海陆棚—滨海相建造。区内泥盆系出露完整,主要分布在北西部。出露地层为坡脚组、古木组、东岗岭组、革当组。下部岩性为深灰色中—薄层泥质细、粉砂岩及泥(页)岩局部夹灰岩;中部岩性为白云岩夹泥质灰岩;上部岩性为灰岩、泥质灰岩。厚度大于853.07m。泥盆系是区内Fe、Mn、Sn、Pb、Zn、Ag、Sb、Au和重晶石等同生沉积-改造型矿产赋存的重要层位。

(2)石炭系是在泥盆纪末期云南地区地壳普遍上升,海水退出,海域面积缩小的基础上开始沉积的,下石炭统与中、上泥盆统之间为假整合接触。本区石炭系仅在东南部的薄竹山花岗岩体北侧水头坡一带有少许出露。岩相可分为滨海碳酸盐岩台地相和浅海盆地相,岩石类型主要有灰岩、生物灰岩、生物碎屑灰岩、泥质灰岩、结核灰岩、鲕状灰岩。厚度为200~900m。

(3)二叠系分布在薄竹山岩体的北西侧、北东侧,大黑山-老回龙向斜南东翼也有分布,主要岩石类型为微晶灰岩、亮晶砾屑灰岩、骨屑灰岩、含煤细碎屑岩建造。厚度大于900m。

3. 中—新生界

(1)三叠系出露完整,分布在区域北部大黑山-老回龙向斜的老回龙段向斜核部。三叠系在本区为一套浅海相碳酸盐岩建造—滨海相陆屑建造—海陆交互相砂泥质建造。下三叠统主要为洗马塘组和嘉陵江组,表现为页岩、砂岩及灰岩互层,为海陆交互相碳酸盐岩建造。中三叠统为法郎组和个旧组,岩性主要为白云岩、灰岩及薄层硅质灰岩。上三叠统为把南组和火把冲组,岩性为中厚层岩屑石英砂岩夹粉砂岩。厚度为1 514.1m。

(2)侏罗系在区域内缺失。

(3)白垩系在区域内缺失。

(4)第四系分布于各山间盆地、河流阶地、河漫滩及山脉高地上。厚度为数米至数十米不等。

第二节 构 造

大地构造位置位于扬子地块、华夏地块与三江褶皱带结合部的"右江再生地槽",西北面以弥勒-师宗断裂与扬子地块分界,西南面以红河断裂为界与红河-哀牢山断裂毗邻,东南面延入广西,西南面延入越南境内(图2-2)。

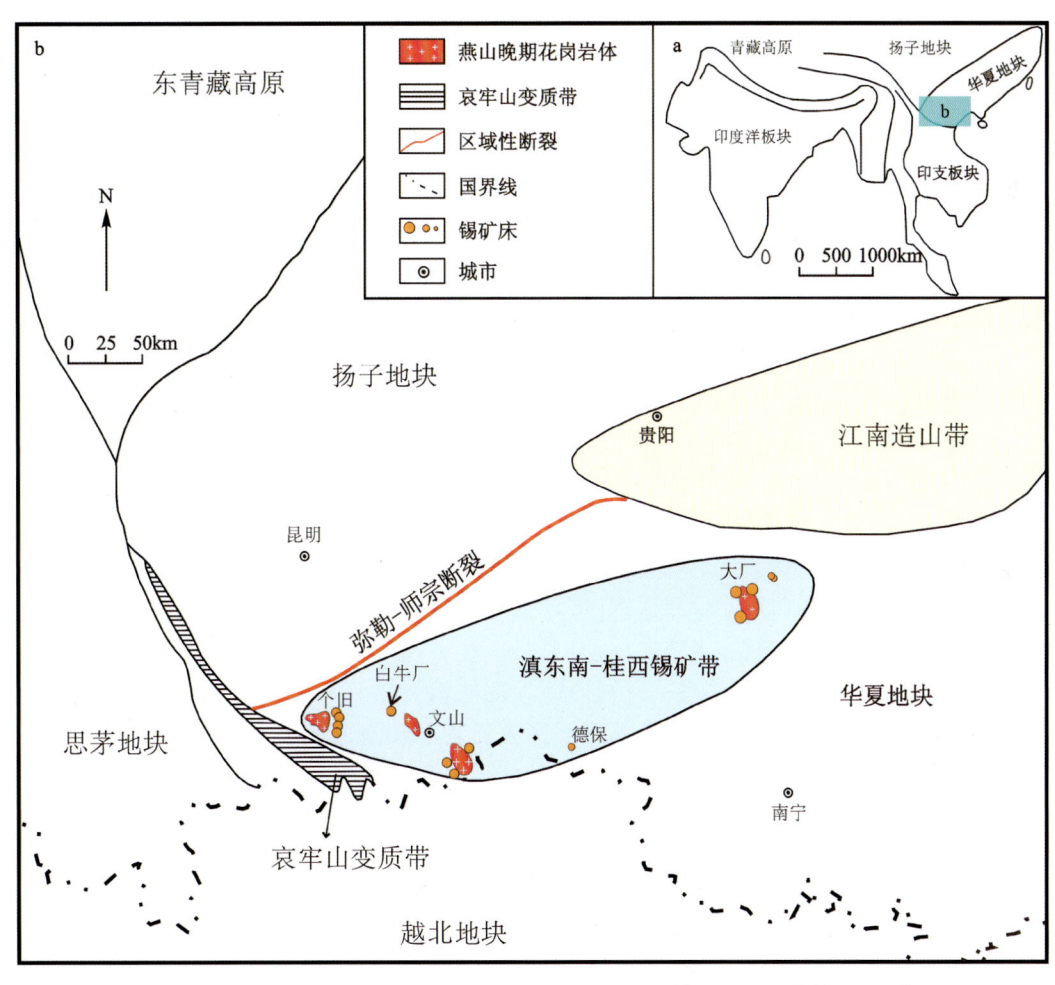

图2-2 研究区大地构造位置图(据施琳等,1989;吕伯西等,1993;程彦博,2012修改)

研究区构造格架为一个环绕越北地块(核心在越南境内)作同心环状的弧形构造,并有北西向断裂穿插其间。区域内主要构造线方向为北东向,其次为北西向(图2-3)。区内断裂及褶皱发育,以断裂构造为主。

加里东、海西、印支、燕山和喜马拉雅等构造运动的踪迹在本区均有不同形式、不同程度的表现,尤以印支、燕山运动表现最为强烈。受北西向红河断裂、北东向弥勒-师宗断裂长期影响,本区形成以北西向、北东向断裂为主的断裂构造格架。震旦纪以来,越北地块多次向北移动而产生的地壳升降和挤压作

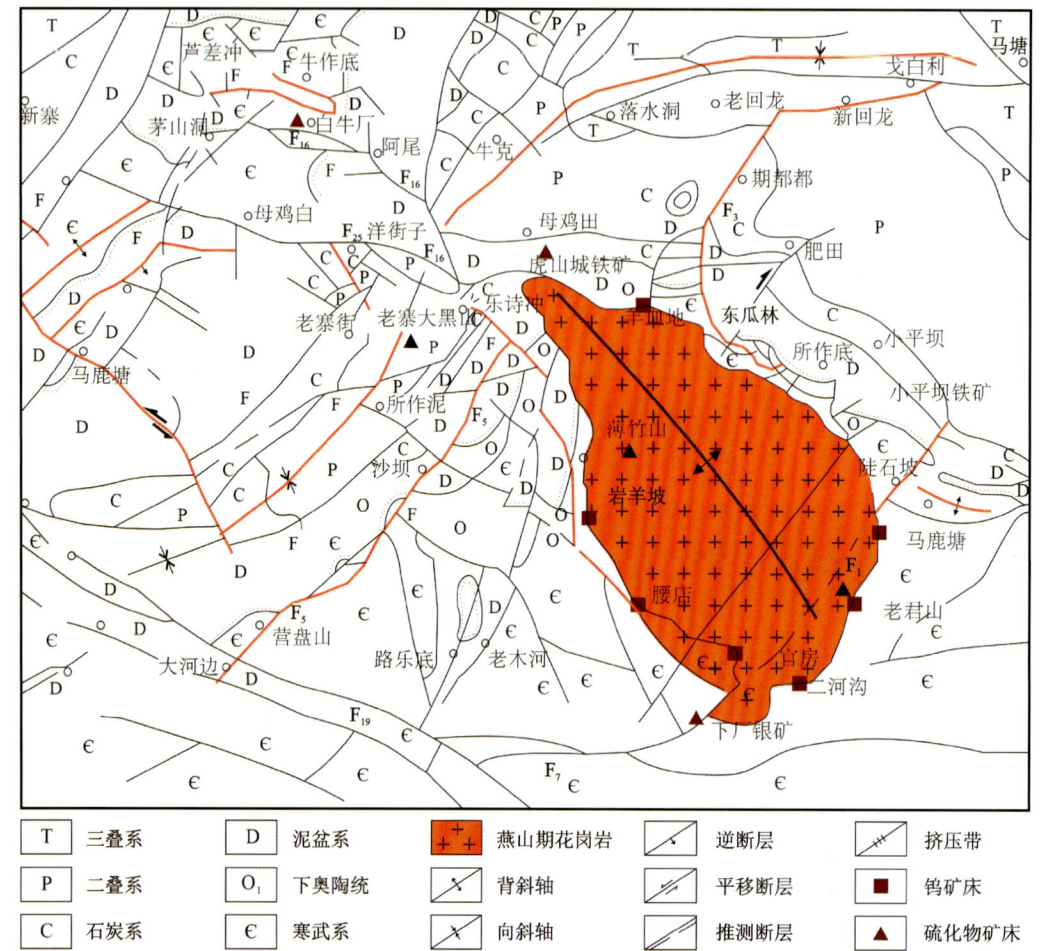

图 2-3 研究区区域地质构造简图

用,造成本区构造相互继承与叠加改造,彰显出以越北地块为核心、北凸南弯弧形展布的构造特点。

红河断裂、文麻断裂等北西向断裂规模大,切穿多个构造层,控制着自震旦纪以来的沉积建造和火山岩、花岗岩的空间展布,其长期性、多期次活动,奠定了本区形成 Ag、Pb、Zn、W、Sb、Cu、Au 等大型—超大型矿床的有利地质条件和构造环境。区域内已发现的钨锡铅锌矿床与构造的关系明显,矿体的形成、时间和空间的分布、形态和产状、构造及保存等诸方面均和构造紧密关联。构造为成矿提供了热动力条件及运矿、容矿空间,使矿质进一步活化富集。

第三节　岩浆岩

滇东南褶皱带红河断裂与文麻断裂夹持断块,燕山晚期酸性岩浆活动较为强烈,产出个旧岩体、薄竹山岩体及老君山岩体三大花岗岩体。围绕三大岩体形成个旧-马关钨锡(铅锌铜银)成矿带,呈北西西向弧形展布,显示岩体与成矿带的空间分布受南部越北地块北凸活动的边缘控制。薄竹山矿集区及外围主要表现为海西期基性岩浆喷发及燕山期酸性岩浆侵入,其产物有东部的峨眉山玄武岩,矿集区内东南部的薄竹山花岗岩、白牛厂银多金属矿区隐伏花岗岩及一些零星分布的花岗斑岩、二长岩、辉绿岩脉等。

薄竹山岩体主要是中酸性花岗岩,岩体分两期侵入。第一期主要岩石类型为黑云母二长花岗岩,侵入时代大致在114～97Ma之间,主要为陈家寨序列及薄竹山序列的雷达站单元。岩石具中粒不等粒结构。主要矿物成分为石英、正长石、条纹长石、斜长石和黑云母。副矿物含量较少,有磁铁矿、电气石及锆石等。

第二期主要岩石类型为细粒二长花岗岩,少量碱长花岗岩,似斑状结构,斑晶为长石和石英,侵入时代大致在79～48Ma之间,主要为薄竹山序列的大山脚单元、薄竹坡单元、分水岭单元和大山脚独立单元。主要矿物成分为石英、斜长石、正长石和条纹长石,副矿物含量极少,仅见黑云母周围析出的磁铁矿。

两期相比,第二期花岗岩更加富硅富碱、贫钙贫镁,且更加亏损 TiO_2、P_2O_5。从早期到晚期,岩石结构由一期结构向二期结构和微花岗结构演化,成分由偏基性向偏酸性、碱性方向演化。

岩浆上侵从深部带来了矿质,为该区成矿奠定了物质基础,使与花岗岩接触的碳酸盐岩成为该区最主要的容矿岩石。据研究,薄竹山复式花岗岩体为燕山晚期不同阶段演化的产物,各单元岩石均属于S型花岗岩岩石系列,为深部同源陆壳沉积物经局部重熔形成,各主要成矿岩体具富硅富碱、贫钙贫镁特征,属铝过饱和系列的钙碱性花岗岩。与岩浆岩有关的矿化主要为钨、锡、铁、银、铅、锌、铜矿化,早、中期岩浆以锡、钨、铁为主,晚期则以银、铅、锌为主。

此外,区内玄武岩为峨眉山玄武岩,分布于址卡白—牛克—老寨大黑山一带,面积约 $50km^2$,呈条带状展布。岩性主要为灰绿色—灰紫色致密状玄武岩、杏仁状玄武岩、夹硅质岩燧石条带的玄武质火山角砾熔岩、灰绿色玄武质火山角砾岩和火山角砾凝灰岩。主要化学成分及含量如下:SiO_2(47.86%)、TiO_2(2.91%)、Al_2O_3(13.67%)、Fe_2O_3(4.06%)、FeO(8.48%)、MnO(0.11%)、MgO(4.98%)、CaO(9.73%)、K_2O(0.93%)、Na_2O(3.43%)、P_2O_5(0.39%),属印支期陆相基性火山活动的产物,与银、铅、锌、锡等矿化无明显关系。

第四节 变质作用

区内岩石蚀变有透辉石化、石榴子石化、透闪石化、大理岩化、角岩化、绿帘石化、硅化、孔雀石化等,矿化有黄铁矿化、黄铜矿化、方铅矿化、白钨矿化、锡石矿化、磁铁矿化等。

透辉石化:透辉石化是矿区内发生最广泛、最强烈的蚀变类型之一,主要发生于花岗岩与碳酸盐岩接触带中。

石榴子石化:钙铝榴石化主要发生在花岗岩与碳酸盐岩接触带中。该蚀变类型主要发生在早期矽卡岩化阶段,此阶段无矿,没有任何金属矿石矿物形成。从镜下薄片观察得知,本区的钙铝榴石化蚀变作用发生时已经有透辉石、透闪石存在。可见区内至少发生过两期岩浆事件,矽卡岩形成具有多期多阶段性。

透闪石化:透闪石化是矿区重要的蚀变类型之一,与矿体关系最为密切,通常在透闪石中镶嵌有晶体粗大的白钨矿微粒,为透闪石化作用所形成。

大理岩化:该蚀变发生于透辉石化、透闪石化带的外围(接触带上靠岩体外侧)离岩体几十米至上百米,为热接触交代作用所形成。该蚀变与矿化关系不密切。

角岩化:主要是靠近岩体的碎屑岩重结晶形成致密坚硬岩石,岩石类型为长英质角岩。

绿帘石化:绿帘石化蚀变强烈,区内普遍发育。绿帘石化发生于湿矽卡岩化阶段,与矿化关系密切。

硅化:主要发育在矿体周围的粉砂岩中,分布不均匀,受断裂的控制,靠近矿体强烈,远离矿体几米到数十米变弱甚至消失。

孔雀石化:呈薄膜状,分布于岩石裂隙面上。

黄铁矿化:主要发育在硅化的大理岩、长英质角岩及断层破碎带中,少量发育于含矿矽卡岩裂隙中,呈浸染状及细脉状。

黄铜矿化：主要发育于硅化的大理岩、长英质角岩及断层破碎带中，少量发育于含矿矽卡岩裂隙中。矿化不匀，多为脉状、团块状，局部浸染状。

方铅矿化：主要发育在硅化的大理岩、长英质角岩及断层破碎带中，多呈脉状、团块状分布。

白钨矿化：主要发育在矽卡岩和大理岩、长英质角岩及断层破碎带中，多呈囊状、似层状和团块状分布。在菖蒲塘、腰店、官房、二河沟等地形成工业矿体或伴生矿。

锡石矿化：主要发育在矽卡岩和长英质角岩蚀变带中，多呈囊状、似层状和团块状分布。在铁厂、菖蒲塘等地形成工业矿体或伴生矿。

磁铁矿化：主要发育在矽卡岩和长英质角岩蚀变带中，多呈囊状、似层状和团块状分布。在铁厂、菖蒲塘、腰店等地形成工业矿体或伴生矿。

第五节　区域航磁异常特征

航磁资料表明（图2-4），本区以北东向平缓升高的区域性正磁场为背景，形成了与区域沉积建造和构造环境相关的磁场特征，结合控制地层分布的北东向断裂 F_{41}、F_{14} 和 F_{17}，将区内划分为4个各具特点的磁场区。

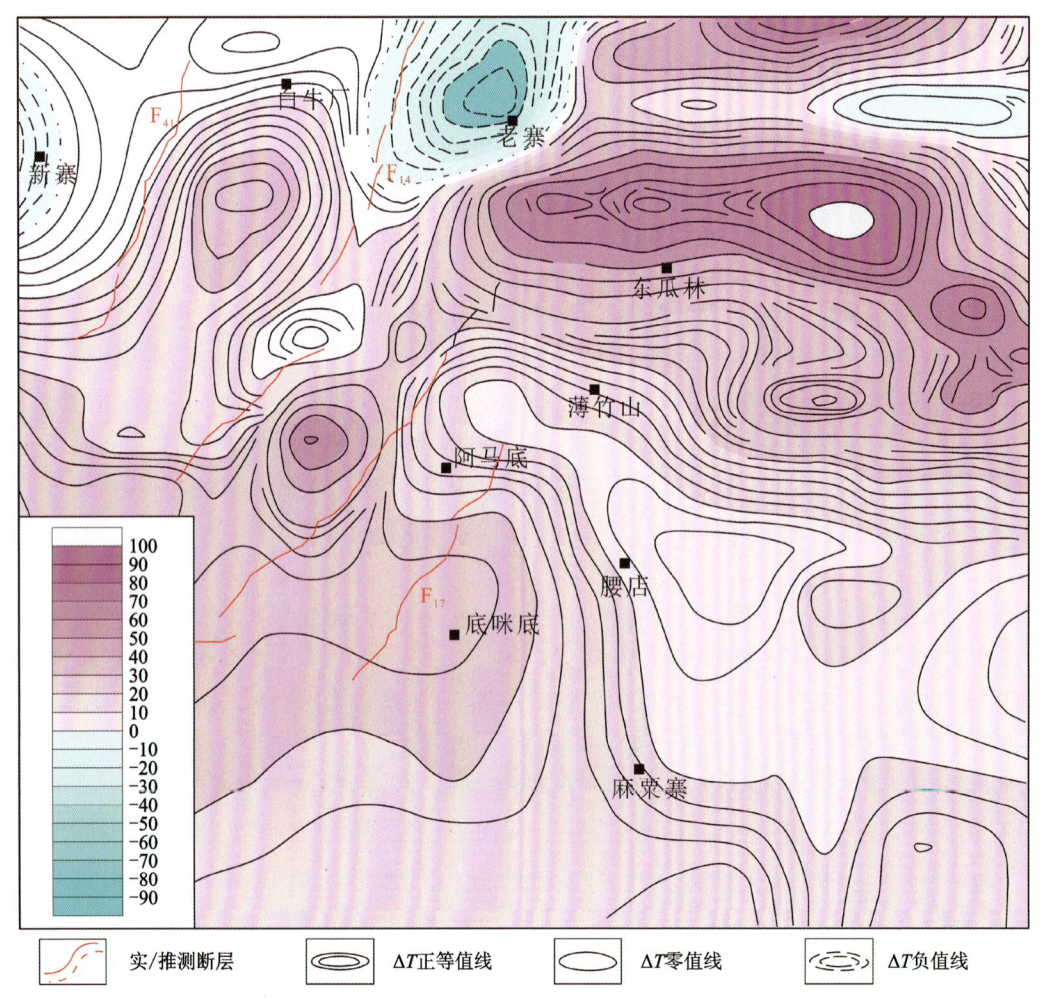

图 2-4　评价区航磁 ΔT 等值线平面图（据云南省地质调查局，2015修改）

F_{41}以西为平静磁场区,航磁以宽缓无异常为特征,幅值为10~20nT,地磁以零值附近变化的负磁场为主,幅值小于10nT,反映了以古生代无磁性岩石为特征的沉积建造;在F_{41}与F_{14}之间,主体呈南北向分布的航磁异常是区内重要的与成矿关系密切的磁异常,表现为形态宽缓、强度低、梯度变化小、无负异常,幅值为40nT,与南北向分布的一系列综合化探异常套合;在F_{14}与F_{17}之间,总体呈北东走向分布着一系列形态各异、正负伴生的局部异常,形成了与玄武岩分布相关的强磁异常带,航磁异常幅值达150nT以上,地磁为500nT以上,反映了玄武岩地区磁性不均匀的特征;F_{17}以东沿薄竹山花岗岩接触带分布着若干局部的航磁异常,与乐诗冲、依格白和老屋基3个地磁异常相对应,具有一定强度和梯度且无异常伴生,并与接触带上分布的综合化探异常吻合。

第六节 区域地球物理特征

在老君山—薄竹山—白牛厂一带,布格重力场形成了一规模巨大呈北西走向、封闭的重力低异常。重力场由北西向南东逐渐降低,并在薄竹山岩体西北及东南部形成了两个圈闭的低值中心,异常幅值变化达$-18×10^{-15}\text{m/s}^2$。在重力异常的北东、南东及南侧,即沿牛克—小平坝—老君山—老寨街一线,异常梯度变化较陡,平均梯度为$2.23×10^{-15}\text{m/s}^2/\text{km}$,而在烂泥洞—白牛厂方向梯度变化最小,平均梯度仅为$0.79×10^{-15}\text{m/s}^2/\text{km}$。结合区域物性资料,上述特征清楚地表明薄竹山花岗岩自烂泥洞向白牛厂方向倾伏,显示白牛厂地区隐伏花岗岩分布范围较大,呈现出北西走向的特征。在布格重力异常图上,区内重力场总体为西高东低、南缓北陡的异常特征和分布格局(图2-5)。

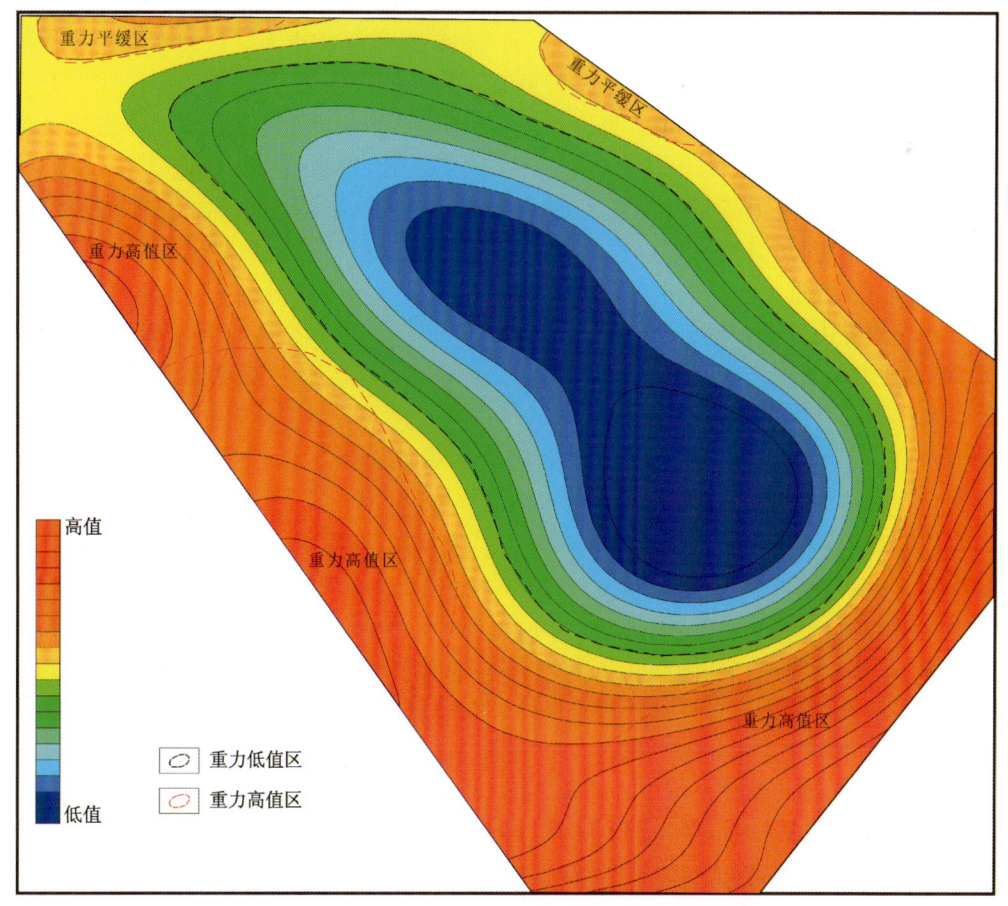

图2-5 薄竹山区域重力异常图(据云南省地质矿产勘查开发局第二地质大队,2009修改)

薄竹山—白牛厂一带,重力场变化达 $16×10^{-15}\,m/s^2$ 以上。以 F_{40} 断裂为界,区内重力场划分为东、西两个部分。东部为薄竹山至白牛厂重力低主体异常,呈北西转东西走向,其上叠加了一系列局部重力高或重力低异常。西部为干冲重力低异常,呈北东走向,梯度显著变缓,表明与白牛厂重力低异常不同的特征,反映了高密度沉积环境下场源埋深较大的特征,在主体异常的南北两侧,表现为等值线密集的重力梯度带,反映了两条北西走向的断裂存在。

据重力资料,花岗岩基在烂泥洞以西隐伏于地下后,继续向北西延伸至白牛厂背斜轴部,形成埋藏于地表以下数百米至三千余米的岩基隐伏部分。隐伏岩基侵位高差达千余米,呈多峰状突起和凹陷形态。在乌鸦山、阿尾突起北坡的寒武系中,产出与白牛厂大型银铅锌矿床共生的锡矿床。该矿床位于薄竹山岩体向北西倾伏地段,产于中寒武统龙哈组与田蓬组接触部位,碎屑岩与白云岩过渡带。此外,中寒武统与岩体的接触带可能存在隐伏层控的叠加接触交代锡银铅锌矿床。

从图 2-5 可以看出,布格重力场值总体表现为四周高、中间低、南低北高的特征。重力异常最低值位于薄竹山岩体中部保护区内,其值达到 $-180.306×10^{-5}\,m/s^2$,重力异常最高值位于矿集区东南边界内白沙坡东部附近,其值达到 $-149.006×10^{-5}\,m/s^2$。

依据布格重力异常的分布特征,薄竹山矿集区内布格重力异常可划分为 6 个重力高和 2 个重力低,依次为鸣鹫重力高、扎门-莲花山重力高、尾鲁底-底咪底-太平街重力高、下三家-新街-白沙坡重力高、中寨重力高、龙古寨-老回龙重力高、乐诗冲-他诗底重力低和薄竹山-老君山重力低。

鸣鹫重力高位于矿集区西北部,走向不明显,向北延伸出矿集区,重力异常形态近似勺状,异常变化平缓。异常极值位于大黑山和茅山洞之间的 968/690 处,达到 $-158.829×10^{-5}\,m/s^2$。该地区主要出露泥盆系灰岩、寒武系灰岩、石炭系灰岩及少量的泥盆系粉质泥岩、页岩。

扎门-莲花山重力高位于矿集区西北部,走向不明显,向西延伸出矿集区,重力异常形态呈不规则块状。异常极值位于莲花山西南方向工区边界位置的 884/680 处,达到 $-153.602×10^{-5}\,m/s^2$。该重力高区与周边异常接触变化较平缓,东南侧边界与尾鲁底-底咪底-太平街重力高区的西北边界接触,重力梯度小。该区主要出露二叠系灰岩、石炭系灰岩、泥盆系灰岩及寒武系灰岩、白云岩。

尾鲁底-底咪底-太平街重力高位于矿集区西南部,走向不明显,向西南方向延伸出矿集区,重力异常形态呈不规则块状。异常极值位于马鞍山附近的 789/747 处,达到 $-154.115×10^{-5}\,m/s^2$。该重力高区西北边界与扎门-莲花山重力高的东南边界接触,异常的东北侧有一呈北西向展布的梯级带。该区出露大量的中寒武统龙哈组,另有寒武系其他地层、泥盆系以及少量的第四系出露。

下三家-新街-白沙坡重力高位于矿集区东南部,走向北东,向东南延伸,重力异常形态呈带状。异常最高值位于东南边界内附近,达到 $-149.006×10^{-5}\,m/s^2$。该重力高区西北侧有一呈北东向展布的梯级带,梯级带表现为向西南端密集,东北端逐渐放稀。该区主要出露寒武系灰岩和白云岩,少量的寒武系粉砂岩以及零星的新近系和第四系。

中寨重力高位于矿集区东部,走向近似北东向,向东延伸出矿集区,重力异常形态呈不规则块状。异常极值位于一碗水东侧的 870/012 处,达到 $-155.964×10^{-5}\,m/s^2$。该重力高区西南侧有一扭曲的总体呈北西向展布的梯级带。该区主要出露泥盆系灰岩、少量泥盆系泥页岩、石炭系他披组灰岩、二叠系岩头组灰岩以及少量的辉绿岩和第四系。

龙古寨-老回龙重力高位于矿集区东北角,走向近似北东东向,向东北延伸出工区,重力异常形态略似舌状。异常极值位于三家寨北部偏西的 957/907 处,达到 $-158.285×10^{-5}\,m/s^2$。该重力高区西南侧有一明显的呈北西向展布的梯级带。该区主要出露二叠系灰岩、三叠系洗马塘组页岩、石炭系他披组灰岩及少量的第四系。

乐诗冲-他诗底重力低位于矿集区中部略偏西北,走向近北西向,重力异常形态呈不规则块状。异常极值位于烂泥洞东北的 898/855 处,达到 $-176.694×10^{-5}\,m/s^2$。该重力低区东西北部与鸣鹫重力高之间的过渡带较为平缓,梯度值约为 $1×10^{-5}\,m/s^2/km$;东北部与龙古寨-老回龙重力高之间为明显的重力梯级带,梯度值达到 $6×10^{-5}\,m/s^2/km$;西部与扎门-莲花山重力高之间过渡平缓,梯度值约为

$1.5×10^{-5}m/s^2/km$；西南部与尾鲁底-底咪底-太平街重力高的西北段之间过渡亦较平缓，梯度值不超过$3×10^{-5}m/s^2/km$。该区东南部主要出露二长花岗岩，西北部出露为多期的灰岩和少量的第四系。

薄竹山-老君山重力低位于矿集区中部略偏东南，走向近北东向，重力异常形态近似斜卧的"山"形，异常极值位于小腰店东北的797/917附近，达到$-180.306×10^{-5}m/s^2$。该重力低区四周除西北与乐诗冲-他诗底重力低区接触外，其余3个方向都可见明显的重力梯级带。其中西南部与尾鲁底-底咪底-太平街重力高的南部之间重力梯度值达$5×10^{-5}m/s^2/km$；东北部与中寨重力高之间弯曲的梯级带上重力梯度平均值约为$4×10^{-5}m/s^2/km$；东南部与下三家-新街-白沙坡重力高之间在西南端呈现为梯度约$5×10^{-5}m/s^2/km$的等值线密集带，而在东北端表现为较平缓的过渡带，梯度值约为$2.5×10^{-5}m/s^2/km$，平均值约为$4×10^{-5}m/s^2/km$。该区主要出露二长花岗岩。

第七节 区域地球化学特征

区内可划分出4个特征不同、元素组合各异的地球化学异常区(图2-6)，其地球化学元素的分布规律具有与沉积建造和岩浆活动相联系的特征，且异常衬度低，元素组合简单，反映了不同区域构造环境及成矿作用的地球化学背景。

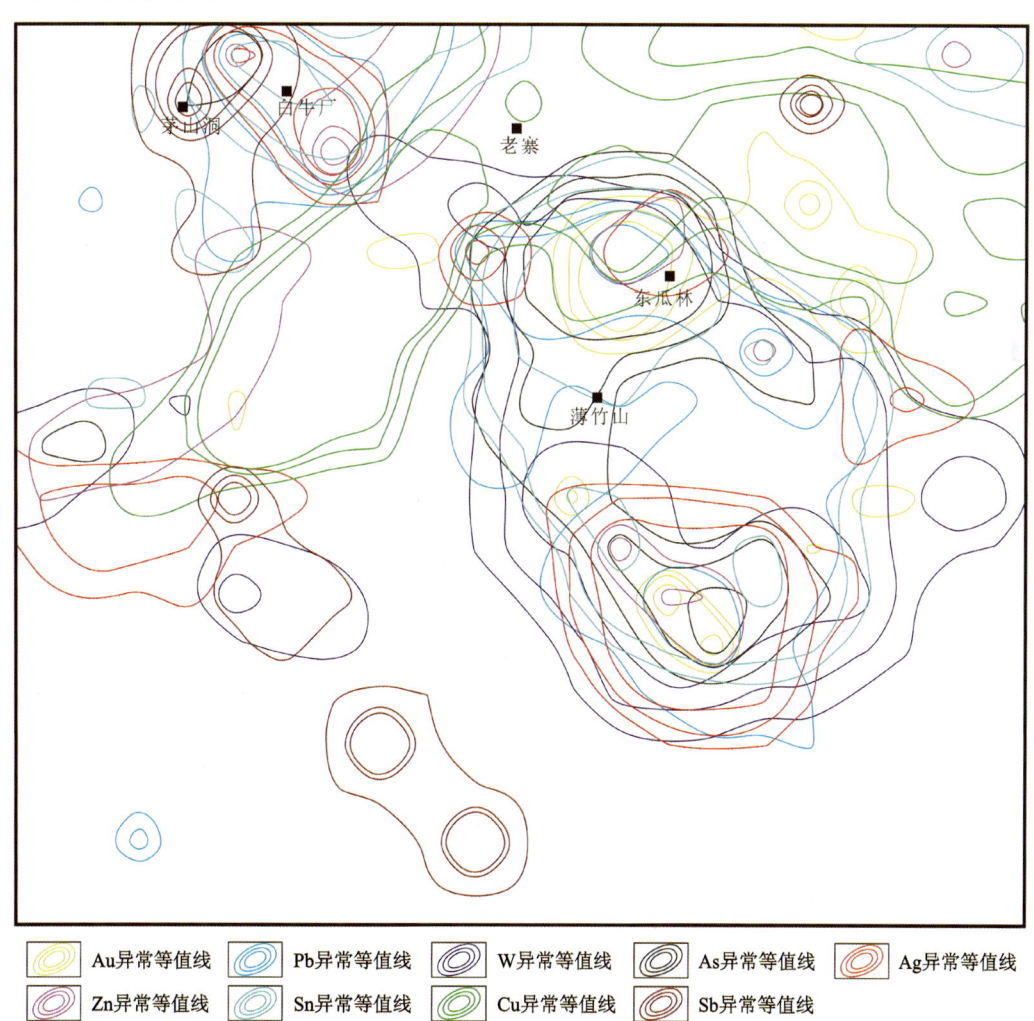

图2-6 薄竹山矿集区化探异常图(据云南省地质矿产勘查开发局第二地质大队，2009修改)

一、环花岗岩异常区

该异常区位于 F_{17} 断裂以东,薄竹山花岗岩接触带上。元素组合以 W、Bi、Cu、Sn、As、Pb、Zn 为主,伴有 Ag、Sb、Hg 和 F 异常,形成沿薄竹山花岗岩内外接触带分布的异常群,具有强度高、分带明显的特征,表现为由岩体向外依次出现 W、Sn、Bi、Cu-As、Pb、Zn(Cu、Sn)-Pb、Zn(As、Sb)的由高温至低温的元素组合。土壤综合异常具有较高的 Cu、W、Sn(As、Bi),与水系沉积物测量结果相同,另外岩石测量与土壤综合异常套合良好,反映了花岗岩接触带上典型的岩浆热液成矿地球化学特征。

二、Cu、Zn 高背景区

该背景区位于 F_{14} 与 F_{17} 断裂之间,沿老寨大黑山向斜及其两翼呈北东向近似对称分布,以水系沉积物和土壤测量结果为典型,具有分布范围大、丰度高、与玄武岩对应的特征,并在局部出现富集,形成高背景下的弱异常,但异常衬度低,元素组合简单,反映了玄武岩地区富 Cu、Zn 的特征。

三、Sb、Pb、Zn、Ag、Sn、As、W 异常区

该异常区位于 F_{14} 与 F_{41} 断裂之间,土壤综合异常与岩石综合异常套合较好,形态相似,沿 F_{41} 断裂及其两侧分布,异常形态和强度明显受断裂控制;异常元素以 W、Bi、Sn、Pb 为主,反映其受花岗岩的影响。

四、Sb、Cu、Zn 高背景区

该背景区位于 F_{41} 断裂以西,与大范围低缓负磁场背景对应。Sb 的高背景成片分布与其地层岩石富 Sb 相对应;而 Cu、Zn 高背景则主要分布于干冲以北,与晚古生代硅质-碳酸盐岩建造中 Cu、Zn 元素的原始富集有关。它们都反映了该地区岩石-沉积建造的元素分布特征。

此外,区内地球化学元素的分布还明显受到区域性断裂的控制,最为明显的是沿乐诗冲—白牛厂—茅山洞,断裂($F_{15} \sim F_1$)依次形成呈串珠状断续分布的 Cu、W、Mo、Pb、Zn-Pb、Zn、Ag、Sn、(As、Sb)-Sb、Hg、As、Pb、Zn 等元素异常,反映了与花岗岩演化方向相一致的区域成矿晕特征。

第八节 区域矿产特征

区内矿产有钨、锡、铅、锌、铁、砷、银等,集中分布在薄竹山岩体周围及白牛厂勘查区,成因与花岗岩体密切相关(图 2-7)。此外,在上二叠统龙潭组尚有沉积型黄铁矿、铝土矿及无烟煤产出。

一、薄竹山花岗岩体周边矿床

薄竹山花岗岩体周边分布岩羊坡岩浆岩型(蚀变花岗岩亚型)钨矿,腰店、官房、二河沟、马鹿塘等矽

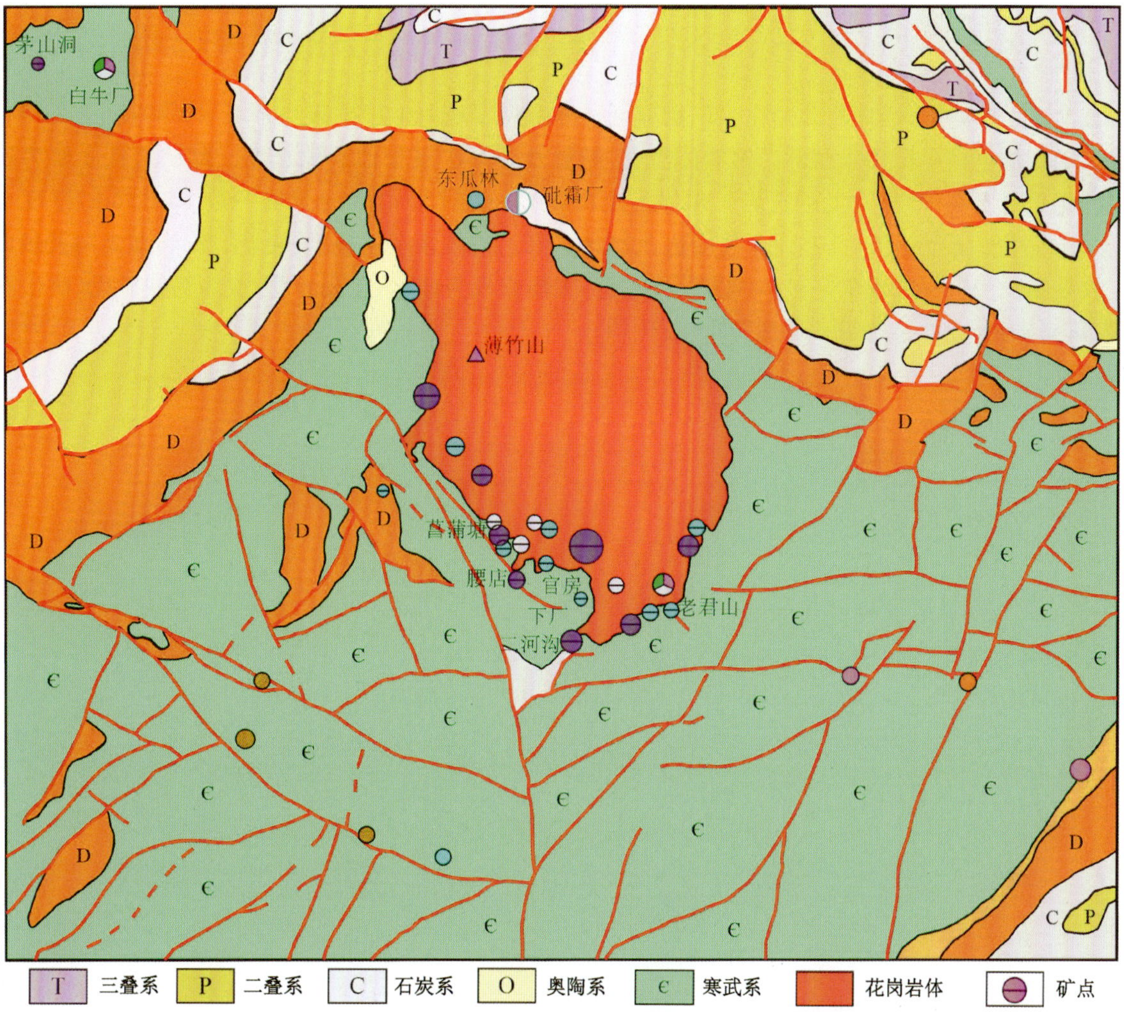

图 2-7 薄竹山及外围地质矿产图（据云南省地质调查局，2015 修改）

卡岩型钨矿床，羊血地、东瓜林矽卡岩型（锡石磁铁矿矽卡岩亚型）锡（铁铜、砷）矿床，老君山矽卡岩型钨、铜、砷矿床；依格白矽卡岩型（锡石磁铁矿矽卡岩亚型）铁铜矿床；所作底矽卡岩型铅锌矿床；下厂碎屑岩碳酸盐型银矿床等。其中下厂矿床规模达到中型，其余为小型。

岩羊坡钨矿：矿体呈脉状产出于内接触带花岗岩中。矿群走向北西，长 200 m，宽 30 m。近花岗岩但已云英岩化。矿石矿物为白钨矿，WO_3 平均含量 0.33%。

腰店钨矿：矿体呈透镜状产于石榴子石透辉石次透辉石矽卡岩中。矿石矿物为白钨矿，已探明大小矿体 13 个。WO_3 平均含量 0.37%，为矽卡岩型矿床。官房钨矿、马鹿塘钨矿和二河沟钨矿的成矿特征与其相似。

羊血地、东瓜林锡（铁铜、砷）矿：矿体赋存于含矿石榴子石透辉石矽卡岩中，呈脉状、透镜状，矿石具块状构造，矿石矿物有锡石、毒砂、磁铁矿。羊血地地段 Sn 含量 0.1%～1.87%，并含 Cu、W 等矿化。

老君山铜钨矿：矿体赋存于符山石透辉石石榴子石矽卡岩和透辉石次透辉石矽卡岩中，呈似层状、透镜状。共有矿体 24 个。主矿体长 500 m，平均厚 5.02 m，斜深 200 m。WO_3 平均含量 0.21%。24 个矿体中 9 个伴生有铜工业矿体，铜矿体与钨矿体大致吻合。

下厂银矿：矿体呈似层状、脉状、透镜状，产于中寒武统龙哈组白云岩中，伴生铅锌矿。

二、白牛厂勘查区及外围

目前,位于薄竹山岩体西北的白牛厂勘查区及外围仅发现白牛厂矿床和茅山洞锑矿点(图2-7)。茅山洞锑矿点位于白牛厂矿床西部。锑矿体沿F_{41}断裂及旁侧次级张性裂隙分布。赋矿岩性主要为下泥盆统硅化中粒石英砂岩、次生硅质岩。矿体沿走向断续长约750m,倾向延深一般60~80m,厚度小于3.5m,Sb品位一般为3%~10%,少数可达30%~60%。矿体多呈透镜状、囊状、脉状,在走向及倾向上均有收缩膨大尖灭再现现象。矿体围岩蚀变发育,主要表现为硅化、重晶石化,次为褐铁矿化、次生石英岩化、黄铁矿化,此外还有绢云母化、叶蜡石化等。

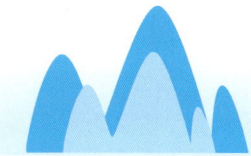

第三章 构造-岩浆事件厘定

区域内主要表现为海西期基性岩浆喷发及燕山期酸性岩浆侵入,其产物有东部的上二叠统峨眉山玄武岩,东南部的薄竹山花岗岩、白牛厂银多金属矿区隐伏花岗岩及一些零星分布的花岗斑岩、二长岩、辉绿岩脉等。薄竹山复式岩体在区域上呈纺锤状沿北西向展布,有学者将薄竹山花岗岩体分为两期侵入,第一期为中粒黑云母二长花岗岩,侵入时代为114~97Ma;第二期为细粒黑云母二长花岗岩,侵入时代大致在79~48Ma之间(解洪晶等,2009)。此外,亦有根据岩石谱系单位将薄竹山岩体划分为23个侵入体,7个单元,并划归为陈家寨序列、薄竹山序列和一个独立单元(张世涛等,1997)。薄竹山复式岩体岩石类型主要为黑云母二长花岗岩,岩石学、年代学、岩石地球化学特征显示,薄竹山复式花岗岩体为S型花岗岩,形成时代为115.4~48Ma,岩体具一期结构向二期结构和微花岗岩结构演化的趋势,其成分由偏基性向偏酸性、碱性方向演化(张世涛等,1997)。本研究采用陈家寨序列、薄竹山序列和一个独立单元的方案对薄竹山岩体进行划分,结合白牛厂银多金属矿床的隐伏岩体进行对比研究分析。

第一节 薄竹山二长花岗岩

一、岩相学特征

薄竹山花岗岩体位于白牛厂银多金属矿床南东约10km处,侵位于薄竹山穹隆,呈粗纺锤状沿北西向展布,长轴约18km,短轴约10km,出露面积约120km²。岩体主要由中粒黑云母二长花岗岩构成。岩石具半自形粒状结构,主要造岩矿物为钾长石(30%~38%)、斜长石(26%~48%)、石英(20%~30%)、黑云母(5%~12%),副矿物有磷灰石、锆石、榍石,金属矿物有金红石、钛铁矿、磁铁矿、黄铜矿、白钨矿、辉钼矿等。由早至晚出现石英含量增高、斜长石及黑云母含量由高变低的变化。围绕薄竹山花岗岩体有锡铜银等多金属矿床分布,矿床类型以岩浆热液型、矽卡岩型为主。自岩体接触带向外,成矿元素具锡、钨、铜、铅锌、银、锑等分带特征。

1. 陈家寨序列

所作底单元($K_{1-2}S$):为陈家寨序列早期单元,单元内围岩捕房体具强烈矽卡岩化、硅化;部分地段发育较特殊的龟裂纹构造。与寒武系冲庄组、大丫口组、龙哈组呈侵入接触,接触面倾向围岩,倾角中等;内接触带常见白色细粒二长花岗岩冷凝边;围岩产生强烈的接触变质作用。

该单元可分为两个岩性带,两岩性带之间无明显的界线,在30~80m范围内渐变。岩性带边部为灰色—灰白色细中粒黑云母二长花岗岩,具似斑状结构,基质为细、中粒半自形粒状结构(图3-1a)。斑晶大小为(0.6~1.0)cm×(0.8~2.5)cm,含量5%~8%,为板状、板粒状钾长石;基质粒径1.5~3mm,矿物组分为钾长石(15%~30%)、斜长石(27%~45%)、石英(25%~30%)、黑云母(9%~12%)及少量磷灰石、锆石、磁铁矿等(图3-1f)。

岩性带中心为灰白色—淡肉红色中粒少斑—似斑状黑云母二长花岗岩,具似斑状结构,基质为中粒半自形粒状结构。斑晶大小(0.5~1.0)cm×(0.6~2.0)cm,含量6%~12%,为板状钾微长石,部分显肉红色,矿物成分与前一岩带基本一致。

洋芋树单元($K_{1-2}Y$):该单元呈脉动侵入所作底单元之中,常含所作底单元捕虏体;沿接触带早次单元发育硅化蚀变带,本单元部分发育浅色细粒冷凝边。

岩性为灰白色—浅肉红色中粒似斑状黑云母二长花岗岩,似斑状结构,块状构造,基质为中粒半自形粒状。斑晶大小(0.5~1.2)cm×0.8cm,含量6%~15%,由板状、板粒状钾长石组成;基质粒径2~3mm,矿物成分为钾长石(25%~35%)、斜长石(26%~36%),石英(28%~30%)、黑云母(7%~10%)及少量磷灰石、锆石、磁铁矿等。

大山单元($K_{1-2}D$):分布在菖蒲塘和腰店地区,与寒武系呈侵入接触关系,岩性为灰白色—淡肉红色中粒少斑状黑云母二长花岗岩,具似斑状结构,块状构造,基质为中粒半自形粒状结构,斑晶大小(0.4~1)cm×(0.5~2)cm,含量5%~8%,为板状钾长石;基质粒径以2~3mm为主(图3-1b)。矿物成分为钾长石(27%~43%)、斜长石(20%~33%)、石英(28%~32%)、黑云母(5%~10%)及少量磷灰石、锆石、磁铁矿等(图3-1g)。岩石发育石英脉体,脉体中局部可见电气石(图3-1e)。

Qz. 石英;Bi. 黑云母;Pl. 斜长石;Kf. 钾长石;Tou. 电气石;Cp. 黄铜矿;Py. 黄铁矿;Sph. 闪锌矿;Ga. 方铅矿;Ars. 毒砂

图3-1 薄竹山岩浆岩特征及显微照片

a、b. 黑云母二长花岗岩(官房矿床);c、d. 黑云母二长花岗岩(陈家寨);e、f. 黑云母二长花岗岩(菖蒲塘);g、h、i、j. 黑云母二长花岗岩(东瓜林);k、l. 黑云母二长花岗岩(烂泥塘)

2. 薄竹山序列

薄竹山序列分布于菖蒲塘北东—铁厂—大风垭口一带,仅出露雷达站、分水岭两个单元。现由老到新叙述如下。

雷达站单元(K_2Ld):在菖蒲塘北西一带与冲庄组呈侵入接触,在围岩中产生热接触变质作用。超动侵入陈家寨序列洋芋树单元、大山单元,沿接触带早期单元发生烘烤蚀变,该单元部分发育浅色细粒花岗岩冷凝边。内部多见早期单元的捕虏体。

岩性为灰白色细中粒黑云母二长花岗岩，具细中粒(1~3mm)半自形粒状结构，块状构造，矿物成分为钾长石(23%~38%)、斜长石(25%~37%)、石英(21%~30%)、黑云母(7%~10%)及少量磷灰石、锆石、磁铁矿等，偶见细小的黑云母斜长质包体。

分水岭单元(K_2F)：超动侵入陈家寨序列洋芋树单元，涌动侵入雷达站单元。超动型接触带上之早期单元发育烘烤蚀变带，该单元内含早期单元捕虏体；涌动型接触带上发育约3cm宽的混合带。

岩性为灰白色中细粒似斑状黑云母二长花岗岩，似斑状结构，块状构造，基质为中细粒半自形粒状结构。斑晶大小(0.4~1.5)cm×(0.6~2)cm，含量12%~15%，为板粒状钾长石，基质粒径1~4mm，矿物成分为钾长石(28%~40%)、斜长石(22%~34%)、石英(20%~34%)、黑云母(5%~10%)及少量磷灰石、锆石、磁铁矿等。

二、薄竹山岩体地球化学特征

1. 主量元素特征

岩石地球化学分析结果见表3-1，二长花岗岩样品14件，二长花岗岩有如下地球化学特征。SiO_2含量为67.41%~75.22%，平均69.81%，属于酸性岩范畴。Na_2O含量介于0.46%~3.47%之间，平均2.43%。K_2O总体含量较高，为0.42%~6.06%，平均4.97%。全碱Na_2O+K_2O含量变化范围为4.27%~8.87%，平均6.84%，在TAS图解上(图3-2a)，样品落入花岗岩范围内；全碱Na_2O+K_2O含量为6.77%~8.02%，K_2O/Na_2O在0.96~1.29之间，属于高钾钙碱性系列(图3-2b)；铝饱和指数(A/CNK)为1.08~1.13，在A/NK-A/CNK图解中(图3-2c)，样品主要落于过铝质岩石区域内。黑云母二长花岗岩分异指数(DI)为78.29~91.25，固结指数(SI)为1.85~12.35，岩浆分异程度中等。

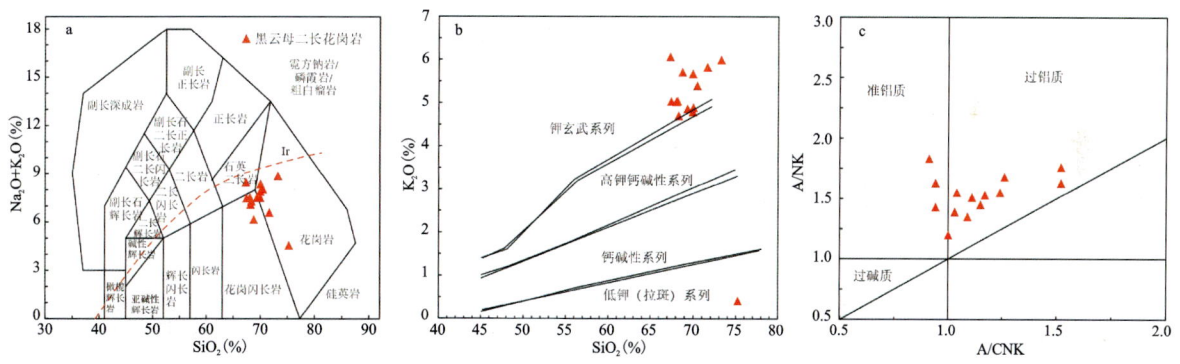

图3-2 薄竹山地区花岗岩(Na_2O+K_2O)-SiO_2(TAS)图解(a，底图据Middlemost，1994)、K_2O-SiO_2图解(b，底图据Peccerillo and Taylor，1976)和A/NK-A/CNK图解(c，底图据Maniar and Piccoli，1989)

2. 微量及稀土元素特征

微量及稀土元素分析结果见表3-1。黑云母二长花岗岩稀土元素总量ΣREE为(85.70~313.75)×10^{-6}，轻稀土元素含量LREE为(70.15~276.25)×10^{-6}，重稀土元素含量HREE为(6.47~16.51)×10^{-6}，LREE/HREE为7.75~27.30，$(La/Yb)_N$为7.42~69.93，δEu为0.47~0.69，δCe为0.86~1.02。球粒陨石标准化稀土元素配分图中(图3-3a)，总体表现为右倾型，LREE富集，HREE亏损，轻、重稀土元素分异明显。在原始地幔标准化微量元素蛛网图上(图3-3b)，样品富集Rb、Th、K等大离子亲石元素，亏损Ba、Nb、Sr、P、Ti等高场强元素。

表 3-1　薄竹山地区花岗岩样品主量元素（%）、微量元素（×10⁻⁶）和稀土元素（×10⁻⁶）特征

样品	BNC22-23	BNC22-24	BNC22-80	BNC22-108	BNC22-111	BNC22-113	BNC22-39	BNC22-46	BNC22-50	BNC22-55	BNC22-59	BNC22-64	BZS23-3	BZS-D4-B1	CPT-b3	BZS-D12-B2	BZS-D9-B2	gf-b12	LNT-b2	BZS-D1-b5
矿床	白牛厂	白牛厂	白牛厂	白牛厂	白牛厂	白牛厂	白牛厂	白牛厂	白牛厂	白牛厂	白牛厂	白牛厂	雷达站	雷达站	菖蒲塘	菖蒲塘	官房	官房	烂泥塘	烂泥塘
岩性	花岗斑岩	花岗斑岩	花岗斑岩	花岗斑岩									二长花岗岩	二长花岗岩						
主量元素（%）																				
SiO_2	66.65	59.12	63.08	61.10	64.75	65.00	67.41	68.28	68.72	70.42	71.59	67.28	68.01	69.31	69.98	73.18	75.22	69.92	69.92	68.15
Al_2O_3	13.38	15.02	13.69	14.44	15.43	14.79	14.35	14.85	11.28	14.13	12.70	15.12	14.85	14.75	14.88	13.41	13.29	14.95	14.99	15.52
CaO	3.84	2.61	0.48	0.98	0.54	3.20	2.22	2.83	2.99	2.14	1.48	3.25	1.67	1.92	1.75	1.29	4.18	1.77	0.75	1.10
MgO	1.11	1.99	1.16	1.44	1.20	1.43	1.60	1.17	1.58	0.99	0.64	1.20	1.05	0.95	0.97	0.19	0.27	0.94	0.88	0.90
K_2O	4.16	5.81	3.74	6.81	4.59	5.27	5.03	4.70	5.71	5.39	5.82	6.06	5.03	4.86	4.89	5.99	0.42	4.79	5.67	5.04
Na_2O	0.11	0.21	2.16	0.00	0.25	0.26	2.46	2.59	0.46	2.64	0.78	2.42	2.50	2.67	3.47	2.88	4.14	3.11	1.85	2.04
TiO_2	0.54	1.33	0.64	0.63	0.70	0.70	0.82	0.53	0.38	0.48	0.25	0.57	0.55	0.49	0.47	0.47	0.17	0.38	0.45	0.51
P_2O_5	0.26	0.49	0.32	0.34	0.36	0.35	0.30	0.24	0.18	0.22	0.11	0.25	0.28	0.28	0.24	0.07	0.16	0.26	0.30	0.28
MnO	0.11	0.10	0.21	0.09	0.08	0.05	0.06	0.05	0.35	0.04	0.14	0.05	0.11	0.07	0.05	0.07	0.11	0.04	0.04	0.09
LOI	5.94	5.73	4.95	4.44	4.20	3.54	1.36	1.26	4.10	0.64	2.24	0.70	1.25	0.54	0.49	0.64	0.19	0.87	1.96	1.74
FeO	1.22	3.38	1.72	2.44	2.62	1.54	2.73	2.23	2.80	1.94	2.59	1.94	2.46	2.37	1.87	0.92	0.83	1.69	1.54	2.62
Fe_2O_3	1.98	3.24	6.11	3.39	2.51	2.59	2.73	0.88	0.88	0.53	0.69	1.94	1.08	0.58	0.66	0.19	0.39	0.59	0.82	0.87
TFe_2O_3	3.33	6.99	8.03	6.10	5.43	4.31	4.16	3.36	3.99	2.69	3.57	2.56	3.81	3.21	2.74	1.21	1.31	2.47	2.54	3.78
总计	99.43	99.40	98.45	96.37	97.53	98.90	99.77	99.87	99.74	99.77	99.32	99.45	99.09	99.05	99.93	99.41	99.45	99.51	99.35	99.16
DI	69.96	67.30	77.50	76.65	76.70	70.80	76.97	77.86	75.32	82.72	82.61	77.65	81.12	81.49	84.26	91.18	78.86	83.84	86.07	81.70
Na_2O+K_2O	4.27	6.01	5.89	6.81	4.84	5.53	7.49	7.29	6.17	8.03	6.60	8.48	7.53	7.53	8.36	8.87	4.56	7.90	7.52	7.08
A/NK	2.86	2.27	1.80	1.96	2.87	2.41	1.51	1.55	1.63	1.39	1.68	1.43	1.55	1.53	1.35	1.20	1.83	1.45	1.63	1.76
A/CNK	1.20	1.46	1.77	1.72	2.78	1.32	1.11	1.04	0.94	1.03	1.26	0.94	1.24	1.17	1.09	1.00	0.91	1.15	1.52	1.52
微量元素（×10⁻⁶）和稀土元素（×10⁻⁶）																				
Li	22.18	34.40	33.91	35.88	29.88	28.88	30.31	26.39	47.09	24.61	34.93	26.20	93.29	97.86	47.80	19.26	6.26	89.90	80.14	91.37
Be	5.29	3.04	3.34	3.65	3.67	4.83	5.57	6.59	5.75	7.85	3.88	6.91	6.43	7.51	9.93	13.08	59.12	13.52	4.86	6.34

续表 3-1

样品	BNC22-23	BNC22-24	BNC22-80	BNC22-108	BNC22-111	BNC22-113	BNC22-39	BNC22-46	BNC22-50	BNC22-55	BNC22-59	BNC22-64	BZS-23-3	BZS-D4-B1	CPT-b3	BZS-D12-B2	BZS-D9-B2	gf-b12	LNT-b2	BZS-D1-b5
V	38.77	99.27	65.03	63.92	67.52	68.88	66.66	48.40	35.02	42.92	19.70	53.68	46.09	44.40	47.94	8.58	27.83	34.00	35.00	47.65
Sc	6.46	10.89	9.19	9.21	10.39	10.14	8.20	7.28	5.47	7.32	4.12	7.88	7.10	6.94	6.11	1.99	3.01	5.61	5.75	7.53
Cr	22.77	17.77	22.60	22.45	20.92	23.39	19.94	21.98	10.83	18.29	9.20	17.44	26.30	21.40	21.09	16.20	16.80	12.81	13.57	35.90
Co	2.96	17.45	3.54	7.14	13.88	4.86	10.78	7.17	4.18	6.67	3.92	5.59	7.85	7.22	7.78	1.90	2.02	5.82	8.06	8.04
Ni	9.06	14.77	7.80	11.69	7.68	8.82	11.30	7.89	8.58	6.49	3.04	4.49	9.38	7.37	8.46	2.41	3.44	5.49	8.23	9.60
Cu	120.10	236.90	142.68	266.46	140.52	120.91	10.17	12.86	3.57	15.20	402.26	12.51	4.33	3.49	8.69	6.38	13.02	1.12	1.27	8.63
Zn	402.98	136.85	4 384.44	53.11	715.75	633.81	58.41	60.01	115.60	40.58	288.73	46.19	62.15	55.63	58.26	23.10	20.47	27.57	43.44	54.01
Ga	23.84	30.64	24.75	22.92	30.49	26.67	25.14	26.29	23.94	24.84	18.24	25.97	22.98	23.83	26.77	18.88	26.78	26.76	29.06	24.49
Rb	376.61	361.68	316.23	381.98	370.86	329.30	284.52	273.50	432.00	308.54	387.81	330.03	279.50	280.50	377.37	438.85	15.91	383.74	338.79	288.08
Sr	59.84	226.91	11.36	209.50	17.70	99.57	267.62	320.85	121.15	275.33	108.95	400.40	240.65	246.36	229.29	84.37	441.66	200.03	160.98	163.80
Y	14.44	23.36	19.00	19.92	23.25	22.41	20.02	19.41	15.39	19.12	15.34	20.98	18.87	17.33	14.11	9.08	20.49	17.29	9.39	17.16
Zr	176.24	260.14	218.42	227.97	237.49	226.85	191.61	198.97	139.16	200.27	111.79	205.84	201.00	188.00	146.21	53.94	93.00	144.16	176.67	195.00
Nb	12.67	22.08	27.15	27.76	27.89	29.17	29.90	35.10	16.80	35.75	20.12	36.29	26.73	25.65	28.64	20.96	30.25	28.38	22.36	24.99
Cd	2.69	0.67	18.65	0.21	2.90	3.69	0.09	0.23	0.84	0.18	2.32	0.41	0.04	0.03	0.12	0.03	0.04	0.24	0.14	0.03
Sn	67.30	13.32	116.71	62.80	236.79	131.18	3.93	5.18	30.06	7.80	62.95	18.87	7.83	7.74	6.34	5.49	4.00	11.93	7.16	7.82
Cs	17.50	30.55	16.40	22.84	22.17	24.96	30.94	23.17	21.07	18.07	21.34	22.34	33.67	37.39	58.57	37.72	2.09	45.67	23.05	29.89
Ba	988.42	1 089.47	523.89	620.95	515.82	1 283.31	855.36	844.78	627.23	958.40	633.84	1 485.42	950.61	724.84	751.49	219.60	154.45	639.83	820.47	733.29
La	68.77	105.27	99.54	82.53	138.34	104.19	69.53	82.48	60.80	77.00	44.25	75.77	64.77	73.81	60.68	17.92	25.44	64.33	76.65	70.71
Ce	116.86	168.25	176.89	153.98	248.83	183.74	116.95	132.07	96.83	121.97	71.91	124.34	117.44	133.62	100.35	33.14	50.74	103.58	125.94	131.32
Pr	13.72	20.97	18.68	16.43	25.66	19.73	14.22	15.59	11.70	14.65	8.87	16.02	13.21	14.64	12.57	3.70	5.88	13.48	15.72	14.75
Nd	45.03	67.31	64.17	56.13	85.47	66.07	47.06	50.80	37.88	46.55	29.21	50.17	45.44	49.38	38.80	12.76	21.54	41.97	48.08	50.65
Sm	7.11	10.62	9.79	8.87	12.09	10.43	7.64	7.76	6.12	7.28	5.30	8.52	7.82	8.36	6.36	2.30	4.54	7.23	7.63	8.87
Eu	0.98	2.30	0.94	1.84	1.22	1.72	1.46	1.35	1.39	1.33	0.86	1.44	1.30	1.26	1.06	0.33	0.63	1.13	1.17	1.21
Gd	5.00	7.55	6.92	6.49	8.27	7.21	5.47	5.41	4.38	5.16	3.85	5.66	5.72	5.78	4.20	1.78	3.71	5.11	4.59	6.32
Tb	0.63	0.99	0.83	0.80	1.00	0.90	0.74	0.72	0.59	0.71	0.54	0.77	0.74	0.73	0.55	0.27	0.58	0.73	0.53	0.79
Dy	3.56	5.30	4.24	4.25	5.13	4.68	4.39	4.27	3.40	4.19	3.31	4.39	3.86	3.68	2.96	1.66	3.65	3.94	2.54	3.84
Ho	0.61	0.92	0.72	0.76	0.92	0.85	0.78	0.76	0.58	0.75	0.61	0.82	0.67	0.65	0.53	0.32	0.71	0.66	0.40	0.67
Er	1.53	2.20	2.03	2.12	2.55	2.35	2.00	1.96	1.50	1.92	1.55	2.01	1.86	1.76	1.30	0.99	2.21	1.51	0.91	1.77

续表 3-1

样品	BNC22-23	BNC22-24	BNC22-80	BNC22-108	BNC22-111	BNC22-113	BNC22-39	BNC22-46	BNC22-50	BNC22-55	BNC22-59	BNC22-64	BZS-23-3	BZS-D4-B1	CPT-b3	BZS-D12-B2	BZS-D9-B2	gf-b12	LNT-b2	BZS-D1-b5
Tm	0.22	0.29	0.30	0.32	0.37	0.35	0.28	0.28	0.21	0.27	0.23	0.29	0.28	0.26	0.19	0.17	0.39	0.21	0.12	0.26
Yb	1.57	2.15	1.79	1.88	2.19	2.08	2.10	2.17	1.55	1.94	1.71	2.21	1.61	1.54	1.32	1.13	2.46	1.55	0.86	1.58
Lu	0.28	0.34	0.24	0.26	0.29	0.27	0.34	0.37	0.27	0.32	0.30	0.36	0.22	0.20	0.21	0.15	0.32	0.24	0.13	0.20
Hf	4.85	6.07	4.93	4.43	6.25	4.72	5.62	6.07	4.10	5.94	3.50	6.00	6.27	4.99	4.48	1.42	2.98	4.50	5.52	5.19
Ta	1.22	1.61	1.88	1.82	1.97	1.99	2.61	2.74	1.62	2.66	1.77	2.76	2.20	2.03	3.05	4.82	3.82	3.53	1.83	1.95
Tl	2.98	2.78	3.02	3.66	3.69	3.54	1.39	1.53	2.82	1.64	2.35	1.53	1.62	1.55	1.99	2.19	0.27	2.19	2.02	1.65
Pb	763.19	91.64	4 124.15	65.59	1 285.06	75.67	34.03	69.96	86.16	45.10	44.36	29.96	45.04	46.14	45.69	42.76	12.03	52.16	52.42	50.08
Th	33.45	36.23	36.23	33.90	47.79	40.37	33.19	44.03	27.12	41.42	32.27	40.09	29.93	33.68	22.26	7.25	13.36	29.91	35.66	35.80
U	7.68	6.05	6.43	6.48	7.30	7.06	7.21	12.48	7.46	8.94	10.56	10.76	5.15	5.15	11.24	7.69	27.28	12.72	5.19	7.56
K	34 515.6	48 201.34	31 000.85	56 483.62	38 062.34	43 729.79	41 771.49	40 676.17	47 364.26	44 742.13	48 326.81	50 293.40	41 738.30	40 327.66	40 576.60	49 704.26	3 451.91	39 746.81	47 048.94	41 821.28
P	1 152.9	2 138.6	1 414.6	1 462.6	1 563.1	1 519.4	1 305.4	1 030.4	785.9	938.7	497.7	1 095.92	1 218.17	1 205.07	1 060.99	318.73	685.49	1 148.31	1 327.32	1 209.44
Ti	3 228.86	7 990.75	3 828.00	3 798.00	4 194.00	4 176.00	4 932.00	3 192.00	2 250.00	2 904.00	1 482.00	3 408.00	3 282.00	2 964.00	2 832.00	2 832.00	1 008.00	2 286.00	2 682.00	3 054.00
W	3.90	3.07	7.16	8.17	9.48	9.21	14.7	4.42	5.31	1.81	14	8.34	1.54	1.44	1.50	3.50	13.7	4.85	4.37	2.43
ΣREE	280.31	417.82	406.09	356.57	555.58	426.98	293.00	325.40	242.56	303.15	187.83	313.74	283.81	312.99	245.20	85.72	143.28	262.96	294.67	310.10
LREE/HREE	18.84	18.98	21.65	18.95	24.67	20.64	15.94	18.19	17.22	17.63	13.26	16.74	16.73	19.26	19.50	10.81	7.76	16.61	27.29	17.98
La_N/Yb_N	31.42	35.11	39.81	31.50	45.32	35.94	23.72	27.31	28.10	28.53	18.53	24.61	28.88	34.47	32.89	11.38	7.41	29.73	63.93	32.03
Eu/Eu*	0.50	0.79	0.35	0.74	0.37	0.61	0.69	0.64	0.82	0.66	0.58	0.63	0.59	0.55	0.63	0.49	0.47	0.57	0.61	0.49
Ce/Ce*	0.93	0.88	1.01	1.03	1.02	0.99	0.91	0.90	0.89	0.89	0.89	0.88	0.98	1.00	0.89	1.00	1.02	0.86	0.89	1.00
										锆石饱和温度（℃）										
T_{Zr}	806	845	853	853	888	832	798	798	761	799	774	786	815	805	775	696	729	780	823	831

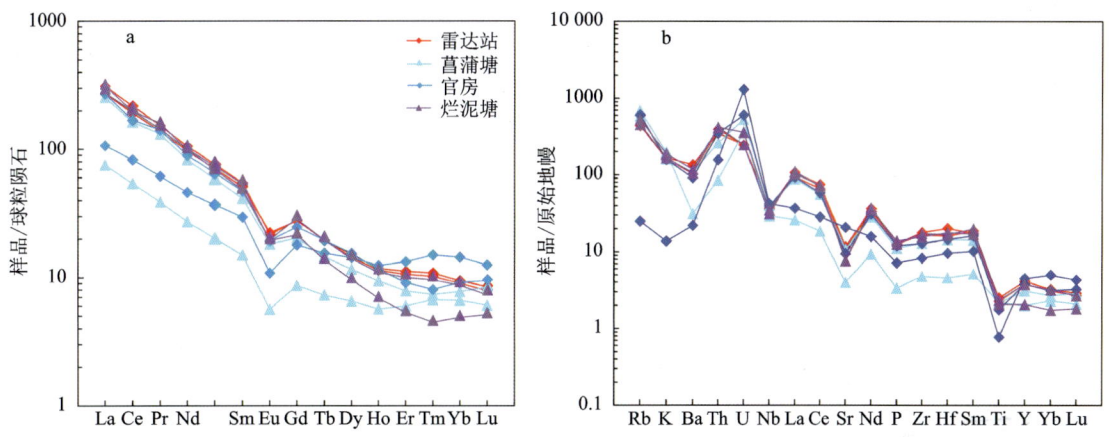

图 3-3 薄竹山地区花岗岩球粒陨石标准化稀土元素配分曲线(a)和原始地幔标准化微量元素蛛网图(b)(球粒陨石和原始地幔标准化值据 Sun and McDonough,1989)

三、薄竹山花岗岩锆石 U-Pb 年代学与 Hf 同位素组成特征

1. 锆石 U-Pb 年代学特征

对薄竹山地区的 5 件样品(CPT-b3、BZS-D9-B2、gf-b12、BZS-D12-B3、LNT-b1)进行 LA-ICP-MS 锆石 U-Pb 定年分析(图 3-4),其中有效数据的锆石共 131 个点,锆石长 90～250μm,长宽比为 1:1～6:1,普遍发育密集振荡环带,属典型岩浆型锆石特征(图 3-4)。具体的分析结果见表 3-2。

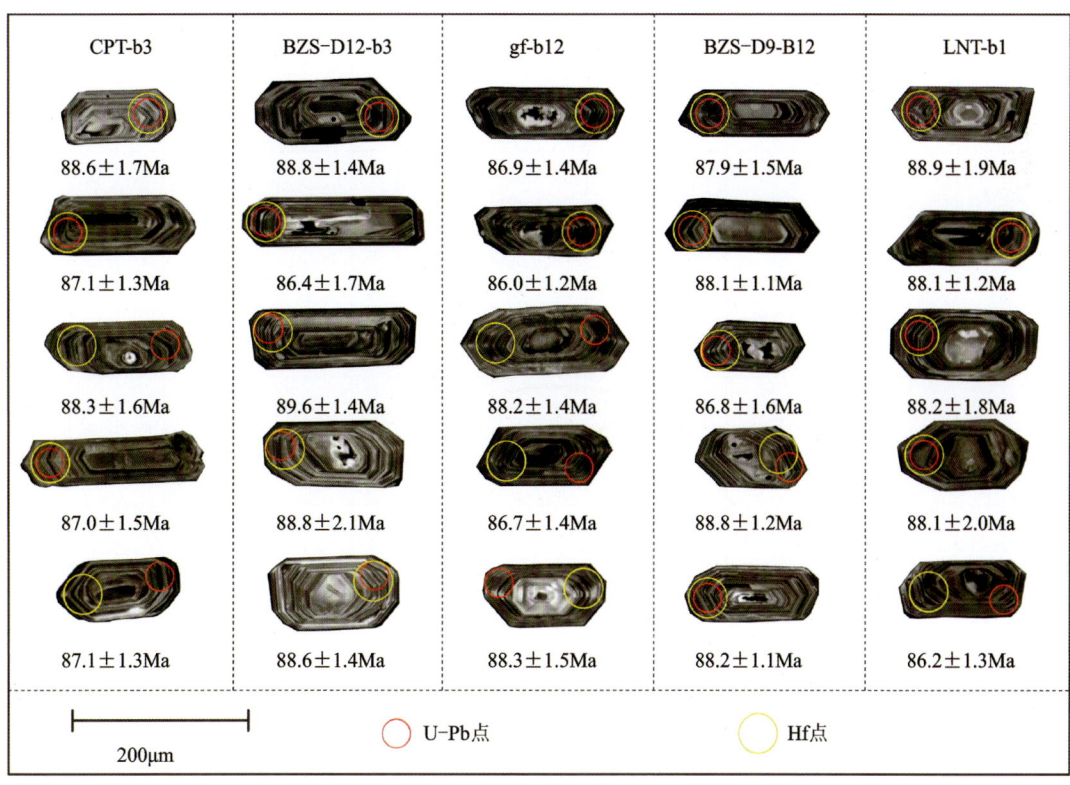

图 3-4 薄竹山地区典型锆石阴极发光(CL)图像

表 3-2 蒲竹山地区花岗岩样品 LA-ICP-MS 锆石 U-Pb 定年数据

点号	含量(×10⁻⁶)			Th/U	同位素比值						同位素年龄					谐和度(%)
	Pb	U	Th		$^{207}Pb/^{206}Pb$	2σ	$^{207}Pb/^{235}U$	2σ	$^{206}Pb/^{238}U$	2σ	$^{207}Pb/^{206}Pb$	2σ	$^{207}Pb/^{235}U$	2σ	$^{206}Pb/^{238}U$	2σ	
CPT-b3,黑云母二长花岗岩																	
1	22.2	1227	504	0.41	0.0471	0.0022	0.0833	0.0037	0.01379	0.00022	38	93	81.6	3.5	88.3	1.4	92
4	30.1	1487	695	0.47	0.0451	0.0019	0.0846	0.0036	0.01383	0.00026	−41	84	82.3	3.3	88.6	1.7	93
6	33.2	1782	759	0.43	0.0465	0.0018	0.0853	0.0034	0.0136	0.00021	31	82	83	3.2	87.1	1.3	95
8	23.56	1536	543.9	0.35	0.0477	0.002	0.092	0.0038	0.01374	0.00024	65	87	89.2	3.6	88	1.5	99
9	33.7	1718	801	0.47	0.046	0.0021	0.0962	0.0047	0.01382	0.00032	17	98	93.1	4.3	88.5	2	95
10	19.9	1633	444.9	0.27	0.0475	0.0024	0.0945	0.0048	0.0138	0.00025	60	100	91.5	4.4	88.3	1.6	96
14	32.2	1183	768	0.65	0.0475	0.0025	0.0845	0.0045	0.01345	0.00022	70	110	82	4.2	86.1	1.4	95
15	12.69	1199	289.2	0.25	0.0496	0.0023	0.0872	0.0039	0.01359	0.00024	151	98	84.8	3.7	87	1.5	97
16	19.29	1574	444	0.28	0.0482	0.0017	0.0867	0.0032	0.01374	0.00022	91	74	84.3	2.9	87.9	1.4	96
18	13.38	1124	320.7	0.29	0.0492	0.0023	0.0894	0.004	0.01366	0.00023	120	96	86.7	3.8	87.5	1.5	99
19	35	1603	827	0.52	0.0463	0.002	0.0819	0.0035	0.0136	0.00021	8	87	80.4	3.1	87.1	1.3	92
20	66.6	1974	1570	0.80	0.0481	0.0021	0.0909	0.0039	0.01386	0.00022	89	93	88.2	3.7	88.7	1.4	99
22	26.8	1010	611.9	0.61	0.0471	0.0029	0.086	0.0055	0.01381	0.00023	40	130	83.6	5.1	88.4	1.4	94
24	16.46	2193	397.6	0.18	0.0454	0.0021	0.0888	0.0043	0.0138	0.00029	−28	93	86.2	4	88.3	1.9	98
25	23.22	1145	564.8	0.49	0.0455	0.0024	0.0897	0.0048	0.01393	0.00022	−40	100	87	4.4	89.1	1.4	98
BZS-D12-B3,黑云母二长花岗岩																	
1	18.54	1630	439.3	0.27	0.0528	0.0026	0.1021	0.0049	0.01392	0.00023	270	100	98.5	4.5	89.1	1.5	90
2	28	1712	676	0.39	0.0562	0.0024	0.0984	0.0044	0.01372	0.00024	421	93	95.1	4.1	87.8	1.5	92
6	51.4	1701	1286	0.76	0.0551	0.0026	0.0961	0.0044	0.01388	0.00022	400	96	93.1	4.1	88.8	1.4	95
9	30.7	2059	735	0.36	0.0529	0.0026	0.089	0.004	0.01355	0.00027	290	110	86.5	3.7	86.4	1.7	100

续表 3-2

点号	含量（×10⁻⁶）			Th/U	同位素比值							同位素年龄					谐和度（%）
	Pb	U	Th		$^{207}Pb/^{206}Pb$	2σ	$^{207}Pb/^{235}U$	2σ	$^{206}Pb/^{238}U$	2σ	$^{207}Pb/^{206}Pb$	2σ	$^{207}Pb/^{235}U$	2σ	$^{206}Pb/^{238}U$	2σ	
15	28.4	1597	630	0.39	0.041 7	0.001 8	0.082 4	0.003 6	0.013 88	0.000 23	−193	80	80.2	3.3	88.9	1.5	90
16	32.5	1921	741	0.39	0.043 6	0.002 2	0.084 6	0.004	0.013 73	0.000 33	−105	99	82.4	3.7	87.9	2.1	94
18	36	1924	831	0.43	0.044 5	0.001 9	0.089 1	0.003 9	0.014	0.000 22	−67	82	86.6	3.6	89.6	1.4	97
19	8.91	1889	211	0.11	0.043 5	0.001 5	0.090 1	0.003	0.014 05	0.000 22	−113	67	87.5	2.8	89.9	1.4	97
20	13.57	1234	306	0.25	0.045 2	0.002	0.092 1	0.003 6	0.013 98	0.000 23	−44	85	89.3	3.4	89.5	1.4	100
21	44.7	1993	1010	0.51	0.046 4	0.002 2	0.090 8	0.004 4	0.013 97	0.000 23	14	99	88.2	4.1	89.4	1.5	99
22	11.39	1549	266.3	0.17	0.043 9	0.001 8	0.087 8	0.003 5	0.013 89	0.000 19	−96	78	85.3	3.3	88.9	1.2	96
23	38.1	1533	912	0.59	0.045 8	0.002 6	0.098 6	0.006 1	0.013 87	0.000 34	10	120	95.3	5.6	88.8	2.1	93
24	23.21	1117	565	0.51	0.047	0.001 9	0.094 4	0.004 2	0.013 83	0.000 21	38	84	91.4	3.9	88.6	1.4	97
25	33.6	1302	816	0.63	0.046 9	0.002 4	0.090 6	0.004 4	0.013 81	0.000 23	40	100	87.9	4.1	88.4	1.5	99
gf-b12，黑云母二长花岗岩																	
1	26.4	1771	641	0.36	0.048 5	0.002 1	0.093 3	0.004	0.013 58	0.000 22	109	91	90.5	3.7	86.9	1.4	96
4	30.4	1796	770	0.43	0.049 7	0.001 9	0.099	0.003 8	0.013 73	0.000 22	161	84	95.7	3.6	87.9	1.4	92
6	22.7	1833	548	0.30	0.048 1	0.002	0.096 9	0.004 2	0.013 53	0.000 2	87	88	93.7	3.9	86.7	1.3	92
11	20.1	1537	482	0.31	0.047 9	0.001 8	0.098 5	0.003 8	0.013 65	0.000 19	76	77	95.2	3.5	87.4	1.2	91
13	16.61	1275	384.8	0.30	0.048 4	0.002 7	0.092 8	0.005 2	0.013 66	0.000 25	90	110	89.9	4.9	87.5	1.6	97
14	21.9	1502	531	0.35	0.048 8	0.002 3	0.089 5	0.004 3	0.013 54	0.000 22	114	97	86.9	4	86.7	1.4	100
15	21.4	1569	521	0.33	0.048 7	0.002	0.090 2	0.003 6	0.013 44	0.000 19	110	85	87.5	3.4	86	1.2	98
16	24.4	1936	581	0.30	0.049 1	0.001 7	0.096 4	0.003 4	0.013 78	0.000 22	132	75	93.3	3.1	88.2	1.4	94
17	29.3	1605	704	0.44	0.051 4	0.002 4	0.093 1	0.003 7	0.013 52	0.000 25	222	97	90.3	3.4	86.6	1.6	96
18	28.1	1842	651	0.35	0.050 5	0.001 9	0.095 1	0.003 5	0.013 55	0.000 21	187	79	92.1	3.2	86.7	1.4	94
20	37	2001	863	0.43	0.051	0.002 1	0.099 5	0.004 2	0.013 6	0.000 28	215	88	96.1	3.8	87.1	1.8	90

续表 3-2

点号	含量(×10⁻⁶)			Th/U	同位素比值						同位素年龄						谐和度(%)
	Pb	U	Th		$^{207}Pb/^{206}Pb$	2σ	$^{207}Pb/^{235}U$	2σ	$^{206}Pb/^{238}U$	2σ	$^{207}Pb/^{206}Pb$	2σ	$^{207}Pb/^{235}U$	2σ	$^{206}Pb/^{238}U$	2σ	
21	24.3	2103	594	0.28	0.049 5	0.001 8	0.093	0.003 5	0.013 54	0.000 22	161	81	90.7	3.1	86.7	1.4	95
24	34.2	2055	795	0.39	0.049 7	0.001 8	0.099 7	0.003 7	0.013 79	0.000 24	156	77	96.4	3.4	88.3	1.5	91
BZS-D9-B2,黑云母二长花岗岩																	
4	26.4	1842	654	0.36	0.050 7	0.002 3	0.093 8	0.004 1	0.013 82	0.000 22	204	99	91	3.8	88.5	1.4	97
6	47.2	1709	1174	0.69	0.051 3	0.002 4	0.096 8	0.004	0.013 76	0.000 23	216	97	93.7	3.7	88.1	1.5	94
7	19.3	2033	462	0.23	0.049 8	0.001 9	0.093 7	0.003 5	0.013 72	0.000 23	166	80	90.8	3.3	87.9	1.5	97
9	20.5	1797	445	0.25	0.048 4	0.001 9	0.091 4	0.003 4	0.013 79	0.000 25	107	85	88.7	3.2	88.3	1.6	100
10	22.5	1603	547.6	0.34	0.047 8	0.002 2	0.089 6	0.004 1	0.013 45	0.000 23	79	97	87	3.9	86.1	1.4	99
11	28.4	2035	694	0.34	0.046 1	0.001 7	0.088 1	0.003 4	0.013 75	0.000 17	4	75	85.6	3.2	88.1	1.1	97
12	21.66	1463	537	0.37	0.046 8	0.001 7	0.093 2	0.003 5	0.013 91	0.000 19	29	72	90.3	3.3	89.1	1.2	99
13	32.5	1897	784	0.41	0.050 9	0.002 7	0.093 5	0.004 5	0.013 56	0.000 26	210	110	90.7	4.2	86.8	1.6	96
16	58.5	2091	1301	0.62	0.048 2	0.001 7	0.095 2	0.003 2	0.013 87	0.000 19	94	73	92.2	3	88.8	1.2	96
18	25.9	1717	637.5	0.37	0.046 1	0.002 2	0.086 7	0.004 2	0.013 59	0.000 17	3	95	84.3	4	87	1.1	97
21	15.74	1099	383	0.35	0.044 6	0.002 3	0.088 7	0.004 6	0.014 01	0.000 21	−70	99	86.1	4.3	89.7	1.4	96
22	31.4	1684	761	0.45	0.045 6	0.001 6	0.090 1	0.003 2	0.013 77	0.000 18	−18	73	87.5	3	88.2	1.1	99
23	24.1	1603	583	0.36	0.044 3	0.002 4	0.085 2	0.004 2	0.013 76	0.000 21	−80	100	83.8	4.3	88.1	1.4	95
24	27.3	2901	663	0.23	0.044 9	0.001 8	0.084 3	0.003 7	0.013 39	0.000 26	−47	79	82.1	3.5	85.7	1.7	96
25	21.58	1349	450.4	0.33	0.049 6	0.002 5	0.094 7	0.004 6	0.013 84	0.000 21	150	110	91.8	4.3	88.6	1.3	96
LNT-b1,黑云母二长花岗岩																	
1	50.9	1628	1215	0.75	0.044 1	0.002	0.092 3	0.004 6	0.013 89	0.000 3	−84	92	89.5	4.2	88.9	1.9	99
2	27.2	1870	651	0.35	0.045 7	0.001 6	0.094 5	0.003	0.013 79	0.000 25	−4	71	91.6	2.8	88.3	1.6	96
3	29.12	1393	689	0.49	0.043 4	0.001 6	0.09	0.003 4	0.013 79	0.000 23	−118	73	87.4	3.1	88.3	1.5	99

续表 3-2

点号	含量（×10⁻⁶）			Th/U	同位素比值							同位素年龄						谐和度（%）
	Pb	U	Th		$^{207}Pb/^{206}Pb$	2σ	$^{207}Pb/^{235}U$	2σ	$^{206}Pb/^{238}U$	2σ	$^{207}Pb/^{206}Pb$	2σ	$^{207}Pb/^{235}U$	2σ	$^{206}Pb/^{238}U$	2σ	
4	27.9	1607	668	0.42	0.043 2	0.001 6	0.087 8	0.003 3	0.013 77	0.000 18	−126	72	85.3	3.1	88.1	1.2	97
6	41.9	1663	1007	0.61	0.044 7	0.001 6	0.093 1	0.003 4	0.013 84	0.000 23	−60	72	90.2	3.1	88.6	1.5	98
8	11.46	1171	296	0.25	0.045 8	0.002 7	0.093 5	0.005 3	0.013 76	0.000 33	−20	120	90.6	4.9	88.1	2.1	97
10	34.7	1563	775	0.50	0.047 7	0.002 1	0.089 4	0.004 1	0.013 72	0.000 23	82	96	86.8	3.8	87.8	1.5	99
13	26.4	1065	665	0.62	0.044 3	0.002 5	0.083 3	0.004 7	0.013 77	0.000 28	−80	110	81.1	4.4	88.2	1.8	92
14	28.93	1560	705	0.45	0.046 2	0.001 9	0.092 2	0.003 8	0.013 8	0.000 16	3	82	89.4	3.6	88.4	1	99
15	75	1562	1815	1.16	0.047 7	0.002 4	0.096 4	0.004 7	0.013 68	0.000 27	70	100	93.3	4.3	87.6	1.7	94
16	56.1	1861	1350	0.73	0.045 2	0.001 5	0.092 5	0.003	0.013 78	0.000 2	−26	66	89.7	2.8	88.2	1.3	98
18	12.31	2114	292.3	0.14	0.045 1	0.001 8	0.096 4	0.004 5	0.013 76	0.000 31	−40	79	93.3	4.2	88.1	2	94
19	17.31	1833	403	0.22	0.046 9	0.002 2	0.090 8	0.004 1	0.013 46	0.000 2	37	96	88.2	3.9	86.2	1.3	98
20	17.5	1163	416.5	0.36	0.048 7	0.003	0.093 5	0.005 7	0.013 42	0.000 25	110	130	90.5	5.3	86	1.6	95
22	25.17	2041	615.4	0.30	0.047 7	0.001 5	0.097	0.002 8	0.013 71	0.000 21	74	67	94	2.6	87.8	1.3	93

菖蒲塘矿区的样品 CPT-b3、BZS-D12-B3 中锆石 Th 含量为 $(289.2 \sim 1570) \times 10^{-6}$，U 含量为 $(1010 \sim 2193) \times 10^{-6}$，Th/U 值为 $0.18 \sim 0.80$；加权平均年龄分别为 (87.9 ± 0.8)Ma（加权平均方差 MSWD=0.32，取样数 $n=15$）、(88.8 ± 0.9)Ma（MSWD=0.32，$n=14$）。

官房矿区的样品 gf-b12、BZS-D9-B2 中的锆石 Th 含量为 $(384.8 \sim 863) \times 10^{-6}$，U 含量为 $(1275 \sim 2103) \times 10^{-6}$，Th/U 值为 $0.28 \sim 0.44$；加权平均年龄分别为 (87.1 ± 0.8)Ma（MSWD=0.25，$n=13$）、(88.3 ± 0.7)Ma（MSWD=0.34，$n=13$）。

烂泥塘矿区的样品 LNT-b1 中的锆石 Th 含量为 $(292.3 \sim 1350) \times 10^{-6}$，U 含量为 $(1163 \sim 2114) \times 10^{-6}$，Th/U 值为 $0.14 \sim 1.16$；加权平均年龄为 (87.9 ± 0.7)Ma（MSWD=0.30，$n=15$）。

LA-ICP-MS 锆石 U-Pb 定年结果显示（图 3-5），薄竹山地区岩体的年龄为 (87.1 ± 0.8)Ma、(88.3 ± 0.7)Ma、(87.9 ± 0.7)Ma、(87.9 ± 0.8)Ma 和 (88.8 ± 0.9)Ma，薄竹山地区岩体成岩时代为 $(88.8 \sim 87.1)$Ma，表明岩体形成于晚白垩世，为燕山晚期岩浆活动的产物。

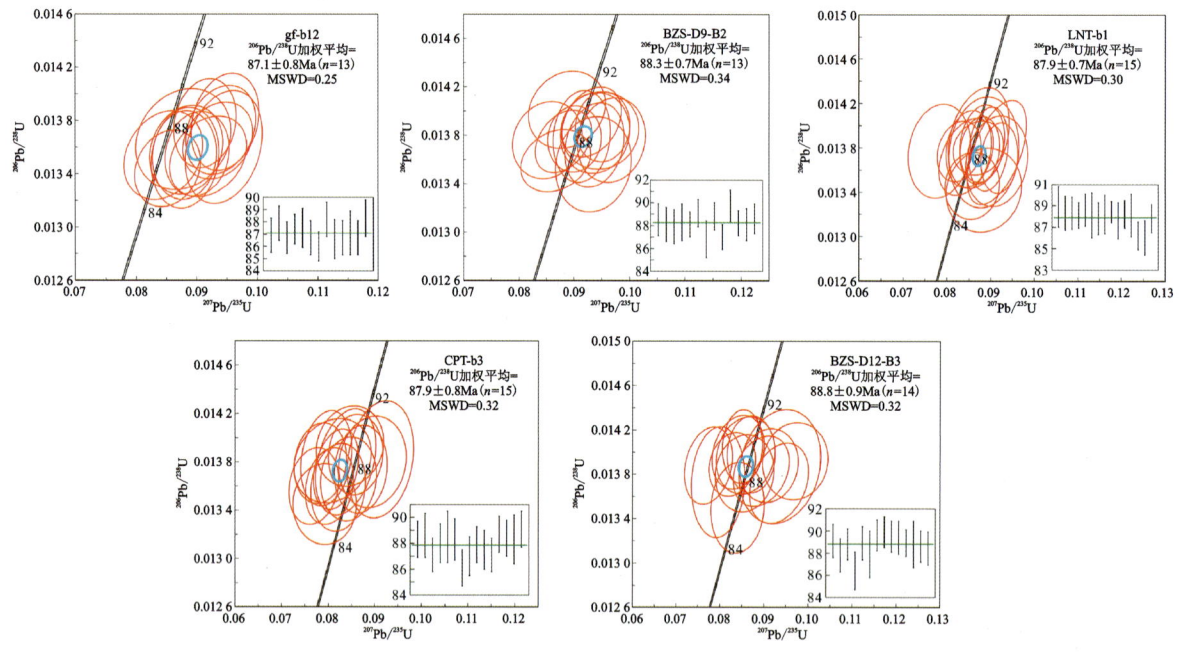

图 3-5　薄竹山矿集区典型锆石 U-Pb 年龄谐和图

2. 锆石 Hf 同位素组成特征

Hf 同位素测试点位与 LA-ICP-MS 锆石 U-Pb 定年点位基本一致，所测锆石的 $^{176}Lu/^{177}Hf$ 值变化范围较大，介于 $0.000\,675 \sim 0.001\,769$ 之间，其中所有测点的 $^{176}Lu/^{177}Hf$ 值均小于 0.002，表明这些锆石在形成之后的演化过程中，放射成因 Hf 较少，故所测样品的 $^{176}Lu/^{177}Hf$ 值基本可以代表其形成时的 Hf 同位素比值，分析数据详见表 3-3。

菖蒲塘二长花岗岩两件样品 28 颗锆石 $^{176}Hf/^{177}Hf$ 值范围为 $0.282\,213 \sim 0.282\,569$，$\varepsilon_{Hf}(t)$ 范围为 $-8.38 \sim -5.97$，均为负值，平均值为 -7.02。二阶段模式年龄（T_{DM2}）范围为 $1312 \sim 1484$Ma，集中在 1424Ma 左右（图 3-6）；$f_{Lu/Hf}$ 值为 $-0.95 \sim -0.97$，平均为 -0.97。

官房二长花岗岩两件样品 25 颗锆石 $^{176}Hf/^{177}Hf$ 值范围为 $0.282\,503 \sim 0.282\,562$，变化范围较小，$\varepsilon_{Hf}(t)$ 范围为 $-7.64 \sim -5.59$，均为负值，平均值为 -6.77。二阶段模式年龄（T_{DM2}）范围为 $1328 \sim 1443$Ma，集中在 1402Ma 左右（图 3-6）；$f_{Lu/Hf}$ 值为 $-0.96 \sim -0.97$，平均为 -0.97。

表 3-3 薄竹山地区典型样品锆石 Hf 同位素数据

编号	T(Ma)	$^{176}Hf/^{177}Hf$	1σ	$^{176}Lu/^{177}Hf$	1σ	$^{176}Yb/^{177}Hf$	1σ	$ε_{Hf}(t)$	1σ	T_{DM1}(Ma)	T_{DM2}(Ma)	$f_{Lu/Hf}$
CPT-b3												
1	88.3	0.282 502	0.000 009	0.001 136	0.000 010	0.045 087	0.000 850	−7.70	0.60	1065	1446	−0.97
2	88.6	0.282 537	0.000 014	0.001 098	0.000 015	0.044 588	0.000 624	−6.43	0.71	1014	1376	−0.97
3	87.1	0.282 513	0.000 011	0.001 090	0.000 002	0.044 418	0.000 030	−7.33	0.65	1048	1424	−0.97
4	88.0	0.282 213	0.000 016	0.001 237	0.000 009	0.052 345	0.000 157	−17.92	0.77	1474	2009	−0.96
5	88.5	0.282 512	0.000 020	0.001 302	0.000 009	0.052 375	0.000 451	−7.35	0.88	1055	1426	−0.96
6	88.3	0.282 542	0.000 010	0.001 199	0.000 006	0.048 923	0.000 229	−6.26	0.62	1009	1366	−0.96
7	86.1	0.282 526	0.000 009	0.001 044	0.000 012	0.042 841	0.000 436	−6.87	0.60	1028	1398	−0.97
8	87.0	0.282 531	0.000 010	0.001 217	0.000 014	0.047 624	0.000 410	−6.67	0.63	1025	1388	−0.96
9	87.9	0.282 489	0.000 011	0.001 228	0.000 009	0.048 461	0.000 272	−8.15	0.64	1085	1470	−0.96
10	87.5	0.282 493	0.000 010	0.001 011	0.000 011	0.039 022	0.000 473	−8.02	0.63	1074	1463	−0.97
11	87.1	0.282 537	0.000 011	0.001 525	0.000 031	0.062 318	0.000 498	−6.48	0.63	1025	1377	−0.95
12	88.7	0.282 550	0.000 009	0.001 104	0.000 005	0.046 625	0.000 284	−5.98	0.64	996	1351	−0.97
13	88.4	0.282 550	0.000 011	0.000 949	0.000 034	0.037 786	0.000 903	−5.97	0.62	991	1350	−0.97
14	88.3	0.282 482	0.000 011	0.000 836	0.000 002	0.033 088	0.000 061	−8.38	0.65	1084	1484	−0.97
15	89.1	0.282 509	0.000 011	0.001 005	0.000 006	0.040 306	0.000 216	−7.41	0.65	1051	1431	−0.97
BZS-D12-B3												
1	89.1	0.282 553	0.000 013	0.001 122	0.000 031	0.040 029	0.000 709	−5.86	0.71	992	1344	−0.97
2	87.8	0.282 535	0.000 011	0.001 161	0.000 011	0.046 262	0.000 470	−6.53	0.64	1018	1381	−0.97
3	88.8	0.282 537	0.000 011	0.001 184	0.000 007	0.047 577	0.000 184	−6.42	0.65	1015	1375	−0.96
4	86.4	0.282 544	0.000 013	0.001 121	0.000 023	0.048 989	0.000 935	−6.25	0.69	1005	1364	−0.97
5	88.9	0.282 506	0.000 009	0.001 136	0.000 007	0.044 592	0.000 222	−7.51	0.61	1058	1436	−0.97

续表 3-3

编号	T(Ma)	^{176}Hf/^{177}Hf	1σ	^{176}Lu/^{177}Hf	1σ	^{176}Yb/^{177}Hf	1σ	$\varepsilon_{Hf}(t)$	1σ	T_{DM1}(Ma)	T_{DM2}(Ma)	$f_{Lu/Hf}$
6	87.9	0.282 538	0.000 009	0.001 048	0.000 009	0.040 683	0.000 297	−6.40	0.61	1011	1374	−0.97
7	89.6	0.282 486	0.000 010	0.001 060	0.000 016	0.043 357	0.000 784	−8.20	0.62	1084	1475	−0.97
8	89.9	0.282 512	0.000 012	0.001 211	0.000 015	0.046 226	0.000 647	−7.29	0.67	1052	1424	−0.96
9	89.5	0.282 544	0.000 011	0.001 089	0.000 033	0.043 583	0.001 278	−6.15	0.65	1003	1361	−0.97
10	89.4	0.282 554	0.000 009	0.001 327	0.000 007	0.054 528	0.000 150	−5.82	0.62	995	1342	−0.96
11	88.9	0.282 519	0.000 011	0.001 106	0.000 018	0.044 948	0.000 584	−7.07	0.66	1039	1411	−0.97
12	88.8	0.282 505	0.000 016	0.001 086	0.000 017	0.040 052	0.000 321	−7.57	0.76	1059	1439	−0.97
13	88.6	0.282 500	0.000 012	0.000 893	0.000 009	0.034 277	0.000 295	−7.72	0.67	1059	1447	−0.97
14	88.4	0.282 569	0.000 009	0.001 027	0.000 014	0.039 472	0.000 393	−5.29	0.61	966	1312	−0.97
						gf-b12						
1	86.9	0.282 523	0.000 011	0.001 083	0.000 008	0.041 719	0.000 177	−6.95	0.64	981	1328	−0.97
2	87.9	0.282 556	0.000 010	0.001 185	0.000 004	0.049 647	0.000 209	−5.78	0.62	989	1339	−0.96
3	86.7	0.282 538	0.000 009	0.001 096	0.000 007	0.044 320	0.000 166	−6.43	0.60	1012	1374	−0.97
4	87.4	0.282 531	0.000 012	0.001 081	0.000 005	0.043 008	0.000 119	−6.66	0.67	1020	1381	−0.97
5	87.5	0.282 522	0.000 010	0.001 104	0.000 013	0.043 009	0.000 449	−6.99	0.63	1021	1388	−0.97
6	86.7	0.282 523	0.000 011	0.001 299	0.000 014	0.052 240	0.000 686	−6.99	0.65	1032	1401	−0.96
7	86.0	0.282 523	0.000 011	0.001 032	0.000 002	0.040 689	0.000 045	−6.98	0.65	1032	1403	−0.97
8	88.2	0.282 503	0.000 011	0.000 991	0.000 007	0.040 479	0.000 167	−7.65	0.65	1035	1404	−0.97
9	86.6	0.282 516	0.000 008	0.001 209	0.000 022	0.046 330	0.000 326	−7.22	0.59	1039	1405	−0.96
10	86.7	0.282 535	0.000 010	0.001 216	0.000 013	0.048 485	0.000 367	−6.55	0.63	1039	1406	−0.96
11	87.1	0.282 562	0.000 010	0.001 182	0.000 017	0.048 318	0.000 581	−5.59	0.63	1046	1418	−0.96
12	86.7	0.282 513	0.000 011	0.001 102	0.000 014	0.043 812	0.000 385	−7.33	0.66	1048	1424	−0.97
13	88.3	0.282 525	0.000 010	0.001 399	0.000 032	0.056 711	0.000 614	−6.89	0.63	1059	1443	−0.96

续表 3-3

编号	T(Ma)	^{176}Hf/^{177}Hf	1σ	^{176}Lu/^{177}Hf	1σ	^{176}Yb/^{177}Hf	1σ	$\varepsilon_{Hf}(t)$	1σ	T_{DM1}(Ma)	T_{DM2}(Ma)	$f_{Lu/Hf}$
						BZS-D9-B2						
1	88.5	0.282 553	0.000 011	0.001 459	0.000 012	0.059 056	0.000 709	−5.89	0.65	1001	1346	−0.96
2	88.1	0.282 550	0.000 008	0.001 049	0.000 013	0.044 007	0.000 513	−6.00	0.59	995	1351	−0.97
3	87.9	0.282 540	0.000 010	0.001 216	0.000 011	0.051 502	0.000 535	−6.35	0.62	1013	1371	−0.96
4	88.3	0.282 530	0.000 011	0.001 229	0.000 011	0.051 074	0.000 665	−6.71	0.65	1028	1391	−0.96
5	88.1	0.282 528	0.000 011	0.001 448	0.000 034	0.054 059	0.000 863	−6.78	0.66	1036	1395	−0.96
6	89.1	0.282 512	0.000 012	0.001 038	0.000 009	0.041 075	0.000 392	−7.31	0.67	1047	1425	−0.97
7	86.8	0.282 533	0.000 009	0.001 250	0.000 003	0.053 959	0.000 344	−6.64	0.62	1024	1386	−0.96
8	88.8	0.282 556	0.000 012	0.001 178	0.000 024	0.048 334	0.000 803	−5.78	0.68	990	1340	−0.95
9	87.0	0.282 514	0.000 012	0.001 560	0.000 017	0.065 156	0.000 720	−7.31	0.68	1059	1423	−0.97
10	89.7	0.282 299	0.000 013	0.001 109	0.000 004	0.042 092	0.000 085	−14.83	0.68	1349	1841	−0.96
11	88.2	0.282 522	0.000 010	0.001 201	0.000 013	0.049 811	0.000 182	−6.97	0.63	1037	1405	−0.96
12	88.1	0.282 516	0.000 014	0.001 446	0.000 032	0.052 447	0.000 721	−7.21	0.71	1053	1419	−0.96
13	88.6	0.282 531	0.000 010	0.001 193	0.000 017	0.047 134	0.000 495	−6.64	0.64	1024	1387	−0.96
						LNT-b1						
1	88.9	0.282 534	0.000 019	0.001 769	0.000 024	0.054 957	0.000 365	−6.57	0.84	1036	1384	−0.95
2	88.3	0.282 612	0.000 016	0.001 010	0.000 004	0.034 857	0.000 076	−3.77	0.76	905	1228	−0.97
3	88.3	0.282 610	0.000 018	0.001 087	0.000 018	0.033 456	0.000 284	−3.87	0.82	911	1233	−0.97
4	88.1	0.282 573	0.000 014	0.001 233	0.000 007	0.050 088	0.000 152	−5.16	0.71	966	1305	−0.96
5	88.6	0.282 542	0.000 010	0.000 694	0.000 006	0.026 089	0.000 375	−6.23	0.63	996	1365	−0.98
6	88.1	0.282 535	0.000 010	0.000 675	0.000 003	0.026 884	0.000 204	−6.47	0.62	1004	1378	−0.98
7	87.8	0.282 545	0.000 011	0.000 997	0.000 003	0.038 570	0.000 181	−6.16	0.64	1000	1360	−0.97
8	88.2	0.282 550	0.000 013	0.000 845	0.000 013	0.032 669	0.000 454	−5.98	0.69	989	1350	−0.97

续表 3-3

编号	T(Ma)	^{176}Hf/^{177}Hf	1σ	^{176}Lu/^{177}Hf	1σ	^{176}Yb/^{177}Hf	1σ	$\varepsilon_{Hf}(t)$	1σ	T_{DM1}(Ma)	T_{DM2}(Ma)	$f_{Lu/Hf}$
9	88.4	0.282 564	0.000 010	0.001 002	0.000 011	0.038 060	0.000 346	−5.48	0.64	973	1323	−0.97
10	87.6	0.282 567	0.000 010	0.000 930	0.000 018	0.036 677	0.000 419	−5.38	0.62	967	1317	−0.97
11	88.2	0.282 495	0.000 012	0.001 231	0.000 016	0.046 116	0.000 432	−7.93	0.68	1076	1458	−0.96
12	88.1	0.282 494	0.000 010	0.000 903	0.000 003	0.035 815	0.000 121	−7.96	0.62	1069	1460	−0.97
13	86.2	0.282 542	0.000 012	0.001 101	0.000 013	0.044 120	0.000 319	−6.30	0.66	1007	1367	−0.97
14	86.0	0.282 548	0.000 021	0.000 784	0.000 008	0.028 684	0.000 216	−6.09	0.90	990	1355	−0.98
15	87.8	0.282 528	0.000 019	0.001 130	0.000 031	0.039 106	0.000 792	−6.77	0.84	1027	1394	−0.97

注: t 为锆石结晶年龄。$\varepsilon_{Hf}(t) = 10\,000\{[(^{176}Hf/^{177}Hf)_s - (^{176}Lu/^{177}Hf)_s(e^{\lambda t}-1)] / [(^{176}Hf/^{177}Hf)_{CHUR,0} - (^{176}Lu/^{177}Hf)_{CHUR}(e^{\lambda t}-1)] - 1\}$, 其中 $\lambda = 1.867 \times 10^{-11} a^{-1}$; $(^{176}Lu/^{177}Hf)_s$ 和 $(^{176}Hf/^{177}Hf)_s$ 为样品测量值; $(^{176}Lu/^{177}Hf)_{CHUR,0} = 0.033\,2$, $(^{176}Hf/^{177}Hf)_{CHUR,0} = 0.282\,772$; $f_{Lu/Hf} = (^{176}Lu/^{177}Hf)_s / (^{176}Lu/^{177}Hf)_{CHUR} - 1$。$t_{DM}$ 为一阶段模式年龄,$t_{DM} = (1/\lambda) \cdot \ln\{1 + [(^{176}Hf/^{177}Hf)_s - (^{176}Hf/^{177}Hf)_{DM}] / [(^{176}Lu/^{177}Hf)_s - (^{176}Lu/^{177}Hf)_{DM}]\}$, 其中 $(^{176}Lu/^{177}Hf)_{DM} = 0.038\,4$; $(^{176}Hf/^{177}Hf)_{DM} = 0.283\,25$。

烂泥塘二长花岗岩样品 LNT-b1 的 15 颗锆石 ^{176}Hf/^{177}Hf 值范围为 0.282 494～0.282 612，变化范围较小，$\varepsilon_{Hf}(t)$ 范围为 -7.96～-3.77，均为负值，平均值为 -6.01。二阶段模式年龄 (T_{DM2}) 范围为 1228～1460Ma，集中在 1378Ma 左右（图 3-6）；$f_{Lu/Hf}$ 值为 -0.95～-0.98，平均为 -0.97。

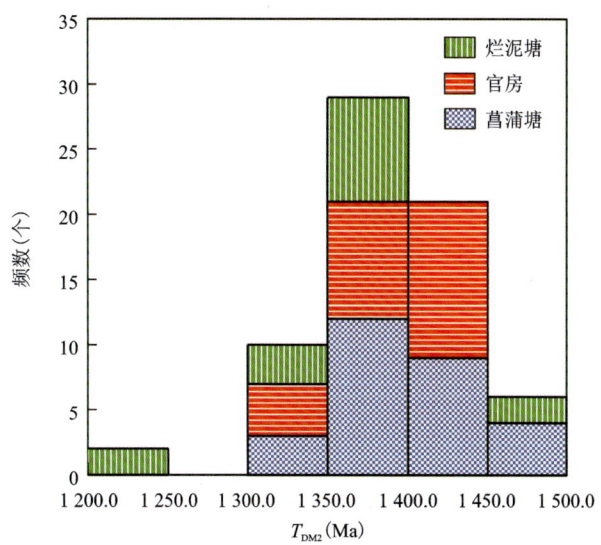

图 3-6　锆石 Hf 同位素两阶段 Hf 模式年龄直方图

四、构造-岩浆演化特征

1. 成矿时代

中国华南地区在早中生代是特提斯构造域的重要组成部分，表现为陆陆碰撞造山的大地构造环境，到晚中生代转变为太平洋构造域，主要表现为洋陆俯冲消减—伸展造山的构造背景（郭令智等，1980；Zhou et al.，2000；Niu et al.，2005；徐夕生和谢昕，2005）。在华南西部的薄竹山地区，钨、锡、铜、银、铅、锌多金属成矿事件与晚中生代的大规模岩浆侵入活动呈现有规律地展布，并表现出较好的耦合性，可能受控于同一动力学背景（焦守涛等，2014）。程彦博等（2010）在对华南西部晚白垩世成岩成矿时代的总结中，指出包括滇东南地区、桂西地区及黔西南地区在内，均有 76～98Ma 期间的成矿事件或岩浆事件，并通过对薄竹山复式岩体典型花岗岩单元锆石 U-Pb 定年，提出薄竹山花岗岩的形成可能也与此次热事件有关。

本次研究测得的成岩时代（87.1～88.8Ma）均在此范围内，进一步说明了官房、菖蒲塘、烂泥塘等地区的成岩事件可能与华南西部晚白垩世成岩成矿岩浆热活动有关。同时认为官房钨铅锌矿的形成是华南西部地区燕山晚期早阶段大规模成岩成矿作用在滇东南地区挤压环境下的具体表现。

对比华南地区，邢光福等（2008）在研究华南晚中生代构造体制转折结束时限中，认为华南中生代处于挤压与伸展的快速交替过程中，并通过对薄竹山花岗岩各单元年龄的研究，认为薄竹山花岗岩体形成于华南西部地区燕山晚期早阶段陆内碰撞的挤压环境。其形成机制可概括为：燕山晚期早阶段，昌都地块与扬子地块的相互作用，由红河断裂、弥勒-师宗断裂、文麻断裂和南盘江断裂等切割形成的一些陆块相互碰撞，使地壳缩短和增厚，早期在陆陆碰撞环境下发生部分熔融形成的过铝质二长花岗岩浆上升侵位，从而形成薄竹山复式岩体第一阶段碰撞改造型花岗岩，岩石地球化学特征也显示其形成于同碰撞环境。本次所测薄竹山地区 5 件花岗岩锆石 U-Pb 年龄（88.8～87.1Ma）与白牛厂隐伏花岗岩锆石 U-Pb 年龄（88.5～87.1Ma；米雪等，2024）及独居石年龄（87.49±0.69Ma；Lu et al.，2024）一致，薄竹山花岗岩体在燕山晚期早阶段滇东南挤压作用下形成，与华南地区中生代大地构造演化相一致。

2. 岩石成因

花岗岩成因类型的划分常用 I 型、A 型、S 型等表示(Collins et al.,1982;Whalen et al.,1987;Eby,1992;Sylvester,1998;Chappell,1999;陈建林等,2004),已有大量研究讨论花岗岩的形成机制与成因,不同来源和机制作用下,每种类型花岗岩具其独特的矿物组成和地球化学特征(吴福元等,2007;Foden et al.,2015)。矿物组成和岩石地球化学特征显示(图 3-1,表 3-1),薄竹山花岗岩体与高硅、过铝质的 S 型花岗岩有一定的相似性。在花岗岩 ACF 图解(图 3-7a)中,所有数据点均落入 S 型花岗岩区域,S 型、I 型花岗岩源岩成分不同,S 型花岗岩源岩在地表分化过程中丢失了 Na、Ca 等元素,相对于 Na、Ca,S 型花岗岩中 K、Fe 含量相对较高(Chappell et al.,1992;李献华等,2007)。

薄竹山岩体(烂泥塘、菖蒲塘、官房)的铝饱和指数 A/CNK 为 0.91～2.78,平均值为 1.31(S 型花岗岩 A/CNK>1.1)(Chappell et al.,1992),K_2O/Na_2O 值均大于 1.0(1.41～39.08),CIPW 标准矿物中有刚玉出现(0.47%～10.63%),符合准铝质—过铝质 S 型花岗岩的特征(李献华等,2007,吴福元等,2007)。这些花岗岩中总碱含量较高,且具有较高的 Zr+Ce+Nb+Y 含量,为(117.12～537.46)×10^{-6},平均值为 $349.32×10^{-6}$,大部分样品落在未分异花岗岩上(图 3-7b),且部分样点落于 A 型花岗岩中,可能是花岗岩经历了低程度的结晶分异作用导致的。主量元素(除 Na_2O 和 MnO 外)与 SiO_2 呈负相关关系,表明了镁铁矿物、斜长石和磷灰石的分异结晶程度(图 3-8),且 P_2O_5 含量低可能是磷灰石在准铝质岩浆中的低溶解度引起的,同时也表明两种类型的花岗岩是在同源岩浆分异过程中产生的。20 件样品岩浆分异指数(DI)为 67.30～91.18(表 3-1),指示白牛厂花岗斑岩、二长花岗岩和薄竹山岩体具中等分异特征。稀土元素分配模式(图 3-3a)均表现为右倾模式,即 LREE 富集型,具中等负铕异常,表明其源区可能有大量长石作为残留相或者经历了明显的长石分离结晶作用(许赛华等,2019)。

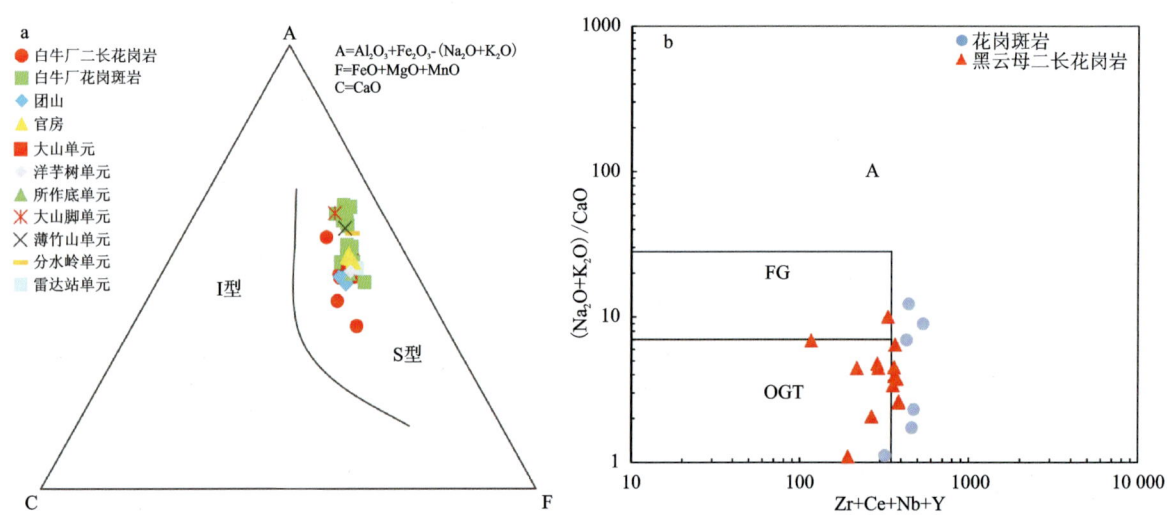

FG. 分异 I 型花岗岩;OGT. 未分异 I-S-M 型花岗岩;数据来源:薄竹山各单元数据引自张世涛等,1997;白牛厂花岗斑岩、团山、官房数据引自李建德,2018。

图 3-7 薄竹山花岗岩 ACF 图解(a,底图据 Nakada and Takahashi,1979)和 Zr+Nb+Ce+Y-$(Na_2O+K_2O)/CaO$ 图解(b,底图据 Whalen et al.,1987)

3. 岩浆源区性质

研究区主要出露印支早期的玄武岩、基性岩,燕山期酸性岩浆岩,白牛厂矿床主要以隐伏花岗岩为主,薄竹山花岗岩体出露范围较广,呈纺锤状分布。白牛厂矿床见少量辉绿岩脉出露,其与隐伏花岗岩体的关系并不明确。结合野外地质调查,岩体中未发现基性或镁铁质包体,因此可以排除是由基性岩高

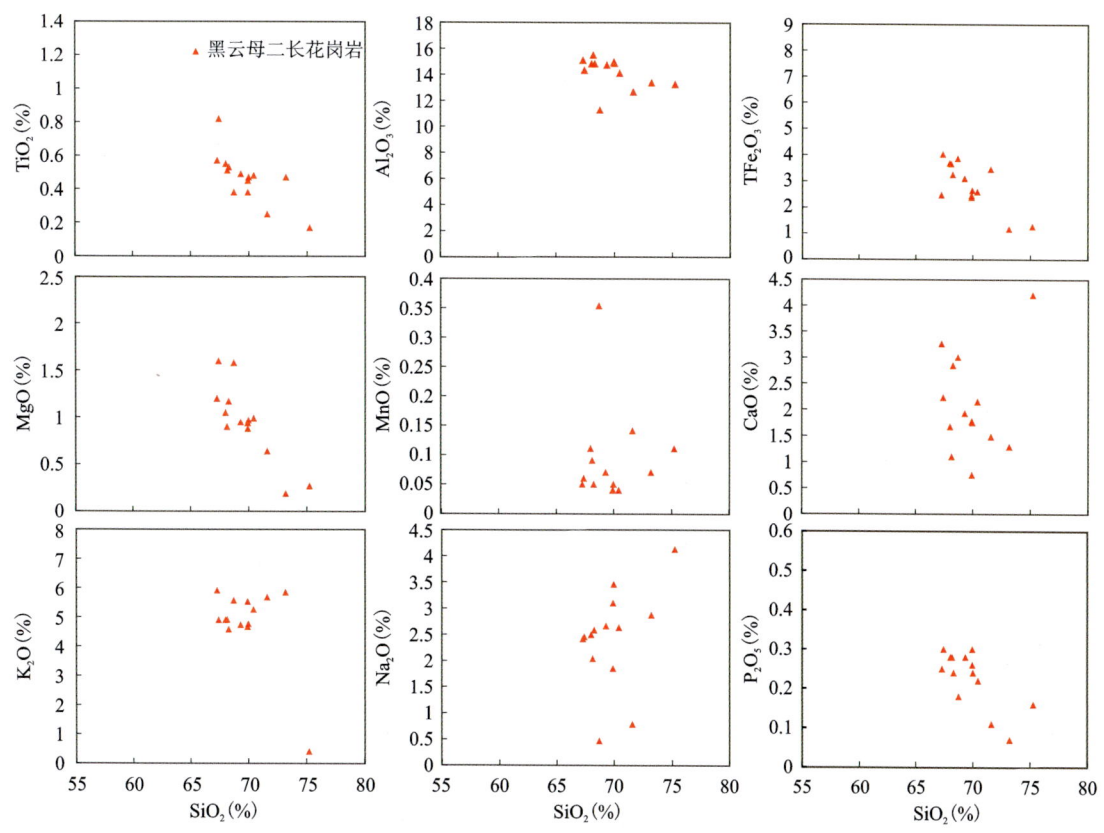

图 3-8 薄竹山花岗岩主量元素相关性图解

度演化形成,表明没有幔源物质的参与。利用 Al_2O_3/TiO_2-CaO/Na_2O 和 Rb/Sr-Rb/Ba 投图可以确定过铝质花岗岩的源区成分,具很好的指示意义(Chappell and White,1992;Sylvester,1998;Jung and Pfander,2007)。Sylvester(1998)研究表明,过铝质花岗岩中 CaO/Na_2O 值小于 0.3 时,主要是由贫斜长石、富黏土的泥质岩部分熔融形成;过铝质花岗岩 CaO/Na_2O 值大于 0.3 时,主要由富斜长石、贫黏土的砂屑岩熔融形成。白牛厂花岗斑岩、黑云母二长花岗岩及薄竹山各单元黑云母二长花岗岩 CaO/Na_2O 值介于 0.22~34.91 之间(图 3-9a),仅两个样品 CaO/Na_2O 值小于 0.3,表明白牛厂隐伏花岗岩体和薄竹山岩体的花岗岩可能来源于富斜长石、贫黏土的碎屑岩,具有泥质岩和砂岩的混合特征(Chappell and White,1992;Sylvester,1998)。此外,花岗斑岩、黑云母二长花岗岩的 Rb/Sr 值为 0.03~27.84、Rb/Ba 值为 0.10~1.99,大部分落在贫黏土的岩石源区(图 3-9b)。

锆石 Lu-Hf 同位素亦可作为判别岩浆源区比较有效的示踪方法(Li et al.,2006;Olierook et al.,2019;冷秋锋等,2022)。较低的 $\varepsilon_{Hf}(t)$ 值指示了花岗岩可能来源于古老地壳的深熔或重熔,而较高的 $\varepsilon_{Hf}(t)$ 值指示岩浆源区受不同程度幔源物质的混染(Mo et al.,2007;邱检生等,2008;Zhu et al.,2009)。本研究中白牛厂花岗斑岩 $\varepsilon_{Hf}(t)$ 值为 -13.12~-6.25(均值为 -9.08),白牛厂黑云母二长花岗岩 $\varepsilon_{Hf}(t)$ 值为 -8.71~-1.77(均值为 -6.38),菖蒲塘黑云母二长花岗岩 $\varepsilon_{Hf}(t)$ 值为 -17.92~-5.29(均值为 -7.28),官房二长花岗岩 $\varepsilon_{Hf}(t)$ 值为 -4.83~-5.59(均值为 -7.01),烂泥塘黑云母二长花岗岩 $\varepsilon_{Hf}(t)$ 值为 -7.96~-3.77(均值为 -6.00),$\varepsilon_{Hf}(t)$ 值不存在明显的差异,具有相同的源区特征。结合锆石 T-$\varepsilon_{Hf}(t)$ 图解(图 3-10),花岗斑岩和黑云母二长花岗岩投点均位于球粒陨石演化线之下,与同时期亏损地幔演化线之间存在一定的差距,指示原始岩浆从亏损地幔分异后在地壳滞留了一段时间。锆石 Hf 同位素二阶模式年龄 T_{DM2} 集中在 1.3~1.5Ga 之间(图 3-6),表明其岩浆源区以中元古代古老地壳物质的部分熔融为主。

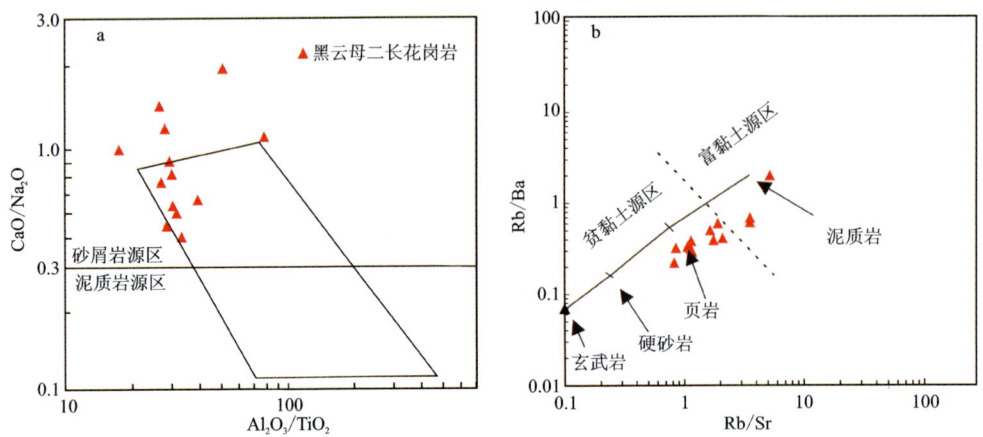

图 3-9　Al_2O_3/TiO_2-CaO/Na_2O 关系图(a)与 Rb/Sr-Rb/Ba 关系图(b)(据 Sylvester,1998)

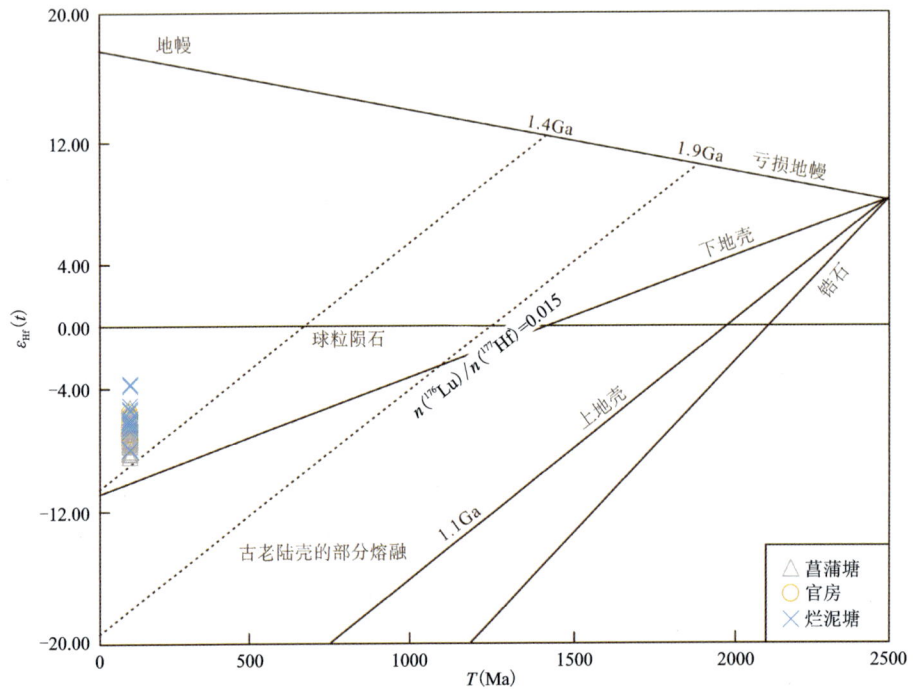

图 3-10　T-$\varepsilon_{Hf}(t)$ 关系图(底图据刘学龙等,2017)

此外,本研究中花岗斑岩和黑云母二长花岗岩呈现出负的高场强元素异常(Nb、Ta、Ti 元素等),可能是钛铁矿等分馏所致。同时,还呈现出轻微的负铕和负锶异常,可能的解释是斜长石的分馏。在微量元素配分模式中(图 3-3b),高场强元素的负异常和大离子亲石元素的正异常相结合,与其源于大陆地壳的观点一致(Chen et al.,2015)。对薄竹山岩体花岗岩 Nd 同位素的研究可知,$\varepsilon_{Nb}(t)$ 值介于 -12.0~-11.2 之间,变化幅度较小,二阶模式年龄为 1.80~$1.86Ga$,表明其是由华南地块元古代沉积基底部分熔融形成的(Shen et al.,2009;Chen et al.,2015;Zhang et al.,2022)。另外,野外地质观察中并未见暗色镁铁质包体,显微镜下也未见不平衡共生矿物组合(图 3-1),花岗斑岩和黑云母二长花岗岩均具有较高的铁镁值($TFe_2O_3+MgO>4\%$),明显不同于华南同时代其他壳源 S 型花岗岩普遍贫铁镁的特点,可能是后岩浆过程蚀变所致。基于上述证据,研究认为白牛厂隐伏花岗岩体和薄竹山岩体可能主要来源于中元古代下地壳的部分熔融,且没有幔源物质的加入。

4. 构造背景

薄竹山锡银铜铅锌钨多金属矿集区地处华南褶皱系西缘,是滇东南岩浆成矿带的重要组成部分。

区内锡银铜铅锌多金属矿床形成于华南西部地区燕山晚期早阶段陆内碰撞的挤压环境,形成时代与个旧、大厂、都龙超大型锡多金属矿床大致相同,均属晚白垩世岩浆活动的产物,是华南西部地区燕山晚期早阶段大规模成岩成矿作用在滇东南地区挤压环境下的具体表现(张亚辉,2013)。白牛厂银多金属矿床的形成与隐伏花岗岩和其演化后期花岗斑岩有密切成因联系(李晓波等,2005;张洪培,2007)。官房钨矿床的形成与薄竹山花岗质岩浆作用密切相关(张亚辉,2013)。

在前人研究的基础上,对比白牛厂隐伏岩体及薄竹山岩体典型花岗岩岩石地球化学特征,在花岗岩R1-R2构造环境判别图解中,样品点主要落在幔源花岗岩、板块碰撞前消减地区花岗岩与同碰撞花岗岩区域(图3-11a);在Rb/30-Hf-3Ta图解中,花岗斑岩落于同碰撞花岗岩区域,黑云母二长花岗岩主要落于同碰撞花岗岩和碰撞后花岗岩过渡区域(图3-11b);在Yb-Ta图解和Y-Nb图解中,花岗斑岩和黑云母二长花岗岩主要落于火山弧-同碰撞花岗岩区域(图3-11c、d)。根据花岗斑岩、黑云母二长花岗岩形成时代、区域岩浆作用的时空分布关系,认为薄竹山矿集区内燕山期岩浆活动事件在印度板块、太平洋板块俯冲的影响下,形成于同碰撞造山及向碰撞后造山环境过渡的伸展大地构造背景,此阶段的伸展环境是大规模钨锡多金属矿床形成的有利条件。

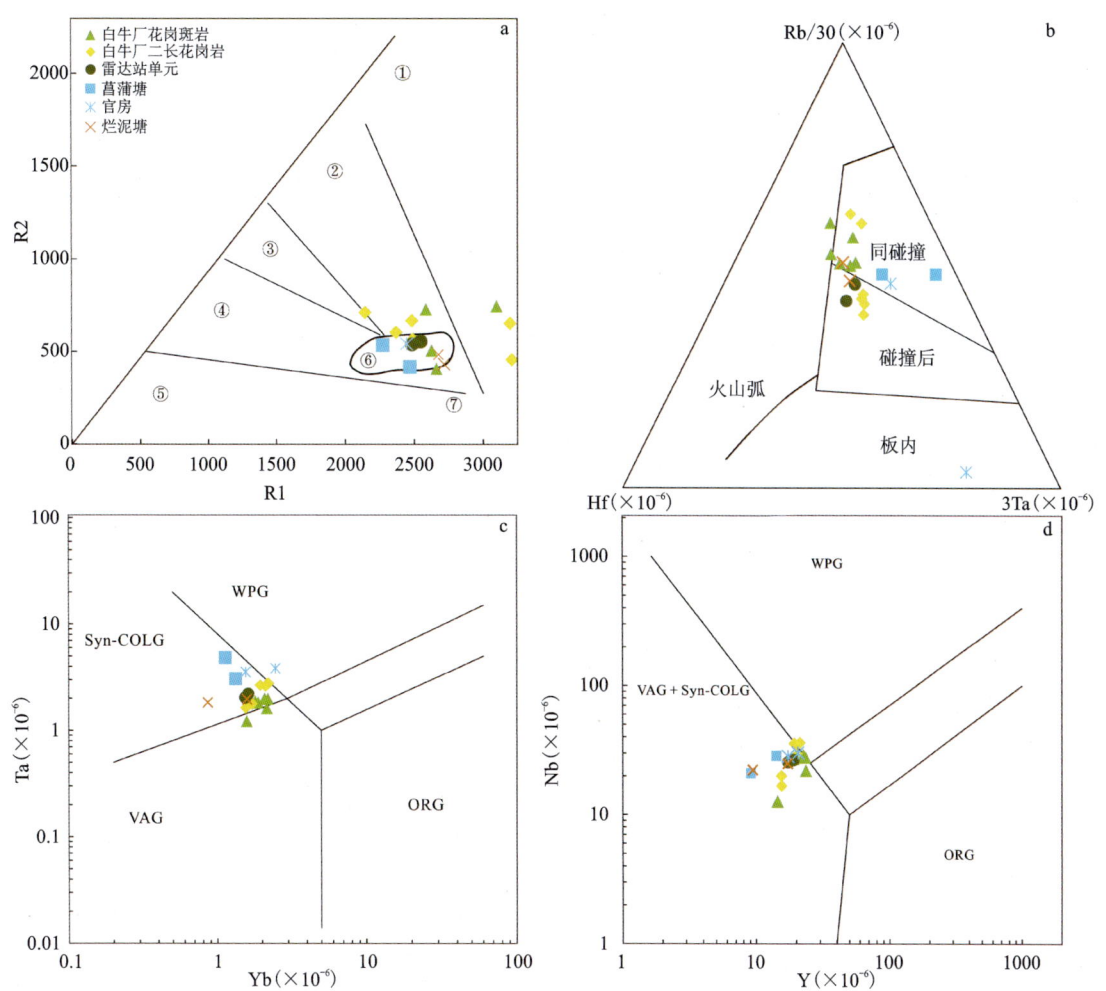

①幔源花岗岩;②板块碰撞前消减地区花岗岩;③板块碰撞后隆起期花岗岩;④造山晚期花岗岩;⑤非造山区A型花岗岩;⑥同碰撞(S型)花岗岩;⑦造山期后A型花岗岩;WPG-板内花岗岩;ORG-洋脊花岗岩;VAG-火山弧花岗岩;COLG-碰撞花岗岩;VAG-syn-COLG-火山弧+同碰撞花岗岩

图3-11 薄竹山矿集区岩浆岩构造判别图解

a.花岗岩R1-R2构造环境判别图解(底图据Batchelor and Bowden,1985);b.构造环境Rb/3-Hf-3Ta判别图(据Harris et al.,1986);c.构造环境Yb-Ta判别图(据Pearce and Harris,1984);d.构造环境Y-Nb判别图(据Pearce and Harris,1984)

滇东南钨锡成矿带经历了加里东旋回、海西旋回、印支旋回、燕山旋回及喜马拉雅旋回(毛景文等,2004;张洪培,2007;徐先兵等,2009;张亚辉,2013)。加里东旋回时期形成了北东向宽缓开阔褶皱及张性断层(塞龙,2016);海西旋回在地壳垂直升降和板内拉张下形成北东向开阔褶皱、北西向横断层(张亚辉,2013);印支旋回时期,在华南地块南北缘碰撞造山作用和板块俯冲增生的作用下,改造海西旋回形成的北西向断层,同时叠加了近东西向褶皱,为燕山旋回提供有利的赋矿空间;燕山旋回时期,研究区一直处于风化剥蚀阶段,白垩纪经印度板块和太平洋板块继续俯冲(毛景文等,2004;刘艳宾,2017),地壳发生部分熔融,沿研究区内背斜和张性断层侵入,形成薄竹山穹隆,随着岩浆活动的不断侵入,使得北西向断层活化以拉张的形式活动,同时产生北东向的剪切断裂,为大规模的银、钨、锡、铅、锌等多金属矿床的形成提供了基础条件;喜马拉雅旋回时期,板块继续俯冲导致地壳继续抬升(张亚辉,2013)。综上,我们认为在印度板块、太平洋板块向华南陆块俯冲的影响下,滇东南成矿带大规模燕山期岩浆活动的构造环境由挤压-拉伸转变为板块拉张,使软流圈物质上涌,下地壳变质的沉积物部分熔融,形成了过铝质S型花岗岩。

第二节 白牛厂二长花岗岩

一、黑云二长花岗岩岩相学特征

隐伏岩体主要见于白牛厂矿区对门山矿段1360中段及阿尾矿段ZK138-2-2#钻孔,隐伏花岗岩岩体与围岩接触界线清楚,呈侵入接触,地表未出露。

二长花岗岩呈灰白色和浅灰白色,中细粒结构,块状构造,斑晶主要有斜长石、石英。二长花岗岩(图3-12a、b)的主要矿物为斜长石(±40%)、石英(±25%)、钾长石(±20%)、黑云母(±13%)等。斜长石(图3-12d、j)呈自形板条状、短柱状和柱粒状,晶体棱边平直,斜长石的自形程度强于钾长石,斜长石晶体为中细粒级,粒径为1～10mm,具环带构造和聚片双晶;石英(图3-12b、d～f、h、i)多为不规则的他形粒状,呈锯齿状镶嵌分布,分布于其他矿物的空隙中,单体粒径相对长石较细小,消光不均匀,单体粒径在5.0mm以下(图3-12);钾长石(图3-12b、e、j)呈他形粒状,少量钾长石可见卡式双晶;黑云母(图3-12a～c、j)呈半自形鳞片状,粒径在4mm以下。

二、黑云母二长花岗岩地球化学特征

1. 主量元素

白牛厂矿床黑云母二长花岗岩测试数据见表3-4。白牛厂的二长花岗岩TAS判别图(图3-13a)显示,样品主要集中在花岗闪长岩、花岗岩与石英二长岩区域内,其中主量元素SiO_2、TiO_2、Al_2O_3、MgO、CaO和全碱(Na_2O+K_2O)的含量均值和标准差分别为70.01%和2.271,0.501%和0.158,13.712%和1.189,1.130%和1.129,2.11%和0.595,2.14%和0.757,烧失量(LOI)为0.85%～4.10%,均值为1.855%,标准差为1.194,剔除蚀变量较高的BNC22-50与BNC22-60后,标准差为0.679,样品有较低程度的蚀变或变质作用,数据可用。样品具有较高的SiO_2含量(66.27%～73.77%,均值为69.20%)和全碱含量(Na_2O+K_2O含量为6.17%～8.48%,均值为7.33%)。白牛厂黑云母二长花岗岩样品具有高钾、过铝质的特征,样品Al_2O_3含量为11.28%～15.12%,平均为13.79%,铝饱和指数A/CNK为

Qz. 石英；Pl. 斜长石；Bi. 黑云母；Py. 黄铁矿；Sph. 闪锌矿；Pyrh. 磁黄铁矿；Ap. 磷灰石

图 3-12　白牛厂花岗岩岩体典型照片和正交偏光镜下岩相学特征

a. 1360 中段花岗岩体与围岩接触带；b、c. 黑云母二长花岗岩；d～f、g. 明显发育有黑云母、斜长石、石英；h、i. 发育有磁黄铁矿、闪锌矿、黄铁矿

1.23～1.57，平均值 1.42，属于过铝质花岗岩；A/CNK-A/NK 图也显示其为过铝质花岗岩（图 3-13b），分异指数（DI）平均为 79.78，在 SiO_2-K_2O 图解中，样品均落入钾玄岩系列（图 3-13c）。综上所述，白牛厂黑云母二长花岗岩是过铝质钾玄武系列的花岗岩。

表 3-4　白牛厂二长花岗岩主量元素（%）、微量元素（$\times 10^{-6}$）和稀土元素（$\times 10^{-6}$）分析结果

样品编号	BNC22-38	BNC22-39	BNC22-46	BNC22-48	BNC22-50	BNC22-53-2	BNC22-55	BNC22-59	BNC22-60	BNC22-64
SiO_2	73.77	67.41	68.28	68.17	68.72	70.06	70.42	71.59	66.27	67.28
Al_2O_3	12.69	14.35	14.85	14.13	11.28	14.44	14.13	12.7	14.19	15.12
TiO_2	0.33	0.82	0.53	0.57	0.37	0.54	0.48	0.25	0.54	0.57
Fe_2O_3	0.85	0.85	0.88	0.89	0.88	0.43	0.53	0.85	0.72	0.85
FeO	0.75	0.75	2.23	1.92	2.8	2.12	1.94	0.75	3.16	0.75
CaO	1.49	2.22	2.83	2.67	2.99	2.36	2.14	1.48	2.69	3.25
MgO	0.69	1.6	1.17	1.32	1.58	1.21	0.98	0.64	0.9	1.2
MnO	0.04	0.05	0.05	0.06	0.35	0.05	0.04	0.14	0.17	0.04
K_2O	5.66	5.03	4.9	5.23	5.71	4.99	5.39	5.82	5.88	6.06
Na_2O	2.11	2.46	2.59	1.79	0.46	2.86	2.64	0.77	0.54	2.42
P_2O_5	0.11	0.3	0.24	0.237	0.18	0.25	0.21	0.11	0.25	0.25

续表 3-4

样品编号	BNC22-38	BNC22-39	BNC22-46	BNC22-48	BNC22-50	BNC22-53-2	BNC22-55	BNC22-59	BNC22-60	BNC22-64
LOI	1.57	1.36	1.26	2.45	4.1	0.52	0.64	2.24	3.71	0.7
总和	100.05	97.2	99.81	99.44	99.43	99.83	99.56	97.35	99.01	98.49
La	46.9	69.5	82.5	90.5	60.8	79.1	77	44.3	91.2	75.8
Ce	78.4	117	132.0	146	96.8	132	122	71.9	140	124
Pr	10	14.2	15.6	17.5	11.7	15.8	14.7	8.87	17.5	16
Nd	33	47.1	50.8	54	37.9	50.4	46.5	29.2	55.5	50.2
Sm	5.87	7.64	7.76	8.28	6.12	8.18	7.28	5.3	8.67	8.52
Eu	0.75	1.46	1.35	1.41	1.39	1.29	1.33	0.86	1.43	1.44
Gd	4.17	5.47	5.41	5.67	4.38	5.84	5.16	3.85	5.89	5.66
Tb	0.61	0.74	0.72	0.71	0.58	0.78	0.71	0.54	0.8	0.77
Dy	3.68	4.39	4.27	4.08	3.4	4.63	4.19	3.31	4.48	4.39
Ho	0.67	0.78	0.76	0.75	0.58	0.83	0.75	0.61	0.82	0.82
Er	1.79	2	1.96	1.79	1.5	2.09	1.92	1.55	2.07	2.01
Tm	0.27	0.28	0.28	0.26	0.21	0.31	0.27	0.23	0.29	0.29
Yb	2.17	2.1	2.17	1.94	1.55	2.27	1.94	1.71	2.15	2.21
Lu	0.36	0.34	0.37	0.32	0.27	0.38	0.32	0.3	0.35	0.36
Ta	3.73	2.61	2.74	2.06	1.62	2.69	2.66	1.77	1.76	2.76
Y	17	20	19.4	18.4	15.4	21.2	19.1	15.3	21.2	21
Cu	8.74	10.2	12.9	29.3	3.57	7.16	15.2	402	13.1	12.5
Pb	80	34	70	57.2	86.2	54.7	45.1	44.4	46.4	30
Rb	316	285	273	348	432	288	309	388	473	330
Ba	295	855	845	887	627	880	958	634	669	1485
Th	52.4	33.2	44	44.6	27.1	41.1	41.4	32.3	37.9	40.1
U	15.9	7.21	12.5	10.5	7.46	13.6	8.94	10.6	9.86	10.8
Ta	3.73	2.61	2.74	2.06	1.62	2.69	2.66	1.77	1.76	2.76
Nb	25.3	29.9	35.1	30.3	16.8	35.9	35.8	20.1	26.6	36.3
Sr	160	268	321	264	121	305	275	109	111	400
Zr	109	192	199	201	139	202	200	112	203	206
ΣREE	188.66	272.98	305.99	333.22	227.17	304.37	284.02	172.49	331.3	292.76
LREE	174.93	256.86	290.05	317.7	214.71	287.25	268.78	160.39	314.45	276.26
HREE	13.73	16.12	15.94	15.52	12.47	17.12	15.25	12.1	16.85	16.5
LREE/HREE	12.74	15.94	18.19	20.47	17.22	16.78	17.63	13.2	18.67	16.74

续表 3-4

样品编号	BNC22-38	BNC22-39	BNC22-46	BNC22-48	BNC22-50	BNC22-53-2	BNC22-55	BNC22-59	BNC22-60	BNC22-64
δEu	0.44	0.66	0.61	0.59	0.78	0.54	0.63	0.56	0.58	0.6
δCe	0.85	0.86	0.84	0.84	0.83	0.86	0.81	0.84	0.81	0.83
$(La/Yb)_N$	15.47	23.72	27.31	33.47	28.1	25.04	28.53	18.53	30.4	24.61
A/CNK	1.03	1.06	1.01	1.05	0.91	1	1.01	1.24	1.17	0.92
分异指数 (DI)	88.26	78.13	77.96	78.1	75.39	80.99	82.83	82.69	74.84	78.61

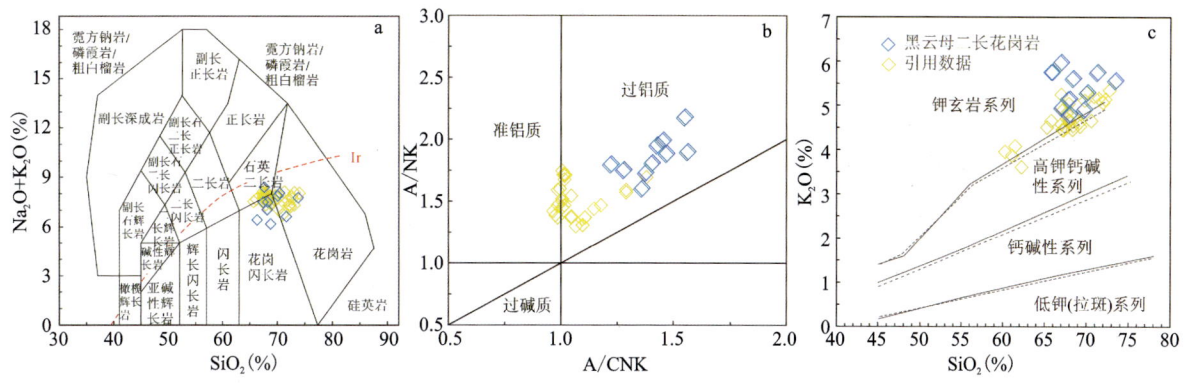

图 3-13　白牛厂黑云母二长花岗岩分类命名图

a. TAS 图解（底图据 Middemost，1994）；b. A/CNK-A/NK 图解（底图据 Maniar et al.，1989）；c. SiO_2-K_2O 图解（底图实线据 Peccerillo and Taylor，1976；虚线据 Middlemost et al.，1994）

2. 微量元素

岩石样品中具有较高的稀土元素总量（ΣREE 的均值为 271.29×10^{-6}），在球粒陨石标准化稀土元素配分曲线中（图 3-14a），表现出轻稀土富集、重稀土亏损的右倾特征，具明显的负 Eu 异常（Eu 的范围 0.75～1.46）；根据原始地幔标准化微量元素蛛网图（图 3-14b）显示，明显亏损亲石元素 Sr，相对富集大离子亲石元素 Rb、Th、U 及高场强元素 Zr、Hf、Ta 等，分异指数（DI）为 77.84～88.16。

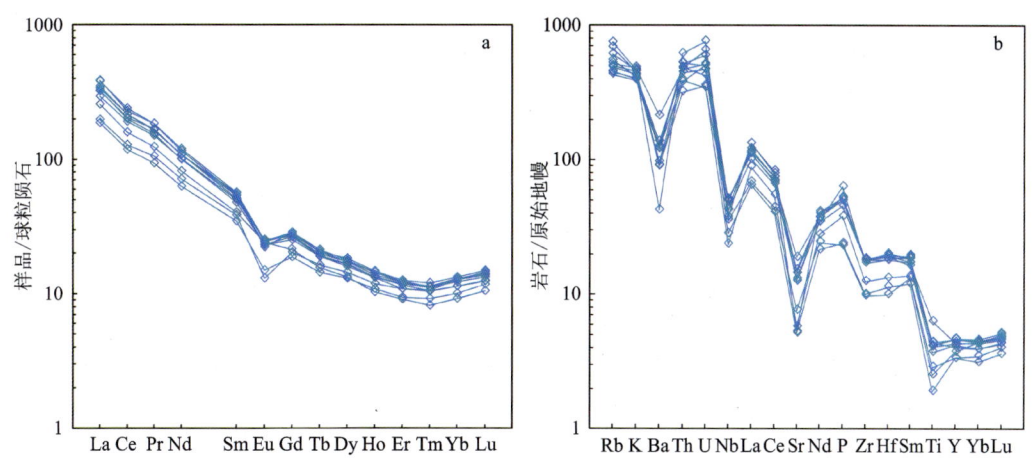

图 3-14　白牛厂二长花岗岩稀土元素球粒陨石标准化配分模式图(a)与微量元素原始地幔标准化蛛网图(b)（标准化值据 Sun and McDonough，1989）

三、白牛厂二长花岗岩锆石 U-Pb 年代学与 Hf 同位素组成特征

1. 二长花岗岩锆石 U-Pb 年代学特征

对白牛厂 4 件二长花岗岩样品(BNC22-38、BNC22-39、BNC22-59、BNC22-64)进行 LA-ICP-MS 锆石 U-Pb 定年分析,剔除颗粒破裂和含有细小包裹体的锆石,共获得有效数据的锆石共 73 颗(BNC22-38 有 17 颗、BNC22-39 有 20 颗、BNC22-59 有 16 颗、BNC22-64 有 20 颗),大部分锆石颗粒自形程度较高,呈长柱状,部分呈短柱状,CL 图像上可见清晰明显的岩浆振荡韵律环带结构,属于典型的岩浆锆石(图 3-15),详细的分析结果见表 3-5。

图 3-15　白牛厂典型锆石 CL 图像(红圈为锆石 U-Pb 年龄测点、黄圈为 Hf 同位素测点)

表 3-5 白牛厂二长花岗岩锆石 LA-ICP-MS 锆石 U-Pb 同位素分析结果

测点号	元素含量			Th/U	同位素比值			同位素年龄(Ma)			谐和度(%)
	Pb(×10⁻⁶)	Th(×10⁻⁶)	U(×10⁻⁶)		$^{207}Pb/^{206}Pb\pm1\sigma$	$^{207}Pb/^{235}U\pm1\sigma$	$^{206}Pb/^{238}U\pm1\sigma$	$^{207}Pb/^{206}Pb\pm1\sigma$	$^{207}Pb/^{235}U\pm1\sigma$	$^{206}Pb/^{238}U\pm1\sigma$	
BNC22-38 二长花岗岩											
BN22-38-1	28.2	1130	1621	0.70	0.064 0±0.002 1	0.124 2±0.004 1	0.014 1±0.000 2	743±68.51	119±3.74	90.0±1.07	72
BN22-38-2	25.96	1137	1576	0.72	0.050 5±0.001 8	0.094 9±0.003 4	0.013 6±0.000 1	220±85.17	92.1±3.19	87.1±0.85	94
BN22-38-3	28.5	760	1302	0.58	0.118 6±0.004 4	0.254 5±0.009 5	0.015 5±0.000 2	1944±32.87	230±7.71	99.3±1.00	20
BN22-38-4	24.38	660	1532	0.43	0.050 7±0.002 2	0.097 2±0.003 8	0.014 1±0.000 2	233±98.14	94.2±3.55	90.0±1.03	95
BN22-38-5	12.48	892	639	1.40	0.052 0±0.003 1	0.098 8±0.005 7	0.013 9±0.000 2	287±135.17	95.7±5.28	89.2±1.27	92
BN22-38-6	19.30	437	1286	0.34	0.046 8±0.002 0	0.089 0±0.003 7	0.013 9±0.000 2	35.3±103.70	86.6±3.43	88.8±1.01	97
BN22-38-7	27.4	1345	1601	0.84	0.051 1±0.001 8	0.097 7±0.003 2	0.014 0±0.000 2	243±79.62	94.6±2.99	89.3±1.03	94
BN22-38-8	17.62	348	1195	0.29	0.050 5±0.002 2	0.095 1±0.004 1	0.013 6±0.000 1	217±97.21	92.2±3.81	87.2±0.85	94
BN22-38-9	16.90	347	1124	0.31	0.047 8±0.002 1	0.091 6±0.004 0	0.013 8±0.000 2	100±94.44	88.9±3.75	88.5±1.01	99
BN22-38-10	18.53	727	1169	0.62	0.046 9±0.002 9	0.086 1±0.004 4	0.013 5±0.000 2	55.7±131.47	83.9±4.09	86.7±1.53	96
BN22-38-11	22.28	737	1417	0.52	0.052 3±0.002 2	0.098 9±0.003 9	0.013 7±0.000 1	298±89.80	95.7±3.65	87.6±0.87	91
BN22-38-12	29.89	727	2066	0.35	0.051 5±0.002 5	0.097 9±0.005 4	0.013 7±0.000 2	261±111.10	94.9±5.02	87.5±1.40	91
BN22-38-13	23.30	696	1509	0.46	0.049 0±0.001 8	0.092 8±0.003 5	0.013 6±0.000 1	146±85.17	90.1±3.21	87.3±0.91	96
BN22-38-14	26.0	1441	1474	0.98	0.049 1±0.001 7	0.093 4±0.003 2	0.013 7±0.000 1	154±76.84	90.7±2.96	88.0±0.83	97
BN22-38-15	16.65	528	1095	0.48	0.047 6±0.002 0	0.088 5±0.003 7	0.013 5±0.000 2	79.7±103.70	86.1±3.48	86.7±1.02	99
BN22-38-16	20.36	564	1355	0.42	0.047 4±0.002 0	0.088 8±0.003 5	0.013 6±0.000 2	77.9±87.03	86.4±3.25	87.1±0.98	99
BN22-38-17	20.49	766	1275	0.60	0.050 8±0.002 2	0.096 3±0.003 9	0.013 7±0.000 2	232±62.03	93.3±3.59	87.9±1.03	93
BN22-38-18	27.7	1344	1642	0.82	0.053 5±0.002 0	0.100 2±0.003 6	0.013 6±0.000 2	350±83.33	96.9±3.34	86.9±1.01	89
BN22-38-19	17.56	563	1148	0.49	0.051 5±0.002 4	0.095 3±0.004 5	0.013 5±0.000 1	265±109.24	92.5±4.15	86.3±0.93	93
BN22-38-20	24.57	761	1643	0.46	0.052 2±0.002 0	0.098 0±0.004 1	0.013 6±0.000 2	295±88.88	94.9±3.78	87.3±1.46	91

续表 3-5

测点号	元素含量			Th/U	同位素比值			同位素年龄（Ma）		谐和度（%）
	Pb (×10⁻⁶)	Th (×10⁻⁶)	U (×10⁻⁶)		$^{207}Pb/^{206}Pb\pm1\sigma$	$^{207}Pb/^{235}U\pm1\sigma$	$^{206}Pb/^{238}U\pm1\sigma$	$^{207}Pb/^{206}Pb\pm1\sigma$	$^{207}Pb/^{235}U\pm1\sigma$	$^{206}Pb/^{238}U\pm1\sigma$	
BNC22-39 二长花岗岩											
BN22-39-01	22.35	1105	1337	0.83	0.049 8±0.001 9	0.093 3±0.003 6	0.013 5±0.000 1	187±87.95	90.5±3.38	86.7±0.82	95
BN22-39-02	17.49	973	976	1.00	0.051 9±0.002 3	0.099 1±0.004 3	0.013 8±0.000 1	280±99.99	96.0±3.96	88.4±0.90	91
BN22-39-03	17.78	376	1205	0.31	0.046 3±0.001 8	0.087 9±0.003 4	0.013 8±0.000 2	13±88.88	85.6±3.18	88.5±1.05	96
BN22-39-04	16.54	600	1066	0.56	0.048 6±0.002 1	0.088 9±0.003 7	0.013 3±0.000 2	132±97.21	86.5±3.49	87.3±1.01	96
BN22-39-05	16.43	510	1038	0.49	0.045 6±0.002 0	0.087 0±0.003 7	0.013 9±0.000 2	101±104.32	84.7±3.45	88±0.99	96
BN22-39-06	16.60	776	996	0.78	0.050 6±0.002 3	0.093 8±0.004 2	0.013 5±0.000 2	220±109.24	91.0±3.93	87.5±0.96	96
BN22-39-07	14.54	476	937	0.51	0.049 9±0.002 3	0.091 7±0.004 2	0.013 3±0.000 1	187±110.17	89.1±3.95	87.7±1.08	97
BN22-39-08	15.05	491	955	0.51	0.049 4±0.002 1	0.092 2±0.003 8	0.013 5±0.000 1	169±98.13	89.6±3.50	87.1±0.88	97
BN22-39-09	13.66	481	875	0.55	0.048 1±0.002 1	0.087 9±0.003 7	0.013 3±0.000 1	106±103.69	85.5±3.50	86.3±0.86	98
BN22-39-10	17.58	500	1146	0.44	0.048 4±0.002 0	0.089 9±0.003 8	0.013 4±0.000 1	120±99.99	87.4±3.51	87.3±0.85	98
BN22-39-11	22.58	452	1652	0.27	0.049 8±0.001 6	0.086 8±0.002 7	0.012 6±0.000 1	187±67.58	84.5±2.55	87.1±1.11	93
BN22-39-12	20.89	599	1368	0.44	0.051 9±0.001 9	0.096 4±0.003 6	0.013 4±0.000 2	280±83.32	93.4±3.30	87.6±0.97	92
BN22-39-13	22.63	863	1383	0.62	0.049 2±0.001 8	0.093 3±0.003 5	0.013 3±0.000 1	167±82.40	90.6±3.22	87.9±1.07	96
BN22-39-14	18.81	637	1230	0.52	0.049 1±0.002 1	0.090 5±0.003 8	0.013 4±0.000 2	154±99.99	88.0±3.53	86.9±1.06	99
BN22-39-15	11.74	255	810	0.31	0.051 2±0.002 6	0.094 1±0.004 7	0.013 5±0.000 2	250±114.80	91.4±4.36	87.4±1.25	94
BN22-39-16	16.34	497	1063	0.47	0.048 1±0.002 0	0.089 4±0.003 6	0.013 4±0.000 1	106±4.43	86.9±3.40	87.4±0.85	97
BN22-39-17	15.52	506	1008	0.50	0.049 8±0.002 5	0.091 3±0.004 6	0.013 3±0.000 1	183±118.50	88.7±4.27	86.4±0.85	97
BN22-39-18	18.59	704	1186	0.59	0.049 9±0.001 8	0.091 8±0.003 2	0.013 3±0.000 1	191±81.47	89.2±2.98	86.8±0.89	99
BN22-39-19	13.22	348	865	0.40	0.046 5±0.002 1	0.087 3±0.003 8	0.013 7±0.000 2	20±103.69	85.0±3.54	87.7±1.00	96
BN22-39-20	24.6	1129	1428	0.79	0.048 3±0.001 6	0.092 5±0.003 4	0.013 8±0.000 2	122±81.47	89.8±3.16	88.6±1.22	98

续表 3-5

测点号	元素含量				同位素比值				同位素年龄（Ma）			谐和度（%）
	Pb (×10⁻⁶)	Th (×10⁻⁶)	U (×10⁻⁶)	Th/U	$^{207}Pb/^{206}Pb\pm1\sigma$	$^{207}Pb/^{235}U\pm1\sigma$	$^{206}Pb/^{238}U\pm1\sigma$	$^{207}Pb/^{206}Pb\pm1\sigma$	$^{207}Pb/^{235}U\pm1\sigma$	$^{206}Pb/^{238}U\pm1\sigma$		
BNC22-59 二长花岗岩												
BN22-59-1	19.63	531	1274	0.41	0.048 7±0.001 9	0.092 3±0.003 5	0.013 9±0.000 2	132±92.58	89.7±3.29	88.7±1.04	98
BN22-59-2	22.47	609	1444	0.42	0.049 0±0.001 7	0.094 0±0.003 3	0.013 8±0.000 1	150±74.987 5	91.2±3.10	88.6±0.91	97
BN22-59-3	29.04	900	1783	0.50	0.051 7±0.001 9	0.102 4±0.004 1	0.014 3±0.000 2	272±83.32	99.0±3.74	91.4±1.38	92
BN22-59-4	17.10	276	1161	0.23	0.048 8±0.002 0	0.092 7±0.003 7	0.013 8±0.000 1	200±94.43	90.0±3.42	88.4±0.78	98
BN22-59-5	35.5	1433	1999	0.71	0.052 9±0.001 8	0.108 3±0.003 7	0.014 9±0.000 3	324±105.545	104±3.42	95.6±1.74	91
BN22-59-6	38.9	1263	2466	0.51	0.052 3±0.001 8	0.102 1±0.003 5	0.014 2±0.000 2	302±77.77	98.7±3.21	90.6±1.29	91
BN22-59-7	19.72	737	1217	0.60	0.049 7±0.002 0	0.095 6±0.003 9	0.013 9±0.000 2	189±94.43	92.7±3.63	89.2±1.13	96
BN22-59-8	18.09	632	1132	0.55	0.047 9±0.002 0	0.091 0±0.003 6	0.013 8±0.000 2	94.5±92.585	88.5±3.31	88.6±1.05	99
BN22-59-9	37.89	751	2554	0.29	0.064 6±0.024 0	0.118 0±0.041 3	0.013 7±0.000 2	761±634.875	113±37.52	87.5±1.02	74
BN22-59-10	20.27	770	1239	0.62	0.048 7±0.001 8	0.093 8±0.003 5	0.013 9±0.000 1	132±87.025	91.0±3.21	89.1±0.87	97
BN22-59-11	30.8	1556	1859	0.83	0.046 6±0.002 6	0.089 8±0.005 5	0.013 8±0.000 2	31.6±135.17	87.3±5.09	88.3±1.27	98
BN22-59-12	16.16	444	1047	0.42	0.050 8±0.002 0	0.097 2±0.003 9	0.013 8±0.000 2	235±88.875	94.2±3.58	88.1±0.99	93
BN22-59-13	13.75	378	907	0.41	0.047 2±0.002 5	0.087 5±0.004 6	0.013 5±0.000 1	61.2±127.765	85.2±4.25	86.5±0.95	98
BN22-59-14	20.73	885	1278	0.69	0.046 9±0.001 8	0.088 8±0.003 4	0.013 7±0.000 2	42.7±88.88	86.4±3.18	87.9±1.07	98
BN22-59-15	25.17	374	1784	0.20	0.047 4±0.002 0	0.090 2±0.003 7	0.013 8±0.000 2	77.9±87.03	87.7±3.48	88.2±1.26	99
BN22-59-16	18.44	637	1146	0.55	0.051 5±0.002 2	0.099 6±0.005 0	0.013 9±0.000 3	265±99.985	96.4±4.62	88.8±1.87	91
BN22-59-17	11.95	282	812	0.34	0.046 1±0.002 1	0.087 1±0.004 1	0.013 6±0.000 1	400±290.7	84.8±3.87	87.4±1.18	96
BN22-59-18	27.31	901	1725	0.52	0.045 8±0.004 7	0.092 9±0.012 7	0.013 7±0.000 4	323±100.04	90.2±11.81	87.5±2.77	96
BN22-59-19	19.50	646	1067	0.60	0.065 1±0.002 4	0.136 0±0.005 7	0.014 9±0.000 2	776±79.622 5	129±5.05	95.6±1.27	69
BN22-59-20	34.5	1371	1856	0.73	0.087 1±0.002 2	0.165 5±0.004 2	0.013 9±0.000 2	1363±44.29	156±3.69	88.7±1.42	45

续表 3-5

测点号	元素含量				同位素比值				同位素年龄（Ma）			谐和度（%）
	Pb (×10⁻⁶)	Th (×10⁻⁶)	U (×10⁻⁶)	Th/U	²⁰⁷Pb/²⁰⁶Pb±1σ	²⁰⁷Pb/²³⁵U±1σ	²⁰⁶Pb/²³⁸U±1σ	²⁰⁷Pb/²⁰⁶Pb±1σ	²⁰⁷Pb/²³⁵U±1σ	²⁰⁶Pb/²³⁸U±1σ		
BNC22-64 二长花岗岩												
BN22-64-1	15.86	590	975	0.61	0.051 7±0.002 2	0.097 1±0.004 2	0.013 6±0.000 2	272±98.13	94.1±3.92	86.8±0.98	91
BN22-64-2	17.92	299	1207	0.25	0.046 5±0.002 0	0.087 4±0.003 6	0.013 7±0.000 1	33.4±87.03	85.1±3.40	87.7±0.84	97
BN22-64-3	32.40	900	2283	0.39	0.046 1±0.003 8	0.083 8±0.007 5	0.013 7±0.000 5	400±205.53	81.7±7.04	87.5±3.17	93
BN22-64-4	30.75	768	2194	0.35	0.053 3±0.006 9	0.095 9±0.011 9	0.013 3±0.000 6	343±298.11	93.0±11.00	85.3±3.80	91
BN22-64-5	23.44	741	1454	0.51	0.052 3±0.001 8	0.098 7±0.003 4	0.013 7±0.000 1	302±84.25	95.6±3.12	87.7±0.85	91
BN22-64-6	20.80	699	1310	0.53	0.050 6±0.001 6	0.094 8±0.003 1	0.013 6±0.000 1	233±74.06	91.9±2.87	87.0±0.93	94
BN22-64-7	21.40	713	1323	0.54	0.050 4±0.001 9	0.095 5±0.003 6	0.013 7±0.000 2	213±85.17	92.6±3.33	88.0±1.00	94
BN22-64-8	25.00	413	1735	0.24	0.048 1±0.003 3	0.090 2±0.006 2	0.013 5±0.000 2	102±155.53	87.7±5.82	86.7±1.24	98
BN22-64-9	26.16	749	1642	0.46	0.051 0±0.001 8	0.097 0±0.003 3	0.013 9±0.000 2	239±83.32	94.0±3.09	88.7±1.14	94
BN22-64-10	17.38	545	1104	0.49	0.047 8±0.001 9	0.089 2±0.003 4	0.013 6±0.000 2	87.1±88.88	86.7±3.16	86.9±0.96	99
BN22-64-11	24.11	422	1565	0.27	0.052 6±0.001 8	0.099 9±0.003 4	0.013 8±0.000 2	322±77.77	96.6±3.12	88.1±1.07	90
BN22-64-12	22.83	608	1452	0.42	0.048 7±0.001 9	0.091 8±0.003 6	0.013 7±0.000 1	132±92.58	89.2±3.36	87.5±0.90	98
BN22-64-13	27.49	834	1798	0.46	0.047 8±0.004 8	0.084 1±0.006 4	0.014 0±0.000 5	100±209.23	82.0±6.04	89.6±2.91	91
BN22-64-14	23.27	351	1590	0.22	0.046 5±0.001 9	0.087 5±0.003 7	0.013 6±0.000 1	33.4±83.33	85.2±3.44	86.9±0.91	97
BN22-64-15	18.67	472	1214	0.39	0.049 2±0.003 3	0.088 9±0.004 6	0.013 7±0.000 3	167±138.87	86.4±4.31	87.5±1.67	98
BN22-64-16	24.71	1065	1454	0.73	0.050 1±0.002 2	0.093 8±0.003 9	0.013 7±0.000 2	211±103.69	91.0±3.64	87.7±1.00	96
BN22-64-17	21.71	354	1486	0.24	0.048 6±0.001 7	0.089 8±0.003 3	0.013 4±0.000 1	132±85.17	87.3±3.05	85.7±0.88	98
BN22-64-18	11.93	392	756	0.52	0.051 7±0.002 6	0.095 2±0.004 8	0.013 4±0.000 2	333±118.50	92.4±4.49	86.0±1.04	92
BN22-64-19	23.03	715	1472	0.49	0.050 6±0.002 0	0.094 3±0.003 7	0.013 5±0.000 1	233±95.36	91.5±3.41	86.7±0.93	94
BN22-64-20	14.74	445	963	0.46	0.050 1±0.002 3	0.091 9±0.004 1	0.013 4±0.000 1	198±99.06	89.3±3.81	85.7±0.89	95

样品 BNC22-38 中锆石长为 66~170μm,长宽比为 1:1~4:1,样品 BNC22-38 中锆石 ^{232}Th 含量为 (347~441)×10^{-6},^{238}U 含量为 (639~2066)×10^{-6},^{232}Th/^{238}U 为 0.40~0.46。样品 BNC22-38 共有 17 个点均给出了一致的 U-Pb 谐和年龄,为 87.7±0.5Ma,MSWD=0.99(图 3-16)。

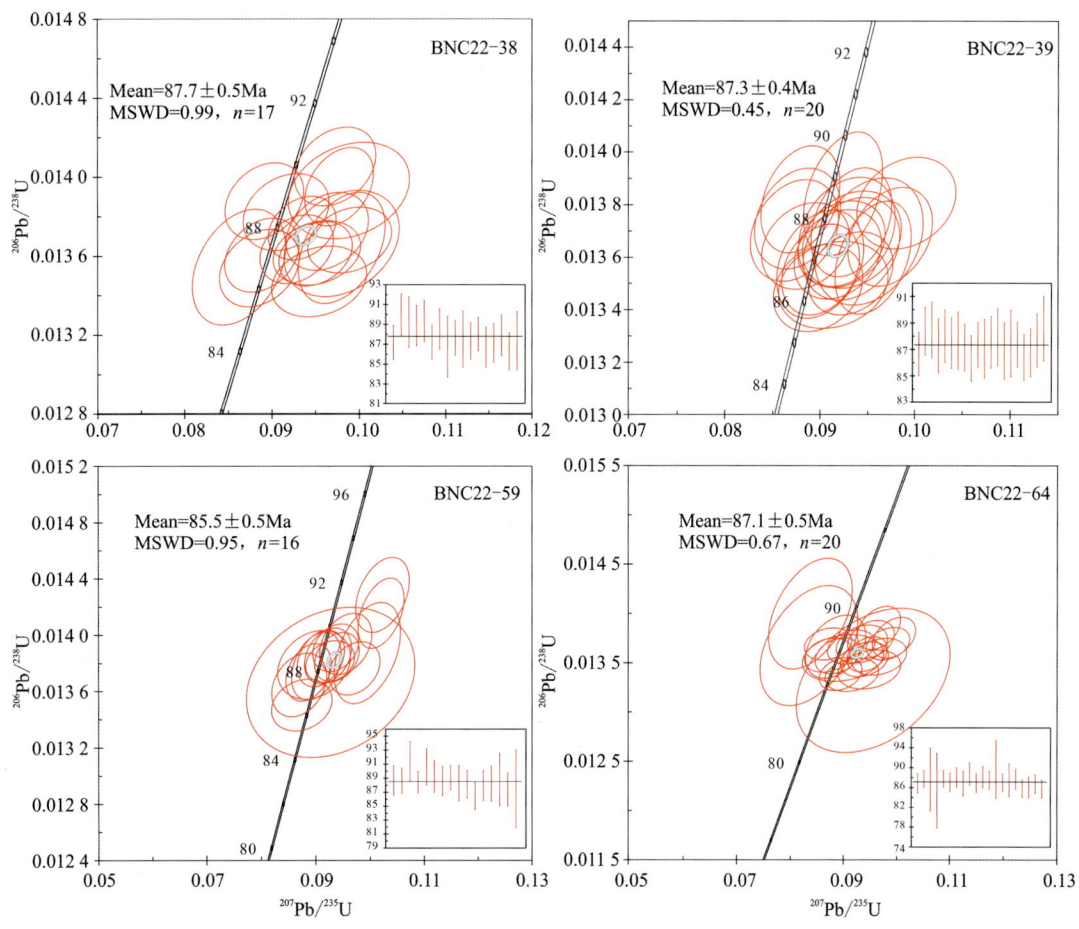

图 3-16　白牛厂二长花岗岩锆石 U-Pb 加权平均年龄图和年龄谐和图

样品 BNC22-39 的锆石长为 30~80μm,长宽比为 1:1~4:1,样品 BNC22-39 中锆石 ^{232}Th=(255~1129)×10^{-6},^{238}U=(810~1428)×10^{-6},^{232}Th/^{238}U 为 0.27~1.00;样品 BNC22-39 有 20 个点给出了较为一致的 U-Pb 谐和年龄,为 87.3±0.4Ma,MSWD=0.45(图 3-16)。

样品 BNC22-59 的锆石长为 70~250μm,长宽比为 1.2:1~5:1,样品 BNC22-59 中锆石 ^{232}Th=(276~1556)×10^{-6},^{238}U=(812~2554)×10^{-6},^{232}Th/^{238}U 为 0.23~0.73;样品 BNC22-59 中 16 个点给出了较为一致的 U-Pb 谐和年龄,为 88.5±0.5Ma,MSWD=0.95(图 3-16)。

样品 BNC22-64 的锆石长为 50~260μm,长宽比为 1:1~4:1,样品 BNC22-64 中锆石 ^{232}Th=(299~1065)×10^{-6},^{238}U=(756~83)×10^{-6},^{232}Th/^{238}U 为 0.24~0.61;样品 BNC22-64 中 20 个点给出了较为一致的 U-Pb 谐和年龄,为 87.1±0.5Ma,MSWD=0.67(图 3-16)。

白牛厂二长花岗岩的 LA-ICP-MS 锆石 U-Pb 定年结果显示,4 件二长花岗岩岩浆结晶年龄为 87.7±0.5Ma、87.3±0.4Ma、88.5±0.5Ma 和 87.1±0.5Ma,白牛厂岩体成岩时代为 88.5~87.1Ma,表明二长花岗岩形成于晚白垩世,为燕山晚期岩浆活动的产物。

2. 锆石 Lu-Hf 同位素特征

对 BNC22-38、BNC22-39、BNC22-59、BNC22-64 的 4 个样品锆石分别进行了 14 点位、12 点位、13 点位及 13 点位的 Hf 同位素测试,点位与 U-Pb 定年点位基本一致,具体数据详见表 3-6。所测锆石的

表 3-6 白牛厂二长花岗岩 Lu-Hf 同位素组成

样品编号	$^{176}Hf/^{177}Hf\pm1\sigma$	$^{176}Lu/^{177}Hf\pm1\sigma$	$^{176}Yb/^{177}Hf\pm1\sigma$	年龄(Ma)	$\varepsilon_{Hf}(0)\pm1\sigma$	$\varepsilon_{Hf}(t)\pm1\sigma$	T_{DM1}(Ma)	T_{DM2}(Ma)	$f_{Lu/Hf}$
BNC22-38-01	0.282 582±0.000 011	0.001 122±0.000 021	0.037 755±0.000 307	87.1	−6.6±0.6	−4.8±0.6	949	1286	−0.96
BNC22-38-02	0.282 560±0.000 012	0.001 145±0.000 025	0.038 337±0.000 530	90	−7.4±0.6	−5.5±0.6	982	1329	−0.96
BNC22-38-03	0.282 596±0.000 012	0.000 895±0.000 005	0.030 512±0.000 231	88.8	−6.2±0.6	−4.3±0.6	925	1259	−0.97
BNC22-38-04	0.282 520±0.000 012	0.000 981±0.000 004	0.033 226±0.000 322	89.3	−8.8±0.6	−6.9±0.6	1034	1407	−0.97
BNC22-38-05	0.282 509±0.000 011	0.000 910±0.000 002	0.031 224±0.000 379	87.2	−9.2±0.6	−7.4±0.6	1047	1430	−0.97
BNC22-38-06	0.282 581±0.000 011	0.000 890±0.000 013	0.030 00±0.000 126	88.5	−6.7±0.6	−4.8±0.6	945	1288	−0.97
BNC22-38-07	0.282 525±0.000 010	0.000 834±0.000 012	0.029 195±0.000 736	86.7	−8.7±0.6	−6.8±0.6	1023	1398	−0.97
BNC22-38-08	0.282 512±0.000 010	0.001 003±0.000 007	0.033 553±0.000 190	87.6	−9.1±0.6	−7.3±0.6	1046	1425	−0.96
BNC22-38-09	0.282 499±0.000 010	0.000 964±0.000 013	0.033 340±0.000 232	87.3	−9.6±0.6	−7.7±0.6	1063	1450	−0.97
BNC22-38-10	0.282 462±0.000 011	0.001 070±0.000 002	0.038 408±0.000 424	88	−10.9±0.6	−9.0±0.6	1118	1523	−0.96
BNC22-38-11	0.282 502±0.000 010	0.000 803±0.000 010	0.027 571±0.000 157	86.7	−9.5±0.6	−7.6±0.6	1054	1444	−0.97
BNC22-38-12	0.282 454±0.000 011	0.000 866±0.000 009	0.027 867±0.000 254	87.1	−11.2±0.6	−9.3±0.6	1123	1537	−0.97
BNC22-38-13	0.282 439±0.000 010	0.001 014±0.000 006	0.035 248±0.000 408	87.9	−11.7±0.6	−9.8±0.6	1148	1566	−0.96
BNC22-38-14	0.282 481±0.000 010	0.000 518±0.000 010	0.017 864±0.000 536	86.3	−10.2±0.6	−8.4±0.6	1075	1483	−0.98
BNC22-39-01	0.282 541±0.000 013	0.001 167±0.000 017	0.042 449±0.000 964	86.7	−8.2±0.7	−6.3±0.7	1010	1368	−0.96
BNC22-39-02	0.282 547±0.000 016	0.001 182±0.000 014	0.044 312±0.000 983	88.4	−7.9±0.8	−6.1±0.8	1002	1356	−0.96
BNC22-39-03	0.282 548±0.000 015	0.001 053±0.000 012	0.038 065±0.000 264	88.5	−7.9±0.7	−6.1±0.7	998	1355	−0.97
BNC22-39-04	0.282 570±0.000 014	0.001 017±0.000 004	0.036 330±0.000 199	87.3	−7.1±0.7	−5.3±0.7	965	1312	−0.97
BNC22-39-05	0.282 528±0.000 012	0.000 796±0.000 009	0.029 936±0.000 615	88	−8.6±0.6	−6.7±0.7	1019	1393	−0.98
BNC22-39-06	0.282 534±0.000 011	0.000 880±0.000 009	0.031 676±0.000 628	87.5	−8.4±0.6	−6.5±0.6	1013	1382	−0.97
BNC22-39-07	0.282 550±0.000 018	0.001 186±0.000 012	0.043 169±0.000 352	87.7	−7.9±0.8	−6.0±0.8	998	1352	−0.96
BNC22-39-08	0.282 534±0.000 011	0.000 850±0.000 005	0.029 642±0.000 205	87.1	−8.4±0.7	−6.6±0.7	1011	1382	−0.97
BNC22-39-09	0.282 518±0.000 013	0.000 922±0.000 016	0.032 633±0.000 832	87.3	−9.0±0.7	−7.1±0.7	1035	1413	−0.97
BNC22-39-10	0.282 539±0.000 012	0.001 150±0.000 005	0.041 446±0.000 144	87.1	−8.2±0.7	−6.4±0.7	1013	1373	−0.97
BNC22-39-11	0.282 555±0.000 014	0.001 149±0.000 003	0.041 292±0.000 219	87.6	−7.7±0.7	−5.8±0.7	991	1342	−0.97
BNC22-39-12	0.282 551±0.000 014	0.000 921±0.000 008	0.032 492±0.000 429	86.9	−7.8±0.7	−5.9±0.7	989	1348	−0.97

续表 3-6

样品编号	$^{176}Hf/^{177}Hf\pm1\sigma$	$^{176}Lu/^{177}Hf\pm1\sigma$	$^{176}Yb/^{177}Hf\pm1\sigma$	年龄(Ma)	$\varepsilon_{Hf}(0)\pm1\sigma$	$\varepsilon_{Hf}(t)\pm1\sigma$	T_{DM1}(Ma)	T_{DM2}(Ma)	$f_{Lu/Hf}$
BNC22-59-01	0.282 428±0.000 012	0.001 121±0.000 006	0.036 481±0.000 227	88.7	−12.1±0.6	−10.2±0.6	1168	1589	−0.96
BNC22-59-02	0.282 482±0.000 010	0.001 393±0.000 002	0.048 981±0.001 172	91.4	−10.2±0.6	−8.3±0.6	1099	1482	−0.95
BNC22-59-03	0.282 446±0.000 011	0.000 863±0.000 005	0.029 685±0.000 206	88.4	−11.4±0.6	−9.6±0.6	1133	1552	−0.97
BNC22-59-04	0.282 456±0.000 012	0.001 128±0.000 010	0.038 664±0.000 807	90.6	−11.1±0.6	−9.2±0.6	1128	1533	−0.96
BNC22-59-05	0.282 458±0.000 012	0.001 108±0.000 007	0.037 989±0.000 332	89.2	−11.0±0.6	−9.1±0.6	1124	1529	−0.96
BNC22-59-06	0.282 457±0.000 012	0.000 968±0.000 006	0.033 393±0.000 244	88.6	−11.1±0.6	−9.2±0.6	1121	1530	−0.97
BNC22-59-07	0.282 473±0.000 012	0.000 969±0.000 005	0.032 984±0.000 241	89.1	−10.5±0.6	−8.6±0.6	1099	1499	−0.97
BNC22-59-08	0.282 448±0.000 014	0.001 111±0.000 004	0.037 71±0.000 165	88.3	−11.4±0.7	−9.5±0.7	1139	1550	−0.96
BNC22-59-09	0.282 461±0.000 011	0.000 825±0.000 002	0.027 516±0.000 135	88.1	−10.9±0.6	−9.0±0.6	1111	1522	−0.97
BNC22-59-10	0.282 462±0.000 013	0.000 741±0.000 008	0.024 482±0.000 282	86.5	−10.9±0.7	−9.0±0.7	1108	1521	−0.97
BNC22-59-11	0.282 482±0.000 012	0.000 789±0.000 009	0.026 839±0.000 602	87.9	−10.2±0.6	−8.3±0.6	1082	1483	−0.97
BNC22-59-12	0.282 415±0.000 013	0.001 018±0.000 007	0.033 815±0.000 349	88.2	−12.6±0.6	−10.7±0.6	1183	1614	−0.96
BNC22-64-01	0.282 538±0.000 013	0.001 063±0.000 003	0.033 437±0.000 859	86.8	−8.2±0.6	−6.4±0.7	1011	1374	−0.96
BNC22-64-02	0.282 538±0.000 014	0.000 869±0.000 003	0.026 588±0.000 234	87.7	−8.2±0.7	−6.3±0.7	1005	1373	−0.97
BNC22-64-03	0.282 528±0.000 013	0.001 187±0.000 002	0.042 810±0.001 014	87.5	−8.6±0.6	−6.7±0.6	1029	1394	−0.96
BNC22-64-04	0.282 543±0.000 016	0.000 925±0.000 002	0.030 103±0.000 187	87.7	−8.0±0.7	−6.2±0.7	1000	1363	−0.97
BNC22-64-05	0.282 553±0.000 014	0.000 977±0.000 004	0.031 581±0.000 058	87	−7.7±0.7	−5.8±0.7	988	1344	−0.97
BNC22-64-06	0.282 535±0.000 013	0.001 156±0.000 002	0.038 150±0.000 310	88	−8.3±0.7	−6.5±0.7	1018	1379	−0.96
BNC22-64-07	0.282 523±0.000 009	0.000 890±0.000 011	0.030 219±0.000 315	86.7	−8.7±0.6	−6.9±0.6	1027	1402	−0.97
BNC22-64-08	0.282 515±0.000 012	0.001 214±0.000 001	0.043 321±0.000 201	88.7	−9.0±0.6	−7.2±0.6	1048	1419	−0.96
BNC22-64-09	0.282 556±0.000 012	0.000 759±0.000 006	0.026 551±0.000 461	86.9	−7.6±0.6	−5.7±0.6	977	1337	−0.97
BNC22-64-10	0.282 577±0.000 012	0.000 810±0.000 012	0.026 687±0.000 344	88.1	−6.8±0.6	−4.9±0.6	949	1295	−0.97
BNC22-64-11	0.282 540±0.000 011	0.000 871±0.000 008	0.029 890±0.000 372	87.5	−8.1±0.6	−6.3±0.6	1003	1369	−0.97
BNC22-64-12	0.282 541±0.000 012	0.000 973±0.000 008	0.034 298±0.000 616	89.6	−8.1±0.6	−6.2±0.6	1004	1367	−0.97
BNC22-64-13	0.282 536±0.000 011	0.000 960±0.000 024	0.031 967±0.000 910	86.9	−8.3±0.6	−6.4±0.6	1011	1377	−0.97

^{176}Lu/^{177}Hf 值变化范围较大,介于 0.000 785~0.001 079 之间,其中所有测点的 ^{176}Lu/^{177}Hf 值均小于 0.002,表明这些点的锆石在形成以后基本没有明显的放射性成因 Hf 的积累,且很少受后期岩浆热事件的影响,所测样品的 ^{176}Lu/^{177}Hf 值基本可以代表其形成时的 Hf 同位素比值。所有样品测试点的 $f_{Lu/Hf}$ 值为 -0.97~-0.96,平均值为 -0.97,明显小于铁镁质地壳 $f_{Lu/Hf}$ 平均值(-0.34)和硅铝质地壳 $f_{Lu/Hf}$ 平均值(-0.72),因此,二阶段模式年龄更能反映其源区物质从亏损地幔被抽取的时间或其源区物质在地壳的平均存留年龄。

样品 BNC22-38 的 14 颗锆石 ^{176}Hf/^{177}Hf 值范围为 0.282 481~0.282 596,$\varepsilon_{Hf}(t)$ 范围为 -9.8~-4.3,均为负值,平均值为 -7.11(图 3-17a)。其对应的一阶段模式年龄(T_{DM1})为 1148~925Ma,二阶段模式年龄(T_{DM2})范围为 1566~1259Ma,集中在 1407Ma 左右(图 3-17b)。

样品 BNC22-39 的 12 颗锆石 ^{176}Hf/^{177}Hf 值范围为 0.282 518~0.282 555,变化范围较小,$\varepsilon_{Hf}(t)$ 范围为 -7.1~-5.3,均为负值,平均值为 -6.23(图 3-17a)。一阶段模式年龄(T_{DM1})范围为 1019~965Ma,集中在 1000Ma 左右,二阶段模式年龄(T_{DM2})范围为 1413~1342Ma,集中在 1356Ma 左右(图 3-17b)。

样品 BNC22-59 的 13 颗锆石中,由于一个锆石点位被打穿,需剔除异常值,其余 12 颗锆石 ^{176}Hf/^{177}Hf 值范围为 0.282 415~0.282 482,变化范围较小,$\varepsilon_{Hf}(t)$ 范围为 -10.7~-8.3,均为负值,平均值为 -9.23(图 3-17a)。一阶段模式年龄(T_{DM1})范围为 1183~1082Ma,集中在 1099Ma 左右,二阶段模式年龄(T_{DM2})范围为 1614~1482Ma,集中在 1529Ma 左右(图 3-17b)。

样品 BNC22-64 的 13 颗锆石 ^{176}Hf/^{177}Hf 值范围为 0.282 515~0.282 577,变化范围较小,$\varepsilon_{Hf}(t)$ 范围为 -7.2~-4.9,均为负值,平均值为 -6.27(图 3-17a)。一阶段模式年龄(T_{DM1})范围为 1048~949Ma,集中在 1000Ma 左右,二阶段模式年龄(T_{DM2})范围为 1419~1295Ma,集中在 1379Ma 左右(图 3-17b)。

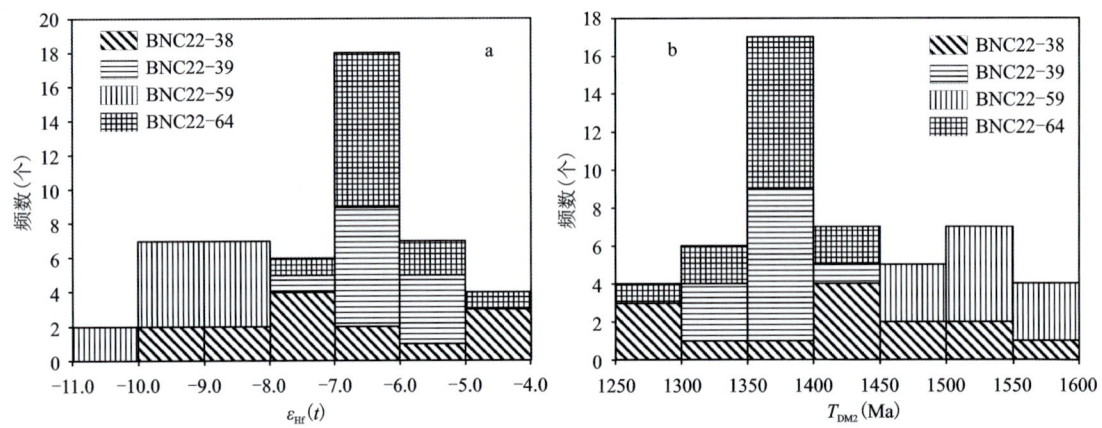

图 3-17 白牛厂二长花岗岩锆石 Hf 同位素组成(a)和二阶段模式年龄统计直方图(b)

四、二长花岗岩成因与区域构造-岩浆演化

1. 二长花岗岩形成时代

精确厘定成岩成矿年龄是研究区域成岩成矿规律分析的基础,矿床岩体的准确测年对矿床地质背景反演有重要作用。张世涛和陈国昌(1997)确定薄竹山岩体中早次单元——雷达站单元的年龄值为 75±14Ma,说明薄竹山开始形成于晚白垩世。此外,他们还对薄竹山两期花岗岩进行了年龄测试分析,表明第一期过铝质花岗岩形成于同碰撞环境,侵入时代大致在 114~97Ma 之间,第二期花岗岩形成于板内拉张环境,侵入时代大致在 79~48Ma。刘玉平等(2007)采用锆石 SHRIMP 法 U-Pb 年龄测定老君山

的隐伏花岗岩和花岗斑岩获得其年龄分别为92.9±1.9Ma和86.9±1.4Ma。这与程彦博等(2010)对薄竹山3个岩石单元样品的LA-ICP-MS锆石U-Pb年代分析结果(87.83±0.39)~(86.51±0.52)Ma时代一致,均属于晚白垩世;李建德等(2018)用锆石U-Pb定年对白牛厂岩体花岗岩的3件样品进行分析测试,得到的岩浆结晶年龄分别为89.06±0.92Ma、90.50±1.0Ma和91.17±0.77Ma,是晚白垩世的产物。

针对在白牛厂地区所采集的4件隐伏二长花岗岩样品进行LA-ICP-MS锆石U-Pb定年测试,获得白牛厂二长花岗岩成岩时代为88.5~87.1Ma,表明二长花岗岩形成于晚白垩世,为燕山晚期岩浆活动的产物,与薄竹山岩体的成岩年龄一致。

2. 岩石成因类型与蚀变影响

花岗岩类是组成大陆壳的主要岩石,是研究大陆岩石圈的结构、组成和演化的重要岩石类型(袁建国等,2017)。所采集的10件样品中SiO_2含量在66.27%~73.77%之间,没有出现因硅化蚀变作用造成SiO_2含量较高的现象,并由此对二长花岗岩岩石类型作出判断。M型花岗岩的Na/K值较高,大于1,根据所获得的岩石地球化学数据来看,白牛厂二长花岗岩Na/K值在0.07~0.50的范围内,排除其为M型花岗岩(陈学明等,1998);结合二长花岗岩主量元素Na_2O与K_2O的关系示意图(图3-18a),白牛厂隐伏花岗岩的类型介于A型与S型之间,A型花岗岩主要为常见碱性暗矿物,富集REE、Nb、Y等高场强元素(HFSE)和Eu、Ba、Sr,但二长花岗岩中这些元素显示为负异常,因此,确定其不为A型花岗岩。张旗(2012)用Eu/Eu^*大于0.30(大体相当于Sm/Eu=10)区别A型花岗岩与其他类型花岗岩。根据本次研究所测数据,计算得到Sm/Eu的平均值为5.90,也确定其不是A型花岗岩(Collins et al.,1982)。根据花岗岩的ACF图解(图3-18b)可知,样品全部在S型花岗岩区域。综上可以判断其为S型花岗岩。

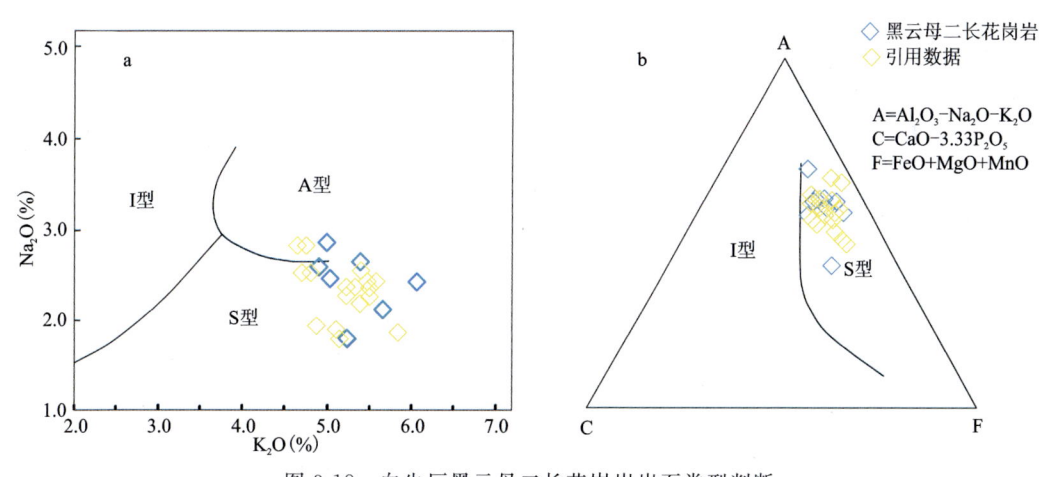

图3-18 白牛厂黑云母二长花岗岩岩石类型判断

a. Na_2O-K_2O图解(底图据Collins et al.,1982);b. ACF图解(底图据Nakada and Takahashi,1979)

结合白牛厂黑云母二长花岗岩样品具有高钾、过铝质的特征(图3-13b、c),确定该样品为过铝质钾玄岩系列的S型花岗岩。

本次研究所采集的10件样品中,样品BNC22-50与BNC22-60的烧失量(LOI)较高,分别为4.10%、3.17%,蚀变程度较高,其余岩石样品烧失量较小(0.52%~2.45%),表明样品总体蚀变程度较低,变质程度低。在构建以LOI为横坐标的谐和图中,主要的氧化物(TFe_2O_3、MgO、TiO_2、P_2O_5、Na_2O)与LOI呈非线性关系,表明其蚀变作用对岩石成因的影响较小。

除了蚀变严重的岩石外,二长花岗岩中斑晶与基质的形成为结晶分异提供了有利证据,其岩石中也存在有黑云母、长石等。二长花岗岩的10件样品数据显示,样品为过铝质,分异指数(DI)中等偏高(70.93~87.7),样品中P、Ti和Eu元素亏损,在哈克分异图中也显示P_2O_5、TiO_2分别与SiO_2所形成的线性关系(图 3-19a、g)呈负相关,表明岩石在岩浆演化过程中经历了结晶分异。通常含钛矿物与磷灰石的分离会导致 Nb、P 的枯竭,在岩浆分离结晶过程中,Ba、Sr 富集于斜长石中,Rb 则倾向于残余岩浆,因此可通过 Rb/Ba 和 Rb/Sr 值对分离结晶进行溯源(李建德,2018)。Sr 和 Ba 含量与 SiO_2 呈负相关,Rb/Ba 和 Rb/Sr 含量与 SiO_2 呈正相关(图 3-19h、l),也再次确定了白牛厂矿区的二长花岗岩是由结晶分异形成的。

此外,蚀变程度大的岩石样品(BNC22-50 与 BNC22-60)对哈克分异图解的准确性影响是很大的(图 3-19b、c、e、i),甚至剔除数据后与未剔除数据前的关系相反(图 3-19c、e)。因此,蚀变程度是影响哈克分异图解准确性的因素之一。

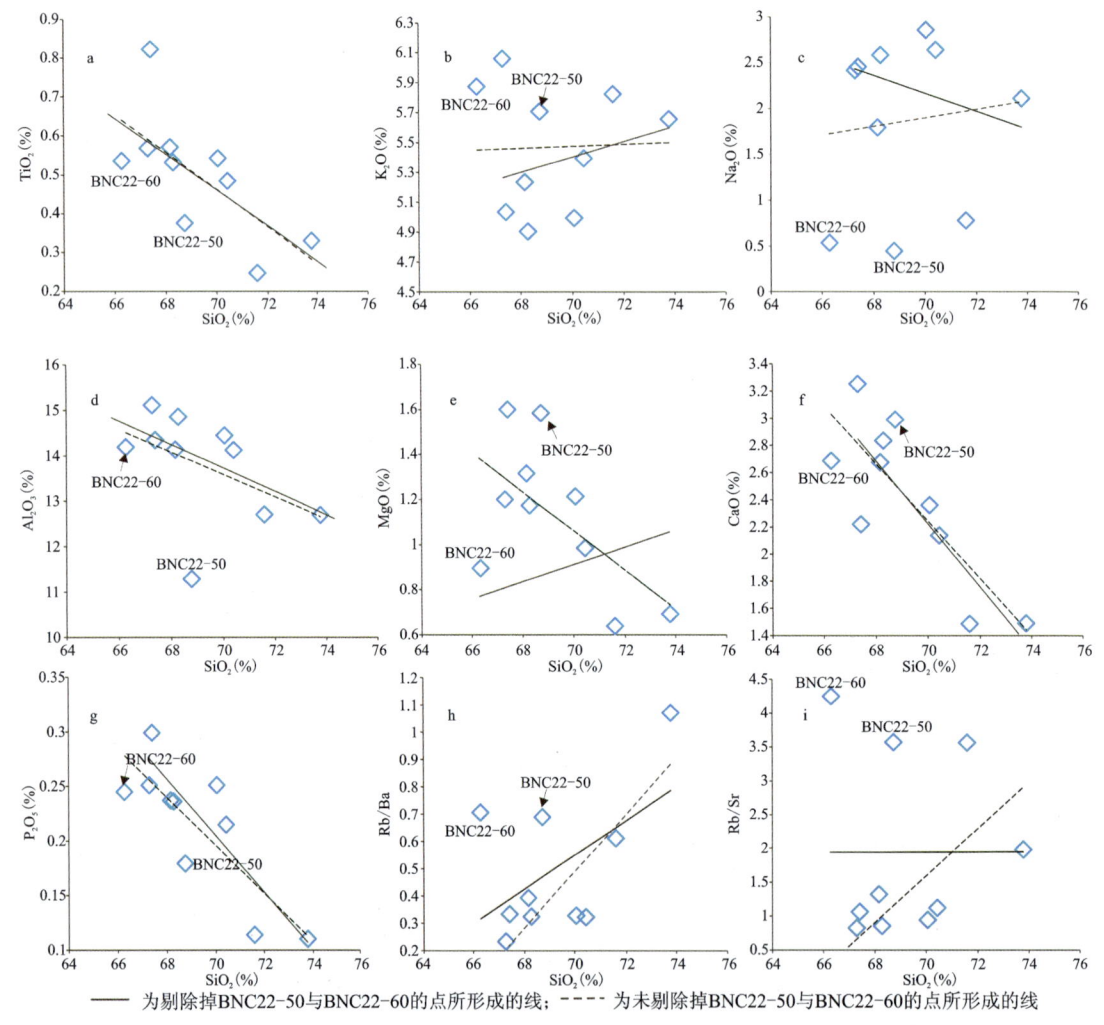

图 3-19 白牛厂黑云母二长花岗岩哈克图解(据 Jian et al.,2022)

结合上文分析的岩石类型为 S 型花岗岩,但在 P_2O_5 与 SiO_2 形成的线性关系中,所呈现的是负相关,推测可能是二长花岗岩中副矿物磷灰石产生了分异结晶,造成了其负相关(刘彬等,2023)。

3. 岩浆源区与构造背景

锆石原位 Lu-Hf 同位素体系有较高的封闭温度(肖昌浩等,2018),通过记录岩浆在混合和分异过程中同位素的组成变化以及识别地幔岩浆端元同位素示踪的方法,可以判别岩浆源区。白牛厂矿区的二长花岗岩均以负的、变化范围较小的锆石 $\varepsilon_{Hf}(t)$ 值为特征(表 3-6),这种变化范围较小的锆石 Hf 同位素组成可能是岩浆侵入发生岩浆混合的产物或是岩石的源区物质组成的不均一性所致。Hf 同位素特征表明白牛厂矿区源区物质以古老地壳的深熔或重熔为主,无新生地壳物质的混入。$\varepsilon_{Hf}(t)<0$,说明岩

浆源区主要来源于地壳或经过地壳物质混染,锆石为地壳完全重熔后结晶形成(图3-20),结合前人的数据来看,深部所采集的样品与前人的研究结果相一致。

微量元素因具有相对稳定的地球化学性质而成为判断岩浆物质来源的重要指示剂(巩鑫等,2023),根据表3-6中$\varepsilon_{Hf}(t)$的数据,可利用Zr/Hf、Rb/Sr、Ba/La等值来指示岩浆来源,二长花岗岩Zr/Hf值在(31.94~36.46)×10^{-6}之间,均值为33.96×10^{-6};Rb/Sr值在(0.82~4.24)×10^{-6}之间,均值为1.95×10^{-6};Ba/La值在(6.30~19.60)×10^{-6}之间,均值为11.38×10^{-6},与原始地幔Zr/Hf、Rb/Sr、Ba/La标准值(约37、0.03~0.47、25)及原始地壳Zr/Hf、Rb/Sr、Ba/La标准值(约33、>0.5、9.6)相比,更接近原始地壳标准值,指示岩浆来源于古老地壳。锆石正$\varepsilon_{Hf}(t)$值代表岩浆来源于亏损地幔或从亏损地幔中新增生的年轻地壳物质的部分熔融,负$\varepsilon_{Hf}(t)$值则表明岩浆来源于古老地壳重熔。

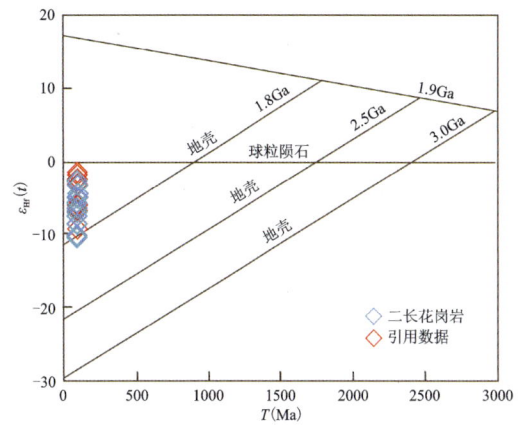

图3-20 白牛厂二长花岗岩锆石T-$\varepsilon_{Hf}(t)$图解
(底图据李秀章等,2022)

锆石Hf同位素具有二阶段演化的特征,一般考虑其存在两个阶段的模式年龄(T_{DM1}、T_{DM2}),而真正能代表壳幔分异作用发生的时代为二阶段模式年龄T_{DM2}(余超等,2017),二长花岗岩所测的锆石$\varepsilon_{Hf}(t)$值在-10.7~-4.3之间,组成相对较为均一,在T-$\varepsilon_{Hf}(t)$图解中均分布在球粒陨石演化线之下(图3-20),样品Hf同位素二阶段模式年龄T_{DM2}为1 053.07~1 434.71Ma,指示该岩体岩浆来源于中—新元古宙古老地壳物质的熔融。

前人研究认为,锶、钕同位素是研究成矿物质来源和成矿流体的有效示踪剂(万博和张连昌,2006;祁进平等,2009)。引用李开文所测定的薄竹山花岗岩最新年代结果为87Ma,并计算岩体的$(^{143}Nd/^{144}Nd)_i$和$\varepsilon_{Nd}(t)$值分别为0.512 02~0.512 05和-9.9~-9.1,较高的$(^{87}Sr/^{86}Sr)_i$值和负的$\varepsilon_{Nd}(t)$值说明其源区以壳源为主(忻建刚和袁奎荣,1998)。解洪晶等(2009)利用ICP-MS技术测出的全岩主微量元素的单阶段模式年龄,得出第一期花岗岩的物质来源于中元古宙陆壳,第二期的花岗岩来源于太古宙古老基底重熔。结合此次研究的结果推测,白牛厂隐伏花岗岩体的形成源于元古宙地壳重熔的花岗质岩浆,岩浆上涌侵入到薄竹山地区,形成薄竹山花岗岩体,并逐渐往西北部运移到白牛厂矿区,不断富集成矿,从而形成了白牛厂超大型矿床(李开文等,2013)。

滇东南成矿区内岩浆岩属于南岭构造岩浆岩带的西延部分,岩浆活动具多期多阶段的特点,元古宙至新生代为主要的构造活动时期,并伴随有强度不等的构造岩浆活动。滇东南成矿区内侵入岩的时代主要有海西期、燕山期,其次为印支期(塞龙,2016)。根据所构建的Rb-(Y+Nb)和Rb-(Yb+Ta)图(Pearce et al.,1984),投点主要落于同碰撞、火山弧和板内3区域的交界处(图3-21a)与同碰撞花岗岩中(图3-21b)。前人研究大都把这部分区域划分为后碰撞阶段,该区域处于火山弧和板内背景的过渡阶段,也暗示了碰撞造山向非造山转化过渡的后造山环境(柏道远等,2006),在所构建的Y-Nb图解中可以很明显看出其从火山弧+同碰撞花岗岩向板内花岗岩的过渡(图3-21c),板块活动边缘向板块碰撞逐渐到板内构造演化的过渡,并逐渐从造山晚期的后造山到非造山的重要时期过渡,在李开文(2013)的数据中,部分数据偏离较大,可能是蚀变引起的。通过Harris等(1986)研究所提到的Hf-Rb/30-3Ta三角图解中可以确定其为碰撞花岗岩(图3-21d),大致处于同碰撞花岗岩向碰撞后花岗岩逐渐过渡的时期,同前人研究一致。

4. 构造-岩浆演化与成矿作用

白牛厂矿区内的岩浆成矿作用明显。矿区受红河断裂的运动及滇中地区的菱形地块向南运动的影响,两个块体整体上受北西-南东向构造应力的挤压及北东-南西向的拉张作用,并伴随有深部的花岗质

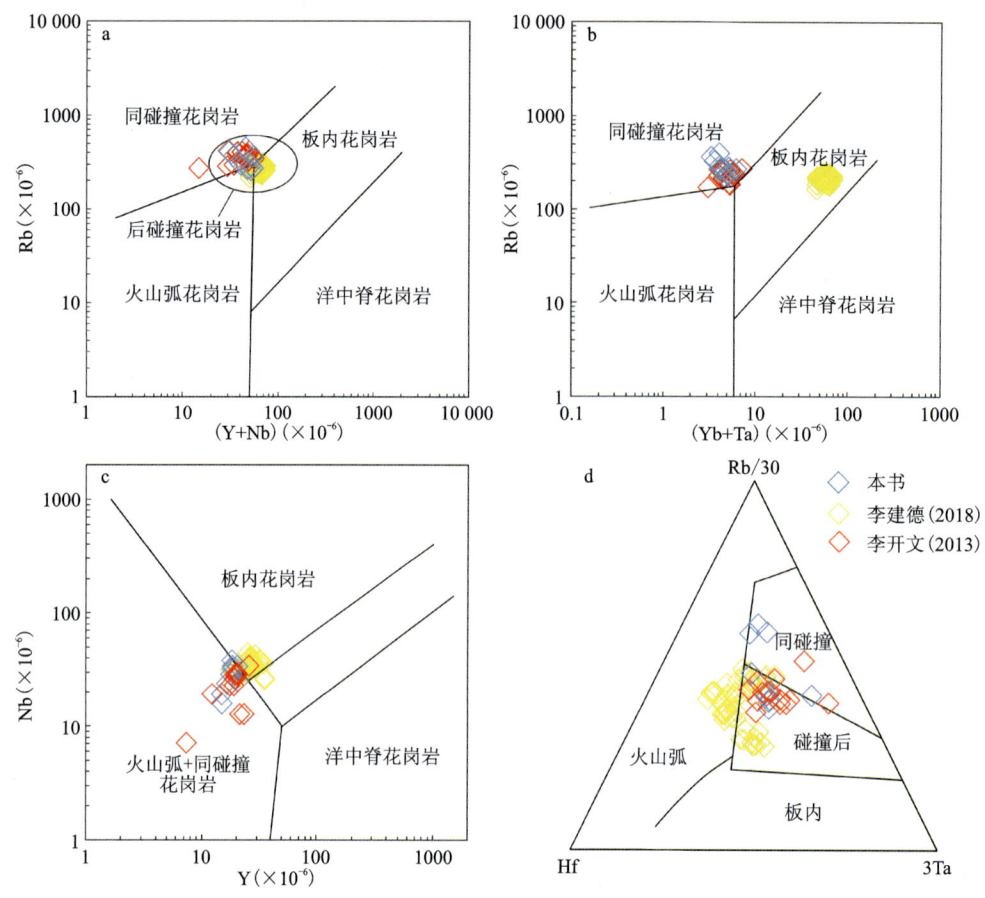

图 3-21 白牛厂二长花岗岩构造背景判别图

a. Rb-(Y+Nb)图解;b. Rb-(Yb+Ta)图解;c. Nb-Y 图解(底图 a~c 据 Pearce et al.,1984);d. Hf-Rb/30-3Ta 图解(底图据 Harris et al.,1986)

岩浆活动。伸展作用使上部的沉积岩石发生破裂,并逐渐发育成张性正断层,随着伸展作用的进行,在已形成的断层后侧一定间隔内逐步发育一系列平行的正断层,这些正断层在底部逐渐连接在一起而形成一条规模较大的低角度正断层。在伸展作用发生的同时,深部的花岗质岩浆隆升,持续底辟侵位,围岩不断被拱起,并形成穹隆构造(图 3-22)(蹇龙,2016)。岩浆活动晚期,岩浆活动减弱,岩浆侵入体由顶部开始冷却,体积收缩,使其上部因岩浆热力作用而膨胀的围岩也发生冷缩,形成围绕岩体分布的冷缩裂隙带。岩浆侵入体冷缩,应力方向发生改变,断层由正断层逐渐转变为逆断层。因此,在滇东南成矿区内,发育有大量的褶皱(江鑫培,1994)。红河断裂等构造运动为岩浆侵位提供了容矿空间,为金属硫化物的沉淀提供了条件。

结合大地构造背景,本区位于华南褶皱系、扬子地台与越北古陆构造单元的结合部位(蹇龙,2016)。根据所测定的 U-Pb 年龄,白牛厂隐伏花岗岩体主要是燕山期晚阶段的产物。其中燕山运动是由早期的大洋岛弧发展到晚期的大陆边缘弧阶段,岩浆弧逐渐向陆内移动,产生内弧岩浆活动,形成滇东南的花岗质岩浆弧带,白牛厂花岗岩就是其组成部分之一。

"三江"地区主要是指怒江、澜沧江、金沙江地区,地处特提斯-喜马拉雅构造带东部及向南拐弯部位,夹于印度板块与华南板块之间,为一强烈挤压、碰撞的造山带(李文昌等,2016)。在经历晚三叠世古特提斯洋先后关闭的情况下,西南三江南段进入了陆内构造演化阶段,雅鲁藏布江洋盆地的扩张与印度板块向北挤压使冈底斯地块及其以东造成一系列紧密褶皱逆冲叠覆构造和与之相关的 S 型花岗岩带,"三江"地区不断被挤压,大陆地壳显著增厚,并在"三江"地区发生大规模的走滑剪切作用,发育有金沙江-哀牢山大型走滑断裂等,或许红河断裂也受到"三江"地区走滑剪切作用的影响。中国华南地区在早古生代是特提斯构造域,主要表现为陆陆碰撞造山的大地构造环境,到晚中生代转变为太平洋构造域,

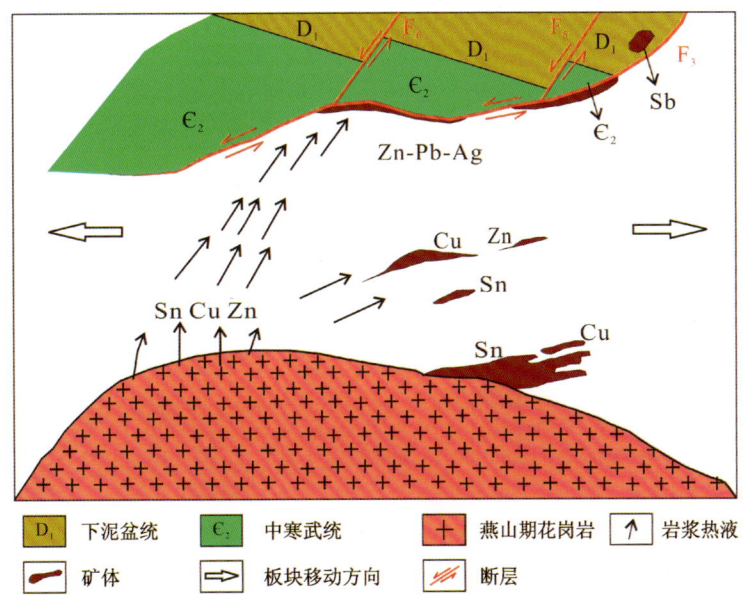

图 3-22 白牛厂矿区成矿构造环境模式图(据张洪培,2007 修改)

表现为洋对陆的俯冲消减-伸展造山的构造背景。有学者认为,个旧矿集区高峰山花岗岩主要形成于伸展构造环境下,主要受到了华南西部太平洋构造域的影响(李肖龙等,2012)。而薄竹山地区在滇东南成矿带的中部,是银锡等多金属矿集区,为华南地区岩浆成矿带的重要组成部分。滇东南地区在白垩纪的构造环境与华南地区相似,发生的岩浆作用与成矿作用受到太平洋构造体制的影响也可能较大。

在燕山晚期早阶段,滇东南地区被红河断裂、文麻断裂等深大断裂切割形成的一些陆块在相互运移、碰撞的同时,受挤压作用使地壳增厚的力,逐渐转变为拉张作用的力,上部地壳岩石部分熔融并沿着北西向断裂上侵,在薄竹山地区形成不同期次的花岗岩(吴道文等,2019)。白牛厂黑云母二长花岗岩的形成环境主要是构造环境的转变,由之前的同碰撞后期的挤压-伸展向板内拉张的环境转化。

在成矿方面,矿区在中寒武世经历了海底喷溢沉积成岩期与燕山晚期岩浆的矿化作用,由此形成了复杂的矿物组分(李建德,2018)。全岩地球化学数据显示,岩体岩浆来源于中—新元古宙古老地壳物质的熔融,在大地构造作用下,岩浆热液将沿有利的构造部位充填,也为矿物的形成提供了条件(塞龙,2016)。对微量元素的分析表明,白牛厂隐伏花岗岩体整体表现出富集大离子亲石元素 Rb、K 和亲铜元素 Pb、Cu,亏损高场强元素 Ti 等;Hf 同位素研究也表明,岩浆源区来自中—新元古宙古老地壳物质的熔融。红河断裂的构造活动为岩浆的侵位提供了容矿空间,深部花岗质岩浆向上侵位的同时,因构造作用形成容矿空间,随着矿液在不同级别的断裂带、破碎带中运移与冷凝,各种矿物充填其中并不断成矿。

第三节 白牛厂花岗斑岩

一、岩石学与岩相学特征

岩体主要见于白牛厂矿区 1760 中段(图 3-23)及白羊矿段钻孔。所取花岗斑岩一般呈灰色、青灰色、灰黄色,颜色差异可能是弱次生蚀变或风化作用导致,岩石具明显斑状结构,斑晶含量 20%~30%,以石英和钾长石为主,少量斜长石斑晶,部分样品中可见角闪石斑晶,斑晶粒度多为 0.3~2mm,在样品中分布不均匀(图 3-24a、b)。石英斑晶常见因熔蚀作用而形成的港湾状边缘(图 3-24h),相对于长石斑晶而言石英斑晶较新鲜,表面整洁。基质具微—细粒结构,成分与斑晶近乎一致,主要为石英、长石及少量黑云母(图3-24e、f)。样品出现一定程度的次生蚀变,主要表现为斑晶或基质绢云母化、黏土化、碳酸盐化等现象,斜长石绝大多数发生绢云母化,钾长石发生黏土化及绢云母化,碳酸盐化表现为岩石中局部穿插细小方解石脉。部分样品出现矿化而富含硫化物,包括黄铁矿、黄铜矿、闪锌矿、方铅矿以及毒砂等(图3-24c、g)。

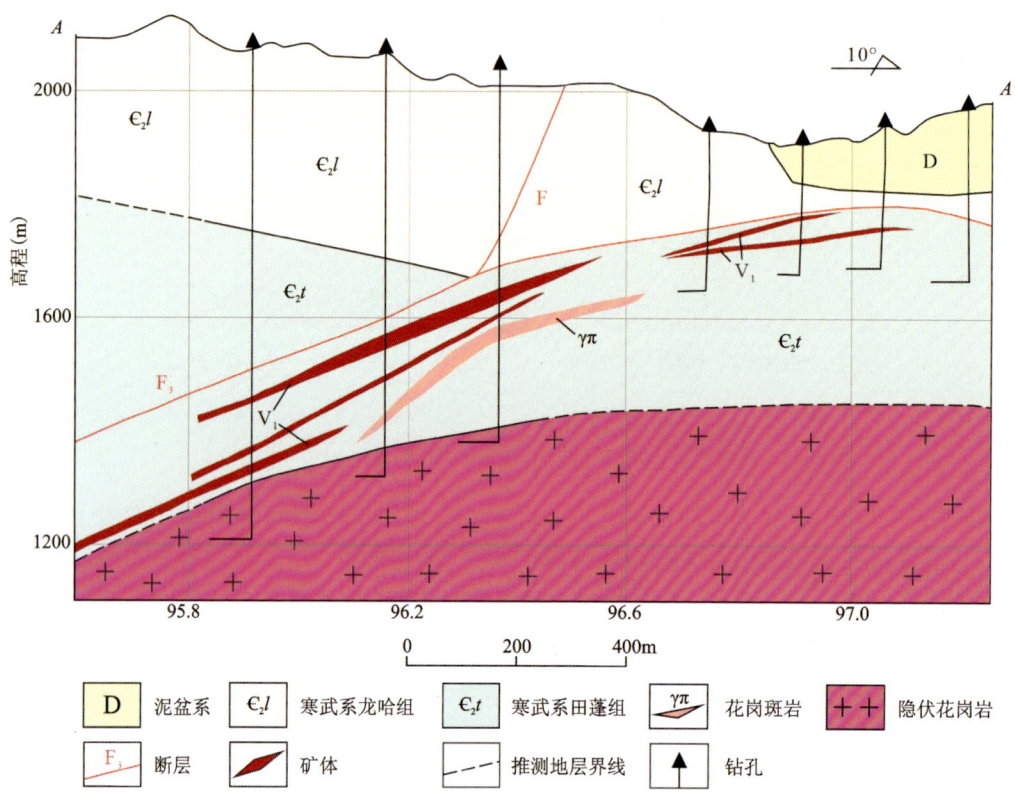

图3-23 白牛厂矿床A-A'地质剖面图

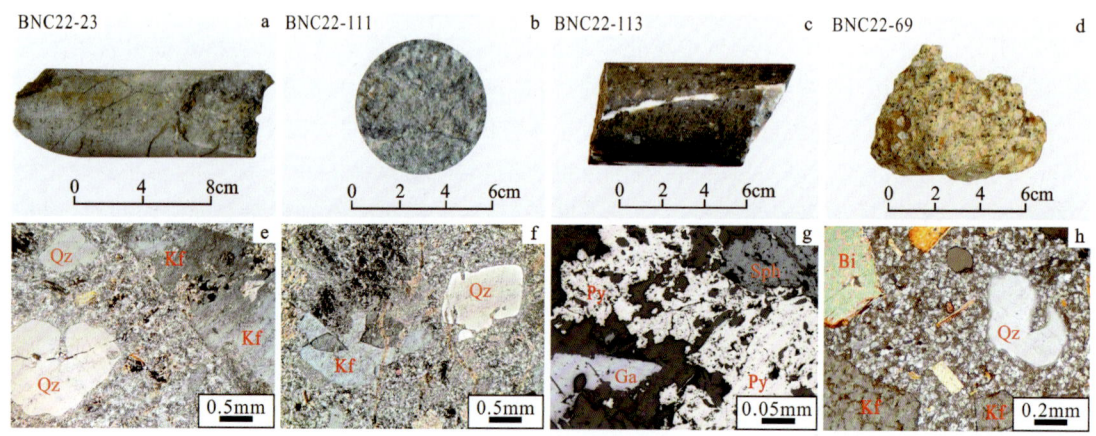

Qz.石英;Kf.钾长石;Bi.黑云母;Py.黄铁矿;Sph.闪锌矿;Ga.方铅矿

图3-24 白牛厂花岗斑岩手标本(a、b、c、d)及显微特征(e、f、g、h)

二、花岗斑岩地球化学特征

1. 主量元素

分析测试15件白牛厂花岗斑岩样品,其全岩主、微量元素数据如表3-7所示。样品主量元素分析

表 3-7 白牛厂花岗斑岩主量元素（%）和微量元素（×10⁻⁶）组成

样品编号	BNC22-23	BNC22-24	BNC22-69	BNC22-69-1	BNC22-72	BNC22-73	BNC22-80	BNC22-81	BNC22-82	BNC22-84	BNC22-86	BNC22-108	BNC22-111	BNC22-112	BNC22-113
SiO_2	66.65	59.12	71.69	70.99	64.08	63.64	63.08	65.44	67.17	71.13	60.90	61.10	64.75	61.40	65.00
TiO_2	0.54	1.33	0.60	0.59	0.69	0.66	0.64	0.72	0.74	0.37	0.61	0.63	0.70	0.68	0.70
Al_2O_3	13.38	15.02	15.31	15.48	14.33	14.24	13.69	15.27	15.53	14.46	13.59	14.44	15.43	14.34	14.79
FeO	1.22	3.38	0.93	1.04	3.53	1.46	1.72	1.66	2.62	1.40	2.80	2.44	2.62	7.28	1.54
Fe_2O_3	1.98	3.24	1.62	1.32	2.98	2.09	6.11	1.94	1.58	0.99	4.00	3.39	2.51	3.01	2.59
MnO	0.11	0.10	0.03	0.03	0.13	0.11	0.21	0.03	0.19	0.04	0.07	0.09	0.08	0.17	0.05
MgO	1.11	1.99	0.90	0.86	1.50	1.52	1.16	1.60	1.08	0.99	1.38	1.44	1.20	1.07	1.43
CaO	3.84	2.61	0.16	0.15	0.67	4.10	0.48	1.88	0.64	0.90	1.63	0.98	0.54	0.53	3.20
Na_2O	0.11	0.21	0.47	0.46	0.72	0.05	2.16	0.11	0.03	0.15	0.30	0.30	0.25	0.01	0.26
K_2O	4.16	5.81	4.68	4.64	4.16	4.32	3.74	5.38	4.27	6.20	4.22	6.81	4.59	3.56	5.27
P_2O_5	0.26	0.49	0.08	0.09	0.34	0.29	0.32	0.31	0.33	0.20	0.32	0.34	0.36	0.30	0.35
LOI	5.94	5.73	3.41	3.55	5.22	6.22	4.95	4.80	4.73	2.87	5.69	4.44	4.20	7.17	3.54
总计	99.30	99.03	99.88	99.20	98.34	98.50	98.26	98.93	98.76	99.61	95.51	96.40	97.23	99.22	98.66
K_2O+Na_2O	4.27	6.01	5.14	5.09	4.88	4.37	5.89	5.48	4.30	6.35	4.52	7.11	4.84	3.57	5.53
Al_2O_3/TiO_2	24.86	11.28	25.38	26.42	20.74	21.44	21.46	21.20	20.86	38.98	22.17	22.81	22.07	21.05	21.25
CaO/Na_2O	36.06	12.70	0.34	0.33	0.93	86.45	0.22	17.63	19.78	6.07	5.42	3.27	2.13	44.93	12.31
A/NK	2.85	2.26	2.62	2.68	2.52	2.98	1.80	2.54	3.31	2.07	2.97	1.95	2.86	3.69	2.41
A/CNK	1.15	1.32	2.50	2.56	2.08	1.16	1.61	1.62	2.65	1.68	1.80	1.57	2.42	2.96	1.24
DI	70.22	67.88	83.89	83.89	75.28	66.94	78.57	75.28	77.79	83.97	70.20	76.37	76.90	69.10	70.74
SI	13.07	13.66	10.52	10.32	11.67	16.92	7.92	15.56	11.81	10.48	11.24	10.28	10.76	7.67	12.97
Li	22.2	34.4	37.8	37.5	24.7	20.2	33.9	29.5	35.2	38.1	17.3	35.9	29.9	31.9	28.9
Be	5.29	3.04	6.12	6.47	4.15	5.16	3.34	5.13	3.43	5.26	5.14	3.65	3.67	4.08	4.83
Sc	6.46	10.9	8.29	8.14	9.81	8.64	9.19	9.37	9.61	5.99	9.58	9.21	10.4	8.76	10.1

续表 3-7

样品编号	BNC22-23	BNC22-24	BNC22-69	BNC22-69-1	BNC22-72	BNC22-73	BNC22-80	BNC22-81	BNC22-82	BNC22-84	BNC22-86	BNC22-108	BNC22-111	BNC22-112	BNC22-113
V	38.8	99.3	53.8	53.3	67.6	63.4	65.0	68.4	68.0	28.2	62.2	63.9	67.5	62.8	68.9
Cr	22.8	17.8	19.3	19.1	26.3	15.7	22.6	18.0	16.9	8.2	17.6	22.5	20.9	15.9	23.4
Co	2.96	17.5	7.38	6.80	2.03	4.16	3.54	2.98	4.68	3.51	12.5	7.14	13.9	5.73	4.86
Ni	9.06	14.8	5.88	6.73	7.04	7.54	7.80	6.65	7.23	3.38	6.58	11.7	7.68	6.91	8.82
Cu	120	237	10.4	14.6	172	94.1	143	70.2	73.8	3.6	190	266	141	23.8	121
Zn	403	137	69.2	67.1	1487	254	4384	38	1517	62	200	53.1	716	324	634
Ga	23.8	30.6	28.6	31.0	24.1	22.4	24.8	23.8	25.6	20.6	25.2	22.9	30.5	21.8	26.7
Rb	377	362	264	261	299	356	316	344	419	348	282	382	371	408	329
Sr	59.8	227	70.7	76.2	15.9	164	11.4	127	14.4	220	61.1	209	17.7	30.5	99.6
Y	14.4	23.4	50.3	59.9	22.0	23.8	19.0	23.5	25.6	17.7	24.3	19.9	23.2	21.1	22.4
Zr	176	260	219	221	236	233	218	262	262	151	211	228	237	233	227
Nb	12.7	22.1	32.6	32.4	28.3	30.6	27.2	33.7	33.9	24.8	29.6	27.8	27.9	32.0	29.2
Cs	17.5	30.5	16.8	17.6	14.8	17.0	16.4	23.4	19.2	46.0	14.4	22.8	22.2	27.9	25.0
Ba	988	1089	830	878	958	939	524	1597	511	1227	982	621	516	190	1283
La	68.8	105.3	105.4	124.3	90.3	90.2	99.5	94.9	105.0	51.9	119	82.5	138	84.4	104
Ce	117	168	131	153	160	163	177	172	192	96	208	154	249	153	184
Pr	13.7	21.0	21.1	25.5	17.4	17.1	18.7	18.4	20.3	10.4	21.6	16.4	25.7	17.9	19.7
Nd	45.0	67.3	66.7	83.5	58.6	60.3	64.2	67.0	74.2	33.8	73.5	56.1	85.5	54.5	66.1
Sm	7.11	10.6	10.8	14.2	9.23	9.06	9.79	9.80	10.6	6.04	11.1	8.87	12.1	8.99	10.4
Eu	0.98	2.30	2.37	2.97	1.21	1.75	0.94	1.65	1.10	1.00	2.42	1.84	1.22	1.54	1.72
Gd	5.00	7.55	8.86	11.7	6.69	6.09	6.92	6.31	7.03	4.33	7.77	6.49	8.27	6.15	7.21
Tb	0.63	0.99	1.25	1.63	0.86	0.82	0.83	0.85	0.94	0.61	0.98	0.80	1.00	0.80	0.90
Dy	3.56	5.30	7.78	10.1	4.56	4.87	4.24	4.83	5.30	3.36	5.31	4.25	5.13	4.16	4.68
Ho	0.61	0.92	1.65	2.05	0.84	0.87	0.73	0.86	0.93	0.63	0.95	0.76	0.92	0.79	0.85

续表 3-7

样品编号	BNC22-23	BNC22-24	BNC22-69	BNC22-69-1	BNC22-72	BNC22-73	BNC22-80	BNC22-81	BNC22-82	BNC22-84	BNC22-86	BNC22-108	BNC22-111	BNC22-112	BNC22-113
Er	1.53	2.20	4.30	5.11	2.30	2.39	2.03	2.35	2.51	1.77	2.67	2.12	2.55	2.12	2.35
Tm	0.22	0.29	0.60	0.72	0.35	0.33	0.30	0.32	0.35	0.26	0.40	0.32	0.37	0.29	0.35
Yb	1.57	2.15	4.32	5.00	2.06	2.15	1.79	2.20	2.26	1.73	2.31	1.88	2.19	1.91	2.08
Lu	0.28	0.34	0.74	0.84	0.28	0.32	0.24	0.33	0.34	0.25	0.30	0.26	0.30	0.28	0.27
Hf	4.85	6.07	6.06	5.85	5.06	6.82	4.93	7.42	7.38	4.60	4.24	4.43	6.25	6.30	4.72
Ta	1.22	1.61	2.45	2.44	1.93	1.91	1.88	2.02	1.98	2.33	2.05	1.82	1.97	1.86	1.99
Pb	763.2	91.6	41.8	43.5	1417	167	4124	43.1	1290	23.9	142	65.6	1285	507	75.7
Th	33.4	36.2	39.2	41.3	34.7	41.9	36.2	46.4	45.7	36.9	37.2	33.9	47.8	43.0	40.4
U	7.68	6.05	6.87	7.15	6.59	7.69	6.43	8.42	7.68	9.34	6.77	6.48	7.30	7.30	7.06
ΣREE	265.87	394.46	366.41	440.42	354.85	359.25	387.09	381.80	422.86	211.58	457.13	336.65	532.33	336.83	404.57
LREE	252.46	374.72	336.91	403.21	336.92	341.41	370.00	363.75	403.20	198.64	436.46	319.78	511.60	320.33	385.88
HREE	13.40	19.74	29.50	37.21	17.94	17.84	17.09	18.05	19.66	12.94	20.68	16.87	20.73	16.50	18.69
LREE/HREE	18.84	18.98	11.42	10.84	18.79	19.14	21.65	20.15	20.51	15.35	21.11	18.95	24.67	19.41	20.64
δEu	0.48	0.75	0.72	0.68	0.45	0.68	0.33	0.60	0.37	0.57	0.76	0.71	0.35	0.60	0.58
δCe	0.88	0.83	0.64	0.63	0.93	0.95	0.94	0.95	0.96	0.95	0.93	0.97	0.95	0.92	0.93
$(La/Yb)_N$	31.42	35.11	17.52	17.82	31.45	30.09	39.81	30.94	33.33	21.52	37.07	31.50	45.32	31.70	35.94
Sr/Ba	0.06	0.21	0.09	0.09	0.02	0.17	0.02	0.08	0.03	0.18	0.06	0.34	0.03	0.16	0.08
Rb/Sr	6.29	1.59	3.73	3.42	18.78	2.17	27.83	2.71	29.10	1.58	4.61	1.82	20.95	13.38	3.31
Rb/Ba	0.38	0.33	0.32	0.30	0.31	0.38	0.60	0.22	0.82	0.28	0.29	0.62	0.72	2.15	0.26
Y+Nb	27.11	45.44	82.91	92.24	50.33	54.40	46.15	57.20	59.50	42.50	53.84	47.68	51.14	53.10	51.58
Yb+Ta	2.79	3.76	6.77	7.44	4.00	4.06	3.67	4.22	4.24	4.06	4.36	3.70	4.16	3.77	4.07

注：A/CNK＝Al_2O_3/(CaO+Na_2O+K_2O)摩尔比；A/NK＝Al_2O_3/(Na_2O+K_2O)摩尔比；DI 为分异指数；SI 为固结指数。

结果显示,白牛厂矿区花岗斑岩SiO_2含量为59.12%~71.69%,在TAS分类图解中,样品主要落入闪长岩和花岗闪长岩区域(图3-25a),但从镜下观察来看,该类岩石斑晶主要为石英和钾长石,岩相学特征表明其属于花岗斑岩类,但部分长石出现绢云母化和黏土化,同时部分样品中见细小碳酸盐脉,在化学分析中LOI也稍高于新鲜的中酸性岩石。由此推断,岩石斑晶和基质中硅酸盐矿物(长石为主)的次生变化可能导致其SiO_2低于新鲜岩石,使得部分样品在TAS图中落入花岗闪长岩区域。在SiO_2-K_2O图解中,样品点均落在高钾钙碱性-钾玄岩系列区域中(图3-25b)。样品Al_2O_3含量为13.38%~15.53%,平均为14.62%,铝饱和指数A/CNK为1.15~2.96,均大于1.1,平均值为1.88,在A/CNK-A/NK图解中样品点均落在过铝质区域(图3-25c)。

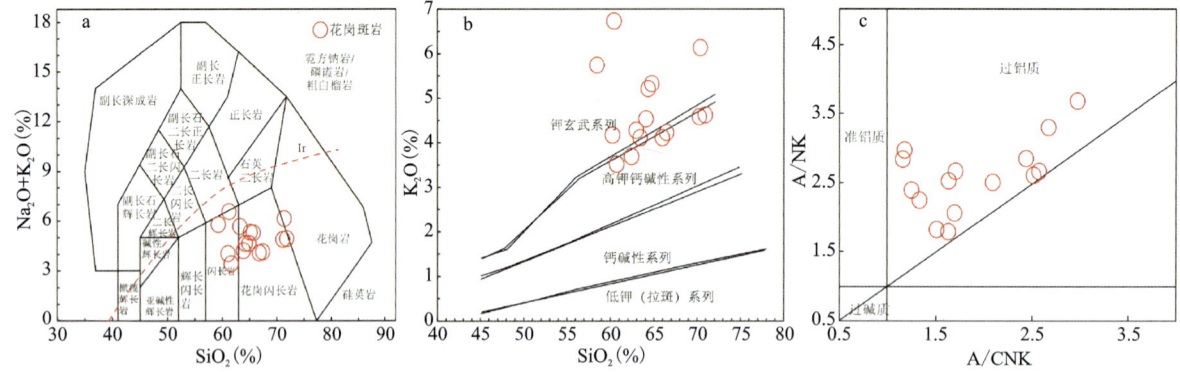

图3-25 白牛厂花岗斑岩(Na_2O+K_2O)-SiO_2(TAS)图解(a,底图据Middlemost,1994)、K_2O-SiO_2图解(b,底图据Peccerillo and Taylor,1976)和A/NK-A/CNK图解(c,底图据Maniar and Piccoli,1989)

2. 微量元素

白牛厂花岗斑岩样品微量元素的特征总体较为一致。样品稀土元素总量为$(211.58~532.33)×10^{-6}$,平均值为$376.81×10^{-6}$,高于地壳岩浆岩的平均值$164×10^{-6}$。在稀土元素(REE)球粒陨石标准化配分模式图解上,呈右倾式(图3-26a),轻稀土元素(LREE)富集,而重稀土元素(HREE)相对轻稀土元素较亏损。LREE/HREE为10.84~24.67,平均18.70;$(La/Yb)_N$为17.52~45.32,平均值为31.37,轻、重稀土分馏明显;δEu为0.33~0.76,平均值为0.58,显示中等负Eu异常;δCe为0.63~0.97,平均值为0.89,属弱负Ce异常。在微量元素原始地幔标准化图解(图3-26b)上,样品富集Rb、Th、U、K等大离子亲石元素(LILE),具Ba负异常,相对亏损Ta、Nb、P、Ti等高场强元素(HFSE)。

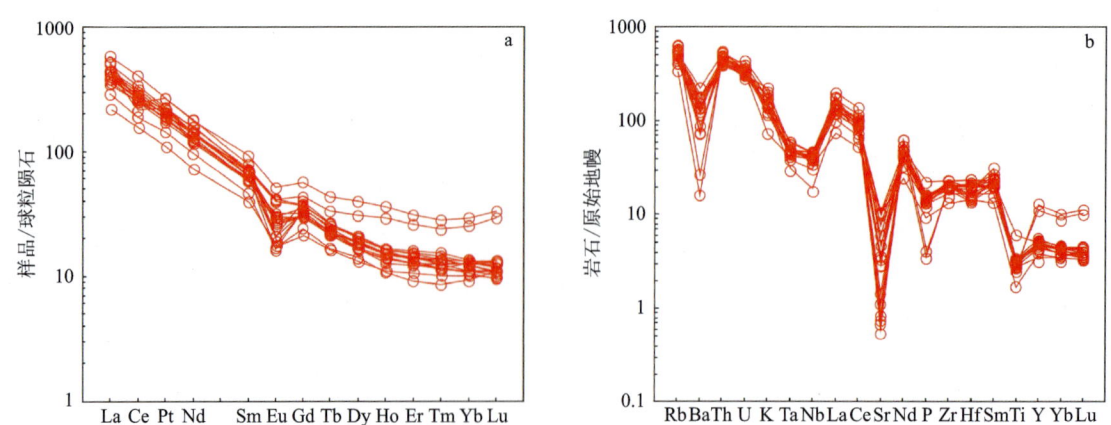

图3-26 白牛厂花岗斑岩稀土元素球粒陨石标准化图解(a)和微量元素原始地幔标准化图解(b)(标准化值据Sun and McDonough,1989)

三、花岗斑岩锆石 U-Pb 年代学与 Hf 同位素组成特征

1. 锆石 U-Pb 年代学特征

白牛厂花岗斑岩 2 件样品的锆石 U-Pb 同位素数据分析结果见表 3-8，CL 图像如图 3-27 所示。大部分锆石颗粒呈长柱状，长 100～250μm，长宽比为 2:1～5:1。在 CL 图像中，大部分锆石可见明显清晰的振荡环带结构，具岩浆锆石特征。样品中锆石的 U 含量为 $(796\sim1975)\times10^{-6}$，平均 1305×10^{-6}；Th 含量为 $(112\sim1385)\times10^{-6}$，平均 585×10^{-6}；Th/U 值为 0.06～1.49，平均 0.47，大部分比值大于 0.1。

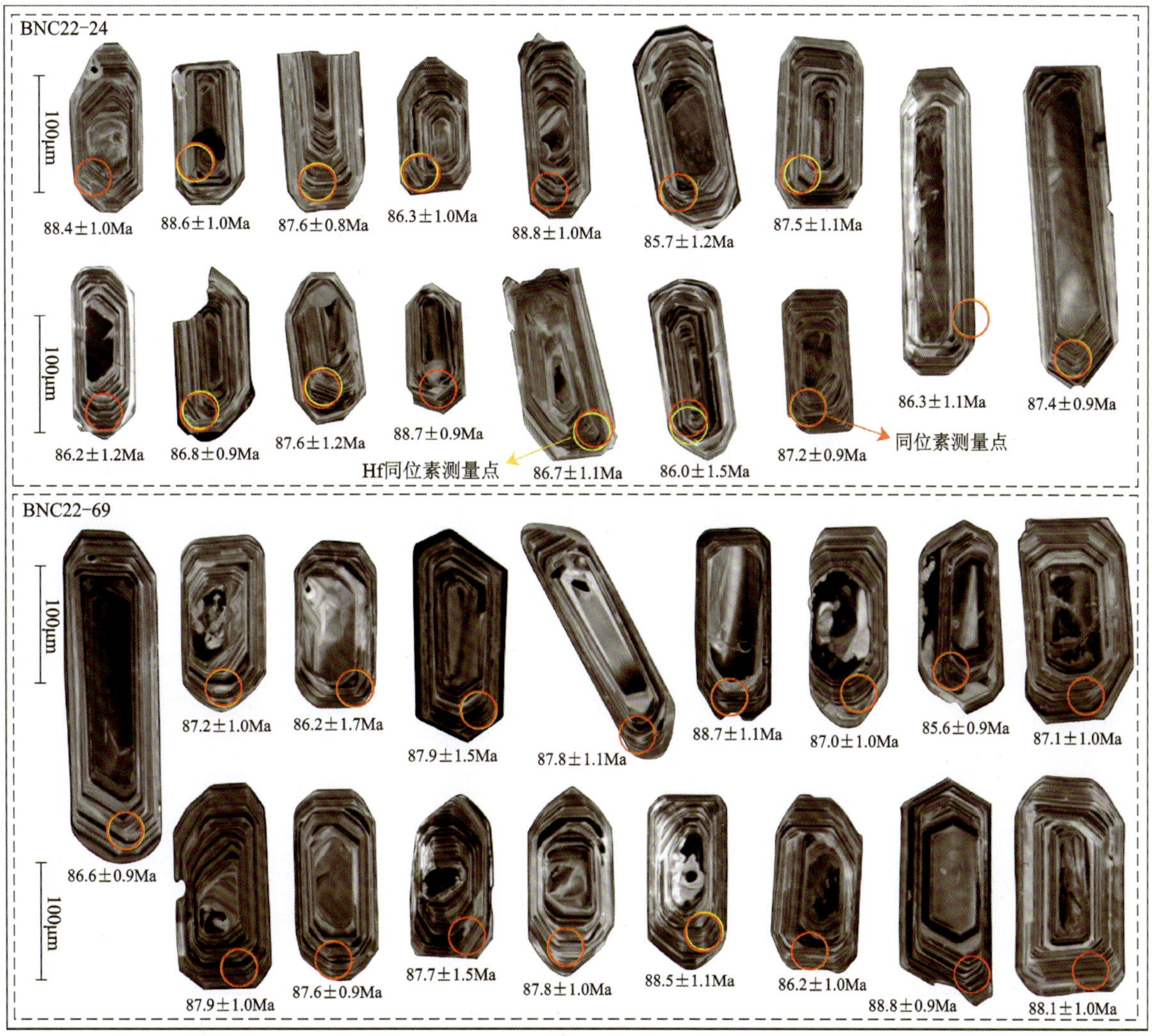

图 3-27 白牛厂花岗斑岩锆石 CL 图像

分析 BNC22-24 样品 20 个锆石同位素测点，选取集中于谐和线上的 18 个有效数据（图 3-28a、b），其余测点谐和度较低，未参与统计计算。$^{206}Pb/^{238}U$ 年龄在 88.8～85.6Ma 之间，加权平均年龄为 87.4± 0.5Ma（MSWD=0.86）。分析 BNC22-69 样品 20 个锆石同位素测点，共获得 19 个有效数据，其 $^{206}Pb/^{238}U$ 年龄在 88.8～85.6Ma 之间，加权平均年龄为 87.5±0.5Ma（MSWD=0.72）。

以上两个样品的 $^{206}Pb/^{238}U$ 加权平均年龄显示花岗斑岩的结晶年龄为晚白垩世，属燕山期岩浆活动的产物。

表 3-8 白牛厂花岗斑岩（BNC22-24、BNC22-69）LA-ICP-MS 锆石 U-Pb 同位素测试结果

测点号	含量（×10⁻⁶）			Th/U	同位素比值						年龄（Ma）						谐和度（%）
	Pb	Th	U		$^{207}Pb/^{206}Pb$	±1σ	$^{207}Pb/^{235}U$	±1σ	$^{206}Pb/^{238}U$	±1σ	$^{207}Pb/^{206}Pb$	±1σ	$^{207}Pb/^{235}U$	±1σ	$^{206}Pb/^{238}U$	±1σ	
BNC22-24																	
1	17	240	1130	0.21	0.048 6	0.001 8	0.093 4	0.003 6	0.013 8	0.000 2	132	88.9	90.7	3.4	88.4	1.0	97
2	20	537	1315	0.41	0.048 2	0.001 6	0.092 2	0.003 1	0.013 8	0.000 2	109	76.9	89.5	2.9	88.6	1.0	98
3	20	558	1253	0.45	0.052 1	0.001 7	0.098 7	0.003 1	0.013 7	0.000 1	287	74.1	95.6	2.8	87.8	0.8	91
4	18	521	1218	0.43	0.051 7	0.001 9	0.096 2	0.003 5	0.013 5	0.000 1	272	89.8	93.3	3.2	86.3	0.9	92
5	22	583	1377	0.42	0.051 7	0.001 8	0.099 1	0.003 4	0.013 9	0.000 2	272	79.6	96.0	3.2	88.8	1.0	92
6	25	701	1701	0.41	0.048 5	0.002 1	0.089 2	0.003 5	0.013 4	0.000 2	124	108.3	86.8	3.3	85.7	1.2	98
7	18	340	1199	0.28	0.048 3	0.001 8	0.091 7	0.003 6	0.013 7	0.000 2	122	95.4	89.1	3.3	87.5	1.1	98
8	23	547	1524	0.36	0.048 6	0.002 0	0.091 2	0.004 0	0.013 5	0.000 2	128	96.3	88.6	3.7	86.2	1.2	97
9	18	313	1146	0.27	0.047 9	0.002 0	0.090 4	0.003 8	0.013 7	0.000 1	100	90.7	87.8	3.5	87.4	1.0	99
10	20	598	1287	0.47	0.049 7	0.001 6	0.093 3	0.003 0	0.013 6	0.000 1	189	75.9	90.6	2.8	86.8	0.9	95
11	23	419	1530	0.27	0.051 0	0.001 6	0.097 2	0.003 3	0.013 7	0.000 2	239	70.4	94.2	3.1	87.6	1.2	92
12	18	458	1159	0.40	0.051 5	0.001 8	0.098 2	0.003 2	0.013 9	0.000 1	261	75.0	95.1	3.0	88.7	0.9	93
13	21	431	1417	0.30	0.048 5	0.001 8	0.090 4	0.004 2	0.013 5	0.000 2	124	85.2	87.9	3.0	86.7	1.1	98
14	25	112	1820	0.06	0.050 9	0.002 1	0.097 3	0.004 2	0.013 8	0.000 2	239	96.3	94.3	3.9	88.1	1.3	93
15	28	506	1975	0.26	0.051 8	0.003 1	0.096 1	0.004 5	0.013 4	0.000 2	276	137.0	93.2	4.2	86.0	1.5	92
17	20	384	1393	0.28	0.050 2	0.001 9	0.094 1	0.003 5	0.013 6	0.000 2	211	88.9	91.3	3.3	87.1	1.2	95
18	21	541	1426	0.38	0.050 0	0.001 8	0.093 3	0.003 6	0.013 5	0.000 2	198	85.2	90.6	3.4	86.3	1.1	95
20	17	436	1140	0.38	0.050 2	0.002 0	0.094 2	0.003 7	0.013 6	0.000 1	206	94.4	91.4	3.4	87.2	0.9	95

续表 3-8

测点号	含量(×10⁻⁶)			Th/U	同位素比值							年龄(Ma)						谐和度(%)
	Pb	Th	U		$^{207}Pb/^{206}Pb$	±1σ	$^{207}Pb/^{235}U$	±1σ	$^{206}Pb/^{238}U$	±1σ	$^{207}Pb/^{206}Pb$	±1σ	$^{207}Pb/^{235}U$	±1σ	$^{206}Pb/^{238}U$	±1σ	
									BNC22-69									
1	17	533	1071	0.50	0.050 8	0.002 3	0.094 2	0.004 1	0.013 5	0.000 1	232	103.7	91.4	3.8	86.6	0.9	94
2	24	1087	1444	0.75	0.049 0	0.002 1	0.091 2	0.003 9	0.013 6	0.000 2	146	106.5	88.6	3.6	87.2	1.0	98
3	15	406	969	0.42	0.054 9	0.007 6	0.092 9	0.008 5	0.013 5	0.000 3	406	319.4	90.2	7.9	86.2	1.7	95
5	27	754	1842	0.41	0.046 6	0.001 9	0.087 5	0.003 6	0.013 7	0.000 2	32	96.3	85.2	3.3	87.9	1.5	96
6	15	1188	796	1.49	0.052 6	0.003 1	0.099 4	0.006 0	0.013 7	0.000 2	309	135.2	96.2	5.6	87.8	1.1	90
7	22	1385	1182	1.17	0.053 0	0.002 1	0.100 8	0.003 9	0.013 9	0.000 2	328	88.9	97.6	3.6	88.7	1.1	90
8	16	470	1019	0.46	0.048 8	0.001 9	0.090 8	0.003 4	0.013 6	0.000 2	139	92.6	88.2	3.2	87.0	1.0	98
9	22	638	1386	0.46	0.047 6	0.001 8	0.090 5	0.003 4	0.013 7	0.000 2	80	88.9	87.9	3.2	87.9	0.9	99
10	21	681	1338	0.51	0.051 7	0.002 0	0.095 2	0.003 6	0.013 4	0.000 1	272	91.7	92.4	3.3	85.6	1.0	92
11	16	595	1001	0.59	0.051 7	0.002 2	0.096 5	0.003 9	0.013 6	0.000 2	333	98.1	93.5	3.6	87.1	0.9	92
12	19	762	1187	0.64	0.051 8	0.002 1	0.097 1	0.003 7	0.013 7	0.000 2	276	89.8	94.0	3.5	87.9	1.0	93
13	21	877	1262	0.70	0.051 6	0.001 9	0.097 1	0.003 5	0.013 7	0.000 1	265	80.5	94.2	3.3	87.6	0.9	92
14	25	534	1760	0.30	0.052 6	0.002 5	0.097 9	0.004 3	0.013 7	0.000 2	322	102.8	94.8	4.0	87.7	1.5	92
15	15	546	893	0.61	0.050 4	0.002 0	0.095 1	0.003 8	0.013 7	0.000 2	213	92.6	92.3	3.5	87.8	1.0	94
16	19	648	1175	0.55	0.048 7	0.002 1	0.092 1	0.003 7	0.013 8	0.000 1	200	100.0	89.5	3.4	88.5	1.1	98
17	22	438	1506	0.29	0.052 0	0.002 9	0.095 3	0.004 2	0.013 5	0.000 2	287	125.9	92.5	3.9	86.2	1.3	93
18	19	830	1184	0.70	0.050 3	0.002 6	0.094 9	0.004 8	0.013 7	0.000 2	209	120.4	92.1	4.4	87.9	1.1	95
19	19	549	1233	0.45	0.051 1	0.002 0	0.097 7	0.003 8	0.013 9	0.000 1	256	97.2	94.6	3.5	88.8	0.9	93
20	16	500	1017	0.49	0.050 2	0.002 0	0.095 8	0.003 9	0.013 8	0.000 2	211	92.6	92.9	3.6	88.1	1.0	94

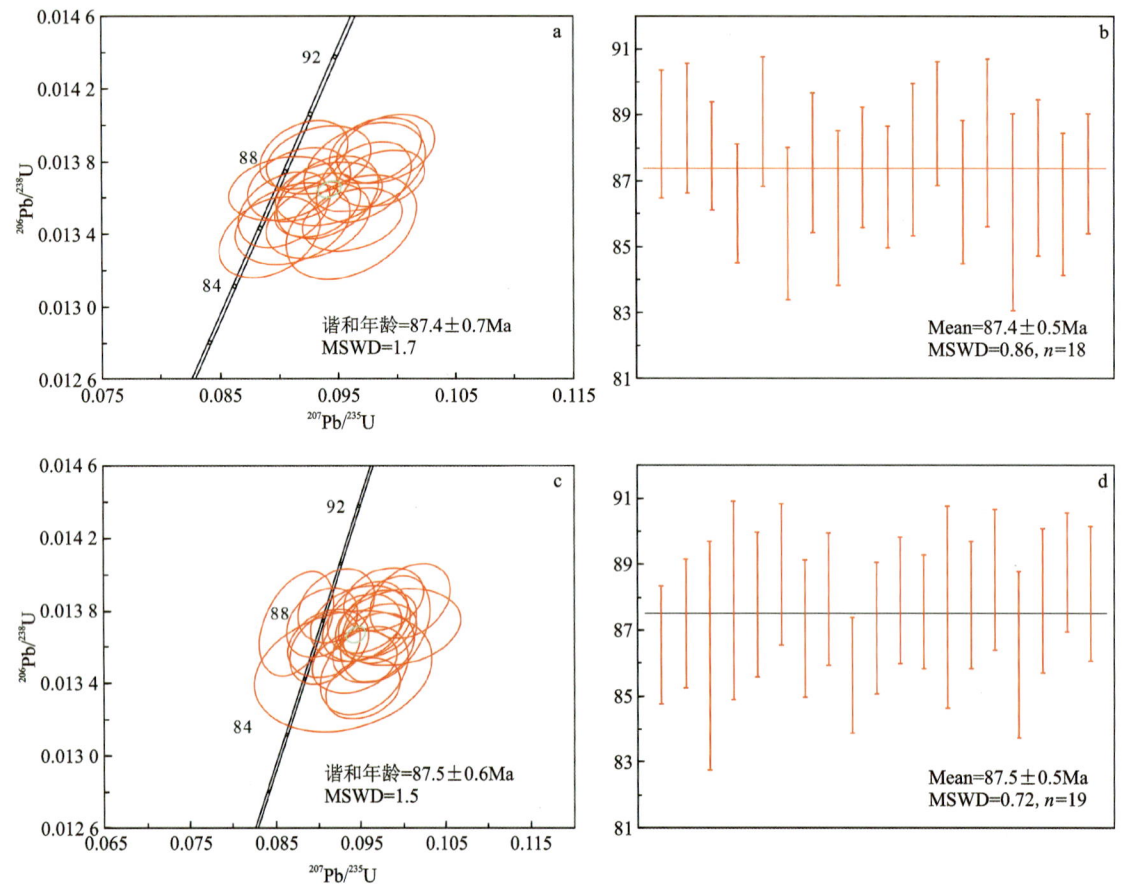

图 3-28 白牛厂花岗斑岩锆石 U-Pb 年龄谐和图

2. 锆石 Hf 同位素特征

在 LA-ICP-MS 锆石 U-Pb 定年分析的基础上,对 BNC22-24 和 BNC22-69 两件样品锆石同位素测点或测点附近进行 Hf 同位素测试,分析数据见表 3-9。

BNC22-24 样品中共分析了 13 个点。所测锆石的 $^{176}Hf/^{177}Hf$ 值为 0.282 472~0.282 619,$\varepsilon_{Hf}(t)$ 值为 −8.8~−3.6,平均为 −5.85(图 3-29a);相对应的二阶段亏损地幔模式年龄 T_{DM2} 为 1504~1216Ma,平均为 1343Ma;$f_{Lu/Hf}$ 值为 −0.97~−0.96。

BNC22-69 样品中共分析了 14 个点。所测锆石的 $^{176}Hf/^{177}Hf$ 值为 0.282 457~0.282 539,$\varepsilon_{Hf}(t)$ 值为 −9.31~−6.35,平均为 −8.00(图 3-29a);相对应的二阶段亏损地幔模式年龄 T_{DM2} 为 1534~1372Ma,平均为 1462Ma;$f_{Lu/Hf}$ 值为 −0.98~−0.97。

另外,T_{DM2} 值分布直方图(图 3-29b)中显示两个样品的 T_{DM2} 峰值在 1350~1400Ma 之间,暗示这些锆石主要来源于古代地壳物质的重熔。

3. Sr-Nd 同位素特征

白牛厂花岗斑岩 Sr-Nd 同位素组成和测试计算结果见表 3-10。以上文得到的锆石 U-Pb 年龄计算 Sr、Nd 同位素初始比值及相关参数。$(^{87}Sr/^{86}Sr)_i$ 和 $^{143}Nd/^{144}Nd$ 比值分别介于 0.713 92~0.715 85 和 0.512 131~0.512 154 之间,$\varepsilon_{Nd}(0)$ 为 −9.9~−9.4,$\varepsilon_{Nd}(t)$ 为 −8.9~−8.2,对应的 Nd 二阶段模式年龄 T_{DM2} 为 1615~1561Ma,为元古代。

表 3-9 白牛厂花岗斑岩(BNC22-24,BNC22-69)锆石 Hf 同位素分析结果

测点号	年龄(Ma)	^{176}Yb/^{177}Hf	^{176}Lu/^{177}Hf	^{176}Hf/^{177}Hf	±1σ	$\varepsilon_{Hf}(0)$	$\varepsilon_{Hf}(t)$	T_{DM1}(Ma)	T_{DM2}(Ma)	$f_{Lu/Hf}$
				BNC22-24						
1	88.6	0.035 847	0.001 049	0.282 547	0.000 014	−8.0	−6.1	999	1357	−0.97
2	87.8	0.038 707	0.001 173	0.282 542	0.000 012	−8.1	−6.3	1009	1367	−0.96
3	86.3	0.031 911	0.000 969	0.282 551	0.000 015	−7.8	−6.0	991	1349	−0.97
4	85.7	0.033 848	0.001 015	0.282 538	0.000 017	−8.3	−6.5	1011	1376	−0.97
5	87.5	0.033 192	0.000 990	0.282 578	0.000 013	−6.8	−5.0	953	1295	−0.97
6	87.4	0.035 180	0.001 093	0.282 544	0.000 015	−8.1	−6.2	1005	1364	−0.97
7	86.8	0.035 503	0.001 004	0.282 609	0.000 013	−5.8	−3.9	911	1236	−0.97
8	87.6	0.030 721	0.000 875	0.282 565	0.000 010	−7.3	−5.4	968	1320	−0.97
9	86.7	0.037 326	0.001 101	0.282 589	0.000 014	−6.5	−4.6	940	1274	−0.97
10	86.0	0.036 625	0.001 030	0.282 619	0.000 010	−5.4	−3.6	897	1216	−0.97
11	87.1	0.036 090	0.001 090	0.282 519	0.000 015	−8.9	−7.1	1039	1412	−0.97
12	86.3	0.030 456	0.001 024	0.282 472	0.000 018	−10.6	−8.8	1103	1504	−0.97
13	87.2	0.037 163	0.001 136	0.282 532	0.000 013	−8.5	−6.6	1022	1386	−0.97
				BNC22-69						
1	86.6	0.033 785	0.001 020	0.282 457	0.000 012	−11.2	−9.3	1125	1534	−0.97
2	87.2	0.030 612	0.000 950	0.282 511	0.000 013	−9.2	−7.4	1046	1427	−0.97
3	86.2	0.037 070	0.001 079	0.282 467	0.000 011	−10.8	−9.0	1112	1515	−0.97
4	87.9	0.035 150	0.001 016	0.282 485	0.000 012	−10.2	−8.3	1085	1478	−0.97
5	88.7	0.031 252	0.000 865	0.282 498	0.000 011	−9.7	−7.8	1063	1452	−0.97
6	87.0	0.039 203	0.001 056	0.282 458	0.000 011	−11.1	−9.3	1124	1532	−0.97
7	87.9	0.035 325	0.001 003	0.282 463	0.000 013	−10.9	−9.1	1115	1521	−0.97

续表 3-9

测点号	年龄(Ma)	^{176}Yb/^{177}Hf	^{176}Lu/^{177}Hf	^{176}Hf/^{177}Hf	±1σ	$\varepsilon_{Hf}(0)$	$\varepsilon_{Hf}(t)$	T_{DM1}(Ma)	T_{DM2}(Ma)	$f_{Lu/Hf}$
8	85.6	0.030 148	0.000 864	0.282 477	0.000 010	−10.4	−8.6	1092	1494	−0.97
9	87.1	0.027 052	0.000 785	0.282 526	0.000 010	−8.7	−6.9	1022	1398	−0.98
10	87.9	0.030 880	0.000 902	0.282 527	0.000 011	−8.7	−6.8	1022	1395	−0.97
11	87.6	0.037 256	0.001 045	0.282 487	0.000 013	−10.1	−8.2	1083	1475	−0.97
12	87.8	0.027 013	0.000 798	0.282 509	0.000 012	−9.3	−7.4	1046	1431	−0.98
13	88.5	0.034 047	0.001 078	0.282 539	0.000 012	−8.2	−6.4	1010	1372	−0.97
14	86.2	0.029 665	0.000 866	0.282 506	0.000 011	−9.4	−7.6	1051	1437	−0.97

表 3-10 白牛厂花岗斑岩 Sr-Nd 同位素分析结果

样品	Rb (μg/g)	Sr (μg/g)	^{87}Rb/^{86}Sr	^{87}Sr/^{86}Sr	2σ	$(^{87}$Sr/^{86}Sr$)_i$	Sm (μg/g)	Nd (μg/g)	^{147}Sm/^{144}Nd	^{143}Nd/^{144}Nd	2σ	$(^{143}$Nd/^{144}Nd$)_i$	$\varepsilon_{Nd}(0)$	$\varepsilon_{Nd}(t)$	T_{DM}(Ma)	T_{DM2}(Ma)
BNC22-73	356	164	6.281 00	0.721 741	0.000 009	0.713 93	9.06	60.3	0.091	0.512 150	0.000 003	0.512 10	−9.5	−8.3	1242	1570
BNC22-81	344	127	7.837 50	0.723 661	0.000 012	0.713 92	9.80	67.0	0.088	0.512 154	0.000 008	0.512 10	−9.4	−8.2	1213	1561
BNC22-84	348	220	4.576 99	0.721 537	0.000 007	0.715 85	6.04	33.8	0.108	0.512 131	0.000 004	0.512 07	−9.9	−8.9	1471	1615

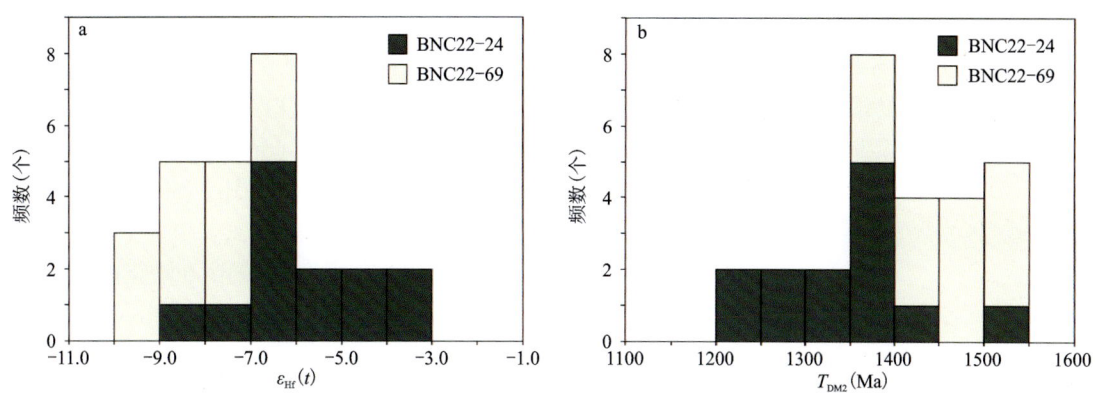

图 3-29 锆石 Hf 同位素 $\varepsilon_{Hf}(t)$ 值分布直方图(a)和 T_{DM2} 值分布直方图(b)

四、花岗斑岩成因与区域构造-岩浆演化

1. 成岩时代

两件白牛厂花岗斑岩样品的锆石 U-Pb 年龄分别为 87.4Ma、87.5Ma，表明花岗斑岩侵位结晶于晚白垩世。结合前人的测年数据：白牛厂岩体 Rb-Sr 等时线年龄为 68.80±2.60Ma(张洪培，2007)；白羊矿段锡石成矿年龄为(87.4±3.7)~(88.4±4.3)Ma，闪锌矿 Sm-Nd 等时线年龄为 79±31Ma(李开文，2013)；白牛厂花岗岩 U-Pb 年龄为 85.34±0.65Ma、花岗斑岩年龄为 84.7±1.7Ma(塞龙，2016)；白牛厂花岗岩结晶年龄为 89.06±0.92Ma(李建德，2018)，综合认为花岗斑岩与矿区隐伏岩体形成时代近乎一致。上述年龄数据与薄竹山岩体中各个单元年龄[(86.51±0.52)~(87.83±0.39)Ma，程彦博，2010；(84.22±0.74)~(88.10±0.66)Ma，李开文，2013]和文山小街花子洞花岗岩、闪长岩岩浆活动年龄(88.6±0.82Ma、88.94±0.77Ma，李建德，2018)基本一致。

此外，在滇东南地区与薄竹山花岗岩体年代学相似的花岗岩体还有个旧花岗岩和老君山花岗岩。程彦博等(2008，2009)获得个旧地区花岗岩的年龄为(77.4±2.5)~(85±0.85)Ma；刘玉平等(2007)获得老君山花岗岩的年龄为 86.9±1.4Ma；蓝江波等(2016)报道的老君山三期花岗岩成岩年龄范围为 117.1~86.5Ma；许赛华等(2019)测得的年龄为(85.6±0.8)~(90.37±0.77)Ma。年代学数据显示，滇东南白牛厂花岗斑岩为燕山晚期岩浆活动的产物。同时代同地区的个旧和老君山花岗岩的出现，显示燕山晚期是滇东南地区酸性岩浆活动的高峰期。

综上，白牛厂花岗斑岩的锆石 U-Pb 年龄为 87.51~87.38Ma，代表其岩浆活动时限，属于燕山晚期，与矿区的隐伏花岗岩、邻区的薄竹山岩体的成岩年龄一致。

2. 岩石成因

MISA 分类是目前最常用的花岗岩成因分类方案，该方案按岩浆源区将花岗岩分为 M 型、I 型、S 型和 A 型 4 类(吴福元等，2007)。白牛厂花岗斑岩及其周围尚未发现幔源包体及同时期相关岩浆作用，因此排除其为 M 型的可能。白牛长花岗斑岩属高钾钙碱性-钾玄岩系列(图 3-26a)，具有富硅(SiO_2 为 59.12%~71.69%，大部分大于 65%)、富碱(K_2O+Na_2O 为 3.57%~7.11%)、高磷(P_2O_5 为 0.08%~0.49%，大部分大于 0.2%)、低铝(Al_2O_3 为 13.38%~15.53%)、低钙(CaO 为 0.16%~4.10%)的特征，具强过铝质 S 型花岗岩的特点。同时，岩石具有中等的负 Eu 异常(δEu=0.33~0.76)和弱负 Ce 异常(δCe=0.63~0.97)。另外样品中 Rb、Th 等元素较为富集，相对亏损 Nb、P、Ti、Sr、Ba 等元素。Nb 的亏损表示花岗岩主要来源于地壳岩石；P、Ti、Sr、Ba 的负异常则暗示岩浆演化过程中可能存在磷灰石、钛铁矿和斜长石的分离结晶现象，岩石的分异指数(DI)较高(DI 为 66.94~83.97，平均值为 75.1)，表明白牛厂岩体经历了较高的分异演化。

由于高分异S型花岗岩地球化学特征与A型花岗岩十分相似,因此有必要对其进行区分。与A型花岗岩相比,高分异的S型花岗岩具有更高的P_2O_5(均值为0.14%)和更低的Na_2O(均值为2.81%)含量(King et al.,1997;吴锁平等,2007;贾小辉等,2009;曹锦山等,2023),而白牛厂花岗斑岩的P_2O_5含量平均为0.29%,Na_2O含量平均为0.37%;另外与A型花岗岩强烈的负Eu异常相比,样品的δEu值介于0.33~0.76之间,亏损不明显,且稀土元素球粒陨石标准化图解呈右倾式(图3-26a),与典型A型花岗岩"海鸥式"区别明显,这些特征都暗示了样品不属于A型花岗岩(Eby和王宾,1994)。

蓝江波等(2016)认为典型的藏南I型花岗岩相对富集Sr,Sr/Ba大于0.5;S型花岗岩相对富集Ba,Sr/Ba小于0.5;而白牛厂花岗斑岩的Sr/Ba值为0.02~0.34,属S型花岗岩。在花岗岩ACF图解(图3-30)中,白牛厂花岗斑岩大部分数据点落入S型花岗岩区域。因此微量元素地球化学特征显示白牛厂花岗斑岩应属于S型花岗岩。然而,可能是由于部分样品中黑云母相对富集MgO,其地球化学特征与薄竹山同时代花岗岩相似,同样兼具I型花岗岩的特征(Wang et al.,2021;邹兴志和任涛,2023)。

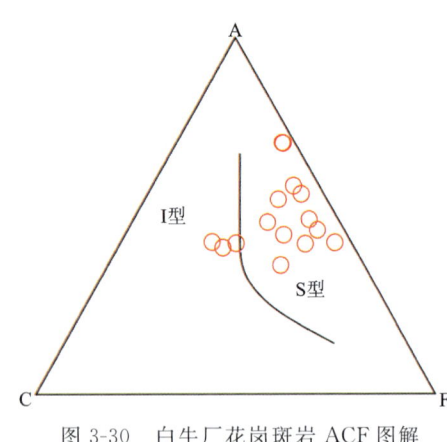

图3-30 白牛厂花岗斑岩ACF图解
(底图据Nakada and Takahashi,1979)

结合前人研究的白牛厂二长花岗岩、薄竹山花岗岩的主量元素进行Harker图解对比(李开文,2013;Chen et al.,2015;李建德,2018),可见3种类型样品中,随着SiO_2含量的增加,Al_2O_3、TiO_2、CaO、MgO、Fe_2O_3、$Fe_2O_3+MgO+CaO$、P_2O_5等含量均出现线性减少的现象(图3-31a~g),表明它们都具有结晶分异的特点,因经历了相似的岩浆演化过程,暗示它们可能为同源岩浆的产物。Na_2O、K_2O等含量则无明显变化,但白牛厂花岗斑岩的Na_2O、K_2O含量较其他两种类型的岩浆岩低(图3-31h,i),结合样品的烧失量(LOI),综合认为白牛厂花岗斑岩可能经历了一定程度的后期蚀变作用。

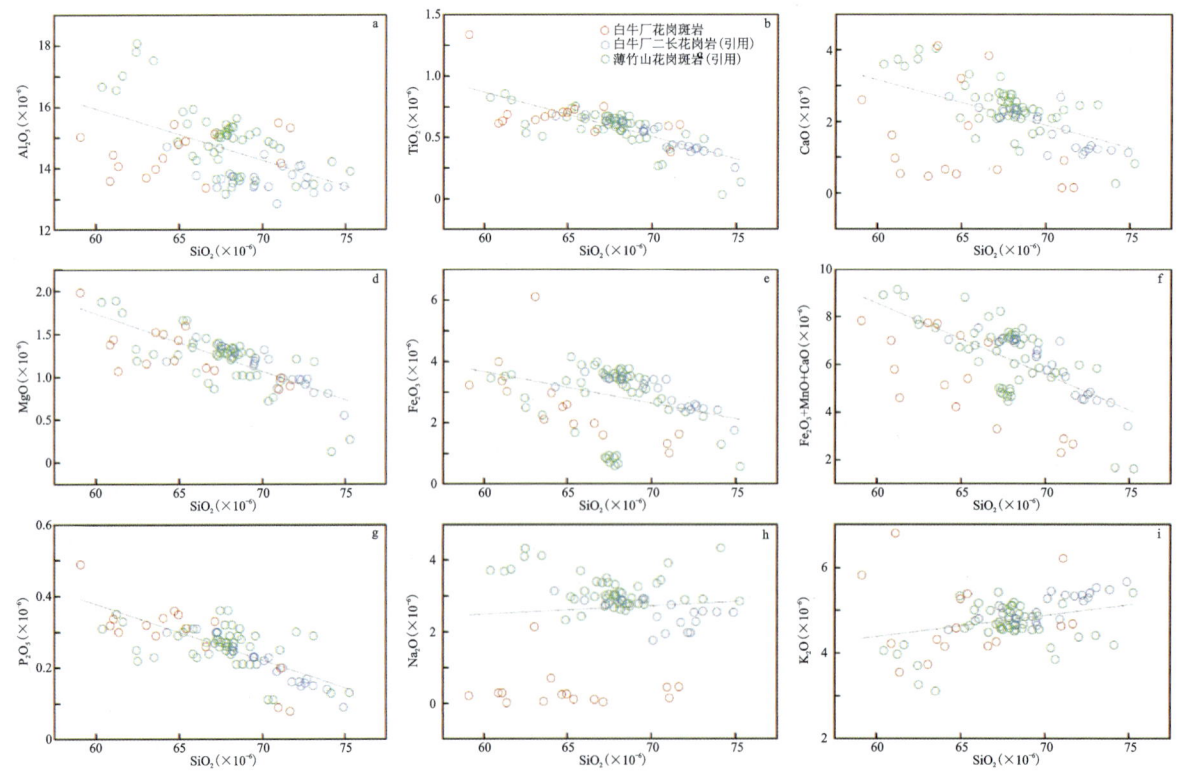

图3-31 白牛厂花岗斑岩主量元素Harker图解

La/Yb-La、La/Sm-La 图解显示,白牛厂花岗斑岩的 La/Yb、La/Sm 值随着 La 含量的增高而基本保持不变,暗示其形成主要受分离结晶作用的影响,并且样品具有负 Sr、负 Eu 异常(图3-32),推测其岩浆源区在结晶分离过程中可能存在斜长石的残留或分离(杨德彬等,2009)。

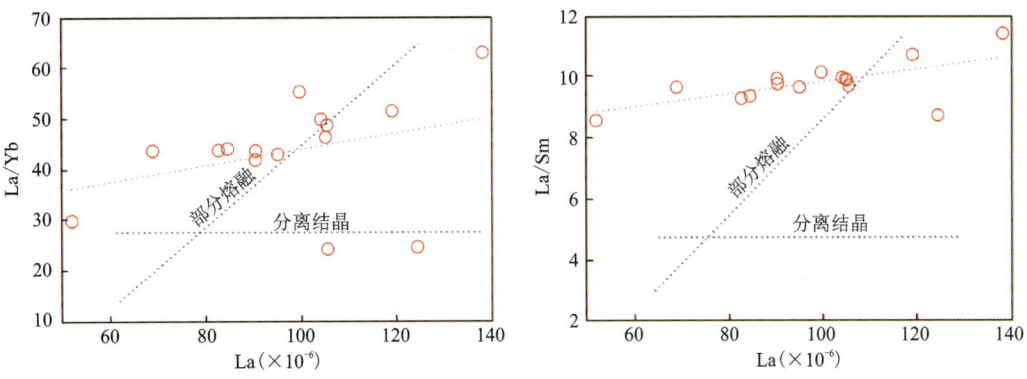

图 3-32 白牛厂花岗斑岩 La/Yb-La、La/Sm-La 图解(底图据 Allegre and Hart,1978)

3. 岩浆源区

以往的实验岩石学及地球化学研究表明,过铝质花岗岩(包括强过铝质或 S 型花岗岩)主要是由变质沉积岩(变泥质岩和变杂砂岩)在高温高压和水不饱和条件下部分熔融形成的,可能也会掺杂火成变质岩(Koester et al.,2002;Appleby et al.,2010;Jiang et al.,2011;Guo et al.,2012;Wei et al.,2014)。CaO/Na_2O 的值可以更好地衡量强过铝质花岗岩沉积源中泥质或砂屑物质含量,因为虽然 CaO/Na_2O 的值受温度、压力、水动力和原岩成分的影响,但主要控制因素还是原岩中斜长石与黏土的比值。从贫斜长石、富黏土的物源产生的强过铝花岗岩熔体,其 CaO/Na_2O 的值要比从富斜长石、贫黏土的物源产生的熔体要低(Sylvester,1998)。白牛厂花岗斑岩 CaO/Na_2O 的值变化较大(0.22~86.45,平均16.57),其中 14 件样品高于 0.3,推测其源区主要为富斜长石的砂岩区(图3-33a)。在 Rb/Ba-Rb/Sr 图解中,投点大多数落在了含长石和黑云母的杂砂岩区,少部分落在泥质岩(图3-33b)。同时在与白牛厂二长花岗岩、薄竹山花岗岩岩浆源区对比后也不难发现,它们的源区判别基本一致,但白牛厂花岗斑岩的源区岩石泥质组分较薄竹山地区略高,总体来说,白牛厂岩体与薄竹山岩体可能是同源岩浆演化分异的产物,推测主要为贫黏土富斜长石变质杂砂岩,含少量变质泥质岩(Patino and Johnson,1991;Sylvester,1998)。

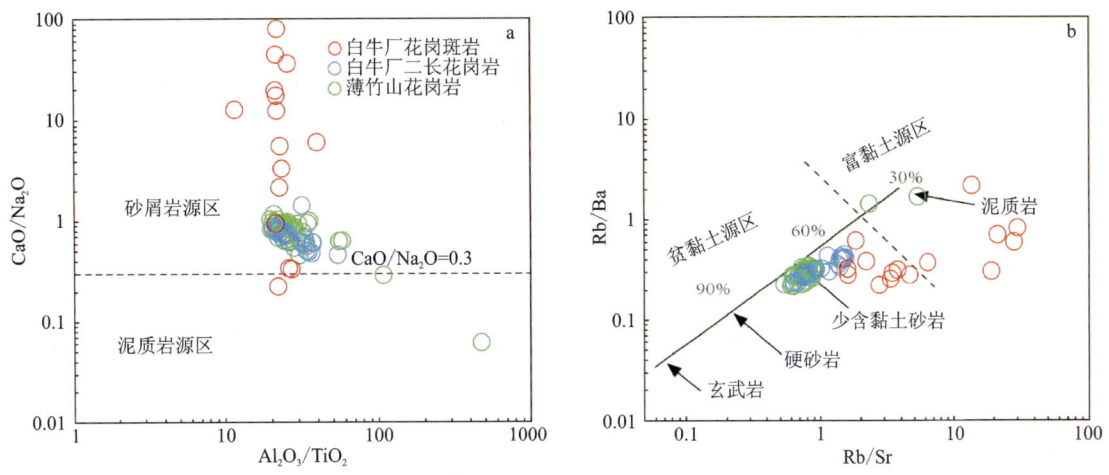

图 3-33 白牛厂花岗斑岩源区判别图解(底图据 Patino and Johnson,1991;Sylvester,1998)

通过对白牛厂花岗斑岩样品进行锆石 Hf 同位素微区原位分析,显示 $\varepsilon_{Hf}(t)$ 在 $-9.31\sim-3.6$ 之间,平均值为 -6.93,在锆石 $\varepsilon_{Hf}(t)$-T 图解(图 3-34)中均位于球粒陨石演化线下,与同时期亏损地幔演化线之间存在一定的差距,指示该原始岩浆从亏损地幔分异后在地壳滞留了一段时间(刘学龙等,2017)。相对应的二阶段亏损地幔模拟年龄 T_{DM2} 介于 $1534\sim1216$Ma 之间,峰值为 $1400\sim1350$Ma。这与李开文等(2013)通过薄竹山花岗岩二阶段模式年龄得出的结果 $1600\sim1200$Ma 大致吻合。

而通过对全岩 Sr-Nd 同位素分析,显示 $(^{87}Sr/^{86}Sr)_i$ 介于 $0.713\,92\sim0.715\,85$ 之间,$\varepsilon_{Nd}(t)$ 为 $-8.9\sim-8.2$。对应的 Nd 模式年龄 T_{DM2} 为 $1615\sim1561$Ma,同样与白牛厂花岗岩和薄竹山花岗岩 Nd 模式年龄($1.60\sim1.62$Ga、$1.57\sim1.66$Ga,李建德,2018)一致。这进一步说明白牛厂花岗斑岩、白牛厂花岗岩与薄竹山岩体同为华夏地块元古代沉积基底部分重熔的产物(图 3-35)。

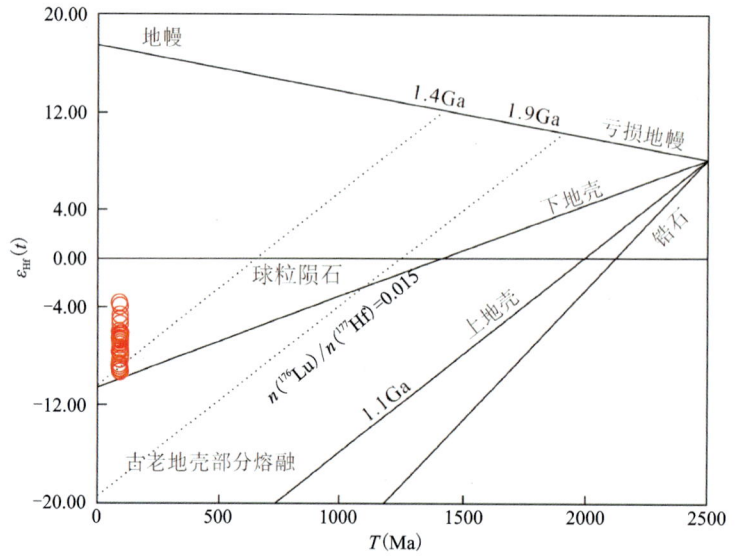

图 3-34　$\varepsilon_{Hf}(t)$-T 关系图(底图据刘学龙等,2017)

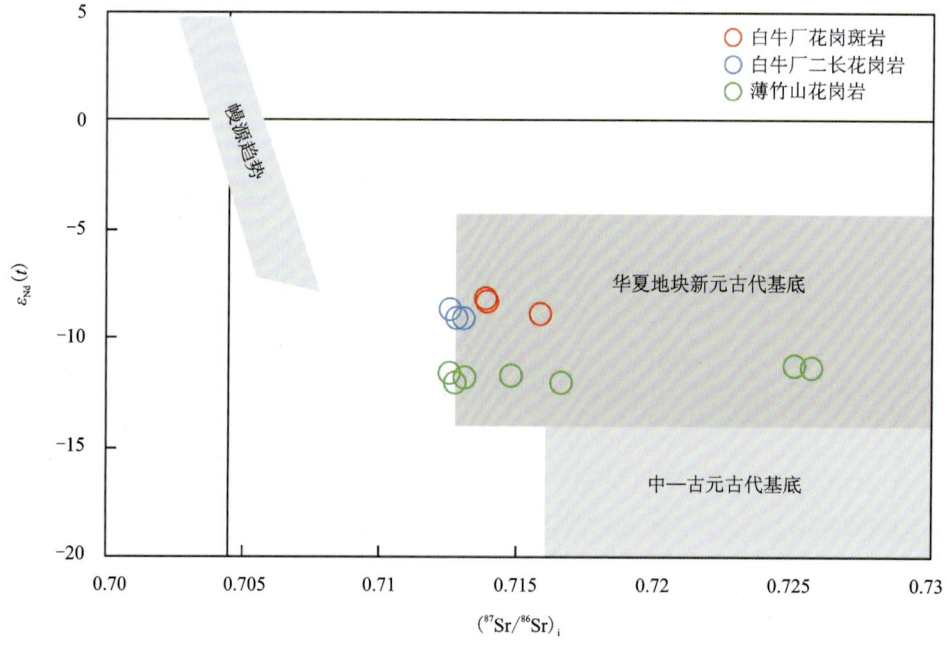

图 3-35　$\varepsilon_{Nd}(t)$-$(^{87}Sr/^{86}Sr)_i$ 图解(底图据 Shen et al.,1998)

此外，白牛厂花岗斑岩样品的$Mg^\#$值为16.01～45.53，平均34.74，明显低于地幔部分熔融形成的岩浆岩（$Mg^\#>60$，McCarron and Smellie，1998）。而接近地壳部分熔融形成的岩浆岩（$Mg^\#<40$，Rapp and Watson，1995），与1～4GPa压力条件下角闪岩和榴辉岩实验熔体相似，多数投点落在了0.8～1.6GPa和1000～1050℃纯地壳部分熔融体区域（图3-36a），暗示岩浆可能来源于中地壳的部分熔融。较高的Th含量与Th/U值，同样显示其位于中地壳熔体区域（图3-36b）。因此，其源岩可能为滇东南地区元古代结晶基底中的泥砂质副变质岩，其成分主要为变质杂砂岩，含少量变质泥质岩。

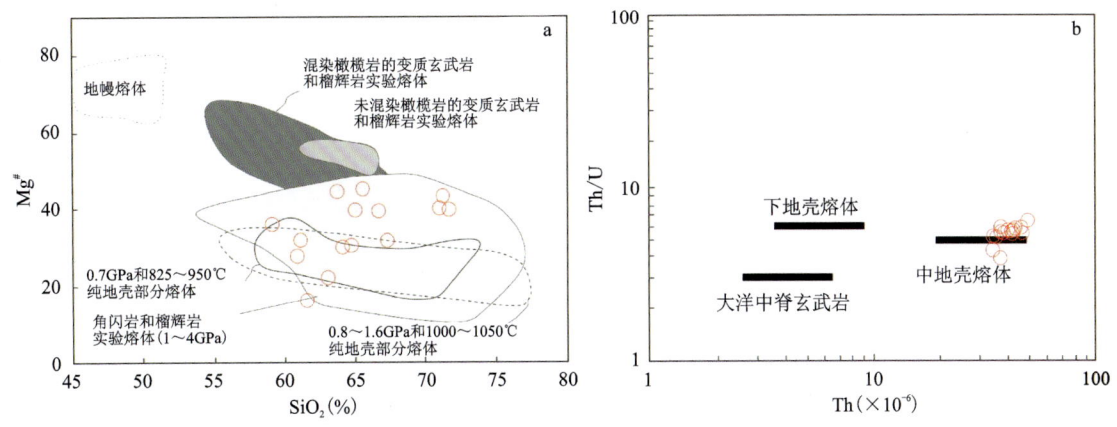

图3-36　白牛厂花岗斑岩的$Mg^\#$-SiO_2图解（a，底图据Wang et al.，2005）和Th/U-Th图解（b，底图据Rudnick et al.，2003）

综上，白牛厂花岗斑岩、矿区隐伏花岗岩和薄竹山花岗岩均具结晶分异及壳源特征，为同源岩浆演化的产物；白牛厂花岗斑岩可能是岩浆演化的后期产物，其形成作用与燕山晚期构造再次活化有关。

4. 构造动力学背景

Pearce等（1984）认为酸性侵入岩所含的微量元素可以用作判定岩浆侵入的构造环境，根据花岗岩构造环境特征将其分为4类：火山弧花岗岩（VAG）、洋中脊花岗岩（ORG）、板内花岗岩（WPG）和同碰撞花岗岩（syn-COLG）。白牛厂矿区花岗斑岩微量元素Y、Nb、Rb、Ta、Yb含量值见表3-7，将样品值投影在构造环境判别图上。在Y-Nb图解（图3-37a）中，多数样品位于火山弧花岗岩和同碰撞花岗岩区域，2件落在板内花岗岩区域；在(Y+Nb)-Rb图解和Yb-Ta图解（图3-37b，c）中，多数投影点位于同碰撞、火山弧、板内花岗岩交会处，2件落入板内花岗岩区；(Yb+Ta)-Rb图解（图3-37d）中，样品均位于同碰撞期花岗岩区。这与同一区域上的个旧、薄竹山花岗岩的构造环境特征相似（许赛华等，2018）。而在花岗斑岩Hf-Rb-Ta构造判别图解中（图3-38），样品点主要位于同碰撞及碰撞后构造背景上的花岗岩区域。

滇东南白牛厂矿区处于扬子地块、华夏地块与滇西特提斯造山带交接转换的过渡区，是一个地质构造复杂，地壳稳定性较差，活动性较强的地区。该地区Ag、Pb、Zn、Cu、Sn、Sb等成矿元素丰度高，具有形成超大型贱金属矿床的有利大地构造背景（张洪培，2007；王春林和李小军，2020）。滇东南地区的岩浆活动具有多期次性，晋宁期—海西期不太强烈，到印支期，矿区受红河大断裂的强烈活动及滇中菱形地块向南运动的影响较为深刻，两个块体的运动导致了次级断裂的再生、扩张等，在区域上形成了北东-北北东向的构造格局，并伴随有基性岩侵入（李开文，2013）。而燕山期为本区最为重要的岩浆活动时期；燕山晚期，由于印度板块向扬子板块的俯冲挤压作用，该区被红河断裂、文麻断裂等深大断裂切割，形成的一些陆块相互碰撞，使地壳缩短和增厚，中地壳岩石脱水部分熔融（李开文，2013）；之后晚白垩世华南岩石圈大规模伸展使得热的地幔物质上涌，导致红河断裂带深部发生地壳重熔，产生了广泛分布于个旧、蒙自—文山和马关等地的S型花岗质岩浆活动（官容生，1991；印贤波等，2018），碰撞后期经历挤压—伸展转变期，从而演化为板内拉张环境。个旧花岗岩附近还发现了燕山晚期至喜马拉雅期的基性—碱性岩，同样暗示了当时岩石圈可能处于伸展状态（刘玉平等，2007；解洪晶，2009）。而通过对比

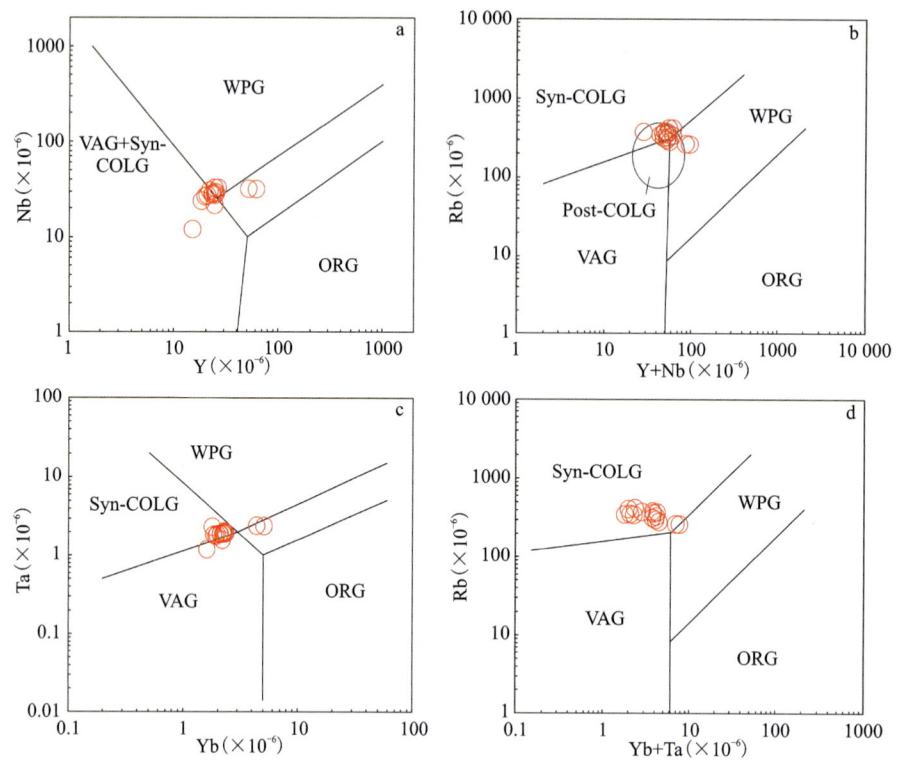

VAG. 火山弧花岗岩；Syn-COLG. 同碰撞花岗岩；Post-COLG. 后碰撞花岗岩；WPG. 板内花岗岩；ORG. 洋中脊花岗岩

图 3-37　白牛厂花岗斑岩构造环境图解（底图据 Pearce et al.，1984）

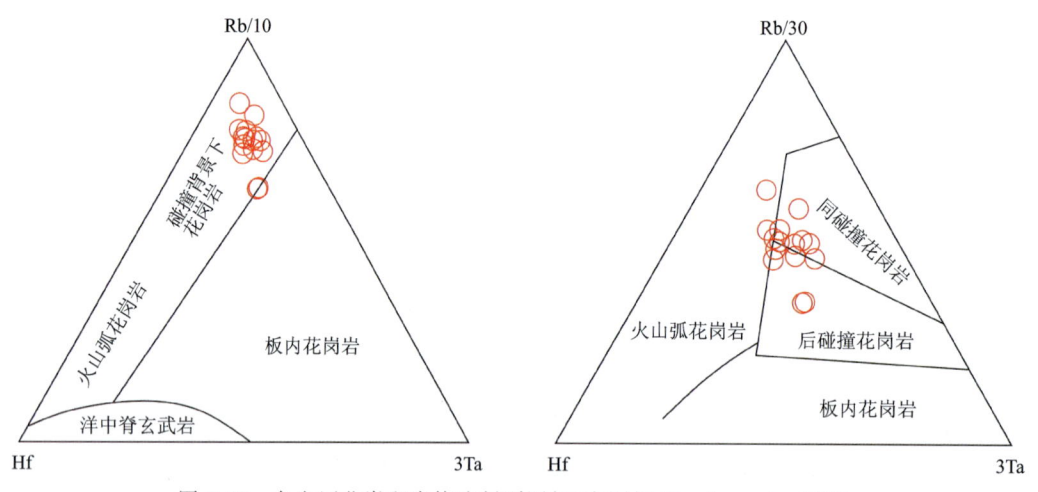

图 3-38　白牛厂花岗斑岩构造判别图解（底图据 Harris et al.，1986）

滇东南老君山岩体、薄竹山岩体、个旧岩体以及华南西部燕山晚期典型花岗岩的地球化学、构造环境、成因演化等特征，发现它们均形成于碰撞及碰撞后构造环境下（张亚辉，2013）。综合分析认为，白牛厂花岗斑岩形成于由同碰撞造山及向后碰撞造山过渡的构造环境。

结合前人的研究结果，发现白牛厂花岗斑岩与白牛厂二长花岗岩、薄竹山花岗岩具有相似的主微量元素特征，具体表现为均是过铝质 S 型花岗岩，中等负 Eu 异常、弱负 Ce 异常等，显示二者均具结晶分异及壳源特征，暗示它们可能为同源岩浆演化且经历了高度的演化过程（李开文，2013；Chen et al.，2015；李建德，2018）。在大陆主造山期，华南板块与印支板块之间发生强烈的碰撞作用，地壳因受到强烈的构造挤压而缩短、增厚，同时地壳内部发生强烈的构造剪切作用，使得中地壳杂砂岩及少量泥质岩发生熔融形成花岗质岩浆。但白牛厂花岗斑岩的主微量元素含量皆略低于同矿区内的花岗岩体，因此推测白牛厂花岗斑岩是花岗岩演化的后期产物(寒龙,2016)。在燕山晚期主成岩时期之后,早期在浅部围岩中形成的一些剥离断层与层间破碎带构造由于岩浆的冷缩作用而再次活化。部分断裂扩大,与岩浆体相通,花岗质岩浆因压力骤减而沿着断裂上涌进入到浅部围岩内,而后经过迅速冷凝作用,形成花岗斑岩脉。

综上,白牛厂花岗斑岩的岩石化学成分总体上属于高钾钙碱性-钾玄岩系列,具有强过铝质特征,属于高分异S型花岗岩;可能是滇东南地区元古代结晶基底中以变质杂砂岩为主,少量变质泥质岩重熔的产物;形成于晚燕山期岩石圈的走滑伸展背景下。

5. 成矿潜力

本区花岗斑岩有明显的矿化现象,其中常见的硫化物包括黄铁矿、黄铜矿、闪锌矿、方铅矿以及毒砂等,富含 Ag、Pb 等主要成矿元素,品位分别可达 20.98～32.18g/t、0.38%～0.56%。花岗斑岩不仅构成小规模矿体,在相邻部位也常见 Sn、Cu、Pb-Zn-Ag 等多金属矿体,表明花岗斑岩具有较好的成矿潜力。

白牛厂花岗斑岩和花岗岩中的 Pb、Zn、Ag、Sn、Cu、Sb 等元素的含量均高于地壳克拉克值和世界花岗岩平均值,说明它们都具备物质来源的基础条件,在其侵入过程中本身就携带了成矿物质,暗示矿床的成矿元素主要来自花岗质岩浆,且它们随着岩浆演化而逐步富集,这与矿化富集规律一致。而与花岗岩相比,花岗斑岩更加富集这些元素,说明富含成矿元素的花岗质岩浆发生了较强的分异作用,岩浆不断分异,金属元素不断增加,岩浆活动末期的残余岩浆聚集了更多的成矿金属元素。因此在白牛厂地区斑岩是非常值得关注的对象,它的产出对找矿(体)有着一定的意义与帮助。

第四节 白牛厂辉绿岩

长期以来,对白牛厂矿床形成时代和成矿机理研究存在较大的争议,矿区内可见以辉绿岩为主的基性岩体,关于其构造属性、形成时代及演化机制等还缺少相关研究资料。本次工作在前人研究的基础上,应用 LA-ICP-MS 锆石 U-Pb 定年方法及 Hf 同位素方法,对白牛厂银多金属矿床辉绿岩岩相学、U-Pb 年龄、Hf 同位素及主微量、稀土元素进行了研究,对辉绿岩的形成时代、岩石成因、源区性质和地质意义等问题进行探讨,有效限定白牛厂燕山晚期岩浆演化过程。

一、岩相学特征

样品手标本 BNC22-15 呈现灰绿色,致密块状,辉绿结构,含有伟晶岩脉,部分部位具有弱磁性,常含少量方解石,风化面多呈灰黄色、黄褐色。显晶质为辉石、斜长石,隐晶质为石英、黑云母,可见零星磁黄铁矿,具弱磁性(图 3-39a)。

从图 3-39 中可以看到,辉绿岩具显晶质结构,矿物粒度较细,造岩矿物主要为长石,但其蚀变严重,晶形呈板状,颜色多为无色或灰色,粒径为 100～300μm。辉石为单斜辉石,呈灰黑色短柱状,粒径多为 100μm 左右,呈半自形—他形粒状充填于板柱状自形长石晶粒之间,构成典型的辉绿结构。金属矿物有黄铜矿、黄铁矿、闪锌矿等(图 3-39b)。综合以上分析将辉绿岩命名为灰绿色弱磁黄铁矿化辉绿岩(图 3-39c、d)。

样品手标本 BNC22-16 呈现灰绿色,致密块状,辉绿结构,含有细小的岩脉,部分部位具有弱磁性。显晶质为辉石、斜长石,隐晶质为石英、黑云母,可见零星磁黄铁矿,具弱磁性(图 3-40a)。

从图 3-40a 中可以看到,辉绿岩呈显晶质结构,造岩矿物主要有斜长石,呈卡式双晶,自形板条状,颜色呈灰白色,粒径为 300～500μm(图 3-40b)。辉石呈灰黑色短柱状,粒径多在 100μm 左右,呈半自形—他形粒状充填于板柱状自形长石晶粒之间,构成典型的辉绿结构(图3-40c、d)。综合以上分析将辉绿岩命名为灰绿色弱磁黄铁矿化辉绿岩。

图3-39 BNC22-15手标本图及显微特征

图3-40 BNC22-16手标本图及显微特征

二、辉绿岩地球化学特征

1. 主量元素

选取辉绿岩的样品BNC22-15与BNC22-16进行主微量元素的实验,样品SiO_2的含量较低,分别为41.39%、44.62%;FeO的含量分别为10.49%、8.66%;Fe_2O_3的含量分别为3.65%、4.17%;TFe_2O_3的含量分别为15.31%、13.80%,铁的含量较高;Al_2O_3的含量分别是15.46%、13.47%,其他数据见表3-11。在TAS图中,白牛厂的辉绿岩为副长石辉长岩(图3-41)。

表 3-11 白牛厂辉绿岩主量元素(%)和微量元素($\times 10^{-6}$)分析结果

白牛厂辉绿岩 BNC22-15、BNC22-16 主量元素(%)								
样品号	BNC22-15	BNC22-16	样品号	BNC22-15	BNC22-16	样品号	BNC22-15	BNC22-16
SiO_2	41.39	44.62	TiO_2	4.11	3.62	Al_2O_3	15.46	13.47
FeO	10.49	8.66	Fe_2O_3	3.65	4.17	CaO	3.58	4.44
LOI	6.32	7.32	MgO	5.68	6.01	Na_2O	1.09	0.874
MnO	0.153	0.116	K_2O	5.15	4.12	TFe_2O_3	15.31	13.80
P_2O_5	1.07	0.930	S	0.226	0.563	Total	98.37	98.91
白牛厂辉绿岩 BNC22-15、BNC22-16 微量元素($\times 10^{-6}$)								
样品号	BNC22-15	BNC22-16	样品号	BNC22-15	BNC22-16	样品号	BNC22-15	BNC22-16
Li	43.3	49.8	Nb	49.9	42.1	Dy	8.21	6.97
Be	1.38	1.49	Mo	1.87	1.79	Ho	1.42	1.28
Sc	23.20	21.64	Cd	0.637	0.479	Er	3.32	2.91
V	283	258	In	0.132	0.113	Tm	0.435	0.383
Cr	24.7	29.5	Sn	2.86	2.37	Yb	3.04	2.70
Co	45.5	53.9	Sb	1.45	3.04	Lu	0.486	0.413
Ni	21.5	21.4	Te	0.052	0.036	Hf	6.22	4.89
Cu	38	39	Cs	18.6	19.6	Ta	3.07	2.53
Zn	353	305	Ba	1502	791	W	0.748	0.566
Ga	28.2	26.7	La	51.9	44.6	Tl	0.460	0.514
Ge	0.732	0.899	Ce	99.3	81.9	Pb	119	91.5
As	5.61	6.34	Pr	13.9	12.0	Bi	0.040	0.035
Se	28.2	<0.01	Nd	54.5	45.5	Th	4.13	3.43
Rb	74.8	71.4	Sm	10.8	9.52	U	0.91	0.74
Sr	623	246	Eu	3.68	3.49	Re	1.25	1.18
Y	32.6	30.8	Gd	9.48	8.34	Ag	0.87	1.79
Zr	271	221	Tb	1.35	1.20			

2. 微量元素和稀土元素特征

白牛厂的辉绿岩样品的稀土元素总量(ΣREE)分别为 261.86×10^{-6}、221.18×10^{-6}，$(La/Yb)_N$ 分别为 12.25、11.85，δEu 分别为 1.11、1.20，显示出轻重稀土元素分馏明显，富集轻稀土元素，亏损重稀土元素，稀土元素球粒陨石标准化配分曲线呈右倾型(图 3-42a)，Eu 为正异常。白牛厂微量元素蛛网图中，显示有明显亏损 K、P、Ti、Sr、Y、Yb、Lu 元素异常，整体曲线形态呈右倾型(图 3-42b)。

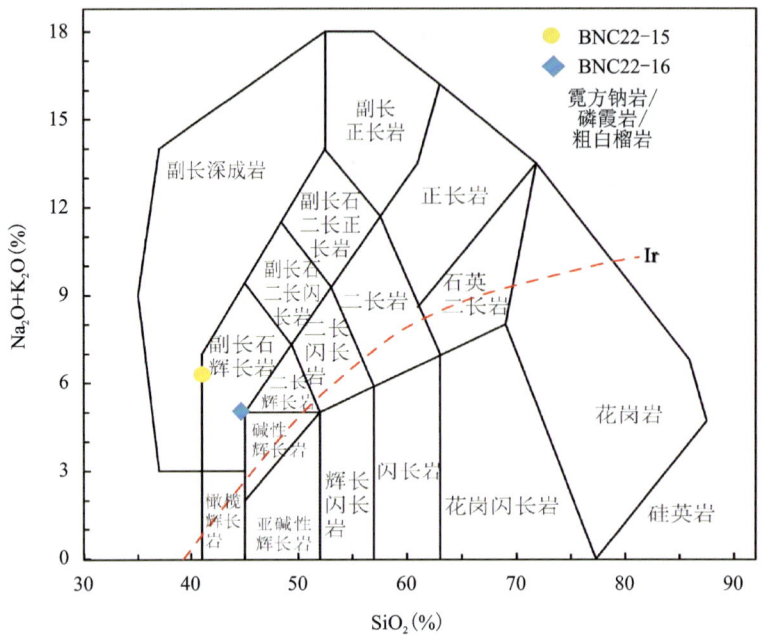

图 3-41 白牛厂辉绿岩 TAS 图解

辉绿岩的轻重稀土元素分异较明显,轻稀土元素相对富集,重稀土元素相对亏损,没有明显的铕异常,高场强元素 Ti、P 亏损程度严重,显示辉绿岩岩浆在运移过程中没有幔源物质的混入。

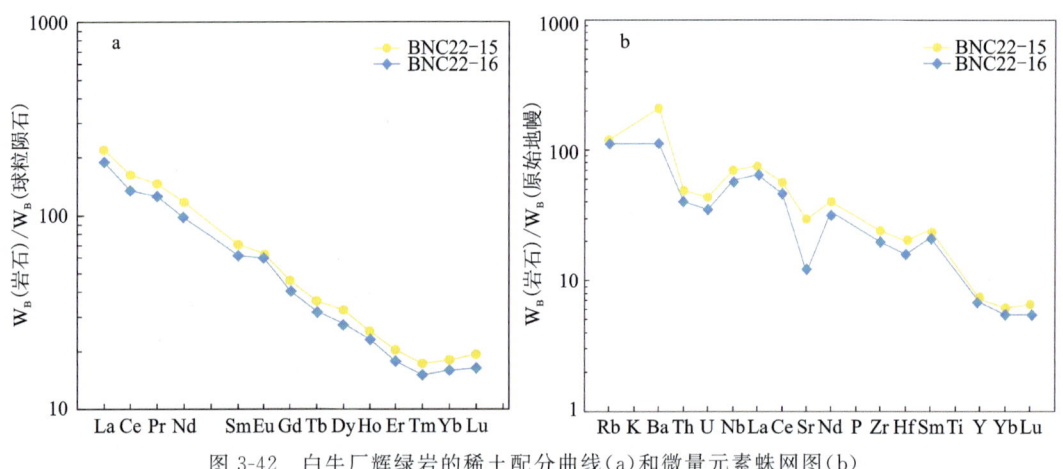

图 3-42 白牛厂辉绿岩的稀土配分曲线(a)和微量元素蛛网图(b)

三、辉绿岩锆石 U-Pb 年代学与 Hf 同位素组成特征

1. 辉绿岩锆石 U-Pb 年代学特征

白牛厂矿区中存在灰绿色弱磁黄铁矿化辉绿岩,具辉绿结构,块状构造,显晶质为辉石、斜长石,隐晶质为石英、黑云母,可见零星磁黄铁矿,具弱磁性。

白牛厂矿区中辉绿岩锆石 U-Pb 同位素分析结果详见表 3-12,锆石颗粒主要呈自形—半自形棱柱状,晶体长 $50\sim150\mu m$,宽 $30\sim55\mu m$,长宽比大都在 2:1~4:1 之间,岩浆成因锆石多具有特征性的韵律环带(图 3-43)。

表 3-12 白牛厂辉绿岩 LA-ICP-MS 锆石 U-Pb 同位素分析结果

测点号	元素含量（×10⁻⁶）			Th/U	同位素比值						同位素年龄（Ma）						谐和度（%）
	Pb	Th	U		$^{207}Pb/^{206}Pb$		$^{207}Pb/^{235}U$		$^{206}Pb/^{238}U$		$^{207}Pb/^{206}Pb$		$^{207}Pb/^{235}U$		$^{206}Pb/^{238}U$		
					测值	1σ	测值	1σ	测值	1σ	测值	1σ	测值	1σ	测值	1σ	
BNC22-15 辉绿岩																	
BNC22-15-01	11.04	456	656	0.69	0.050 9	0.002 4	0.095 7	0.004 4	0.013 7	0.000 2	235	107.39	92.8	4.07	87.8	1.02	94
BNC22-15-03	15.64	270	1090	0.25	0.052 4	0.002 0	0.096 1	0.003 5	0.013 4	0.000 2	302	87.03	93.1	3.26	85.5	1.05	91
BNC22-15-06	24.46	465	1756	0.27	0.050 6	0.001 8	0.087 8	0.003 0	0.012 6	0.000 1	233	52.77	85.5	2.77	80.7	0.89	94
BNC22-15-07	22.62	224	587	0.38	0.056 1	0.002 0	0.267 4	0.009 4	0.034 5	0.000 4	457	112.02	241	7.56	218	2.35	90
BNC22-15-09	22.99	470	1684	0.28	0.049 4	0.001 5	0.087 5	0.002 8	0.012 8	0.000 2	169	72.21	85.2	2.58	81.8	1.05	95
BNC22-15-11	20.99	209	549	0.38	0.049 2	0.001 8	0.229 5	0.008 0	0.033 8	0.000 4	167	82.40	210	6.63	214	2.60	97
BNC22-15-12	61.5	1306	4523	0.29	0.048 4	0.001 3	0.084 6	0.002 3	0.012 6	0.000 1	117	67.59	82.5	2.14	80.5	0.76	97
BNC22-15-13	10.92	122	277	0.44	0.051 1	0.002 5	0.242 0	0.011 4	0.034 4	0.000 4	256	111.10	220	9.32	218	2.67	98
BNC22-15-14	19.43	1056	1083	0.97	0.051 6	0.001 8	0.100 2	0.003 3	0.014 1	0.000 1	333	79.62	97.0	3.08	90.0	0.93	92
BNC22-16 辉绿岩																	
BNC22-16-01	26.83	933	1749	0.53	0.047 0	0.001 8	0.088 0	0.003 5	0.013 6	0.000 2	55.7	144.43	85.6	3.26	87.0	1.19	98
BNC22-16-02	24.66	1038	1525	0.68	0.051 8	0.002 1	0.098 6	0.003 9	0.013 9	0.000 2	280	89.80	95.5	3.61	88.9	1.23	92
BNC22-16-03	29.92	503	2170	0.23	0.049 3	0.003 6	0.091 1	0.007 6	0.013 4	0.000 2	161	162.94	88.6	7.05	85.8	1.51	96
BNC22-16-06	76.1	3556	4698	0.76	0.050 8	0.001 4	0.096 1	0.002 9	0.013 6	0.000 1	235	62.95	93.2	2.72	87.1	0.92	93
BNC22-16-08	20.22	980	1191	0.82	0.050 1	0.003 1	0.095 9	0.006 1	0.013 9	0.000 2	198	147.20	93.0	5.61	88.9	1.32	95
BNC22-16-09	15.51	543	1006	0.54	0.052 8	0.002 4	0.099 3	0.004 5	0.013 6	0.000 2	320	101.84	96.1	4.19	87.1	1.21	90
BNC22-16-10	24.14	842	1515	0.56	0.049 7	0.001 8	0.096 3	0.003 5	0.014 2	0.000 2	189	85.17	93.6	3.24	90.6	1.19	96
BNC22-16-11	20.82	598	1365	0.44	0.052 3	0.001 8	0.100 3	0.003 5	0.013 9	0.000 2	287	77.77	96.8	3.22	89.2	1.22	91
BNC22-16-13	26.3	1747	1527	1.14	0.047 5	0.002 0	0.087 3	0.003 3	0.013 5	0.000 2	76.0	96.29	85.0	3.07	86.5	1.38	98
BNC22-16-14	21.32	810	1354	0.60	0.046 1	0.001 7	0.087 3	0.003 1	0.013 7	0.000 1	400	299.96	85.0	2.90	87.7	0.88	96
BNC22-16-17	16.23	529	1075	0.49	0.052 6	0.002 0	0.097 7	0.003 7	0.013 4	0.000 1	322	80.55	94.6	3.38	86.0	0.91	90
BNC22-16-18	13.13	447	869	0.51	0.048 4	0.002 1	0.089 9	0.003 6	0.013 5	0.000 2	117	101.84	87.4	3.39	86.4	0.98	98
BNC22-16-19	19.53	790	1220	0.65	0.048 4	0.001 7	0.092 4	0.003 2	0.013 9	0.000 2	117	83.33	89.7	2.93	88.9	1.00	99
BNC22-16-20	16.56	703	994	0.71	0.051 8	0.002 0	0.098 7	0.003 9	0.013 8	0.000 2	280	88.88	95.6	3.56	88.5	0.98	92

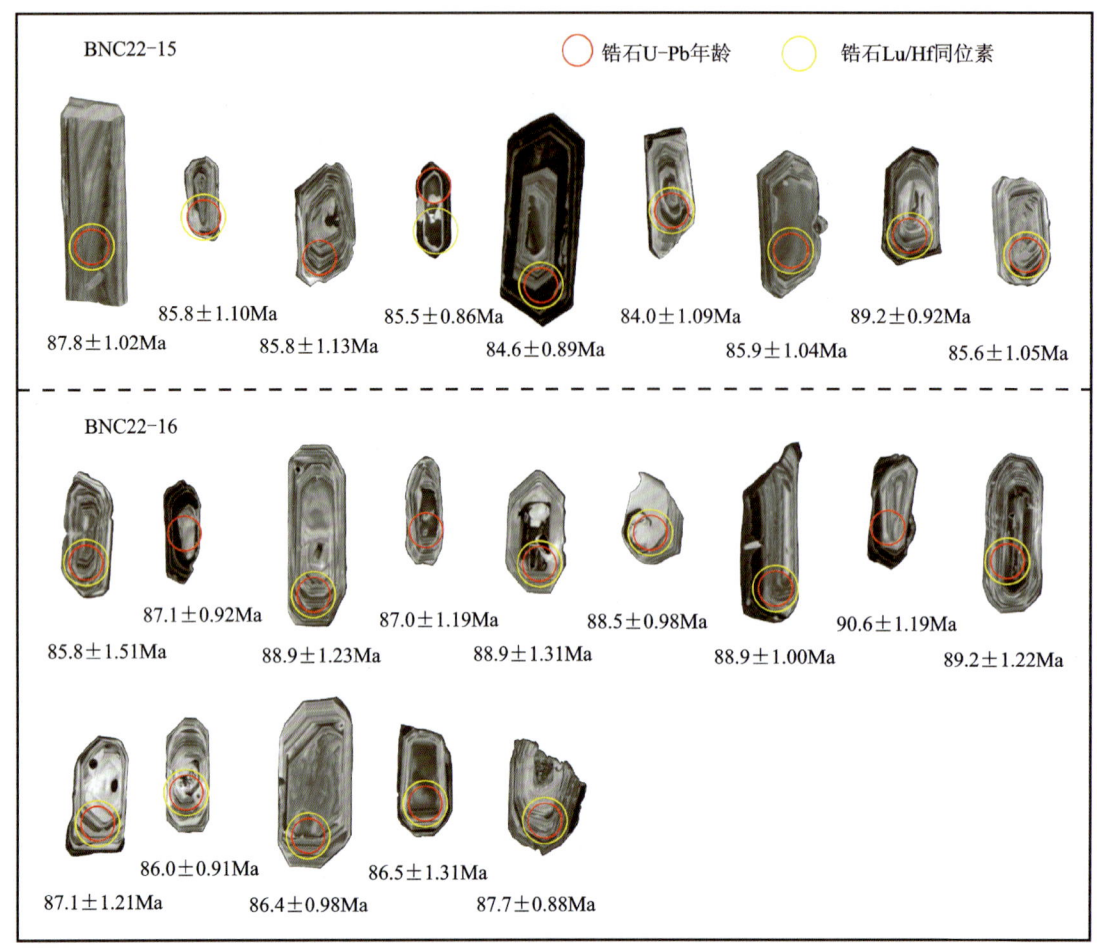

图 3-43　白牛厂辉绿岩锆石 U-Pb 年龄与 Lu/Hf 同位素圈定图

CL 图像显示,锆石的晶形大都呈现的是长柱状,晶棱附近较锋利,部分岩石呈深灰黑色,颜色较暗,一部分岩石呈现灰白色,存在较大的晶体,呈现环带状构造,其内核为正常锆石,外环为变生锆石。部分锆石边缘呈黑色,因为 U 和 Th 含量较高。

对白牛厂矿区中辉绿岩 BNC22-15 和 BNC22-16 进行检测,共 37 颗进行 LA-ICP-MS 锆石 U-Pb 定年分析,由于实验过程中部分斜锆石被击穿,拟合度较低,故选择剔除部分数据,共获得了 23 个有效数据点,其中白牛厂中 BNC22-15 共测试 15 个数据,有效数据有 9 个,圈定结果见图 3-43;白牛厂中 BNC22-16 共测试 22 个数据,有效数据有 14 个,圈定结果见图 3-43。22 颗斜锆石的 U、Th 含量分别为 $(656\sim4698)\times10^{-6}$ 和 $(11.04\sim76.1)\times10^{-6}$,Th/U 值为 $0.23\sim1.14$,$^{206}Pb/^{238}U$ 年龄分别介于 $(84.0\pm1.09)\sim(87.8\pm1.02)Ma$ 和 $(86.0\pm0.91)\sim(90.6\pm1.20)Ma$ 之间(数据结果见表 3-12),所有数据点都集中分布于一致曲线上或其附近,加权平均年龄分别为 $85.58\pm0.70Ma(MSWD=1.17)$、$87.70\pm0.78Ma(MSWD=1.5)$,代表了辉绿岩的结晶年龄(图 3-44)。白牛厂辉绿岩 LA-ICP-MS 锆石 U-Pb 同位素分析结果显示辉绿岩成岩年龄分别为 $85.58\pm0.70Ma$ 和 $87.70\pm0.78Ma$,形成于晚白垩世。

2. 辉绿岩锆石 Hf 同位素特征分析

在辉绿岩锆石 U-Pb 定年基础上进行了原位 Hf 同位素分析。分析测试了 22 颗锆石,共获得 19 个有效数据点。白牛厂中 BNC22-15(8 颗)与 BNC22-16(11 颗)中锆石的 $^{176}Lu/^{177}Hf$ 值均小于 0.002(表 3-13),表明其形成后基本没有明显的放射性成因 Hf 的积累,$^{176}Lu/^{177}Hf$ 值能较好地反映其形成过

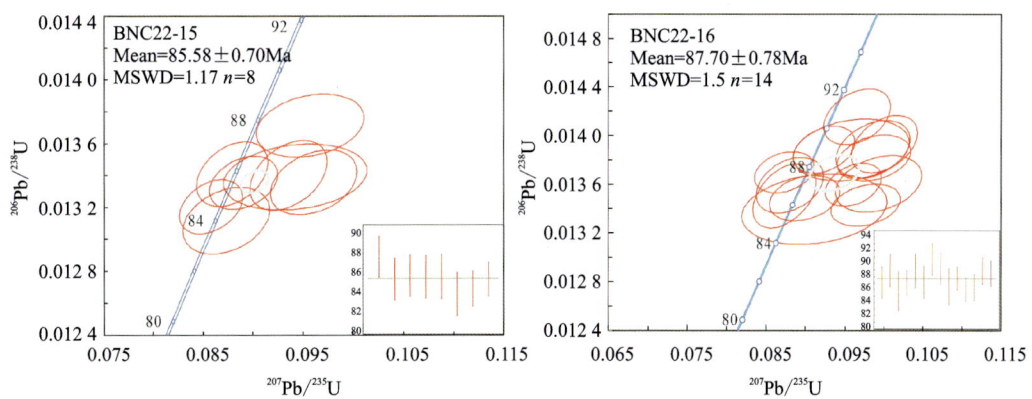

图 3-44 白牛厂辉绿岩锆石 U-Pb 年龄谐和图(a)及加权平均年龄(b)

程中 Hf 同位素的组成特征。

白牛厂辉绿岩锆石 ^{176}Lu/^{177}Hf 值变化于 0.001 015~0.001 661(BNC22-15)与 0.000 754~0.001 493 (BNC22-16)之间,平均为 0.001 315 8 与 0.001 148,$\varepsilon_{Hf}(t)$ 值变化在 -9.9~-5.0 与 -7.0~-4.7 之间(数据结果见表 3-13,图 3-45),平均值为 -8.1 与 -5.85,两阶段模式年龄分别为 1296~1567Ma 与 1286~1406Ma,平均值分别为 1467Ma 与 1343Ma。

Hf 同位素组成一般用来示踪岩浆源区不同性质的原岩特征,白牛厂辉绿岩锆石 $\varepsilon_{Hf}(t)$ 频率直方图中可以看出(图 3-45),锆石原位 Hf 同位素均一,表明锆石结晶环境为均一、无混染的岩浆源区,$\varepsilon_{Hf}(t)$ 值说明了锆石岩浆的幔源属性。根据其平均值确定锆石主要来源于古元古代地壳物质的重熔。

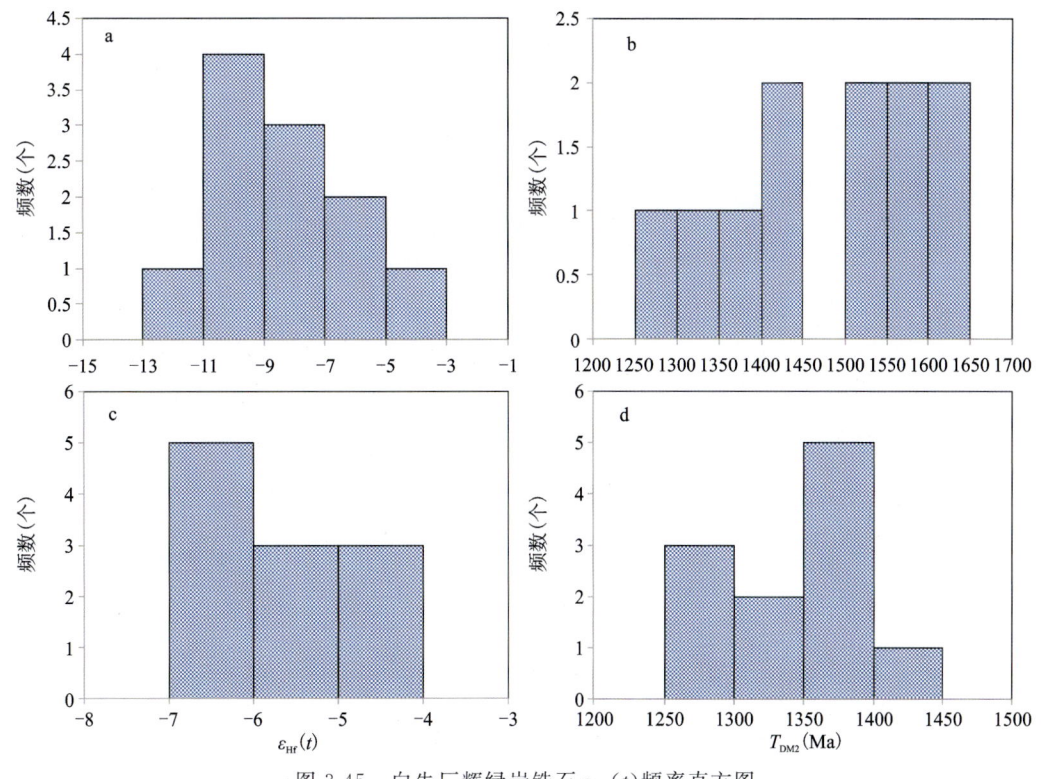

图 3-45 白牛厂辉绿岩锆石 $\varepsilon_{Hf}(t)$ 频率直方图

表 3-13 白牛厂矿区辉绿岩 Lu/Hf 同位素组成

样品编号	^{176}Hf/^{177}Hf	1σ	^{176}Lu/^{177}Hf	1σ	^{176}Yb/^{177}Hf	1σ	年龄(Ma)	$\varepsilon_{Hf}(0)$	1σ	$\varepsilon_{Hf}(t)$	1σ	T_{DM1}	T_{DM2}	$f_{Lu/Hf}$	备注
BNC22-15-01	0.282 400	0.000 021	0.001 248	0.000 024	0.039 197	0.000 925	87.8	−13.14	0.9	−11.3	0.9	1211	1644	−0.96	击穿
BNC22-15-02	0.282 449	0.000 012	0.001 162	0.000 004	0.036 946	0.000 221	85.5	−11.41	0.7	−9.5	0.7	1139	1548	−0.96	
BNC22-15-03	0.282 473	0.000 014	0.001 296	0.000 005	0.041 659	0.000 346	85.9	−10.56	0.7	−8.7	0.7	1109	1502	−0.96	
BNC22-15-04	0.282 441	0.000 013	0.001 015	0.000 004	0.030 872	0.000 181	85.8	−11.70	0.7	−9.9	0.7	1147	1565	−0.97	
BNC22-15-05	0.282 528	0.000 012	0.001 496	0.000 032	0.046 596	0.000 926	85.8	−8.64	0.7	−6.8	0.7	1038	1396	−0.95	
BNC22-15-06	0.282 519	0.000 010	0.001 394	0.000 069	0.051 664	0.002 856	84	−8.93	0.6	−7.1	0.6	1047	1412	−0.96	
BNC22-15-07	0.282 579	0.000 014	0.001 661	0.000 016	0.050 308	0.000 542	84.6	−6.82	0.7	−5.0	0.7	969	1296	−0.95	
BNC22-15-08	0.282 423	0.000 029	0.001 340	0.000 014	0.043 647	0.000 812	84.6	−12.36	1.1	−10.5	1.1	1183	1602	−0.96	击穿
BNC22-15-09	0.282 441	0.000 012	0.001 414	0.000 006	0.046 445	0.000 221	89.2	−11.72	0.7	−9.9	0.7	1159	1567	−0.96	
BNC22-15-10	0.282 553	0.000 024	0.001 304	0.000 020	0.039 490	0.000 633	85.5	−7.75	0	−5.9	1.0	997	1346	−0.96	击穿
BNC22-15-11	0.282 502	0.000 015	0.001 089	0.000 030	0.036 849	0.001 291	85.5	−9.56	0.7	−7.7	0.7	1063	1446	−0.97	
BNC22-16-01	0.282 550	0.000 012	0.001 209	0.000 007	0.044 082	0.000 256	88.9	−7.9	0.7	−6.0	0.7	999	1351	−0.96	
BNC22-16-02	0.282 560	0.000 013	0.001 493	0.000 026	0.053 577	0.000 644	85.8	−7.5	0.7	−5.7	0.7	992	1334	−0.96	
BNC22-16-03	0.282 583	0.000 012	0.000 986	0.000 005	0.033 633	0.000 535	88.9	−6.7	0.7	−4.8	0.7	947	1286	−0.97	
BNC22-16-04	0.282 548	0.000 014	0.000 953	0.000 013	0.035 397	0.000 253	87.1	−7.9	0.6	−6.1	0.6	995	1355	−0.97	
BNC22-16-05	0.282 534	0.000 010	0.001 188	0.000 018	0.041 574	0.001 027	89.2	−8.4	0.7	−6.5	0.7	1021	1382	−0.96	
BNC22-16-06	0.282 586	0.000 012	0.001 316	0.000 002	0.047 532	0.000 291	86.5	−6.6	0.7	−4.7	0.7	950	1281	−0.96	
BNC22-16-07	0.282 565	0.000 014	0.001 129	0.000 004	0.041 970	0.000 586	87.7	−7.3	0.7	−5.5	0.7	975	1321	−0.97	
BNC22-16-08	0.282 536	0.000 012	0.000 754	0.000 006	0.027 014	0.000 262	86.4	−8.4	0.7	−6.5	0.7	1007	1378	−0.98	
BNC22-16-09	0.282 523	0.000 012	0.001 292	0.000 018	0.042 843	0.000 863	86	−8.8	0.7	−7.0	0.7	1039	1406	−0.96	
BNC22-16-10	0.282 530	0.000 012	0.000 857	0.000 014	0.031 878	0.001 047	88.5	−8.6	0.7	−6.7	0.7	1018	1390	−0.97	
BNC22-16-11	0.282 583	0.000 012	0.001 455	0.000 005	0.051 696	0.000 403	88.9	−6.7	0.7	−4.8	0.7	959	1288	−0.96	

第五节 构造-岩浆演化历史过程

薄竹山 W-Sn-Pb-Zn 多金属矿集区坐落于滇东南成矿带的中枢地带,是华南板块西部构造-岩浆成矿带不可或缺的重要组成部分。其西北边界为弥勒-师宗断裂,与扬子地块紧密相连;西南则以红河断裂为界,毗邻特提斯构造域;东部则通过文麻断裂与南岭褶皱系分隔开来。该区域总面积约达 1500km², 内部孕育着与岩浆侵入活动密切相关的 W-Sn-Pb-Zn 等多金属成矿系统(冯佳睿,2011;李建康等,2013;张亚辉,2013)。

薄竹山地区历经了三大构造运动阶段的洗礼:首先,在加里东运动早期,盆地经历了显著的扩张,沉积了寒武纪及奥陶纪的一套浅海相碳酸盐岩与碎屑岩,其中寒武系至奥陶系呈连续过渡沉积状态,富含三叶虫化石,至晚期沉积盆地逐渐收缩,形成了泥盆系与下伏奥陶系之间的不整合接触;随后,在海西运动早期,地壳下降,沉积了下泥盆统,本区泥盆系—石炭系亦呈连续过渡沉积,至晚期地壳抬升,导致二叠系与下伏泥盆系之间形成了平行不整合接触;最后,在印支运动早期,地壳再次下降,沉积了一套碳酸盐岩及碎屑岩,涵盖了本区及周缘中上二叠统至中三叠统的连续过渡沉积,属于浅海-陆相沉积,至晚期地壳抬升,基本终结了本区的沉积历史,后期仅见零星的山间盆地沉积。

薄竹山地区主要包括中上寒武统、下奥陶统、泥盆系及第四系。中上寒武统下部为浅海相灰色细粒石英砂岩,向上逐渐演变为浅海相及滨海相灰色碳酸盐岩及砂泥岩;中寒武统田蓬组是白牛厂银多金属矿床的重要赋矿地层;下奥陶统为浅海相灰色碳酸盐岩及砂泥岩,具有南厚北薄的特点;泥盆系为灰色碳酸盐岩及砂泥岩,地层厚度相对较小,与下伏地层形成不整合接触;第四系则以松散堆积为主,零星分布于区域之内。此外,在区域外缘还可见到石炭纪、二叠纪及三叠纪的沉积地层。

研究区的构造格局以薄竹山穹隆为核心,其北西向的延伸在穹隆外侧形成了一系列环形正断层和放射状正断层。区内断裂与褶皱构造发育显著,其中断裂构造占据主导地位,褶皱构造则以白牛厂破背斜等为代表。在构造隆起部位及沿北西向断裂构造带,可见海西期和燕山期的花岗岩体。薄竹山白垩纪花岗岩体为一复式岩基,呈北西-南东向展布,轴向约为 320°,长度近 20km,宽度介于 2~10km 之间,地表出露面积接近 120km²(图 3-1)。钨、锡矿床均围绕薄竹山花岗岩体的内外接触带分布,这些接触带附近发育着矽卡岩化、大理岩化、绿帘石化和绿泥石化等多种蚀变作用(张亚辉,2013)。同时,花岗岩体中的节理及裂隙构造发育良好,为成矿过程提供了有利条件,最终在接触带及其周边形成了似层状、透镜状的钨、锡等矿体(张亚辉,2013)。

一、研究分析方法

1. 研究方法

分析一个地区长期剥露过程的有效方法是研究其热历史(Brown,1994;Spikings et al.,1997)。锆石和磷灰石的裂变径迹分析(ZFT 和 AFT)是两种具有优势的方法,它们能提供关于热历史在空间上变化的定量信息。通过结合对热历史的认识和地热梯度随时间演变的了解,我们能够估算出在同一时间段内地壳剥露发生的时间和程度。这里使用的"剥露"一词遵循了 England 和 Molnar(1990)的定义,即岩石相对于地表的垂直运动。

磷灰石和锆石矿物组中化石裂变径迹开始部分退火的温度并不明确,而是一个渐进的过程,已知部分径迹退火发生的温度范围取决于矿物的相组成、冷却速率,以及矿物的对称群(Green et al.,1986)。相对于标准 Durango 磷灰石,磷灰石矿物相中未退火的径迹长度范围在 14.5~15.5μm 之间(Gleadow et al.,1986)。因此,具有这一范围内平均径迹长度且径迹长度分布狭窄的样品,在 AFT 年龄所指示的时间点上,经历了从高于 120℃到低于 60℃的快速冷却(Laslett et al.,1987)。具有较短平均长度且径迹长度分布较宽的样品则表明其热历史更为复杂,在 AFT 年龄所代表的时间段内,样品在部分退火带中停留了较长时间(Gleadow et al.,1986)。对 ZFT 数据的解释也遵循类似的原则;然而,由于缺乏对锆石内径迹退火动力学的适当描述,因此无法仅通过径迹长度分布来确定热历史。此外,关于部分退火带温度界线的已发表值范围很广。Yamada 等(1995)提出的温度界线为 390~170℃,而 Tagami 和 Dumitru(1996)以及 Tagami 等(1998)提出的温度界线为 310~230℃。我们将使用 300℃的平均值与 ZFT 年龄相对应,以便在热历史路径上绘制出单一的温度、时间点。

2. 分析方法

粉碎全岩样品,并通过传统的重液和磁选方法回收磷灰石和锆石颗粒。磷灰石和锆石均在高通量反应堆中进行辐照,并使用 CN5(磷灰石)和 CN1(锆石)标准玻璃监测中子通量。在 20℃下用硝酸水溶液蚀刻 21s 来揭示磷灰石中的化石径迹,而在 210℃下用 NaOH/KOH 共晶混合物蚀刻 5~30h 来揭示锆石中的化石径迹。使用计算机控制的蔡司显微镜和 Kinetec 载物台,在×1250(磷灰石)和×1600(锆石,干物镜)的放大倍数下计数裂变径迹。仅对两种矿物类型中沿 c 轴平面安装的颗粒进行计数。使用绘图管和数字化平板测量位于晶体学 c 轴平面内的磷灰石颗粒中水平受限径迹的长度。由于铀浓度普遍较低,因此在大多数情况下,测量次数少于 40 次(表 3-14)。为了估算成分对裂变径迹退火的影响,测量了与 c 轴夹角在 5°以内的最大裂变径迹蚀刻坑直径(放大倍数×2000)。ZFF 和 AFF 的分析程序遵循 Gleadow(1981)描述的外部探测器方法。使用 zeta 校正法(Hutford and Green,1983)计算年龄,并根据常规方法(Green,1981)计算误差。所有样品校准的 zeta 值为 387±17(磷灰石,CN5 玻璃)和 130±3.1(锆石,CN1 玻璃)(Spikings et al.,1997)。

表 3-14 薄竹山矿集区磷灰石裂变径迹

样品号	颗粒数(个)	$\rho_s(\times10^5/cm^2)$ (N_s)	$\rho_i(\times10^5/cm^2)$ (N_i)	$\rho_d(\times10^5/cm^2)$ (N)	$P(\chi^2)$ (%)	中值年龄 (Ma)(±1σ)	池年龄(Ma) (±1σ)	$L(\mu m)(N)$
WB01	35	8.001 (2181)	40.794 (11 120)	17.456 (7783)	0.7	66±4	67±4	12.6±2.3(178)
WB02	35	9.134 (3316)	49.239 (17 875)	18.154 (7783)	0	66±4	66±3	12.6±2.2(185)
WB03	35	3.435 (1023)	22.985 (6846)	18.852 (7783)	5.7	55±3	55±3	12.2±1.8(131)
WB04	35	10.319 (2544)	72.805 (17 979)	19.55 (7783)	0	55±3	54±3	12.6±2.0(133)
WB05	35	4.113 (1580)	17.331 (6658)	11.871 (7783)	49.1	55±3	55±3	12.3±2.0(142)
WB07	35	4.251 (1478)	25.811 (8974)	12.569 (7783)	4.3	41±2	40±2	12.4±1.9(97)
WB08	35	2.56 (1006)	26.012 (10 223)	14.663 (7783)	94.6	28±2	28±2	11.8±2.0(118)

注:N_s 为自发径迹数,N_i 为诱发径迹数,N 为统计径迹条数,$P(\chi^2)$ 为检验单颗粒年龄正态分布的置信度量值,L 为平均径迹长度。

二、裂变径迹结果

1. 磷灰石裂变径迹

该区域的所有样品均来自薄竹山花岗岩。这些岩石的海拔范围从1500m到3000m不等。磷灰石裂变径迹(AFT)年龄范围从(28±2)Ma(样品WB08)到(67±4)Ma(样品WB01),且这些年龄与高程之间有明显相关性(图3-46a)。

平均径迹长度(MTL)在(11.8±2)~(12.6±2.3)μm之间变化(图3-46b),径迹长度分布(TLD)主要以单峰为主,表明这些样品经历了相对简单的热历史。新生代早期的AFT年龄和相对狭窄、单峰的TLD,表明在新生代早期许多样品从最初超过120℃的高温中冷却下来。然而,单颗粒年龄小于25Ma(图3-47),表明岩体冷却至地表温度的过程是复杂的,可能直到晚白垩世才完成。相比之下,大多数剩余样品可能在新生代早期首次冷却至低于120℃。

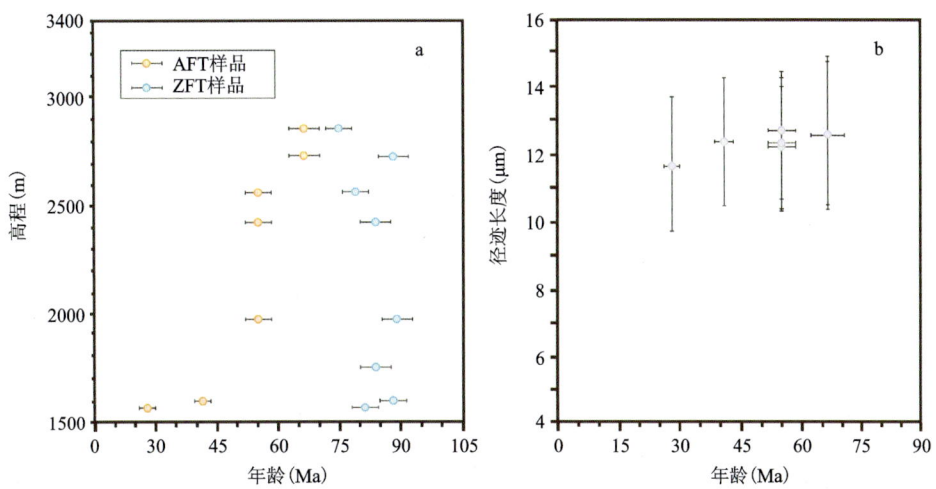

图3-46 薄竹山矿集区锆石和磷灰石裂变径迹高程-年龄剖面(a)和径迹长度(b)

除了晚白垩世花岗岩侵入体外,薄竹山地区在新生代没有广泛岩浆活动的证据。假设古地热梯度与现代值相似,为25~30℃/km(Ballard and Pollack,1987),则该地区大部分地区至少经历了3~4km的剥蚀,且剥蚀的时间和数量差异可能是由薄竹山穹隆的构造控制和差异隆升引起的。即使晚白垩世的古地热梯度异常高,AFT数据也表明剥蚀了几千米的地壳物质。

2. 锆石裂变径迹

对薄竹山矿集区内花岗岩的8个样品进行了锆石裂变径迹(ZFT)分析。由于锆石内部累积的辐射损伤,定义锆石部分退火带(PAZ)的上下温度界线相比磷灰石裂变径迹(AFT)更为模糊(Garver et al.,2005)。控制锆石裂变径迹退火的封闭温度范围估计在180~300℃之间(Gombosi et al.,2014;Tagami and Shimada,1996)。因此,ZFT分析提供了关于样品冷却至高于AFT可能达到的温度的时间。

本研究的ZFT年龄范围从88~75Ma不等(表3-15和图3-48),所有ZFT年龄均显著老于其对应的AFT年龄或周围最近的AFT年龄。样品WB01提供了最年轻的ZFT年龄为75Ma,该年龄与其AFT年龄(66Ma)差距为9Ma。ZFT年龄主要为晚白垩世,然而,单颗粒年龄存在较大的变化范围(图3-48),这也表明岩体冷却至地表温度的过程是复杂的,可能直到晚白垩世才完成。相比之下,大多数剩余样品可能在新生代早期首次冷却至低于120℃。

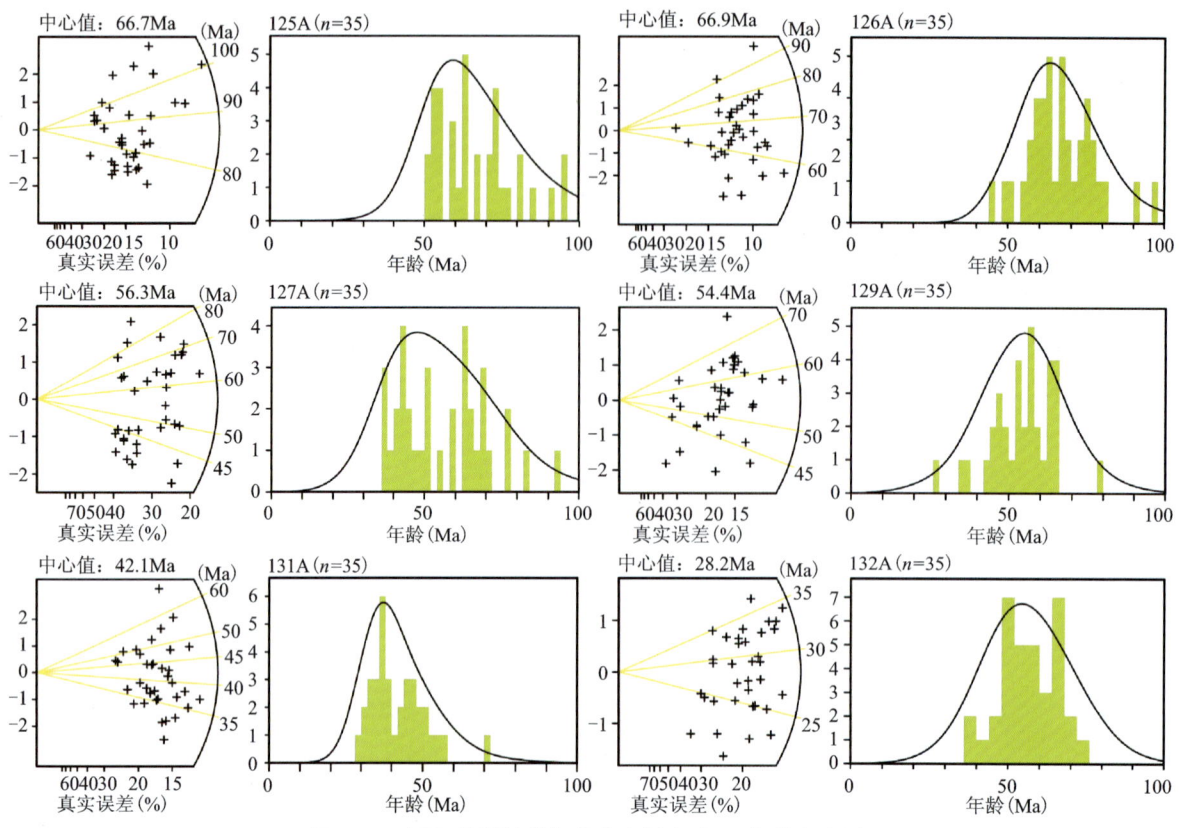

图 3-47 AFT 单颗粒的年龄分布图和 AFT 年龄密度图

表 3-15 薄竹山矿集区锆石裂变径迹

样品号	颗粒数（个）	$\rho_s(\times 10^5/cm^2)$ (Ns)	$\rho_i(\times 10^5/cm^2)$ (Ni)	$\rho_d(\times 10^5/cm^2)$ (N)	$P(\chi^2)$ (%)	中值年龄（Ma）（±1σ）	池年龄（Ma）（±1σ）
WB01	35	218.994 (10 333)	256.379 (12 097)	20.021 (10 442)	1.3	75 ±3	75±3
WB02	35	208.354 (8172)	196.243 (7697)	18.84 (10 442)	0.2	87 ±4	88±3
WB03	35	229.652 (9662)	229.604 (9660)	17.66 (10 442)	4.7	78 ±3	77±3
WB04	35	224.257 (7429)	274.277 (9086)	23.562 (10 442)	0	84 ±4	84±3
WB05	34	229.834 (9263)	261.668 (10 546)	22.382 (10 442)	0	89 ±4	86±3
WB06	35	183.549 (7578)	201.473 (8318)	21.201 (10 442)	0	84 ±4	85 ±3
WB07	35	218.48 (8698)	238.926 (9512)	20.021 (10 442)	4.0	81 ±3	80 ±3
WB08	35	239.174 (9757)	226.918 (9257)	18.84 (10 442)	0.3	87 ±3	87 ±3

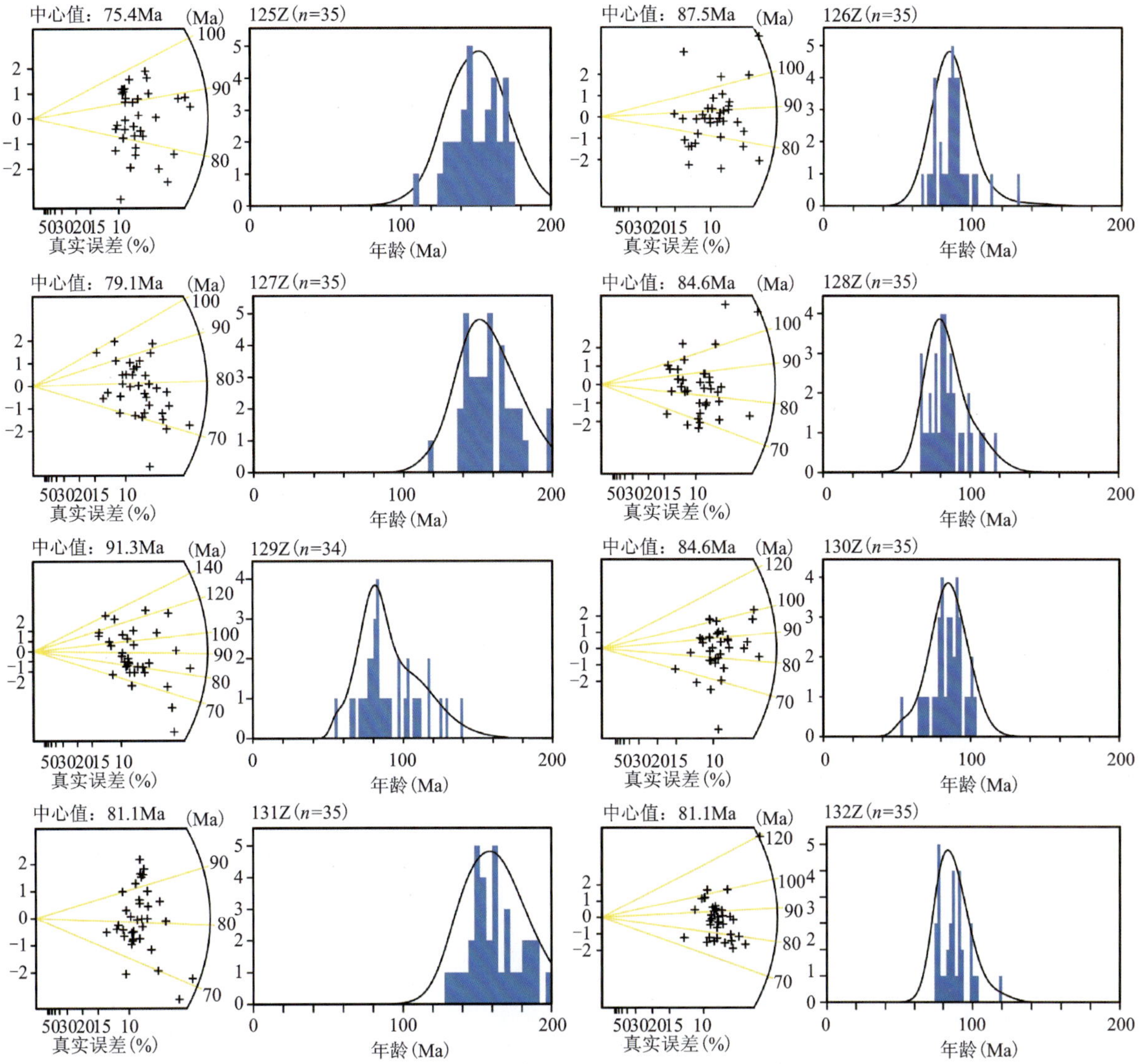

图 3-48 ZFT 单颗粒的年龄分布图和 ZFT 年龄密度图

3. 热历史建模

为了进一步解释这些低温热年代学数据，我们对磷灰石裂变径迹数据进行了热史模拟，以量化特定位置的冷却时间和冷却量。建模遵循了 Ketcham 等（1999，2000）的方法。图 3-49 展示了 3 个样品的热史模拟结果。其中的磷灰石裂变径迹年龄介于 67～28Ma 之间，表明现在的地表在此时间段之前和期间经历了不同程度的冷却，并通过了 120℃ 等温线。大多数样品的平均径迹长度小于 12μm，标准偏差大于 1.8μm（表 3-14），因此它们在部分退火带中在 60～120℃ 之间的时间较长。

将磷灰石裂变径迹年龄与热历史模拟相结合，揭示了自新生代早期以来的 3 个不同的冷却期。位于薄竹山矿集区北侧东瓜林矿床（WB05）在始新世经历了一次热事件，当时它们在 55～50Ma 期间以 60～90℃ 的速度冷却，随后在 50Ma 之后保持热稳定。薄竹山矿集区穹隆构造顶部雷达站（WB01）样品在 47～30Ma 之前经历了一次热事件，当时它们以非常快的冷却速率从超过 80℃ 冷却至 60℃，随后在 30Ma 之后保持热稳定。薄竹山矿集区北侧的雷达站矿区（WB03），在 30～25Ma 之前经历了一次降温热事件，在 25Ma 之后保持热稳定；位于薄竹山矿集区北侧的官房矿区在 25～20Ma 经历了一次降温事件，当时以非常快的冷却速率从超过 90℃ 冷却至 60℃。

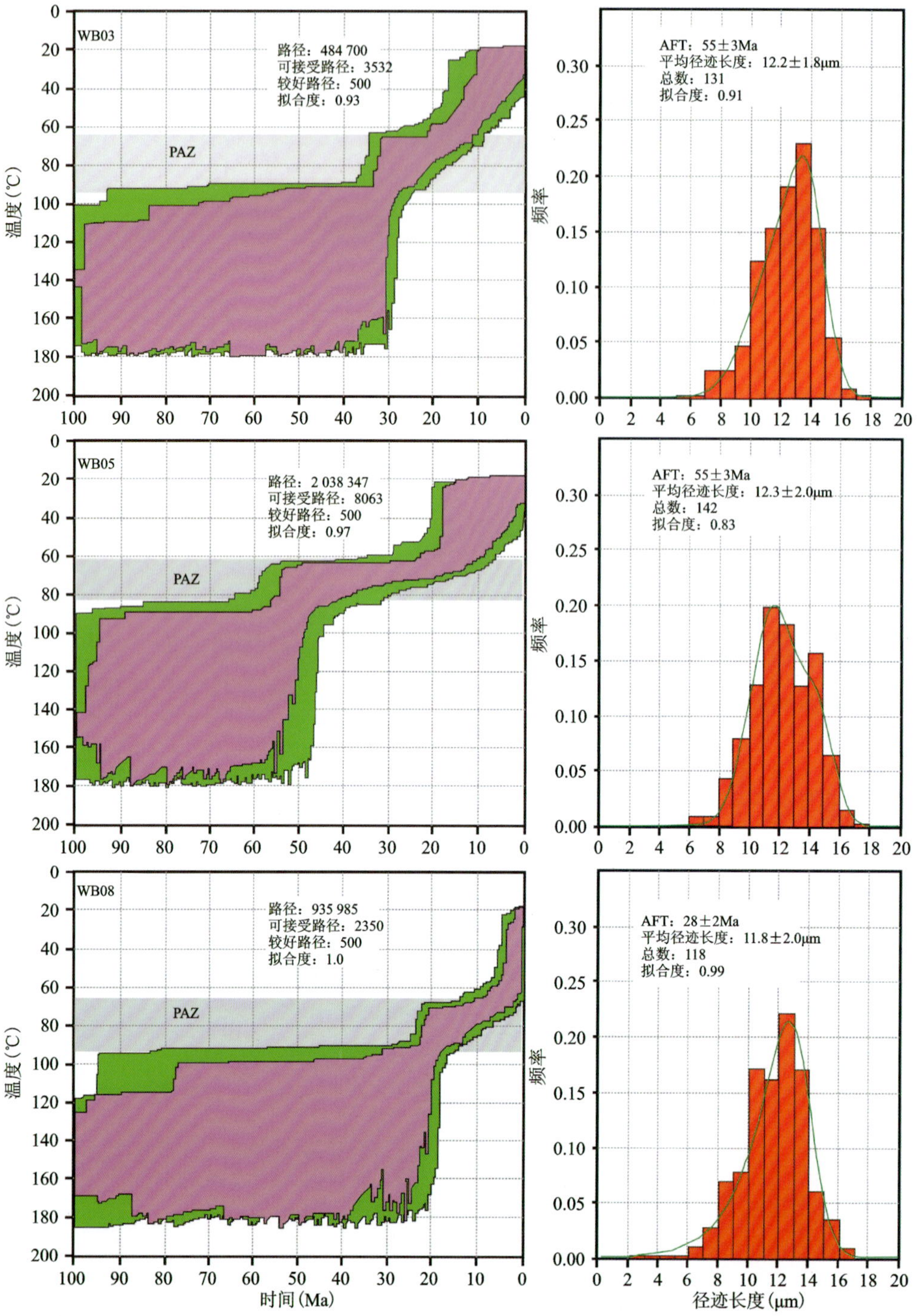

图 3-49 薄竹山矿集区磷灰石热史模拟图

三、矿集区的形成与剥蚀

1. 薄竹山矿集区形成与持续时间

岩浆-热液过程的持续时间对于探索岩体和矿床的形成机制至关重要（McInnes et al.，2005；Chiaradia et al.，2009，2013；von Quadt et al.，2005；Buret et al.，2016，2017）。薄竹山矿集区的成岩和

成矿时间为84.1~91.2Ma(程彦博等,2010;李开文等,2013;张亚辉,2013;塞龙,2016;李建德,2018;刘益等,2021)。结合年龄数据,我们估计岩浆-热液活动至少持续了7Ma。这些长期持续的岩浆-热液事件可能源于上部地壳的岩浆供应(Sillitoe,2010;Sillitoe and Mortensen,2010;Chelle-Michou et al.,2014;Chiaradia and Caricchi,2017)。锆石裂变径迹年龄通常用于限制岩浆-热液事件的终止时间(如McInnes et al.,2005;Braxton et al.,2012)。如图3-46所示,锆石裂变径迹年龄范围广泛(88~75Ma),且与海拔无关,WB01和WB03集中在77~75Ma,其他样品年龄均大于80Ma,这表明岩体在深度8km之内(假设地温梯度为30℃/km)侵位,此时环境温度达到了锆石裂变径迹的封闭温度。磷灰石裂变径迹热史模拟(WB01)结果显示,岩体经历了快速冷却过程,并且降至磷灰石裂变径迹的封闭温度,此时的侵位深度在3km之内。这种情况下,锆石裂变径迹年龄记录的是岩浆冷凝时间。从模拟时间-温度冷却历史中可以识别出3个不同的加速冷却期(图3-49)。

2. 始新世的剥蚀

通过反演模拟,揭示了始新世—渐新世期间的一次显著冷却事件。考虑到印度与亚洲在50~60Ma前发生碰撞(Hu et al.,2016),上述始新世冷却事件表明,印度和亚洲碰撞发生后不久,压缩应变迅速传遍了整个高原(Li et al.,2018),这暗示了青藏高原具有刚性的流变学特性(Tian et al.,2014;Cao et al.,2019)。薄竹山矿集区的始新世冷却很可能是对印度-亚洲碰撞事件的远程响应。55~50Ma发生的降温事件与印度-亚洲碰撞事件的初始阶段同时发生。这一观察结果可能反映了东南亚造山带(SEMTP)对印度-亚洲碰撞事件的准同步远程构造响应,原因如下。

首先,Duvall等(2011)通过分析断层泥的伊利石的$^{40}Ar/^{39}Ar$年龄(约50Ma),推断西秦岭断裂(WQF)的启动,该断裂与印度-亚洲碰撞事件的时间相吻合。值得注意的是,从现今的东喜马拉雅构造域(EHS)板块边界到WQF的距离大于到薄竹山矿集区的距离。其次,薄竹山矿集区位于印支、华南和川滇地块的交会区,这些地块之间具有明显的流变学(强度/黏度)差异。数值模拟实验表明,在持续变形的区域内,剪切应变和断层重新活动倾向于在边界附近较弱的区域集中(Dayem et al.,2009a)。此外,类似于塔里木盆地或其他相对较强的克拉通岩石圈的强区域有助于将应变快速从碰撞边界传递到青藏高原的北缘(Dayem et al.,2009a,b)。因此,在薄竹山矿集区也可能发生与大陆碰撞准同步的应变集中过程。这一观点得到了青藏高原周边同时代地质事件的广泛支持,包括:①西秦岭断裂(Duvall et al.,2011)和阿尔金断裂(Yin et al.,2002)的启动;②靠近若开造山带的变质作用开始,并记录了高压低温洋壳俯冲-陆陆碰撞构造事件;③东南亚造山带(Liu-Zeng et al.,2018),祁连山、天山(Buslov and De Grave,2011)和帕米尔(Cao et al.,2013)的快速冷却事件。鉴于东亚晚白垩世至早新生代的气候为亚热带干旱/半干旱气候(Wu et al.,2022),这些快速冷却事件更可能是由构造隆升/剥露引起的,而非降雨引起的快速侵蚀。

基于薄竹山矿集区裂变径迹年龄数据和区域同时代地质事件,我们提出由印度-亚洲碰撞事件引起的这种远程构造响应至少准同步地传播到了青藏高原的部分边缘。大陆碰撞与大陆内断层活动之间的时间相关性并不总是意味着因果关系。一些看似由碰撞引起的地质结构可能具有复杂的构造起源。Fan等(2019)的研究表明,青藏高原现今的东北边缘在早新生代经历了西北-东南向的伸展,这更有可能是西太平洋板块俯冲的远程效应,而不是印度-亚洲碰撞事件的结果。地球动力学实验表明,印度板块楔入和太平洋及其他板块回滚的同步活动和相互作用为现代亚洲变形提供了更好的解释(Schellart,2020)。复杂的构造演化背景和地球动力学机制使得研究者难以将独立的地质事件归因于单一因素。然而,有两个值得注意的因素:①与太平洋板块俯冲边界相比,薄竹山矿集区更接近大陆碰撞边界;②青藏高原周边可能存在同时代的地质事件。这些因素表明,在始新世期间,北西-南东向压扭作用驱动了薄竹山矿集区隆升剥蚀,可能主要受印度-亚洲碰撞事件引起的准同步远程构造响应的影响。

3. 渐新世早期的剥蚀

先前的研究表明,青藏高原东南缘的九龙断裂在35～30Ma期间记录了显著的快速剥露事件(Zhang et al.,2016)。在青藏高原东缘的龙门山断层,同样在30Ma时发生了快速的隆升和剥露,这归因于龙门山断层带在区域北西-南东向压应力作用下的推覆活动(Wang et al.,2012)。由于雅砻-玉龙逆冲带北西侧的隆升时间(渐新世)(Hoke et al.,2014;唐茂云等,2021)明显早于鲜水河-小江断裂的启动时间(中—晚中新世,约13Ma)(Roger et al.,1995;Wang et al.,2009)。薄竹山矿集区在30～35Ma期间也明显地发生了剥蚀,这可能与青藏高原向东南缘的扩展有关。

4. 渐新世晚期—中新世早期的剥蚀

青藏高原东南缘可能在渐新世至早中新世(30～20Ma)期间经历了构造抬升。Clark等(2005a)和Schoenbohm等(2006)提出了下地壳增厚和流动模型。根据该模型,本研究中观察到的渐新世至早中新世的高原增长阶段需要下地壳增厚和流动在渐新世至早中新世开始,而不是晚中新世(Clark et al.,2005b)。根据Beaumont等(2004)的热力-力学模型,增厚的地壳可能产生在相邻地壳中传播的韧性流动,这发生在下地壳热弱化20～10Ma之后,这意味着青藏高原腹地可能在40～50Ma时获得了增厚的地壳,以在研究区域产生渐新世至早中新世所需的流动。来自西藏南部林周组的古高程研究结果暗示,拉萨地块中部至少在约53Ma时已达到高海拔(约4.5km),存在增厚的地壳(Ding et al.,2014)。因此,在渐新世期间,青藏高原中部可能存在增厚且较弱的下地壳,其中一部分向东流动,引发了青藏高原东南缘在渐新世至早中新世期间的抬升。

另外,渐新世至早中新世的高原抬升开始可能指示了不同于下地壳增厚和流动的地球动力学过程。在地壳缩短和挤出模型中(Tapponnier et al.,2001;Tian et al.,2014),研究区在渐新世—早中新世期间经历了压扭性构造体制,其特征是西部南北向压缩和东部北西-南东向左旋剪切,这种压扭性变形导致了区域性地表抬升和主要集中于青藏高原东南缘的广泛剥露(Tian et al.,2014)。在官房矿区发现的25～20Ma剥蚀作用,反映了青藏高原东南缘在渐新世—早中新世期间的快速增长。值得注意的是,官房矿区的剥蚀量显著大于其北侧矿区,这暗示了薄竹山矿集区内剥蚀量的非均一性,且靠近哀牢山-红河剪切带的矿区剥蚀量更为显著,这一观察结果与地壳缩短和挤出模型相吻合。

综上,薄竹山矿集区位于滇东南成矿带的中枢地带,是华南板块西部岩浆成矿带的重要组成部分。通过锆石和磷灰石裂变径迹定年方法,揭示了薄竹山矿集区矿床的冷却历史和剥露过程。ZFT年龄范围为88～75Ma,显著老于AFT年龄,说明岩体在晚白垩世期间从高温迅速冷却。AFT年龄范围为(28 ± 2)～(67 ± 4)Ma,表明新生代早期以来,矿床经历了显著的剥蚀作用。研究区域大部分地区至少经历了约3km的剥蚀。AFT热史模拟揭示了3个不同的加速冷却期,始新世的显著冷却事件与印度-亚洲碰撞事件的远程构造响应相关,表明青藏高原的刚性流变学特性。渐新世早期的剥蚀可能与青藏高原向东南缘的扩展有关,反映了区域北西-南东向的压应力作用。渐新世晚期—中新世早期的剥蚀,可能与青藏高原东南缘的构造抬升和地壳增厚、流动模型有关,同时可能与地壳缩短和挤出模型中的压扭性变形相一致。

第四章 白牛厂银多金属矿床研究

第一节 矿区地质

一、地层

矿区出露地层以中、下寒武统为主(图4-1),分布面积约18km²,其次为下泥盆统,分布面积7km²。两者间为低角度不整合接触,缺失上寒武统、奥陶系和志留系。

矿区发育北西-北北西向的褶皱、断层和层间破碎带,北东向的褶皱、断裂穿插其间组成基本构造格局,其中F_3剥离断层为矿区主要的控矿及容矿构造(李晓波,2005)。区内赋矿地层主要为中寒武统田蓬组($\mathbb{C}_2 t$)和龙哈组($\mathbb{C}_2 l$),前者以粉砂岩、板岩夹灰岩、砂质白云岩为主,后者主要为层状白云岩夹少量白云质粉砂岩。

区内各时代地层由新到老依次分别描述如下。

(1)第四系(Q):零星分布的砂砾、黏土、冲积、残积、坡积、松散堆积层。

(2)下泥盆统芭蕉箐组($D_1 b$):浅灰色、深灰色薄—中厚层灰岩、含泥质灰岩夹生物灰岩。

(3)下泥盆统坡脚组($D_1 p$):灰黄色、棕黄色薄—中厚层状粉砂质泥岩、泥质粉砂岩,夹石英细砂岩、含铁质细砂岩及铁质粉砂岩,局部见黄铁矿结核。

(4)下泥盆统坡松冲组($D_1 ps$):灰色、灰黄色、紫红色中厚层状细—粗粒砂岩夹数层紫红色薄层粉砂岩,下部见含砾砂岩,底部为底砾岩。

(5)中寒武统龙哈组($\mathbb{C}_2 l$):根据岩性组合分为4段。第四段($\mathbb{C}_2 l^4$)为灰色、深灰色中厚层及薄层内碎屑粉晶白云岩;第三段($\mathbb{C}_2 l^3$)为灰色、深灰色中厚层粉晶白云岩、粉砂质白云岩、泥质条带白云岩;第二段($\mathbb{C}_2 l^2$)为灰色、深灰色中厚层粉晶白云岩、粉砂质白云岩、泥质条带白云岩,夹鲕状白云岩、白云质粉砂岩;第一段($\mathbb{C}_2 l^1$)为灰色、深灰色中厚层白云岩、粉砂质白云岩、泥质条带白云岩及鲕状白云岩夹白云质粉砂岩,岩石中富有机质。

(6)中寒武统田蓬组($\mathbb{C}_2 t$):根据岩性组合分为3段。第三段($\mathbb{C}_2 t^3$)为灰色、深灰色薄至中厚层状生物碎屑灰岩、鲕状灰岩、泥质条带灰岩、粉砂岩、泥碳质粉砂岩互层构成;第二段($\mathbb{C}_2 t^2$)为灰色薄至中厚层粉砂质泥岩、泥质粉砂岩、粉砂岩不等厚互层;第一段($\mathbb{C}_2 t^1$)为暗灰色薄至中厚层粉晶白云岩、粉砂质白云岩。

(7)中寒武统大丫口组($\mathbb{C}_2 d$):根据岩性组合分为2段。第二段($\mathbb{C}_2 d^2$)为灰黄色中厚层粉砂质板岩与粉砂质泥岩、粉砂岩不等厚互层;第一段($\mathbb{C}_2 d^1$)为深灰色薄至中厚层泥质条带灰岩、核形石灰岩、鲕状灰岩、泥质条带粉砂岩、泥质粉晶灰岩互层。

(8)下寒武统大寨组($\mathbb{C}_1 d$):由灰绿色、深灰色粉砂质板岩、泥质粉砂岩、泥质条带灰岩、核形石鲕状灰岩等组成。

(9)下寒武统冲庄组($\mathbb{C}_1 ch$):由灰绿色、黄绿色、深灰色粉砂质—砂质板岩、含碳质粉砂岩、绢云母粉砂岩夹长石石英砂岩等组成。

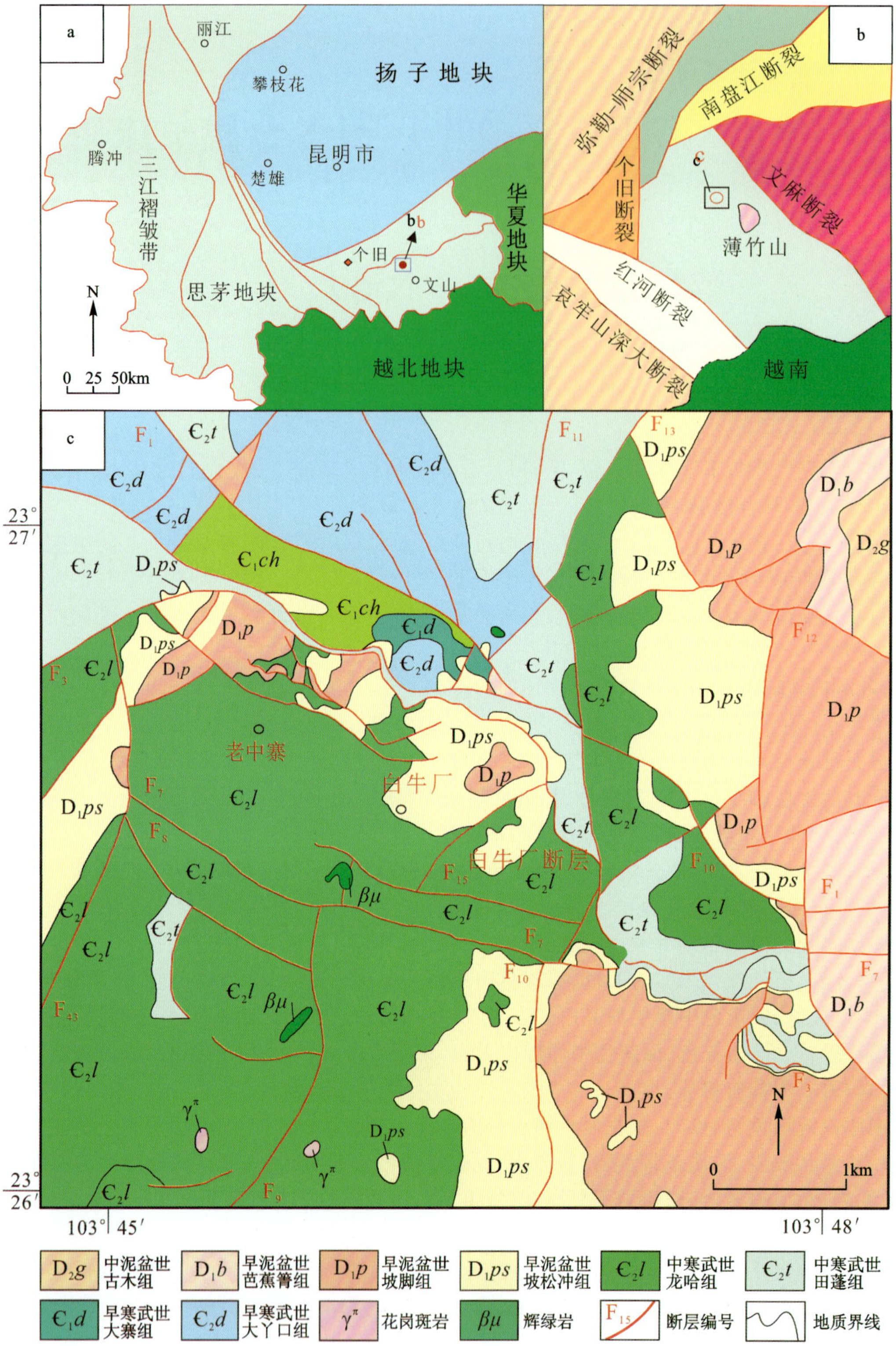

图 4-1 白牛厂矿区大地构造图与地质简图(a,据张亚辉,2013 修改;b、c,据寇龙,2016 修改)

二、构造

矿区构造以北西向褶皱、断裂为主,北东向及南北向断裂、褶皱穿插其间组成基本构造格架,其中北西向构造(F_3、F_6、F_7、F_8等)是矿区主要的控矿及容矿构造。现将矿区主要的褶皱、断裂分述如下。

圆宝山复式向斜位于中寨—圆宝山—对门山一带,向斜轴向北东—南东(约290°),西起咪尾矿段以西,经白羊矿段中部向东延至响水沟被泥盆系覆盖,长约4km。核部出露寒武系,两翼依次出露ϵ_2l^3、ϵ_2l^2、ϵ_2l^1,北翼ϵ_2l之上超覆D_2ps、D_2p。向斜西段(咪尾—新中寨)北翼地层总体产状218°∠17°,南翼65°∠25°,枢纽向南东东扬起,轴面产状200°∠24°;中段(新中寨—圆宝山)北翼地层总体产状为205°∠20°,西翼为22°∠22°,枢纽近于水平,轴面产状200°∠60°,翼间夹角138°;向斜南翼毗连穿心洞隐伏背斜与圆宝山向斜一道构成圆宝山复式向斜。

F_3断裂是矿区主要控矿及容矿构造,位于咪尾矿段刀冲坡—白羊矿段狮子洞—核桃冲一线,全长4km。断层走向北西-南东,倾向南西,倾斜延深大于2km,产状200°~230°∠20°~35°,在走向、倾向上均呈舒缓波状。上盘地层为ϵ_2t、ϵ_2l、D_1ps、D_1p,下盘为ϵ_1ch、ϵ_2d、ϵ_2l、D_1ps,断层内部构造强弱显分带现象,上部为角砾岩化岩石—角砾岩,中上部为角砾岩、断层泥混合带,中下部为断层泥含少量角砾并夹构造透镜体,下部为角砾岩化岩石带。F_3断层发育于V_1矿体上部或矿体顶板附近围岩中,早期对V_1矿体起着明显的改造作用,晚期又成为含矿岩浆热液运移的空间是一条多期活动的剥离断层。早期为正断层,晚期向逆断层转化。F_7断层位于穿心洞—纵跃冲一带,长约3.5km。走向北西-南东,断层面产状208°∠34°~50°。上盘地层为ϵ_2l^1、ϵ_2l^2,下盘地层为ϵ_2l^1、ϵ_2l^2、ϵ_2l^3,上盘相对下降,为正断层。断层破碎带厚0.60~1.80m,由构造角砾岩组成,局部见断层泥,角砾具定向排列,该断层既具张性特征,又具压性特征,F_7断裂严格控制着穿心洞矿段V_1号矿体脉状的产出。

三、岩浆岩

矿区内岩浆岩以燕山晚期酸性侵入岩为主,印支期基性岩不甚发育,区内无喷出岩。

酸性岩以隐伏花岗岩为主,分布于薄竹山花岗岩体的北西走向上,由对门山矿段1360中段、阿尾矿段深部钻孔ZK126-10和ZK130-11控制,深部揭露的花岗岩深度分别为1345m、1396m。岩性为边缘相细粒黑云母二长花岗岩、过渡相细—中粒黑云母二长花岗岩、中心相中粗粒黑云母二长花岗岩,岩相分带明显。另见少量花岗斑岩脉、二长岩脉、辉绿岩脉,零星见于地表鱼塘、豺狗坡一带,走向北西西,出露宽10cm~10m,走向长10~800m。岩浆活动提供了大量的成矿物质和重要的容矿构造,与成矿作用关系密切。

基性岩脉主要见于龙脚树—滑石板一带,呈串珠状成群分布,走向北-北北东向,倾向北西西,倾角45°~87°,侵位于寒武纪龙哈组和田蓬组中,长10~300m,宽3~100m,主要岩石为辉绿岩。

四、变质岩作用及围岩蚀变

矿区区域变质作用微弱,仅表现为田蓬组以下地层局部发生重结晶和绢云母、黑云母、绿泥石等一些新(次)生矿物的局部出现;接触变质作用发育于阿尾矿段隐伏花岗岩体上部1700m标高以下,接触变质岩厚达300余米。时间上按蚀变发生的先后,可分为早、中、晚3期,空间上环绕(阿尾矿段)隐伏花岗岩体向外发育,大致分为云英岩化、矽卡岩化、硅化、泥化—碳酸盐化4个带。

在白羊、对门山和穿心洞矿段,主要发育晚期蚀变,常见晚期铁锰白云石和次生泥质断续分布于矿体上覆地层中,在岩石化学成分上难以反映出它们的存在和变化,仅硫含量有从矿体向围岩逐渐降低的趋势(王燕子,2014)。

五、地球物理化学特征

1. 物理特征

白牛厂银多金属矿区钻孔岩(矿)芯密度、磁参数测定结果及井中电性资料(云南省地质矿产勘查院,2023)表明,碎屑岩类为低密度(2.73×10^3 kg/m³),碳酸盐类为中密度(2.8×10^3 kg/m³),而矿层(矿化层)为高密度,并随矿石矿物的增加而增高($2.77\sim3.3\times10^3$ kg/m³)。磁铁矿为强磁性,矿层(矿化层)为中等磁性,矿体磁性与磁性矿物正相关,而碳酸盐及碎屑岩类为弱磁性,矿体与围岩有明显的磁性差异。无矿化碳酸盐岩或碎屑岩类呈高阻低极化或低阻低极化,矿化碳酸盐岩或碎屑岩类为中高阻中高极化或低阻中高极化。这表明电阻率不仅与矿化有关,而且主要与岩性有关,碳酸盐类为高阻,碎屑岩类为相对低阻,矿化后电阻率明显降低,而岩矿石的激电效应总是与矿化相关,矿化程度越高,高极化特征越显著。

2. 激电中梯异常特征

矿区74号、60号及84号3条激电中梯剖面勘探线具有共同的异常特征(云南省地质矿产勘查院,2023),表现为在剖面北段(图4-2),即74号线222号点,84号线228号点及60号线238号点以北出现大范围的中梯激电异常,幅值大于12ms,局部可达15~20ms,并同时出现相应的低阻异常,电阻率值为500Ω·m,局部为300Ω·m的低值,显著反映了剖面北段为宽缓的低阻高极化特征。

以74号线为例。该异常向南延伸至ZK74-50孔南200m附近,形成了南北长近3km的低阻高极化异常带。而在剖面南段均表现为相对的高阻低极化特征,M_s为8~10ms,ρ_s约为1000Ω·m,显然,3条剖面的中梯异常反映了同一地质特征,即白牛厂含矿盆地大范围隐伏的V_1矿体及上下盘矿化带的综合反映,在矿层上部围岩中,黄铁矿化普遍,多种矿化类型的矿石构成了V_1矿体,形成了规模很大的矿化带。据电性测井结果,该矿化带具有显著的低阻高极化特征,激电中梯异常完全反映了矿化带整体形态和变化。这是白牛厂矿床含矿沉积盆地所具有的特征标志,是大极距中梯直接找矿赖以发现和追踪的电性目标物。

3. 遥感特征

本区线性和环形影像极为发育,以北东和北西向两组线性构造最为清晰、强大,加上沿北西向线性构造挟制带分布的白牛厂-乐诗冲环形构造带,构成本区的遥感影像构造格架(图4-3)。

1)线性构造

在遥感图像上,区内线性构造主要表现为不同色调、不同影纹结构的交界线和色异常带的线状展布,或沿水系、沟系、山脊和垭口等地形地貌形成的特定方向的延伸线,有的线状清晰、色差明显,有的时隐时现、断续分布,反映了区内不同地质单元,如岩浆活动、沉积建造与构造的相互关系。

北东向线性影像构造

分为东、西两组线性影像构造。东部组:以1:5万地质图中的F_{14}和F_{17}为典型代表,控制着老寨-大黑山向斜的展布,走向40°~50°NE。在各种功能片上均有显著反映,表现为一组浓重粗大且相互平行的线性影像,在断裂带之间,为二叠系玄武岩分布,东西两侧出露古生界,是不同地层建造分界线的反映。西部组:与地质图中F_{40}、F_{41}及F_{42}等断裂构造相对应,位于咪尾至干冲一带,形成了白牛厂西部重要的断裂带,平面上呈等间距平行分布,由北至南,走向由近南北转向北东。在遥感影像上,为一系列近于平行排列并呈线状延伸的不同色调或影纹结构的分界线,在地貌上分别由若干山脊、陡坎形成的线状体组成,其中,F_{40}控制了白牛厂隐伏花岗岩向西的延伸,F_{42}控制了沉积盆地的西部边界。

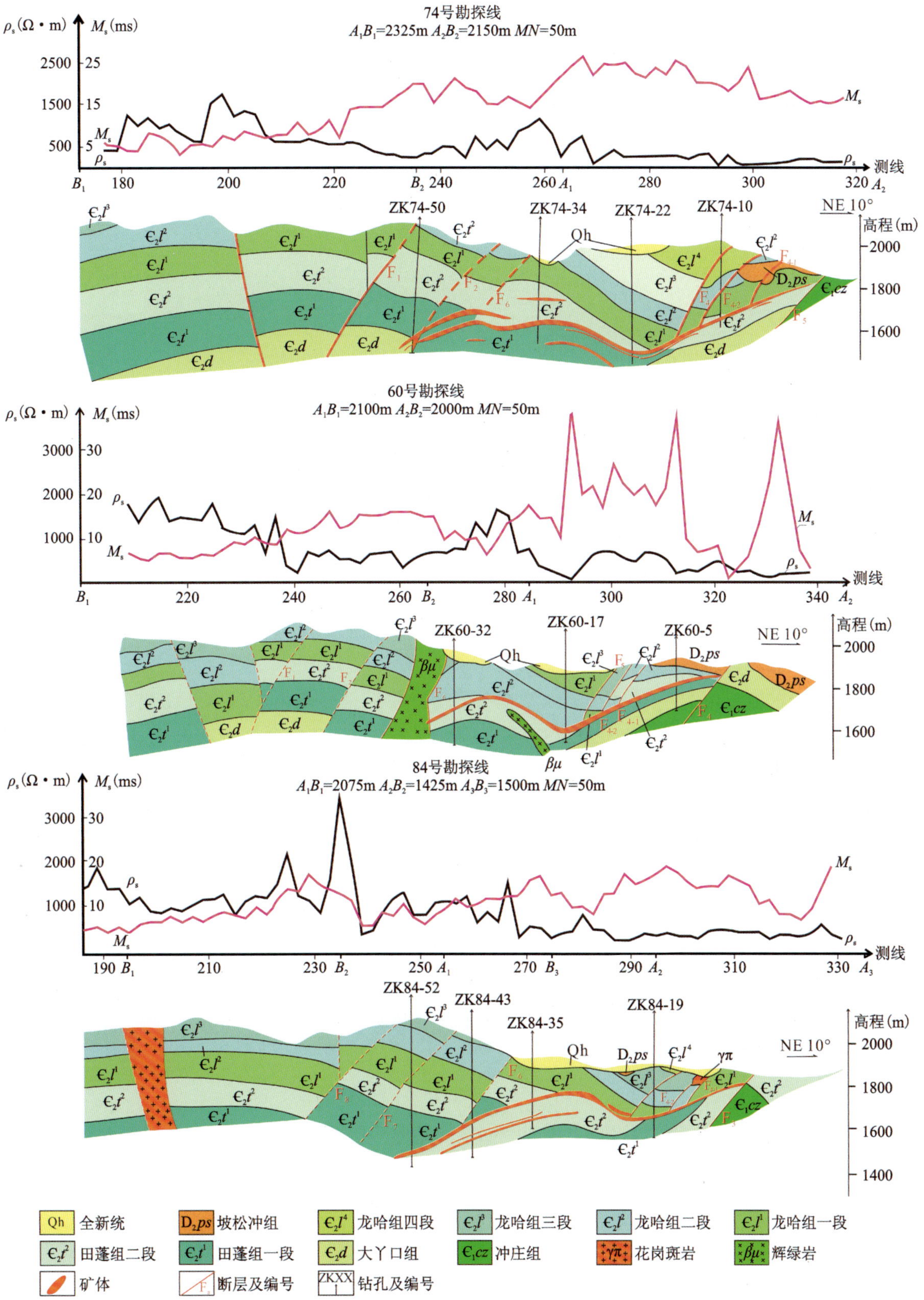

图 4-2 白牛厂银多金属矿区直流激电中梯剖面图（据云南省地质矿产勘查院，2023 修改）

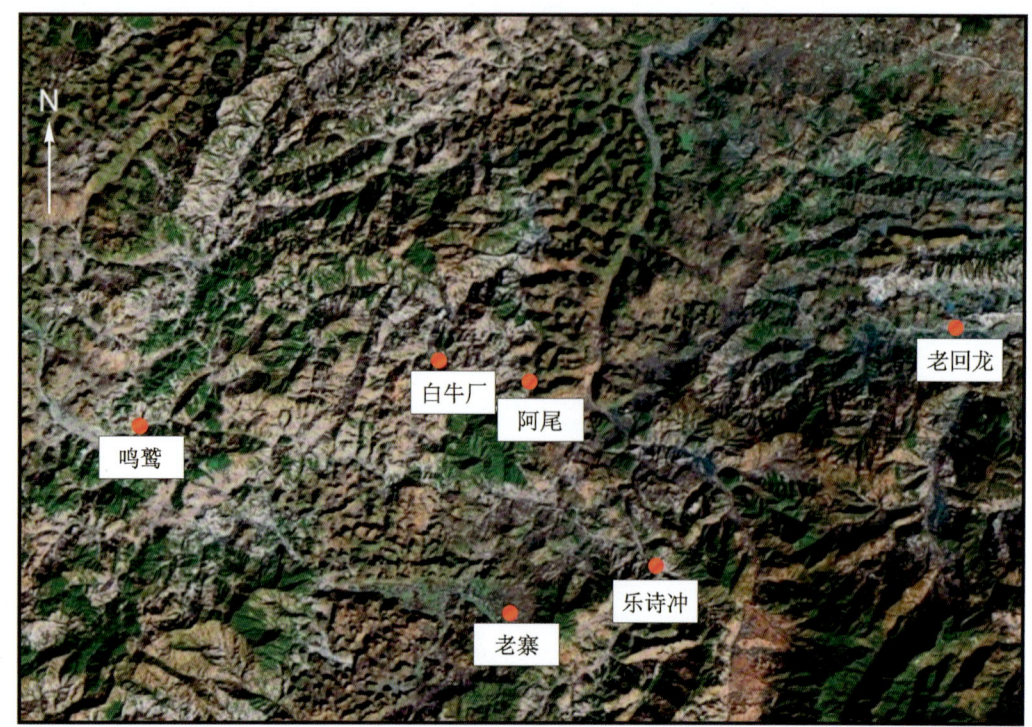

图 4-3　白牛厂地区遥感影像特征(据云南省地质矿产勘查院,2023 修改)

北西向线性影像构造

是区内重要的断裂构造,呈北西或近东西向分布于白牛厂银多金属矿区南北两侧,与地质图中 F_2 和 F_3 断裂对应的线性结构,位于矿区北部。在影像上,前者为深浅不同的灰阶分界线,穿切一系列山脊和沟谷,呈近于直线状展布,是一条规模较大的断裂;后者为一条细小,但影像特征十分清晰的色异常线,色线两侧显示出不同的色调,反映了断层两侧为性质不同的地层和岩石特征。该断裂东部在乐诗冲与 F_{25} 交会,西部与茅山洞 F_{41} 相交,形成北西转而近东西走向的弧形展布,是控制盆地北部边界的重要断裂。

F_{25} 和 F_{18} 断裂对应的线性影像构造,位于矿区南部,在各种功能片上均有显著反映,其中 F_{25} 为一条沿水系、沟谷展布的线状影像,从依格白,经乐诗冲、羊街子至干冲出图,是区内横贯东西的主干断裂,其两侧显示出不同的色调或影纹结构,反映了两侧地层不连续的特征,是白牛厂含矿盆地南部的控盆断裂。F_{18} 即鸣鹫断裂,位于老寨街至戈祖德一线,为不同背景色调的分界线,具明显的线状特征,是本区南部一条规模较大的断裂。

2)环形构造

由不同背景色调组成的环状色斑、色环或不同影纹结构的色异常线,构成了白牛厂地区独特的环形影像特征,形成了沿花岗岩接触带或隐伏岩体上方分布的环形构造带。

薄竹山环形构造带

位于岩体内外接触带上,由大小相近的 5 个色环组成,两侧受砂坝北东向断裂 F_{17} 的控制,具有不同的色调和影纹结构特征。

隐伏岩体环形构造带

分布于乐诗冲至茅山洞一带,产出形态严格受隐伏岩体分布范围及 F_2、F_{18} 断裂的控制,由一系列总体呈北西向分布的环形色斑和色环镶嵌组成,形成了大环套小环、一环扣一环的影像景观。

根据隐伏花岗岩的反演结果,部分环形影像与岩体隆起或凹陷的边缘对应,表明环形构造带的形成可能与花岗岩接触带和隐伏岩体的界面变化有关,个别或单一的环形构造反映了隐伏花岗岩局部的鼻状或瘤状隆起,或是局部热力释放的表现。

4. 化探异常特征

1∶20万水系沉积物测量成果表明,区内地球化学元素的分布还明显受到区域性断裂的控制,最为明显的是沿乐诗冲—白牛厂—茅山洞断裂,形成 Cu、W、Mo、Pb、Zn-Pb、Zn、Ag、Sn、(As、Sb)-Sb、Hg、As、Pb、Zn 等元素异常,呈串珠状断续分布,反映了与花岗岩演化方向相一致的区域成矿晕特征(图4-4)。

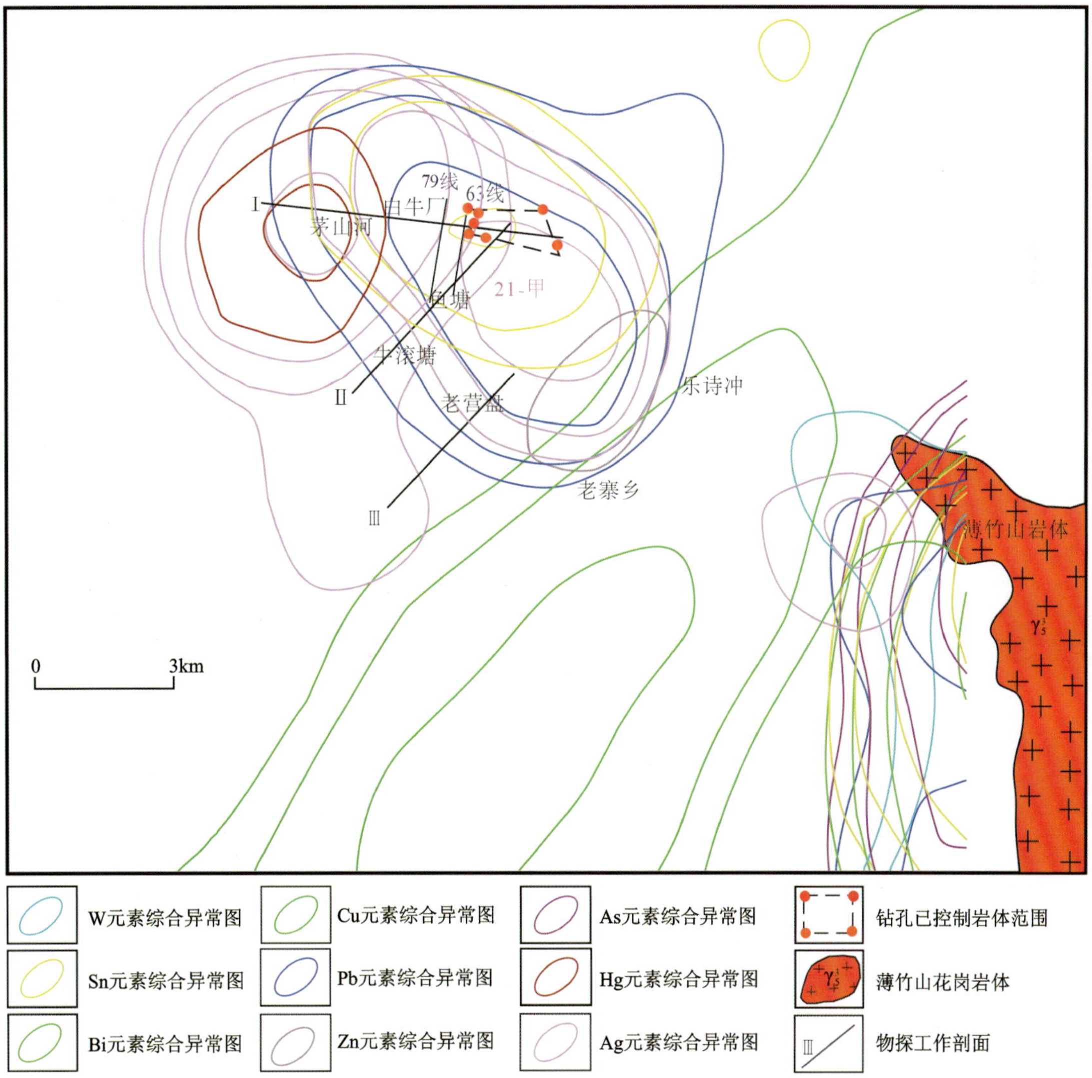

图4-4 白牛厂地区1∶20万水系沉积物测量综合异常图(据云南省地质矿产勘查院,2023修改)

白牛厂异常(图4-4)总体表现为北东-南西向的椭圆状,其中Ag略显示出北西-南东向的椭圆状,Pb显示出北西-南东与北东-南西向的复合。异常分布范围约100km²,异常的元素组合为Cu、Ag、Sn、Pb、Zn、W,其中Ag、Sn、Pb异常重合性较好,与矿床套合;Zn异常分布在上述异常的东南边;Cu异常又位于Zn异常的东南边;W异常由独立的2个子异常组成,处于Ag、Sn、Pb异常的南、北缘。Cu、Pb具内浓度分带;Ag具中浓度分带;其他元素仅具外浓度分带。元素从东→西(由矿床→东侧外缘)显示出一定的水平分带现象,即 Ag、Sn、Pb→Zn→Cu。异常处于北东-南西向背斜上,其核部地层为寒武系田蓬组,两翼地层为寒武系龙哈组至二叠系。断层构造有北西-南东、北东-南西、近南北向 3 组。根据重力异常推测,白牛厂矿区有隐伏花岗岩体分布,其中阿尾矿段已经有钻孔证实。

白牛厂异常内面金属量及衬度异常量最大的元素为 Ag、Sn、Pb,与矿床套合非常好;Cu 元素异常偏离矿床,位于玄武岩地层中,初步认为其异常为玄武岩引起,矿床上没有异常的原因是铜矿体处于铅锌矿体的下部,为隐伏矿,埋藏较深,地表异常整体偏弱。

六、矿体特征

1. V_1 矿体

矿体赋存于中寒武统田蓬组上部砂、泥岩和碳酸盐岩的 F_3 断裂破碎带中,含矿岩石主要有白云岩、灰岩、泥灰岩、粉砂岩、泥质粉砂岩等。矿体呈似层状产出,矿体走向长 1300m,倾斜延深大于 1000m,分布面积 0.72km²,总体产状与 F_3 断裂一致,倾向 185°～255°,平均 215°;倾角 8°～29°,平均 16°。局部地段受 F_3 断裂和背斜虚脱空间复合控制。V_1 主矿体为铅、锌、银、锡多组分共生矿,银矿体多小于铅锌矿体或同边界,常包含于铅锌矿体内。

2. V_3 矿体

V_3 矿体位于 V_1 矿体之下 20～70m 处,赋存于中寒武统田蓬组上部砂、泥岩和碳酸盐岩的 F_3 断裂破碎带中,含矿岩石主要有粉砂岩,粉砂质泥岩和灰岩,局部为花岗斑岩。矿体呈透镜状断续分布其中,基本不连续,沿走向、倾向多具分支复合或尖灭再现;控制最大走向长 938m,最大倾斜延深 550m,分布面积 0.25km²。矿体形态复杂,连续完整性差,变化较大,其内部结构主要为脉状、块状和角砾状矿石。

七、矿石特征

1. 矿石矿物组成

矿石矿物复杂,矿物种类超过 61 种,分属硅酸盐、氧化物、硫化物、硫盐、碳酸岩、自然元素六大类,其中原生矿物多达 53 种,次生矿物 8 种以上。主要金属矿物有黄铁矿、白铁矿、磁黄铁矿、铁闪锌矿、闪锌矿、方铅矿、毒砂及硫锑铅矿(图 4-5),主要锡石矿物有锡石和黝锡矿,主要银矿物有银黝铜矿、黝锑银矿、深红银矿和辉锑银矿。脉石矿物主要为石英、钾长石、斜长石、角闪石,少量石榴子石、绿泥石、黑云母、高岭石、绢云母、方解石等。

2. 矿石结构、构造

矿石结构主要为自形晶结构、半自形—他形晶结构、他形粒状结构、固溶体出溶结构、交代结构等。

矿石构造按成因划分,大致分为同生沉积构造、滑动变形构造、后生构造 3 类。同生沉积构造主要有条纹(带)状构造、浸染状构造、梯状构造、同生角砾状构造;滑动变形构造最常见的是滑塌揉皱构造;后生构造主要有块状构造、细脉状—脉状构造、浸染状构造及角砾状构造。

第四章 白牛厂银多金属矿床研究

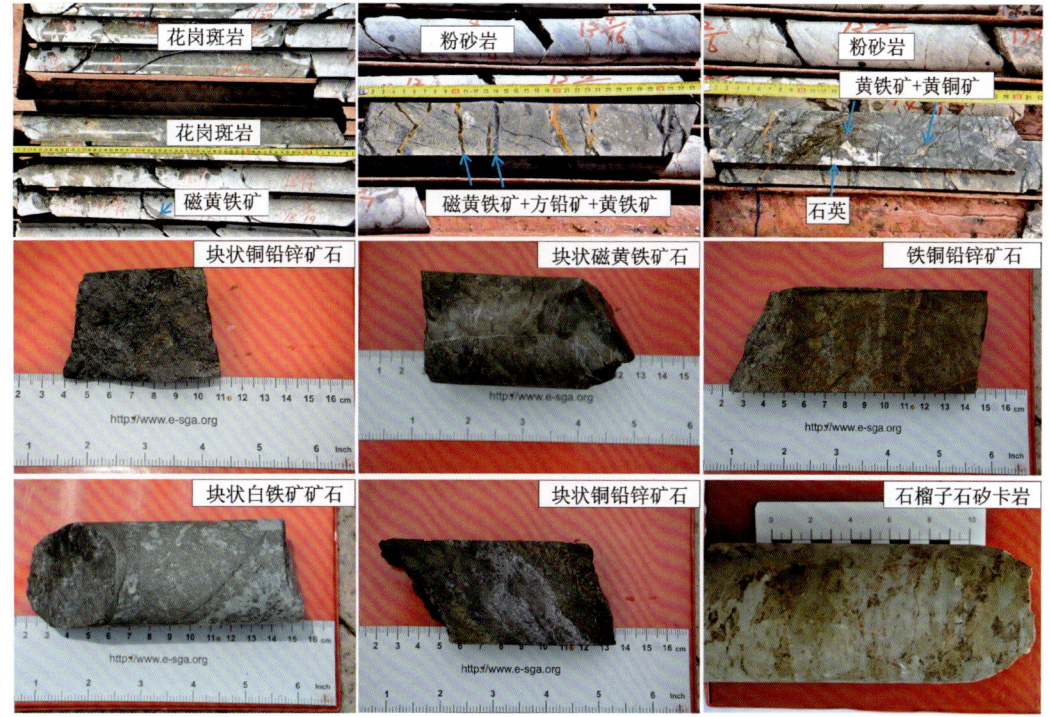

图 4-5　白牛厂矿区典型岩矿石结构构造特征

第二节　岩石地球化学特征

一、主量元素

隐伏岩体主要见于白牛厂矿区对门山矿段 1360 中段、1760 中段、白羊矿段钻孔及阿尾矿段 ZK138—2—2# 钻孔，隐伏花岗岩岩体与围岩接触界线清楚，呈侵入接触，地表未出露。

黑云母二长花岗岩，图 4-6 显示，样品主要集中在花岗岩与花岗闪长岩区域，其中主量元素 SiO_2、TiO_2、Al_2O_3、MgO、CaO 及全碱（Na_2O+K_2O）的含量均值和标准值分别为 70.01% 和 2.271、0.501% 和 0.158、13.712% 和 1.189、1.130% 和 1.129、2.11% 和 0.595 及 2.14% 和 0.757，烧失量（LOI）为 0.85%～4.10%，均值为 1.855%，标准差为 1.194，剔除蚀变量较高的 BNC22-50 与 BNC22-60 后，标准差为 0.679，样品有较低程度的蚀变或变质作用，数据可用。样品具有较高的 SiO_2 含量（66.27%～73.77%，均值为 69.20%）和全碱含量（6.17%～8.48%，均值为 7.33%）。白牛厂黑云母二长花岗岩样品具有高钾、过铝质的特征，样品 Al_2O_3 含量为 11.28%～15.12%，平均为 13.79%，铝饱和指数 A/CNK 为 1.23～1.57，平均值 1.42，属于过铝质花岗岩；A/CNK-A/NK 图也显示其为过铝质花岗岩图 4-6（b），分异指数（DI）平均为 79.78，在 SiO_2-K_2O 图解中，样品均落入钾玄岩系列图 4-6（b）。综上所述，白牛厂黑云母二长花岗岩是过铝质钾玄武系列的花岗岩。

15 件白牛厂花岗斑岩样品，其全岩主、微量元素数据如表 3-7 所示。样品主量元素分析结果显示，白牛厂矿区花岗斑岩 SiO_2 含量 59.12%～71.69%，在 TAS 分类图解中样品主要落入闪长岩和花岗闪长岩区域（图 4-6a），但从镜下观察现象来看，该类岩石斑晶主要为石英和钾长石，岩相学特征表明其属于花岗斑岩类，但部分长石出现绢云母化和黏土化，同时部分样品中见细小碳酸盐脉，在化学分析中 LOI 也稍高于新鲜的中酸性岩石。由此推断，岩石斑晶和基质中硅酸盐矿物（长石为主）的次生变化可能导致其 SiO_2 低于新鲜岩石，在 TAS 图中部分样品落入花岗闪长岩区域。在 SiO_2-K_2O 图解中，样品点均落在高钾钙碱性—钾玄岩系列区域中(图4-6b)。样品 Al_2O_3 含量为 13.38%～15.53%，平均为 14.62%，铝饱和指数 A/CNK 为 1.15～2.96，均大于 1.1，平均值为 1.88，在 A/CNK-A/NK 图解中样品点均落在过铝质区域(图4-6c)。

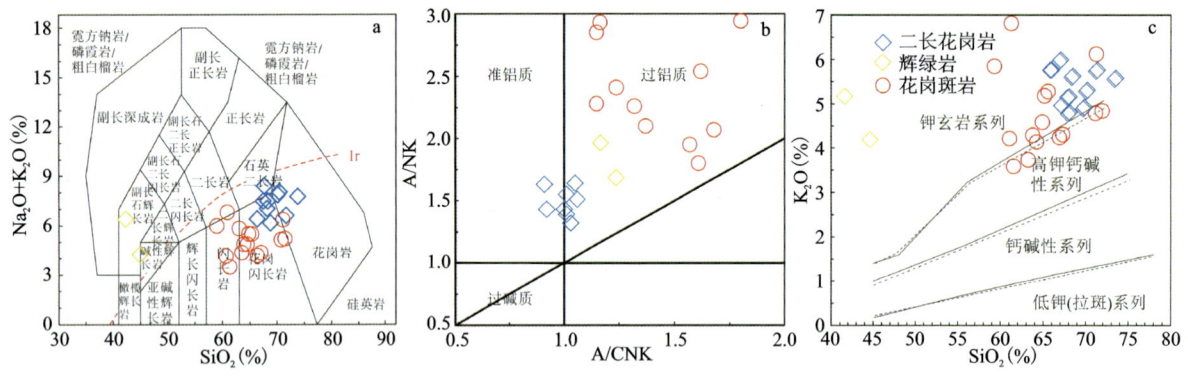

图 4-6 白牛厂黑云母二长花岗岩分类命名图

a. TAS 图解(底图据 Middemost, 1994)；b. A/CNK-A/NK 图解(底图据 Maniar et al., 1989)；c. SiO_2-K_2O 图解(底图实线据 Peccerillo and Taylor, 1976；虚线据 Middlemost et al., 1994)

二、微量元素

二长花岗岩样品中具有较高的稀土元素总量(ΣREE 的均值为 $271.29×10^{-6}$)，在球粒陨石标准化稀土元素配分曲线中(图4-7a)，表现出轻稀土富集、重稀土亏损的右倾特征，具明显的 Eu 负异常(Eu 的范围 0.75～1.46)；原始地幔标准化微量元素蛛网图(图4-7b)显示，明显亏损亲石元素 Sr，相对富集大离子亲石元素 Rb、Th、U，高场强元素 Zr、Hf、Ta 等，分异指数(DI)为 77.84～88.16。

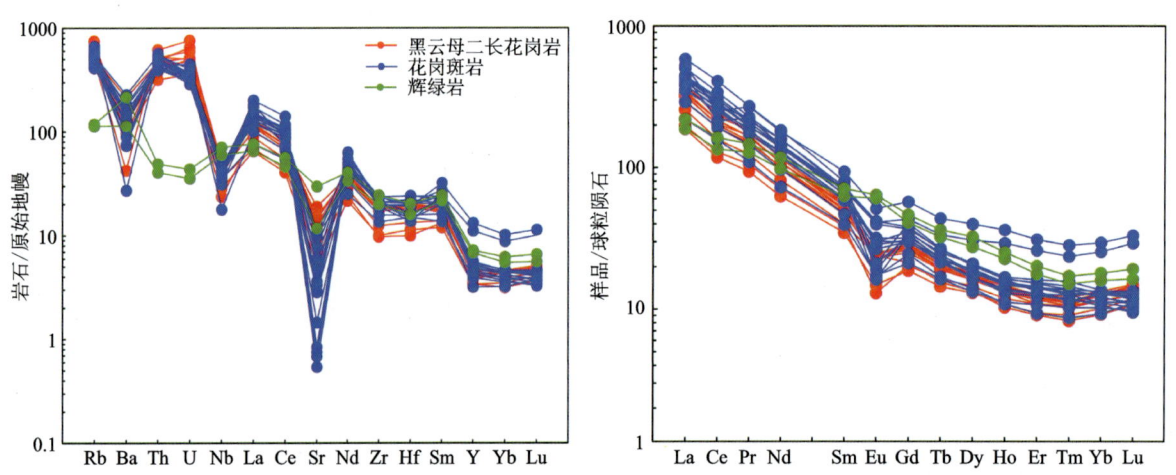

图 4-7 白牛厂二长花岗岩稀土元素球粒陨石标准化配分模式图(a)与微量元素原始地幔标准化蛛网图(b)

花岗斑岩样品微量元素的特征总体较为一致。样品稀土元素总量为 $(211.58～532.33)×10^{-6}$，平均值为 $376.81×10^{-6}$，高于地壳岩浆岩的平均值 $164×10^{-6}$。在稀土元素(REE)球粒陨石标准化配分模式图解上，呈右倾式(图4-7a)，轻稀土元素(LREE)富集，而重稀土元素(HREE)相对轻稀土元素亏损。样品的轻、重稀土比(LREE/HREE)为 10.84～24.67，平均 18.70；$(La/Yb)_N$＝17.52～45.32，平均值为 31.37，显示轻、重稀土分馏明显；δEu＝0.33～0.76，平均值为 0.58，显示中等负 Eu 异常；δCe＝0.63～0.97，平均值为 0.89，属弱负 Ce 异常。在微量元素原始地幔标准化图解(图4-7b)上，显示样品富集 Rb、Th、U、K 等大离子亲石元素(LILE)，具 Ba 负异常，相对亏损 Ta、Nb、P、Ti 等高场强元素(HFSE)。

第三节 矿物地球化学特征

一、石榴子石

1. 样品和分析方法

1）样品采集

从阿尾矿段的角岩、矽卡岩蚀变带中选择了5个典型的矽卡岩样品,其中两件石榴子石样品采集于钻孔 ZK138-2-2♯（BNC22-56、BNC22-57）,3 件石榴子石样品采集于 ZK138-2-1♯（BNC22-66-1、BNC22-66-2、BNC22-67-1）。所有样品均为钻孔岩芯样品（图 4-8a～c）。选择合适的样品将其磨制成 $40\mu m$ 厚的探针片,用以显微镜下观察及实验分析。

2）分析方法

在中国冶金地质总局山东局测试中心对白牛厂矿床代表性石榴子石进行电子探针、BSE 观测和 LA-ICP-MS 微量元素分析,在合肥工业大学资源与环境工程学院矿床成因与勘查技术研究中心（OEDC）矿物微区分析实验室进行 Mapping 面扫描分析,在中国科学院地球化学研究所矿床地球化学国家重点实验室进行 LA-SF-ICP-MS 石榴子石 U-Pb 定年分析。

电子探针分析

电子探针在中国冶金地质总局山东局测试中心完成。采用 JEOL 公司 JXA-8230 型电子探针显微分析仪。工作电压为 15kV,工作电流为 20nA,分析束斑直径为 $2\mu m$。积分时间：主量元素（含量大于 1%）的峰值积分时间 10～20s,背景积分时间 5～10s；微量元素（含量小于 1%）的峰值积分时间 20～40s,背景积分时间 10～20s。标样为美国 SPI 矿物/金属标准和中国国家标准样品 GSB。所有数据均采用 ZAF 法进行基体校正。

激光剥蚀分析

LA-ICP-MS 激光剥蚀系统为美国 Conherent 公司生产的 GeoLasPro 193nm ArF 准分子系统,ICP-MS 为 Thermo Fisher ICAP Q。激光剥蚀采样过程以氦气作为载气,氦气携带样品气溶胶在进入 ICP 之前通过一个 T 型三通接头与氩气（载气、等离子体气和补偿气）混合。束斑直径为 $40\mu m$、频率为 6Hz、能量密度约为 $10～12J/cm^2$。采样方式为单点剥蚀、跳峰采集；采集时间模式为 25s 气体空白＋60s 样品剥蚀＋25s 冲洗。样品的元素含量计算运用 ICPMSDataCal 数据处理程序（Liu et al.,2008）,采用归一化法（Ca）校正。

LA-ICP-MS 面扫描

LA-ICP-MS 矿物元素面扫描分析采用线扫描方式进行,扫描时间控制在 1h 左右。本研究选择光束大小为 $20\mu m\times20\mu m$,扫描速度为 $20～25\mu m/s$,频率为 10Hz,激光剥蚀能量为 $2～3J/cm^2$。在样品扫描前和结束后采集 20s 的背景信号。标样选择多外标玻璃,包括 NIST610、GSC-1G、GSD-1G 和 BCR-2G。矿物微量元素处理采样多外标无内标方法进行（Liu et al.,2008）,用于数据校准。使用程序 LIMS（汪方跃等,2017；Xiao et al.,2018）对图像进行编译和处理。

2. 结果

1）矿物学特征

石榴子石样品取自白牛厂银多金属矿床阿尾矿段的石榴子石矽卡岩（图 4-8a～c）。矽卡岩样品主要见石榴子石、透辉石、透闪石、方解石、硅灰石、石英和方解石（图 4-8,图 4-9）,金属矿物组合以黄铁矿、黄铜矿、磁黄铁矿为主(图4-8c,图4-9a、b),伴有少量锡石。两种不同的石榴子石可以根据其光学和结构特征来识别。

GrⅠ自形程度较低(图4-8d、f,图4-9a、b),观察显示该类型石榴子石裂理发育,受蚀变作用较弱(图4-8a),常见方解石、透辉石、透闪石等发育于石榴子石中(图4-8e、f,图4-9a、b)。单偏光下呈黄褐色(图4-8d、e),正极高突起,矿物表面较为粗糙,裂纹发育,不发育振荡环带;正交偏光镜下显均质性,其物质组分较为均匀。

GrⅡ呈浅黄褐色,自形—半自形结构(图4-8g~i),少部分为他形,粒度1~3mm,具有明显的震荡环带(图4-8g,图4-9c)。正交偏光镜下具光性异常的一级暗灰白的干涉色,大多数石榴子石具光性异常的特征及环带状构造(图4-8g~i,图4-9c)。透闪石、辉石与GrⅡ共生,晚期方解石与其交代可见反应边结构,偶见少量黄铁矿、黄铜矿发育于石榴子石裂隙中(图4-8c),蚀变作用较强。

Gr.石榴子石;Tl.透闪石;Qz.石英;Di.透辉石;Prx.辉石;Cal.方解石;Cp.黄铜矿;Py.黄铁矿

图4-8 白牛厂银多金属矿床代表性石榴子石岩相学特征

a.石榴子石和辉石被后期方解石脉穿切;b.褐黄色石榴子石透闪石矽卡岩;c.黄绿色透闪石-辉石-石榴子石矽卡岩,发育少量黄铜矿、黄铁矿;d.GrⅠ裂隙结构发育,多被晚期脉体穿切;e.GrⅠ被方解石、绿帘石、透闪石取代;f.GrⅠ呈一级灰白色干涉色,GrⅠ与GrⅡ共生,少量石榴子石被透辉石、辉石、石英、方解石取代;g.GrⅡ具有生长环带特征,边部被方解石和辉石交代;h.GrⅠ与GrⅡ共生,呈碎裂及结构;i.GrⅡ与透闪石和辉石密切共生,GrⅡ具有亮暗的振荡环带

2)主量元素特征

GrⅠ和GrⅡ背散射图像有明显的阴暗变化以及组分的差异(图4-10),均为钙铝-钙铁榴石固溶体系列。对白牛厂银多金属矿床晚白垩世GrⅠ和GrⅡ的石榴子石分别进行了30个点和39个点EMPA测试研究工作(表4-1)。结果表明,GrⅠ的SiO_2含量为36.54%~39.70%,CaO含量为33.37%~36.17%,FeO含量为3.81%~9.25%,Al_2O_3含量为15.70%~19.55%,MnO含量为0.26%~1.32%,GrⅠ含少量的MgO、TiO_2,而F和Cl含量极不均匀,大部分测点未达检出限。通过Geokit软件计算,GrⅠ端元成分主要以钙铝榴石(Gro)为主(图4-10),含量为67.64%~84.68%,其次为钙铁榴石(And),含量为8.98%~27.73%,少量为铁铝榴石、镁铝榴石。GrⅡ的EMPA测试结果显示,SiO_2含量为

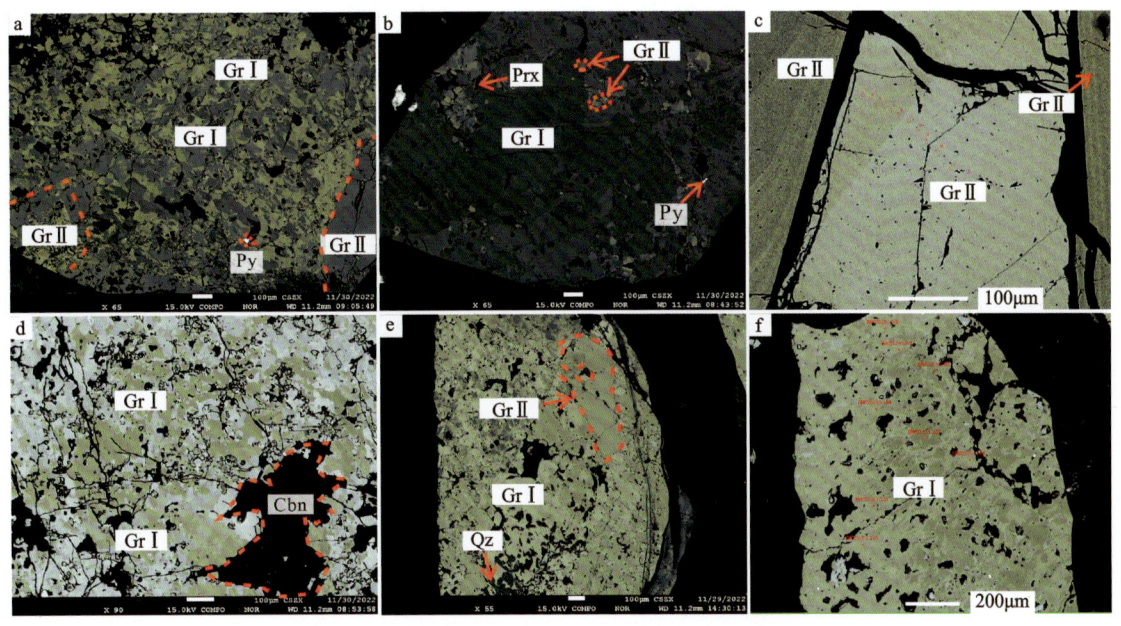

Gr. 石榴子石；Prx. 辉石；Cbn. 碳酸盐矿物；Qz. 石英；Py. 黄铁矿

图 4-9 白牛厂矿床石榴子石背散射图像

a. 不规则的 GrⅠ在背散射图像下呈不规则的暗光带，与 GrⅡ共生，GrⅠ被黄铁矿取代；b. GrⅠ在背散射图像下呈暗灰色，GrⅠ被 GrⅡ、黄铁矿、辉石所取代；c. GrⅡ在背散射图像上呈明暗的条带；d. GrⅠ在背散射图像呈不规则的颜色变化，与碳酸盐矿物共生，裂隙较为发育；e. GrⅠ与 GrⅡ共生，GrⅠ被石英取代；f. GrⅠ呈暗亮的条带状特征

36.26%～39.15%，CaO 含量为 33.38%～35.10%，FeO 含量为 4.33%～12.75%，Al_2O_3 含量为 13.05%～15.77%，MnO 含量为 0.15%～0.77%，GrⅡ含少量的 MgO、TiO_2，而 F 和 Cl 含量较低，端元成分主要以钙铝榴石(Gro)为主(图 4-10)，含量为 53.97%～66.47%，其次为钙铁榴石(And)，含量为 26.60%～38.17%，少量为铁铝榴石、镁铝榴石。

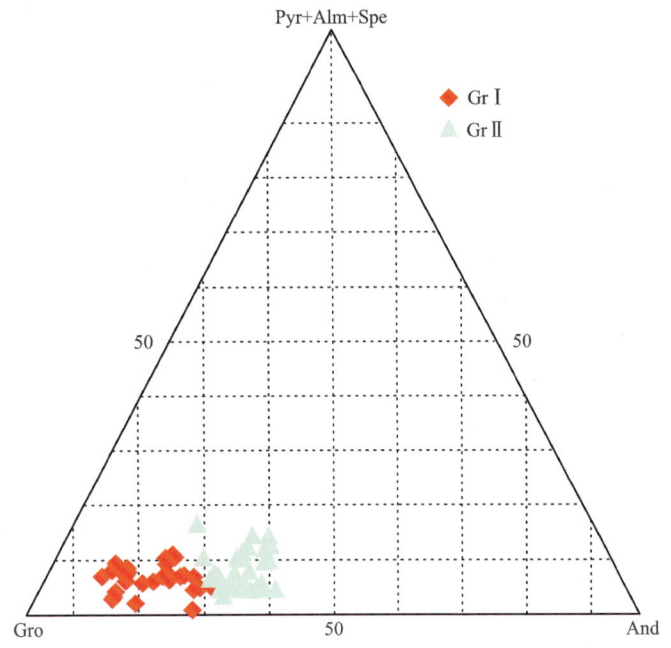

And. 钙铁榴石；Gro. 钙铝榴石；Pyr. 镁铝榴石；Spe. 锰铝榴石；Alm. 铁铝榴石

图 4-10 白牛厂银多金属矿床石榴子石端元组分三角图解

表 4-1　白牛厂矿床石榴子石电子探针结果　　　　　　　　　　　　　　单位:%

石榴子石类型	GrⅠ(n=30)			GrⅡ(n=39)		
	最小值	最大值	平均值	最小值	最大值	平均值
SiO_2	36.54	39.70	38.88	36.26	35.10	38.37
TiO_2	0.13	1.02	0.40	0.12	3.87	0.57
Al_2O_3	15.70	19.55	18.05	13.05	15.77	14.55
Cr_2O_3	0	0.04	0.02	0	0.03	0.02
FeO	3.81	9.25	6.71	4.33	12.75	10.96
MnO	0.29	1.32	0.75	0.15	0.76	0.66
MgO	0.01	0.88	0.13	0.04	1.94	0.15
Na_2O	0	0.05	0.01	0	0.08	0.02
K_2O	0	0.04	0.02	0	0.02	0.01
CaO	33.37	36.17	32.72	33.38	35.10	34.28
基于12个氧原子计算						
Si	2.97	3.01	2.99	2.90	3.04	2.99
Ti	0	0.04	0.02	0	0.04	0.03
Al	1.44	1.74	1.63	1.21	1.43	1.33
Cr	0	0	0.00	0	0	0.00
Fe^{3+}	0.18	0.55	0.34	0.39	0.76	0.62
Fe^{2+}	0.01	0.20	0.09	0.05	0.17	0.10
Mn	0.02	0.09	0.05	0	0.05	0.04
Mg	0	0.04	0.01	0	0.23	0.02
Ca	2.77	2.98	2.86	2.83	3.00	2.86
钙铁榴石	8.98	27.73	17.23	19.87	36.14	30.93
钙铝榴石	67.64	84.68	76.51	53.97	67.07	61.57

3)微量元素特征

利用 LA-ICP-MS 点分析对白牛厂矿床 GrⅠ(38点)和 GrⅡ(21点)进行微量元素分析,详细数据分析结果见表 4-2。

表 4-2　白牛厂矿床石榴子石的 LA-ICP-MS 剥蚀分析结果

石榴子石类型	GrⅠ(n=30)			GrⅡ(n=39)		
	最小值	最大值	平均值	最小值	最大值	平均值
稀土元素($\times 10^{-6}$)						
La	0	1.65	0.34	17.02	599.16	147.15
Ce	0	17.60	2.42	62.63	1 430.28	306.83
Pr	0	0.56	0.56	3.89	96.26	32.04
Nd	0	21.83	3.58	30.45	334.08	127.37

续表 4-2

石榴子石类型	GrⅠ(n=30)			GrⅡ(n=39)		
	最小值	最大值	平均值	最小值	最大值	平均值
Sm	0	4.21	1.20	7.78	48.66	23.76
Eu	0.03	1.16	0.31	1.61	16.78	6.52
Gd	0.66	2.72	1.46	7.55	36.41	18.42
Tb	0.14	0.57	0.32	0.91	4.43	2.48
Dy	1.24	5.12	2.53	6.54	28.69	12.90
Ho	0.34	1.34	0.66	1.09	5.25	2.03
Er	0.87	3.79	2.10	1.80	10.68	3.97
Tm	0.13	0.94	0.40	0.02	0.97	0.39
Yb	0.80	5.42	2.74	0.15	4.83	2.52
Lu	0.11	0.78	0.44	0	0.64	0.24
Y	10.10	40.52	20.64	27.05	113.68	48.40
REE	5.98	63.67	18.58	178.79	2 473.31	686.62
LREE	0.19	50.48	7.93	127.63	2 417.24	643.67
HREE	4.73	19.05	10.65	23.28	91.41	42.95
LREE/HREE	0.02	4.56	0.72	2.49	43.11	14.11
δEu	0.24	1.71	0.81	0.39	1.69	1.05
δCe	0.67	2.18	1.38	0.48	2.12	1.12
微量元素($\times 10^{-6}$)						
V	36.52	165.76	92.59	9.05	68.66	25.06
Cr	9.50	243.54	56.77	9.88	465.66	193.63
Cu	0	69.16	3.05	0.16	25.90	6.18
Zn	1.33	88.98	14.16	96.89	379.23	195.92
Sr	0.04	14.95	1.90	22.37	185.21	71.76
Zr	11.50	117.40	68.90	4.20	185.44	55.53
Nb	1.58	18.50	11.31	3.12	35.10	15.04
In	0.61	3.27	1.93	0.01	1.37	0.51
Sn	57.18	215.51	130.27	16.52	202.80	52.70
Pb	0	6.36	1.22	2.37	21.25	6.44
Th	0	3.87	0.81	3.37	346.25	77.45
U	0	1.48	0.25	2.96	54.58	12.93

GrⅠ稀土元素总含量为(5.98~63.65)×10^{-6}(不含 Y),表现为轻稀土亏损、重稀土富集的特征,且具有向轻稀土富集、重稀土亏损的趋势(图 4-11a),LREE/HREE 值范围为 0.02~4.56,其 δEu 的范围为 0.24~1.61(Eu 负异常或无异常为主),δCe 的范围为 0.18~2.18(大部分测点介于 1.50 左右)。GrⅡ稀土元素总量为(178.79~2473.31)×10^{-6}(不含 Y),表现为轻稀土富集、重稀土亏损的特征(图 4-11b),其稀土元素总量远高于 GrⅠ稀土总量。LREE/HREE 值范围为 2.49~43.11,其 δEu 的范围为 0.39~1.68(Eu 正异常为主),δCe 的范围为 0.48~2.12。

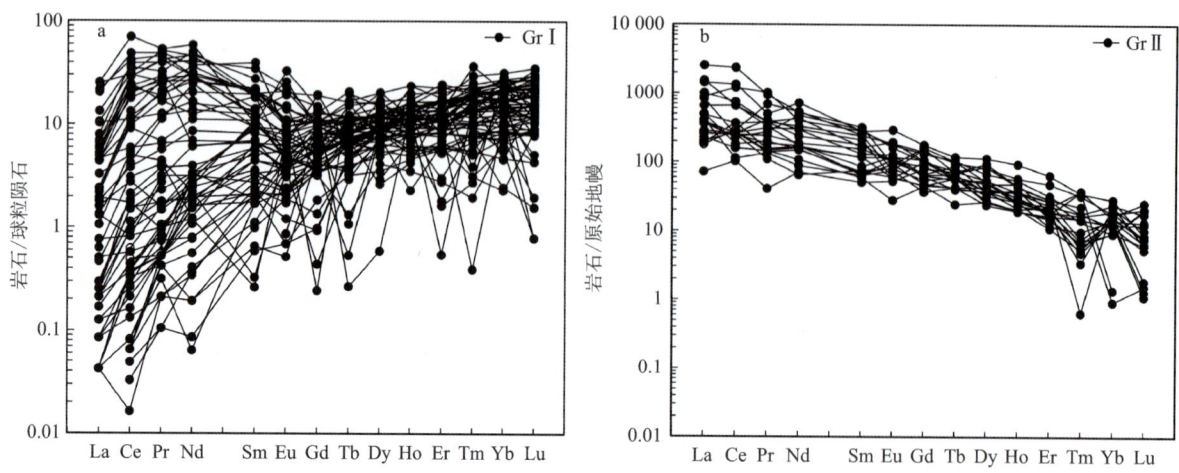

图 4-11 白牛厂矿床石榴子石球粒陨石归一化稀土元素特征模式图（标准值引自 Sun and McDonough，1989）

4）Mapping 特征

除开展 LA-ICP-MS 点分析外，对不同世代的两种类型石榴子石进行面扫描分析，Gr Ⅰ 和 Gr Ⅱ 稀土元素分布与 LA-ICP-MS 点分析结果一致（图 4-11）。具有指示意义的元素有 REE、Si、Al、Fe、Ca、Mn、Sn、In、Cu、Zn 等（图 4-12～图 4-14）。

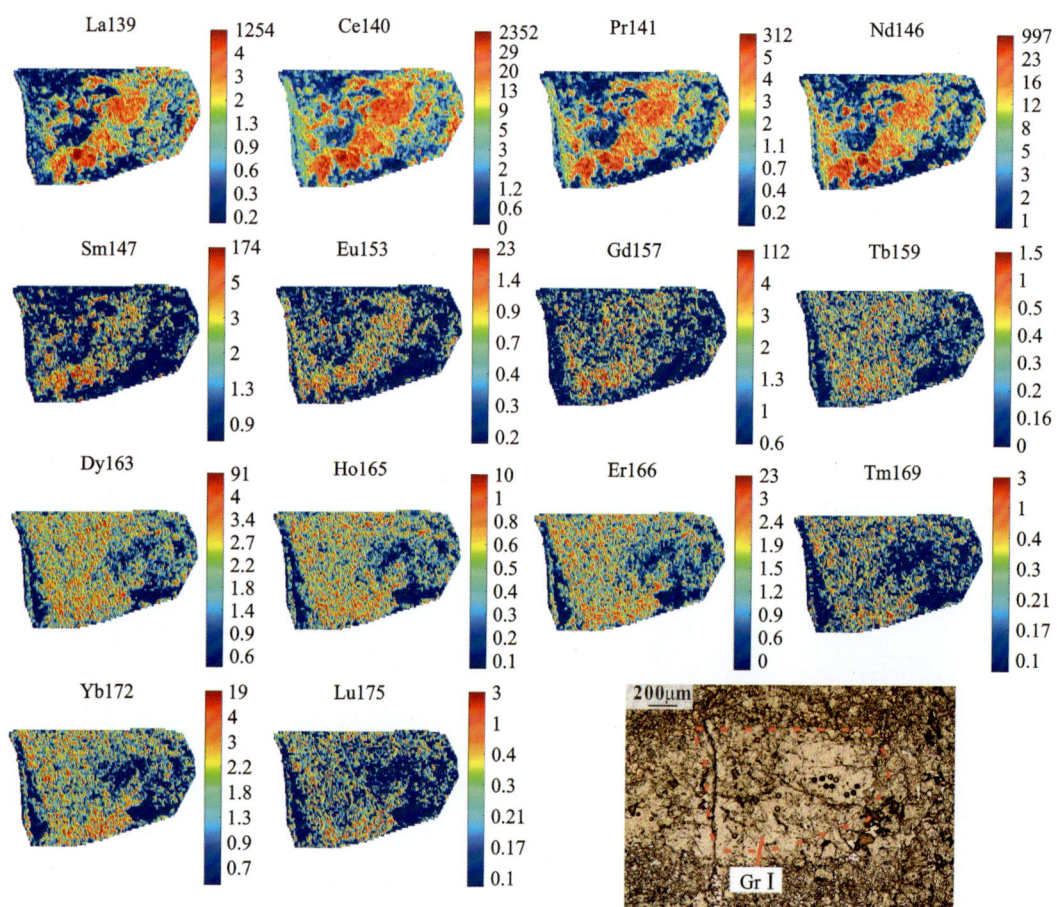

图 4-12 白牛厂银多金属矿床 Gr Ⅰ 稀土元素面扫描结果（单位：$\times 10^{-6}$）

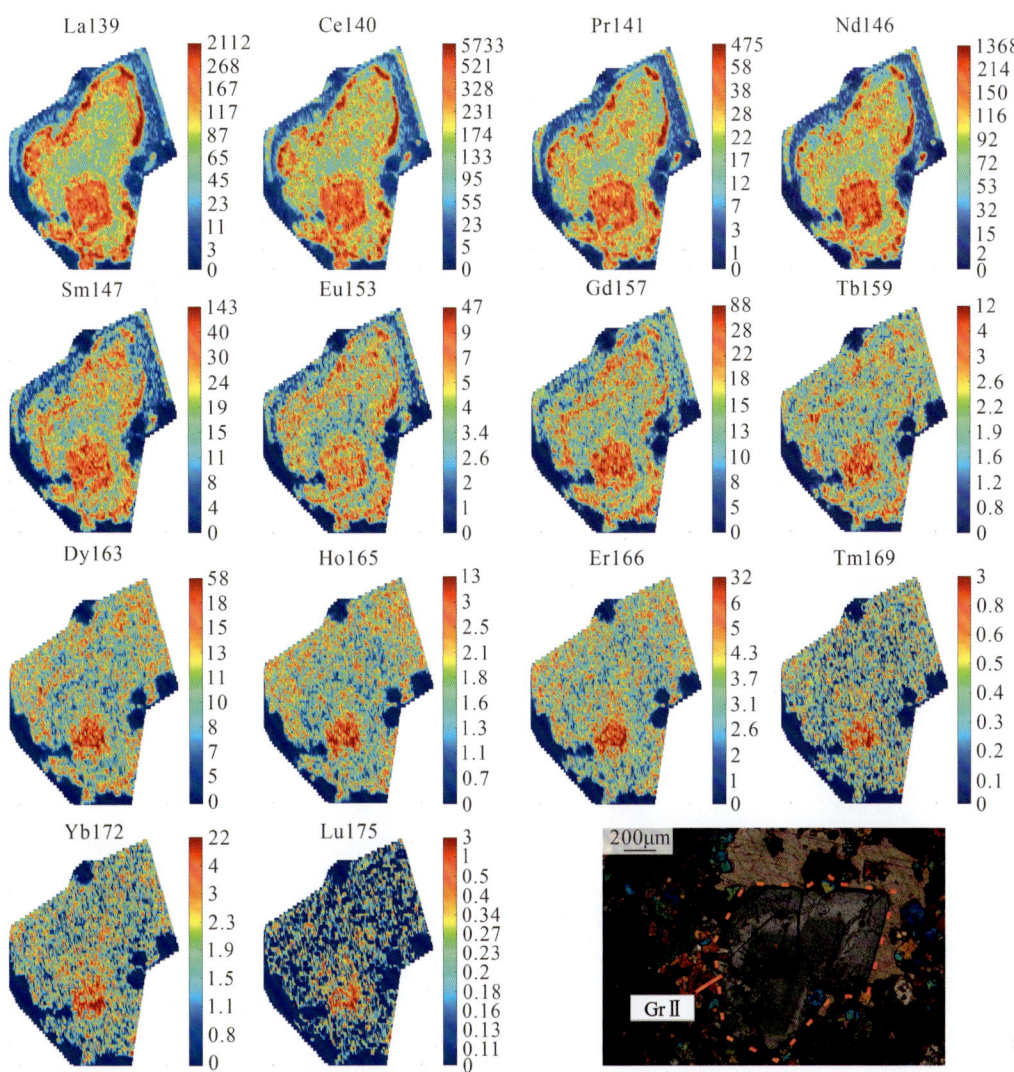

图 4-13　白牛厂银多金属矿床 GrⅡ稀土元素含量面扫描结果(单位:×10⁻⁶)

GrⅠ核部轻稀土含量较高(La、Ce、Pr、Nd 等),主要沿裂隙分布,往边部逐渐降低,且部分元素有升高的趋势;Eu 含量从核部至边部逐渐降低;重稀土元素分布较为均匀,其含量相较于轻稀土元素偏低。GrⅡ与 GrⅠ相比,元素分带更加明显(图 4-13),稀土元素含量整体比 GrⅠ高。核部至边部元素分布呈高→低→高→低的变化特征。此外,Sn、In、Cu、Zn 等金属元素在 GrⅠ和 GrⅡ中呈不均匀分布,沿裂隙或者石榴子石边部较为富集(图 4-14)。

3. 讨论

1)石榴子石 REE 的替代机制

微量元素主要以表面吸附、类质同象或矿物包裹体进入石榴子石中,尤其是稀土元素,可用于追踪流体来源和流体-岩石的相互作用(Giuliani et al.,1987;Vander Auwera and Andre,1991;Lima et al.,2012;Tian et al.,2019;Kitaura et al.,2021;Zhao et al.,2024)。当石榴子石中存在矿物包裹体时,会对实验结果产生影响(Lima et al.,2012;Kitaura et al.,2021;Deng et al.,2017)。开展电子探针、LA-ICP-MS 微量元素分析实验前,通过光学显微镜观察(图 4-8d~i)和 BSE 观察(图 4-9a~f),选取了表面较为干净、受蚀变影响较小的石榴子石中进行实验,同时避开了矿物裂隙,确保实验数据的可靠性。石

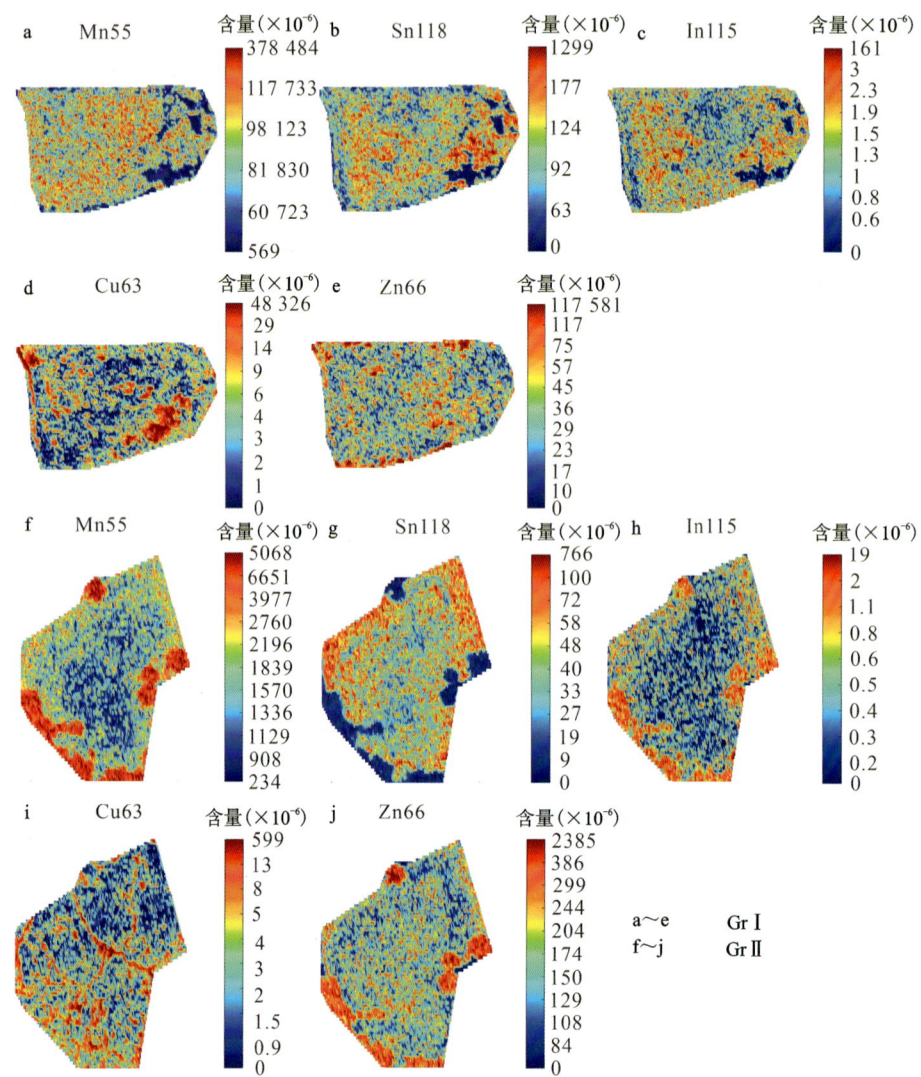

图 4-14 白牛厂矿床 GrⅠ和 GrⅡ部分元素面扫描结果

榴子石晶体化学式一般为 $X_3Y_2Z_3O_{12}$，X 位置上为八面体配位的二价阳离子（如 Ca^{2+}、Mg^{2+}、Fe^{2+}），Y 位置上为八面体配位的三价阳离子（如 Al^{3+}、Fe^{3+}），Z 位置上为四面体配位的四价阳离子（Si^{4+}）（Deer et al.，1997）。前人研究表明，REE 元素进入石榴子石晶格中需确保电价平衡（Gasper et al.，2008；Grew et al.，2010；Carlson et al.，2014）。常见的替代机制如下：①$[X^{2+}]_{-1}[REE^{3+}]_{+1}^{Ⅷ}[Si^{4+}]_{-1}[Z^{3+}]_{+1}^{Ⅳ}$；②$[X^{2+}]_{-2}[Na^+]_{+1}[REE^{3+}]_{+1}^{Ⅷ}$；③$[X^{2+}]_{3-x}[REE^{3+}]_x^{Ⅷ}[Y^{2+}]_x[Al^{3+}]_{2-x}^{Ⅵ}$。机制①中 REE 在 X 位置上进行替换，三价阳离子（如 Al^{3+}、Fe^{3+}）主要进入 Z 位置上的阳离子以达到电价平衡（Smith et al.，2004；Gasper et al.，2008；Ding et al.，2018）；机制②中 Na^+ 和 REE^{3+} 一起替换 X 位置上的阳离子（Ghaderi et al.，1999；Smith et al.，2004）；机制③中 REE^{3+} 替换 X 位置上的阳离子，Mg^{2+} 等二价离子通常替代 Y 位置上的阳离子（Carlson et al.，2014）。

研究发现，GrⅠ和 GrⅡ中 Al 与 ΣREE 呈正相关（图 4-15a），而 Fe^{3+} 与 ΣREE 呈负相关（图 4-15b），结合两类石榴子石的面扫描结果（图 4-12，图 4-13），GrⅡ更加富集 REE 元素，也进一步表明 REE 进入石榴子石中遵循机制①（YAG-type substitution mechanism）。GrⅠ和 GrⅡ中 Na_2O 的含量特别低（<0.08wt%），绝大部分测点未达到检测限（表 4-1），因此其含量不足以平衡电价，并且 Na_2O 含量和 REE 之间没有明显的线性关系，所以 REE 元素进入石榴子石中不遵循机制②。Fe^{2+} 与 ΣREE 呈负相

关(图4-15c),Mg与ΣREE呈正相关(图4-15d),表明REE^{3+}进入GrⅠ和GrⅡ晶格中可能遵循机制③;Mn^{2+}与ΣREE在GrⅠ中呈负相关(图4-15e),而在GrⅡ中呈正相关(图4-15e),表明REE进入石榴子石晶格中遵循式机制③。此外,Ca与ΣREE在GrⅠ中呈正相关,在GrⅡ中呈负相关(图4-15f),表明白牛厂矿床中石榴子石GrⅡ可能存在另外一种比较少见的替代方式,即Ca缺位替代(Quartieri et al.,1999)。研究过程中,我们发现在GrⅠ和GrⅡ的生长发育过程中,Y与ΣREE之间具有较好的相关性(图4-15a),很好地解释了石榴子石中八面体位置上Ca^{2+}被REE^{3+}和Y^{3+}取代的结果(Smith et al.,2004;Gasper et al.,2008;Park et al.,2017)。

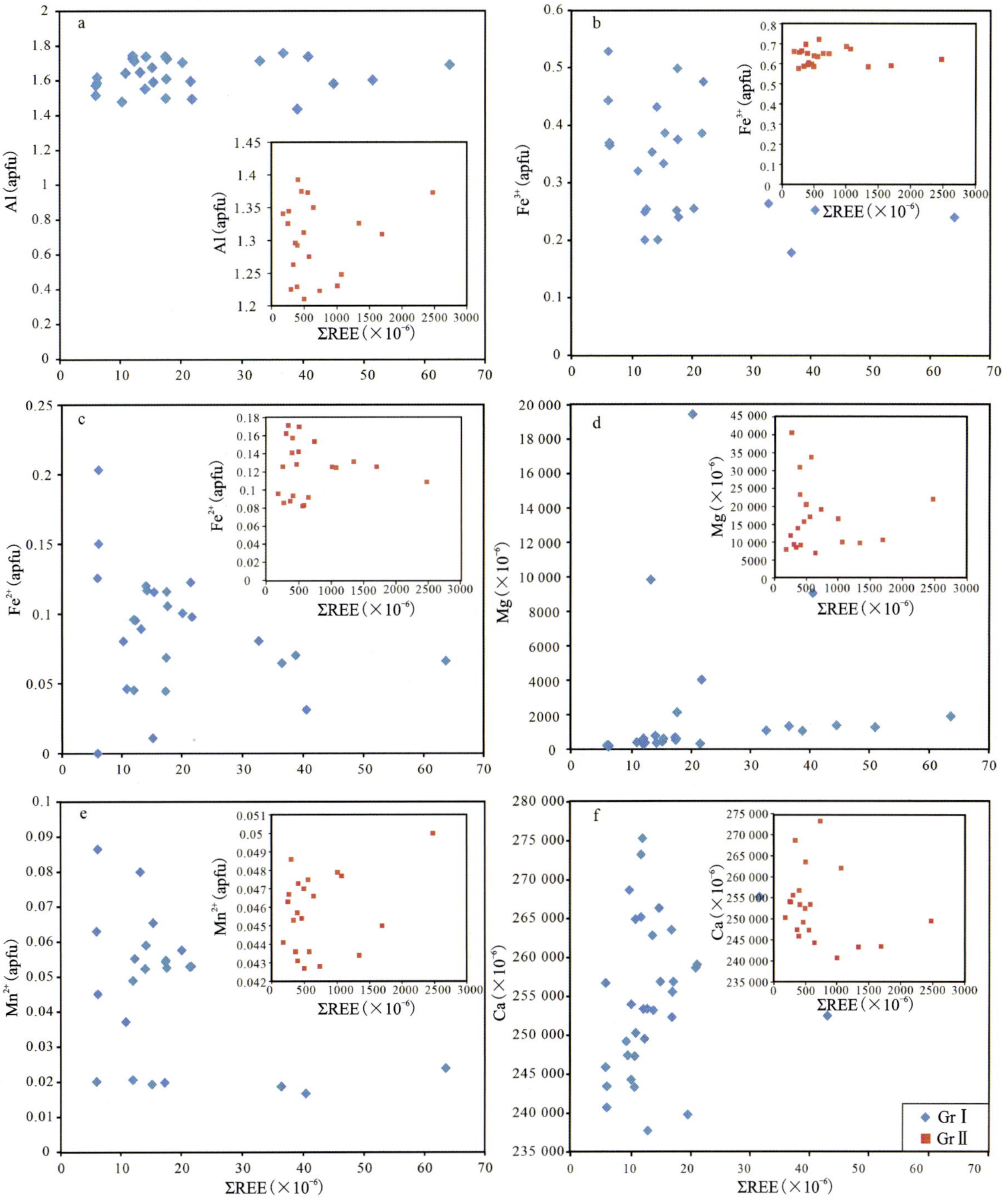

图4-15 石榴子石中ΣREE与Al、Fe^{2+}、Fe^{3+}、Mg、Mn^{2+}、Ca关系图(apfu表示原子占比)

本研究中白牛厂矿床中石榴子石主要存在两种主要的 REE 替代机制,一种为 YAG 式取代,另一种为 Menzerite 式取代。此外,REE 进入石榴子石主要受矿物晶体化学因素的影响,在 GrⅡ生长过程中,生长速率远高于元素的扩散速率,且处于一个震荡的环境中,使得 GrⅡ中 REE 含量更高,远高于 GrⅠ中 REE 总量,主要以表面吸附或者吸收的方式进入石榴子石中。

2) 石榴子石形成的物理化学条件

氧逸度

模拟实验研究发现,钙铝榴石组分高的石榴子石比钙铁榴石组分高的石榴子石更易在还原的条件下形成,低氧逸度下需要更多的 Fe^{2+} 参与,因此,根据石榴子石中的 Fe^{3+} 和 Fe^{2+} 的含量可以指示热液体系中氧逸度的状态(赵斌等,1983)。结合电子探针数据发现,石榴子石 GrⅠ中钙铝榴石组分含量高于钙铁榴石含量,两者比例介于 2.4∶1～9.4∶1 之间,石榴子石 GrⅡ中钙铝榴石组分含量较 GrⅠ低,而 GrⅡ中钙铁榴石占比升高,同时 GrⅠ中的 Fe^{3+} 含量明显低于 GrⅡ中 Fe^{3+} 含量(表 4-1,图 4-15b),反映了 GrⅠ形成于更低的氧逸度环境中,而 GrⅡ则形成于更高的氧逸度环境中。

流体中具有多种价态的元素(U、Eu、Ce、Y 等),可以作为约束流体氧化还原状态的良好指标,支持了周期性流体波动期间矿物生长的动力学过程(Sverjensky,1984;Bau,1991;Smith et al.,2004;Gaspar et al.,2008;Tian et al.,2019;王一川和段登飞,2021;李守奎等,2023)。研究表明,八面体配位情况下,Eu^{3+} 比 Eu^{2+} 更容易取代石榴子石晶格中的 Ca^{2+},U^{4+} 相较于 U^{6+},在十二面体位置更易于取代 Ca^{2+},利于类质同象的置换,这一原理会导致石榴子石中变价元素的含量,从而影响其氧逸度(Shannon,1976;赵斌等 1999;郑震等,2012)。在白牛厂银多金属矿床中,GrⅠ中 U 含量均小于 $1.51×10^{-6}$,部分未检出,而 GrⅡ中 U 含量相对较高($2.96×10^{-6}$～$54.58×10^{-6}$),明显高于 GrⅠ的含量;此外,GrⅠ和 GrⅡ显示 U 含量有较大的差异(图 4-16b),这表明 GrⅠ形成于较低氧逸度的环境下,而 GrⅡ形成于氧逸度较高的环境。利用 δEu-$(La/Yb)_N$ 的环境判别,GrⅠ形成于还原、富铝的环境下,而 GrⅡ则形成于更富氧、富铁的环境(图 4-17a)。

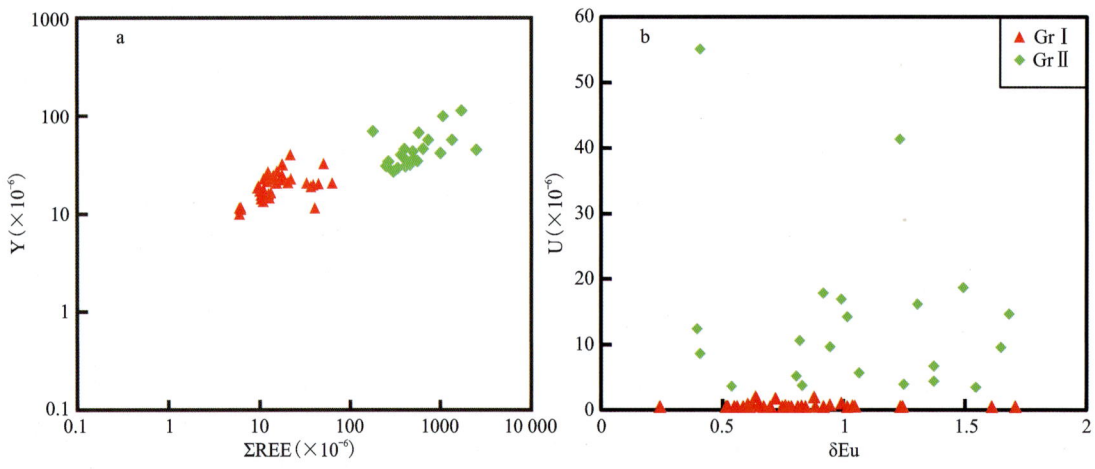

图 4-16 白牛厂银多金属矿床不同类型石榴子石的 Y-ΣREE(a) 和 U-δEu(b) 图解

综上,在白牛厂银多金属矿床干矽卡岩阶段,早期石榴子石形成于富铝、偏还原环境的封闭体系,随着氧逸度升高,流体较富铁,且此时流体体系接近于开放环境,矿物结晶速度较快,易于形成震荡环带的晚期石榴子石。

pH

流体 pH 会显著影响热液体系中稀土元素的分馏(Bau,1991)。中性条件下,流体相对富集 HREE、贫化 LREE,且具有负 Eu 异常或者无异常;酸性条件下,流体相对富集 LREE、贫化 HREE,具有明显的正 Eu 异常(艾永富,1981;Bau,1991;边晓龙等,2019;Tian et al.,2019)。流体中的 Cl^- 也会显著影响

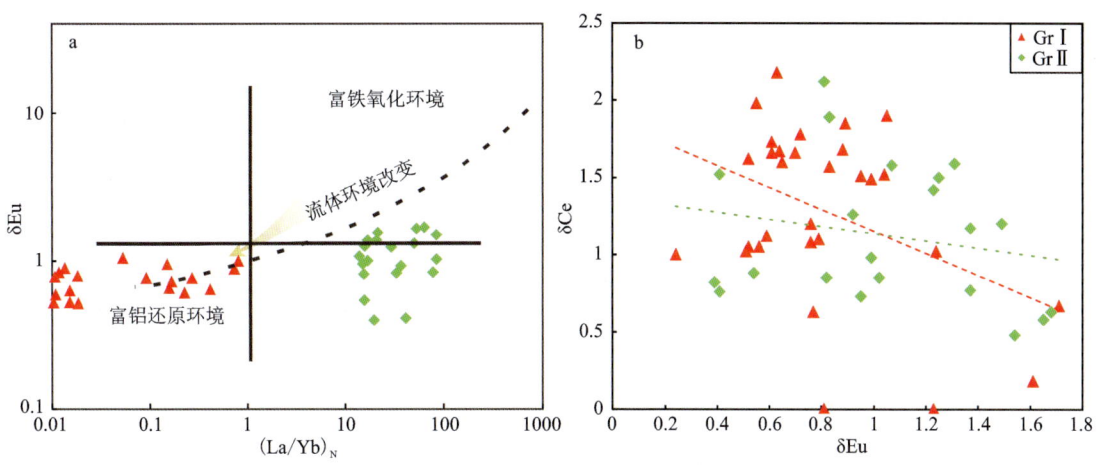

图 4-17　石榴子石形成环境判别图(a)(据李守奎等,2023)和 δEu-δCe 关系图(b)

稀土元素的配分,从而导致正 Eu 异常,偏酸性条件下更为显著(Bau,1991;Gasper et al.,2008;Zhang et al.,2017)。酸性条件下,Eu^{2+} 与 Cl^- 形成稳定的 $EuCl_4^{2-}$ 络合物,增强流体中 Eu 的稳定性,进而使得更多的 Eu 进入流体相(Bau,1991;Mayanovic et al.,2007;Gasper et al.,2008)。在白牛厂矿床两类石榴子石中,仅 GrⅡ 具有明显的震荡环带,GrⅠ 石榴子石中没有明显的震荡环带,但是结合 BSE 图像可知,其有不均匀的明暗区域(图 4-9)。GrⅠ 表现为 LREE 相对亏损、HREE 相对富集,而 GrⅡ 则表现出相反的 LREE 富集、HREE 亏损,REE 和 Y 关系图中也具有明显的正相关关系(图 4-16a,Park et al.,2017),表明 GrⅠ 形成于接近中性的 pH 条件下,GrⅡ 则形成于偏酸性的 pH 条件。两种世代的石榴子石在不同的 pH 条件下,对应着不同的 U 和 REE 的取代机制。在这种条件下,U 和 REE 会取代十二面体上的 Ca^{2+} 位置,很明显 GrⅠ 其取代程度弱于 GrⅡ,GrⅡ 中更加富集 U 和 REE 元素(表 4-2,图 4-16b)。此外,GrⅠ 中 $(La/Yb)_N$ 普遍小于 0.01(表 4-2),且有明显的稀土元素分馏,表明 GrⅠ 的形成于接近中性 pH 的较为封闭的体系中,且多呈现 Eu 负异常或无异常(图 4-11a)。GrⅡ 中 $(La/Yb)_N$ 均大于 1(表 4-2),明显的富集轻稀土、亏损重稀土,其显示 Eu 正异常或弱 Eu 负异常(图 4-11b),分别对应其不同的阴暗的环带结构(图 4-8g),表明 GrⅡ 生长于弱酸性条件的近开放体系中。石榴子石生长过程中,体系由封闭的体系逐渐向开放的体系转变。

石榴子石的交代过程

石榴子石的形成过程中受 pH 值、温度、流体、氧化还原环境等因素影响(Meinert et al.,2005),主要通过扩散交代和渗透交代的方式发育,在开放的体系、流体呈酸性及高水/岩比值条件下,渗透交代形成的石榴子石占主导地位,氯化物络合物是元素迁移的主要形式;封闭体系、水/岩比值低的环境下,以扩散交代为主导(Bau,1991;Smith et al.,2004;Gasper et al.,2008)。

结合 GrⅠ 的稀土配分模式来看,呈轻稀土元素亏损、重稀土元素富集的特征,推测是 LREE 消耗过快和 HREE 富集的原因,后期 GrⅠ 中 LREE 元素含量逐渐有升高的趋势(图 4-11),热液环境可能从一个中性的 pH 环境向偏酸性环境过渡的趋势(Bau,1991;Allen and Seyfried,2005;Carlson et al.,2014)。结合 GrⅠ 中 δEu 与 δCe 成反比(图 4-17b)及 Mn 含量的变化由中心至边部呈逐渐降低的趋势(图 4-14a),推测其形成于高温的环境下,超过 250℃ 的温度使 Eu 价态趋于+2 价,表现为 Eu 负异常(Allen and Seyfried,2005)。GrⅠ 与 GrⅡ 相比明显贫 Fe^{3+},Fe^{2+} 离子含量相差不大,GrⅠ 不具典型的环带结构,组分分布较为均匀(图 4-12,图 4-14a~e),反映了其是在相对较低的氧逸度环境下形成的(Gasper et al.,2008),可能是通过流体在低水岩比(W/R)下与寒武系田蓬组灰岩的扩散交代作用形成的。GrⅠ 生长速度快,流体的物理化学条件相对稳定,反映了 GrⅠ 结晶速率远远小于流体运移速率。

GrⅡ的特点是结构较大,具半自形—自形结构,同时具有震荡环带结构特征(图 4-8g、h),其发育于矽卡岩阶段后期。相较于 GrⅠ,GrⅡ富集轻稀土元素,亏损重稀土元素(图 4-11b,图 4-13),呈明显的 Eu 正异常(表 4-2),表明 GrⅡ在一种偏酸性的环境中结晶(Gasper et al.,2008;Zhang et al.,2017)。结合 δEu 与 δCe 的关系可知,GrⅠ和 GrⅡ表现出负相关关系,再者结合 Mn 含量的分布情况(图 4-14g),核部至边部 Mn 含量逐渐升高,反映了石榴子石从高温到低温的生长过程(Ikeda,1993;张洪培,2007)。GrⅡ具有比 GrⅠ更为粗糙的结构面,GrⅡ表现出显著的孔隙度(图 4-8g~i,图 4-9a~b),遭受后期蚀变较为严重,部分石榴子石晶体已被其他矿物所取代(闪锌矿、黄铁矿、方解石、辉石等),这与开放和震荡系统中高 W/R 比下的渗透交代作用结果一致(Bai and Koster van Groos,1999)。同时,研究发现 GrⅡ富包裹体(图 4-18d),可能在 GrⅡ形成过程中存在大气降水的加入,使得热液流体沸腾,增加了热液中氧逸度和 Al^{3+} 的活性,促进 GrⅡ富 Fe 环带的形成。

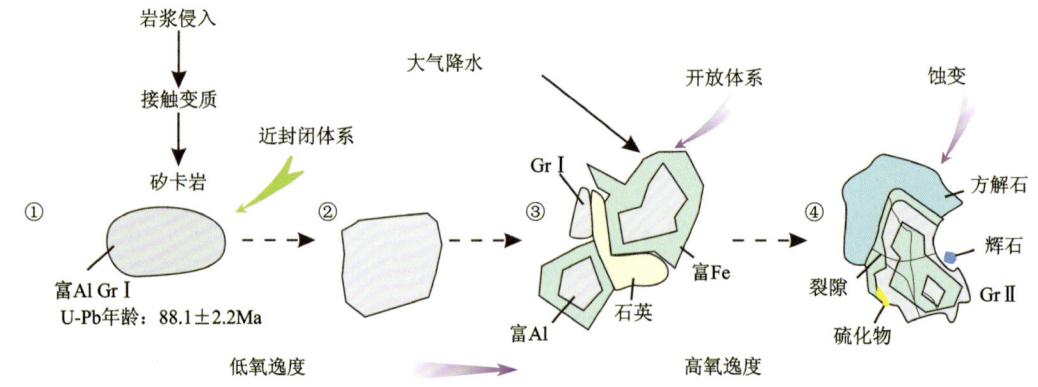

图 4-18 白牛厂银多金属矿床石榴子石生长示意图

结合对石榴子石成分的变化来反映其形成时的 pH、温度、氧逸度,我们提出了一种白牛厂银多金属矿床中石榴子石的生长机制(图 4-18),晚白垩世阶段酸性岩浆岩侵位到寒武系田蓬组时,在热接触变质作用和高温气化热液的作用下,交代形成矽卡岩矿物。矽卡岩早期 GrⅠ在低 W/R 比下主要通过扩散交代作用形成,矽卡岩阶段晚期随着外部流体的加入,使得流体产生沸腾作用,在高氧逸度、偏酸性的环境下热液流体反复驱动,GrⅡ形成振荡环带结构。

3)成矿的指示意义

前人研究认为,石榴子石的形成可以使岩石破裂,从而为热液流体的运移提供通道,热液流体与碳酸盐岩接触,利于硫化物的沉淀结晶,为后期矿体沉淀提供了有利场所(Somarin,2010)。白牛厂银多金属矿床产出的石榴子石均属于钙铝榴石-钙铁榴石固溶体系列,形成于较稳定的体系,在石榴子石中可见到少量的硫化物(图 4-8g),且石榴子石矽卡岩带具有脉状矿体。LA-ICP-MS 点分析和面扫描表明,GrⅠ和 GrⅡ中锡的含量均较高,具有富锡的特点。GrⅠ的 Sn 含量为 $(57.18 \sim 248.86) \times 10^{-6}$,平均值为 130.27×10^{-6},GrⅡ的 Sn 含量为 $(16.52 \sim 202.80) \times 10^{-6}$,平均值为 52.70×10^{-6},表现为 GrⅡ的 Sn 含量相对于 GrⅠ偏低(表 4-2,图 4-14b、f),佐证了早期岩浆流富 Sn 的特点,利于 Sn 在热液晚期中富集成矿(赵盼捞等,2018)。此外,GrⅠ和 GrⅡ中普遍还含有一定量的 In、Cu、Zn 等(表 4-2,图 4-14),表明了初始岩浆热液流体中富含 In、Cu、Zn 等成矿元素,与白牛厂矿区内金属矿化类型一致,因此认为石榴子石与锡、铟、铜、锌矿化等密切相关,GrⅡ发育振荡环带显示成矿流体物理化学条件(温度、pH、氧逸度等)不断发生变化,暗示成矿流体存在多期活动并发生多次周期性沸腾作用(Yardley et al.,1991)。

4. 小结

(1)白牛厂矿区内石榴子石根据其结构可划分为两个世代(GrⅠ、GrⅡ),GrⅠ不发育环带,GrⅡ环带结构发育,均属钙铝-钙铁榴石固溶体系列。

(2)GrⅠ具LREE亏损、HREE富集的特征,GrⅡ具LREE富集、HREE亏损的特征,且REE进入石榴子石晶格中受到Fe^{3+}、Al^{3+}、Mn^{2+}等阳离子的影响,主要存在两种主要的REE替代机制,一种为YAG式取代,另一种为Menzerite式取代。

(3)矽卡岩早期GrⅠ在低W/R比下主要通过扩散交代作用形成,矽卡岩阶段晚期随着外部流体的加入,使得流体产生沸腾作用;矽卡岩晚期在开放系统、高氧逸度、偏酸性的环境下,热液流体反复驱动,GrⅡ形成震荡环带。

(4)石榴子石矽卡岩形成时代为84.9～88.1Ma,与白牛厂隐伏花岗岩的侵位年龄和锡成矿作用的形成年龄一致,表明矿区内成矿作用发生在晚白垩世。

二、黑云母

1. 样品特征及分析方法

1)样品采集

本次研究工作的含黑云母的岩石样品均采自白牛厂二长花岗岩。

灰白色黑云母二长花岗岩:岩石呈灰白色,中细粒花岗结构,块状构造,主要造岩矿物为斜长石(含量30%～35%)、钾长石(含量25%～30%)、石英(含量22%～30%)、黑云母(含量8%～12%),副矿物包括磷灰石、锆石、磁黄铁矿等。黑云母:手标本中颜色呈黑色,玻璃光泽,自形—半自形结构,粒径0.5～3mm(图4-19a、b),大小相差较大。在镜下呈半自形鳞片状,多色性明显(浅黄色至红褐色),最高干涉色为二级橙,发育一组极完全解理,在镜下可以观察到黑云母上发育有针状磷灰石(图4-19f)。斜长石:手标本中颜色为白色、灰色,有些呈浅绿色,玻璃光泽,双晶发育,在镜下可以见到有聚片双晶,双晶纹细而密(图4-20a～d),斜长石在镜下可见环带构造(图4-20f)。钾长石:手标本中颜色为白色,发育有卡氏双晶,在镜下可以明显看到钾长石呈现出反光不同的明暗两半(图4-20a～f)。

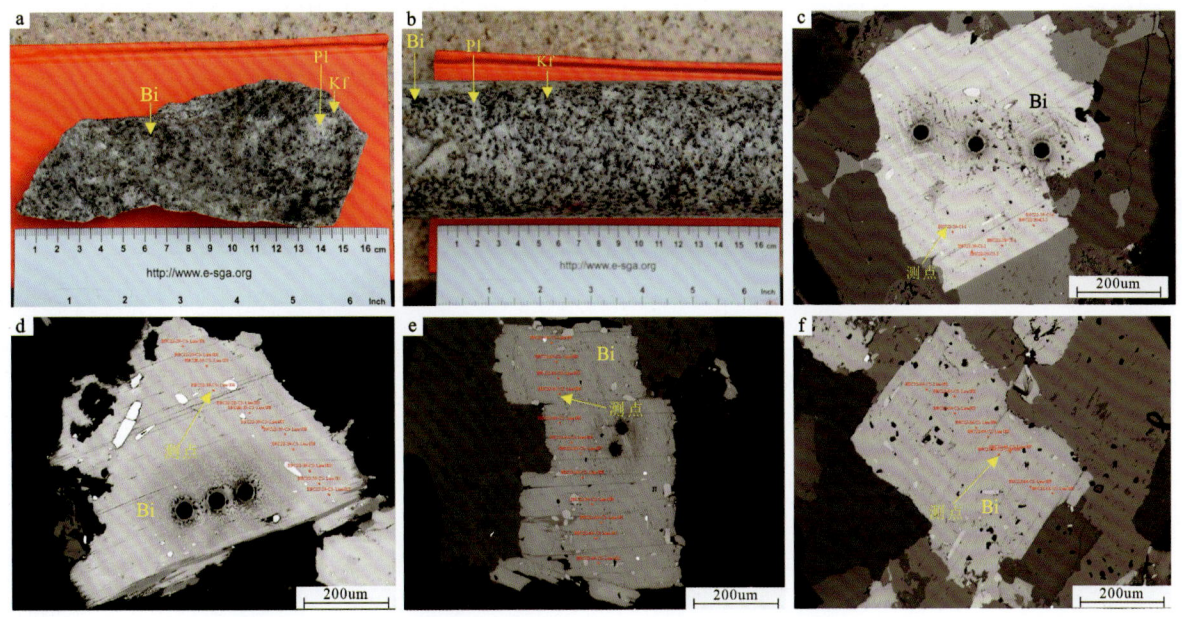

Bi.黑云母;Qz.石英;Pl.斜长石;Kf.钾长石;Ap.磷灰石

图4-19 二长花岗岩手标本及黑云母显微特征照片(反射光)

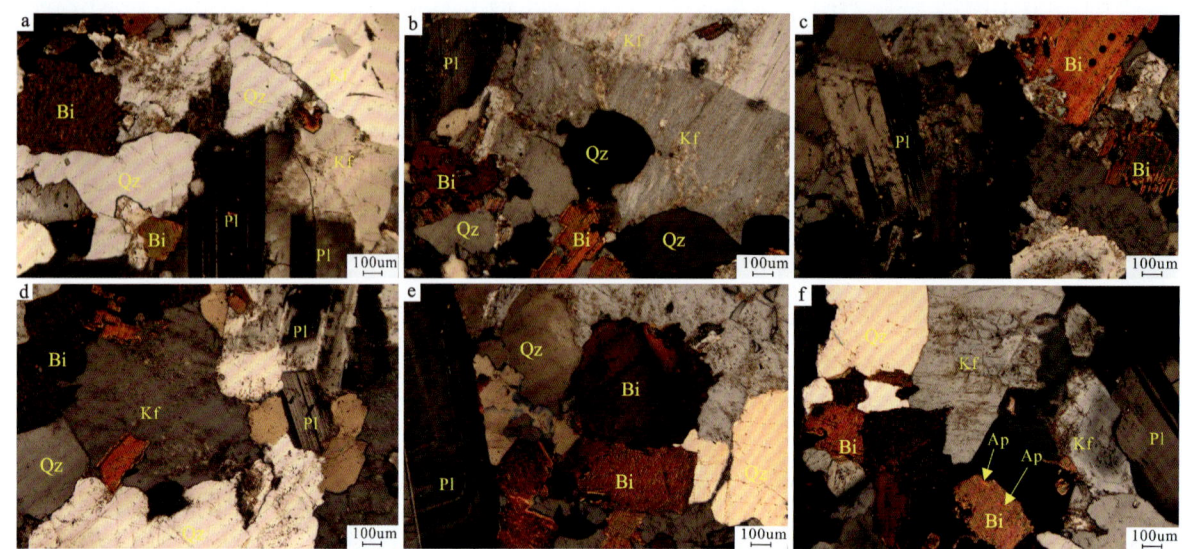

Bi. 黑云母；Qz. 石英；Pl. 斜长石；Kf. 钾长石；Ap. 磷灰石

图 4-20 二长花岗岩矿物组分及其结构特征（正交偏光）

2）测试方法及其结果

电子探针分析方法及其结果

黑云母电子探针（EMPA）分析在中国冶金地质总局山东局测试中心完成。采用 JEOL 公司 JXA-8230 型电子探针显微分析仪。工作电压 15kV，工作电流 20nA，分析束斑直径 1~2μm。积分时间：主量元素（含量大于 1%）的峰值积分时间 10~20s，背景积分时间 5~10s；微量元素（含量小于 1%）的峰值积分时间 20~40s，背景积分时间 10~20s。所有数据均采用 ZAF 法进行基体校正。

电子探针分析结果见表 4-3。对于黑云母阳离子数的计算，以 22 个氧原子为基准，使用路远发（2004）提供的 Geokit 软件和林文蔚等（1994）的计算方法来确定黑云母中阳离子数及相关参数的值。

表 4-3 白牛厂二长花岗岩黑云母电子探针分析结果　　　　　　　　　　　　　　单位：%

组分	1	2	3	4	5	6	7	8	9	10	11	12	13
白牛厂二长花岗岩													
SiO_2	35.35	35.87	35.60	35.55	35.67	33.92	35.79	36.28	36.03	36.07	35.73	36.08	36.37
Al_2O_3	13.07	13.42	13.68	13.44	13.11	12.93	13.38	13.43	13.60	13.40	13.26	13.67	13.47
TiO_2	4.15	4.47	4.48	4.39	4.59	4.44	4.45	4.17	4.21	4.30	4.10	3.58	4.24
FeO^T	22.01	21.89	21.96	21.82	22.36	22.59	22.27	22.10	22.76	22.88	22.64	22.68	22.12
MnO	0.34	0.30	0.36	0.40	0.39	0.50	0.37	0.32	0.38	0.37	0.28	0.33	0.32
MgO	9.42	9.67	9.43	9.46	9.27	8.88	9.27	9.35	9.33	9.20	9.41	9.44	9.71
CaO	0.13	0.05	0.06	0.14	0.06	0.14	0.05	0.03	0.01	0.00	0.02	0.03	0.05
Na_2O	0.30	0.21	0.28	0.29	0.22	0.46	0.29	0.29	0.26	0.24	0.22	0.24	0.24
K_2O	9.51	9.69	9.68	9.63	9.44	9.27	9.47	9.55	9.45	9.53	9.78	9.50	9.64
F	0.99	1.08	1.03	1.05	0.91	0.94	1.10	1.19	1.07	1.11	1.08	1.11	1.08
Cl	0.26	0.31	0.32	0.32	0.28	0.31	0.31	0.31	0.31	0.32	0.34	0.33	0.28
总计	94.27	95.57	95.52	95.11	95.12	93.11	95.33	95.52	96.03	95.98	95.44	95.55	96.15

续表 4-3

组分	1	2	3	4	5	6	7	8	9	10	11	12	13
以 22 个氧原子为基准计算的阳离子数和相关参数													
Si	5.67	5.69	5.66	5.67	5.69	5.57	5.69	5.74	5.69	5.71	5.69	5.70	5.72
Al^{IV}	1.70	1.64	1.67	1.68	1.64	1.74	1.63	1.56	1.61	1.55	1.54	1.55	1.62
Al^{VI}	0.77	0.87	0.89	0.85	0.82	0.76	0.88	0.95	0.92	0.95	0.95	1.00	0.87
Ti	0.48	0.51	0.51	0.50	0.53	0.52	0.51	0.48	0.48	0.49	0.47	0.41	0.48
Fe^{3+}	0.79	0.78	0.80	0.81	0.84	0.95	0.83	0.81	0.87	0.88	0.87	0.89	0.78
Fe^{2+}	2.16	2.12	2.12	2.10	2.14	2.15	2.13	2.11	2.14	2.15	2.15	2.11	2.12
Mn	0.05	0.04	0.05	0.05	0.05	0.07	0.05	0.04	0.05	0.05	0.04	0.04	0.04
Mg	2.47	2.55	2.51	2.50	2.46	2.47	2.47	2.47	2.46	2.46	2.53	2.50	2.50
Ca	0.02	0.01	0.01	0.02	0.01	0.02	0.01	0.00	0.00	0.00	0.00	0.01	0.01
Na	0.09	0.07	0.09	0.09	0.07	0.15	0.09	0.09	0.08	0.07	0.07	0.07	0.07
K	1.80	1.77	1.76	1.78	1.75	1.77	1.74	1.73	1.71	1.72	1.76	1.71	1.76
OH^*	2.52	2.50	2.49	2.45	2.50	2.43	2.45	2.47	2.53	2.52	2.61	2.65	2.52
F	0.66	0.76	0.74	0.73	0.66	0.69	0.76	0.81	0.75	0.79	0.79	0.77	0.73
Cl	0.07	0.08	0.09	0.09	0.08	0.09	0.08	0.08	0.08	0.09	0.09	0.09	0.08
SUM	16.00	16.04	16.08	16.05	16.00	16.17	16.02	15.99	16.01	16.03	16.07	15.98	15.98
Al^T	2.47	2.51	2.57	2.53	2.46	2.50	2.51	2.50	2.53	2.50	2.49	2.54	2.50
Fe^{3+}/Fe^{2+}	0.37	0.37	0.37	0.38	0.39	0.44	0.39	0.38	0.40	0.41	0.40	0.42	0.37
$Fe^{2+}/(Mg+Fe^{2+})$	0.47	0.45	0.46	0.46	0.47	0.47	0.46	0.46	0.47	0.47	0.46	0.46	0.46
X_{Mg}	0.53	0.55	0.54	0.54	0.53	0.53	0.54	0.54	0.53	0.53	0.54	0.54	0.54
$Fe^\#$	0.27	0.27	0.27	0.28	0.28	0.31	0.28	0.28	0.29	0.29	0.29	0.30	0.27
$Mg^\#$	0.46	0.47	0.46	0.46	0.45	0.44	0.45	0.46	0.45	0.45	0.46	0.45	0.46
MF	0.45	0.46	0.46	0.46	0.45	0.44	0.45	0.45	0.45	0.44	0.45	0.45	0.46
$T(℃)$	736.68	745.83	745.30	743.74	747.54	746.36	743.99	736.77	735.73	738.15	734.47	717.26	737.65
$p(MPa)$	95.15	107.02	124.36	112.38	93.63	105.21	106.99	105.82	113.56	104.24	101.40	117.89	103.08
$H(km)$	3.60	4.04	4.70	4.25	3.54	3.98	4.04	4.00	4.29	3.94	3.83	4.46	3.90
$\lg f_{O_2}$	−15.64	−15.36	−15.38	−15.43	−15.31	−15.35	−15.42	−15.64	−15.67	−15.59	−15.71	−16.24	−15.61
IV(F)	1.02	0.96	0.96	0.96	1.02	0.98	0.94	0.92	0.96	0.94	0.96	0.97	0.98
IV(Cl)	−4.16	−4.26	−4.27	−4.29	−4.21	−4.27	−4.25	−4.26	−4.23	−4.26	−4.28	−4.25	−4.21
IV(F/Cl)	5.18	5.22	5.23	5.25	5.23	5.25	5.19	5.18	5.19	5.20	5.24	5.22	5.19
$\lg(f_{H_2O}/f_{HF})$	4.51	4.41	4.41	4.42	4.45	4.42	4.40	4.41	4.46	4.42	4.46	4.56	4.46
$\lg(f_{H_2O}/f_{HCl})_{fluid}$	4.00	3.90	3.89	3.88	3.94	3.88	3.90	3.92	3.94	3.91	3.90	3.97	3.97
$\lg(f_{HF}/f_{HCl})_{fluid}$	0.19	0.20	0.16	0.15	0.16	0.13	0.19	0.20	0.17	0.17	0.15	0.13	0.20

续表 4-3

组分	14	15	16	17	18	19	20	21	22	23	24	25	26
白牛厂二长花岗岩													
SiO_2	36.01	35.96	35.72	35.94	35.76	36.09	36.03	36.01	35.93	35.71	36.25	35.98	35.94
Al_2O_3	13.51	13.37	13.53	13.83	13.51	13.61	13.59	13.50	13.67	13.78	13.56	13.51	13.69
TiO_2	4.41	4.08	4.51	4.02	4.16	4.15	4.33	4.44	4.32	4.48	4.03	4.37	4.16
FeO^T	22.36	22.32	22.46	22.24	22.37	22.66	22.16	22.33	22.53	21.78	22.17	22.73	22.83
MnO	0.30	0.32	0.38	0.29	0.30	0.29	0.33	0.34	0.30	0.32	0.31	0.37	0.37
MgO	9.42	9.59	9.22	9.55	9.44	9.48	9.48	9.59	9.51	9.36	9.69	9.04	8.90
CaO	0.00	0.02	0.02	0.00	0.00	0.01	0.00	0.01	0.00	0.03	0.02	0.00	0.00
Na_2O	0.20	0.22	0.24	0.22	0.21	0.20	0.15	0.20	0.21	0.24	0.24	0.16	0.18
K_2O	9.78	9.57	9.49	9.69	9.54	9.66	9.61	9.74	9.68	9.54	9.64	9.76	9.57
F	1.03	1.11	1.07	1.03	1.03	1.07	1.03	1.03	1.02	1.02	1.01	0.91	0.88
Cl	0.32	0.33	0.30	0.26	0.33	0.31	0.29	0.30	0.31	0.31	0.30	0.29	0.33
总计	95.99	95.44	95.56	95.79	95.29	96.15	95.67	96.15	96.13	95.22	95.91	95.93	95.65
以 22 个氧原子为基准计算的阳离子数和相关参数													
Si	5.70	5.70	5.68	5.67	5.68	5.69	5.70	5.69	5.68	5.68	5.71	5.70	5.70
Al^{IV}	1.59	1.55	1.65	1.69	1.57	1.60	1.62	1.63	1.62	1.66	1.58	1.61	1.56
Al^{VI}	0.93	0.95	0.89	0.89	0.96	0.93	0.91	0.88	0.92	0.92	0.93	0.92	1.00
Ti	0.50	0.47	0.51	0.46	0.48	0.47	0.49	0.50	0.49	0.51	0.46	0.50	0.48
Fe^{3+}	0.81	0.87	0.83	0.75	0.86	0.82	0.78	0.80	0.82	0.77	0.83	0.80	0.87
Fe^{2+}	2.15	2.09	2.16	2.19	2.11	2.16	2.15	2.15	2.15	2.12	2.09	2.21	2.16
Mn	0.04	0.04	0.05	0.04	0.04	0.04	0.04	0.04	0.04	0.04	0.04	0.05	0.05
Mg	2.51	2.56	2.46	2.48	2.53	2.49	2.50	2.52	2.51	2.50	2.53	2.41	2.40
Ca	0.00	0.00	0.00	0.00	0.00	0.00	0.00	0.00	0.00	0.00	0.00	0.00	0.00
Na	0.06	0.07	0.08	0.07	0.07	0.06	0.04	0.06	0.06	0.07	0.07	0.05	0.06
K	1.76	1.73	1.73	1.78	1.72	1.74	1.75	1.77	1.74	1.74	1.74	1.78	1.73
OH^*	2.57	2.56	2.48	2.64	2.60	2.60	2.58	2.55	2.59	2.51	2.61	2.62	2.65
F	0.76	0.80	0.75	0.71	0.76	0.75	0.73	0.74	0.74	0.74	0.72	0.68	0.69
Cl	0.08	0.09	0.08	0.07	0.09	0.08	0.08	0.08	0.08	0.08	0.08	0.08	0.09
SUM	16.05	16.02	16.03	16.00	16.03	16.02	15.99	16.05	16.04	16.02	16.00	16.02	16.00
Al^T	2.52	2.50	2.53	2.57	2.53	2.53	2.53	2.51	2.54	2.58	2.52	2.52	2.56
Fe^{3+}/Fe^{2+}	0.37	0.42	0.38	0.34	0.41	0.38	0.36	0.37	0.38	0.36	0.40	0.36	0.40
$Fe^{2+}/(Mg+Fe^{2+})$	0.46	0.45	0.47	0.47	0.45	0.46	0.46	0.46	0.46	0.46	0.45	0.48	0.47
X_{Mg}	0.54	0.55	0.53	0.53	0.55	0.54	0.54	0.54	0.54	0.54	0.55	0.52	0.53
$Fe^\#$	0.27	0.29	0.28	0.25	0.29	0.28	0.27	0.27	0.28	0.27	0.28	0.26	0.29

续表 4-3

组分	14	15	16	17	18	19	20	21	22	23	24	25	26
$Mg^{\#}$	0.46	0.46	0.45	0.46	0.46	0.45	0.46	0.46	0.46	0.46	0.46	0.44	0.44
MF	0.46	0.46	0.45	0.45	0.46	0.45	0.46	0.46	0.45	0.46	0.46	0.44	0.44
T(℃)	742.03	735.53	744.38	729.45	737.06	733.64	740.00	742.87	738.98	745.45	732.82	738.05	733.26
p(MPa)	110.78	103.89	115.06	126.65	113.76	113.38	114.45	108.72	118.10	129.12	109.99	111.52	122.27
H(km)	4.19	3.93	4.35	4.79	4.30	4.28	4.33	4.11	4.46	4.88	4.16	4.21	4.62
$\lg f_{O_2}$	−15.48	−15.67	−15.41	−15.86	−15.63	−15.73	−15.54	−15.45	−15.57	−15.37	−15.76	−15.60	−15.74
IV(F)	0.97	0.95	0.95	1.01	0.97	0.97	0.98	0.98	0.98	0.96	1.00	1.02	1.02
IV(Cl)	−4.25	−4.30	−4.24	−4.13	−4.28	−4.22	−4.21	−4.22	−4.23	−4.26	−4.24	−4.17	−4.23
IV(F/Cl)	5.22	5.24	5.19	5.14	5.25	5.20	5.20	5.20	5.21	5.22	5.24	5.19	5.24
$\lg(f_{H_2O}/f_{HF})$	4.43	4.45	4.41	4.53	4.46	4.48	4.46	4.44	4.46	4.42	4.51	4.50	4.52
$\lg(f_{H_2O}/f_{HCl})_{fluid}$	3.91	3.90	3.91	4.04	3.91	3.95	3.95	3.94	3.93	3.91	3.96	3.98	3.94
$\lg(f_{HF}/f_{HCl})_{fluid}$	0.17	0.17	0.19	0.21	0.15	0.17	0.19	0.19	0.17	0.18	0.16	0.15	0.09
组分	27	28	29	30	31	32	33	34	35	36	37	38	39
白牛厂二长花岗岩													
SiO_2	36.13	35.83	36.02	36.20	36.37	36.09	36.45	36.22	35.69	35.91	36.23	36.37	36.62
Al_2O_3	13.72	13.56	13.50	13.55	13.50	13.51	13.55	13.78	13.75	13.70	13.71	13.72	13.74
TiO_2	4.25	4.01	4.27	4.57	4.75	4.68	4.50	4.40	4.31	4.29	4.02	3.38	3.65
FeO^T	22.80	22.64	22.67	22.58	22.16	22.79	22.67	22.65	22.74	23.04	22.66	20.25	20.31
MnO	0.36	0.36	0.34	0.33	0.34	0.33	0.37	0.37	0.37	0.37	0.38	0.29	0.27
MgO	9.21	8.97	9.22	9.15	9.10	8.90	9.21	9.08	8.79	8.92	9.08	11.28	11.37
CaO	0.00	0.00	0.00	0.00	0.01	0.00	0.00	0.00	0.04	0.01	0.00	0.04	0.00
Na_2O	0.16	0.16	0.18	0.16	0.17	0.21	0.21	0.21	0.18	0.17	0.17	0.12	0.14
K_2O	9.47	9.62	9.66	9.90	9.46	9.62	9.60	9.53	9.53	9.45	9.64	9.38	9.79
F	1.00	1.01	0.96	0.89	0.94	0.81	0.92	0.99	0.87	0.97	0.95	1.06	1.12
Cl	0.32	0.31	0.31	0.30	0.29	0.28	0.28	0.31	0.31	0.30	0.31	0.25	0.27
总计	96.10	95.14	95.86	96.45	95.86	96.12	96.55	96.23	95.41	95.88	95.88	94.83	95.90
以22个氧原子为基准计算的阳离子数和相关参数													
Si	5.70	5.70	5.70	5.71	5.74	5.71	5.73	5.71	5.68	5.68	5.72	5.69	5.70
Al^{IV}	1.59	1.57	1.58	1.59	1.61	1.61	1.61	1.60	1.63	1.61	1.56	1.69	1.67
Al^{VI}	0.96	0.97	0.94	0.93	0.90	0.91	0.90	0.96	0.95	0.94	0.99	0.83	0.86
Ti	0.48	0.46	0.49	0.52	0.54	0.53	0.51	0.50	0.49	0.49	0.46	0.39	0.41
Fe^{3+}	0.86	0.82	0.83	0.78	0.78	0.81	0.80	0.83	0.83	0.85	0.83	0.75	0.72

续表 4-3

组分	27	28	29	30	31	32	33	34	35	36	37	38	39
Fe^{2+}	2.15	2.19	2.17	2.20	2.15	2.21	2.17	2.16	2.20	2.20	2.16	1.90	1.93
Mn	0.05	0.05	0.05	0.04	0.05	0.04	0.05	0.05	0.05	0.05	0.05	0.04	0.04
Mg	2.44	2.42	2.45	2.43	2.40	2.36	2.40	2.41	2.36	2.38	2.42	2.82	2.84
Ca	0.00	0.00	0.00	0.00	0.00	0.00	0.00	0.00	0.01	0.00	0.00	0.01	0.00
Na	0.05	0.05	0.05	0.05	0.05	0.06	0.06	0.06	0.06	0.05	0.05	0.04	0.04
K	1.71	1.76	1.75	1.79	1.73	1.75	1.74	1.72	1.75	1.72	1.74	1.73	1.77
OH^*	2.59	2.65	2.61	2.60	2.48	2.57	2.55	2.54	2.61	2.59	2.65	2.72	2.69
F	0.73	0.74	0.71	0.68	0.68	0.62	0.66	0.72	0.66	0.70	0.70	0.69	0.74
Cl	0.09	0.08	0.08	0.08	0.08	0.08	0.07	0.08	0.08	0.08	0.08	0.07	0.07
SUM	15.98	16.00	16.01	16.04	15.94	16.00	15.98	15.99	16.00	15.99	15.98	15.88	15.97
Al^T	2.55	2.54	2.52	2.52	2.51	2.52	2.51	2.56	2.58	2.56	2.55	2.53	2.52
Fe^{3+}/Fe^{2+}	0.40	0.38	0.38	0.36	0.36	0.37	0.37	0.38	0.38	0.39	0.39	0.39	0.37
$Fe^{2+}/(Mg+Fe^{2+})$	0.47	0.47	0.47	0.48	0.47	0.48	0.47	0.47	0.48	0.48	0.47	0.40	0.40
X_{Mg}	0.53	0.53	0.53	0.52	0.53	0.52	0.53	0.53	0.52	0.52	0.53	0.60	0.60
$Fe^\#$	0.29	0.27	0.28	0.26	0.27	0.27	0.27	0.28	0.27	0.28	0.28	0.28	0.27
$Mg^\#$	0.45	0.45	0.45	0.45	0.45	0.44	0.45	0.45	0.44	0.44	0.45	0.52	0.52
MF	0.44	0.44	0.45	0.44	0.45	0.44	0.44	0.44	0.43	0.43	0.44	0.51	0.51
$T(℃)$	736.03	729.07	737.03	743.56	749.70	745.76	741.76	739.72	736.34	735.42	728.87	721.84	729.75
$P(MPa)$	119.61	117.47	110.32	110.83	107.47	109.99	106.74	122.34	128.06	121.61	119.80	113.19	110.96
$H(km)$	4.52	4.44	4.17	4.19	4.06	4.16	4.03	4.62	4.84	4.60	4.53	4.28	4.19
$\lg f_{O_2}$	−15.66	−15.87	−15.63	−15.43	−15.25	−15.37	−15.49	−15.54	−15.65	−15.67	−15.88	−16.09	−15.85
IV(F)	0.98	0.99	1.00	1.02	1.00	1.05	1.02	0.98	1.03	1.00	1.01	1.05	1.01
IV(Cl)	−4.24	−4.20	−4.21	−4.20	−4.20	−4.16	−4.17	−4.23	−4.19	−4.19	−4.20	−4.23	−4.26
IV(F/Cl)	5.22	5.18	5.21	5.21	5.20	5.20	5.18	5.20	5.22	5.19	5.21	5.27	5.27
$\lg(f_{H_2O}/f_{HF})$	4.48	4.51	4.49	4.47	4.42	4.49	4.48	4.45	4.52	4.49	4.53	4.63	4.55
$\lg(f_{H_2O}/f_{HCl})_{fluid}$	3.93	3.97	3.95	3.94	3.93	3.96	3.98	3.93	3.95	3.95	3.97	4.07	4.02
$\lg(f_{HF}/f_{HCl})_{fluid}$	0.14	0.14	0.15	0.14	0.17	0.13	0.17	0.14	0.09	0.13	0.12	0.25	0.27
组分	40	41	42	43	44	45	46	47	48	49	50	51	52
	白牛厂二长花岗岩												
SiO_2	36.34	36.35	36.37	36.09	36.20	36.10	35.86	35.73	35.77	35.94	35.99	35.86	35.83
Al_2O_3	13.51	13.78	13.68	13.66	13.69	13.55	13.67	13.35	13.50	13.52	13.49	13.65	13.59
TiO_2	3.54	3.94	3.70	4.22	3.94	4.13	4.24	4.42	4.42	4.38	4.42	4.34	4.43

续表 4-3

组分	40	41	42	43	44	45	46	47	48	49	50	51	52
FeO^T	20.03	20.54	20.34	20.59	21.06	20.49	20.97	22.68	22.75	22.75	22.76	22.89	22.77
MnO	0.29	0.26	0.23	0.24	0.25	0.23	0.22	0.33	0.35	0.31	0.31	0.36	0.31
MgO	11.35	10.89	10.96	10.63	10.66	10.47	10.30	9.18	9.02	9.41	9.23	9.26	9.27
CaO	0.06	0.01	0.01	0.00	0.00	0.02	0.00	0.02	0.00	0.00	0.00	0.01	0.00
Na_2O	0.20	0.12	0.13	0.12	0.10	0.17	0.09	0.31	0.26	0.25	0.25	0.29	0.21
K_2O	9.90	9.70	9.77	9.81	9.81	9.78	9.77	9.59	9.43	9.38	9.57	9.55	9.56
F	1.05	0.96	1.01	1.01	0.95	1.02	0.87	0.93	0.95	0.93	0.95	0.92	0.97
Cl	0.22	0.22	0.24	0.27	0.25	0.28	0.30	0.31	0.33	0.33	0.32	0.33	0.31
总计	95.21	95.59	95.18	95.35	95.70	94.93	95.11	95.60	95.50	95.94	96.01	96.20	95.96
以 22 个氧原子为基准计算的阳离子数和相关参数													
Si	5.69	5.68	5.70	5.69	5.68	5.70	5.68	5.69	5.69	5.68	5.70	5.67	5.68
Al^{IV}	1.73	1.74	1.69	1.69	1.69	1.66	1.65	1.59	1.57	1.58	1.57	1.60	1.61
Al^{VI}	0.76	0.80	0.83	0.84	0.84	0.87	0.90	0.91	0.96	0.94	0.95	0.95	0.93
Ti	0.41	0.45	0.43	0.48	0.45	0.47	0.48	0.51	0.51	0.50	0.50	0.49	0.50
Fe^{3+}	0.66	0.67	0.67	0.68	0.71	0.69	0.74	0.87	0.89	0.91	0.88	0.90	0.85
Fe^{2+}	1.96	2.02	1.99	2.03	2.06	2.02	2.03	2.14	2.13	2.10	2.14	2.13	2.17
Mn	0.04	0.03	0.03	0.03	0.03	0.03	0.03	0.05	0.05	0.04	0.04	0.05	0.04
Mg	2.81	2.72	2.76	2.73	2.70	2.70	2.70	2.46	2.44	2.50	2.47	2.47	2.47
Ca	0.01	0.00	0.00	0.00	0.00	0.00	0.00	0.00	0.00	0.00	0.00	0.00	0.00
Na	0.06	0.04	0.04	0.04	0.03	0.05	0.03	0.09	0.08	0.08	0.08	0.09	0.07
K	1.84	1.79	1.80	1.79	1.80	1.79	1.77	1.74	1.70	1.69	1.72	1.72	1.73
OH^*	2.68	2.69	2.72	2.64	2.73	2.62	2.71	2.54	2.55	2.57	2.56	2.58	2.58
F	0.67	0.64	0.68	0.71	0.66	0.72	0.67	0.70	0.73	0.70	0.72	0.70	0.72
Cl	0.06	0.06	0.06	0.07	0.07	0.07	0.08	0.08	0.09	0.09	0.09	0.09	0.08
SUM	15.97	15.94	15.94	16.00	15.98	15.99	16.01	16.06	16.03	16.02	16.04	16.06	16.04
Al^T	2.49	2.54	2.53	2.54	2.53	2.52	2.55	2.50	2.53	2.52	2.52	2.55	2.54
Fe^{3+}/Fe^{2+}	0.34	0.33	0.34	0.34	0.34	0.34	0.36	0.41	0.42	0.43	0.41	0.42	0.39
$Fe^{2+}/(Mg+Fe^{2+})$	0.41	0.43	0.42	0.43	0.43	0.43	0.43	0.47	0.47	0.46	0.46	0.46	0.47
X_{Mg}	0.59	0.57	0.58	0.57	0.57	0.57	0.57	0.53	0.53	0.54	0.54	0.54	0.53
$Fe^\#$	0.25	0.25	0.25	0.25	0.26	0.26	0.27	0.29	0.30	0.30	0.29	0.30	0.28
$Mg^\#$	0.52	0.50	0.51	0.50	0.49	0.50	0.49	0.45	0.45	0.45	0.45	0.45	0.45
MF	0.51	0.50	0.51	0.50	0.49	0.50	0.49	0.45	0.44	0.45	0.45	0.44	0.45
$T(℃)$	726.16	735.25	729.67	743.94	733.55	742.07	743.97	742.66	742.42	742.07	742.02	739.42	741.40
$p(MPa)$	102.33	116.51	112.50	115.39	113.50	111.83	119.78	105.51	113.88	110.69	109.45	118.34	115.81
$H(km)$	3.87	4.40	4.25	4.36	4.29	4.23	4.53	3.99	4.30	4.18	4.14	4.47	4.38
$\lg f_{O_2}$	−15.96	−15.68	−15.85	−15.42	−15.73	−15.48	−15.42	−15.46	−15.46	−15.48	−15.48	−15.55	−15.49

续表 4-3

组分	40	41	42	43	44	45	46	47	48	49	50	51	52
IV(F)	1.05	1.07	1.05	1.01	1.06	1.01	1.05	0.99	0.98	1.00	0.98	1.00	0.99
IV(Cl)	−4.17	−4.14	−4.18	−4.23	−4.17	−4.25	−4.27	−4.24	−4.27	−4.27	−4.26	−4.26	−4.23
IV(F/Cl)	5.23	5.21	5.23	5.25	5.23	5.25	5.31	5.24	5.24	5.27	5.24	5.26	5.22
$\lg(f_{H_2O}/f_{HF})$	4.61	4.58	4.59	4.48	4.58	4.48	4.52	4.46	4.44	4.47	4.45	4.48	4.46
$\lg(f_{H_2O}/f_{HCl})_{fluid}$	4.11	4.09	4.08	3.98	4.06	3.97	3.94	3.91	3.89	3.90	3.90	3.91	3.92
$\lg(f_{HF}/f_{HCl})_{fluid}$	0.30	0.28	0.27	0.25	0.24	0.24	0.17	0.14	0.13	0.13	0.14	0.12	0.15
组分	53	54	55	56	57	58	59	60	61	62	63	64	65
白牛厂二长花岗岩													
SiO_2	35.54	35.95	36.29	35.79	35.23	35.78	35.87	35.81	36.14	35.70	35.73	35.62	35.48
Al_2O_3	13.82	13.70	13.70	13.69	13.80	13.75	13.72	13.81	13.57	13.22	13.38	13.35	13.49
TiO_2	4.26	4.41	4.17	4.23	4.18	4.18	4.14	4.10	4.07	4.29	4.48	4.53	4.52
FeO^T	22.86	22.41	22.25	23.01	23.20	22.99	22.60	22.57	22.38	22.82	23.19	23.36	22.90
MnO	0.28	0.35	0.29	0.41	0.44	0.39	0.41	0.38	0.40	0.50	0.43	0.47	0.49
MgO	9.49	9.50	9.55	8.88	8.60	8.84	8.94	8.88	9.09	8.94	8.77	8.73	8.66
CaO	0.02	0.00	0.02	0.00	0.01	0.00	0.00	0.00	0.02	0.02	0.00	0.00	0.01
Na_2O	0.24	0.22	0.20	0.22	0.23	0.25	0.20	0.25	0.24	0.15	0.13	0.16	0.18
K_2O	8.76	9.56	9.61	9.64	9.36	9.58	9.73	9.50	9.64	9.63	9.56	9.51	9.75
F	0.95	1.02	0.99	1.05	0.93	0.91	0.91	0.95	0.95	0.91	0.85	0.83	0.95
Cl	0.32	0.34	0.31	0.37	0.37	0.35	0.32	0.35	0.34	0.35	0.33	0.34	0.34
总计	95.26	96.10	96.08	95.87	95.04	95.77	95.61	95.30	95.55	95.27	95.66	95.73	95.48
以 22 个氧原子为基准计算的阳离子数和相关参数													
Si	5.63	5.68	5.71	5.69	5.65	5.69	5.70	5.70	5.73	5.70	5.69	5.68	5.68
Al^{IV}	1.66	1.59	1.59	1.53	1.58	1.55	1.59	1.55	1.53	1.52	1.55	1.56	1.59
Al^{VI}	0.92	0.96	0.95	1.03	1.03	1.03	0.98	1.04	1.01	0.97	0.96	0.95	0.96
Ti	0.48	0.50	0.47	0.48	0.48	0.48	0.47	0.47	0.47	0.49	0.51	0.52	0.52
Fe^{3+}	0.97	0.87	0.81	0.91	0.96	0.91	0.83	0.89	0.87	0.92	0.90	0.94	0.86
Fe^{2+}	2.06	2.09	2.11	2.15	2.15	2.14	2.17	2.12	2.10	2.13	2.18	2.18	2.21
Mn	0.04	0.05	0.04	0.06	0.06	0.05	0.06	0.05	0.05	0.07	0.06	0.06	0.07
Mg	2.51	2.53	2.50	2.44	2.40	2.42	2.41	2.43	2.45	2.46	2.40	2.39	2.40
Ca	0.00	0.00	0.00	0.00	0.00	0.00	0.00	0.00	0.00	0.00	0.00	0.00	0.00
Na	0.07	0.07	0.06	0.07	0.07	0.08	0.06	0.08	0.07	0.05	0.04	0.05	0.06
K	1.60	1.71	1.73	1.72	1.69	1.71	1.76	1.71	1.73	1.74	1.73	1.72	1.77
OH*	2.57	2.55	2.60	2.57	2.61	2.62	2.64	2.61	2.60	2.60	2.61	2.60	2.56
F	0.68	0.76	0.71	0.80	0.74	0.73	0.70	0.74	0.72	0.72	0.68	0.68	0.74

续表 4-3

组分	40	41	42	43	44	45	46	47	48	49	50	51	52
Cl	0.09	0.09	0.08	0.10	0.10	0.10	0.09	0.09	0.09	0.10	0.09	0.09	0.09
SUM	15.94	16.05	15.98	16.07	16.06	16.06	16.03	16.02	16.01	16.05	16.03	16.05	16.09
Al^T	2.58	2.55	2.54	2.56	2.61	2.57	2.57	2.59	2.53	2.49	2.51	2.51	2.55
Fe^{3+}/Fe^{2+}	0.47	0.42	0.39	0.42	0.44	0.43	0.38	0.42	0.41	0.43	0.41	0.43	0.39
$Fe^{2+}/(Mg+Fe^{2+})$	0.45	0.45	0.46	0.47	0.47	0.47	0.47	0.47	0.46	0.46	0.48	0.48	0.48
X_{Mg}	0.55	0.55	0.54	0.53	0.53	0.53	0.53	0.53	0.54	0.54	0.52	0.52	0.52
$Fe^{\#}$	0.32	0.29	0.28	0.30	0.31	0.30	0.28	0.30	0.29	0.30	0.29	0.30	0.28
$Mg^{\#}$	0.45	0.46	0.46	0.44	0.44	0.44	0.45	0.45	0.45	0.45	0.44	0.43	0.44
MF	0.45	0.46	0.46	0.44	0.43	0.44	0.44	0.44	0.45	0.44	0.43	0.43	0.43
T(℃)	739.75	743.45	735.79	735.67	734.25	734.22	732.80	733.53	733.12	739.25	741.51	742.91	742.71
p(MPa)	128.48	120.04	116.49	123.91	136.64	127.22	125.30	131.59	114.99	101.17	107.90	107.13	118.16
H(km)	4.86	4.54	4.40	4.68	5.16	4.81	4.74	4.97	4.35	3.82	4.08	4.05	4.47
$\lg f_{O_2}$	-15.54	-15.43	-15.66	-15.67	-15.71	-15.71	-15.75	-15.73	-15.75	-15.56	-15.49	-15.45	-15.46
IV(F)	1.01	0.96	1.00	0.94	0.97	0.99	1.00	0.97	0.99	0.99	1.02	1.02	0.97
IV(Cl)	-4.27	-4.31	-4.24	-4.30	-4.29	-4.27	-4.22	-4.28	-4.27	-4.29	-4.24	-4.25	-4.25
IV(F/Cl)	5.28	5.26	5.23	5.24	5.26	5.26	5.22	5.25	5.26	5.28	5.25	5.26	5.22
$\lg(f_{H_2O}/f_{HF})$	4.49	4.43	4.50	4.43	4.48	4.49	4.51	4.48	4.50	4.47	4.48	4.47	4.43
$\lg(f_{H_2O}/f_{HCl})_{fluid}$	3.91	3.87	3.95	3.86	3.87	3.89	3.95	3.89	3.91	3.88	3.90	3.89	3.88
$\lg(f_{HF}/f_{HCl})_{fluid}$	0.13	0.15	0.15	0.11	0.06	0.08	0.11	0.09	0.10	0.09	0.09	0.08	0.11

组分	66	67	68	69	70	71	72	73	74	75	76	77	78
白牛厂二长花岗岩													
SiO_2	35.65	35.56	35.68	35.62	35.97	36.01	35.85	35.89	35.94	35.64	35.93	35.83	35.62
Al_2O_3	13.48	13.44	13.30	13.52	13.83	13.71	13.89	13.88	13.86	13.80	13.88	13.62	13.51
TiO_2	4.49	4.55	4.28	4.40	5.05	4.70	4.73	4.56	4.46	4.66	4.50	4.59	4.61
FeO^T	23.15	23.29	22.05	23.03	22.68	22.75	22.73	22.73	23.14	23.11	22.72	22.77	22.78
MnO	0.45	0.44	0.49	0.46	0.42	0.44	0.43	0.44	0.43	0.49	0.48	0.48	0.49
MgO	8.87	8.82	9.07	8.90	8.23	8.68	8.68	8.84	8.67	8.68	8.56	8.69	8.68
CaO	0.00	0.00	0.09	0.01	0.02	0.00	0.00	0.01	0.00	0.02	0.00	0.02	0.00
Na_2O	0.19	0.13	0.16	0.15	0.19	0.16	0.21	0.14	0.15	0.17	0.14	0.17	0.14
K_2O	9.57	9.58	9.44	9.64	9.38	9.66	9.49	9.46	9.58	9.43	9.64	9.55	9.48
F	0.91	0.92	0.91	0.87	0.92	0.92	0.89	0.90	0.90	0.80	0.88	0.87	0.94

续表 4-3

组分	66	67	68	69	70	71	72	73	74	75	76	77	78
Cl	0.36	0.34	0.31	0.34	0.34	0.29	0.32	0.31	0.33	0.33	0.33	0.33	0.33
总计	95.86	95.80	94.56	95.73	95.77	96.12	96.01	95.94	96.23	96.00	95.84	95.71	95.31
以 22 个氧原子为基准计算的阳离子数和相关参数													
Si	5.68	5.67	5.70	5.67	5.72	5.70	5.69	5.68	5.69	5.66	5.70	5.70	5.69
Al^{IV}	1.55	1.58	1.62	1.57	1.61	1.65	1.64	1.64	1.59	1.63	1.60	1.60	1.60
Al^{VI}	0.98	0.94	0.89	0.96	0.99	0.91	0.95	0.94	0.99	0.95	0.99	0.95	0.94
Ti	0.51	0.52	0.49	0.50	0.57	0.53	0.54	0.52	0.51	0.53	0.51	0.52	0.53
Fe^{3+}	0.94	0.90	0.84	0.90	0.81	0.77	0.82	0.83	0.86	0.90	0.82	0.85	0.86
Fe^{2+}	2.15	2.20	2.11	2.17	2.20	2.24	2.19	2.18	2.20	2.17	2.20	2.18	2.18
Mn	0.06	0.06	0.07	0.06	0.06	0.06	0.06	0.06	0.06	0.07	0.06	0.06	0.07
Mg	2.44	2.41	2.43	2.43	2.27	2.32	2.35	2.37	2.35	2.36	2.33	2.36	2.38
Ca	0.00	0.00	0.02	0.00	0.00	0.00	0.00	0.00	0.00	0.00	0.00	0.00	0.00
Na	0.06	0.04	0.05	0.05	0.06	0.05	0.06	0.04	0.05	0.05	0.04	0.05	0.04
K	1.71	1.73	1.76	1.74	1.70	1.76	1.72	1.72	1.72	1.71	1.74	1.74	1.73
OH^*	2.57	2.59	2.54	2.62	2.42	2.53	2.52	2.56	2.59	2.57	2.59	2.55	2.53
F	0.73	0.72	0.66	0.70	0.71	0.68	0.68	0.68	0.70	0.65	0.69	0.68	0.72
Cl	0.10	0.09	0.08	0.09	0.09	0.08	0.08	0.08	0.09	0.09	0.09	0.09	0.09
SUM	16.08	16.06	15.97	16.06	15.98	16.01	16.02	15.99	16.02	16.03	16.01	16.02	16.02
Al^T	2.53	2.53	2.50	2.54	2.59	2.56	2.59	2.59	2.59	2.58	2.60	2.55	2.54
Fe^{3+}/Fe^{2+}	0.44	0.41	0.40	0.42	0.37	0.35	0.38	0.38	0.39	0.41	0.37	0.39	0.39
$Fe^{2+}/(Mg+Fe^{2+})$	0.47	0.48	0.46	0.47	0.49	0.49	0.48	0.48	0.48	0.48	0.49	0.48	0.48
X_{Mg}	0.53	0.52	0.54	0.53	0.51	0.51	0.52	0.52	0.52	0.52	0.51	0.52	0.52
$Fe^\#$	0.30	0.29	0.28	0.29	0.27	0.26	0.27	0.27	0.28	0.29	0.27	0.28	0.28
$Mg^\#$	0.44	0.44	0.45	0.44	0.43	0.44	0.44	0.44	0.43	0.43	0.44	0.44	0.44
MF	0.44	0.43	0.45	0.44	0.42	0.43	0.43	0.44	0.43	0.43	0.43	0.43	0.43
$T(℃)$	743.17	742.93	739.93	740.07	753.66	744.91	747.02	742.71	739.15	745.22	740.48	744.23	745.28
$p(MPa)$	113.90	112.10	105.81	115.89	132.29	122.42	133.27	131.35	130.53	129.57	133.44	120.43	117.56
$H(km)$	4.30	4.24	4.00	4.38	5.00	4.63	5.04	4.96	4.93	4.90	5.04	4.55	4.44
$\lg f_{O_2}$	−15.44	−15.45	−15.54	−15.53	−15.13	−15.39	−15.32	−15.45	−15.56	−15.38	−15.52	−15.41	−15.38
IV(F)	0.98	0.99	1.02	1.01	0.95	1.00	0.99	1.00	0.99	1.02	1.00	1.00	0.98
IV(Cl)	−4.30	−4.24	−4.24	−4.26	−4.25	−4.16	−4.22	−4.21	−4.22	−4.24	−4.21	−4.23	−4.24
IV(F/Cl)	5.28	5.23	5.26	5.27	5.20	5.16	5.21	5.21	5.22	5.26	5.21	5.23	5.22
$\lg(f_{H_2O}/f_{HF})$	4.44	4.45	4.49	4.48	4.36	4.44	4.43	4.47	4.47	4.48	4.47	4.45	4.42

续表 4-3

组分	66	67	68	69	70	71	72	73	74	75	76	77	78
$\lg(f_{H_2O}/f_{HCl})_{fluid}$	3.85	3.89	3.92	3.89	3.85	3.95	3.90	3.93	3.91	3.89	3.92	3.90	3.89
$\lg(f_{HF}/f_{HCl})_{fluid}$	0.09	0.11	0.11	0.09	0.10	0.15	0.12	0.12	0.09	0.07	0.10	0.10	0.13

组分	79	80	81	82	83	84	85	86	87	88	89	90	91
	白牛厂二长花岗岩												
SiO_2	35.66	35.94	35.99	35.48	35.31	35.03	35.10	34.86	35.17	35.38	35.55	35.40	35.57
Al_2O_3	13.71	13.84	13.65	13.50	13.58	13.58	13.49	13.50	13.70	13.66	13.48	13.48	13.43
TiO_2	4.50	4.17	4.16	5.02	4.96	4.72	4.81	4.72	4.59	4.44	4.43	4.35	4.18
FeO^T	22.92	23.10	23.12	23.04	22.96	23.31	23.30	23.06	23.42	23.33	23.32	22.88	23.06
MnO	0.46	0.44	0.46	0.53	0.54	0.52	0.52	0.52	0.46	0.52	0.52	0.45	0.54
MgO	8.67	8.83	8.93	8.54	8.54	8.58	8.50	8.55	8.64	8.67	8.87	8.88	9.00
CaO	0.01	0.00	0.00	0.06	0.06	0.05	0.04	0.07	0.07	0.04	0.04	0.15	0.06
Na_2O	0.16	0.11	0.17	0.12	0.11	0.11	0.13	0.15	0.09	0.13	0.10	0.09	0.12
K_2O	9.46	9.58	9.53	9.33	9.26	9.40	9.32	9.07	9.13	9.24	8.97	9.02	9.33
F	0.82	0.97	0.93	0.84	0.92	0.91	0.85	0.82	0.82	0.91	0.92	0.91	0.96
Cl	0.34	0.35	0.31	0.34	0.35	0.33	0.35	0.35	0.39	0.38	0.39	0.35	0.36
总计	95.53	96.01	96.00	95.60	95.31	95.30	95.21	94.50	95.26	95.42	95.28	94.69	95.29
以 22 个氧原子为基准计算的阳离子数和相关参数													
Si	5.68	5.69	5.69	5.66	5.65	5.62	5.64	5.62	5.63	5.65	5.66	5.65	5.67
Al^{IV}	1.59	1.56	1.58	1.65	1.65	1.69	1.64	1.67	1.61	1.58	1.54	1.63	1.57
Al^{VI}	0.98	1.02	0.96	0.89	0.91	0.88	0.92	0.90	0.98	0.99	0.99	0.90	0.96
Ti	0.51	0.47	0.47	0.57	0.56	0.54	0.55	0.54	0.52	0.50	0.50	0.50	0.48
Fe^{3+}	0.89	0.88	0.88	0.89	0.90	0.89	0.93	0.95	0.99	0.98	1.03	0.94	0.97
Fe^{2+}	2.16	2.18	2.17	2.19	2.18	2.24	2.20	2.16	2.14	2.13	2.07	2.12	2.11
Mn	0.06	0.06	0.06	0.07	0.07	0.07	0.07	0.07	0.06	0.07	0.07	0.06	0.07
Mg	2.38	2.40	2.39	2.33	2.36	2.36	2.36	2.38	2.39	2.40	2.44	2.39	2.45
Ca	0.00	0.00	0.00	0.01	0.01	0.01	0.01	0.01	0.01	0.01	0.01	0.03	0.01
Na	0.05	0.03	0.05	0.04	0.03	0.04	0.04	0.05	0.03	0.04	0.03	0.03	0.04
K	1.71	1.72	1.73	1.72	1.70	1.74	1.71	1.68	1.66	1.67	1.62	1.68	1.70
OH^*	2.60	2.64	2.63	2.46	2.45	2.53	2.52	2.52	2.58	2.56	2.55	2.53	2.58
F	0.67	0.74	0.69	0.66	0.70	0.69	0.68	0.66	0.67	0.72	0.72	0.66	0.72
Cl	0.09	0.09	0.08	0.09	0.10	0.09	0.09	0.09	0.10	0.10	0.10	0.09	0.10
SUM	16.02	16.01	16.00	16.02	16.02	16.06	16.06	16.02	16.01	16.03	15.97	15.92	16.01
Al^T	2.57	2.58	2.54	2.54	2.56	2.57	2.55	2.56	2.58	2.57	2.53	2.54	2.52

续表 4-3

组分	79	80	81	82	83	84	85	86	87	88	89	90	91
Fe^{3+}/Fe^{2+}	0.41	0.41	0.41	0.40	0.41	0.40	0.42	0.44	0.46	0.46	0.50	0.44	0.46
$Fe^{2+}/(Mg+Fe^{2+})$	0.48	0.48	0.48	0.48	0.48	0.49	0.48	0.48	0.47	0.47	0.46	0.47	0.46
X_{Mg}	0.52	0.52	0.52	0.52	0.52	0.51	0.52	0.52	0.53	0.53	0.54	0.53	0.54
$Fe^{\#}$	0.29	0.29	0.29	0.29	0.29	0.28	0.30	0.31	0.32	0.32	0.33	0.31	0.31
$Mg^{\#}$	0.44	0.44	0.44	0.43	0.43	0.43	0.43	0.43	0.43	0.44	0.44	0.44	0.44
MF	0.43	0.43	0.43	0.43	0.43	0.42	0.42	0.43	0.43	0.43	0.43	0.43	0.44
T(℃)	742.30	731.96	731.98	753.95	753.30	746.07	749.63	749.02	744.83	741.31	742.94	739.90	735.55
p(MPa)	126.52	129.52	118.07	116.45	123.53	125.21	120.75	124.12	129.31	125.97	113.89	115.53	111.08
H(km)	4.78	4.89	4.46	4.40	4.67	4.73	4.56	4.69	4.89	4.76	4.30	4.37	4.20
$\lg f_{O_2}$	−15.47	−15.78	−15.78	−15.12	−15.14	−15.35	−15.25	−15.27	−15.39	−15.50	−15.45	−15.54	−15.67
IV(F)	1.02	0.98	1.01	1.00	0.97	0.99	0.99	1.01	1.01	0.98	0.98	1.02	0.98
IV(Cl)	−4.25	−4.25	−4.21	−4.25	−4.28	−4.22	−4.27	−4.28	−4.32	−4.32	−4.35	−4.28	−4.31
IV(F/Cl)	5.26	5.23	5.22	5.25	5.25	5.22	5.26	5.29	5.33	5.29	5.33	5.30	5.29
$\lg(f_{H_2O}/f_{HF})$	4.48	4.49	4.52	4.41	4.38	4.44	4.42	4.44	4.46	4.45	4.44	4.49	4.48
$\lg(f_{H_2O}/f_{HCl})_{fluid}$	3.89	3.91	3.95	3.85	3.83	3.89	3.85	3.85	3.83	3.84	3.82	3.87	3.87
$\lg(f_{HF}/f_{HCl})_{fluid}$	0.07	0.09	0.11	0.08	0.09	0.10	0.07	0.06	0.02	0.06	0.06	0.05	0.08
组分	92	93	94	95	96	97	98	99	100	101	102	103	104
白牛厂二长花岗岩													
SiO_2	35.37	35.61	35.52	35.23	35.37	35.55	35.90	35.31	34.88	35.46	35.17	34.86	35.61
Al_2O_3	13.56	13.60	13.49	13.52	13.51	13.64	13.46	13.45	13.53	13.41	13.53	13.77	13.69
TiO_2	4.70	4.64	4.54	4.46	4.41	4.10	3.97	4.03	4.21	4.34	4.53	4.31	4.22
FeO^T	23.21	23.08	23.17	22.83	22.89	23.35	22.86	23.00	23.19	22.56	23.07	23.11	23.05
MnO	0.49	0.49	0.48	0.49	0.46	0.55	0.52	0.64	0.60	0.58	0.61	0.60	0.59
MgO	8.62	8.79	8.67	8.71	8.84	8.93	9.22	8.74	8.68	8.86	8.68	8.77	8.87
CaO	0.07	0.04	0.04	0.07	0.04	0.04	0.06	0.11	0.07	0.06	0.09	0.06	0.06
Na_2O	0.12	0.11	0.16	0.12	0.13	0.08	0.14	0.21	0.11	0.09	0.10	0.09	0.08
K_2O	9.35	9.26	9.34	9.44	9.52	9.57	9.48	9.30	9.27	9.43	9.14	8.76	9.39
F	0.89	0.88	0.95	0.88	0.98	0.91	0.95	1.00	0.91	0.87	0.89	0.78	0.96
Cl	0.35	0.33	0.36	0.35	0.32	0.35	0.33	0.41	0.41	0.35	0.34	0.36	0.38
总计	95.49	95.63	95.42	94.88	95.16	95.82	95.60	94.77	94.55	94.79	94.91	94.33	95.55
以 22 个氧原子为基准计算的阳离子数和相关参数													
Si	5.65	5.66	5.67	5.65	5.66	5.65	5.69	5.67	5.62	5.68	5.63	5.60	5.67

续表 4-3

组分	92	93	94	95	96	97	98	99	100	101	102	103	104
Al^{IV}	1.63	1.63	1.58	1.61	1.64	1.59	1.58	1.53	1.57	1.59	1.66	1.66	1.57
Al^{VI}	0.92	0.92	0.96	0.94	0.91	0.97	0.94	1.01	1.00	0.94	0.89	0.94	0.99
Ti	0.53	0.53	0.52	0.51	0.50	0.47	0.45	0.46	0.48	0.50	0.52	0.49	0.48
Fe^{3+}	0.91	0.91	0.94	0.90	0.86	0.94	0.92	1.03	1.02	0.91	0.94	1.03	0.95
Fe^{2+}	2.19	2.16	2.16	2.16	2.20	2.17	2.11	2.06	2.10	2.11	2.15	2.08	2.11
Mn	0.07	0.07	0.07	0.07	0.06	0.07	0.07	0.09	0.08	0.08	0.08	0.08	0.08
Mg	2.36	2.38	2.39	2.41	2.41	2.42	2.45	2.44	2.45	2.43	2.37	2.42	2.43
Ca	0.01	0.01	0.01	0.01	0.01	0.01	0.01	0.02	0.01	0.01	0.01	0.01	0.01
Na	0.04	0.03	0.05	0.04	0.04	0.03	0.04	0.07	0.04	0.03	0.03	0.03	0.02
K	1.71	1.69	1.70	1.73	1.75	1.73	1.73	1.69	1.69	1.73	1.70	1.62	1.70
OH*	2.52	2.54	2.52	2.57	2.57	2.66	2.62	2.53	2.60	2.52	2.52	2.61	2.59
F	0.69	0.67	0.73	0.69	0.72	0.70	0.69	0.77	0.74	0.68	0.67	0.63	0.74
Cl	0.09	0.09	0.10	0.10	0.09	0.09	0.09	0.11	0.11	0.09	0.09	0.10	0.10
SUM	16.03	15.99	16.03	16.04	16.03	16.04	15.99	16.05	16.07	16.01	16.00	15.97	16.01
Al^T	2.55	2.55	2.54	2.56	2.55	2.56	2.51	2.54	2.57	2.53	2.55	2.61	2.57
Fe^{3+}/Fe^{2+}	0.42	0.42	0.43	0.42	0.39	0.43	0.43	0.50	0.49	0.43	0.44	0.49	0.45
$Fe^{2+}/(Mg+Fe^{2+})$	0.48	0.48	0.47	0.47	0.48	0.47	0.46	0.46	0.46	0.47	0.48	0.46	0.47
X_{Mg}	0.52	0.52	0.53	0.53	0.52	0.53	0.54	0.54	0.54	0.53	0.52	0.54	0.53
$Fe^\#$	0.29	0.30	0.30	0.29	0.28	0.30	0.30	0.33	0.33	0.30	0.30	0.33	0.31
$Mg^\#$	0.43	0.44	0.44	0.44	0.44	0.44	0.45	0.44	0.44	0.45	0.43	0.44	0.44
MF	0.43	0.43	0.43	0.43	0.44	0.43	0.44	0.43	0.43	0.44	0.43	0.43	0.44
$T(℃)$	746.67	745.70	743.81	742.51	739.84	730.50	729.01	732.97	737.40	740.63	743.55	740.20	735.57
$p(MPa)$	120.63	119.33	116.13	121.86	118.74	121.28	108.24	117.60	125.95	113.81	121.00	136.51	124.45
$H(km)$	4.56	4.51	4.39	4.61	4.49	4.58	4.09	4.44	4.76	4.30	4.57	5.16	4.70
$\lg f_{O_2}$	−15.34	−15.37	−15.42	−15.46	−15.54	−15.83	−15.87	−15.75	−15.61	−15.52	−15.43	−15.53	−15.67
IV(F)	0.99	1.01	0.97	1.00	0.98	1.01	1.01	0.94	0.97	1.01	1.00	1.04	0.97
IV(Cl)	−4.27	−4.25	−4.29	−4.28	−4.23	−4.26	−4.26	−4.38	−4.36	−4.28	−4.27	−4.30	−4.32
IV(F/Cl)	5.26	5.26	5.26	5.28	5.21	5.27	5.27	5.32	5.33	5.29	5.27	5.34	5.29
$\lg(f_{H_2O}/f_{HF})$	4.44	4.46	4.42	4.46	4.45	4.53	4.54	4.46	4.47	4.48	4.46	4.52	4.47
$\lg(f_{H_2O}/f_{HCl})_{fluid}$	3.86	3.88	3.85	3.86	3.91	3.91	3.93	3.81	3.82	3.88	3.87	3.87	3.85
$\lg(f_{HF}/f_{HCl})_{fluid}$	0.07	0.09	0.09	0.07	0.13	0.06	0.09	0.04	0.03	0.07	0.07	0.02	0.06

注：氧化系数 $Fe^\# = Fe^{3+}/(Fe^{2+}+Fe^{3+})$；镁指数 $Mg^\# = Mg/(Mg+Fe^{3+}+Fe^{2+})$；$X_{Mg} = Mg/(Mg+Fe^{2+})$；$MF = Mg/(Mg+Fe+Mn)$。

在 Mg-(Al^{VI}+Fe^{3+}+Ti)-(Fe^{2+}+Mn)图解中(图 4-21a),大部分样品数据点位于铁质黑云母范围内,而小部分样品数据点则靠近铁镁质黑云母界限附近,指示属于铁镁质黑云母。在 $10×TiO_2$-(FeO^T+MnO)-MgO 图解中(图 4-21b),指示白牛厂二长花岗岩中黑云母均为原生黑云母(Nachit et al.,2005)。

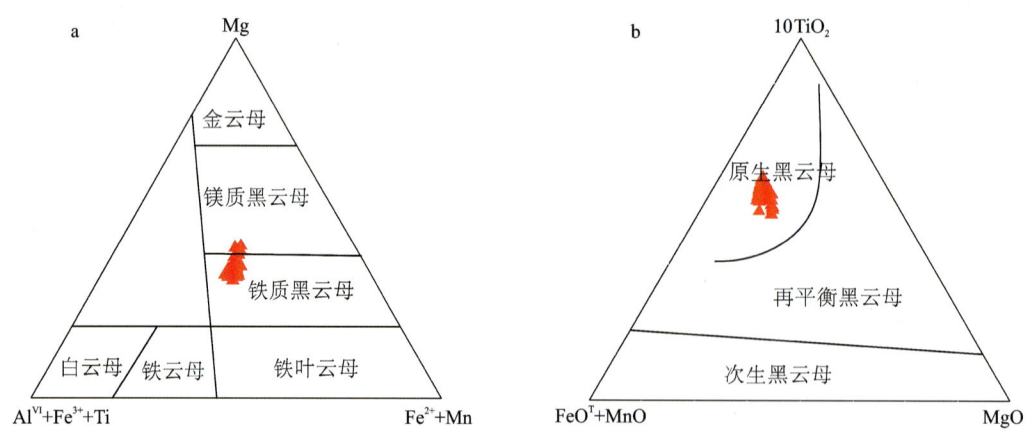

图 4-21 白牛厂二长花岗岩黑云母成分图解

a.黑云母 Mg-(Al^{VI}+Fe^{3+}+Ti)-(Fe^{2+}+Mn)分类图(据 Foster,1960);b.黑云母 $10TiO_2$-(FeO^T+MnO)-MgO 类型图(据 Nachit et al.,2005)

白牛厂二长花岗岩黑云母总体具有富 Si(SiO_2 含量为 33.92%~36.62%)、Al(Al_2O_3 含量为 12.93%~13.89%)、Ti(TiO_2 含量为 3.38%~5.05%)、Fe(FeO 含量为 20.03%~23.42%)、Mg(MgO 含量为 8.23%~11.37%)、K(K_2O 含量为 8.76%~9.90%),贫 Mn(MnO 含量为 0.22%~0.64%)、Ca(CaO 含量为 0~0.15%)和 Na(含量为 0.08%~0.46%)的特征。Mg/(Mg+Fe^{2+})比值为 0.51~0.60,均值 0.53,标准差 0.02,且变化较为均一,表面它几乎未遭后期流体改造(Stone,2000)。白牛厂二长花岗岩中黑云母 CaO 含量极低或未能检测到,说明其基本未受后期热液流体蚀变作用,如绿泥石化和碳酸盐化等,这表明了它是在原生岩浆结晶作用中形成的(Kumar et al.,2010),这也表明本次的黑云母均为岩浆成因。

如图 4-22 所示,TiO_2、MnO、Al_2O_3、FeO^T 含量与 MgO 含量呈显著的负相关,K_2O、SiO_2 含量与 MgO 含量呈明显的正相关。

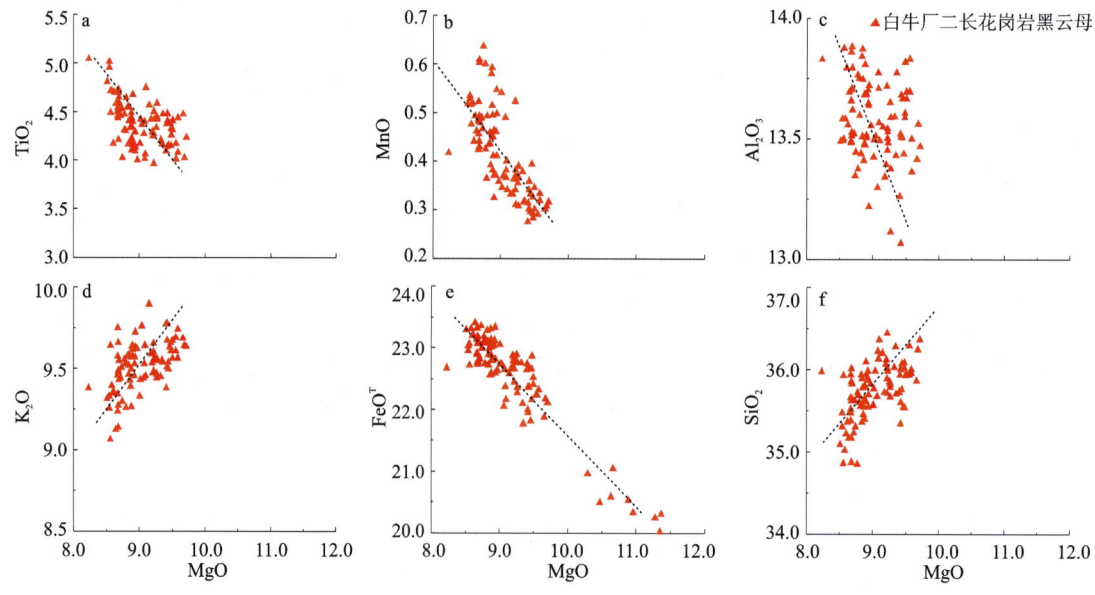

图 4-22 白牛厂二长花岗岩黑云母 MgO 与 TiO_2、Al_2O_3、FeO^T、MnO、K_2O、SiO_2 相关图解

黑云母 LA-ICP-MS 分析方法及其分析结果

黑云母微量元素分析在中国冶金地质总局山东局测试中心利用 LA-ICP-MS 分析完成。激光剥蚀系统为美国 Conherent 公司生产的 GeoLasPro 193nm ArF 准分子系统,ICP-MS 为 Thermo Fisher ICAP Q。束斑直径为 $40\mu m$,频率为 6Hz,能量密度为 $10\sim 12J/cm^2$。采样方式为单点剥蚀、跳峰采集;采集时间模式为 25s 气体空白+60s 样品剥蚀+25s 冲洗。样品的元素含量计算运用 ICPMSDataCal 数据处理程序,采用归一化法(Ca)校正。

LA-ICP-MS 分析结果见表 4-4。本次测试的所有黑云母稀土元素含量均较低,较多元素含量位于检测限之下。稀土元素总量(ΣREE)为 $(0.02\sim 8.99)\times 10^{-6}$,均值 0.50×10^{-6}。微量元素分析结果显示,黑云母中高于检测限的元素主要有 Li、Sc、V、Cr、Co、Ni、Zn、Ga、Rb、Nb、Sn、Cs、Ba、Pb 等。

表 4-4 白牛厂二长花岗岩黑云母 LA-ICP-MS 微量元素分析结果   单位:$\times 10^{-6}$

组分	REE	Li	Sc	V	Cr	Co	Ni	Zn	Ga	Rb	Nb	Sn	Cs	Ba	Pb
1	0.04	213.60	53.40	392.50	103.70	45.91	56.70	264.90	50.80	766.00	151.80	6.12	74.90	2 747.00	3.85
2	0.08	209.30	52.54	377.40	101.60	45.72	55.00	255.70	51.37	763.30	146.60	6.04	64.35	2 333.00	3.90
3	0.10	216.50	55.61	393.00	101.40	46.19	56.70	265.90	51.10	701.00	158.10	6.00	38.34	3 301.00	4.38
4	0.11	264.70	55.70	392.70	107.80	52.10	46.00	339.30	46.11	1 086.00	210.50	9.52	76.80	1 929.00	2.51
5	0.04	256.90	54.60	379.40	108.60	51.61	44.80	326.50	45.22	1 199.00	208.60	10.08	73.00	3 118.00	2.07
6	0.06	255.60	53.90	381.80	106.30	52.46	44.20	329.00	44.80	1 108.00	202.50	12.24	91.80	1 714.00	2.72
7	0.06	224.60	54.97	374.40	103.70	49.49	43.30	387.50	46.46	868.00	145.90	17.40	117.80	1 399.00	4.88
8	0.07	220.60	54.02	374.50	104.10	48.95	43.36	376.60	45.83	770.80	137.60	17.56	92.20	1 376.00	4.99
9	0.07	224.50	55.84	380.50	106.70	50.20	43.70	384.50	47.65	745.60	140.00	17.81	80.50	1 648.00	5.19
10	0.04	225.90	55.78	376.50	104.10	50.54	45.18	389.00	47.60	736.20	156.20	17.57	57.00	2 070.00	5.15
11	0.02	237.60	55.27	380.50	100.20	51.28	46.30	284.50	47.44	724.50	151.30	9.25	100.50	2 329.00	4.38
12	0.03	240.40	54.95	386.30	99.50	50.49	47.20	291.80	47.87	730.00	148.20	9.22	70.90	2 191.00	4.48
13	0.07	215.20	58.80	373.80	104.50	44.63	41.20	399.80	50.10	965.00	159.30	32.10	64.70	1 419.00	5.40
14	0.04	213.80	60.60	377.10	105.60	46.21	41.50	404.50	51.61	955.00	166.30	33.41	40.85	1 570.00	5.07
15	0.05	218.50	55.19	375.00	102.40	45.78	42.70	405.50	51.26	921.00	179.30	35.20	37.41	1 579.00	4.73
16	0.28	210.30	59.30	419.00	108.60	49.60	44.20	419.00	52.80	832.00	162.30	31.70	35.39	1 804.00	5.96
17	0.17	206.30	57.50	404.20	105.30	50.30	44.30	405.20	52.31	1 053.00	160.30	30.40	56.70	1 767.00	5.23
18	0.11	205.30	57.00	417.00	102.30	50.30	44.70	428.00	50.10	898.00	154.50	32.10	52.30	2 269.00	5.39
19	8.99	226.40	57.10	389.00	98.60	51.30	46.60	428.00	53.70	903.00	171.90	31.50	37.90	3 356.00	5.42
20	0.02	222.30	55.50	370.00	91.30	49.80	45.10	412.00	49.90	881.00	193.60	31.40	38.00	2 890.00	4.52
21	0.10	218.00	55.20	373.20	101.80	50.60	42.90	415.00	51.00	1 020.00	168.70	31.50	68.10	1 837.00	5.00

白牛厂二长花岗岩中黑云母 Sn、Zn、Nb、Pb 的元素含量分别为 $(6.00\sim 35.2)\times 10^{-6}$、$(255.70\sim 428.00)\times 10^{-6}$、$(137.60\sim 210.5)\times 10^{-6}$、$(2.07\sim 5.96)\times 10^{-6}$。锡含量高的花岗岩代表着与锡矿形成密切相关的岩石,其锡含量通常在 $(16\sim 30)\times 10^{-6}$ 之间,甚至更高(Lehmann,2021;萧珂等,2023),测得白牛厂二长花岗岩 $w(Sn)$ 一组数据为 18.9×10^{-6},二长花岗岩中黑云母 $w(Sn)$ 为 $(6.0\sim 35.2)\times 10^{-6}$,平均值为 20.39×10^{-6},大于平均大陆地壳的值(2.1×10^{-6})(Rudnick et al.,2014),显示 Sn 在二长花岗岩中黑云母(均为岩浆黑云母)初步富集,未明显富集,验证了白牛厂锡成矿作用与隐伏花岗岩释放的富 Sn 岩浆流体有关(江鑫培,1990;高子英,1996)。

对比黑云母的主量及微量元素含量与整体岩石的主量及微量元素含量,采用大陆地壳标准化的方法,结果显示在图4-23中。相对于全岩组分来说,黑云母中富集TiO$_2$、FeO^T、MnO、MgO、K$_2$O、Li、Sc、V、Cr、Co、Ni、Zn、Ga、Rb、Nb、Cs、Ba元素(氧化物),亏损SiO$_2$、CaO、Na$_2$O、Pb元素(氧化物),说明黑云母是白牛厂二长花岗岩中TiO$_2$、FeO^T、MnO、MgO、K$_2$O、Li、Sc、V、Cr、Co、Ni、Zn、Ga、Rb、Nb、Cs、Ba元素(氧化物)的主要载体之一。黑云母中Zn、Nb、Sn元素含量高出平均大陆地壳中Zn、Nb、Sn元素含量的10倍左右,并且黑云母中Zn、Nb元素远远超于全岩中的含量。除此之外,值得注意的是,黑云母中Sn的元素含量与全岩中Sn的元素含量对比有不同的结果。黑云母是花岗岩中重要的含Sn矿物,它相对花岗岩应该更富集Sn(萧珂等,2023),但全岩中Sn含量比二长花岗岩中黑云母中Sn含量高,推测是由于全岩中存在Sn含量高的矿物,如锡石。

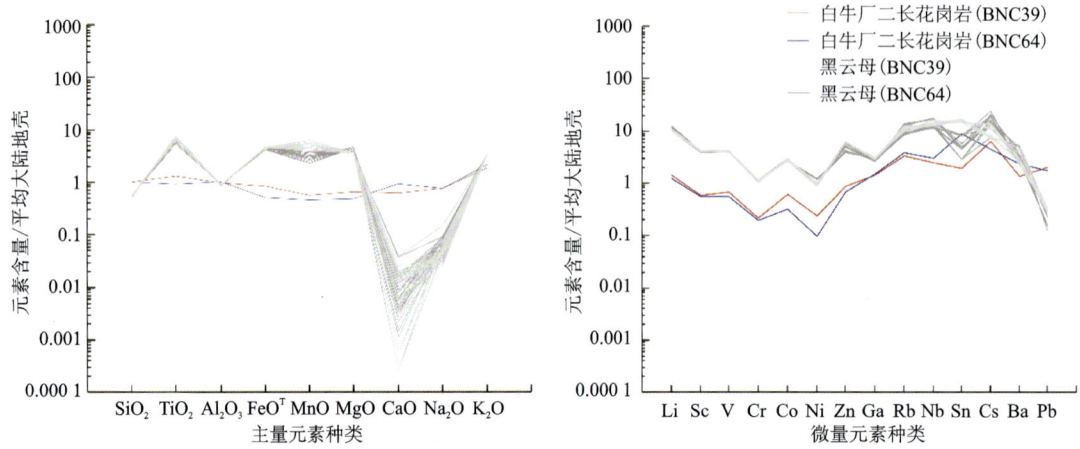

图4-23 黑云母与全岩主量元素、微量元素含量与平均大陆地壳值标准化对比图
(平均大陆地壳值据Rudnick et al.,2014)

2. 讨论

1)岩浆结晶的物理化学条件

白牛厂二长花岗岩为原生岩浆黑云母,通过对该黑云母主量元素组成进行计算,可以推断其形成时的温度、压力以及氧逸度等相关信息(李鸿莉等,2007a;张振,2019)。

温度是岩浆形成过程中的约束因素之一。Henry(2005)提出了黑云母的Ti温度计算公式为

$$T=\{[\ln(Ti)-a-c(X_{Mg})^3]/b\}^{0.333} \tag{4-1}$$

式中:T为温度(℃);Ti为以22个氧原子为基准计算的阳离子数;$X_{Mg}=Mg/(Mg+Fe)$;$a=-2.3594$;$b=4.6482\times10^{-9}$;$c=1.7283$。

公式标定范围:$X_{Mg}=0.275\sim1.000$,Ti$=0.04\sim0.6$apfu,$T=480\sim800$℃。利用此公式对白牛厂二长花岗岩中的黑云母进行计算(计算结果见表4-3),得到了白牛厂二长花岗岩中黑云母Ti温度为717~754℃,平均740℃,显示出相对较高的结晶温度。使用Ti-Mg/(Mg+Fe)图解(图4-24a)可知,白牛厂二长花岗岩中黑云母均位于700~800℃范围之间,与利用公式计算的结果相一致。公式计算和投图两种方式计算的温度相互对照,使得岩浆结晶温度准确性更高。

前人研究表明黑云母中全铝含量与花岗岩的固结压力具有良好正相关性(Uchida et al.,2007),关系式表现为

$$P(\times100\text{MPa})=3.03\times\text{Al}^T-6.53 \tag{4-2}$$

式中:Al^{T}为以22个氧原子基准计算的黑云母中的Al阳离子数,误差为±0.33MPa。

按照这个关系对白牛厂二长花岗岩中黑云母的结晶压力进行计算,计算结果如表4-3所示,得到白牛厂二长花岗岩中黑云母结晶压力94~137MPa,平均117MPa。根据$p=\rho gD$($\rho=2700$kg/m^3,$g=$

9.8m/s²)计算出对应的侵位深度为 3.54～5.16km,平均 4.42km。

对白牛厂黑云母温度、压力和侵位深度进行计算,白牛厂二长花岗岩结晶温度为 740℃,岩体侵位深度为 4.42km,暗示其形成深度较大,具中深成相位特点。

在研究岩浆体系的物理化学条件时,除了考虑温度和压力条件外,岩浆的氧逸度也是一个关键的参考指标(姚洪忠,2016;华洁文等,2023)。Wones 和 Eugester(1965)研究表明,随着岩浆系统氧逸度增加,熔体的 Fe^{3+}/Fe^{2+} 值增加,导致更少的 Fe^{2+} 与 Mg^{2+} 进入黑云母矿物的晶格中,因而可以根据 Fe^{3+}、Fe^{2+} 和 Mg^{2+} 原子百分数来估算黑云母结晶时的氧逸度。这种方法已经广泛应用于研究花岗岩或者斑岩型矿床的氧逸度(Parsapoor et al.,2015;Zhang et al.,2015)。其中,越靠近 Ni-NiO 缓冲曲线,其黑云母形成时的氧逸度越低。在 Fe^{3+}-Fe^{2+}-Mg^{2+} 图解中,白牛厂二长花岗岩黑云母样品投点落于 Fe_2O_3-Fe_3O_4 与 Ni-NiO 两条缓冲线之间及 Fe_2O_3-Fe_3O_4 缓冲线之上(图 4-24b),暗示黑云母结晶时的氧逸度低。Wones 和 Eugster(1965)提出了黑云母氧逸度计算公式,为

$$\lg f_{O_2} = -30930/(T+273) + 14.98 + 0.142 \times (p-1)/(T+273) \tag{4-3}$$

式中:T 为温度(℃);p 为压力(MPa)。

因此可以得到黑云母氧逸度介于 -16.24～-15.12 之间(表 4-3),平均 -15.55。通过黑云母 $\lg(f_{O_2})$-T 图解可知投点位于 NNO 与 FMQ 缓冲线之间,亦可以看出黑云母结晶时的氧逸度低(图 4-24c)。

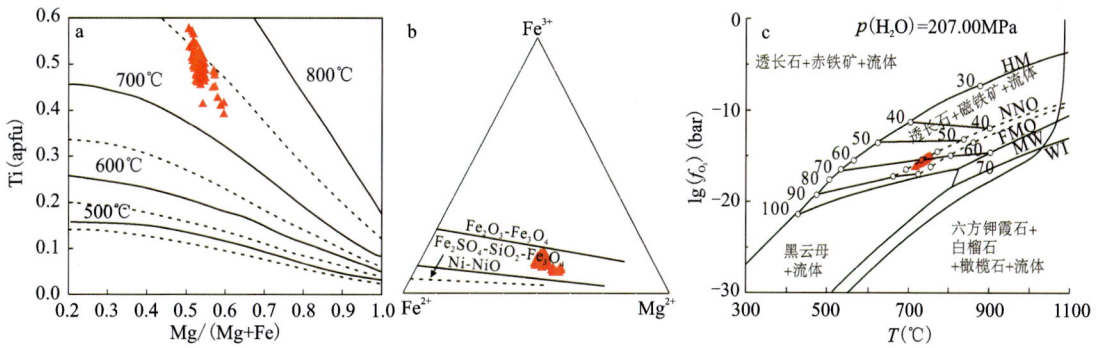

图 4-24　白牛厂二长花岗岩中黑云母相关图解

a. Ti-Mg/(Mg+Fe)等温线图(底图据 Henry et al.,2005);b. Fe^{3+}-Fe^{2+}-Mg^{2+} 图解(底图据 Wones,1965);c. $\lg(f_{O_2})$-T 图解(底图据 Wones,1965)

2)成岩指示意义

本次研究的黑云母均为原生黑云母。因此,它们的化学成分可以用来讨论岩石成因和源区特征等。Abdel-Rahman(1994)提出的 FeO^T-Al_2O_3 图解(图 4-25a)将花岗岩的结构源头划分为 3 类,即过铝质岩系(多为 S 型花岗岩),造山带钙碱性岩系(多为 I 型花岗岩),非造山带碱性岩系(多为 A 型花岗岩)。前人综合研究指出,I 型花岗岩中的黑云母富 Mg,S 型花岗岩中黑云母富 Al,A 型花岗岩中黑云母富 Fe。其中,S 型花岗岩较 I 型花岗岩具有更低的 $Fe^{\#}$ 和 $Mg^{\#}$ 值(徐克勤,1986)。黑云母的 MF 指数也可分辨花岗岩种类,当 MF>0.5 时,为 I 型花岗岩,当 MF<0.5 时,为 S 型花岗岩(Yang et al.,2015)。

本研究中选用的黑云母在 MgO-FeO^T-Al_2O_3、MgO-Al_2O_3 对岩石成因类型的判别图解中(图 4-25a、b)均落入过造山带钙碱岩系范围内,表现为富镁的特征。$Fe^{2+}/(Fe^{2+}+Mg)$ 值介于 0.40～0.49 之间,均值 0.47,属于铁镁质云母。白牛厂黑云母均具有较高的 $Fe^{\#}$(0.25～0.33)和 $Mg^{\#}$(0.43～0.52),MF 值在 0.42～0.51 之间,个别样品 MF>0.5。这些特征指示白牛厂二长花岗岩为 S 型花岗岩,但其兼具 I 型花岗岩的特征。这也侧面反映了燕山期的造山运动导致形成花岗岩类源岩组分的复杂性,从而使得造山带花岗岩 I 型、S 型分类不确定性。

黑云母中化学成分在判断岩浆的源区方面具有一定的作用,MgO 和 FeO^T 含量可以作为判断岩石物质来源的依据(周作侠,1986),典型幔源黑云母中 $w(MgO)>15\%$,壳源黑云母中 $w(MgO)<6\%$,本

次研究中黑云母 MgO 含量为 8.23%~11.37%,平均值 9.18%,具有壳幔过渡特点。同时在黑云母 FeO^T/(FeO^T+MgO)-MgO 图解(图 4-25c)上,大部分落在壳源区域,少部分落在壳幔混源区域。

综合分析结果,白牛厂二长花岗岩为 S 型花岗岩,有幔源物质混入。验证了形成 Sn 矿床的岩浆源区不仅仅有地壳物质的参与,还存在地幔物质的加入。

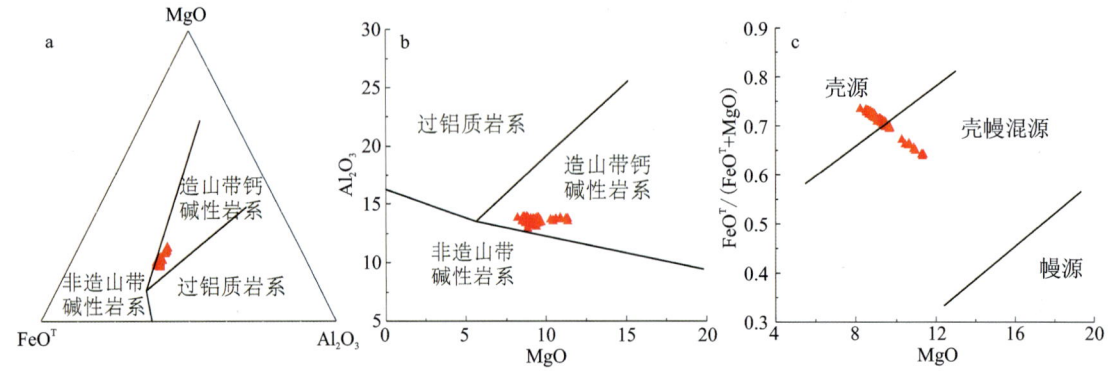

图 4-25 白牛厂二长花岗岩中黑云母成因图解

a. MgO-FeO^T-Al$_2$O$_3$ 图解(底图据 Abdel-RahMan,1994);b. 黑云母 Al$_2$O$_3$-MgO 图解(底图据 Abdel-Rah Man,1994);c. 黑云母源区 FeO^T/(FeO^T+MgO)-MgO 判别图(底图据周作侠,1986)

3)对 Sn 成矿指示意义

岩浆结晶温度

源区岩石即使富锡,要形成富锡岩浆,也需要锡能够有效的从源区中迁移到熔体中。岩石中锡主要赋存于磁铁矿、黑云母、榍石等矿物中(Lehmann,1990),只有在高温部分熔融作用下,黑云母等其他富锡矿物才会发生分解,使锡释放进入熔体(崔晓琳等,2022)。白牛厂二长花岗岩结晶温度平均为 740℃,属中高温环境,故白牛厂二长花岗岩的结晶温度有利于锡有效地从源区迁移到熔体。

岩浆氧逸度

氧逸度对源区含锡矿物的分解和岩浆分异演化过程中锡的富集程度均有重要影响(Wolf et al.,2018;Liu et al.,2019),主要是 Sn 在岩浆中存在的形式受氧逸度的制约。Sn 在流体、熔体中的存在形式主要有 Sn^{2+} 和 Sn^{4+}。当氧逸度较高时,锡在岩浆中主要以 Sn^{4+} 形式存在(Linnen et al.,1995,1996),Sn^{4+} 与 Ti^{4+} 等具有相近的离子半径,因此 Sn 容易以类质同象的方式进入到早期结晶的铁镁矿物(黑云母、角闪石等)中(Ishihara,1977,1981;Lehmann and Mahawat,1989;Farges et al.,2006);当氧逸度较低时,Sn 在岩浆中以 Sn^{2+} 形式存在,Sn^{2+} 离子半径较大不易进入矿物晶格,因此还原性岩浆有利于锡在晚期熔体中发生富集(Blevin and Chappel,1992),低氧逸度花岗岩有利于锡的成矿作用(Wones,1989;陈骏,2000;李鸿莉等,2007b)。此外,黑云母、榍石、磁铁矿等含锡矿物稳定性随氧逸度升高而增加,因此高氧逸度不利于 Sn 从含锡矿物中迁出,从而会导致熔体中亏损 Sn(Wolf et al.,2018;隋清霖等,2020;崔晓琳等,2022)。

因此,白牛厂二长花岗岩中黑云母所限定的氧逸度均落入 NNO 和 FMQ 所夹区域内(图 4-24c),指示低氧逸度为锡的富集提供了良好的条件,利于锡在熔体或流体中富集,并成矿。

黑云母挥发分

白牛厂二长花岗岩中黑云母卤素地球化学计算如表 4-4 所示。白牛厂二长花岗岩黑云母均具有相对富 F(0.62%~0.81%,平均 0.71%)、贫 Cl(0.06%~0.11%,平均 0.09%)的特征,这与 F、Cl 替代 OH 的程度有关,F 离子半径(1.31Å)较 Cl 离子半径(1.81Å)更接近 OH 离子半径(1.38Å),导致 F 在 OH 位置上的置换量明显大于 Cl(Munoz,1984)。由于存在"Fe-F 规避"和"Mg-Cl 规避"的晶体化学效应影响,为了准确反映黑云母中挥发组分的富集程度,根据 Munoz(1984)提出的计算公式,用 IV(F)、

IV(Cl)、IV(F/Cl)来计算 F 和 Cl 在黑云母中的富集程度,通过计算得到白牛厂黑云母 IV(F)值为 0.92～1.07,平均值 0.99,IV(Cl)值为 −4.38～−4.13,平均值 −4.25,IV(F/Cl)值为 5.14～5.34,平均值 5.24。研究表明,IV(F)值越小指示黑云母中 F 富集程度越高,IV(Cl)一般为负值,其绝对值越大指示黑云母中 Cl 富集程度越高(Munoz,1984),体现了白牛厂二长花岗岩中富集 F、Cl 元素。

F 和 Cl 对 Sn 成矿元素的迁移、富集和成矿过程具有重要作用,与锡成矿相关的花岗岩大多富集 F、Cl 等元素(Pollard et al.,1987;Webster et al.,2004;李鸿莉等,2007b)。黑云母是岩浆中主要 F、Cl 储库,其中的 F、Cl 含量可以反演初始岩浆和结晶时的挥发性组分特征。花岗岩中挥发分 F 的增加,可增大 Sn 在熔体中的溶解度,有利于 Sn 分配进入熔体相并随岩浆结晶分异逐步富集。而在岩浆热液中 Sn 主要与 Cl 形成络合物迁移,进入流体相的 Cl 的含量是影响 Sn 分配进入流体相的关键因素(胡晓燕等,2007)。总之,富 F 且要含有一定量的 Cl 有利于花岗岩岩浆演化过程中 Sn 元素的富集和迁移,在 IV(F/Cl)-IV(F)图解(图 4-26a)中,白牛厂二长花岗岩中黑云母计算结果均投于斑岩钼矿与锡-钨-铍矿共有交集区域,反映了白牛厂二长花岗岩中 F、Cl 元素的含量是有利于 Sn 元素富集从而运移沉淀形成锡矿的。

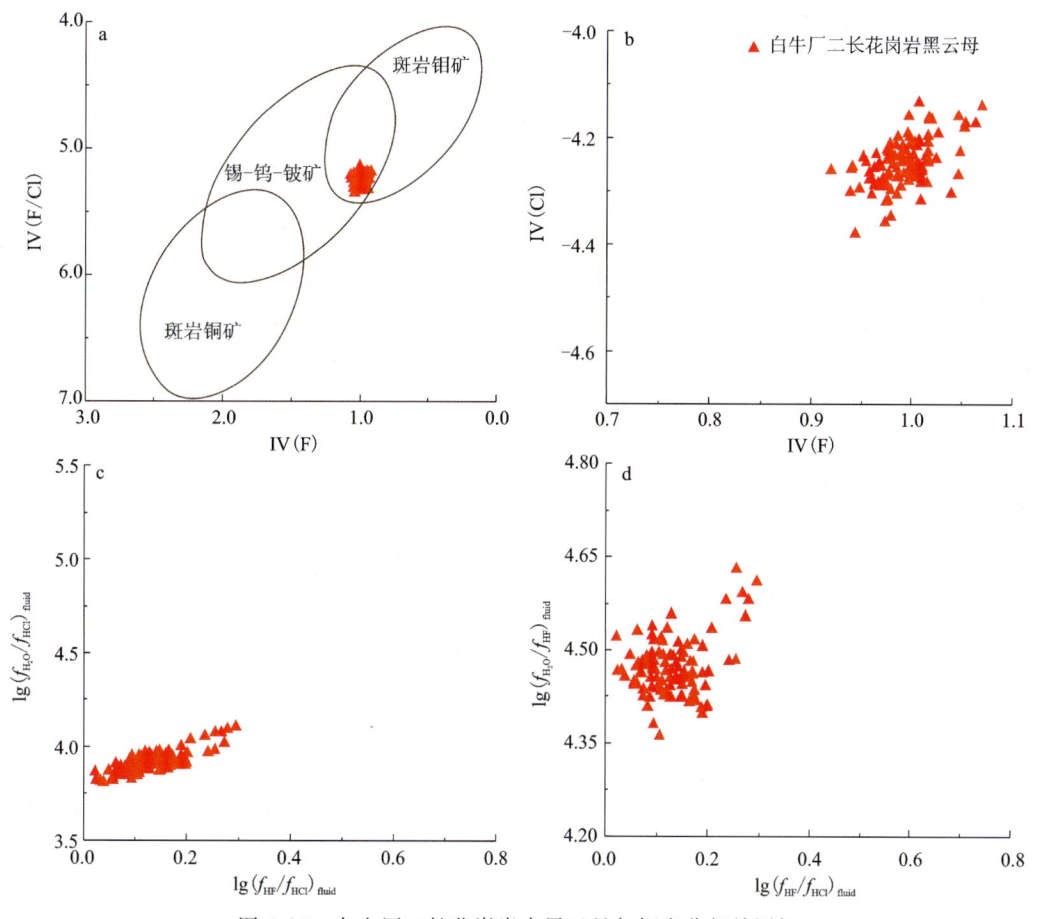

图 4-26 白牛厂二长花岗岩中黑云母与挥发分相关图解

a. IV(F/Cl)-IV(F)图解(底图据 Munoz,1984);b. IV(Cl)-IV(F)图解;c. $\lg(f_{H_2O}/f_{HCl})_{fluid}$-$\lg(f_{HF}/f_{HCl})_{fluid}$ 图解;

d. $\lg(f_{H_2O}/f_{HF})_{fluid}$-$\lg(f_{HF}/f_{HCl})_{fluid}$ 图解

黑云母中 F、Cl 含量常被用来计算岩浆或热液的卤素逸度,并作为成矿条件评估的依据(唐攀等,2017)。Munoz(1992)基于黑云母与热液间的 F-Cl-OH 交换改进系数,利用黑云母成分计算与黑云母成分平衡的硅酸盐熔体和含水流体相中的卤素逸度比值 $\lg(f_{H_2O}/f_{HF})$、$\lg(f_{H_2O}/f_{HCl})$ 和 $\lg(f_{HF}/f_{HCl})$,计算公式为:

$$\lg(f_{H_2O}/f_{HF})_{fluid} = 1000/T(2.37+1.1X_{phl}) + 0.43 - \lg(X_F/X_{OH})_{biotite}$$

$$\lg(f_{H_2O}/f_{HCl})_{fluid} = 1000/T(1.15-0.55X_{phl}) + 0.68 - \lg(X_{Cl}/X_{OH})_{biotite} \quad (4\text{-}4)$$

$$\lg(f_{HF}/f_{HCl})_{fluid} = -1000/T(1.22-1.65X_{phl}) + 0.25 + \lg(X_F/X_{Cl})_{biotite}$$

式中：X_{phl} 是黑云母八面体位置上 Mg 的摩尔分数；X_F、X_{Cl} 和 X_{OH} 分别是黑云母羟基位上的 F、Cl、OH 的摩尔分数；T 是卤素交换反应的开尔文温度。

计算结果如表 4-3 所示，与二长花岗岩共存的热液流体 $\lg(f_{H_2O}/f_{HF})_{fluid}$ 值为 4.36~4.63，平均值 4.47；$\lg(f_{H_2O}/f_{HCl})_{fluid}$ 值为 3.81~4.11，平均值 3.92；$\lg(f_{HF}/f_{HCl})_{fluid}$ 值为 0.02~0.30，平均 0.13。

3. 小结

本次研究通过测定白牛厂二长花岗岩中的黑云母主、微量元素组成，对其成岩成矿指示意义进行了探讨，主要认识如下。

（1）白牛厂二长花岗岩中黑云母较大部分样品数据点均落在铁质黑云母范围内，部分样品数据点落在铁镁质黑云母界限附近，属于铁镁质黑云母。

（2）白牛厂二长花岗岩中黑云母 $w(Sn)$ 为 $(6.0\sim35.2)\times10^{-6}$，表明了 Sn 在黑云母（均为岩浆黑云母）初步富集，为矿区后续形成锡矿床提供了成矿物质。

（3）白牛厂花岗岩形成于低氧逸度（$\lg f_{O_2}=-15.12\sim-16.24$）和中高温（717~754℃）环境，这有利于 Sn 分配进入熔体或流体相，进而有助于锡的富集。

（4）根据白牛厂二长花岗岩中黑云母成分特征综合分析，指示白牛厂二长花岗岩为 S 型花岗岩，属于造山带钙碱性岩系。

三、金属硫化物研究

1. 黄铁矿

1）样品采集及结构构造特征

在前期野外工作的基础上，结合白牛厂银多金属矿床多件样品进行宏观与显微特征观察，选取含黄铁矿矿物的 11 件花岗岩、花岗斑岩、矽卡岩、粉砂岩及矿石样品进行 LA-ICP-MS 原位微区激光剥蚀分析，对 BNC22-5、MJB23-9 共 2 件样品进行 LA-ICP-MS 面扫描分析。样品分别采自白牛厂白羊、咪尾-穿心洞、阿尾、对门山矿段及乐诗冲、母鸡白探矿权区域内地质钻孔岩芯及地层岩体内的新鲜岩矿石。

白牛厂银多金属矿床中多数黄铁矿呈纹层状、浸染状、网脉状、团块状，少数呈草莓状、眼球状等，常与磁黄铁矿、黄铜矿、闪锌矿、方铅矿共生。根据矿石形态结构，可以确定层状、似层状及透镜状黄铁矿矿石与浸染状、网脉状、团块状黄铁矿矿石分别形成于两个世代，可以划分为两个期次。

早世代：层状、似层状及透镜状黄铁矿

本世代黄铁矿形成时期较早，黄铁矿矿石呈层状、似层状及透镜状产出（图 4-27），碳质较为丰富，主要呈纹层状构造、浸染状构造、同生沉积构造等，与围岩产状一致，厚数米至数十米不等，主要金属矿物见黄铁矿、磁铁矿、磁黄铁矿、白铁矿、毒砂、闪锌矿、方铅矿等（图 4-27，图 4-28）。纹层状构造主要为硫化物矿体（脉）与硅质岩（图 4-27g）、泥沙岩、粉砂岩等构成纹层或条带（图 4-27a、e、g、h），硫化物矿体之间也可见纹层状矿脉（图 4-27e、g、h），具典型的韵律层理，此阶段发育的黄铁矿颗粒较大，多由自形—半自形颗粒黄铁矿集合体构成，也可见同心状黄铁矿（图 4-28d）。纹层状矿体中夹有薄层状的褐黑色页岩，含有大量的硫化物（图 4-27a）。浸染状构造金属硫化物主要见黄铁矿、白铁矿、磁黄铁矿、少量方铅矿和闪锌矿（图 4-28f），主要分布于矿体边缘部位（图 4-27a、b），脉石矿物尤以碳酸盐矿物最为发育。同生沉积构造主要体现为沉积成矿过程中受到水体流动、断层、构造变形等因素影响形成紊乱状、角砾状构造（图 4-27f），多被泥岩、粉砂岩、碳酸盐岩、硫化物等胶结（图 4-27f）。热水沉积阶段最为典型的金属矿物为黄铁矿,多见粒状—柱状自形结构(图 4-28a、c、e),少量具眼球状结构(图 4-28d),层状矿体多见黄铁矿呈立方体或粒状集合体发育,多为结晶沉淀形成。少量黄铁矿呈草莓状结构、胶状结构(图 4-28b),显微镜下多为规则状黄铁矿。

Pyrh. 磁黄铁矿;Py. 黄铁矿;Qz. 石英;Sph. 闪锌矿;Ga. 方铅矿;Do. 白云石

图 4-27 白牛厂银多金属矿床层状、似层状、透镜状黄铁矿矿石岩相学特征

a. 沉积型矿体;b. 浸染状黄铁矿矿体,可见少量磁黄铁矿、闪锌矿、方铅矿;c. 块状铅锌矿矿体,可见黄铁矿细脉发育于铅锌矿体中;d. 暗灰色黄铁矿化白云质粉砂岩,黄铁矿呈立方体集合体;e. 层状矿体,主要金属矿物为黄铁矿、磁黄铁矿等;f. 黄铁矿充填构造裂隙,可见白云质角砾;g. 灰白色硅质粉砂岩,黄铁矿细脉顺层发育;h. 黄铁矿矿体,具纹层状;i. 黄铁矿矿体,具自形晶颗粒,少部分呈碎裂结构,颗粒较大

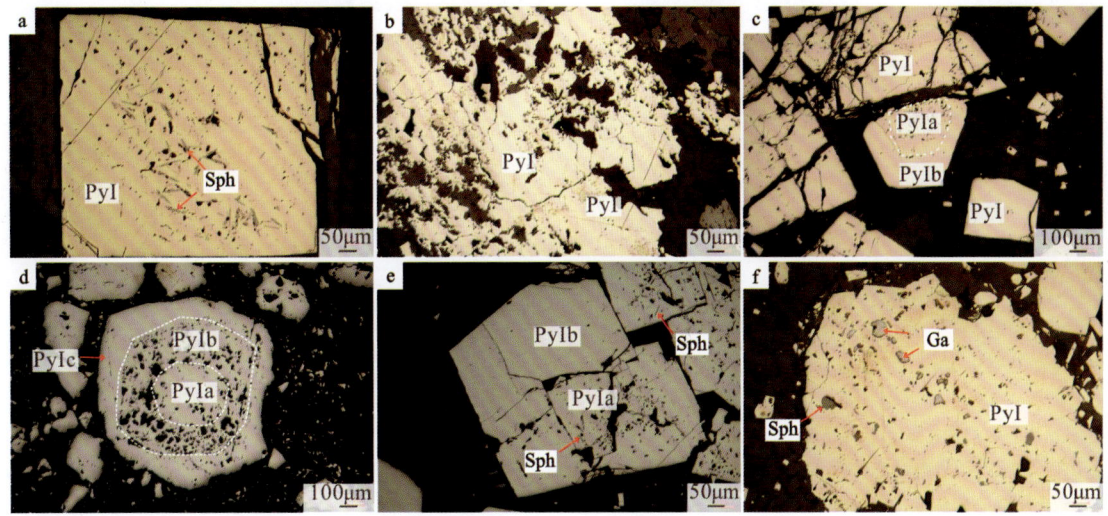

PyⅠ. 早世代黄铁矿;Sph. 闪锌矿;Ga. 方铅矿

图 4-28 白牛厂银多金属矿床层状、似层状、透镜状黄铁矿矿石典型显微组构特征

a. 黄铁矿立方体自形晶颗粒,闪锌矿在黄铁矿中呈长柱状发育;b. 不同世代黄铁矿呈胶状结构发育;c. 黄铁矿自形晶颗粒,大部分黄铁矿具压碎结构;d. 眼球状黄铁矿,具有不同的世代 PyⅠa,PyⅠb,PyⅠc;e. 黄铁矿自形晶颗粒,闪锌矿在黄铁矿中呈蠕虫状结构;f. 方铅矿、闪锌矿在黄铁矿中呈乳滴状固溶体分离结构

晚世代：浸染状、网脉状、团块状黄铁矿

本世代黄铁矿形成时期较晚，黄铁矿矿石表现为浸染状构造、团块状构造、细脉状—网脉状构造、角砾状构造等（图4-29），主要金属矿物有方铅矿、闪锌矿、磁黄铁矿、黄铁矿、黄铜矿、黝铜矿、毒砂、白铁矿、黝锡矿等（图4-30），非金属矿物主要有锡石、石英、方解石、绿泥石、绢云母、石榴子石、透闪石等（图4-29e）；金属矿物颗粒间主要表现为交代结构等。矿体或矿脉明显穿切地层，形成晚于层状矿体（图4-29a）。晚期脉状矿体的矿石主要呈层脉状、网脉状及浸染状构造等，金属矿物主要呈半自形—他形粒状结构、骸晶结构、固溶体分离结构、交代残余结构等（图4-30）。脉状矿体及其附近的围岩蚀变较为强烈，广泛发育硅化、矽卡岩化、碳酸盐化等。

块状构造矿体（矿石）主要有黄铁矿、白铁矿、磁黄铁矿、闪锌矿、方铅矿、黄铜矿、少量毒砂等（图4-30）。浸染状构造主要体现为硫化物呈稀疏或稠密浸染状发育于围岩中，体现为强烈的蚀变（图4-29e）。细脉状—网脉状构造主要以方解石脉、石英脉、黄铁矿细脉、磁黄铁矿脉等充填穿切围岩、花岗斑岩或沿岩石裂隙充填（图4-29a、f、i）。角砾状构造多见于断裂带，尤以F_3断层附近多见，早期矿石角砾被晚期金属硫化物穿插胶结或围岩矿石角砾被泥质疏松胶结而成。

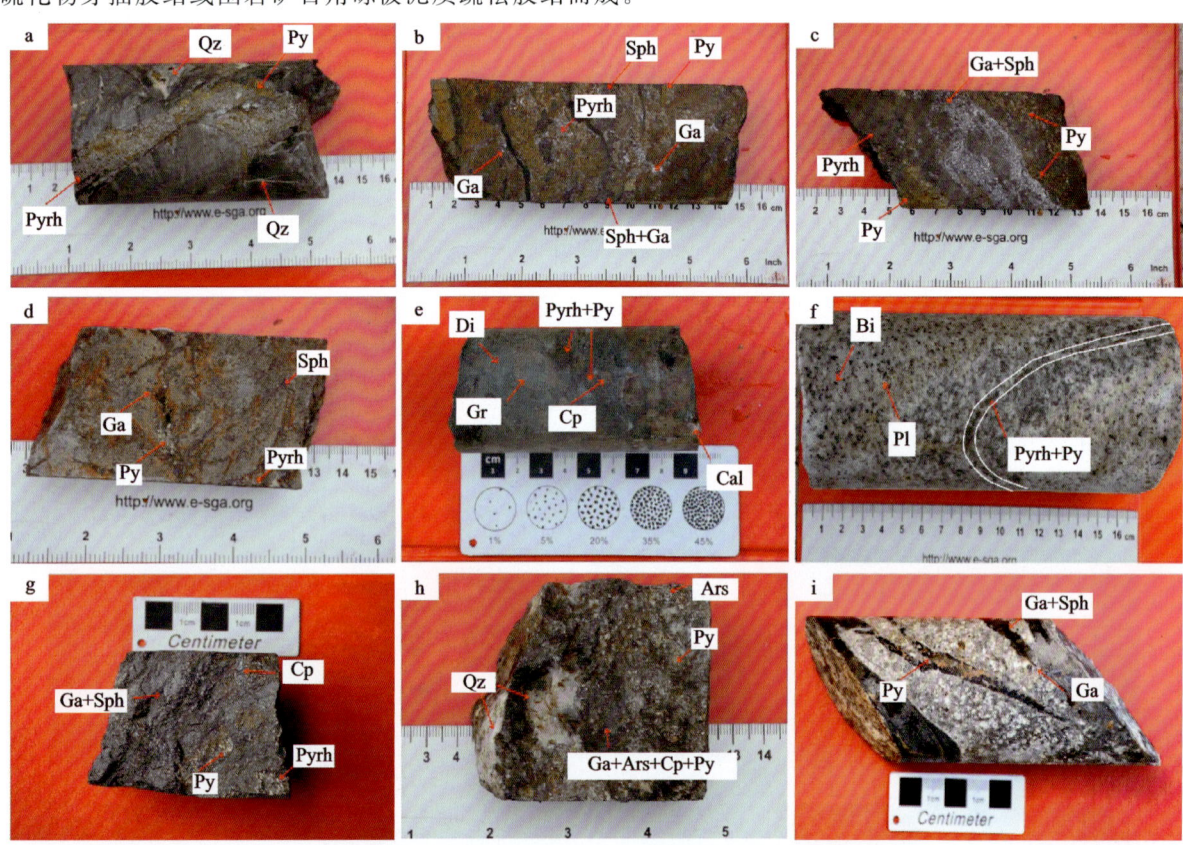

Bi. 黑云母；Qz. 石英；Pl. 斜长石；Cp. 黄铜矿；Ga. 方铅矿；Gr. 石榴子石；Py. 黄铁矿；Pyrh. 磁黄铁矿；Ars. 毒砂；Sph. 闪锌矿；Oi. 透辉石；Cal. 方解石

图4-29　白牛厂银多金属矿床浸染状、团块状黄铁矿矿石岩相学特征

a. 晚期黄铁矿磁黄铁矿脉穿切田蓬组地层，可见少量石英发育；b. 块状硫化物矿石，主要可见方铅矿、闪锌矿、磁黄铁矿、黄铁矿等金属矿物，矿体与围岩接触部位蚀变强烈；c. 块状硫化物矿石，方铅矿脉呈纹层状发育，磁黄铁矿呈团块状发育，黄铁矿呈浸染状发育，可见少量黄铁矿自形晶；d. 灰黄色黄铁矿化、方铅矿化泥质粉砂岩，磁黄铁矿呈细脉状发育，黄铁矿、方铅矿、闪锌矿沿磁黄铁矿细脉发育，局部可见磁黄铁矿被包裹于石英脉中；e. 块状铁铜铅锌矿石，金属矿物主要有磁黄铁矿、黄铁矿、方铅矿，呈稠密浸染状分布；f. 黑云母二长花岗岩，岩石中可见磁黄铁矿、黄铁矿金属细脉；g. 块状铁铜铅锌矿石，主要金属矿为方铅矿、闪锌矿、黄铜矿、黄铁矿及少量磁黄铁矿等，黄铁矿、黄铜矿呈浸染状发育；h. 块状铜铁锡矿石，毒砂呈自形晶或立方体，方铅矿、黄铁矿呈浸染状发育，可见少量黄铜矿，石英较为发育；i. 灰白色花岗斑岩，斑状结构，块状构造，岩石中主要成分为石英、长石、黑云母等矿物，岩石中可见闪锌矿、方铅矿、黄铁矿、黄铜矿脉体

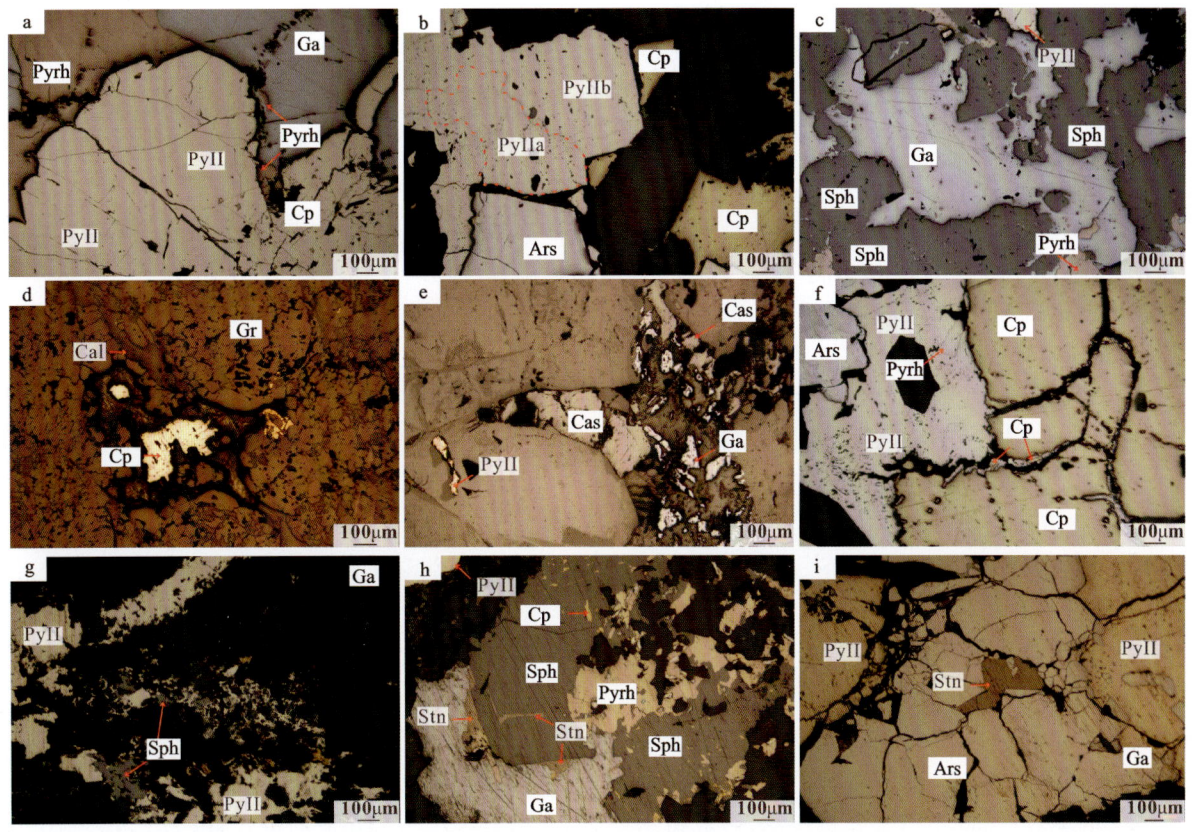

Gr.石榴子石;Cas.锡石;Cp.黄铜矿;PyⅡ.晚世代黄铁矿;Stn.黝锡矿;Ars.毒砂;Ga.方铅矿;Sph.闪锌矿;Pyrh.磁黄铁矿

图 4-30 白牛厂银多金属矿床浸染状、团块状黄铁矿矿石典型显微组构特征

a.晚世代黄铁矿、磁黄铁矿呈叶片状压碎结构分布于方铅矿中,少量磁黄铁矿与方铅矿构成蠕虫结构;b.晚世代黄铁矿被毒砂、黄铜矿交代;c.晚世代黄铁矿交代闪锌矿、方铅矿、磁黄铁矿,磁黄铁矿呈固溶体分离结构发育于方铅矿中;d.石榴子石矽卡岩中黄铁矿、黄铜矿沿岩石裂隙发育;e.闪锌矿交代磁黄铁矿、黄铁矿;f.黄铁矿交代毒砂、黄铜矿,黄铜矿具碎裂结构,磁黄铁矿呈板状晶体交代黄铁矿;g.花岗斑岩中发育浸染状黄铁矿,闪锌矿交代晚世代黄铁矿;h.磁黄铁矿交代闪锌矿呈港湾状结构,黄铜矿、黝锡矿在闪锌矿中呈蠕虫状结构,黝锡矿、方铅矿与闪锌矿可见明显的反应边;i.土黄色黝锡矿与毒砂构成反应边,晚世代黄铁矿交代毒砂呈港湾状结构,具压碎结构

2)测试方法

黄铁矿 LA-ICP-MS 原位激光剥蚀

激光剥蚀电感耦合等离子质谱(仪)(LA-ICP-MS)分析在中国冶金地质总局山东局测试中心完成。LA-ICP-MS 激光剥蚀系统为美国 Conherent 公司生产的 GeoLasPro 193nm ArF 准分子系统,ICP-MS 为 Thermo Fisher ICAP Q。激光剥蚀采样过程以氦气作为载气。在束斑直径为 30μm、频率为 5Hz、能量密度为 10~12J/cm² 的激光剥蚀条件下,单点剥蚀 NIST SRM 610 可获得:^{238}U 灵敏度$>4\times10^5$cps/($\times10^{-6}$);^{208}Pb 灵敏度$>3\times10^5$cps/($\times10^{-6}$);氧化物产率 ThO/Th$<0.1\%$;^{204}Pb 气体空白<100cps;绝大部分元素(REE、U、Th、Pb)RSD$<3\%$。样品测试时外标采用 NIST SRM 610、BCR-2G,监控样为 MASS-1。采样方式为单点剥蚀、跳峰采集;采集时间模式为 20s 气体空白+50s 样品剥蚀+20s 冲洗;每 5~10 个未知样品点插入一组成分标样 NIST610、BCR-2G 和监控样。样品的元素含量计算采用 ICP-MS-DATACAL 数据处理程序,采用归一化法校正。

黄铁矿 LA-ICP-MS 面扫描分析

黄铁矿 LA-ICP-MS 矿物元素面扫描分析在合肥工业大学资源与环境工程学院矿床成因与勘查技术研究中心的矿物微区分析实验室完成。激光剥蚀系统为 Photon Machines Analyte HE(其中激光器为相干公司 193-nm ArF 准分子激光器),ICP-MS 为 Agilent 7900(宁思远,2017)。激光剥蚀系统使用

Laurin Technic 公司设计的双室样品仓。激光剥蚀过程中以氦气为载气（氦气流量为 0.9L/min）、氩气（流量为 0.87L/min）为补偿气调节灵敏度，二者在进入 ICP 之前通过一个"T"形接头混合。样品分析前，对 ICP-MS 系统进行优化以获得最佳灵敏度，最低氧化物产率（$^{232}Th^{16}O/^{232}Th<0.3\%$）。激光面扫描采用线扫描方式进行分析。激光扫描剥蚀斑束为 $30\mu m$，样品移动速度为 $30\mu m/s$。每条线平行且与激光剥蚀斑束大小一致。激光剥蚀频率为 7Hz，剥蚀能量密度为 $3J/cm^2$。样品分析前和结束后采集约 20s 背景信号。扫描待测样品开始和结束时对外标样品（NIST 610）进行约 30s 的线剥蚀。数据分析与成图采用软件 LIMS（基于 Matlab 设计）完成。整个分析过程中仪器信号漂移、背景扣除等均由软件自动完成。精确含量校正采用 100% 归一法进行元素含量计算。

3) 黄铁矿地球化学特征

本次研究选取了白牛厂银多金属矿床的含黄铁矿矿物的 11 件样品，共计 56 个测点，样品类型包括花岗岩、花岗斑岩、矽卡岩、粉砂岩及矿石样品，通过 LA-ICP-MS 原位激光剥蚀技术进行分析，获取矿石中黄铁矿的地球化学元素组分特征，其主微量元素含量详见表 4-5。

主微量元素特征

主量元素测试结果表示，黄铁矿主要成分为 FeS_2，样品中 FeS_2 含量稳定，普遍高于 99.35%；仅 BNC22-19 含量在 95.48%～98.22% 之间。

微量元素测试结果显示，黄铁矿中的微量元素表现出显著的富集和分布差异，尤其是在部分样品中，Co、Ni、Cu、As、Sn、Sb 和 Pb 等元素富集明显，但不同矿石微量元素之间有明显差别。Co 的平均值为 36.08×10^{-6}，Ni 的平均值为 168.29×10^{-6}，Co 和 Ni 的最大值分别为 293.71×10^{-6} 和 1913.70×10^{-6}，显示了部分样品中存在显著的富集现象。Cu 平均值为 853.27×10^{-6}，但标准差高达 4529.87×10^{-6}，表明某些样品中的 Cu 含量极高，最大值达到了 24615×10^{-6}。Zn 平均值较低，为 7.70×10^{-6}，Zn 富集程度整体较弱，但最大值为 203.05×10^{-6}，某些样品中富集明显。As 平均值为 1003.68×10^{-6}，显示黄铁矿中 As 的含量较高。标准差也非常大，说明 As 的分布不均，最大值达到 15801×10^{-6}，表明有些样品中 As 的浓度异常高。Se 平均含量为 6.88×10^{-6}，但 75% 的样品中 Se 含量非常低，仅为 7.41×10^{-6}，少数样品富集了 Se 元素。Ag 平均含量为 2.91×10^{-6}，最大值为 22.10×10^{-6}，部分黄铁矿样品富含银。Sn 平均含量为 549.19×10^{-6}，显示了一定的富集情况，尤其是在部分样品中（最大值为 14843×10^{-6}）。Sb（112.70×10^{-6}）和 Pb（417.93×10^{-6}）的平均含量显示它们在样品中也具有一定富集，但某些样品的含量远高于平均水平，Pb 最大值高达 8666×10^{-6}，黄铁矿与方铅矿存在一定伴生关系。稀有元素 Bi 平均含量为 7.48×10^{-6}，最高达到 152.65×10^{-6}，富集程度较高。

稀土元素测试结果显示，白牛厂银多金属矿床中黄铁矿所含稀土元素极少，大多低于检测限，无实际意义。

黄铁矿矿物中元素富集分布特征

选取 MJB23-9、BNC22-5 样品中颗粒较大、特征明显的黄铁矿矿物颗粒进行了 LA-ICP-MS 面扫描测试分析，共分析 27 种元素，包括 S、Ca、Ti、Mn、Fe、Co、Ni、Cu、Zn、As、Se、Rb、Sr、Mo、Ag、Cd、In、Sn、Sb、Te、Re、Os、Au、Hg、Tl、Pb 和 Bi，利用 LIMS 软件处理，绘制黄铁矿矿物内部主微量元素 Mapping 图，分析结果显示，两件样品中黄铁矿矿物具有明显的内部变化特征。

MJB23-9 样品中所测得的黄铁矿矿物颗粒为自形晶粒状结构、眼球状构造，矿物内部发育韵律环带结构，不同的世代 PyⅠa、PyⅠb、PyⅠc 黄铁矿微量元素表现为不同分布特征（图 4-31）。PyⅠa 分布于矿物颗粒核部，主要为 Fe 元素的富集；PyⅠb 处在矿物核部与边部中间，Fe 元素含量相对 PyⅠa、PyⅠc 较亏损，Ca、Mn、Sr、Sn、Zn、In、Rb、Bi、Mo 相对其他区域较富集；PyⅠc 发育在矿物颗粒近边部，Fe 含量再次高度富集，其次，存在 Cu、As、Ag、Sb、Pb、Au 的局部富集；除此之外，在矿物边界，存在 Ca、Ti、As、Ag、Sb、Rb、Pb、Sn、Mo、In。S、Ni 元素在矿物中整体均匀分布，Co 元素在矿物边界呈叠层富集。

第四章 白牛厂银多金属矿床研究

表 4-5 白牛厂银多金属矿床黄铁矿矿物 LA-ICP-MS 原位激光剥蚀测试结果

样品	BNC23-6											BNC22-5							
点号	1	2	3	4	5	6	7	8	9	10	11	1	2	3	4	5	6	7	8
FeS_2	99.96	99.99	99.96	99.98	99.73	99.69	99.97	99.93	99.98	99.95	99.97	99.82	99.94	99.98	99.90	99.89	99.97	99.95	99.88
Li	0.00	0.07	0.03	0.06	0.00	0.01	0.00	0.01	0.00	0.01	0.00	0.06	0.00	0.02	0.00	0.00	0.01	0.00	0.00
Be	0.00	0.00	0.00	0.00	0.00	0.00	0.03	0.11	0.06	0.00	0.03	0.00	0.04	0.00	0.00	0.00	0.00	0.00	0.00
Na	0.00	0.00	1.15	0.46	4.70	2.10	0.00	0.61	0.00	0.00	3.28	11.54	0.03	0.00	0.00	0.67	1.71	1.25	0.38
Mg	0.00	0.18	0.64	2.77	5.09	1.16	2.17	2.36	2.51	1.56	2.16	0.66	0.90	0.00	0.00	0.00	0.00	0.75	0.08
Al	0.04	1.54	0.30	0.73	11.84	0.04	0.46	0.76	0.71	2.61	3.58	0.15	0.90	0.00	0.00	0.00	0.00	0.31	0.17
Si	91.29	0.00	80.12	0.00	0.00	0.00	0.00	164.29	42.27	121.88	44.14	10.75	69.54	0.00	230.72	256.16	0.00	81.73	251.86
P	7.14	8.61	0.00	8.23	2.69	2.40	6.63	7.83	7.42	14.99	15.56	17.35	5.34	15.14	9.69	23.06	12.14	0.00	17.15
K	0.07	1.55	0.00	1.48	7.95	0.51	2.90	0.79	0.00	1.23	1.34	9.29	0.00	0.86	2.70	1.54	0.00	2.06	0.00
Ca	23.73	0.00	27.89	6.86	26.63	0.00	15.11	15.88	19.94	14.22	15.30	22.01	0.00	0.00	0.00	0.00	0.00	32.31	15.13
Ti	0.76	1.42	1.81	2.20	1.72	1.18	1.25	1.29	1.47	2.06	1.14	1.12	2.55	1.46	2.71	2.33	2.14	1.53	1.75
Cr	0.36	0.31	0.00	0.00	0.00	0.00	0.66	0.00	0.40	0.00	0.45	0.00	0.70	0.00	0.00	0.47	0.68	0.36	1.08
Mn	0.00	0.00	0.02	0.80	1.47	1.06	0.94	1.01	0.66	0.34	0.00	1.97	0.00	0.00	0.41	0.13	0.53	0.09	0.37
Co	0.00	0.03	0.00	0.00	0.00	0.00	0.02	0.04	0.03	0.00	0.00	9.50	37.69	37.10	32.32	21.32	80.54	49.99	49.11
Ni	0.00	0.05	0.00	0.00	0.04	0.10	0.08	0.06	0.16	0.03	0.38	42.92	15.28	24.78	28.30	48.43	74.21	37.68	45.25
Cu	5.01	11.61	8.15	11.45	0.14	0.10	0.04	0.55	0.33	0.16	0.05	2.34	0.10	0.61	0.44	0.32	0.48	0.26	0.18
Zn	0.10	0.07	0.24	0.03	1.08	0.85	0.25	0.01	0.02	0.09	0.69	0.66	0.33	0.17	0.19	0.09	0.00	0.23	0.00
Ga	0.00	0.03	0.01	0.01	0.02	0.03	0.02	0.01	0.01	0.51	0.05	0.01	0.01	0.01	0.01	0.00	0.00	0.00	0.00
Ge	1.02	0.66	0.80	0.40	0.45	0.39	0.13	0.42	0.43	0.51	0.69	0.39	0.58	0.29	0.35	0.42	0.49	0.41	0.87

续表 4-5

样品	BNC23-6												BNC22-5							
点号	1	2	3	4	5	6	7	8	9	10	11	1	2	3	4	5	6	7	8
As	0.00	0.00	0.52	0.02	299.04	213.38	9.75	0.68	0.18	0.16	0.33	0.04	0.00	0.06	0.13	0.00	0.00	0.07	0.12
Se	0.00	0.58	0.00	0.00	0.31	0.00	0.78	0.00	0.22	0.45	0.34	0.00	0.33	0.34	0.00	0.17	0.00	0.00	0.73
Rb	0.00	0.00	0.00	0.02	0.12	0.02	0.00	0.00	0.00	0.02	0.01	0.03	0.00	0.00	0.01	0.03	0.02	0.01	0.00
Sr	0.00	0.01	0.00	0.00	0.10	0.03	0.08	0.08	0.10	0.07	0.03	0.02	0.01	0.01	0.00	0.01	0.00	0.01	0.00
Mo	0.00	0.00	0.02	0.02	0.11	0.13	4.34	6.12	7.32	10.66	4.62	0.07	0.02	0.02	0.03	0.01	0.07	0.07	0.07
Ag	2.55	3.51	1.73	3.10	0.82	0.72	0.94	4.19	1.59	0.80	2.04	5.52	0.96	0.00	0.49	0.46	0.28	0.15	0.54
Sn	1.14	1.07	1.77	3.23	0.60	0.54	0.14	0.12	0.09	0.12	0.24	0.30	0.10	0.00	0.01	0.00	0.08	0.06	0.00
Sb	12.73	13.54	5.91	29.28	1504.30	1921.78	136.85	39.31	3.15	3.46	36.12	14.92	1.63	0.04	2.41	1.54	2.37	0.48	1.18
Cs	0.02	0.03	0.01	0.01	0.64	0.84	0.67	0.30	0.20	0.21	0.10	0.00	0.00	0.00	0.00	0.01	0.00	0.00	0.00
W	0.04	0.04	0.14	0.00	0.01	0.03	1.01	1.61	1.89	2.68	2.45	0.02	0.00	0.00	0.01	0.01	0.02	0.00	0.00
Pb	7.86	12.80	9.36	26.15	0.53	37.87	6.33	1.14	1.37	0.59	5.01	1279.63	244.15	0.14	57.23	22.97	6.05	41.28	95.82
Bi	0.45	0.85	1.58	1.26	1.85	1.87	2.05	0.88	0.96	0.51	2.92	0.00	0.00	0.00	0.00	0.01	0.00	0.00	0.00

样品	BNC22-5				BNC22-19			BNC22-35				BNC22-62				MJB23-18	
点号	9	10	11	12	1	2	3	1	2	3	4	1	2	3	4	1	2
FeS$_2$	99.93	99.94	96.13	99.87	96.84	95.68	98.22	99.35	99.68	99.62	99.68	99.79	99.75	99.94	99.87	99.83	99.79
Li	0.07	0.02	0.03	0.00	0.00	0.03	0.00	0.00	0.03	0.00	0.04	0.02	0.01	0.00	0.05	0.05	0.00
Be	0.00	0.00	0.00	0.00	0.00	0.00	4.10	0.18	0.00	0.00	0.07	0.00	0.10	0.00	0.05	0.00	0.00
Na	0.38	3.13	0.00	0.00	3.51	7.52	0.00	7.76	4.65	1.94	6.32	1.32	1.97	1.29	1.50	1.23	27.06
Mg	65.56	1.22	76.61	0.03	0.11	6.99	0.00	27.02	8.57	6.12	25.73	160.38	258.94	2.66	93.10	1.08	0.23
Al	58.13	0.24	0.68	0.21	0.24	41.35	0.42	103.14	38.96	6.12	100.92	0.00	0.00	2.66	0.67	9.05	0.34

续表 4-5

样品	BNC22-5				BNC22-19			BNC22-35				BNC22-62				MJB23-18	
点号	9	10	11	12	1	2	3	1	2	3	4	1	2	3	4	1	2
Si	0.00	0.00	0.00	328.68	383.47	316.37	101.31	203.69	230.33	195.82	408.02	190.02	138.47	74.63	59.81	105.71	0.00
P	0.00	0.00	8.24	17.18	39.57	7.04	14.20	13.64	9.87	5.06	1.79	0.00	0.00	7.42	6.61	0.00	1.56
K	0.00	0.00	0.00	3.13	0.00	23.05	4.49	0.00	5.40	2.15	0.24	2.73	4.33	0.00	0.57	5.53	5.01
Ca	26.77	1.06	255.24	0.00	0.00	33.16	10.31	0.00	0.00	0.00	16.74	357.95	572.01	5.32	296.79	14.86	15.26
Ti	1.69	20.15	19.03	21.77	18.17	19.00	14.83	125.38	19.60	22.12	37.28	15.99	15.34	9.72	13.08	3.10	5.01
Cr	0.00	0.02	1.49	0.44	0.77	1.89	0.33	1.42	0.00	0.76	0.30	0.00	0.00	0.00	0.00	0.38	0.41
Mn	0.89	0.42	143.71	0.27	0.33	3.51	0.22	11.57	2.96	10.47	9.23	11.58	25.72	0.45	7.25	1.12	0.63
Co	27.33	77.20	37.48	33.27	126.37	229.60	293.71	18.95	21.54	23.37	7.21	0.03	0.04	0.07	0.00	59.75	195.62
Ni	81.42	274.27	74.54	15.55	6.09	219.38	14.20	646.81	1 262.71	1 913.70	754.44	0.00	0.12	0.00	0.06	503.84	946.96
Cu	0.87	0.10	24 615.35	0.22	3.41	2.16	0.47	1.64	0.45	0.06	0.55	1.56	3.37	7.30	2.46	133.98	0.47
Zn	0.63	0.42	203.05	1.38	0.54	0.00	0.36	0.28	1.22	2.05	0.63	3.19	1.37	2.75	0.93	9.98	0.14
Ga	0.02	0.00	0.01	0.00	0.00	0.22	0.00	0.27	0.11	0.00	0.16	0.00	0.00	0.00	0.01	0.01	0.00
Ge	0.45	2.48	1.54	1.79	2.28	1.81	1.95	1.80	1.94	1.29	1.30	1.37	1.82	1.99	1.49	0.74	0.75
As	0.00	0.00	1.28	0.22	15 801.47	10 853.40	4 084.14	228.43	98.58	18.29	2.53	111.10	29.11	23.66	22.82	28.83	0.63
Se	0.00	0.00	0.00	0.79	0.63	0.30	0.00	44.02	37.69	27.28	27.57	0.00	0.28	2.65	0.66	11.82	13.44
Rb	0.05	0.00	0.11	0.01	0.00	0.18	0.00	0.04	0.00	0.33	0.03	0.00	0.00	0.02	0.00	0.01	0.00
Sr	0.00	0.00	0.14	0.05	0.01	0.17	0.02	0.18	0.04	0.15	0.20	0.29	0.94	0.02	0.17	0.05	0.08
Mo	0.00	0.00	0.00	0.00	0.00	0.01	0.02	0.03	0.00	0.00	0.00	0.00	0.03	0.00	0.00	0.00	0.00
Ag	0.63	0.04	21.77	0.00	13.10	2.32	22.10	5.89	0.10	0.00	1.70	4.09	9.18	13.69	6.71	1.16	1.01
Sn	0.03	0.32	30.29	0.00	4.61	14 843.23	7.51	2 106.56	0.25	1.64	1.96	0.09	0.16	0.00	0.00	0.62	0.10

续表 4-5

样品	MJB23-18	BNC22-5			BNC22-19			BNC22-35				BNC22-62				MJB23-18	
点号	9	10	11	12	1	2	3	1	2	3	4	1	2	3	4	1	2
Sb	4.50	0.22	25.91	0.02	21.87	31.82	45.08	2.16	0.32	0.17	0.90	116.58	155.36	144.73	175.29	1.78	1.12
Cs	0.03	0.00	0.01	0.00	0.00	0.08	0.00	0.16	0.00	0.00	0.19	0.01	0.02	0.03	0.05	0.01	0.00
W	0.01	0.00	0.00	0.00	0.00	0.00	0.01	6.34	0.00	0.00	0.04	0.00	0.00	0.00	0.00	0.01	0.01
Pb	83.77	1.23	135.87	0.33	3 383.74	262.73	8 666.07	205.22	4.41	1.06	59.00	5.14	6.24	34.01	0.05	45.59	87.34
Bi	0.00	0.00	0.01	0.00	0.08	0.01	0.17	33.44	2.31	0.77	14.04	0.02	0.04	0.12	0.01	5.56	6.86

样品	MJB23-18	BNC22-86			BNC22-113			BNC22-19					LSC23-9				MW22-7			MJB23-2			
点号	3	1	2	3	1	2	3	1	2	3	4	5	1	2	3	4	1	2	3	1	2	3	4
FeS$_2$	99.77	99.90	99.91	99.94	99.98	99.96	99.82	99.68	99.64	99.76	99.95	99.89	99.94	99.87	99.46	99.76	99.95	99.66	100.0
Li	0.02	0.00	0.04	0.02	0.04	0.01	0.01	0.04	0.49	0.05	0.01	0.11	0.00	0.05	1.00	0.08	0.00	0.05	0.04
Be	0.00	0.00	0.00	0.00	0.07	0.00	0.00	0.00	0.00	0.00	0.00	0.00	0.00	0.05	0.00	0.00	0.00	0.00	0.00
Na	7.12	0.04	0.00	0.00	0.00	0.00	1.02	2.41	5.82	0.42	2.09	0.00	0.00	1.50	19.86	0.68	0.00	0.00	0.89
Mg	0.41	8.41	0.39	3.48	0.14	0.19	0.18	0.02	4.71	0.20	1.15	0.17	1.29	93.10	238.63	0.21	2.72	0.27	0.04
Al	0.47	6.91	0.27	2.11	0.13	0.11	0.12	0.24	48.52	0.45	1.22	1.32	2.66	0.67	283.32	2.59	0.00	1.20	0.85
Si	46.92	142.51	64.09	51.13	53.95	89.85	126.07	0.00	0.00	181.59	105.77	235.03	74.63	59.81	1 016.56	169.25	0.00	0.00	0.00
P	7.06	17.75	3.79	9.80	3.73	6.97	7.64	14.33	9.84	21.92	17.03	18.50	7.42	6.61	8.26	18.54	0.00	12.41	0.00
K	1.05	0.00	1.04	5.27	1.38	0.00	1.01	0.00	0.00	2.35	0.00	0.00	0.00	0.57	322.00	0.00	0.00	0.00	0.00
Ca	0.00	0.00	0.00	4.48	0.00	8.20	6.84	12.95	41.05	277.75	3.01	4.13	5.32	296.79	24.39	0.00	17.30	0.05	0.00
Ti	4.38	4.70	4.48	5.54	2.62	3.06	3.34	4.02	4.47	4.91	3.31	5.09	9.72	13.08	13.67	4.35	4.67	5.38	4.25
Cr	0.18	0.39	0.00	0.36	0.00	0.03	0.00	0.23	0.36	0.00	0.37	0.12	0.00	0.00	0.79	0.78	0.88	0.98	0.00
Mn	0.40	0.48	0.10	0.00	0.00	0.14	0.15	0.04	3.54	1.23	0.29	0.16	0.45	7.25	34.44	0.00	32.95	0.25	0.23

续表 4-5

样品点号	MJB23-18	BNC22-86			BNC22-113			LSC23-9					MW22-7			MJB23-2			
	3	1	2	3	1	2	3	1	2	3	4	5	1	2	3	1	2	3	4
Co	228.04	0.46	0.11	6.68	0.01	0.00	0.00	7.74	0.39	77.89	0.48	0.30	0.07	0.00	2.21	0.03	0.08	0.01	0.58
Ni	784.18	0.41	0.00	1.53	0.03	0.03	0.03	5.55	0.55	3.53	0.28	0.17	0.00	0.06	5.69	0.06	0.07	0.07	0.45
Cu	10.07	0.01	0.05	0.07	0.33	0.06	7.73	3.09	1.21	6.24	6.03	21.13	7.30	2.46	0.51	0.02	0.19	0.20	0.00
Zn	2.74	0.32	0.09	0.12	0.31	0.28	0.77	0.18	0.18	0.48	0.22	0.22	2.75	0.93	0.55	0.33	0.75	0.23	0.15
Ga	0.01	0.03	0.01	0.00	0.00	0.00	0.00	0.01	0.01	0.08	0.00	0.00	0.00	0.01	0.23	0.01	0.02	0.00	0.01
Ge	0.59	0.82	0.47	0.50	0.26	0.61	0.96	0.69	0.62	0.59	0.92	0.35	1.99	1.49	0.56	0.51	0.56	0.75	0.51
As	3.43	257.69	375.05	174.95	19.82	20.48	662.64	624.12	1 847.95	1 626.26	34.22	72.22	23.66	22.82	0.00	1 003.25	263.85	2 029.11	16.56
Se	11.10	0.00	0.00	0.06	0.00	0.48	0.00	32.46	45.00	36.62	15.50	16.63	2.65	0.66	9.90	0.10	0.00	0.00	0.77
Rb	0.00	0.00	0.03	0.02	0.01	0.02	0.01	0.02	0.00	0.01	0.02	0.00	0.02	0.00	3.96	0.00	0.01	0.01	0.00
Sr	0.00	0.00	0.00	0.00	0.01	0.15	0.04	0.14	0.00	0.13	0.02	0.09	0.02	0.17	0.32	0.01	0.01	0.00	0.00
Mo	0.02	0.00	0.02	0.00	0.24	0.11	0.10	0.00	0.00	0.05	0.03	0.00	0.00	0.00	0.02	0.00	0.00	0.02	0.00
Ag	4.65	0.07	0.00	0.02	0.04	0.00	2.03	0.27	0.11	2.53	0.13	0.08	13.69	6.71	0.42	0.64	0.47	0.01	0.01
Sn	0.28	0.00	0.00	0.13	0.32	0.70	0.22	0.05	0.00	0.10	0.00	0.12	0.00	0.00	0.28	0.00	0.00	0.09	0.06
Sb	3.26	0.86	0.20	0.16	3.19	3.28	113.45	8.47	2.17	7.48	3.12	4.79	144.73	175.29	0.28	2.28	0.98	0.08	0.02
Cs	0.00	0.02	0.02	0.01	0.01	0.05	0.10	0.01	0.01	0.04	0.00	0.00	0.03	0.05	0.61	0.00	0.00	0.00	0.01
W	0.01	0.00	0.00	0.01	1.09	14.28	2.47	0.00	0.01	0.00	0.00	0.00	0.00	0.00	0.01	0.00	0.00	0.02	0.00
Pb	349.79	7.93	0.58	0.82	1.94	1.39	28.05	73.13	4.95	158.77	0.21	0.29	34.01	0.05	1.13	90.67	4.61	0.56	0.09
Bi	24.43	1.28	0.04	0.09	0.00	0.00	0.00	18.37	4.01	152.65	0.06	0.04	0.12	0.01	0.31	0.13	0.04	0.00	0.00

注：FeS_2 单位为%，其他均为 $\times 10^{-6}$。

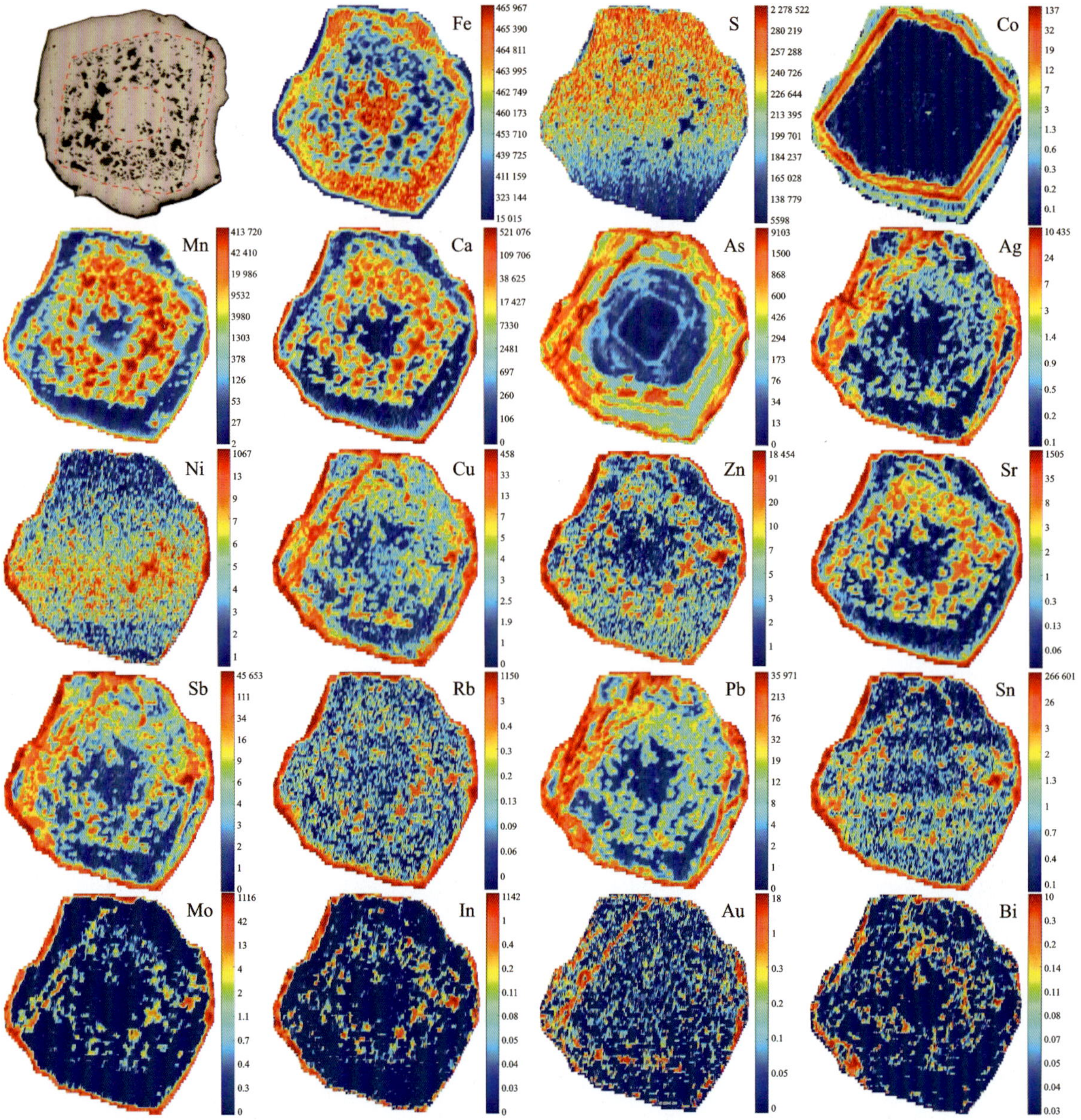

图 4-31 MJB23-9 黄铁矿内元素 Mapping 图像

BNC22-5 样品（图 4-32）中黄铁矿矿物颗粒呈碎裂结构，黄铁矿交代闪锌矿、方铅矿矿物，黄铁矿矿物 BNC22-5 样品黄铁矿中 Fe、S 元素含量分别为 $(13～465\ 941)×10^{-6}$、$(0～1\ 325\ 479)×10^{-6}$，在黄铁矿矿物内部整体富集，分布较为均匀，在矿物边界含量相对较缺失；Ca、Mn、Zn、Cu、As、Sr 元素含量差异较大，矿物内部含量大多在矿物微细裂隙含量的 1% 以下。Sb、Ag、Tl、Pb、Sn 元素在矿物边界富集，在矿物内部偶有分布，但含量较低，边界元素含量是内部的 10 000 倍。In、Cd、Bi 元素在矿物边界富集，在矿物内部元素含量极少。Rb、Ti 在矿物内部广泛存在，但含量极低，仅在局部富集。Co、Ni 元素在矿物中总体分布在上半部分，分布较均匀，呈现整体富集。

4）讨论

黄铁矿成矿时代探讨

矿床成矿时代的确定，对矿床成因、成矿规律、深边部找矿具有重要的指示意义。白牛厂银多金属矿床两个世代（PyⅠ、PyⅡ）黄铁矿矿石特征差异明显，其两种不同类型的结构与构造可指征矿物的两个成矿时代。

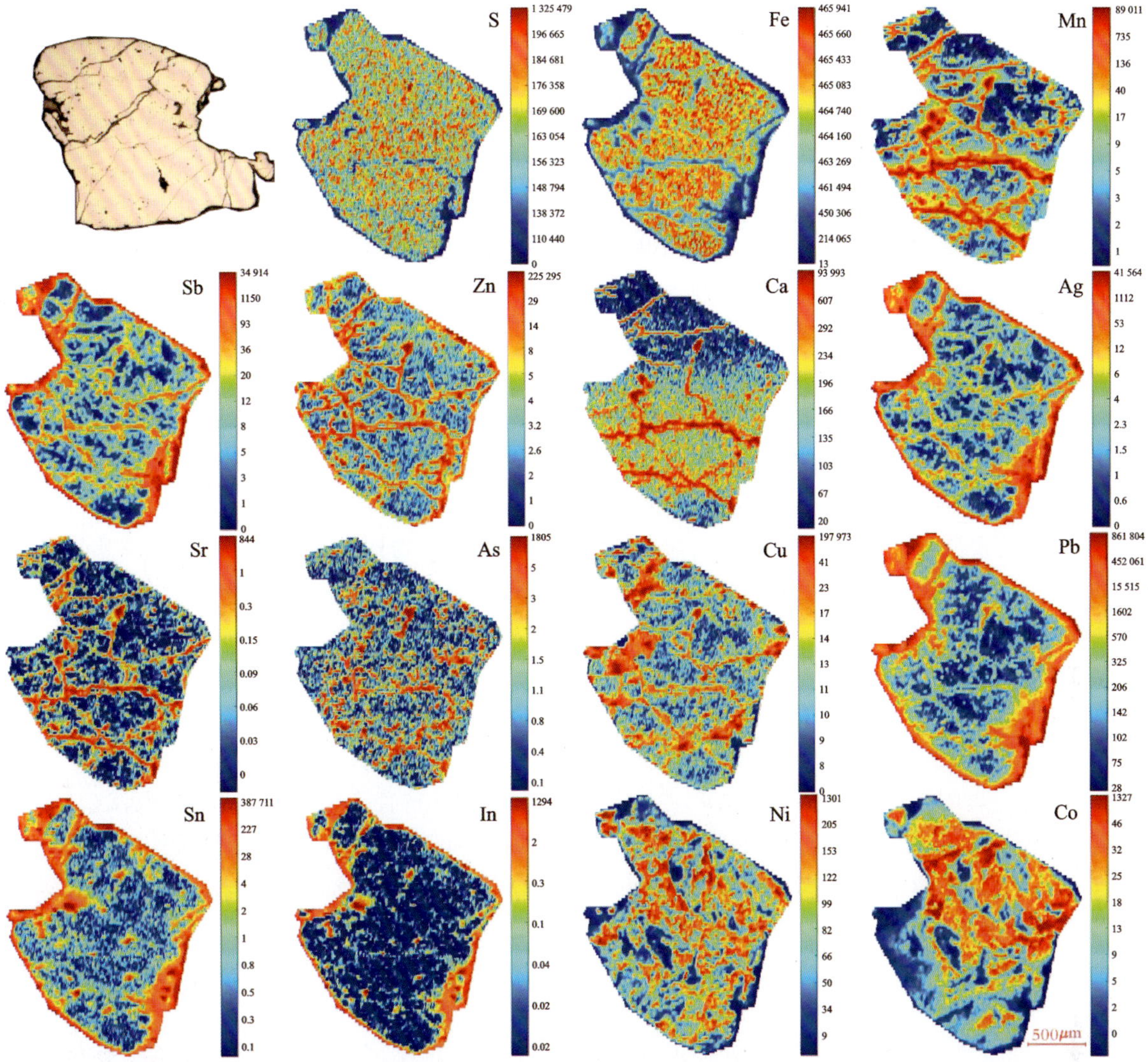

第四章 白牛厂银多金属矿床研究

图 4-32 BNC22-5 黄铁矿内元素 Mapping 图像

早世代（PyⅠ），层状、似层状、透镜状的黄铁矿为明显的同生沉积矿体，表现为纹层状构造、同沉积构造等，产状与围岩一致（图 4-27），在微观尺度上黄铁矿多呈粒状—柱状自形结构，部分矿物呈固溶体结构，矿体与围岩属于同生关系（图 4-28），说明该世代黄铁矿形成时代与矿体围岩地层的形成年代相近，而赋矿地层主要为晚寒武系田蓬组，表示同沉积构造的矿石矿体形成时期为寒武纪中晚期，对应加里东运动晚期。此外，已有学者在白牛厂银多金属矿床矿体的顶底部钻孔资料中（中寒武统田蓬组夹泥质碳酸盐岩的泥质岩及矿体顶部龙哈组碳酸盐岩过渡层）发现三叶虫化石（杨瀚海，2016），三叶虫生存年代为寒武纪到二叠纪，兴盛于奥陶纪，对应构造运动时期为加里东运动中晚期。

晚世代（PyⅡ），脉状、角砾状、浸染状的黄铁矿矿石，矿体与矿脉明显的穿切岩体，发生明显的交代反应，与围岩的接触带有明显的蚀变（图 4-29），在微观尺度上，矿物颗粒间呈明显的交代结构（图 4-30），说明这一阶段矿体成矿与岩浆侵入形成的花岗岩与交代作用形成的蚀变岩形成时代相近。李开文（2013）对矿区内闪锌矿、方铅矿、锡石、方解石等矿物进行了 Rb-Sr、Sm-Nd、U-Pb 年龄测试，获得年龄分别为 126±0.41Ma，79±31Ma，83±16Ma，(87±3.7)～(88.4±4.3)Ma，81±19Ma；塞龙（2016）对该区域花岗斑岩与花岗岩开展锆石 U-Pb 年代学岩浆，获得年龄为 84.7±1.7Ma 和 85.34±0.65Ma；李建德（2018）等利用锆石 U-Pb 定年方法对白牛厂黑云母二长花岗岩进行分析测试得到的年龄分别为 89.06±0.92Ma，90.50±1.0Ma 和 91.17±0.77Ma；Lu 等（2024）测得该区隐伏二长花岗岩锆石、独居石 U-Pb 年龄为 87.75±0.48Ma、87.34±0.42Ma、88.51±0.54Ma、87.08±0.46Ma、87.49±0.69Ma；Shi 等（2025）也通过锆石 U-Pb 方法测得花岗斑岩年龄为 87.38±0.47Ma、87.51±0.47Ma。以上测试结果多集中在 80～100Ma 之间，属于晚白垩纪，对应燕山运动晚期。

黄铁矿中元素分布特征及富集规律

不同成因下形成的黄铁矿，其元素地球化学分布特征往往不同，在黄铁矿矿物中 Co、Ni、As 等微量元素常以类质同象形式替换 FeS_2 中 Fe 或 S 元素的存在进入矿物晶格间隙中或以硫化物矿物包体形式赋存于矿物中。本研究所测得的典型的岩浆热液及喷流沉积成因黄铁矿样品，可以分别指征两种成因类型的黄铁矿矿物元素分布特征及替换机制。BNC22-5 样品符合岩浆热液成因特征，MJB23-9 样品具有喷流（热水）沉积成因特征，2 件样品中黄铁矿矿物 LA-ICP-MS 面扫描结果显示，部分微量元素在不同成因类型的黄铁矿矿物中分布不同，具有较为明显的差异性。

BNC22-5 样品：岩浆热液作用下，黄铁矿矿物中主量元素 Fe、S 元素分布较均匀，在黄铁矿矿物内部整体富集，在矿物边界含量相对较缺失；Sr、Ca、As、Mn、Zn 等元素在矿物微细裂缝中富集，可能为早期高温高压岩浆热液成矿作用形成的微细裂缝在热液作用晚期中低温条件下微量元素、矿物沉淀充填所致；Co、Ni 元素分布呈现整体富集，为岩浆热液作用下黄铁矿矿物形成过程中同时发生类质同象替代所致；Ag、Sb、Pb、Sn、In、Tl、Cd 元素在矿物边界富集；Rb、Cu、Ti 等元素在矿物中都有分布，但存在局部富集情况。

MJB23-9 样品：在喷流沉积作用下，黄铁矿等硫化物共同沉积，黄铁矿矿物内部，Fe、S 元素均匀分布且含量高，其他元素含量低，Fe、Mn 等元素呈现明显的韵律环带结构，表现为 Fe 同 Mn、Ca、Sr、Sb、Pb、Ag、Zn、Sn、Cu 等金属元素由矿物核部至矿物边部周期性分布；在不同矿物接触的边界部分，出现 As、Co、Ni 等元素的大规模类质同象替换，且在黄铁矿矿物内部特征不明显，可能为喷流沉积作用后，其他时代的热液流体接触，类质同象替换导致。PyⅠa 的黄铁矿较为纯净，PyⅠb 的黄铁矿中混杂较多其他含 Mn、Ca 的矿物，PyⅠc 黄铁矿又恢复为纯净的黄铁矿。喷流沉积早期成矿流体较为单一，形成较为纯净的黄铁矿，在经过一定时间的海水混入以及地壳内成矿元素的熔融以及地底碎屑的涌入，黄铁矿结晶过程中混入大量杂质，后期，由于成矿元素溶解度逐渐降低，小于溶结所需要的最低含量，只进行主量 Fe、S 元素的固结。

激光剥蚀结果显示，白牛厂黄铁矿矿物中，Fe、S 作为主量元素，含量变化不大，但在矿物边界存在部分元素富集替代导致的主量元素的丢失。喷流沉积黄铁矿中 Fe、S 元素与 As 元素相关性表现为中等正相关，Co、Ni 表现为弱的负相关，与其他微量元素相关性小或几乎不相关。综合分析，白牛厂两种不同类型成因黄铁矿在 Co、As、Ni 等多元素含量上存在较大差异，即喷流沉积型的黄铁矿 Co、Ni 元素在矿物边缘周期性富集，且含量较低；而热液型黄铁矿 Co、Ni 含量较沉积型的高一个数量级，且在黄铁矿中均匀分布。

综上，沉积成因的黄铁矿，由于沉积环境较为稳定，且温度压力条件较低，Co、Ni 等元素在该矿物形成后，成矿流体与矿物接触发生类质同象的替换；而热液成因的黄铁矿，由于成矿条件激烈，温度压力较高，更易在矿物形成时发生类质同象的替换。

黄铁矿内部组构对矿床成矿作用的指示

早世代加里东运动晚期形成的层状、似层状、透镜状矿体，主要赋存于晚寒武系田蓬组中，分布受地层控制，碳质较为丰富，为典型的沉积特征，主要呈纹层状构造、浸染状构造、同生沉积构造等，矿石与围岩出现同步褶曲，且与硅质岩、泥砂岩、粉砂岩等构成纹层或条带状互层，硫化物间发育韵律层理，同沉积构造形成紊乱状、角砾状构造，多被泥岩、粉砂岩、碳酸盐岩、硫化物等胶结。镜下观察矿石中黄铁矿颗粒晶形发育良好，多呈立方体或粒状集合体发育，为结晶沉淀形成，少量呈草莓状结构、胶状结构，晶体结构规则，这表示成矿环境较为平静，为沉积环境，符合喷流（热水）沉积的特征。MJB23-9 元素面扫图中黄铁矿矿物晶形发育良好，元素分布呈现一定规律性，也表明其处在稳定的沉积环境中。因此，该区域加里东晚期处在深水还原性的沉积环境中,其成岩成矿受到了喷流沉积作用。

晚世代燕山运动晚期形成的脉状、角砾状、浸染状的矿体主要沿着 F_3 断层发育,矿体或矿脉明显穿切地层,脉状矿体及其附近围岩的接触带上蚀变较为强烈,广泛发育硅化、矽卡岩化、碳酸盐化等。矿石主要呈浸染状构造、团块状构造、细脉状—网脉状构造、角砾状构造,裂隙脉体中充填黄铁矿颗粒显微观察下,金属矿物主要呈半自形—他形粒状结构、骸晶结构、固溶体分离结构、交代残余结构等,颗粒间为明显的交代结构,热液交代作用明显。BNC22-5 元素面扫图中黄铁矿发育不规则,且黄铁矿颗粒内存在微细裂缝,其他元素富集,表明其处在温压条件激烈的成矿环境中,符合岩浆热液作用特征。该燕山晚期成矿受到了后期岩浆热液金属元素重融富集、充填与改造的成矿作用。

因此,根据黄铁矿所在矿石宏观结构与显微组构,可确定两期黄铁矿的成因类型,层状、似层状、透镜状的黄铁矿矿石在加里东运动晚期形成,为喷流(热水)沉积成因;脉状、角砾状、浸染状的黄铁矿矿石为燕山运动晚期岩浆活动形成的,为岩浆热液成因。

此外,黄铁矿中微量元素含量关系也可以用来表征不同类型黄铁矿矿物的成因。微量元素常以类质同象替换、矿物包裹体方式进入矿物中,而不同成因类型的同种矿物由于不同的构造、岩浆等成矿因素影响,微量元素在主矿物中存在一定的含量差异。

Co、Ni、Fe 是同族元素,且 3 种元素原子共价半径接近($r_{Co}=1.16\times10^{-10}$ m、$r_{Ni}=1.15\times10^{-10}$ m、$r_{Fe}=1.17\times10^{-10}$ m),地球化学行为相似度高,Co、Ni 可以通过类质同象的形式交换替换 Fe 进入黄铁矿矿物晶格当中,而 Co、Ni 元素含量关系受黄铁矿成矿时的环境条件所控制,前人的研究也表明不同成因类型下黄铁矿 Co/Ni 值差异较大,因此,可通过 Co/Ni 值来示踪白牛厂黄铁矿成矿成因类型。

一般认为同生沉积黄铁矿 Co/Ni 值常小于 1,热液成因黄铁矿 Co/Ni 值常大于 1。根据对白牛厂银多金属矿床黄铁矿激光剥蚀数据的分析,绘制黄铁矿 Co-Ni 二元判别图(图 4-33),图像表明,MJB23-2、MW22-7、MJB23-18、BNC22-35 样品中黄铁矿 Co/Ni 值小于 1,分布在Ⅰ、Ⅱ区(沉积和沉积改造区)内,具有明显的沉积成因;LSC23-9、BNC23-86、BNC22-19 样品中黄铁矿 Co/Ni 值大于 1,分布在Ⅲ、Ⅳ区(岩浆和热液区)内,具岩浆热液成因;BNC22-5 分布在Ⅱ区与Ⅲ区界线两边,Co/Ni 值接近 1,可能为早期喷流沉积作用后受到岩浆热液改造,因此同时具有两种成因的地球化学特征;BNC23-6、BNC22-62、BNC22-113 样品黄铁矿中 Co/Ni 值低或为 0,无实际参考意义。

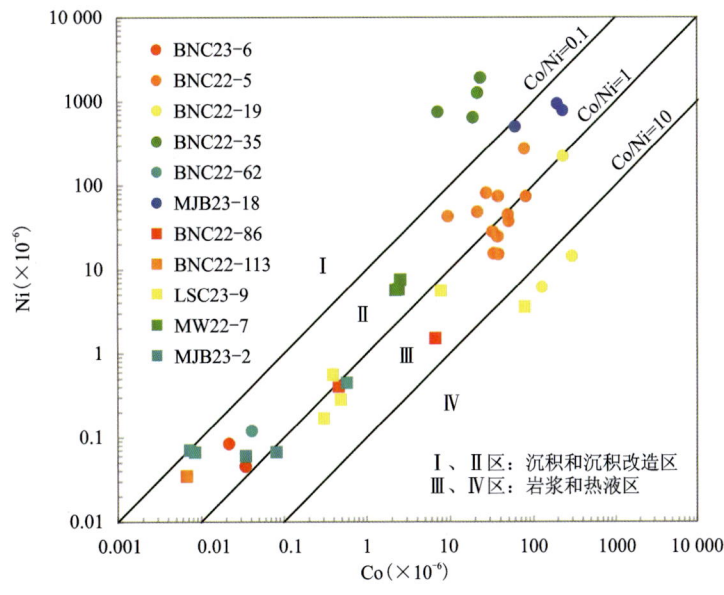

图 4-33　白牛厂银多金属矿床黄铁矿成因 Co-Ni 二元判别图(底图据杨阳等,2020)

综上,白牛厂银多金属矿床属于喷流沉积-岩浆热液叠加改造型的复合型矿床,该矿床的形成是在加里东运动晚期喷流沉积作用的基础上,叠加燕山运动晚期岩浆热液作用并加以改造形成的。

白牛厂银多金属矿床复合成矿作用

白牛厂银多金属矿床在复合成矿上具有异时、同位、多因、叠加改造的特点,表现为在地质历史时期受到多种构造、岩浆活动作用,多期次成矿作用共同叠加改造形成多因复成矿床,受加里东运动晚期喷流沉积作用及燕山运动晚期岩浆热液作用叠加改造形成(图4-34)。

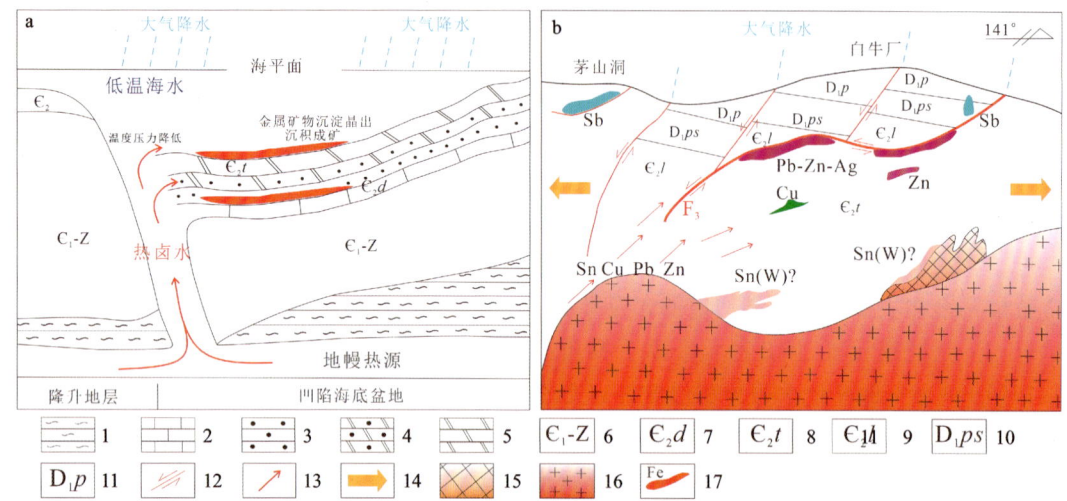

1.结晶基底(混合岩);2.深水沉积灰岩;3.砂岩、粉砂岩;4.白云质粉砂岩;5.白云岩;6.早寒武世—震旦系复理石建造;7.大丫口组;8.田蓬组;9.龙哈组;10.坡松冲组;11.坡脚组;12.断层;13.含矿热液流动方向;14.板块移动方向;15.矽卡岩;16.燕山期花岗岩;17.金属矿体

图4-34 白牛厂银多金属矿床成矿模式
a.加里东运动晚期喷流沉积作用模式(据秦德先,2008修改);b.燕山运动晚期岩浆-热液作用模式(据张洪培,2016修改)

加里东运动中晚期,滇东南地(海)槽抬升速率不均一致使地层层间发生剪切破碎,在地幔岩浆的热驱动下,地壳深部流体及大气沉降水向地壳浅部运移时,溶解地壳中金属元素及离子,在被动大陆边缘海底凹陷地带地壳减薄处,初始含矿热液从地层剪切断裂缝隙中涌出,进入海底洋流循环,接触低温海水,温压骤然降低,矿物晶粒在一定条件下先后沉淀析出,与其他沉积物质混合在海底盆地形成与沉积地层产状一致的层状、似层状喷流沉积硫化物矿体,同时为后期其他成矿作用提供丰富的矿质来源与成矿金属元素。

燕山运动中晚期,滇东南地区所在的陆内碰撞挤压环境,在碰撞期后经过挤压-拉伸转变后,演化为板块拉张环境,强烈的构造运动促使大规模酸性花岗岩浆侵入,引起地层隆升并形成穹隆构造,在滇东南地区中部形成薄竹山花岗岩体,且沿穹隆隆升方向形成一系列北西向的断层裂隙。伴随侵位高度的增加及岩浆温度的降低,酸性岩浆分异产生的富Sn、W高温成矿流体,对前期层状、似层状沉积矿和矿源层进行改造,发生矽卡岩化,形成钨锡(W-Sn)矿化,在地壳深部形成隐伏的Sn(W)矿体;在地球动力条件和地幔热的作用下,携带大量成矿物质的偏酸性热液沿断层裂隙在向压力更低的浅部运移过程中,不断活化、萃取围岩中Pb、Zn、Ag等成矿金属元素,由于热液在运移过程中沿F_3断层上涌的同时,混入大量低温、低盐度大气降水,含矿热液卸载温度、压力,发生重结晶作用,形成大量富集的Ag-Pb-Zn矿体及Fe-Cu等硫化物金属矿物;在热驱动下到达更浅部时,伴随温度进一步降低,形成低温锑(Sb)矿体。

2. 方铅矿

1)方铅矿主量元素特征

方铅矿的背散射图像较其他金属硫化物明亮,多呈他形粒状、尖角状或集合体穿插、交代闪锌矿、黄铁矿、黄铜矿(图 4-35)。电子探针分析结果显示,白羊矿段方铅矿的 Pb、S 含量平均值分别为 86.48%、13.40%,Ag 元素含量的最高值 0.35%,平均值分别为 0.28%;对门山矿段方铅矿的 Pb、S 含量平均值分别为 82.55%、13.51%,Ag 含量平均值为 1.35%;阿尾矿段方铅矿的 Pb、S 含量平均值分别为 82.18%、13.34%,Ag 含量平均值为 1.08%。基于此分析结果,对门山矿段、阿尾矿段中方铅矿明显较富银,且 Ag 和 Sb、Pb、Bi 等元素含量有一定相关性。

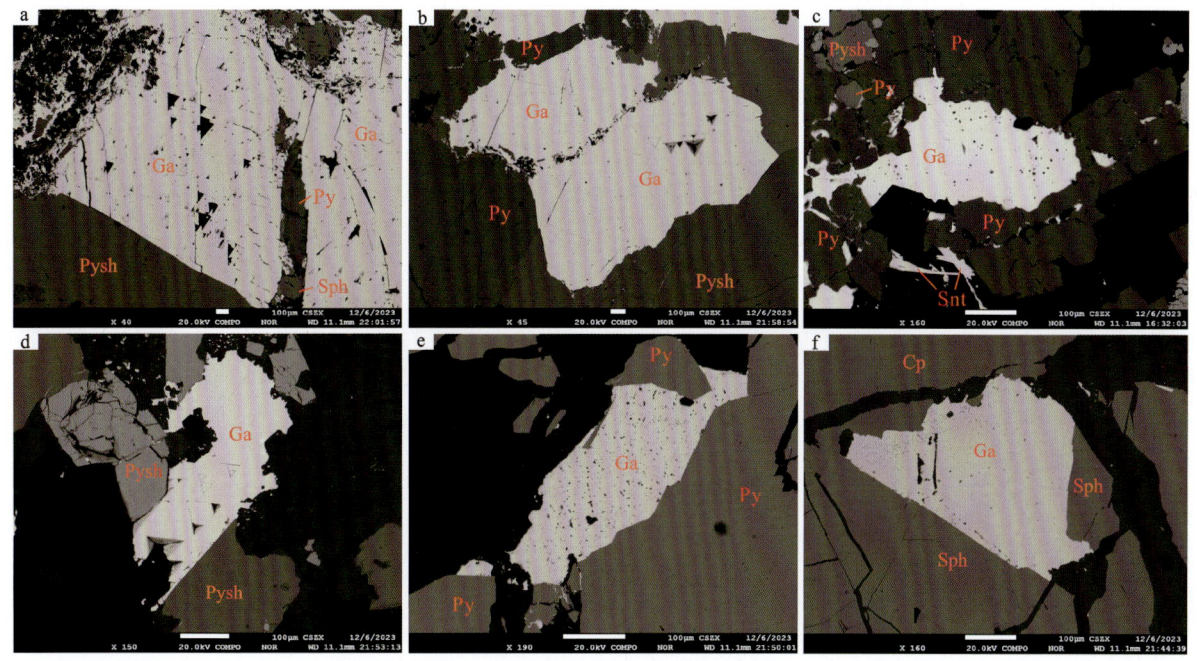

Ga. 方铅矿;Py. 黄铁矿;Sph. 闪锌矿

图 4-35 白牛厂银多金属矿床中方铅矿背散射照片

2)银的赋存状态

显微镜、激光剥蚀及电子探针发现,黄铜矿、黄铁矿、闪锌矿、方铅矿等硫化物内常发育一些显微包体银,但有时在显微尺度上未能观察到银矿物包体的部位,但它们的电子探针和激光剥蚀结果显示有银的富集,说明白牛厂银多金属矿床的硫化物中存在不可见银($<1\mu m$)。

电子探针数据结果表明(表 4-6),白牛厂矿床方铅矿 Ag 含量(0.24%~1.96%)远高于闪锌矿(<0.4%)、黄铜矿(0.12%~0.44%)、黄铁矿(小于 0.02%)、黝锡矿(0.02%~0.06%)、毒砂(<0.01%)等金属硫化物,因此方铅矿是该矿床重要的载银矿物。George 等(2015)研究表明银在方铅矿中的替代机制主要包括:①$2Ag^+\leftrightarrow Pb^{2+}$;②$Ag^++(Bi,Sb)^{3+}\leftrightarrow 2Pb^{2+}$;③$(Ag,Cu,Tl)^++(Bi,Sb)^{3+}\leftrightarrow 2Pb^{2+}$。对于替代机制①,Van 等(1960)的研究表明 Ag^+ 银很难以 $2Ag^+\leftrightarrow Pb^{2+}$ 取代机制进入方铅矿晶格。Pring 和 Williams(1994)认为在成矿流体中 Bi 或 Sb 元素含量低或者基本没有的情况下,Ag 以 $2Ag^+\leftrightarrow Pb^{2+}$ 机制进入方铅矿,$x(Ag)$ 不超过 0.1%。结合表 4-6 数据,Cu、Tl 在方铅矿中含量极低,因此,我们认为白牛厂矿床中 $2Ag^+\leftrightarrow Pb^{2+}$ 和 $(Ag,Cu,Tl)^++(Bi,Sb)^{3+}\leftrightarrow 2Pb^{2+}$ 类质同象取代机制很难发生。

借助于 Bi^{3+}、Sb^{3+} 及其他可能的三价阳离子,通过耦合取代机制 $Ag^++(Bi,Sb)^{3+}\leftrightarrow 2Pb^{2+}$ 可以将显著数量的 Ag 置换到方铅矿中(Chutas et al.,2008;Renock et al.,2011)。在理想的耦合取代中,$x(Ag)$ 应等于 $x(Bi)+x(Sb)$(George et al.,2015),在方铅矿中元素相关图解可知(图 4-36),Ag 与(Bi+Sb)具有较为明显的正相关关系;Ag-Sb 关系图中(图 4-36),Ag 含量与 Sb 含量成反比,推测 Sb 的加入可能会影响 Ag 的含量或者存在 Sb 包裹体。此外,Pb-Ag 元素具负相关性,Bi-Ag 具正相关性,而 S-Ag 具正相关性,这可能与 $Bi^{3+}+Ag^+\leftrightarrow 2Pb^{2+}$ 有关(Foord et al.,1989),即 Ag 在替换 Pb 时,由 Bi 同时替换 Pb 作补偿(权晓莹等,2019)。

表 4-6 白牛厂银多金属矿床方铅矿电子探针主量元素数据

单位:%

样品编号	As	Fe	Zn	Cu	Co	Ni	S	Pb	Ag	Sb	Bi	总计
BNC22-5-1-01	0	0.037	0	0	0	0	13.468	86.857	0.346	0.302		101.01
BNC22-5-1-02	0	0.012	0	0	0	0	13.479	86.803	0.243	0.213		100.75
BNC22-5-1-03	0	0.011	0	0	0.041	0	13.305	85.809	0.237	0.209		99.612
BNC22-5-1-04	0	0.015	0	0	0	0	13.395	86.206	0.305	0.303		100.224
BNC22-5-2-01	0	0.011	0.007	0	0	0	13.351	86.411	0.331	0.32		100.431
BNC22-5-2-02	0	0.035	0	0	0	0	13.398	86.465	0.265	0.245		100.408
BNC22-5-2-03	0	0.045	0	0	0	0	13.413	87.021	0.276	0.277		101.032
BNC22-5-2-04	0.006	0.014	0	0.004	0	0	13.399	86.27	0.241	0.257		100.185
BNC22-18-01	0	0.059	0	0	0	0.01	13.504	83.29	1.111	0.317	1.798	100.095
BNC22-18-02	0	0.057	0	0	0	0	13.501	82.843	0.928	0.202	1.864	99.395
BNC22-18-03	0	0.049	0.021	0	0.066	0	13.592	83.375	1.109	0.275	1.839	100.326
BNC22-18-04	0	0.035	0	0	0.029	0	13.399	84.576	0.938	0.122	1.87	100.969
BNC22-18-05	0.004	0.07	0.014	0	0	0	13.514	83.807	1.148	0.299	1.946	100.802
BNC22-41-1-01	0	0.006	0	0	0	0	13.509	81.381	1.778		3.802	100.476
BNC22-41-1-02	0	0.044	0	0	0.031	0.005	13.579	81.384	1.962		4.124	101.098
BNC22-41-2-01	0	0.049	0	0	0.069	0	13.463	82.292	1.356		3.098	100.289
BNC22-41-2-02	0	0.052	0.007	0	0.12	0	13.467	80.463	1.659	0.111	5.188	101.016
BNC22-41-2-03	0	0.017	0	0	0	0	13.643	82.147	1.47	0.018	3.489	100.904
BNC22-62-1-01	0.036	0.143	0	0	0.016	0	13.356	85.002	0.644		1.393	100.574
BNC22-62-1-02	0	0.023	0	0	0	0	13.475	82.045	1.474		3.404	100.437
BNC22-62-1-03	0.02	0.062	0	0	0	0	13.641	84.075	1.092		2.367	101.257

续表 4-6

样品编号	As	Fe	Zn	Cu	Co	Ni	S	Pb	Ag	Sb	Bi	总计
BNC22-62-1-04	0.015	0.046	0	0	0	0	13.216	81.158	0.914		3.375	98.724
BNC22-62-1-05	0	0.05	0.003	0	0.045	0	13.244	85.906	0.382		1.212	100.842
BNC22-62-1-06	0.013	0.134	0	0	0.02	0.005	13.448	86.114	0.395		1.744	101.873
BNC22-62-2-01	0	0.014	0.018	0	0.119	0	13.424	82.216	1.208	0.016	3.531	100.546
BNC22-62-2-02	0	0	0	0	0.021	0	13.613	79.318	1.5	0.4	5.89	100.742
BNC22-62-2-03	0	0.016	0	0	0	0	11.921	73.36	0.956	0.006	13.775	100.034
BNC22-62-2-04	0	0.04	0.003	0	0.078	0	13.515	82.255	1.467		3.366	100.724
BNC22-62-2-05	0	0.023	0	0	0.051	0	13.691	82.622	1.557		3.34	101.284
BNC22-62-2-06	0	0.014	0.068	0	0	0	13.55	82.139	1.424		3.494	100.689

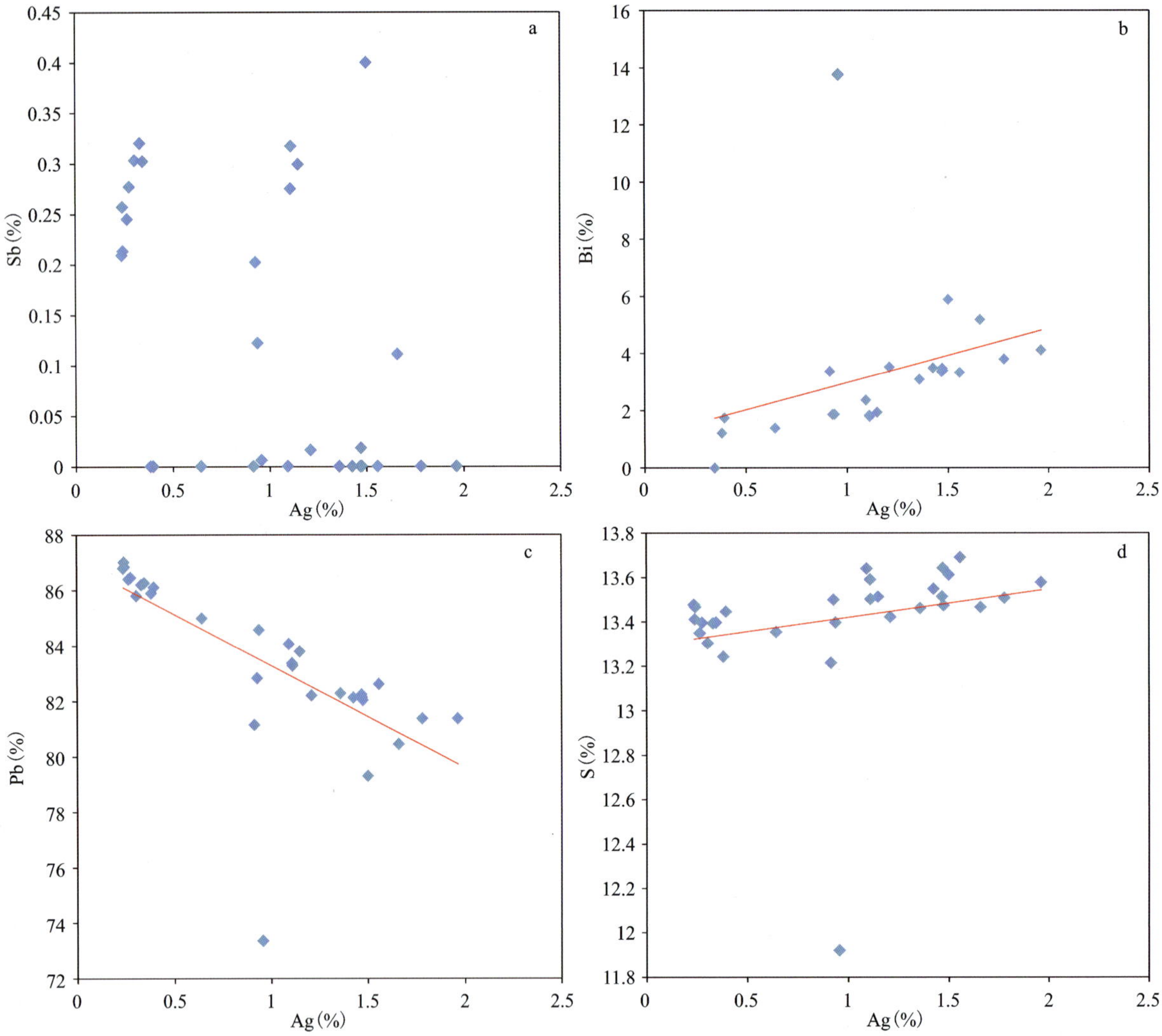

图 4-36　白牛厂银多金属矿床方铅矿的元素含量相关图解

在 Ag 与(Bi+Sb)替换过程中具有一个显著的变化规律(表 4-6),即 Sb 含量较高(0.12%~0.32%)时,Bi 含量会降低;相反,Bi 含量较高(1.21%~13.78%)时,Sb 含量低(<0.006%),表现为互补的特点。在 Ag 整体以 $Ag^+ +(Bi,Sb)^{3+} \leftrightarrow 2Pb^{2+}$ 的方式进入方铅矿基础上,可以进一步划分两个亚类:①$Ag^+ +Sb^{3+} \leftrightarrow 2Pb^{2+}$;②$Ag^+ +Bi^{3+} \leftrightarrow 2Pb^{2+}$。综上,我们认为白牛厂矿床中 Ag 以类质同象在方铅矿中存在,其替代机制为 $Ag^+ +(Bi,Sb)^{3+} \leftrightarrow 2Pb^{2+}$。

3) 指示意义

白牛厂矿床坑道及钻孔见隐伏花岗岩体,该矿床位于薄竹山花岗岩体的北西端,是薄竹山岩体向北西隐伏的延续部分。白牛厂矿床矿体主要分布于 F_3 断裂下部,金属矿物主要为富银方铅矿、闪锌矿、锡石、黄铜矿、黄铁矿和黝锡矿,金属元素组合为 Ag-Pb-Zn±Cu±Sn±In,与滇东南钨锡成矿带上的都龙矿床类似;云南地矿局第二地质大队通过对硫、铅同位素的测定,获得了黄铁矿 $\delta^{34}S$ 值为 0.2‰~8.6‰,磁黄铁矿 $\delta^{34}S$ 值为 0.3‰~5.3‰,闪锌矿 $\delta^{34}S$ 值为−9.4‰~4.54‰,方铅矿 $\delta^{34}S$ 值为−2‰~10.95‰,硫锑铅矿 $\delta^{34}S$ 值为 0.92‰~2.9‰,辉锑矿 $\delta^{34}S$ 值为−0.4‰~0.4‰。$\delta^{34}S$ 值为−9.4‰~10.95‰,变化范围较大。矿石的铅同位素 $^{206}Pb/^{204}Pb$ 值为 18.035~18.420,$^{207}Pb/^{204}Pb$ 值为 15.409~15.805,$^{208}Pb/^{204}Pb$ 值为 38.150~38.945;围岩的 $^{206}Pb/^{204}Pb$ 值为 18.455~21.260,$^{207}Pb/^{204}Pb$ 值为 15.660~16.090,$^{208}Pb/^{204}Pb$ 值为 38.970~50.460;隐伏花岗岩的 $^{206}Pb/^{204}Pb$ 值为 17.952~18.540,

$^{207}Pb/^{204}Pb$ 值为 15.366~15.730，$^{208}Pb/^{204}Pb$ 值为 37.724~39.110；显示铅同位素组成较均匀，变化范围窄，矿石的铅同位素组成介于花岗岩和围岩铅同位素组成之间，说明铅既有来自岩浆的，也有来自地层的。综上，白牛厂银多金属矿床的硫源和铅源具有多源性，也暗示成矿具有多阶段性，符合白牛厂矿床的成矿特征。大量的证据显示，白牛厂矿床与薄竹山 S 型花岗岩有成因联系。综合地质特征、蚀变类型、矿物组合和地球化学证据，我们初步认为白牛厂矿床是典型的岩浆热液型银锡多金属矿床。

李占轲等（2010）研究表明，在高温高盐度热液中 Pb^+、Zn^+、Ag^+ 等金属离子主要以氯的络合物形式运移；而在中温低盐度溶液中上述金属离子以硫化物络合物形式运移（Gammons et al.，1989；Stefánsson et al.，2003）。成矿流体向上运移，进入 F_3 断裂构造带时压力骤降，导致挥发分大量释放，同时成矿流体演化过程中伴随着温度降低，Sn^{4+}、Pb^{2+}、Zn^{2+}、Ag^+ 等金属离子的络合物解体并部分发生沉淀，以类质同象的形式进入方铅矿等硫化物中。温度持续降低，热液流体中的 Ag^+、Sb^{3+} 一起交代早期载银矿物，形成一系列 Ag 含量较低的独立银矿物（深红银矿等）（徐剑南，2022）。随着成矿作用进一步进行，在白牛厂外围形成了局部的辉锑矿体。

3. 黄铜矿

1）黄铜矿主微量元素特征

黄铜矿多呈他形粒状，或集合体穿插交代闪锌矿、黄铁矿、黄铜矿、磁黄铁矿等，少部分呈固溶体分离发育于闪锌矿、磁黄铁矿中。电子探针分析结果显示（表 4-7），黄铜矿的 Fe 含量介于 29.18%~29.94% 之间，Cu 含量介于 33.85%~34.38% 之间，S 含量为 34.56%~34.82%；此外还有含有少量的 Ag、Zn、Sn、In 等成矿元素，Ag 含量平均值为 0.03%，Zn 含量平均值为 0.17%，Sn 含量平均值为 0.23%，In 含量平均值为 0.02%。

黄铜矿 LA-ICP-MS 分析结果显示（表 4-8），其微量元素含量不高，只有 Zn、Ag、Sn、In 部分含量可达数百至上千百分比浓度。黄铜矿中 Ag、Ti、REE 含量相对稳定或相差不大，W、Co、Ni、Mo、Sb 含量低。Mg 含量为 $(0\sim365)\times10^{-6}$，部分样点未检出；Mn 含量为 $(0\sim46.79)\times10^{-6}$，平均值为 4.03×10^{-6}；Zn 含量为 $(1228\sim44\,528)\times10^{-6}$，平均值 $6\,020.32\times10^{-6}$；Se 含量为 $(0.17\sim128.42)\times10^{-6}$，平均 28.69×10^{-6}；Ag 含量为 $(196.49\sim736.91)\times10^{-6}$，平均 572.48×10^{-6}；Cd 含量为 $(6.12\sim230.91)\times10^{-6}$，平均 34.06×10^{-6}；In 含量为 $(54.26\sim721.56)\times10^{-6}$，平均 490.77×10^{-6}；Bi 含量为 $(0.21\sim15.94)\times10^{-6}$，平均 3.27×10^{-6}；Pb 含量为 $(0.30\sim134.97)\times10^{-6}$，平均 12.50×10^{-6}。

2）指示意义

相比于黄铁矿、闪锌矿等矿物而言，目前对黄铜矿的微量元素特征研究偏少。以白牛厂矿床中黄铜矿为例，虽然微量元素含量不高，但仍是包含有 Se、In、Ge 等稀散金属在内的较多微量元素的载体，如 Ag、Zn 最大可达上千百万分比浓度以上，In 也可达数十至数百万分比浓度。对于黄铜矿，Zn 与 Ag、Zn 与 Cd、Zn 与 Bi、Zn 与 In、Cd 与 In、Bi 与 Pb、Mn 与 Cr 均存在良好的正相关关系（图 4-37a~e、g、i），而 Ga 与 Pb、Ag 与 Bi 则表现为负相关（图 4-37f、h），推测与黄铜矿中存在闪锌矿及其他矿物包裹体有关。

现阶段关于黄铜矿微量元素赋存状态研究较少，认为 Te 和 Se 主要以替代 S 的形式进入黄铜矿，As 可代替 S，或者与 Sb 以砷黝铜矿包裹体存在（王启林等，2023）。黄铜矿 Zn 和 Cd 正相关明显（图 4-37b），其含量明显高于黄铁矿中相应元素含量，这可能是黄铜矿中存在富 Cd 的闪锌矿包裹体。Pb 与 Bi 为正相关关系（图 4-37g），而 Pb 与 Ga 呈负相关（图 4-37f），Pb、Bi、Ga 离子半径明显大于 Cu、Fe 离子半径，不能以固溶体形式存在于黄铜矿晶格中，可能以含 Bi 矿物包裹体形式存在。Zn-In 及 Mn-Cr 也呈现较明显的正相关关系（图 4-37d、i），就离子半径而言，四面体配位的 Mn、Cr、In 与 Cu、Fe 离子半径较为接近，可以进入黄铜矿晶格（Shannon，1976；George et al.，2018），Mn、Cr 具有相似的地球化学性质，其正相关关系可能反映二者在流体中一同迁移和沉淀富集，而 In 与 Zn 呈正相关，指示 In 大部分进入黄铜矿晶格。Ag 与 Bi 为负相关（图 4-37h），Bi 与 Pb 为正相关（图 4-37g），Zn 与 Ag 呈较弱的正相关性（图 4-37a），反映 Ag 很可能取代 Cu 在黄铜矿中以固溶体形式赋存。

表 4-7 白牛厂银多金属矿床黄铜矿电子探针数据

单位：%

样品编号	As	Fe	Ni	Co	Cu	Zn	S	Pb	Sn	Sb	In	Cd	Ag	总计
BNC22-62-01	0	29.849	0	0.039	34.028	0.094	34.821	0.018	0.337	0	0.018	0	0.032	99.236
BNC22-62-02	0	29.941	0	0	34.273	0.031	34.8	0.032	0.164	0	0.011	0	0.026	99.278
BNC22-62-03	0	29.821	0	0	34.355	0.091	34.613	0	0.149	0	0.02	0.003	0.032	99.084
BNC22-62-04	0	29.676	0	0	34.11	0.21	34.73	0	0.194	0.002	0.03	0	0.032	98.984
BNC22-62-05	0.01	29.805	0.008	0	34.382	0.081	34.565	0	0.175	0	0.023	0.003	0.012	99.064
BNC22-62-06	0	29.179	0.001	0	33.847	1.003	34.664	0	0.699	0	0.011	0.014	0.042	99.462
BNC22-62-07	0	29.757	0	0	34.223	0.083	34.634	0	0.159	0	0.027	0	0.019	98.902
BNC22-62-08	0	29.776	0.009	0	34.338	0.036	34.558	0	0.134	0	0.022	0	0.042	98.915
BNC22-62-09	0	29.896	0	0	34.1	0.035	34.819	0	0.165	0	0.028	0.006	0.024	99.073
BNC22-62-10	0	29.906	0	0	34.223	0.028	34.654	0	0.16	0	0.037	0.011	0.044	99.063

表 4-8 白牛厂多金属矿床矿黄铜矿微量元素数据

单位：$\times 10^{-6}$

样品编号	Mg	P	Ti	Cr	Mn	Co	Ni	Zn	Ga	Ge	As	Se	Ag	Cd	In	Sn	Sb	Bi	Pb
BNC22-62-1	0.01	38.51	15.35	0.00	1.15	0.08	0.12	10 829.10	2.36	3.54	0.00	2.09	667.44	59.69	616.83	4 208.38	2.23	1.11	0.77
BNC22-62-2	0.05	86.06	18.77	0.22	1.19	0.05	0.37	1 678.66	2.44	2.66	0.59	0.17	672.37	11.64	428.98	2 810.52	2.54	0.21	0.68
BNC22-62-3	0.00	56.35	19.10	1.44	1.04	0.08	0.56	10 373.70	2.25	2.01	0.00	3.11	699.18	52.54	474.25	2 848.25	0.90	0.31	0.30
BNC22-62-4	0.00	33.22	23.64	1.52	0.00	0.03	0.72	2 008.98	2.75	3.05	0.00	0.24	652.24	10.54	393.09	2 786.79	6.18	0.24	0.51
BNC22-21-2	232.84	27.80	20.95	0.00	7.61	1.10	15.40	1 858.58	1.33	2.43	1.08	75.91	196.49	11.73	171.62	1 715.33	9.18	15.94	134.97
BNC22-21-3	51.86	40.16	19.83	0.00	1.83	1.16	13.82	2 096.23	0.70	1.90	0.00	66.22	208.35	14.06	191.95	1 384.45	12.82	13.37	43.60
BNC22-35-5	30.01	42.73	18.32	4.63	46.79	0.01	0.00	1 057.15	3.46	0.00	2.17	40.63	273.22	7.99	61.77	558.98	9.93	5.49	20.14
BNC22-35-7	365.00	118.65	36.86	3.20	4.70	3.07	5.83	1 197.03	1.82	2.19	462.39	29.60	249.04	9.87	54.26	604.95	11.63	8.43	17.91
BNC22-13-2	0.00	7.20	15.45	3.03	0.56	0.28	4.41	1 328.85	5.05	1.82	1.11	128.42	672.66	11.58	619.86	3 675.91	1.89	1.40	1.63
BNC22-13-3	5.14	8.47	19.36	2.74	0.49	0.13	2.85	1 251.62	2.24	2.67	2.59	78.94	591.26	10.04	599.35	2 599.68	8.55	4.57	15.16
BNC22-13-4	0.00	5.35	20.64	2.58	0.94	0.29	8.71	4 891.62	5.83	1.33	0.31	108.50	736.91	42.86	721.56	5 270.00	7.07	5.15	3.40
BNC22-68-1	0.06	15.67	4.71	0.85	0.37	0.02	0.03	1 475.06	2.33	1.16	1.36	4.98	677.80	13.10	506.57	2 022.49	0.92	0.75	1.13
BNC22-68-2	0.00	25.13	5.55	1.83	12.19	0.00	0.26	44 528.71	2.34	0.82	1.18	2.67	596.27	230.91	658.17	2 205.75	7.25	2.77	7.34
BNC22-68-3	0.10	16.32	3.73	1.08	0.00	0.02	0.39	1 053.46	2.51	0.90	0.97	6.62	611.93	6.12	530.84	1 521.20	1.14	0.55	1.35
BNC22-68-4	0.08	24.52	5.97	2.11	0.93	0.02	0.32	4 694.84	2.16	0.70	0.50	7.88	648.38	29.34	590.85	2 286.33	3.15	1.06	2.66
BNC22-68-5	0.00	29.10	5.03	0.99	0.65	0.04	0.46	4 507.52	2.14	1.40	0.27	6.60	637.86	22.53	602.27	2 302.99	3.35	0.68	1.93
BNC22-68-6	0.03	11.89	5.46	0.17	0.64	0.00	0.12	6 666.25	2.08	1.36	0.00	4.98	645.06	31.67	589.08	2 383.53	2.90	0.96	1.86
BNC22-68-7	0.27	27.70	5.80	0.00	1.10	0.00	0.26	8 107.28	2.43	1.32	0.00	8.40	646.32	38.77	600.77	1 792.43	1.25	0.87	1.78
BNC22-68-8	0.00	42.94	7.41	1.30	0.89	0.01	0.22	1 777.62	2.13	1.38	0.00	9.70	644.22	11.80	596.48	2 051.32	1.03	1.05	1.32
BNC22-68-9	0.00	38.18	8.06	0.11	1.64	0.06	0.33	13 815.99	2.50	0.88	1.42	8.35	645.85	78.64	699.94	1 989.21	2.28	1.71	2.22
BNC22-68-10	0.22	29.64	3.28	0.68	0.00	0.00	0.34	1 228.48	2.27	0.78	0.00	8.40	649.28	9.94	597.57	1 583.71	2.08	2.12	1.90

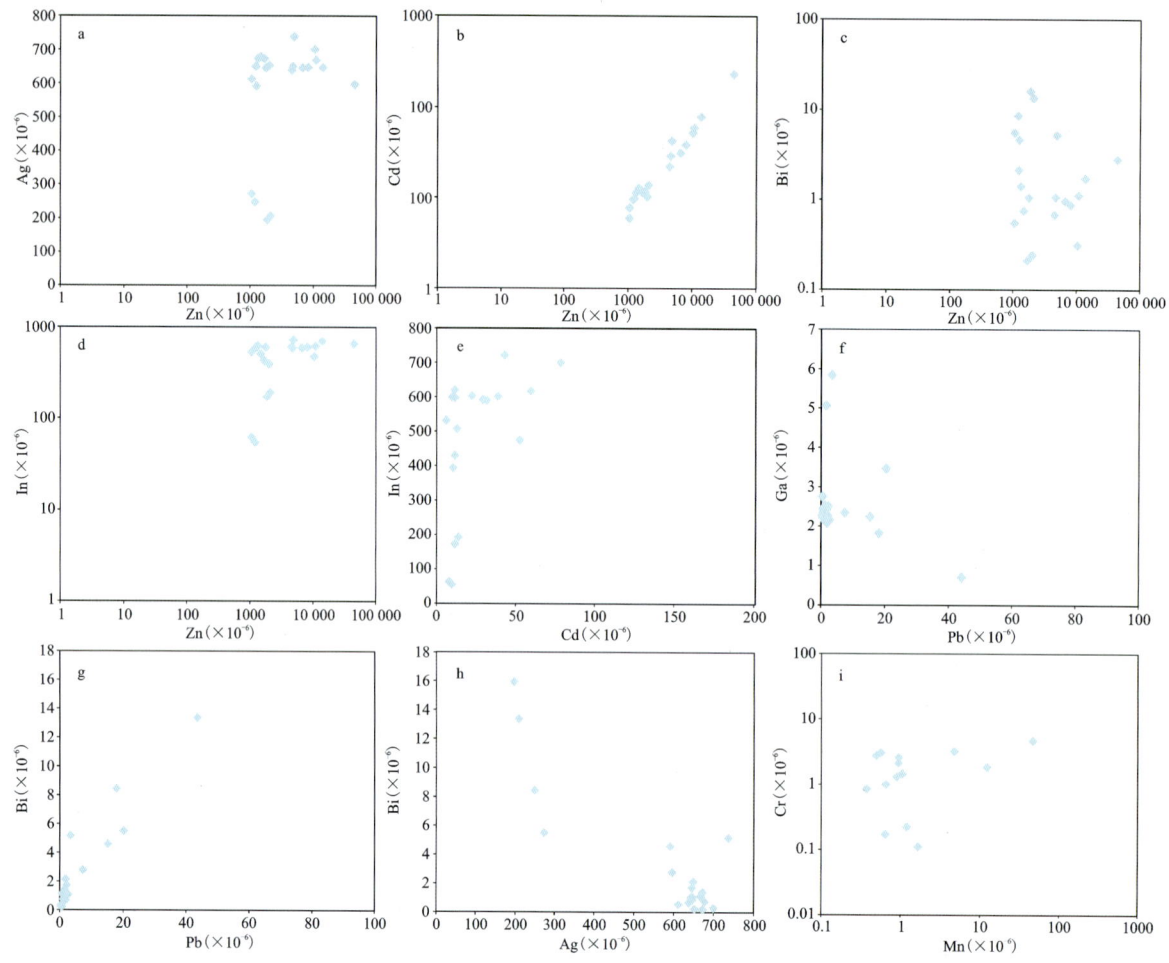

图 4-37 白牛厂矿床黄铜矿微量元素图解

黄铜矿标型与矿床成因之间的关系研究以及应用较少，前人发现岩浆成因（如铜镍硫化物矿床）黄铜矿中 Ni 含量高于热液成因黄铜矿（Duran et al.，2019），但判别意义不详。王启林等（2023）通过对国内外不同成因类型铜矿床黄铜矿微量元素进行研究，发现岩浆成因黄铜矿高 Ni 低 In，岩浆作用有关的黄铜矿 Se 含量高于沉积作用有关的黄铜矿，并首次提出黄铜矿微量元素成因类型判别图解。将白牛厂矿床黄铜矿相应元素数据投于图解上，在 Co-Ni 图解中绝大部分落在热液成因区域（图 4-38a），In-Ni 图解均落在热液成因区（图 4-38b），反映白牛厂矿床黄铜矿为热液成因，这与野外地质现象是一致的。

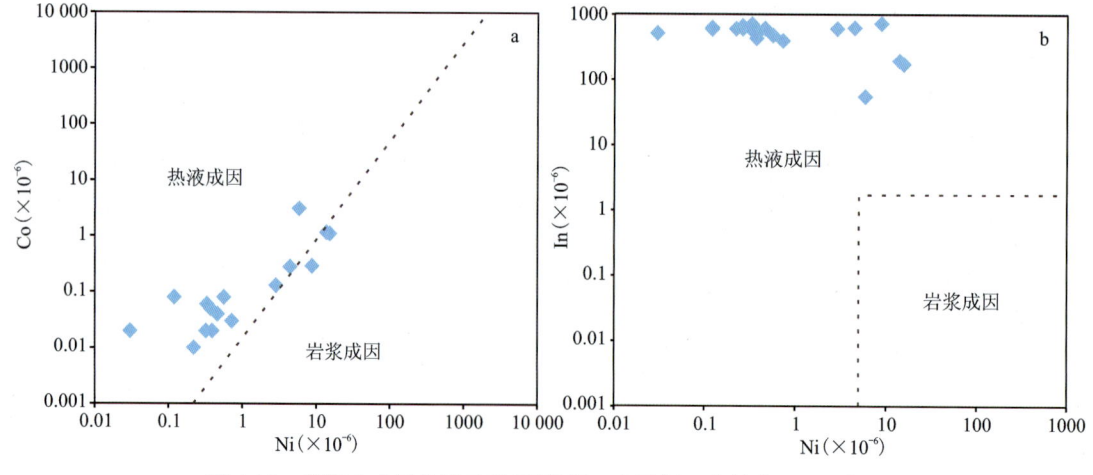

图 4-38 黄铜矿成因微量元素判别图解（底图据王启林等，2023 修改）

4. 闪锌矿

1) 闪锌矿宏观特征

白牛厂地区闪锌矿矿石中主要矿物成分为闪锌矿、方铅矿、黄铜矿、黄铁矿、磁黄铁矿、锡石和毒砂等。脉石矿物主要为石英、长石、方解石、白云石等矿物。矿石构造以致密块状、脉状和浸染状为主(图4-39a～c)，矿石结构包括他形—半自形、穿插交代、包含、填隙等(图4-39d～i)。

Ars. 毒砂；Cp. 黄铜矿；Ga. 方铅矿；Pyrh. 磁黄铁矿；Sph. 闪锌矿；Stn. 黝锡矿；Arg. 辉银矿；Py. 黄铁矿

图4-39 白牛厂银多金属矿床铅锌矿石样品及显微特征

a.致密块状铅锌铁矿石；b.条带状铅锌铁矿石，发育铅锌脉体、磁黄铁矿细脉及少量团斑状黄铁矿、黄铜矿；c.泥质粉砂质被方铅矿、闪锌矿、黄铁矿脉体穿切，粉砂岩中发育少量立方体黄铁矿；d.闪锌矿与磁黄铁矿、方铅矿、黄铜矿密切共生，闪锌矿与方铅矿构成反应边结构，少量黄铜矿呈固溶体分离结构发育于闪锌矿中；e.闪锌矿与磁黄铁矿、黄铁矿、黝锡矿密切共生，磁黄铁矿与闪锌矿具明显的反应边；f.闪锌矿与磁黄铁矿、方铅矿、黄铁矿密切共生；g.闪锌矿与黄铜矿交代共生，部分闪锌矿呈破碎状，少部分毒砂、磁黄铁矿沿黄铜矿裂隙充填发育；h.闪锌矿与磁黄铁矿交代共生，辉银矿沿闪锌矿遍布发育；i.闪锌矿穿切方铅矿，具明显的反应边结构，黄铁矿与方铅矿交代共生，呈港湾状结构

2) 闪锌矿主微量元素特征

闪锌矿的主要化学成分为ZnS，其次为FeS，5件闪锌矿样品中ZnS含量分布在77.60%～89.16%之间，平均含量为83.67%，FeS含量分布在9.26%～20.89%之间，平均含量为14.81%。

白牛厂地区不同类型样品中闪锌矿中微量元素Mg、Al、Co、Cu、Ga、Ag、In、Sn、Sb、Pb含量差异较为显著，在BNC22-62/68/5中，稀散元素In含量在$(800～1980)×10^{-6}$之间，贵金属元素Ag含量在$(0～20)×10^{-6}$之间，Sn含量在$(0～20)×10^{-6}$之间，Sb元素含量极少；而在BNC22-19/41样品中，元素In含量仅在$400×10^{-6}$以内，贵金属元素Ag含量在$(40～1000)×10^{-6}$左右，BNC22-19中Sn含量在$150×10^{-6}$左右，Sb元素含量介于$(7～25)×10^{-6}$之间。

3)讨论

元素替代机制

通过对闪锌矿中 Zn、Fe 和 Cd 进行相关性分析,发现白牛厂地区闪锌矿中 Cd-Zn、(Fe+Cd)-Zn、Cd-Fe 存在明显的负相关关系(图 4-40),相关性系数分别为 0.640、0.564、0.555(相关性系数越接近 1,相关性越强),其中 Cd-Zn 元素较 Fe-Zn 元素相关性更强,说明在闪锌矿矿物中存在 $Cd^{2+} \leftrightarrow Zn^{2+}$ 的置换作用;而 Fe 元素与 Cd 元素存在正相关关系,其相关性系数为 0.751,但二者存在一定的数量级差异,说明部分 Cd 元素与 Fe 元素协同共同取代 Zn 元素进入闪锌矿中($Fe^{2+} + Cd^{2+} \leftrightarrow 2Zn^{2+}$)。

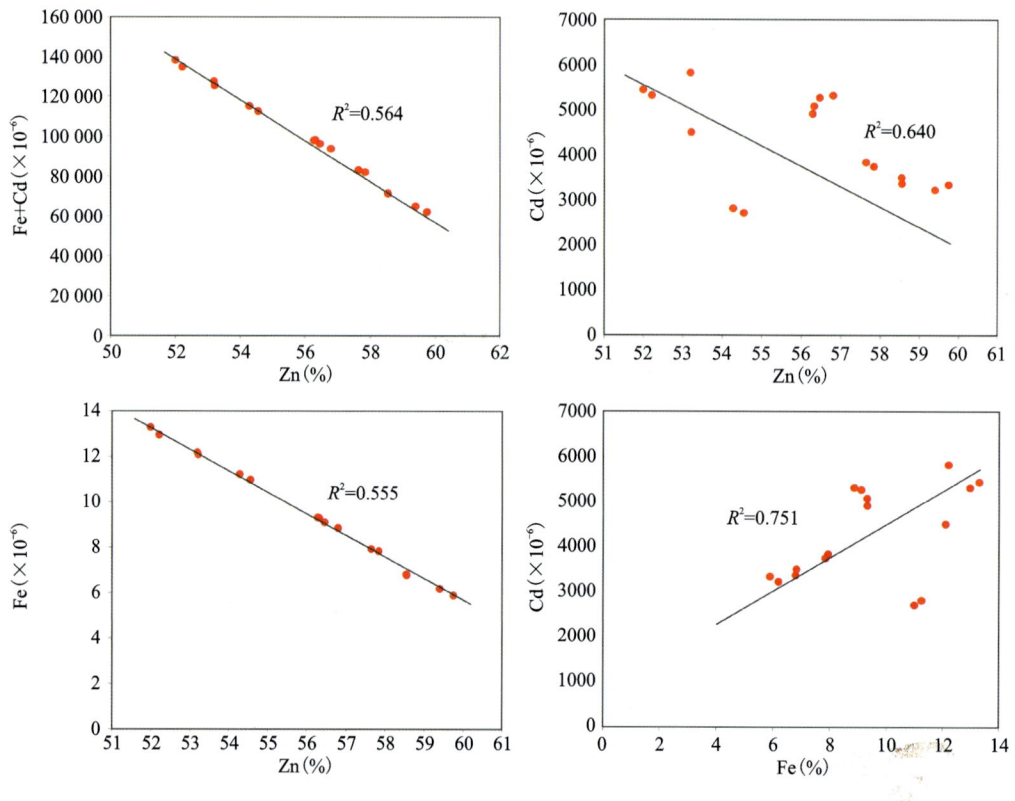

图 4-40　闪锌矿矿物 Fe、Cd、Zn 相关性图解

闪锌矿成矿温度

研究表明,闪锌矿微量元素组分含量可以表征闪锌矿的成矿温度条件。Frenzel 等(2016)通过对比不同成因类型的闪锌矿微量元素组成及矿物中流体包裹体均一温度的测量,建立了闪锌矿 Ga、Ge、Fe、In、Mn 微量元素温度计,其公式表示为

$$T = -(54.4 \pm 7.3) \times PCL + (208 \pm 10) \tag{4-5}$$

$$PCL = \ln\left(\frac{C_{Ga}^{0.22} * C_{Ge}^{0.22}}{C_{Fe}^{0.37} * C_{Mn}^{0.20} * C_{In}^{0.11}}\right) \tag{4-6}$$

式(4-5)中 T 为成矿温度(℃),PCL 为第一主成分回归系数;式(4-6)中 ln 为自然对数,C 为闪锌矿中各微量元素质量分数(Ga、Ge、In 和 Mn 的质量分数单位为 $\times 10^{-6}$;Fe 的质量分数单位为 $\times 10^{-2}$)。

计算结果显示,白牛厂 BNC22-62/68/5 样品中闪锌矿成矿温度在 328～429℃之间(平均为 373℃),而 BNC22-19/41 样品中闪锌矿成矿温度在 299～398℃之间(平均为 341℃)。两组闪锌矿的成矿温度同前人测定的闪锌矿成矿温度(381℃、304℃、389℃)范围表现一致(图 4-41)。结合以上分析,白牛厂银多金属矿床中闪锌矿成矿温度为中—高温。

第四章 白牛厂银多金属矿床研究

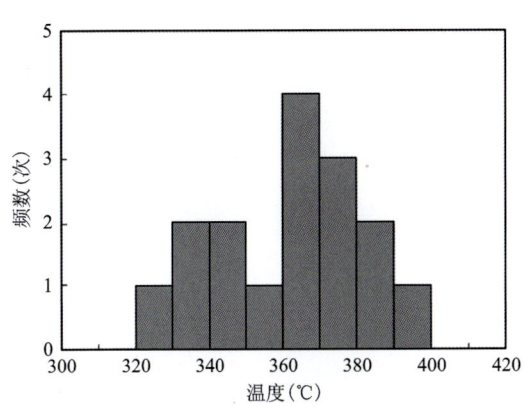

图 4-41 白牛厂闪锌矿成矿温度统计直方图

闪锌矿中微量元素发生类质同象替换时受到不同物理化学条件的影响,表现为闪锌矿微量元素的差异,对于矿床成因识别有指示意义。与火山热液有关的矿床和矽卡岩型矿床中的 Cd 的含量最高,Zn/Cd 值为 104～214;火山沉积型矿床 Cd 含量最低,Zn/Cd 值为 417～531;而沉积改造型矿床中的 Cd 含量介于火山热液型和火山沉积型矿床之间,Zn/Cd 值为 252～330。白牛厂闪锌矿中 Zn/Cd 值为 91～201,平均为 140,与前人总结的火山热液与矽卡岩型矿床数据一致。

目前,Zhang(1987)提出 Ga-In 含量关系可以用来表征闪锌矿成因类型,除样品 BNC22-41 化学数据落点在火山热液型区域外(图 4-42),其他样品均分布在岩浆热液型区域,属岩浆热液成因。

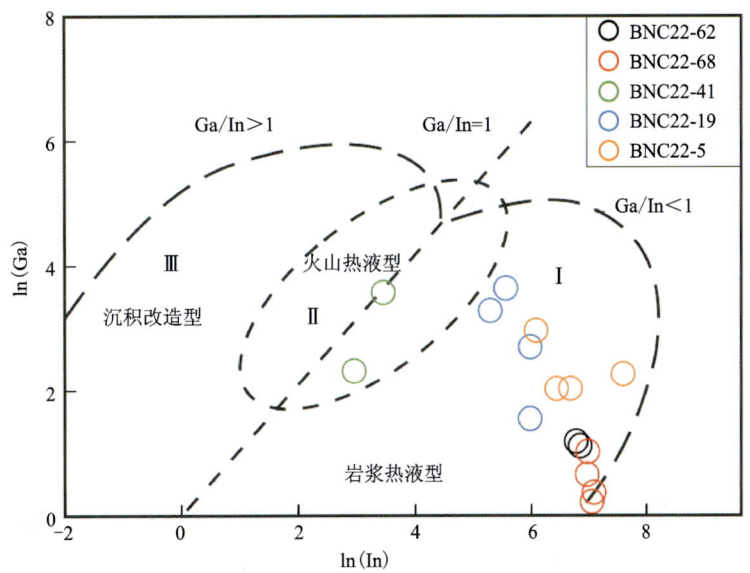

图 4-42 闪锌矿成因判别图解(底图据 Zhang,1987 修改)

第四节 流体包裹体地球化学

一、样品采集及分析方法

本此所采集的样品类型为黄铁矿矿石、花岗斑岩、二长花岗岩、粉砂岩、灰岩、矽卡岩等(图 4-43)。样品来自钻孔 ZK138、KNZ77、KNZ54-1、ZK29、ZK124 及地壳深部岩石。根据样品宏观上的交代穿插关系,对该批样品进行了简单的阶段划分,分为硫化物阶段与硫化物—硫盐阶段,并在此基础上对寄主矿物石英、方解石进行样品的制片,详细将其划分为 4 个期次:石英—黄铁矿,石英—黄铁矿—黄铜矿,石英—黄铁矿—黄铜矿—闪锌矿—方铅矿,方解石—黄铁矿—黄铜矿。

针对白牛厂银多金属矿床各成矿阶段的石英样品进行流体包裹体研究,先将这些样品磨制成厚度

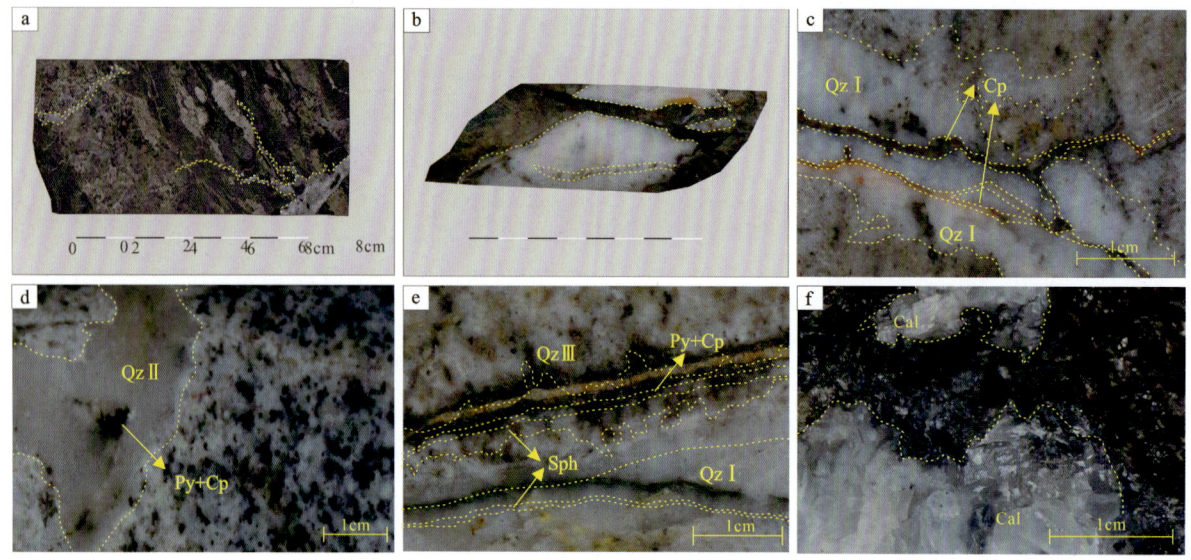

QzⅠ~QzⅢ.不同阶段石英;Cal.方解石;Py.黄铁矿;Cp.黄铜矿;Sph.闪锌矿

图 4-43 流体包裹体岩石样品图

约为 0.2mm 的双面薄片,然后进行流体包裹体岩相学观察、显微测温及激光拉曼光谱分析。对部分样品进行石英挑选并磨制 200 目,进行 H-O 同位素实验。

流体包裹体显微测温在昆明理工大学完成,所用仪器为 THMSG600 型冷热台,对流体包裹体进行温度校正,测温过程中,温度改变速率为 10~30℃,在相变温度附近改为 0.2~1℃。

单个流体包裹体激光拉曼成分分析在昆明理工大学流体包裹体实验室与云南大学完成,拉曼光谱仪为 RM-1000 型,激光束斑直径为 $2\mu m$,光谱分辨速度为 $\pm 2cm^{-1}$。

H-O 同位素实验在中国地质科学院矿产资源研究所进行,矿物包体氢同位素分析采用元素分析仪-气体同位素质谱仪联用(Flash HT-IRMS)的连续流在线分析方法。利用固体自动进样器将 50~300mg 样品(不同类型矿床及不同类型的矿物,采取样品量不一样)投入裂解炉。在 1420℃ 高温下,矿物包体爆裂释放的水蒸气与填充于裂解炉内足够多的玻璃碳粒发生还原反应,形成的 H,在 He 载气携带下,经柱温 90℃ 的气相色谱柱分离提纯后,通过 Con Flo IV 导入气体同位素质谱仪,测定 δD 值。

测试仪器来自美国 Thermo Fisher Scientific 公司,元素分析仪型号:Flash 2000HT;质谱型号:MAT253;分析方法精度优于 $\pm 1‰$。

矿物包体氧同位素分析采用 BF_5 法,分析精度 $\pm 0.2‰$,H、O 同位素分析结果均以 SMOW 为标准,质谱计型号:MAT253EM,计算公式为

$$\delta^{18}O_{样\text{-}SMOW}=\frac{\delta^{18}O_{样\text{-}参}+10^3}{\delta^{18}O_{标\text{-}参}+10^3}(\delta^{18}O_{标\text{-}SMOW}+10^3)-10^3 \tag{4-7}$$

二、流体包裹体特征

矿区石英与方解石颗粒中的包裹体发育,根据成因将其划分成原生包裹体与次生包裹体。本次实验仅针对岩浆热液期发育的原生包裹体开展。该区域的包裹体多成群或束状分布,少数呈孤立状态分布。根据成矿作用的相态变化(图 4-44),包裹体类型被划分为富液相(LV 型)、富气相(VL 型)、含子矿物包裹体(S 型)。

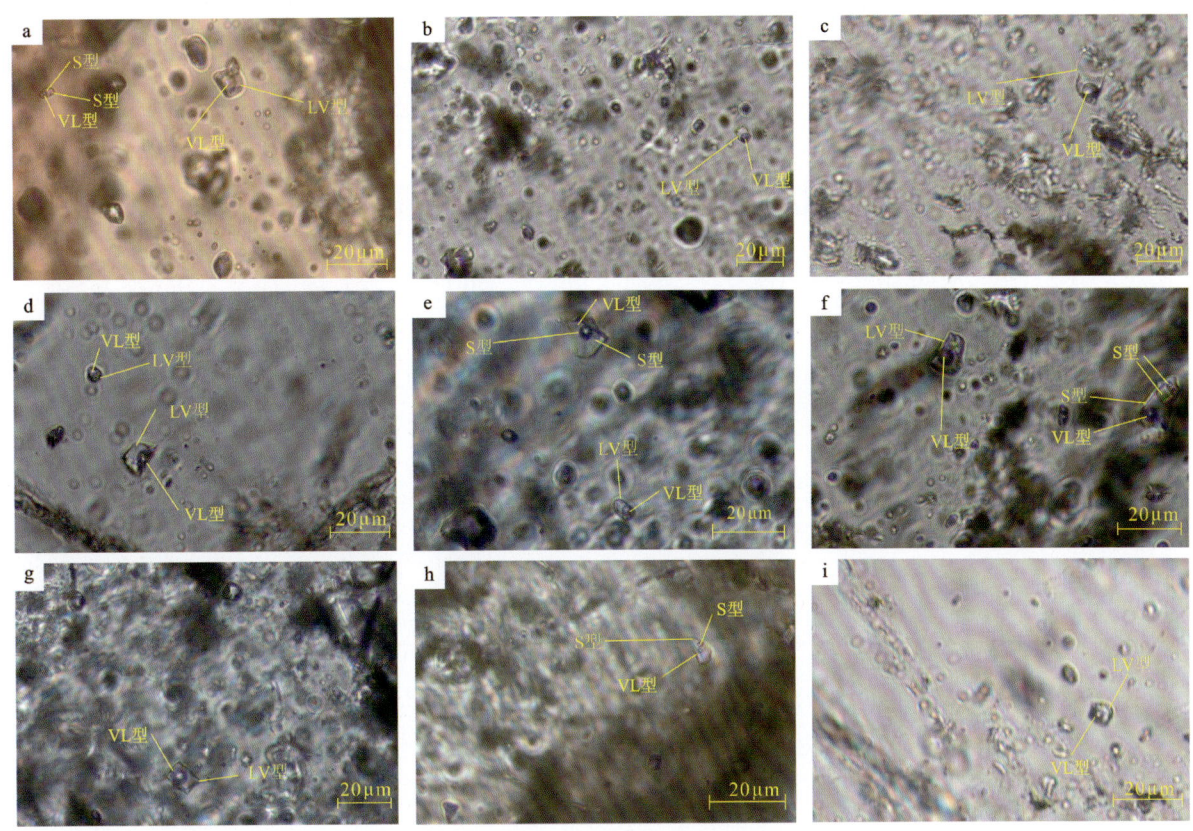

图 4-44 流体包裹体类型图

LV 型包裹体在室温下由液相水溶液和气相水溶液组成,液相充填的程度较大,呈条带状、椭圆状、多边形等成群广泛分布于各个阶段,主要的寄主矿物为石英与方解石。气液比 5%～15%,大小 5～20μm;VL 型包裹体在室温下由气相水和液相水组成,气相充填的程度较大,呈扁圆状或椭圆状分布,数量较少,主要集中于Ⅰ阶段,Ⅱ、Ⅲ阶段分布较少,Ⅳ阶段未见到,主要的寄主矿物为石英与方解石,气液比 50%～75%,大小在 5～20μm;S 型包裹体在室温下由气相、液相和子晶组成,呈不规则的孤立状分布,仅在岩浆热液期出现,数量较少,主要的寄主矿物为石英。气液比 15%～40%,大小在 6～12μm。S 型包裹体主要集中分布在Ⅱ、Ⅲ阶段,Ⅰ阶段较少,Ⅳ阶段未见到。

三、流体包裹体显微测温特征

1. 包裹体均一温度

根据流体包裹体的手标本与镜下观察,对白牛厂银多金属矿床中各个矿段的石英与方解石包裹体进行显微测温,得出不同成矿阶段、不同类型的流体包裹体的测温数据(表 4-9,图 4-45)。

Ⅰ阶段石英中,LV 型包裹体的冰点温度($T_{m\text{-}ice}$)为 -12.7～-2.7℃,对应的盐度 NaCl 的浓度是 4.50%～16.61%,均一温度(T_h)为 162.3～376.4℃,流体密度 0.69～1.00g/m³;VL 型包裹体的冰点温度($T_{m\text{-}ice}$)为 -16.6～-5.5℃,对应的盐度 NaCl 的浓度是 8.54%～19.91%,均一温度(T_h)为 274.6～351.5℃,流体密度 0.72～0.91g/m³;S 型包裹体的子晶熔化温度($T_{m\text{-}s}$)为 283.7～357.4℃,对应的盐度 NaCl 的浓度是 7.16～11.34g/m³,完全均一温度(T_h)318.8～330.8℃,均一为液相,流体密度 7.16～11.34g/m³。Ⅰ阶段上述包裹体的平均均一温度(T_h)为 306.61℃,平均冰点温度($T_{m\text{-}ice}$)为 -7.9℃,平均盐度 NaCl 浓度为 11.39%,平均流体密度 0.82g/m³,少数包裹体出现了气相均一现象。

表 4-9 白牛厂矿区流体包裹体测温数据表

阶段	类型	数量	$T_{m\text{-}s}$	$T_{m\text{-}ice}$(℃)		T_h(℃)		盐度 NaCl(%)		流体密度(g/m³)	
				平均	范围	平均	范围	平均	范围	平均	范围
Ⅰ	LV	49		-7.9	-12.7~-2.7	306.61	162.3~376.4	11.39	4.50~16.61	0.82	0.69~1.00
	VL	15			-16.6~-5.5		274.6~351.5		8.54~19.91		0.72~0.91
	S	2	283.7~357.4				318.8~330.8		7.16~11.34		7.16~11.34
Ⅱ	LV	46		-6.7	-13.4~-2.1	299.56	113.8~402.3	10.34	3.55~17.26	0.81	0.59~1.07
	VL	8			-11.9~-4.2		142.8~389.6		6.74~15.86		0.65~0.98
	S	3	283.7~357.4				199.7~301.6		9.73~11.10		0.67~0.81
Ⅲ	LV	64		-6.1	-14.6~-0.5	290.04	156.5~404.2	9.69	0.88~18.30	0.82	0.59~0.97
	VL	5			-8.5~-4.1		299.8~389.2		5.71~12.28		0.69~0.84
	S	5	170.4~318.6				319.8~368.5		8.14~13.40		9.73~11.10
Ⅳ	LV	10		-7.35	-9.6~-2.4	248.05	178.6~341.8	15.96	4.53~21.65	0.94	0.78~1.05

Ⅱ阶段石英中,LV型包裹体的冰点温度($T_{m\text{-}ice}$)为-13.4~-2.1℃,对应的盐度NaCl的浓度是3.55%~17.26%,均一温度(T_h)为113.8~402.3℃,流体密度0.59~1.07g/m³;VL型包裹体的冰点温度($T_{m\text{-}ice}$)为-11.9~-4.2℃,对应的盐度NaCl的浓度是6.74%~15.86%,均一温度(T_h)为142.8~389.6℃,流体密度0.65~0.98g/m³;S型包裹体的子晶熔化温度($T_{m\text{-}s}$)为283.7~357.4℃,对应的盐度NaCl的浓度是9.73%~11.10%,完全均一温度(T_h)199.7~301.6℃,均一为液相,流体密度0.67~0.81g/m³。Ⅱ阶段上述包裹体的平均均一温度(T_h)为299.56℃,平均冰点温度($T_{m\text{-}ice}$)为-6.7℃,平均盐度NaCl浓度为10.34%,平均流体密度0.81g/m³,少数包裹体出现了气相均一现象。

Ⅲ阶段石英中,LV型包裹体的冰点温度($T_{m\text{-}ice}$)为-14.6~-0.5℃,对应的盐度NaCl的浓度是0.88%~18.30%,均一温度(T_h)为156.5~404.2℃,流体密度0.59~0.97g/m³;VL型包裹体的冰点温度($T_{m\text{-}ice}$)为-8.5~-4.1℃,对应的盐度NaCl的浓度是5.71%~12.28%,均一温度(T_h)为299.8~389.2℃,流体密度0.69~0.84g/m³;S型包裹体的子晶熔化温度($T_{m\text{-}s}$)为170.4~318.6℃,对应的盐度NaCl的浓度是8.14%~13.40%,完全均一温度(T_h)319.8~368.5℃,均一为液相,流体密度9.73~11.10g/m³。Ⅲ阶段上述包裹体的平均均一温度(T_h)为290.04℃,平均冰点温度($T_{m\text{-}ice}$)为-6.1℃,平均盐度NaCl浓度为9.69%,平均流体密度0.82g/m³,少数包裹体出现了气相均一现象。

Ⅳ阶段方解石脉体中,由于该矿床方解石中的流体包裹体较小,数量较少,只发现了LV型包裹体且测得10个有效数据,包裹体的冰点温度($T_{m\text{-}ice}$)为-9.6~-2.4℃,对应的盐度NaCl的浓度是4.53%~21.65%,均一温度(T_h)为178.6~341.8℃,流体密度0.78~1.05g/m³;Ⅳ阶段上述包裹体的平均均一温度(T_h)为248.05℃,平均冰点温度($T_{m\text{-}ice}$)为-7.35℃,平均盐度NaCl浓度为15.96%,平均流体密度0.94g/m³,均为液相均一。

2. 激光拉曼光谱分析

对石英中气液两相包裹体进行激光拉曼探针实验,测试结果显示(图4-46),各个阶段的LV型与VL型都可以见到H_2O的存在,在富气相的包裹体中,存在有CH_4、N_2以及气相的SO_2,富液相的包裹体中也存在液相的SO_2,少数包裹体中存在有气相的HF气体,大部分的包裹体中富气相CH_4。

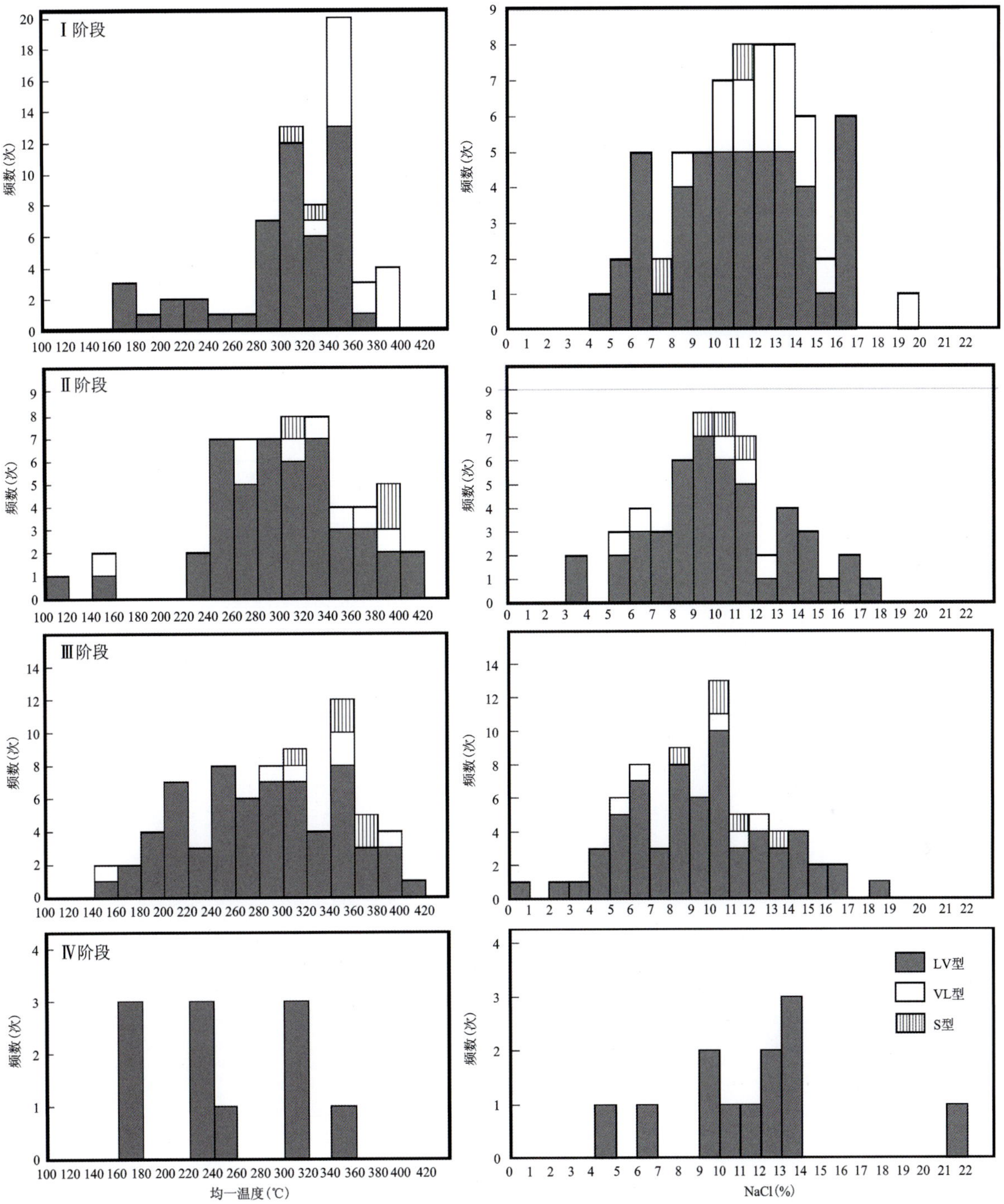

图 4-45　白牛厂矿区流体包裹体均一温度、盐度直方图

四、H-O 同位素

石英的 H-O 同位素测试结果见表 4-10。石英的 δD_{SMOW} 为 $-45‰\sim-97‰$，平均值 $-76.18‰$，石英的 $\delta^{18}O$ 为 $12.3‰\sim12.9‰$，平均值 $14.09‰$。由于方解石中包裹体含量极少，不具备所作 H-O 同位素的数量，因此未做 H-O 同位素实验。

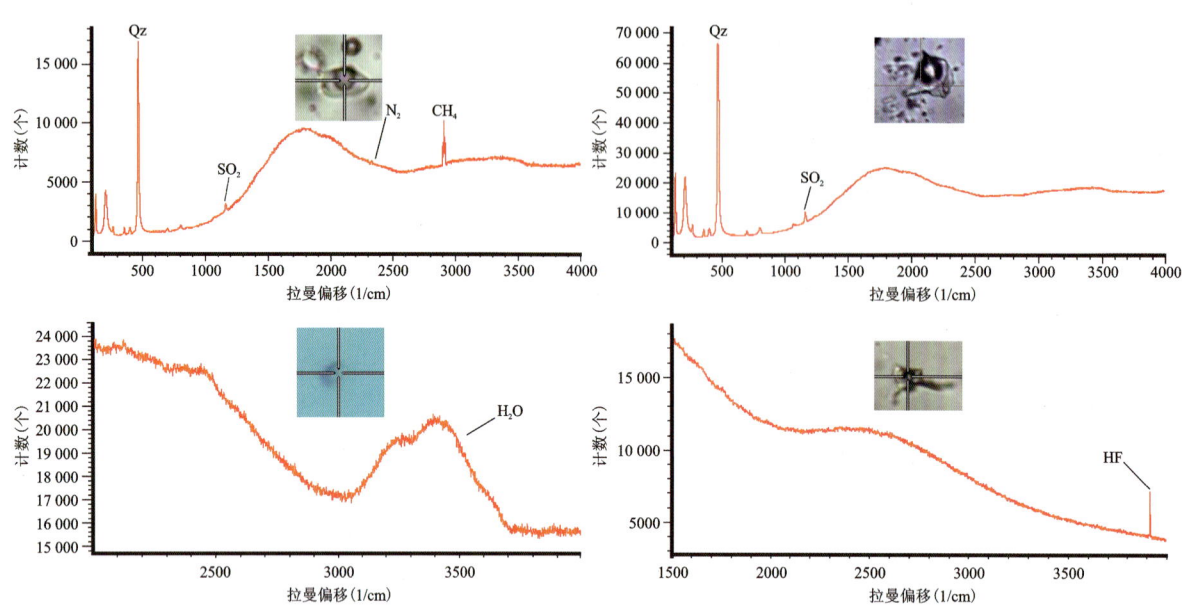

图 4-46 白牛厂银多金属矿床包裹体激光拉曼光谱分析谱图

表 4-10 白牛厂石英 H-O 同位素组成

样品编号	矿物	$\delta^{18}O$	δD_{SMOW}
BNC22-2	石英	18.9	−86
BNC22-13	石英	12.4	−45
BNC22-41	石英	13.3	−97
BNC22-49	石英	12.6	−92
BNC22-54-1	石英	12.3	−55
BNC22-61	石英	13.5	−84
BNC22-63	石英	14.5	−80
MW22-24	石英	13.9	−60
AW-5	石英	14	−67
MJB22-7	石英	15.8	−87
MJB-9	石英	13.8	−85

五、成矿流体特征及演化

根据前文分析，结合流体包裹体完全均一温度与盐度关系，从早阶段到晚阶段，包裹体的演化过程具有一定的特征。在成矿早期的Ⅰ阶段，包裹体中发育有少量的子晶流体包裹体，均一温度峰值为340～360℃，盐度（NaCl）峰值为12%～14%，成矿流体具有中—高温、盐度相对较高的特征。在Ⅱ阶段中，包裹体中存在子晶流体包裹体，均一温度峰值为320～340℃，盐度（NaCl）峰值为9%～11%，成矿流体具有中—高温、盐度相对较高的特征。在Ⅲ阶段中，包裹体中存在子晶流体包裹体，均一温度峰值为340～360℃，盐度（NaCl）峰值为10%～11%，成矿流体具有中—高温、盐度相对较高的特征。这3个阶段均存在有富气相流体包裹体（VL型），且都存在均一温度在110～150℃的包裹体，表明成矿时间长，成矿流体可能受大气降水影响,成矿温度降低。在Ⅳ阶段中,均一温度的峰值主要为160～180℃、200～240℃、300～320℃,盐度(NaCl)峰值为13%～14%,具有中—低温、低盐度特征。

在包裹体的Ⅰ、Ⅱ、Ⅲ阶段中均出现了气相均一的现象,在第Ⅲ阶段出现的次数明显增多,Drummon和Ohmoto(1985)曾提出过沸腾作用,是热液成矿系统中有效的成矿机制,在白牛厂矿床中含石盐子矿物和富气相(VL型)流体包裹体共存且均一温度比较接近,但总体上存在的数量较少,在Ⅲ阶段到Ⅳ阶段中,流体包裹体的均一温度降低但是盐度升高,说明流体在白牛厂银多金属矿床的部分区域中发生过流体沸腾作用(Yang et al. 2017)。在白牛厂包裹体的Ⅰ阶段到Ⅲ阶段均一温度下降,盐度也下降,说明包裹体发生了混合作用(李尚军等,2024)。

第五节 成矿流体来源

氢、氧同位素可用于示踪成矿流体的来源(王喜龙等,2014),通过测定白牛厂矿床中石英矿物中包裹体中的氢、氧同位素,来确定成矿作用过程中水的来源与性质。稳定同位素测试技术的不断提高,这一手段已经可以应用于成矿流体来源示踪、流体演化及成矿过程的揭示。

前人得出石英样品得$\delta^{18}O$为4.97‰～17.06‰,平均为15.45‰,δD_{SMOW}为－52.06‰～－79.32‰(张洪培,2007),白牛厂矿区石英样品中含矿热液$\delta^{18}O$为12.32‰～18.90‰,平均值为14.24‰,δD_{SMOW}为－97.00‰～－45.00‰,平均值为－59.86‰,将流体的$\delta^{18}O$和δD值投于H-O同位素图解中(图4-47)。流体氢、氧同位素数投影点落于原生岩浆水的右方或右下方的位置,部分数据处于变质水靠近原生岩浆水的位置,这意味着成矿流体演化过程中,可能受到了大气降水稀释作用的影响。

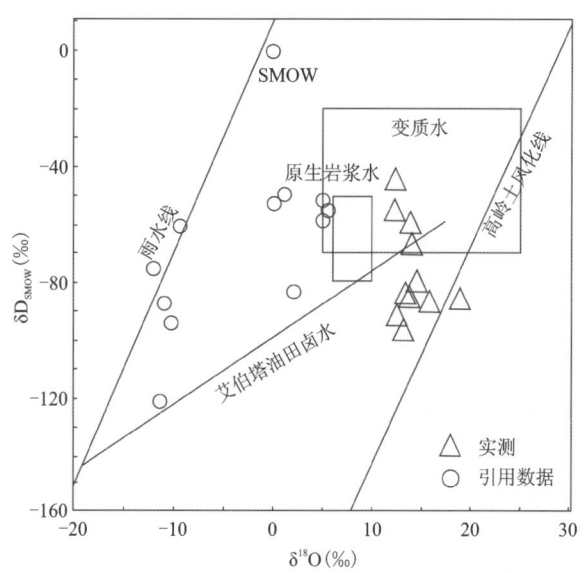

图4-47 白牛厂银多金属矿床成矿流体δD_{SMOW}-$\delta^{18}O$图解

根据实验结果,白牛厂银多金属矿床中脉状矿物石英样品成矿流体中δD同位素显著降低且变化范围较大,在－97‰～－45‰之间,且具有分馏趋势,该现象指示了流体发生了沸腾作用(盛夏等,2023)。流体沸腾作用会影响流体的氢δD同位素,通常情况下,沸腾作用会使得残留富集重氢同位素,并形成具有亏损的δD值(Koděra et al.,2005)。石英包裹体中的水的氢、氧同位素值的投影点呈比较集中的面状分布。有部分样品投点落于艾伯塔油田的卤水线附近,引用张洪培所测的数据中,存在2个样品点位于艾伯塔油田的卤水线附近,本书所测的部分数据也位于卤水线附近,推测成矿系统中有热卤水的参与,在白牛厂银多金属矿床中可能部分区域发生了喷流沉积作用。

第六节 成矿时代

一、独居石 U-Pb 年代学研究

1. 实验方法

独居石 U-Pb 测年样品采自白牛厂矿区 1360 中段花岗岩体内。样品岩性为中—细粒斑状黑云母二长花岗岩,独居石单矿物挑选、制靶、CL 照相在北京显生宙科技有限公司完成。LA-ICP-MS 独居石 U-Pb 同位素定年在武汉上谱分析科技有限公司完成,本次分析的激光束斑直径和频率分别为 16μm 和 2Hz,处理中采用独居石标准物质 44069 和玻璃标准物质 NIST610 作为外标分别对同位素和微量元素进行分馏校正。对分析数据的离线处理采用软件 ICPMSDataCal(Liu et al.,2008;Liu et al.,2010)完成。独居石样品的 U-Pb 年龄谐和图绘制和年龄加权平均计算采用 Isoplot/Excel3(Ludwig,2003)完成。数据采用 ^{204}Pb 校正法对普通铅进行校正。数据处理与成图用 ICPMSDataCal 和 Isoplot 4.15 软件完成。

2. 研究结果

本研究选择的新鲜黑云母二长花岗岩表面呈灰白色,中—细粒结构,块状构造,斑晶主要为斜长石、石英,由斜长石(±40%)、石英(±25%)、钾长石(±10%)、黑云母(±15%)和少量锆石、独居石等矿物组成(图 4-48a,b)。斜长石镜下呈自形短柱状,具环带构造和聚片双晶;石英呈他形粒状,消光不均匀;钾长石呈他形粒状,少量可见卡式双晶;暗色矿物黑云母呈半自形鳞片状分布。本次测试挑选的独居石颗粒大小不一,其长轴为 40~150μm,个别颗粒可达 150μm,长宽比介于 1:1~2:1 之间;呈浑圆状—椭圆状晶体形态居多(图 4-48c),少数者为柱状晶形。部分独居石发育裂纹,在背散射电子图像中,绝大部分独居石都具有均匀的灰白色发光效应(图 4-48c),属典型的岩浆独居石特征。

样品 BNC22-39 的独居石原位 LA-ICP-MS U-Pb 年代学结果显示(表 4-11,图 4-48d),除一个测点(BNC22-39-19)为异常值点外,剩余 19 个独居石的 Th、U 含量变化较大,分别为 (5.17~11.24)×10^{-2} 和 (711~4154)×10^{-2},相应的 Th/U 值为 101.78~990.51。19 颗独居石的 ^{206}Pb/^{238}U 年龄比较集中,数据点分布于一致曲线上或其附近,相应的加权平均年龄为 87.49±0.69Ma(MSWD=0.80,n=19)(图 4-48d),代表了独居石的结晶年龄,其成岩成矿时代为晚白垩世。

3. 独居石 U-Pb 年龄意义

本研究应用 LA-ICP-MS 独居石 U-Pb 方法,获得了独居石的形成年龄为 87.49±0.69Ma,其成岩时代为燕山晚期,这为该区燕山晚期岩浆侵入事件研究提供了新的有力证据。滇东南薄竹山地区经加里东、海西旋回后沉积了一套碎屑岩碳酸盐岩沉积,印支期经区域变质变形形成大范围的褶皱及断裂,燕山期岩浆活动为该区提供了强大的热动力、热液及部分矿质来源。独居石研究结果对精细刻画白牛厂银多金属矿床隐伏花岗岩体形成时代格架具有重要意义,也为研究滇东南薄竹山地区燕山晚期构造-岩浆活动及银铅锌多金属成矿作用提供了科学依据。

表 4-11 白牛厂矿区花岗岩体样品 LA-ICP-MS 独居石 U-Pb 测年分析结果

测点号	ω_B (×10^{-6})			Th/U	同位素比值							年龄 (Ma)						谐和度 (%)
	Pb	Th	U		$^{207}Pb/^{206}Pb$	1σ	$^{207}Pb/^{235}U$	1σ	$^{206}Pb/^{238}U$	1σ	$^{207}Pb/^{206}Pb$	1σ	$^{207}Pb/^{235}U$	1σ	$^{206}Pb/^{238}U$	1σ	
BNC22-39-01	352	111 277	3381	770.46	0.046 5	0.002 9	0.085 8	0.005 0	0.013 6	0.000 2	20.5	144.43	83.6	4.71	86.9	1.18	96
BNC22-39-02	230	68 376	2749	1 801.27	0.049 5	0.003 4	0.092 4	0.005 7	0.013 6	0.000 2	172	−37.96	89.7	5.26	87.0	1.15	96
BNC22-39-03	187	55 850	2046	249.28	0.051 2	0.004 9	0.095 6	0.007 5	0.013 8	0.000 3	250	224.05	92.7	6.94	88.5	1.59	95
BNC22-39-04	307	92 106	4154	672.22	0.051 9	0.003 1	0.096 3	0.005 7	0.013 5	0.000 2	283	137.02	93.4	5.32	86.8	1.09	92
BNC22-39-05	384	119 511	3104	542.39	0.052 9	0.005 1	0.098 2	0.007 9	0.013 8	0.000 2	324	220.34	95.1	7.32	88.2	1.40	92
BNC22-39-06	163	51 676	1221	165.14	0.056 4	0.007 9	0.101 0	0.011 6	0.014 4	0.000 8	478	312.92	97.7	10.72	92.4	4.84	94
BNC22-39-07	299	95 619	2495	537.94	0.048 9	0.003 9	0.091 3	0.006 6	0.013 7	0.000 2	143	177.75	88.7	6.11	87.7	1.52	98
BNC22-39-08	230	72 253	1860	354.74	0.050 3	0.004 7	0.092 3	0.008 5	0.013 6	0.000 3	209	203.68	89.6	7.89	87.3	1.68	97
BNC22-39-09	351	108 213	3891	990.51	0.047 4	0.002 5	0.088 8	0.004 5	0.013 6	0.000 2	77.9	109.25	86.4	4.23	87.2	1.08	99
BNC22-39-10	265	87 112	1708	468.13	0.052 3	0.004 1	0.093 8	0.005 8	0.013 6	0.000 3	298	186.09	91.0	5.40	86.9	1.82	95
BNC22-39-11	231	73 086	2263	461.65	0.050 9	0.003 6	0.094 5	0.006 1	0.013 5	0.000 2	239	158.31	91.7	5.69	86.6	1.54	94
BNC22-39-12	293	95 566	2086	452.73	0.050 3	0.004 9	0.089 0	0.008 4	0.013 5	0.000 2	209	211.09	87.4	7.80	86.7	1.58	99
BNC22-39-13	351	112 446	2699	731.68	0.050 9	0.003 4	0.094 2	0.005 9	0.013 6	0.000 2	239	153.68	91.5	5.45	87.1	1.54	95
BNC22-39-14	282	89 731	2235	369.92	0.051 4	0.005 6	0.090 3	0.007 7	0.013 5	0.000 3	257	242.57	87.8	7.12	87.0	1.60	99
BNC22-39-15	223	71 421	1896	378.16	0.046 1	0.004 1	0.083 9	0.006 0	0.013 9	0.000 3	400	−188.87	81.8	5.65	88.8	1.77	91
BNC22-39-16	197	59 402	2131	101.78	0.068 4	0.023 5	0.099 7	0.018 6	0.014 3	0.000 4	881	583.65	96.5	17.15	91.8	2.59	95
BNC22-39-17	328	105 938	2302	661.43	0.050 0	0.003 5	0.094 9	0.006 6	0.013 6	0.000 2	198	160.17	92.1	6.13	87.1	1.47	94
BNC22-39-18	174	59 384	711	196.76	0.049 1	0.006 8	0.093 2	0.010 2	0.014 8	0.000 4	154	301.81	90.5	9.45	94.6	2.58	95
BNC22-39-19	233	75 707	1495	329.73	0.058 5	0.006 1	0.102 5	0.008 8	0.013 7	0.000 3	550	229.60	99.0	8.13	88.0	2.04	88
BNC22-39-20	253	80 182	1710	299.69	0.056 6	0.006 9	0.097 0	0.007 6	0.013 6	0.000 4	476	267.56	94.0	7.06	87.2	2.67	92

图 4-48　白牛厂二长花岗岩图片
a. 手标本；b. 镜下照片；c. 部分典型独居石 CL 图；d. 独居石 U-Pb 谐和年龄图

二、石榴子石 U-Pb 年代学研究

1. 实验方法

石榴子石 LA-SF-ICP-MS U-Pb 定年在中国科学院地球化学研究所矿床地球化学国家重点实验室分析完成。在测试时，挑选合适样品，磨制成厚约 40μm 的探针片，测试时尽量避开矿物裂隙、包裹体和杂质较多的区域，以减少普通铅的影响。本次分析仪器为 Thermo Element XR 型高分辨磁质谱（HR-ICP-MS）和 ArF 准分子激光剥蚀系统（GeoLasPro 193nm）联机，数据处理与成图采用 ICPMSDataCal（Liu et al., 2008）和 Isoplot 4.15（Ludwig, 2012）软件完成。

2. 研究结果

为了约束矿区内矽卡岩事件的时代，对 4 个样品进行了 U-Pb 年龄的测定，数据详见表 4-12。对于 BNC22-56-1，获得 16 个有效数据点，Tera-Wasserburg 图（图 4-49a）显示下交点年龄为 84.9±3.9Ma（MSWD=1.5, n=16）。对于 BNC22-57-1，获得 14 个有效数据点，Tera-Wasserburg 图（图 4-49b）显示下交点年龄为 88.1±2.2Ma（MSWD=1.3, n=14）。对于 BNC22-66-1，获得 25 个有效数据点，Tera-Wasserburg 图（图 4-49c）显示下交点年龄为 85.4±5.2Ma（MSWD=1.5, n=25）。对于 BNC22-66-2，获得 14 个有效数据点，Tera-Wasserburg 图（图 4-49d）显示下交点年龄为 86.8±6.1Ma（MSWD=1.6, n=14）。

表 4-12　白牛厂银多金属矿床石榴子石的 LA-SF-ICP-MS U-Pb 测定结果

测点编号	Pb ($\times 10^{-6}$)	Th ($\times 10^{-6}$)	U ($\times 10^{-6}$)	Th/U	$^{207}Pb/^{206}Pb$	1σ	$^{207}Pb/^{235}U$	1σ	$^{206}Pb/^{238}U$	1σ
BNC22-56-1										
20221101a89	4.227 4	0.359 1	0.111 7	3.22	0.862 5	0.026 0	1 248.402 9	190.300 1	10.574 3	1.603 0
20221101a87	1.514 7	0.295 3	0.153 5	1.92	0.881 8	0.051 5	309.993 4	48.234 9	2.594 7	0.400 9
20221101a88	0.389 6	0.083 6	0.060 5	1.38	0.833 6	0.081 5	260.475 5	59.944 0	2.282 5	0.474 5
20221101a90	2.684 1	2.054 7	0.582 1	3.53	0.858 2	0.032 2	141.890 4	30.744 8	1.199 7	0.257 8
20221101a65	5.191 8	3.540 4	1.339 3	2.64	0.804 6	0.059 0	123.411 2	32.595 4	1.033 1	0.260 2
20221101a70	0.794 6	2.017 6	1.838 9	1.10	0.725 8	0.057 1	12.815 3	2.468 4	0.125 1	0.022 7
20221101a81	0.009 9	1.339 4	0.251 7	5.32	0.280 5	0.177 2	1.467 9	0.633 0	0.024 4	0.006 8
20221101a85	0.035 7	3.387 6	0.967 9	3.50	0.227 4	0.067 1	0.496 1	0.126 9	0.019 7	0.002 7
20221101a69	0.074 7	4.069 6	2.080 2	1.96	0.222 8	0.057 1	0.374 9	0.070 7	0.017 0	0.001 6
20221101a92	0.057 7	6.654 1	1.937 3	3.43	0.105 3	0.029 5	0.222 4	0.068 1	0.015 7	0.001 7
20221101a82	0.039 7	4.441 1	0.719 4	6.17	0.137 7	0.062 2	0.393 4	0.158 5	0.015 6	0.003 0
20221101a67	0.047 6	3.305 9	1.564 0	2.11	0.314 7	0.121 9	0.376 1	0.086 7	0.015 4	0.002 0
20221101a66	0.052 4	5.538 2	1.764 7	3.14	0.218 2	0.063 5	0.351 U	0.076 0	0.015 3	0.001 7
20221101a84	0.087 0	8.852 0	2.090 9	4.23	0.211 8	0.084 5	0.326 7	0.080 1	0.015 2	0.001 7
20221101a91	0.234 2	10.116 6	2.282 4	4.43	0.134 2	0.049 7	0.210 2	0.059 9	0.015 2	0.001 8
20221101a68	0.078 0	7.319 5	3.331 1	2.20	0.170 0	0.045 7	0.270 4	0.049 2	0.014 5	0.001 3
BNC22-57-1										
20221101a107	0.501 1	0.021 0	0.002 2	9.57	0.935 4	0.073 8	549.875 3	271.273 1	4.536 6	2.442 2
20221101a102	0.305 2	0.227 9	0.058 3	3.91	0.921 1	0.091 3	191.536 7	27.238 5	1.651 4	0.242 0
20221101a106	0.388 9	0.149 4	0.099 0	1.51	0.924 5	0.073 4	190.615 2	39.318 1	1.613 1	0.393 6
20221101a108	0.074 7	0.023 5	0.023 7	0.99	0.899 1	0.349 5	91.657 9	21.962 9	1.011 4	0.191 7
20221101a115	13.166 7	56.325 8	10.408 7	5.41	0.825 3	0.011 6	39.996 2	1.116 7	0.352 5	0.010 3
20221101a104	0.338 3	0.548 9	0.448 1	1.22	0.839 6	0.070 9	25.187 8	4.165 6	0.228 3	0.037 7
20221101a127	2.991 4	15.343 5	5.913 6	2.59	0.789 7	0.020 2	15.743 1	1.022 2	0.145 3	0.008 9
20221101a123	12.316 8	180.497 1	27.242 1	6.63	0.756 6	0.013 3	12.781 9	1.088 1	0.121 2	0.009 2
20221101a125	3.020 1	33.459 5	11.682 4	2.86	0.713 9	0.016 2	7.653 5	0.423 6	0.077 6	0.003 7
20221101a126	4.946 8	93.685 6	26.992 0	3.47	0.607 1	0.046 8	4.453 0	0.098 7	0.046 2	0.001 0
20221101a124	3.840 3	165.461 9	31.335 8	5.28	0.573 2	0.014 2	3.018 0	0.151 2	0.038 1	0.001 5
20221101a111	2.579 2	49.959 8	26.221 8	1.91	0.522 4	0.019 1	2.474 5	0.140 0	0.034 2	0.001 3
20221101a112	5.003 6	159.624 8	56.728 2	2.81	0.492 3	0.016 7	2.114 7	0.144 6	0.030 7	0.001 2
20221101a114	1.821 5	32.462 5	41.705 9	0.78	0.333 5	0.010 2	0.963 2	0.023 8	0.021 1	0.000 4

续表 4-12

测点编号	Pb (×10⁻⁶)	Th (×10⁻⁶)	U (×10⁻⁶)	Th/U	²⁰⁷Pb/²⁰⁶Pb	1σ	²⁰⁷Pb/²³⁵U	1σ	²⁰⁶Pb/²³⁸U	1σ
BNC22-66-1										
20221101a137	3.640 7	0.044 7	0.030 7	1.45	0.851 4	0.022 7	5 241.710 2	1 539.360 6	44.824 2	13.304 9
20221101a146	1.509 1	0.056 5	0.027 6	2.10	0.854 4	0.037 8	2 557.825 9	552.982 3	22.118 2	4.948 0
20221108a21	10.069 0	4.062 8	0.571 7	7.11	0.836 6	0.041 8	516.637 4	47.575 4	4.370 8	0.397 4
20221108a19	1.840 2	0.524 3	0.149 5	3.51	0.828 3	0.028 0	396.859 8	44.616 9	3.454 4	0.376 1
20221108a36	0.198 3	0.012 8	0.019 9	0.64	0.745 2	0.116 5	267.368 7	57.274 7	2.750 9	0.580 7
20221108a33	0.598 7	0.415 6	0.199 5	2.08	0.738 6	0.081 6	118.016 9	30.762 9	1.211 7	0.309 0
20221101a149	0.741 3	0.893 4	0.358 7	2.49	0.843 8	0.054 9	66.893 5	14.624 1	0.584 8	0.124 4
20221108a37	1.974 9	2.073 5	0.864 8	2.40	0.789 9	0.067 5	55.689 9	10.850 4	0.541 2	0.104 2
20221101a152	3.841 6	5.693 4	1.857 3	3.07	0.819 4	0.032 7	57.767 4	15.844 2	0.513 7	0.141 1
20221101a135	3.321 1	4.305 6	1.793 4	2.40	0.841 1	0.021 4	58.142 0	3.263 8	0.506 4	0.029 3
20221101a136	1.632 2	2.912 4	2.061 5	1.41	0.804 0	0.091 8	27.848 4	6.889 8	0.250 2	0.060 0
20221101a160	0.300 4	0.402 2	0.269 0	1.50	0.792 8	0.162 6	22.600 4	3.571 4	0.213 2	0.040 8
20221101a133	0.104 8	2.201 2	0.876 5	2.51	0.493 0	0.131 4	2.709 5	0.625 7	0.043 3	0.007 6
20221108a32	0.244 0	1.876 2	0.960 3	1.95	0.574 7	0.082 3	4.010 0	0.675 0	0.043 0	0.006 0
20221101a155	0.031 2	0.675 5	0.632 5	1.07	0.483 5	0.155 2	2.176 3	0.722 3	0.033 0	0.007 1
20221108a34	0.176 9	4.256 2	1.623 6	2.62	0.490 7	0.061 3	2.320 0	0.285 4	0.031 8	0.003 1
20221108a38	0.223 7	3.753 4	1.551 2	2.42	0.428 8	0.073 9	1.703 2	0.300 0	0.026 9	0.003 2
20221108a39	0.084 6	3.509 0	1.599 2	2.19	0.337 6	0.052 1	0.951 5	0.120 7	0.021 6	0.001 8
20221101a150	0.298 8	6.023 2	1.823 0	3.30	0.248 0	0.076 9	0.679 1	0.212 1	0.021 3	0.002 7
20221101a132	0.208 2	2.932 4	2.110 8	1.39	0.470 7	0.089 3	1.286 4	0.163 1	0.020 5	0.002 0
20221101a157	0.208 2	2.932 4	2.110 8	1.91	0.261 4	0.073 0	0.761 9	0.262 7	0.020 1	0.003 8
20221101a154	0.127 7	2.626 2	1.372 5	1.50	0.211 7	0.120 1	0.283 9	0.087 7	0.017 4	0.002 2
20221101a158	0.046 7	2.207 5	1.474 6	3.20	0.325 1	0.156 9	0.557 7	0.139 3	0.016 3	0.002 3
20221108a35	0.115 0	4.745 0	1.483 5	9.43	0.209 9	0.099 8	0.469 7	0.153 5	0.013 7	0.002 7
20221108a22	0.359 0	6.605 7	0.700 7	1.46	0.107 6	0.049 8	0.177 5	0.055 3	0.013 1	0.002 2
BNC22-66-2										
20221101a179	1.766 5	0.037 9	0.021 5	1.77	0.793 6	0.061 8	2 905.494 3	740.309 7	25.996 7	6.866 1
20221101a178	1.353 4	0.348 7	0.084 2	4.14	0.878 9	0.047 7	902.070 2	346.888 4	7.708 6	2.812 2
20221101a174	2.370 3	1.854 4	0.583 1	3.18	0.857 5	0.027 6	120.916 6	12.834 0	1.027 7	0.105 3
20221101a182	1.530 5	2.012 8	0.518 4	3.88	0.837 3	0.041 2	92.975 5	10.471 9	0.818 2	0.089 8
20221101a186	0.600 1	2.674 2	0.746 9	3.58	0.860 5	0.061 4	25.659 0	3.872 4	0.220 7	0.030 9
20221101a183	0.039 0	0.283 3	0.087 2	3.25	0.701 6	0.202 3	22.117 0	8.054 5	0.185 9	0.057 1
20221101a187	0.887 4	5.525 4	1.590 0	3.48	0.765 5	0.062 8	16.416 8	3.310 8	0.150 9	0.027 4

续表 4-12

测点编号	Pb ($\times 10^{-6}$)	Th ($\times 10^{-6}$)	U ($\times 10^{-6}$)	Th/U	$^{207}Pb/^{206}Pb$	1σ	$^{207}Pb/^{235}U$	1σ	$^{206}Pb/^{238}U$	1σ
20221101a180	0.595 8	5.288 6	1.499 0	3.53	0.705 0	0.051 0	11.243 7	2.529 1	0.110 5	0.021 4
20221101a163	0.441 8	4.876 4	1.626 2	2.99	0.724 8	0.061 5	6.816 7	0.637 6	0.070 8	0.006 5
20221101a181	0.298 8	6.167 3	1.912 5	3.22	0.664 5	0.089 0	3.852 9	0.468 4	0.045 4	0.004 6
20221101a176	0.039 4	3.740 6	0.794 6	4.71	0.126 9	0.050 3	0.317 1	0.109 5	0.017 1	0.002 5
20221101a165	0.046 2	4.532 9	1.581 7	2.87	0.221 8	0.064 8	0.404 2	0.102 3	0.016 7	0.001 6
20221101a164	0.039 5	3.451 3	1.485 2	2.32	0.194 8	0.072 4	0.302 3	0.073 6	0.016 6	0.002 0
20221101a162	0.038 6	5.219 2	1.691 9	3.08	0.221 6	0.064 8	0.371 3	0.085 8	0.016 1	0.001 7

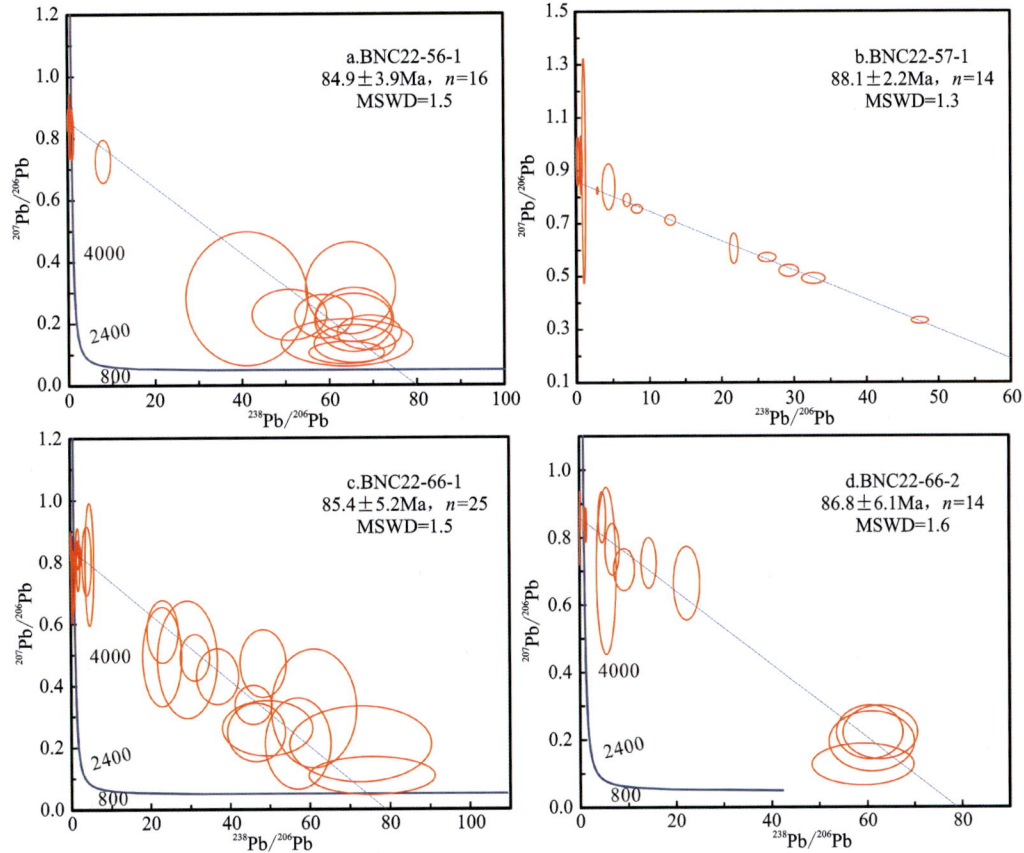

图 4-49 白牛厂矿区石榴子石 LA-SF-ICP-MS U-Pb 定年 Tera-Wasserburg 图

3. 石榴子石 U-Pb 年龄意义

白牛厂银铅锌锡多金属矿床是薄竹山矿集区西北部最具有代表性的矿床，是一个 Ag、Sn、Pb、Zn 等共生的多金属矿床，其成因争议较大。从矿床地质情况来看，该矿床由岩体内部向外依次发育云英岩化带、矽卡岩化带、硅化带和泥化—碳酸盐化带。通过野外地质调查发现，矿区存在石榴子石矽卡岩发育的证据，发育于矿体下部。因此，获得石榴子石矽卡岩成岩成矿时代是理解成矿作用的关键。

前人主要通过隐伏花岗岩体锆石 U-Pb 年龄、锡石 U-Pb 年龄约束成岩成矿年龄（张亚辉，2013；李开文等，2013b；李建德，2018），但对矽卡岩的形成时代却鲜有精确的年代学制约。李开文等(2013b)测得两件锡石的 LA-MC-ICP-MS U-Pb 等时线年龄为 87.4±3.7Ma(MWSD=9.0)和 88.4±4.3Ma(MSWD=9.9);李建德(2018)获得 7 个锆石 LA-ICP-MS U-Pb 年龄介于 87.33~91.17Ma 之间;刘建平等(2023)测得一件锡石 U-Pb 年龄为 85.80±0.45Ma(MSWD=1.5,n=35),这些结果不仅限定了薄竹山花岗岩体的成岩时代,也代表了白牛厂银多金属矿床晚白垩世岩浆侵位及成岩成矿时代。本次研究获得石榴子石 U-Pb 同位素年龄为 84.9±3.9Ma(MSWD=1.5,n=16)、88.1±2.2Ma(MSWD=1.2,n=13)、86.8±6.1Ma(MSWD=1.6,n=14)、85.4±5.2Ma(MSWD=1.5,n=25),代表了白牛厂银多金属矿床矽卡岩的成岩时代。综上所述,我们认为花岗质岩浆侵位、矽卡岩的成岩、锡矿的成矿时代在误差范围内一致,这也间接限定了锡成矿时代,因此我们认为白牛厂银多金属矿床在矽卡岩阶段就已经发生了与晚白垩世花岗质岩浆侵位有关的锡成矿事件。

第七节 矿化规律

白牛厂银多金属矿床工作区范围东西宽 6.0km,南北长 4.0km,地表海拔 1 712.0~2 278.0m,钻探最大深度至 963.8m。数据库建设所需资料主要来自以往资源勘查和开发过程中形成的钻探和坑道编录,包括 408 个钻孔和 992 个巷道工程,录入样品 15 046 个,化验元素为 Ag、Pb、Zn、Sn 和 Cu。按照 3DMine 软件规定的格式录入系统后,实现了探矿工程及数据的三维立体定位和显示。按照 Ag 为 40×10^{-6},Pb 为 0.3×10^{-2},Zn 为 0.5×10^{-2},Sn 为 0.2×10^{-2} 和 Cu 为 0.3×10^{-2} 的边界品位建立了矿体模型(图 4-50)。

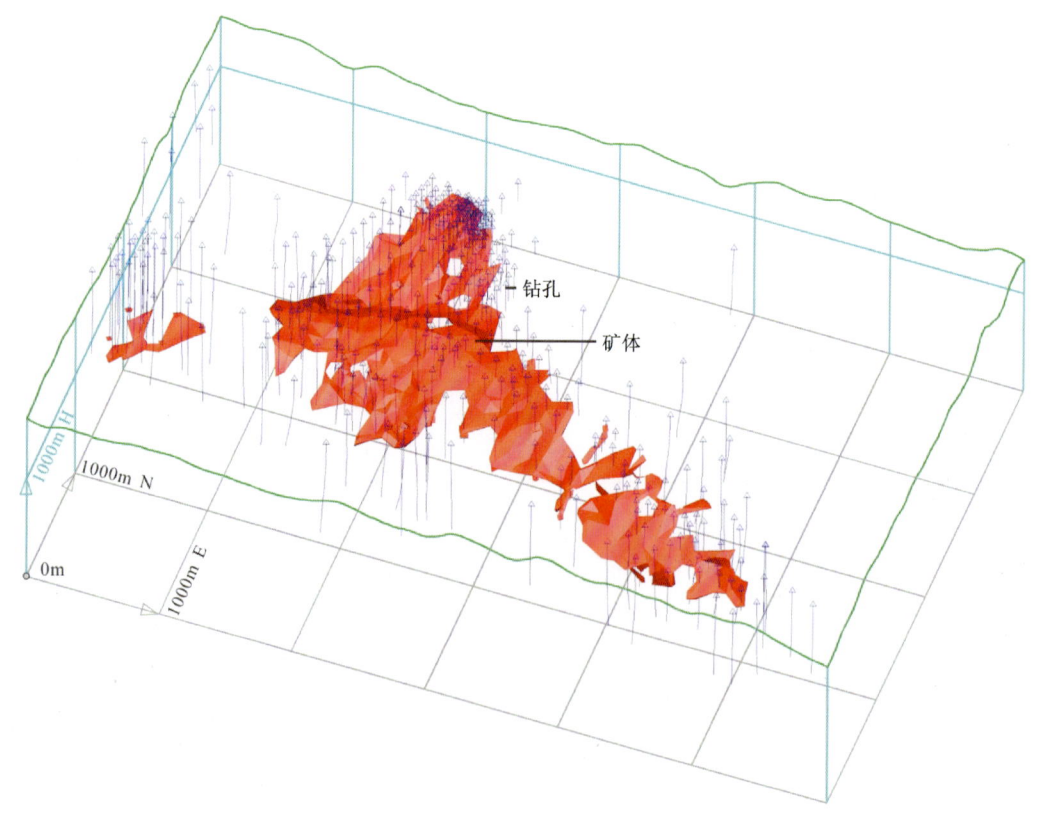

图 4-50 探矿工程及矿体模型

一、相关性分析和聚类分析

相关性分析是数据分析中经常使用的分析方法之一,它通过对不同特征或数据间的关系进行分析,发现数据规律及数据之间的相关性,从而找出关键影响及驱动因素。

相关系数是反映变量之间关系密切程度的统计指标,用 r 表示。采用相关系数的检验方法,观察各主量金属元素之间的相关程度,进一步加强对数据的分析和总结,为建模打下基础。其取值一般介于 $-1 \sim 1$ 之间。$r>0$,表示两个变量正相关;$r<0$,表示两个变量负相关;$r=0$,表示两个变量不相关。

相关系数的计算公式为

$$r_{xy} = \frac{s_{xy}}{s_x s_y} \tag{4-8}$$

聚类分析是根据研究对象(样品或指标)的相似性将其分为相对同质的群组或簇的统计分析技术。从统计学观点看,聚类分析是通过数据建模简化数据的一种方法。在地质学研究中,R 型聚类分析是在包含主要元素的每一个因子之间存在某种内在组合关系或成因联系的基础上(董庆吉等,2008),从数学角度不同成矿元素地球化学行为的相似程度进行研究,它是研究元素共生组合规律最常用的多元统计方法之一。

二、Zn/Pb 值的地质意义

Zn 和 Pb 的地球化学行为既有诸多共性又有些许差异,这使二者组成的空间变化规律成为成矿流体示踪的理想依据。

Zn 和 Pb 在自然界最常见的化合价均为 +2 价,都有很强的亲硫性,易于与硫离子结合成硫化物,在各种地球化学分类中,Zn 和 Pb 常属同一类。而在原子结构和晶体化学性质上,Zn 和 Pb 又具有一定差异,Zn 的原子半径和离子半径均比 Pb 小,表现出来的性质为 Zn 和 Fe、Mn 相似,而 Pb 和 K 接近(李嘉曾,1984;刘英俊,1984)。

矿液运移过程中随着物理化学条件的改变,各元素的地球化学行为不同、晶出先后顺序不同,导致在不同空间形成不同元素组成和品位的矿石,使成矿具有一定的元素分带规律。研究表明,成矿物质沉淀的先后顺序与金属元素的稳定序列有关,如 As>Hg>Sb,Ag>Pb>Zn、Cu,稳定性小的元素先晶出,稳定性大的元素后晶出,铅锌矿床往往下部富闪锌矿、上部富方铅矿(瞿裕生和林新多,1993)。可运用 Zn/Pb 值的变化指示成矿流体的来源,绘制 Zn/Pb 等值线图,高值中心即为成矿热液来源位置,该方法在众多矿床得到成功运用(曾庆丰,1986;Kyle et al.,2002;Xue et al.,2007)。

三、半变异函数分析

半变异函数被用来描述数据的结构和空间变异性,通过检查测量数据点之间的空间相关性。半变异函数作为距离和方向的函数,使我们能够通过半变异函数了解在什么距离和方向上地球化学数据具有最佳的自相关性或显示出最大的连续性。半变异函数的方程为(Cressie,1993)

$$r(h) = \frac{1}{2N(h)} \sum_{i=1}^{N(h)} [Z(x_i) - Z(x_i+h)]^2 \tag{4-9}$$

式中:$r(h)$ 是距离 h 的方差值;$N(h)$ 是被滞后距离 h 分隔的数据对的个数;$Z(x_i)$ 是性质 Z 在位置 x_i 上的值;$Z(x_i+h)$ 是性质 Z 在位置 x_i+h 的值。

在半变异函数中,Nugget、sill 和 range 被用来描述空间变异的性质。Nugget 是 $h=0$ 时的半变异函数值。随着 h 的增大,半变异函数值增大到基台值,此时变异函数趋于平缓。极差是半变异函数值达到基台的距离。

采用块金值/基台值作为划分变量空间依赖性的标准(Niemietz et al.,2010)。当比值小于或等于 0.25 时,该参数被认为具有强烈的空间依赖性;而在 0.25～0.75 之间时,该参数被认为具有中等程度的空间依赖性;而那些大于 0.75 的变量被认为是弱空间依赖性(Cambardella et al.,1994)。极差代表存在空间自相关的最大距离,如果距离超过极差,变量在空间上不相关或独立。

四、趋势面分析

趋势面分析(Trend Surface Analysis)常用于研究区域变化规律和圈定异常区,该分析方法可以将变量的实地变化曲面分解为趋势面和残差面(Agterberg,1974;Davis and Sampson,2002;Unwin,2009)。趋势面反映了区域性的变化规律,它受大范围内系统性因素的控制,残差面则反映了局部性的变化特点,受局部性因素和随机因素的控制。

一阶趋势面公式为

$$f(x,y)=a_0+a_1x+a_2y \tag{4-10}$$

二阶趋势面公式为

$$f(x,y)=a_0+a_1x+a_2y+a_3x^2+a_4xy+a_5y^2 \tag{4-11}$$

趋势面分析采用回归分析的方法,采用所有样品点变量数据,拟合出一阶、二阶或 n 阶趋势面,运用变量值和趋势面对应值的差绘制残差面。通过验证分析和对比趋势分析结果的概率 P 值($P_r>F$,越小越好)、判定系数(R-Square,越接近 1 越好)、误差均方根(Root MSE,越小越好)、偏态系数(Coeff MSE,越小越好)、残差独立性(Durbin-Watson D,越接近 2 越好),选择最优趋势面。

五、矿化特征

1. 相关性分析和聚类分析

依据 15 046 组矿石化验数据,对 Ag、Pb、Zn、Sn、Cu 和 Zn/Pb 值进行了相关性分析和 R 型聚类分析(表 4-13,图 5-51)。

表 4-13 相关系数表

	Ag	Pb	Zn	Sn	Cu	Zn/Pb
Ag	1.000					
Pb	0.802	1.000				
Zn	0.563	0.638	1.000			
Sn	0.094	0.070	0.167	1.000		
Cu	0.004	−0.127	−0.107	−0.032	1.000	
Zn/Pb	−0.095	−0.102	0.319	0.110	−0.007	1.000

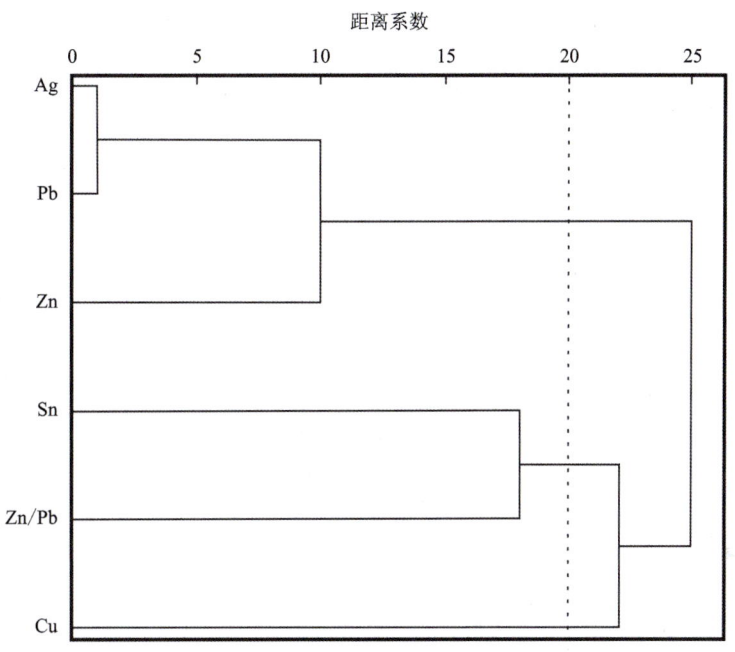

图 4-51 聚类分析结果

相关性分析结果显示,Ag 与 Pb 相关性系数(0.802)最高,Pb 和 Zn 为 0.638,Zn 和 Ag 为 0.563,因此 Ag、Pb 和 Zn 元素在成矿过程中密切相关。Sn 与 Ag、Pb、Zn 呈正相关,与 Cu 为负相关。Cu 元素除与 Ag 具有弱的正相关(相关性系数 0.004)以外,与其他元素均为负相关。与 Zn/Pb 值呈正相关的元素为 Zn 和 Sn。

聚类分析结果显示,以距离系数 20 为界,元素组合可以分为 3 组,即 Ag-Pb-Zn,Sn 和 Zn/Pb,Cu。其中 Ag-Pb-Zn 为中温元素组合,Sn 和 Zn/Pb 代表了高温元素,Cu 元素的富集条件可能与其他成矿元素不同。

2. 成矿元素组合

为了分析成矿元素的组合规律,依据探矿工程中的 15 046 组矿体化验数据,在 Pb-Zn-Ag,Pb-Zn-Cu 和 Pb-Zn-Sn 三角形中进行样品投点,依据投点的密度绘制三角图解(图 4-52)。结果显示,5 种成矿元素中 Zn、Cu 和 Sn 元素在三角网对应顶点附近有一定密度,说明 Zn、Cu 和 Sn 可以独立成矿,而 Pb 和 Ag 少有独立成矿。除了位于 Zn 顶点附近的样品以外,Zn/Pb 值在 0.70~3.5 区间样品分布密度大,且该区间范围 Ag、Cu 和 Sn 元素占比也较高。

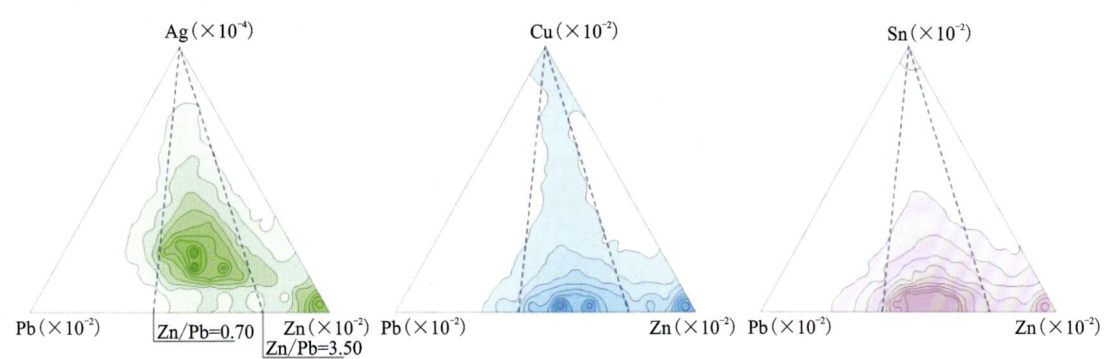

图 4-52 5 种成矿元素组成的三角图解

3. Zn/Pb 值变异函数分析

白牛厂矿区样品 Zn/Pb 值和 lg(Zn/Pb) 值频数分布直方图(图 4-53)显示,lg(Zn/Pb)值更接近正态分布,因此变异函数分析数据采用 lg(Zn/Pb) 值。

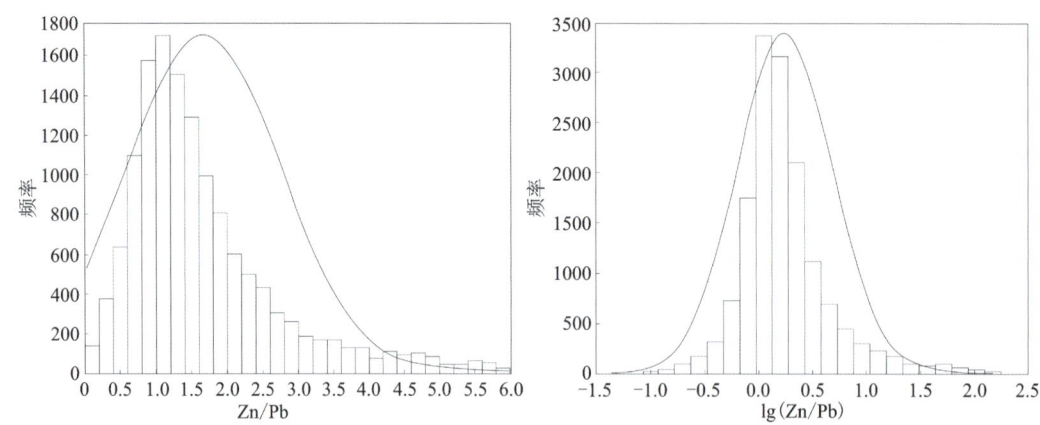

图 4-53　Zn/Pb 和 lg(Zn/Pb) 频数直方图

全向变异函数分布图可以用来确定空间相关性分布的主要方向和相关距离的相对大小。lg(Zn/Pb)值全向变异函数分布图(图 4-54a)显示,该值各向异性特征明显,在 100°和 190°方向矿化连续性好,二者变程之比约为 2∶1,这两个方向分别为矿体的走向方向和倾向方向。

lg(Zn/Pb)值 100°和 190°方向变异函数分析结果(图 4-54b、c,表 4-14)显示。100°方向和 190°方向 Nugget/Sill 值非常接近,分别为 0.736 和 0.744,lg(Zn/Pb)值在这两个方向均表现为中等程度的空间相关性。100°方向和 190°方向变程分别为 91.061m 和 50.480m,lg(Zn/Pb)值在 100°方向的空间相关范围大于 190°方向。

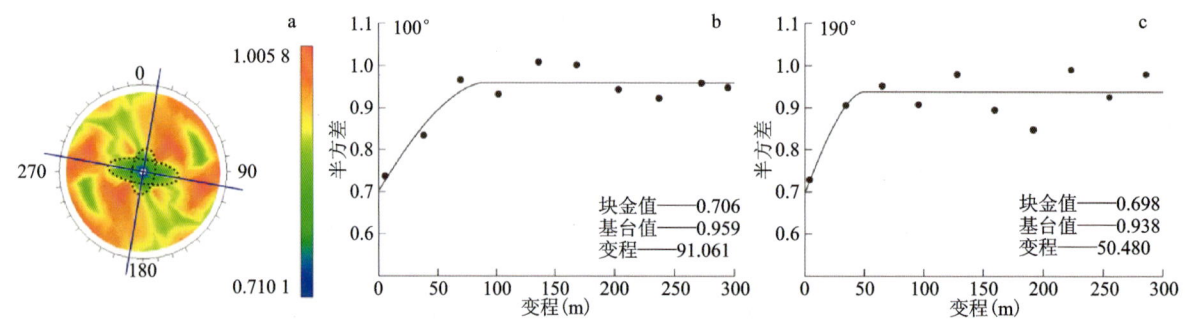

图 4-54　lg(Zn/Pb)的半变异函数图
a. 全向变异函数分布图;b. 矿体走向(100°)变异函数图;c. 矿体倾向(190°)变异函数图

依据变异函数分析结果,采用克里格估值的方法进行交叉验证(表 4-14),在 100°和 190°两个方向,平均误差(ME 均为 0.000)等于 0,均方根误差(RMSE 分别为 0.296 和 0.297)和平均标准误差(MSE 分别为 0.000 和 0.001)尽可能小,均方根标准化预测误差(RMSSE 分别为 1.009 和 1.007)接近于 1。这些参数验证了变异函数分析结果可信。

表 4-14　变异函数分析结果表

方向	Nugget	Sill	Range	Nugget/Sill	ME	RMSE	MSE	RMSSE
100°	0.706	0.959	91.061	0.736	0.000	0.296	0.000	1.009
190°	0.698	0.938	50.480	0.744	0.000	0.297	0.001	1.007

4. 品位模型

以 10m×10m×10m 的立方体为基本单元块,矿体内部空间可以用 41 441 个单元块表示,用于金属元素品位估值。依据探矿工程所得到的 Ag、Pb、Zn、Sn 和 Cu 品位数据,采用普通克里格法估算每一个单元块的金属元素品位,得到矿体品位模型。依据每个单元块金属元素品位和 Zn/Pb 值绘制矿体品位分布平面图(图 4-55)。

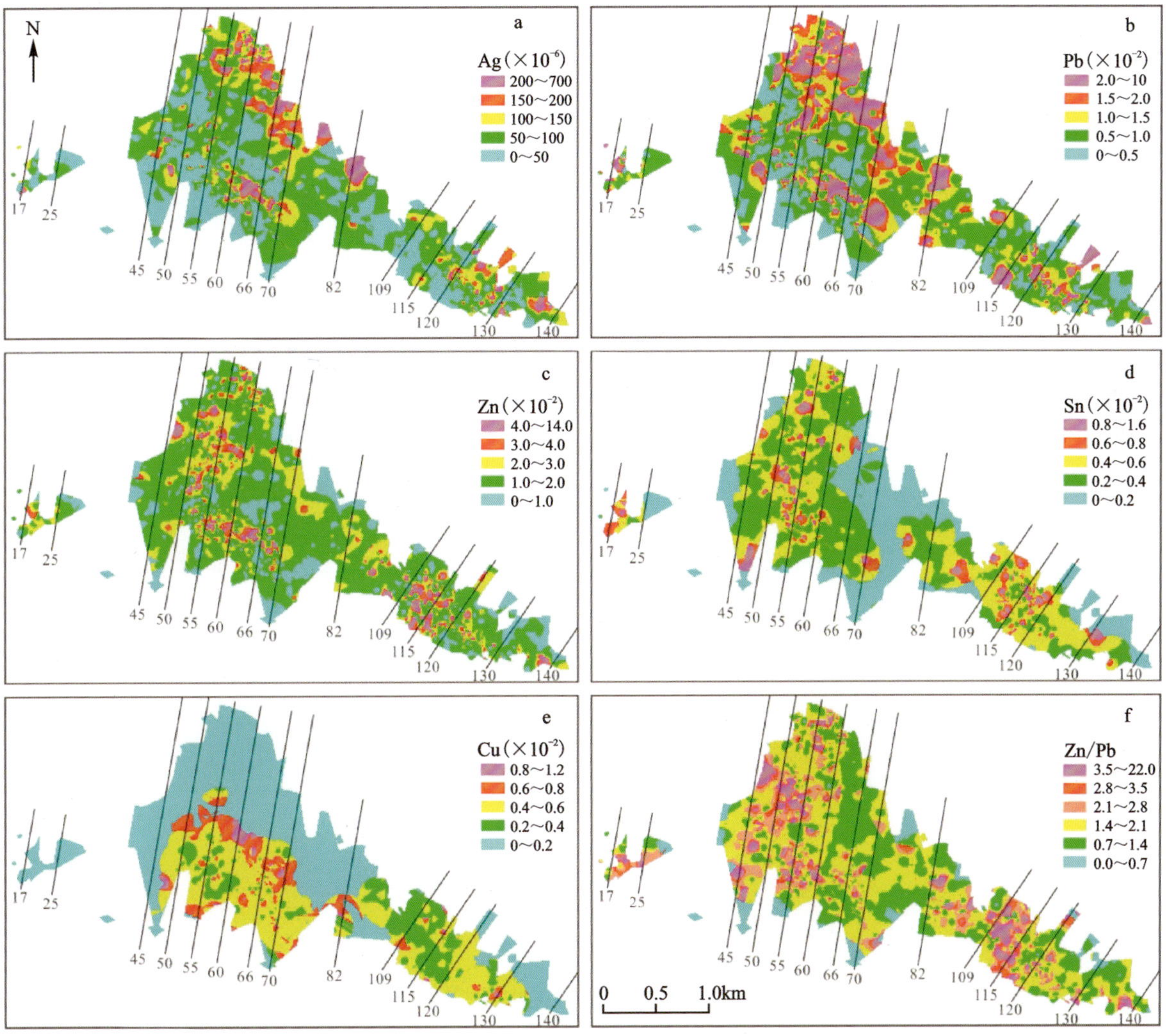

图 4-55 矿体水平投影及矿化分布平面图

矿体 Ag、Pb 和 Zn 的高值分布空间基本重合(图 4-55a、b、c),在勘探线 45~70 和 109~130 两个区间 3 元素高值区集中分布,Ag、Pb 高值区连续性以 100°方向为主,Zn 高值区连续性 100°和 190°方向并存。

矿体 Sn 品位高值区在勘探线 45~60 和 109~130 两个区间集中分布(图 4-55d)。

矿体 Cu 高值分布范围与其他元素不同,矿化程度高值区主要分布在勘探线 45~70 之间(图 4-55e)。

矿体 Zn/Pb 值普遍大于 0.7(图 4-55f),高值空间分布与 Sn 基本重合,在勘探线 45~60 和 109~130 两个区间 Zn/Pb 高值区集中分布,沿矿体走向(100°)和倾向(190°)方向该值连续性好。

5. 趋势面分析

鉴于矿体倾角平缓，将矿体品位估值得到的矿化信息数据投影至水平面，进行二维趋势面分析。分析过程共进行了3阶趋势面分析，通过对比每个分析结果的概率 P 值（$P_r>F$）、判定系数（R-Square）、误差均方根（Root MSE）、偏态系数（Coeff MSE）、残差独立性（Durbin-Watson D），最终选用一阶趋势面分析结果绘制一阶矿化趋势平面图（图 4-56）。

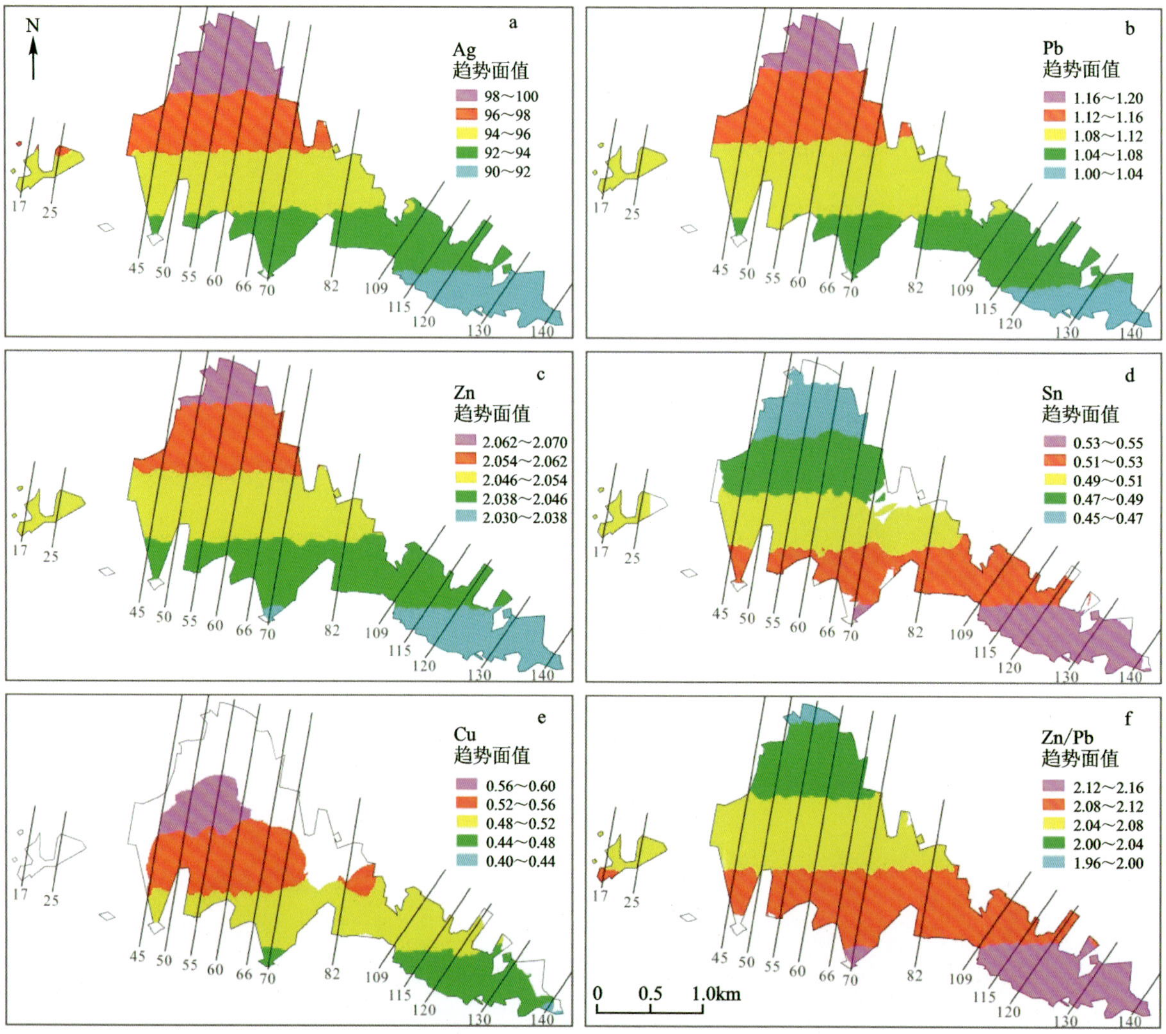

图 4-56 矿体水平投影及一阶矿化趋势平面图

一阶趋势平面图显示，各元素矿化趋势等值线呈近东西向分布，Ag、Pb、Zn 和 Cu 矿化强度南低北高，Sn 和 Zn/Pb 矿化强度南高北低。总体上，矿区南部高温元素 Sn 矿化富集程度高，中部中温元素 Cu 矿化富集程度高，北部中温元素 Ag、Pb 和 Zn 矿化富集程度高。

第五章 官房钨铅锌多金属矿床研究

第一节 矿区地质

一、矿区地层

矿区内出露地层为第四系、中寒武统田蓬组,构造以近东西向断裂为主,岩浆岩有花岗岩及正长岩脉、辉长岩脉。

矿区内出露地层主要根据岩性、岩相特征进行划分,现由新至老分述如下。

1)第四系(Q)

第四系主要分布于二河沟河沟谷中及低洼的缓坡地带,可分为河流冲积(Q^{al})、洪积(Q^{pl})和残坡积(Q^{edl}),为松散堆积的漂砾、砾石、碎石、砂土、黏土等冲积物、洪积物和残坡积物,厚度大于3.00m。

2)寒武系($\mathbb{C}$)

矿区内仅见田蓬组出露,其岩性有碳质板岩、绢云母板岩、泥质粉砂岩、角岩、灰岩、白云岩、大理岩、矽卡岩等。

田蓬组($\mathbb{C}_2 t$)

根据岩性特征,矿区的田蓬组划分为4段9个亚段。有的段或亚段在矿区内未出露,为系统描述田蓬组,将其全部列述,矿区内未出露的地层单独注明。

第四段($\mathbb{C}_2 t^4$)

第四段分两个亚段(矿区内未出露)。

第二亚段($\mathbb{C}_2 t^{4-2}$):黄色、黄褐色粉砂岩,泥质粉砂岩及灰色、黄色绢云母板岩。岩石矿物成分以绢云母为主,其次是黏土矿物等。上部产三叶虫化石 Proasap hiscus fermieri(Man suy)。厚度大于26.58m。

第一亚段($\mathbb{C}_2 t^{4-1}$):底部为薄层状灰岩,中上部为块状灰岩,泥粉晶结构,条带状及块状构造,底部灰岩具大理岩化。在底部大理岩中可见蓝铜矿,孔雀石等少量铜矿物。厚度94.30m。

第三段($\mathbb{C}_2 t^3$)

第三段分二个亚段(矿区内未出露)。

第二亚段($\mathbb{C}_2 t^{3-2}$):黄色粉砂岩、泥质粉砂岩及灰色泥质板岩。成分为绢云母、石英、黏土矿物等。厚度99.45m。

第一亚段($\mathbb{C}_2 t^{3-1}$):灰黑色碳质板岩,向西过渡为灰色、灰白色板岩。局部夹透镜状灰岩。厚度119.25m。

第二段($\mathbb{C}_2 t^2$)

第二段分为二个亚段(矿区内出露第一亚段)。

第二亚段($\mathbb{C}_2 t^{2-2}$):灰色绢云母泥质板岩,泥质粉砂岩,地表风化为黄褐色,东部以碳质板岩、角岩为主,局部为千枚岩。厚度96.64m。

第一亚段(C_2t^{2-1}):灰色、灰白色薄至中厚层状灰岩,大理岩化灰岩,泥粉晶结构。因受热液影响部分蚀变为透闪石,透辉石矽卡岩。厚度80.00m。

第一段(C_2t^1)

第一段分三个亚段。

第三亚段(C_2t^{1-3}):黄色泥质粉砂岩、粉砂岩、大理岩,在矿区东部多为碳质板岩。泥质粉砂岩、粉砂岩多变质为角岩,为矿区的主要含矿围岩。钨矿多产于该亚段中,亦为铅锌矿的主要围岩,厚度253.38m。

第二亚段(C_2t^{1-2}):灰色薄至中厚层状灰岩、大理岩化。灰岩在官房一带普遍蚀变为石榴子石、透闪石、透辉石矽卡岩。厚度108.32m。

第一亚段(C_2t^{1-1}):底部为灰黄色粉砂岩、泥质粉砂岩夹灰岩。厚度102.68m。

从以上岩性特征看,田蓬组下部为一套碳酸盐岩,中部沉积了一套碎屑岩,上部为一套碳酸盐岩,形成了一个小的海浸—海退—海浸的沉积旋回,属浅海陆棚碎屑相与碳酸盐岩台地边缘相的混合沉积。

二、矿区构造

1)褶皱

矿区位于薄竹山破背斜的南翼,在矿区内褶皱构造不发育,总体上为南南东倾向的单斜构造,倾角25°～53°,在F_1断层旁侧,受断层影响,地层多有倒转,局部向北北西向陡倾。

2)断裂

仅发育近东西向断裂,均为矽卡岩型钨矿成矿后构造。

F_1断裂为一正断层,走向近东西向,长度大于1km,倾向延深大于200m,断层倾向340°～8°,倾角60°～80°,局部向南陡倾。断层上盘地层主要为C_2t^{1-2}、C_2t^{1-3},下盘地层主要为C_2t^{1-3},向东延入所作底单元花岗岩中。破碎带宽1～5m不等。破碎带由断层角砾、断层泥等组成。角砾成分以碳质板岩、角岩为主,其次为灰岩(大理岩)及石英、方解石等,角砾呈次棱角状,大小不一,胶结物为泥质、方解石细脉及少量金属硫化物组成,见摩擦镜面。矿区内的铅锌矿体赋存于该断裂带中。

三、岩浆岩

出露燕山期的薄竹山花岗岩和印支期的正长岩脉。

1. 薄竹山花岗岩

位于采矿权范围的东部,可划分为两个单元。

1)洋芋树单元($K_{1-2}Y$)

岩性为淡肉红色似斑状中粒黑云二长花岗岩,矿区范围内未出露。

2)所作底单元($K_{1-2}S$)

岩性为淡肉红色似斑状中细粒黑云二长花岗岩。所作底单元($K_{1-2}S$)分布面积较广。侵入体南西方向与寒武系田蓬组板岩、粉砂岩、灰岩(大理岩)呈侵入接触。围岩蚀变主要见矽卡岩化、角岩化及大理岩化。

所作底单元($K_{1-2}S$)岩性特征为似斑状中细粒黑云二长花岗岩,淡肉红色—浅灰色,局部为灰白色,块状构造,似斑状—不等粒结构。斑晶含量5%～8%,主要为微纹微斜长石,少量小斑晶为斜长石,粒度7~10mm至15~40mm。基质具花岗结构,粒度1~5mm,以细粒为主。矿物成分主要为钾长石(20%~33%)、斜长石(33%~40%)、石英(25%~30%)、黑云母(6%~8%),副矿物有锆石、榍石、磷灰石、金红石、电气石及堇青石等。

斜长石呈半自形—他形板条状,聚片双晶发育,环带明显,以中长石为主。钾长石呈板状,具隐格状双晶和细微条纹,为微斜正条纹长石;可见与石英交生出现蠕英结构。石英呈他形不规则粒状,部分呈蠕虫状交生于长石中。黑云母片条状,大部分已绿泥石化,局部已绿帘石化。岩体中斑晶分布不均匀,且作无规律排列,含量变化大,高者可达10%,有的地段不含斑晶。岩体内部蚀变不强烈,仅局部见高岭土化、云英岩化。围岩受接触变质明显,并伴有钨、钼、砷、铜、铅、锌、银等矿化。

2. 正长岩脉

在矿区西部官房村北东向见正长岩脉一条,呈东西向延伸,长约80m,呈脉状产出。岩石矿物成分主要为正长石,次为少量石英。地表岩石风化强烈,正长石多已高岭土化,未见矿化及蚀变。

四、变质作用及变质岩

矿区变质作用主要表现为热接触变质及接触交代变质两种。这两种变质作用主要与花岗岩关系密切,发生在辉长岩脉及正长岩脉附近,变质程度较低,基本保持原岩的结构构造。

1. 热接触变质作用

矿区的热接触变质大致沿岩体外围分布,规模较小,变质强度低。常见的有角岩化、大理岩化。这些岩石的原岩为碎屑岩及灰岩,受岩浆侵入时发生热接触变质使矿物重结晶形成角岩及大理岩。

2. 接触交代变质作用

在紧靠岩体周围常见,分布于矿区西部、中部及北部。岩浆侵入时热液与碳酸盐岩发生接触交代作用形成矽卡岩,呈各种形状产出,与成矿关系最密切。矽卡岩中含少量的白钨矿、黄铜矿、毒砂、黄铁矿、磁黄铁矿等。

1)矽卡岩种类

矽卡岩根据矿物组合可分为下列几类。

石榴子石矽卡岩:由肉红色、褐黄色粗粒石榴子石组成,石榴子石晶隙间常镶有方解石,偶见有白钨矿侵于其中。

符山石-透辉石-石榴子石矽卡岩:粗粒结构,主要矿物为肉红色及黄褐色石榴子石、透辉石及少量符山石、阳起石、方解石、绿泥石、磷灰石、白钨矿、磁黄铁矿、毒砂等。

透辉石-次透辉石矽卡岩:深绿色,中粒结构,主要为中粒透辉石或次透辉石组成,其次有石榴子石、符山石、绿帘石、石英、方解石、斧石、绿泥石、磁黄铁矿及少量磷灰石。该地区白钨矿富集于此种岩石中,多呈团块状附于符山石、透辉石、石榴子石矽卡岩中。在官房、腰店、菖蒲塘作为主要含矿岩石,且分布广泛。

透辉石-石榴子石矽卡岩:呈暗绿色至浅绿色,中—粗粒结构,主要矿物为石榴子石、次透辉石及少量石英、角闪石、绿泥石、方解石和斜长石等。

硅灰石矽卡岩:浅灰色,主要由白色硅灰石组成,次要矿物有石榴子石、透辉石、方解石等,分布不广,不含钨。

硫化物矽卡岩:矽卡岩矿物为石榴子石及透辉石,含较多金属硫化物,如磁黄铁矿、黄铜矿、黄铁矿、毒砂,偶见方铅矿及闪锌矿。硫化物有侵染及致密状之别,常含白钨矿。

2)矽卡岩产状及形状

矽卡岩的产状主要受到围岩岩性及接触带两个因素的控制,区内大致可以分为两种。

层状矽卡岩体:由灰岩、与砂泥岩互层状灰岩选择性交代而成,常形成层状矽卡岩体。区内矽卡岩多呈多层状、叠瓦状产出,部分形成缓倾角层状矽卡岩体。

不规则矽卡岩体:多沿接触面、层理、节理或小断裂隙交代形成,呈脉状、透镜状和其他不规则状产出。

3)矽卡岩含矿性

区内矽卡岩虽作为主要找矿标志,但不是所有矽卡岩都含矿,因此研究矽卡岩的含矿性是有实际意义的。

矽卡岩分为简单矽卡岩与复杂矽卡岩,两者区别在于形成过程中蚀变作用的强弱。矽卡岩中常见不同的矿物形成于不同阶段,如与白钨矿同时沉淀的透辉石、透闪石。因此,透辉石、次透辉石及透闪石矽卡岩中含矿性就好,如官房腰店等矿区,若仅由简单的透辉石或石榴子石组成的矽卡岩则含矿性差或不含矿。

五、围岩蚀变

矿区内近矿围岩蚀变明显,主要有矽卡岩化、大理岩化、角岩化、硅化、硫铁矿化等。

(1)矽卡岩化:主要沿碳酸盐岩与花岗岩体接触带展布,部分矽卡岩含钨较高后形成矿体,与矿体关系最为密切。

(2)大理岩化:主要表现为钨矿体顶底板的灰岩普遍大理岩化,蚀变强度为靠近矿体则强,反之则弱。

(3)角岩化:分布于钨矿体顶底板局部地段,形成致密状角岩,为典型的热接触变质作用的产物。

(4)硅化:主要沿铅锌矿体顶底板和构造破碎带及层间裂隙分布,表现为近矿围岩中有大量不规则状石英脉或石英团块分布,与铅锌矿化关系密切。

(5)硫铁矿化:沿铅锌矿体及F_1构造破碎带分布,在破碎带中黄铁矿、白铁矿等明显增多。黄铁矿多呈稀疏浸染状、细脉状及团块状产出,白铁矿呈星点状、团块状产出,常与闪锌矿、方铅矿相伴,与铅锌矿化关系密切。

六、矿体特征

1. 矿体规模、形态

目前官房铅锌钨矿经地表工程、地下穿脉平坑和钻孔控制的矿体有11个,其中钨矿体10个,铅锌矿体1个,钨矿体以KT1、KT3、KT5、KT6、KT9为主矿体,其余钨矿体规模较小(图5-1a)。铅锌矿体为KT11(图5-1b)。

1)KT1矿体

KT1矿体分布于矿区南东部,为矿区内规模仅次于KT6的主矿体。由K248、K272、K256、K215、K257 5个探槽和PD3、1689CM1、B6 3个穿脉平坑控制,呈透镜状产出。矿体走向北东东,倾向北北西,倾角45°～68°。矿体长约166m,最大倾斜延深76m。矿体厚度1.00～13.80m,平均7.60m,白钨矿(WO_3)品位0.10%～1.78%,平均0.97%。矿体厚度变化系数为66%,矿体厚度较稳定;品位变化系数为110%,矿体主要组分分布较均匀。矿石类型为矽卡岩型白钨矿。矿体产出标高1665～1755m。

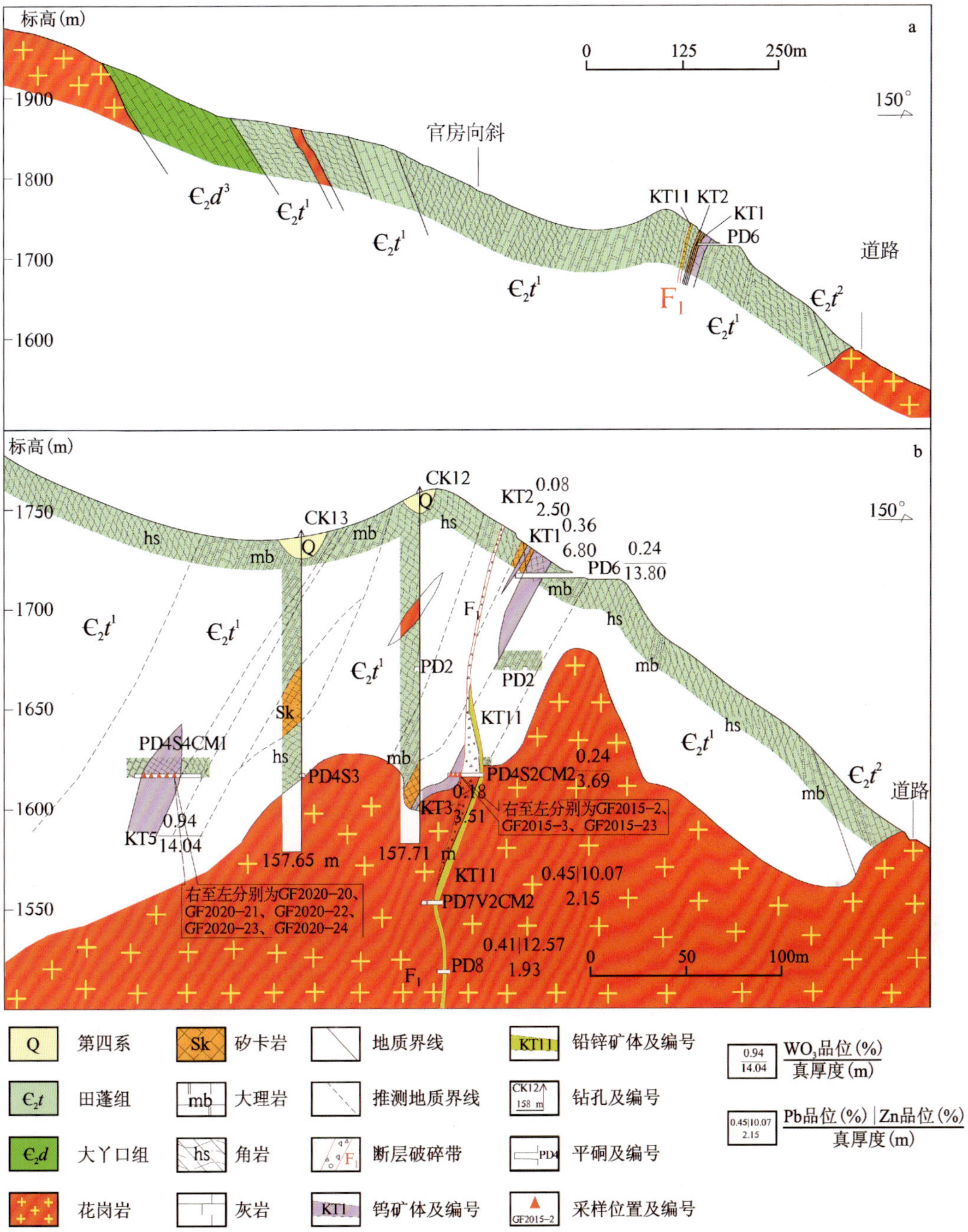

图 5-1 官房钨矿床 A—A′(a)和 B—B′(b)勘探线剖面图

2）KT3 矿体

KT3 矿体分布于矿区中南部，地表未出露，为盲矿体。由 PD4S2CM2、PD7V3CM1、PD7V2CM1 3 个穿脉平坑控制，呈透镜状产出。矿体走向近东西，倾向北，倾角 60°～66°。矿体长约 146m，倾斜延深 134m。矿体厚度 3.69～10.88m，平均 8.27m。白钨矿（WO_3）品位 0.21%～0.27%，平均 0.24%。矿石类型为矽卡岩型白钨矿。矿体产出标高 1528～1640m。

3）KT5 矿体

KT5 矿体分布于矿区的中南部，地表未出露，为盲矿体。矿体由 PD4S4CM1、PD4S3CM1、PD4S2CM1 3 个穿脉平坑控制，呈透镜状产出。矿体走向近东西，倾向北，倾角 55°～66°。矿体长约

165m，倾斜延深58m。矿体厚度1.34～14.04m，平均5.90m。白钨矿（WO_3）品位0.25％～0.94％，平均0.80％。矿石类型为矽卡岩型白钨矿。矿体产出标高1592～1642m。

4）KT6矿体

KT6矿体分布于矿区的中南部，地表未出露，为盲矿体。矿体由PD4S4CM2、PD4S3CM2 2个穿脉平坑控制，呈透镜状产出。矿体走向近东西，倾向北，倾角60°～66°。矿体长约118m，倾斜延深58m。矿体厚度10.70～13.93m，平均12.32m。白钨矿（WO_3）品位0.89％～1.26％，平均1.05％。矿石类型为矽卡岩型白钨矿。矿体产出标高1593～1643m。

在该矿体PD4S3CM2之西侧上方约5m处，即现正在采矿的采场上，发现有高品位的富矿存在，矿体厚0.1～0.7m，长约6m，白钨矿（WO_3）品位高达30％以上。说明矿区内有伟晶岩型富钨矿存在，在探矿和采矿中应引起高度重视，在矿区内寻找和开采该类富钨矿体。

5）KT9矿体

KT9矿体分布于矿区的中东部，地表未出露，为盲矿体。矿体由1个穿脉平坑控制，呈长透镜状产出。矿体走向近东西，倾向北，倾角约66°。矿体长大于76m，倾斜延深58m。矿体厚度18.72m，白钨矿（WO_3）品位0.19％。矿石类型为矽卡岩型白钨矿。矿体产出标高1638～1690m。

6）KT11铅锌矿体

KT11铅锌矿体分布于矿区的中南部，为2006年普查时查明的矿体。由地表工程和地下穿脉平坑控制，产于F_1断裂中，矿体形态完全受断裂破碎带控制，呈似层状产出，产状与断裂一致，走向近东西，倾向0°～8°，倾角45°～75°。目前控制矿体长约200m，倾斜最大延伸290m。矿体厚度1.29～3.84m，平均2.13m，矿体厚度变化较稳定，厚度变化系数为38％，形态为较规则。矿石类型以硫化铅锌矿为主，在地表工程中见混合铅锌矿。矿体单工程平均品位铅最高13.47％，最低0.41％，锌最高12.57％，最低1.41％，银最高86g/t，最低17g/t。有用组分分布较均匀，品位变化系数铅为48％，锌为86％。矿体平均品位铅8.26％，锌3.64％，银59g/t。矿体产出标高1492～1770m。

2. 矿体围岩及夹石

钨矿体顶底板以石榴子石、透辉石矽卡岩和大理岩为主，部分为角岩，局部底板为花岗岩。

钨矿体与矽卡岩类围岩接触界线不清楚，肉眼不能分辨，须取样化验方可圈定。

钨矿体与大理岩类、角岩类围岩接触界线一般清楚，肉眼即可分辨，但部分地段由于白钨矿呈微粒星点状分布于围岩中，品位可达边界品位以上，须取样化验方可圈定。

钨矿体中常见少量夹石，以大理岩为主，多呈不规则状，厚度一般为1～3m。

铅锌矿体顶底板以厚层状大理岩、角岩为主，见少量灰绿色板岩、矽卡岩。

铅锌矿体与围岩接触界线一般清楚，肉眼即可分辨，但部分地段由于铅锌呈微粒星点状分布于围岩中，品位可达边界品位，须取样化验方可圈定。

铅锌矿体中偶见少量夹石，以碳质角岩为主，厚度一般小于0.5m。虽然夹石的存在使矿体连续性受到影响，但由于其易于分辨，总的来说对矿石质量影响不大。

七、矿石矿物组成与结构构造

1. 矿石类型

1）钨矿石

根据白钨矿矿石的矿物组合及选矿条件不同，本区钨矿石可以分为两种工业类型。

硅酸盐-白钨矿类型

主要组成矿物为钙镁铝的岛状、链状、架状和环状等硅酸盐矿物及白钨矿,含硫化物极少。包括含白钨矿矽卡岩及含钨蚀变花岗岩等。矽卡岩的主要含矿类型有磁铁矿、锡石和白钨矿等金属矿物。

硫化物-磁铁矿-白钨矿类型

含数量较多的硫化物、磁铁矿,其余为矽卡岩及白钨矿。

2)铅锌矿石

铅锌矿石类型划分,主要按矿石结构构造及氧化程度划分。

按结构构造划分

按结构构造可分为星点状、浸染状、次块状及土状、皮壳状、胶状铅锌矿石。矿区硫化矿石主要为浸染状矿石,混合矿主要在矿石表层形成为土状、胶状矿石,在矿石内部大部保留浸染状矿石特征。

按氧化程度划分

按氧化程度不同分为硫化矿(氧化率小于10%)、氧化矿(氧化率大于30%)和混合矿(氧化率10%~30%)。矿区铅锌矿以硫化矿为主,混合矿次之,氧化矿很少。混合矿、氧化矿零星分布,未单独圈出。

2. 矿石共生组合

1)矿石矿物成分

钨矿石

矿石矿物:以白钨矿为主,可见黄铜矿、方铅矿、闪锌矿、辉钼矿、磁铁矿等。白钨矿粒度0.1~0.2mm,微粒状,无色,正极高突起,干涉色可达一级紫红。

脉石矿物:主要有透辉石、次透辉石、透闪石、钙铝榴石、符山石、阳起石、绿帘石、绿泥石、沸石、斜长石、石英、方解石、金云母、磁黄铁矿、黄铁矿、毒砂等。

矿石结构构造:具不等粒变晶结构及包含变晶结构、交代结构。块状、斑杂状、条带状构造等。

铅锌矿石

矿石矿物:硫化矿以方铅矿、闪锌矿为主,次为黄铜矿、斑铜矿等;氧化矿物以白铅矿、菱锌矿、水锌矿为主,次为铅矾、褐铁矿、孔雀石。

脉石矿物:黄铁矿、白铁矿、石英、方解石、重晶石、黏土矿物等。

主要矿物特征如下。

a. 方铅矿:铅灰色,他形粒状、微粒状集合体,集合体大小0.02~4.30mm,一般小于0.20mm,个别达11mm,呈星散状、团块状充填于脉石矿物间,略早于闪锌矿晶出。

b. 闪锌矿:棕褐色、红褐色、褐红色,他形粒状集合体产出,集合体大小0.02~3.20mm,一般为0.06~0.26mm。集合体呈浸染状、脉状、团块状充填于脉石矿物间及其节理、裂隙中,为晚期硫化物阶段形成。

c. 黄铜矿:铜黄色、他形粒状、微粒状集合体,呈星点状、微细脉状穿插充填于铅锌矿石中,集合体大小0.01~0.50mm,一般为0.01~0.03mm。

d. 斑铜矿:少见,与黄铜矿共生分布。

e. 黄铁矿:呈半自形—他形粒状,不均匀分布于其他矿物间,粒径0.01~0.55mm,一般为0.05~0.35mm,局部粒间为方铅矿充填。

f. 白铅矿:灰白色、镜下无色、混有铁质者呈褐黄色,土状、微粒状,粒径0.01~0.28mm。呈板状者为白色,玻璃光泽,贝壳状断口,性脆。

g. 菱锌矿:主要呈土状、胶状、皮壳状,少量为无色菱面体多沿裂隙分布,晶粒小于0.10mm。

h. 水锌矿:灰白色、镜下无色,纤维状,集合体呈束状、放射状、皮壳状,多充填裂隙分布,纤维长小于0.25mm。

i. 孔雀石:鲜绿色,丝绢光泽,被膜状,多沿裂隙分布。

2)矿石的矿物组合

矿石的矿物组合有下列几种。

(1)透闪石-透辉石-石榴子石-白钨矿组合:矿物以钙铝榴石为主,次为透辉石、透闪石及少量白钨矿。透辉石、透闪石相互呈镶嵌状,钙铝榴石呈不规则粒状,透辉石显示呈脉状贯入交代钙铝榴石中使其呈残块状,说明透辉石生成稍晚于钙铝榴石。矿石中见透闪石穿入透辉石中,说明透闪石生成稍晚于透辉石。在透闪石中镶嵌有晶体粗大的白钨矿,其为透闪石化作用所形成。

(2)符山石-透辉石-石榴子石-白钨矿组合:所含矿物为石榴子石、透辉石、符山石、绿泥石、方解石、毒砂、磁黄铁矿、白钨矿、辉钼矿、自然铋、磷灰石等,其白钨矿呈中—细粒星散或细脉浸染于矽卡岩矿物之间,局部呈粗粒密集形成白钨矿团块,硫化物矿物少见。

(3)透辉石或次透辉石-白钨矿组合:组成矿物为透辉石或次透辉石、石榴子石、符山石、方解石、绿泥石等,白钨矿呈浸染状分布于矽卡岩中,局部呈中粒密集状,构成很好工业矿石。

(4)方解石-毒砂-自然铋—白钨矿组合:矿物为方解石、石英、毒砂、白钨矿、绿帘石、黝帘石等,自然铋往往呈团块状分布于矽卡岩中。

(5)硫化物-磁铁矿-白钨矿组合:组成矿物为石榴子石、透辉石、磁铁矿、磁黄铁矿、黄铁矿、黄铜矿、毒砂、石英、白钨矿、闪锌矿及方铅矿等,白钨矿均为细粒星点状,也是主要矿石之一。伴生有铜、铅、锌等,为铜钨等混合矿石。该种组合可能为后期热液硫化物矿床叠加在早期矽卡岩矿床上形成。

(6)斜长石-透辉石-角闪石-白钨矿组合:矿物组成为斜长石、透辉石、角闪石、石英、白钨矿、辉钼矿等。该组合为含矿蚀变花岗岩矿石,白钨矿呈细中粗粒星散状。

(7)方铅矿-闪锌矿-硫铁矿组合:组成矿物为方铅矿、闪锌矿、磁黄铁矿、黄铁矿、白铁矿、黄铜矿、毒砂、石英、方解石等,方铅矿、闪锌矿紧密共生,为同体共生矿。该种组合为后期热液硫化物矿床组合,与前6种组合分属不同的矿床类型。

第二节 岩石地球化学特征

一、花岗岩地球化学特征

1. 主量元素

对官房矿区两件花岗岩样品(BZS-D9-B2、gf-b12)进行岩石地球化学分析,分析结果见表3-1,地球化学特征变化归纳如下:①SiO_2含量为69.92%~75.22%,属于酸性岩范畴;②Na_2O介于3.11%~4.14%之间,K_2O介于0.42%~4.79%之间。在TAS图解上(图5-2a),样品落入花岗岩范围内;样品全碱Na_2O+K_2O含量为4.56%~7.90%,BZS-D9-B2样品属于高钾钙碱性系列,gf-b12样品落于低钾(拉斑)系列(图5-2b);铝饱和指数(A/CNK)为0.91~1.15,在A/NK-A/CNK图解中(图5-2c),样品主要落于准铝质—过铝质岩石区域内。其中白牛厂矿区花岗斑岩分异指数DI为78.86~83.84,固结指数SI为4.45~8.44,岩浆分异程度较高。

2. 微量元素

测试结果见表3-1,官房矿区2件样品具有较为一致的稀土元素配分曲线(图5-3a),呈轻稀土元素相对富集,重稀土元素相对亏损的右倾模式,并且元素配分型式为轻稀土元素逐渐降低,重稀土元素则趋近于水平。所有样品均具有较高的稀土元素含量,ΣREE为(143.28~262.96)×10^{-6},高于地壳岩浆岩的平均值164×10^{-6}(赵凯等,2020)。其中,花岗岩样品的轻、重稀土比(LREE/HREE)为7.76~

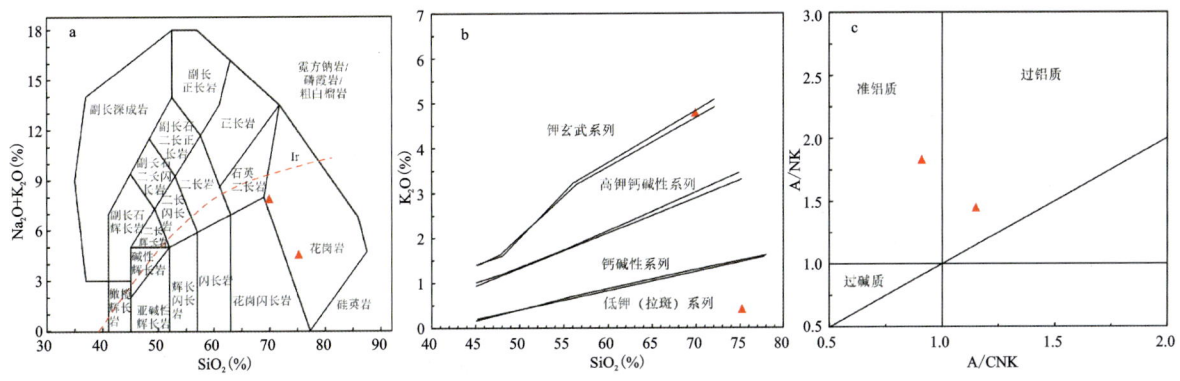

图 5-2 官房矿区花岗岩主量元素分析图解

a.(Na_2O+K_2O)-SiO_2（TAS）图解（底图据 Middlemost,1994）；b.K_2O-SiO_2 图解（底图据 Peccerillo and Taylor,1976）；c.A/NK-A/CNK 图解（底图据 Maniar and Piccoli,1989）

16.61,$(La/Yb)_N$ 为 7.41~29.73,显示轻、重稀土分馏明显；δCe 为 0.86~1.02,无明显铈异常,δEu 为 0.47~0.57,显示负铕异常。负铕异常表明在岩体形成过程中经历了一定的斜长石分离结晶作用或源区有一定的斜长石残余。

在原始地幔标准化微量元素蛛网图（图 5-3b）中,整体曲线形态表现出右倾趋势,表明随着元素不相容性增大,岩石的富集程度随之降低。相对于原始地幔,样品整体表现出富集 Rb、Th、U、K 等大离子亲石元素（LILE）,而相对亏损 Nb、Ti、Ta、P 等高场强元素（HFSE）。

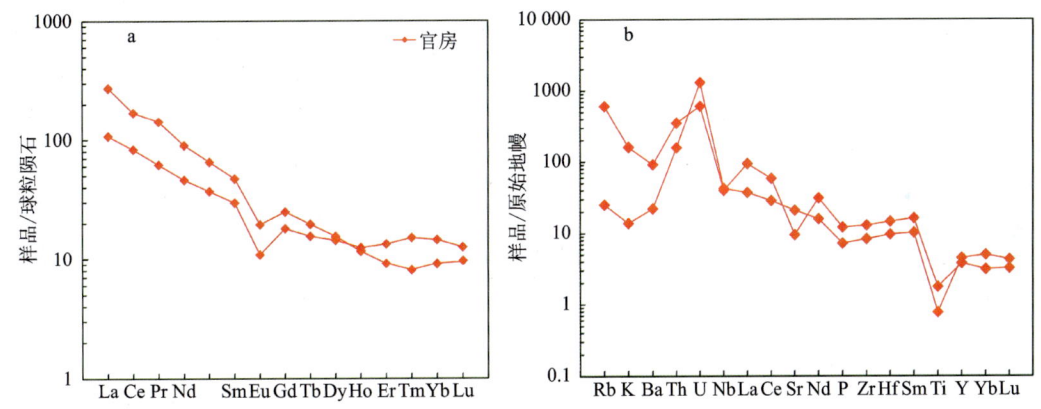

图 5-3 薄竹山地区花岗岩球粒陨石标准化稀土元素配分曲线（a）和原始地幔标准化微量元素蛛网图（b）（球粒陨石和原始地幔标准化值据 Sun and McDonough,1989）

二、矽卡岩特征

1.岩相学特征

官房矿区矽卡岩广泛发育,且与白钨矿成矿关系密切（图 5-4c、g、h）。根据矿物组合,矿床中的矽卡岩主要类型有石榴子石矽卡岩、石榴子石透辉石矽卡岩、透辉石矽卡岩、符山石矽卡岩等,矽卡岩主要特征描述如下。

石榴子石矽卡岩主要呈顺层产出,少量分布于花岗岩与大理岩的外接触带。在手标本上,石榴子石常为深棕色、黄棕色等,其次为浅褐色、淡黄色（图 5-4a、b）。石榴子石呈半自形粒状或他形粒状集合体,主要有两类,即钙铁榴石（KT5）和钙铝榴石（KT3）,其中钙铁榴石色调稍深（图 5-4a）,而钙铝榴石色调偏浅（图 5-4b）,常见裂纹,含透辉石包体。

透辉石-钙铁辉石矽卡岩也是官房钨矿床中的主要矽卡岩类型,主要以透辉石、钙铁辉石为主,常与数量不等的石榴子石、符山石等共生(图5-4d、e、f、g),常呈微细粒粒状变晶。透辉石-钙铁辉石矽卡岩中见局部蚀变,如纤闪石化、绿泥石化、碳酸盐化等(图5-4f),并伴有白钨矿、磁铁矿、黄铜矿等金属矿物的生成(图5-4g、h)。

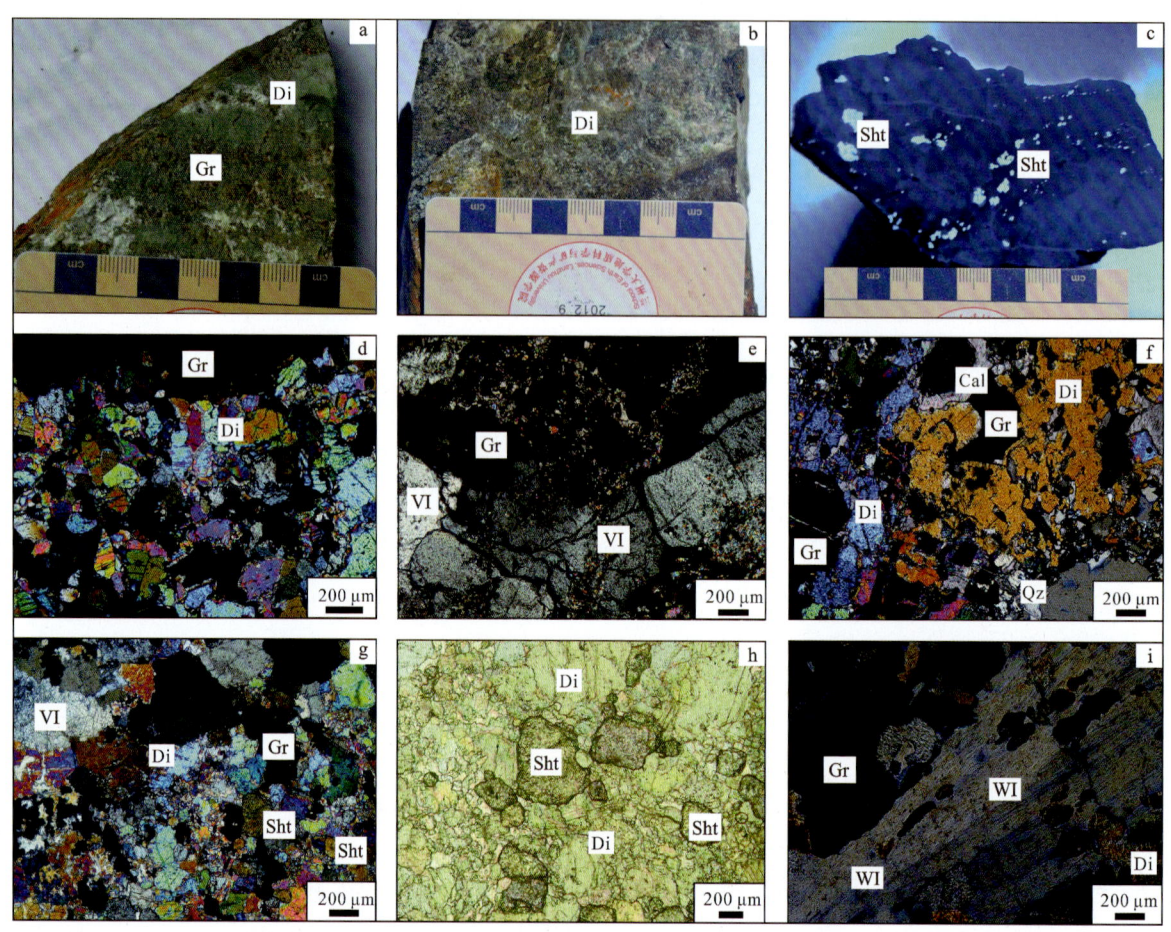

Gr. 石榴子石;Di. 透辉石;Vl. 符山石;Wl. 硅灰石;Sht. 白钨矿;Qz. 石英;Cal. 方解石

图5-4 官房钨矿床矽卡岩手标本及显微照片

a.透辉石石榴子石矽卡岩;b.石榴子石透辉石矽卡岩;c.白钨矿矿石;d.石榴子石与透辉石共生;e.符山石与石榴子石紧密共生;f.方解石、石英等晚期矿物交代石榴子石、透辉石等早期矿物;g.符山石交代石榴子石、透辉石,白钨矿充填石榴子石、透辉石孔隙;h.粗粒白钨矿充填于透辉石孔隙;i.硅灰石交代石榴子石、透辉石等早期矿物

符山石矽卡岩与石榴子石矽卡岩和透辉石-钙铁辉石矽卡岩在空间上关系紧密,主要由符山石组成,岩石中符山石多呈厚板状、板柱状变晶,或呈纤柱放射状集合体。变晶粒度较大的符山石通常与粒状变晶石榴子石和柱状透辉石共生(图5-4g),而部分符山石可沿着石榴子石、透辉石边缘和裂隙交代(图5-4e),同时符山石矽卡岩中常见共生阳起石、白钨矿等。

2. 矽卡岩矿物学揭示的地质意义

1)矿床成因

根据矿物共生组合和围岩岩性,矽卡岩分为交代矽卡岩和变质矽卡岩,交代成因的矽卡岩按照矿物成分的不同可细分为钙质矽卡岩、镁质矽卡岩、锰质矽卡岩以及碱质矽卡岩(Einaudi,1981;赵一鸣等,2012)。钙质矽卡岩主要由钙铁辉石和石榴子石组成,局部有锰钙辉石、透辉石等(赵一鸣等,2012)。官房钨矿床石榴子石属非连续的钙铁榴石-钙铝榴石类质同象系列,KT3号矿体石榴子石端员组成属钙铝-钙铁系列($Gro_{60.90-66.16}And_{31.88-36.82}Pyr_{1.60-2.56}$),以钙铝榴石为主;KT5号矿体石榴子石主要属钙铁-钙铝榴石系列（$And_{60.56}Gro_{33.57}$-$And_{72.18}Gro_{23.04}$），以钙铁榴石为主。官房 KT3 号矿体辉石（$Di_{86.00-98.00}Hd_{0.00-13.00}Jo_{1.00-2.00}$）以透辉石为主，KT5 号矿体辉石（$Di_{14.00-21.00}Hd_{73.00-79.00}Jo_{6.00-8.00}$）以钙铁辉石为主。相对于 KT5 矽卡岩，KT3 有更多的硅灰石、符山石、阳起石、透闪石、绿泥石等矽卡岩矿物。上述特征表明官房钨矿床矽卡岩属典型的钙质矽卡岩。

Bau(1991)研究表明，Ho 和 Y 离子具有相似的半径和电价，二者具有相似的地球化学行为，其行为差异仅发生在水溶液中。不同类型岩石、矿物和球粒陨石的 Y/Ho 值变化不大（Y/Ho=28），热液交代或蚀变后的石榴子石 Y/Ho 值会偏离球粒陨石值，官房钨矿床石榴子石 Y/Ho 为 29.58～34.24，高于球粒陨石值，表现出热液成因特征。因此，官房钨矿床矽卡岩为岩浆热液流体交代田蓬组、大丫口组和冲庄组碳酸盐岩形成。

2) 矽卡岩矿物对形成环境的指示

矽卡岩矿物组合和成分研究不仅可以识别不同矽卡岩类型及其伴生金属矿特征，还可以反演其形成过程中的物理化学条件变化，对于示踪成岩成矿环境具有重要意义（Einaudi et al.,1981；Meinert,2005；李壮等，2017）。

钙铝榴石一般形成于 550～700℃ 的中酸性流体中，而钙铁榴石形成于 450～600℃ 的中碱性溶液中（艾永富等，1981；赵斌等，1983；梁祥济，1994）。在低温条件下，Eu 以 Eu^{3+} 离子形式存在；而在 250℃ 以上，Eu^{2+} 占据主导地位（Sverjensky,1984），同时在酸性条件下，稀土元素配分模式受 Cl^- 的控制较为显著（Bau,1991），主要是 Cl^- 可以与 Eu^{2+} 结合形成稳定的 $EuCl_4^{2-}$ 络合物，增强 Eu^{2+} 在流体中的稳定性，造成矿物中 Eu 含量变低，表现出 Eu 负异常（Mayanovic et al.,2002;2007；Gaspar et al.,2008；高雪等，2014）。官房钨矿床石榴子石轻、重稀土元素分异明显，显示 Eu 负异常。考虑到研究区石榴子石包裹体均一温度集中在 371～581℃（张亚辉等，2014），在酸性条件下，Eu 主要以 $EuCl_4^{2-}$ 络合物形式存在于流体中，导致石榴子石中的 Eu 存在一定程度的亏损，表现出 Eu 负异常，而本区内石榴子石主要表现为 Eu 负异常，推测其可能在酸性环境下形成。

矽卡岩主要通过扩散和渗滤两种交代作用形成的。前人研究发现，在封闭系统的条件下，当水/岩值较低，流体为酸性-弱酸性时，流体交代方式主要为扩散交代，矿物结晶速度较慢；而在开放系统的条件下，水/岩值较高，流体以氯化物络合物主要形式迁移（Bau,1991；Smith et al.,2004；Gaspar et al.,2008；边晓龙,2019），流体交代方式主要为渗滤交代作用，矿物结晶速度较快，石榴子石容易发育明显的振荡环带。官房钨矿床 KT3、KT5 矽卡岩中的石榴子石环带均不发育，这可能与矽卡岩发育于层间破碎带这一相对封闭的环境，围岩中较多的泥质阻碍了水岩反应有关，流体的扩散交代导致石榴子石结晶速度缓慢，从而形成了层状、似层状、脉状分布的含钨矽卡岩。

矽卡岩阶段，岩浆与围岩发生接触交代作用形成钙铝-钙铁榴石和透辉石等无水硅酸盐矿物，前人研究表明，钙铝榴石形成于弱氧化—弱还原的流体中；而钙铁榴石因为需要更多 Fe^{3+} 来占据 Y^{3+}（$X_3Y_2[SiO_4]_3$）的三价位，倾向于在氧化—弱氧化的溶液中析出（艾永富等，1981；赵斌等，1983；梁祥济，1994），因此，可以用 Fe^{3+} 的含量高低指示流体的氧逸度。结合刘益等（2021）的研究成果，KT5 石榴子石中 Fe^{3+} 平均含量（$1.70×10^{-2}$）明显高于 KT3（$0.70×10^{-2}$），表明矿床形成时 KT5 比 KT3 具有更高的氧逸度，这与石榴子石三角投图显示的 KT5 投入氧化型 W 矽卡岩型矿床、KT3 投入还原型 W 矽卡岩型矿床是一致的。石榴子石微量元素含量也可以用来指示其形成时的氧逸度，一般氧化条件下的 Eu 呈 Eu^{3+}，相对于还原条件下的 Eu^{2+} 离子半径与 Ca^{2+} 离子半径相近，更容易与石榴子石中的 Ca^{2+} 发生置换而进入石榴子石中。石榴子石稀土元素配分模式图解显示，KT3（δEu 为 0.18～0.82，平均 0.37）比 KT5（δEu 为 1.21～4.05，平均 2.41）具有更为明显的负 Eu 异常，同样说明 KT5 比 KT3 具有更高的氧逸度。另外，前人研究发现石榴子石中的 Fe 与 Sn 含量呈正相关（赵一鸣等，1987；赵江南，2012），钙铁榴石比钙铝榴石更有利于 Sn 的类质同象，因此在较高的氧逸度条件下，钙铁榴石能富集大量的 Sn。KT5 比 KT3 的 Sn 含量更高，也说明 KT5 比 KT3 具有更高的氧逸度。王金良等（2016）研究表明，远离隐伏花岗岩体，石榴子石端元成分组成逐渐由钙铝榴石向钙铁榴石转变，这与典型矽卡岩型矿床从早期到晚期石榴子石端元成分的变化是一致的(Meinert et al.,2005)。官房钨矿床靠近隐伏花岗岩的 KT3 中多为钙铝榴石、透辉石,相对较远的 KT5 中多为钙铁榴石、钙铁辉石,也与上述特征相似,暗示 KT3 矽卡岩可能早于 KT5 生成,成矿流体早期处于相对还原环境,后期演变为相对氧化环境,这一变化趋势与张亚辉等(2014)的流体包裹体研究结果相符。官房钨矿床 KT3 相对于 KT5 更加靠近岩体,矽卡岩生成时的温度更高,围岩中富有机质,相对强烈的水/岩反应将更多的含碳物质带入流体中,暗示含碳物质的加入导致矽卡岩矿床的形成环境更加还原,这也与很多矽卡岩矿床流体演化特征相似(Wang et al.,2017)。

3)矽卡岩矿物对金属矿化类型的指示

不同矿化类型的矽卡岩矿床,其石榴子石成分特征差异较大,金属矿化与石榴子石成分存在内在联系,可以用来指示矿化类型,如矽卡岩型铜矿、钼矿、锌矿、钨矿、金矿等中的石榴子石均为钙铁榴石-钙铝榴石系列。Nakano 等(1994)通过对日本一些矽卡岩矿床中矿物的化学成分研究指出,不同矿化金属元素的矿床中辉石矿物的 Mn/Fe 值及 $w(Zn)$ 不同。Mn/Fe 值在铜铁矿床中小于 0.1,$w(Zn)$ 小于 $200×10^{-6}$,铅锌矿床中 Mn/Fe 值大于 0.2,$w(Zn)$ 大于 $200×10^{-6}$,而钨矿床 Mn/Fe 值为 $0.1\sim0.2$,$w(Zn)$ 很高,可达 $500×10^{-6}$。赵一鸣等(1997)认为,与钙质闪石有关的金属矿化主要为 Fe、Cu、Mo、W、Au 等,矽卡岩金属矿化类型不仅与辉石 Mn/Fe 值有关,还与 Mg/Fe 值有一定的联系,如矽卡岩铁、金和部分铜矿床中辉石的 Mn/Fe 值小于 0.1;而铅锌矿床辉石的 Mn/Fe 值高于 0.1,Mg/Fe 值小于 1;钨矿床中辉石的 Mn/Fe 值多为 $0.1\sim0.3$,Mg/Fe 值为 $1\sim4$。通过对官房钨矿床辉石的分析发现,其石榴子石均为钙铁榴石-钙铝榴石系列,$w(Zn)$ 为 $(198\sim589)×10^{-6}$,Mn/Fe 值介于 $0.06\sim0.11$ 之间,平均 0.08,Mg/Fe 值介于 $0.44\sim1.80$ 之间,平均 0.85,暗示除钨矿外,还存在铁铜锌等矿化,今后矿山深边部需进一步加强铁铜锌等矿种的勘查。

符山石理论化学式为 $Ca_{10}(Mg,Fe)_2Al_4[SiO_4]_5[Si_2O_7]_2(OH,F)_4$,常含有 Fe、Mg、Ti、Be、B、Mn、Na、K、Cr、Zn 等元素(潘兆橹,1993)。研究发现,Na^+、K^+、Mn^{2+}、Ce^{3+} 等可以置换符山石中的 Ca^{2+}、Al^{3+}、Fe^{3+}、Cr^{3+}、Ti^{4+}、Zn^{2+}、Mn^{2+} 等可以置换符山石中的 Mg^{2+}、Fe^{2+}(苏航等,2016),而 W^{4+}、W^{6+} 的离子半径与符山石中的 Ca^{2+}、Mg^{2+}、Fe^{2+}、Fe^{3+} 离子半径相差较大,一般不能以类质同象的方式进入符山石晶格中。官房钨矿床矽卡岩阶段晚期,少量的符山石与石榴子石、透辉石共生,此时生成少量的白钨矿;退化蚀变阶段,大量的符山石与透闪石、阳起石等含水硅酸盐矿物及白钨矿等共生。与苏航等(2016)研究对比,官房钨矿床的符山石 $w(W)$ 低($0.22×10^{-6}$),相对富集 Zn、Sn(含量约为都龙 Zn-Sn 超大型矿床的 1/3),说明 Zn、Sn 以类质同象形式进入了符山石的晶格,可能置换了 Mg^{2+}、Fe^{2+},而 W 并没有进入符山石晶格,形成独立的钨矿体;都龙 Zn-Sn 超大型矿床符山石 $w(W)$ 变化范围为 $(8.90\sim63.8)×10^{-6}$(苏航等,2016),至今未发现较大规模的钨矿体。找矿实践表明,官房钨矿床较高品位的钨矿体中通常见有粗粒白钨矿与符山石共生,因此,根据符山石的共生矿物组合,特别是符山石较低的 W 含量可以作为寻找钨矿的标志。

第三节 矿物地球化学特征

一、白钨矿

1. 岩相学特征

根据前述,官房钨矿床划分为矽卡岩、退化蚀变、石英-硫化物和碳酸盐-萤石 4 个成矿阶段(图 5-5),前 3 个阶段都见有白钨矿生成(图 5-6),其中退化蚀变阶段是白钨矿最重要的生成阶段(图 5-6e)。

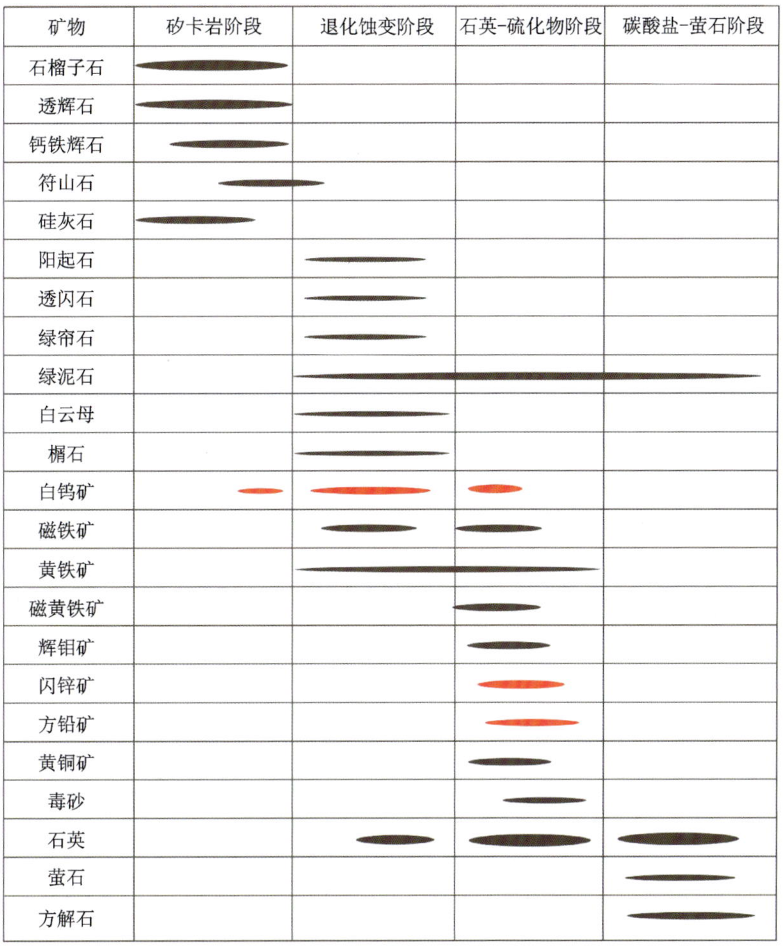

矿物	矽卡岩阶段	退化蚀变阶段	石英-硫化物阶段	碳酸盐-萤石阶段
石榴子石	━━━			
透辉石	━━━			
钙铁辉石	━━			
符山石		━━		
硅灰石	━━━			
阳起石		━━		
透闪石		━━		
绿帘石		━━━		
绿泥石		━━━━━		
白云母		━━━		
榍石		━━		
白钨矿		━━━	━━━	
磁铁矿		━━━	━━━	
黄铁矿		━━━	━━━	
磁黄铁矿			━━━	
辉钼矿			━━	
闪锌矿			━━━	
方铅矿			━━━	
黄铜矿			━━	
毒砂			━━	
石英		━━	━━━━	━━━━
萤石				━━
方解石				━━━

图 5-5 官房钨矿床主要矿物生成顺序图

Gr. 石榴子石；Di. 透辉石；Sht Ⅰ. 矽卡岩阶段白钨矿；Sht Ⅱ. 退化蚀变阶段白钨矿；Sht Ⅲ. 石英-硫化物阶段白钨矿；Qz. 石英

图 5-6 官房钨矿床矽卡岩手标本及显微照片

a. 含白钨透辉石矽石榴子石矽卡岩；b. 含白钨矿透辉石矽卡岩；c. 白钨矿矿石；d. 白钨矿与石榴子石紧密共生（正交）；e. 粗粒白钨矿充填于透辉石孔隙（单偏）；f. 白钨矿与石英共生

CL 图像中白钨矿颗粒暗色区域可代表 REE+Y 元素高值区域(陈思佳等,2015),因此根据矿物共生组合和阴极发光特征(CL),本次将官房钨矿床的白钨矿划分为 3 种类型,分别为矽卡岩阶段白钨矿(ShtⅠ)、退化蚀变阶段白钨矿(ShtⅡ)、石英-硫化物阶段白钨矿(ShtⅢ)。3 个阶段生成的白钨矿因微量元素含量,特别是稀土元素含量的差异,均表现出暗色与亮色的差异。ShtⅠ白钨矿呈半自形—他形,颗粒直径在 0.1~0.5mm 之间,通常与石榴子石、透辉石共生,白钨矿在 CL 图像中少部分呈亮色均质结构;多数显示核边结构(图 5-6b、d、f),一般核部显示暗色均质结构,边部显示亮色均质结构。ShtⅡ白钨矿呈半自形—他形,颗粒直径在 0.2~1.2mm 之间,通常与透辉石、符山石、绿泥石、阳起石等共生,CL 图像上多显示出核边结构,见有生长环带。一般核部发光强度最弱,从核部到边部逐渐呈环带状变淡,至边部呈灰白色。ShtⅢ白钨矿呈半自形—他形,颗粒直径为 0.2~0.7mm,通常与大量硫化物(黄铜矿、闪锌矿、方铅矿)、石英和方解石关系密切(图 5-6f),可见白钨矿Ⅱ被黄铜矿和闪锌矿交代。CL 图像上单个白钨矿颜色迥异,大部分单颗粒呈暗色均质结构(约 60%);少部分呈亮色均质结构(约 30%);个别呈细密的、均匀的震荡环带(约 10%),从核部往边部总体颜色变浅。

2. 地球化学特征

1)微量元素特征

官房钨矿 3 个成矿阶段代表性白钨矿 LA-ICP-MS 微量元素含量列于表 5-1。3 个成矿阶段白钨矿球粒陨石标准化分布形式和稀土元素含量呈现规律性的变化(图 5-7)。

表 5-1 官房钨矿床白钨矿微量元素分析结果

分析对象	矽卡岩阶段			退化蚀变阶段			石英-硫化物阶段		
	最小值	最大值	平均值	最小值	最大值	平均值	最小值	最大值	平均值
La($\times 10^{-6}$)	40.7	125	68.3	15.3	108	51.6	26.1	429	127
Ce($\times 10^{-6}$)	88.6	539	237	49.9	389	185	96.4	1598	529
Pr($\times 10^{-6}$)	8.84	92.9	36.1	7.86	56.2	31.0	17.8	245	91
Nd($\times 10^{-6}$)	28.5	476	165	42.6	301	164	94.6	1249	486
Sm($\times 10^{-6}$)	4.43	107	35.1	11.0	130.3	49.2	19.2	378	149
Eu($\times 10^{-6}$)	0.77	10.4	5.37	0.96	12.6	5.57	1.54	10.6	5.61
Gd($\times 10^{-6}$)	3.73	74.9	26.3	10.5	143	45.9	12.9	343	130
Tb($\times 10^{-6}$)	0.71	10.3	3.80	1.64	24.2	7.17	1.73	53.5	20.8
Dy($\times 10^{-6}$)	3.09	53.4	20.0	8.70	144	40.6	8.79	318	123
Ho($\times 10^{-6}$)	0.55	9.20	3.64	1.73	26.9	7.46	1.64	60	23.0
Er($\times 10^{-6}$)	1.37	21.8	8.72	4.24	69.5	18.9	4.32	162	60.1
Tm($\times 10^{-6}$)	0.18	2.50	1.05	0.47	9.46	2.48	0.60	23.9	8.4
Yb($\times 10^{-6}$)	0.87	13.5	5.37	1.75	58.0	14.3	3.54	147	49.6
Lu($\times 10^{-6}$)	0.09	1.42	0.53	0.12	7.53	1.70	0.43	16.2	5.78
Y($\times 10^{-6}$)	13.9	193	85.5	42.7	669	178	48.8	1849	661
ΣREE($\times 10^{-6}$)	195	1517	615	158	1226	623	352	4519	1802
ΣREE+Y($\times 10^{-6}$)	216	1711	701	202	1903	803	465	5876	2469

续表 5-1

分析对象	矽卡岩阶段			退化蚀变阶段			石英-硫化物阶段		
	最小值	最大值	平均值	最小值	最大值	平均值	最小值	最大值	平均值
LREE ($\times 10^{-6}$)	182	1333	547	128	879	486	276	3718	1387
HREE ($\times 10^{-6}$)	11.2	185	69.3	31.2	482	138	34.9	1089	421
LREE/HREE	4.80	20.05	9.42	1.52	11.27	4.97	1.64	16.93	4.65
$(La/Yb)_N$	4.11	36.07	12.34	0.57	24.16	5.08	0.53	18.10	3.44
δEu	0.17	0.89	0.59	0.12	1.71	0.50	0.06	0.48	0.21
δCe	0.93	1.21	1.12	0.98	1.20	1.08	1.00	1.22	1.10

ShtⅠ白钨矿中稀土元素含量总体较低，REE+Y 含量介于 $(216\sim1711)\times10^{-6}$ 之间，平均 701×10^{-6}。ShtⅠ白钨矿暗色部分(11 个测点)有相对较高的 REE+Y 含量为 $(632\sim1711)\times10^{-6}$，平均 999×10^{-6}；HREE 含量为 $(45.4\sim185)\times10^{-6}$，平均 106×10^{-6}，Mo 含量介于 $(618\sim1626)\times10^{-6}$ 之间，平均 1163×10^{-6}。亮色部分(13 个测点)REE+Y 含量相对较低为 $(216\sim905)\times10^{-6}$，平均 449×10^{-6}；HREE 含量为 $(11.2\sim87.9)\times10^{-6}$，平均 37.8×10^{-6}，Mo 含量介于 $(976\sim4663)\times10^{-6}$ 之间，平均 2220×10^{-6}。单个白钨矿颗粒从核部到边低亦有 REE+Y 含量逐渐降低的趋势。ShtⅠ稀土元素球粒陨石标准化配分曲线呈明显右倾型(图 5-7a)，LREE/HREE 值在 $4.80\sim20.05$ 之间，平均 9.42；$(La/Yb)_N$ 为 $4.11\sim36.07$，相对富集轻稀土元素。ShtⅠ具有明显的 Eu 负异常，变化范围为 $0.17\sim0.89$，平均 0.59；部分 Ce 的正异常明显。

ShtⅡ白钨矿稀土元素含量相对较高，REE+Y 含量介于 $(202\sim1903)\times10^{-6}$ 之间，平均 803×10^{-6}，略高于 ShtⅠ白钨矿中稀土元素的含量。ShtⅡ白钨矿稀土元素球粒陨石标准化配分曲线呈"驼峰"型(图 5-7c)，稀土元素有一定的富集。ShtⅡ白钨矿暗色部分(9 个测点)有相对较高的 REE+Y，含量为 $(629\sim1903)\times10^{-6}$，平均 1177×10^{-6}；HREE 含量为 $(102\sim482)\times10^{-6}$，平均 243×10^{-6}，Mo 含量介于 $(905\sim3511)\times10^{-6}$ 之间，平均 1389×10^{-6}；亮色部分(16 个测点)REE+Y 含量相对较低，为 $(202\sim904)\times10^{-6}$，平均 592×10^{-6}，HREE 含量为 $(31.2\sim165)\times10^{-6}$，平均 79.7×10^{-6}，Mo 含量介于 $(1091\sim3950)\times10^{-6}$ 之间，平均 2173×10^{-6}。ShtⅡ白钨矿 LREE/HREE 值在 $1.52\sim11.27$ 之间，平均 4.97；$(La/Yb)_N$ 为 $0.57\sim24.16$，相对富集稀土元素。ShtⅡ白钨矿暗色部分具有明显的 Eu 负异常，平均 0.24；亮色部分有 4 个测点表现为 Eu 正异常(平均 1.54)，其他为明显的 Eu 负异常，平均 0.36；Ce 的异常不明显。

ShtⅢ白钨矿稀土元素含量最高，REE+Y 含量介于 $(465\sim5876)\times10^{-6}$ 之间，平均 2469×10^{-6}。ShtⅢ白钨矿暗色部分(18 个测点)有相对较高的 REE+Y 含量，为 $(880\sim10133)\times10^{-6}$，平均 4241×10^{-6}，HREE 含量 $(190\sim1956)\times10^{-6}$，平均 780×10^{-6}，Mo 含量介于 $(533\sim2447)\times10^{-6}$ 之间，平均 1314×10^{-6}；亮色部分(6 个测点)REE+Y 含量相对较低，为 $(465\sim958)\times10^{-6}$，平均 623×10^{-6}，HREE 含量 $(34.9\sim124)\times10^{-6}$，平均 77.7×10^{-6}，Mo 含量介于 $(770\sim2492)\times10^{-6}$ 之间，平均 1441×10^{-6}。ShtⅢ稀土元素球粒陨石标准化配分曲线呈平坦型(图 5-7e)，LREE/HREE 值在 $1.64\sim16.93$ 之间，平均 4.65，$(La/Yb)_N$ 为 $0.53\sim18.10$，平均 3.44，轻重稀土分馏不明显。ShtⅢ具有明显的 Eu 负异常，变化范围为 $0.06\sim0.48$，平均 0.21；暗色部分个别 Ce 的正异常明显。

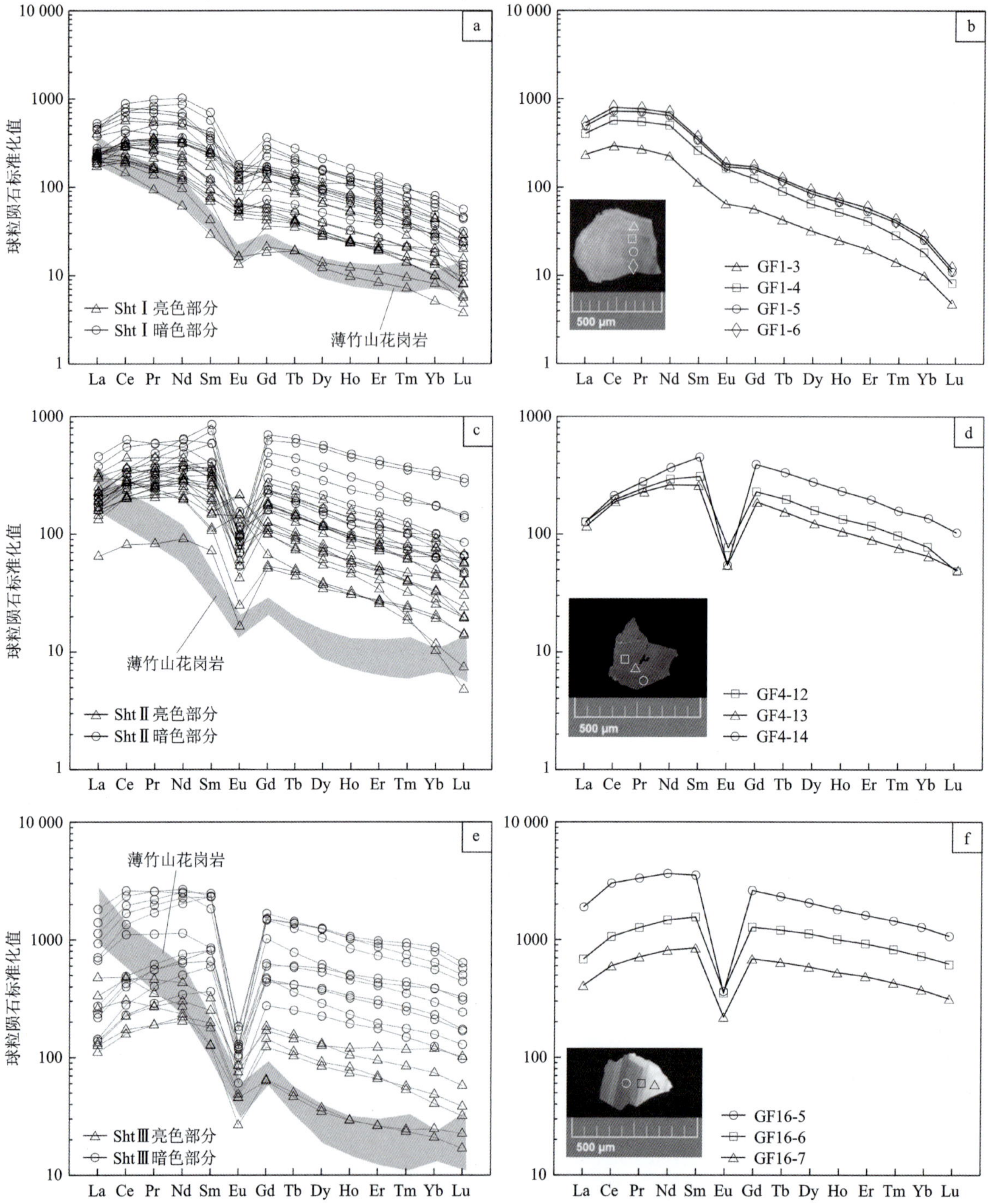

图 5-7 官房钨矿床白钨矿球粒陨石标准化 REE 配分模式(a、c、e)和原始地幔标准化微量元素蛛网图(b、d、f)(标准化值据 Sun and McDonough,1989)

从分析数据可以看出,3 个阶段生成的白钨矿 REE+Y 含量依次升高(701×10^{-6}、803×10^{-6}、2469×10^{-6}),稀土元素球粒陨石标准化配分曲线分别呈现右倾型、"驼峰"型、平坦型,除个别测点外,均表现出明显的 Eu 负异常,Ce 异常并不明显。

2)白钨矿原位 Sr 同位素

官房钨矿床原位 Sr 同位素分析结果见表 5-2。采用谢家山白钨矿作为标样,标样测定值与理论值一致。ShtⅠ、ShtⅡ、ShtⅢ白钨矿^{87}Rb/^{86}Sr 值为 0.000 1~0.00 17,^{87}Sr/^{86}Sr 值为 0.710 6~0.716 0。3 个阶段白钨矿 Sr 含量相对较高,不确定度相对较低(2σ=0.000 1~0.000 4)。以官房钨矿成矿年龄 88Ma(刘益等,2021)计算,获得 3 个阶段白钨矿(^{87}Sr/^{86}Sr)$_i$ 值分别为 0.710 6~0.716 0、0.712 5~0.714 1、0.715 3~0.716 0。ShtⅠ白钨矿 Sr 含量、^{87}Sr/^{86}Sr 值较为分散,Sr 含量和 ^{87}Sr/^{86}Sr 值差异较明显;ShtⅡ、ShtⅢ白钨矿 Sr 含量、^{87}Sr/^{86}Sr 值相对集中。

表 5-2 官房钨矿床原位 Sr 同位素特征

类型	样品编号	^{88}Rb(V)	^{88}Sr(V)	^{84}Sr/^{86}Sr	2σ	^{87}Rb/^{86}Sr	2σ	^{87}Sr/^{86}Sr	2σ	(^{87}Sr/^{86}Sr)$_i$
ShtⅠ	1	0.000 2	2.008 3	0.057 3	0.000 63	0.000 4	0.000 04	0.710 8	0.000 20	0.709 9
	3	0.000 5	2.045 7	0.057 6	0.000 68	0.000 9	0.000 12	0.716 0	0.000 18	0.713 7
	8	0.000 4	2.372 0	0.056 6	0.000 54	0.000 6	0.000 04	0.710 7	0.000 17	0.709 3
	10	0.000 1	3.591 7	0.056 9	0.000 43	0.000 1	0.000 02	0.711 0	0.000 15	0.710 8
	14	0.000 3	2.713 4	0.057 9	0.000 49	0.000 9	0.000 03	0.710 6	0.000 15	0.709 7
ShtⅡ	2	0.000 1	2.390 2	0.058 3	0.000 65	0.000 2	0.000 03	0.713 1	0.000 15	0.712 7
	4	0.000 1	2.384 9	0.058 5	0.000 60	0.000 2	0.000 03	0.712 5	0.000 19	0.712 1
	7	0.000 1	0.648 4	0.061 2	0.002 04	0.000 8	0.000 13	0.713 5	0.000 45	0.711 2
	12	0.000 1	2.078 3	0.057 5	0.000 56	0.000 2	0.000 04	0.712 4	0.000 17	0.711 9
	13	0.000 1	2.367 8	0.058 9	0.000 49	0.000 1	0.000 03	0.712 6	0.000 15	0.712 3
	6	0.000 1	1.638 9	0.058 8	0.000 80	0.000 4	0.000 05	0.714 1	0.000 27	0.713 2
	8	0.000 1	2.030 1	0.058 8	0.000 90	0.000 1	0.000 04	0.713 7	0.000 26	0.713 5
	11	0.000 4	1.706 4	0.060 9	0.000 82	0.000 6	0.000 10	0.713 6	0.000 18	0.712 0
ShtⅢ	3	0.000 1	1.448 4	0.058 2	0.001 07	0.000 1	0.000 05	0.715 5	0.000 26	0.715 3
	4	0.000 1	1.464 6	0.056 8	0.001 11	0.000 1	0.000 07	0.715 0	0.000 25	0.714 7
	6	0.000 1	2.026 8	0.057 7	0.000 74	0.000 1	0.000 06	0.715 3	0.000 26	0.714 8
	8	0.000 2	0.965 4	0.061 4	0.001 52	0.000 7	0.000 07	0.716 0	0.000 35	0.714 3
	12	0.000 6	1.538 3	0.058 9	0.000 81	0.001 1	0.000 12	0.715 3	0.000 26	0.712 1
	14	0.000 2	0.998 7	0.061 1	0.001 42	0.000 2	0.000 08	0.715 6	0.000 33	0.713 9

3. 多阶段白钨矿化

1)白钨矿 REE 替换机制

稀土元素(REE^{3+})与 Ca^{2+} 以类质同象形式替换时,REE^{3+} 进入白钨矿晶格需要保持电价的平衡,一般包括以下 3 种替换机制(Nassau and Loiacono,1963;Burt,1989;Brugger et al.,2000):①2Ca^{2+} ══ REE^{3+}+Na$^+$;②Ca^{2+}+W^{6+} ══ REE^{3+}+Nb^{5+};③3Ca^{2+} ══ 2REE^{3+}+□(□代表 Ca 的空位)。不同替换机制直接影响白钨矿的稀土元素分布型式,其中,以 REE^{3+}+Na$^+$(机制①)为主的替换方式生成的白钨矿具有较高的 Na 含量,由于 MREE^{3+} 与 Ca^{2+} 的离子半径更接近(MREE^{3+}:1.06Å,Ca^{2+}:1.12Å,Shannon,1976),MREE 将优先进入白钨矿晶格,此时稀土元素标准化分布型式呈"驼峰"状分布(Ghaderi et al.,1999)。以 REE+Nb(机制②)为主的替换方式生成的白钨矿具有较高的 Nb 含量,相对于 LREE,HREE 或 MREE 可能更易进入白钨矿晶格(Li et al.,2021)。另外,Nb^{5+}(0.46Å)与 Mo^{5+}(0.41Å)离子半径相近,在相对还原条件下,Nb、Mo 也可能共同替换 W,一起进入白钨矿(Zhao et al.,2018)。由①、②替换机制生成的白钨矿,Na(Nb):稀土元素总量近似1:1,稀土元素标准化分布型式主要由白钨矿晶体结构控制。以 $REE^{3+}+\square$（机制③）进入白钨矿晶格的 REE 不受离子半径的约束,REE^{3+} 没有选择性,白钨矿稀土元素标准化分布型式主要取决于成矿流体的稀土元素组成(Ghaderi et al.,1999)。

ShtⅠ球粒陨石标准化稀土元素分布型式图为 Eu 负异常的轻稀土富集右倾型,LREE/HREE 平均值为9.4,代表较早生成的白钨矿颗粒的暗色部分 LREE/HREE 平均值为7.5,代表较晚生成的白钨矿颗粒的亮色部分 LREE/HREE 平均值为11.0。一般认为 HREE 相对于 LREE 优先进入石榴子石晶格,造成热液流体亏损 HREE 而相对富集 LREE(彭建堂等,2021),而在矽卡岩阶段生成的白钨矿继承了早期成矿流体特征,富集 LREE 而亏损 HREE,这也与薄竹山花岗岩球粒陨石标准化稀土元素分布型式图相似,因此较早生成的 ShtⅠ稀土元素分布型式主要取决于成矿流体的稀土元素组成,主要以 $REE^{3+}+\square$ 的方式进入白钨矿晶格(机制③)。另外 ShtⅠ具有相对较低的 Nb 含量($11\sim635)\times10^{-6}$,平均 248×10^{-6},在 $\Sigma REE+Y-Eu$ 与 Nb 含量协变图中均表现出明显的正相关关系,但高于1:1演化线,局部大于10:1(图5-8),表明 ShtⅠ中可能存在 Nb 对 REE 的类质同象替换(机制②),但不是主要的替换方式。

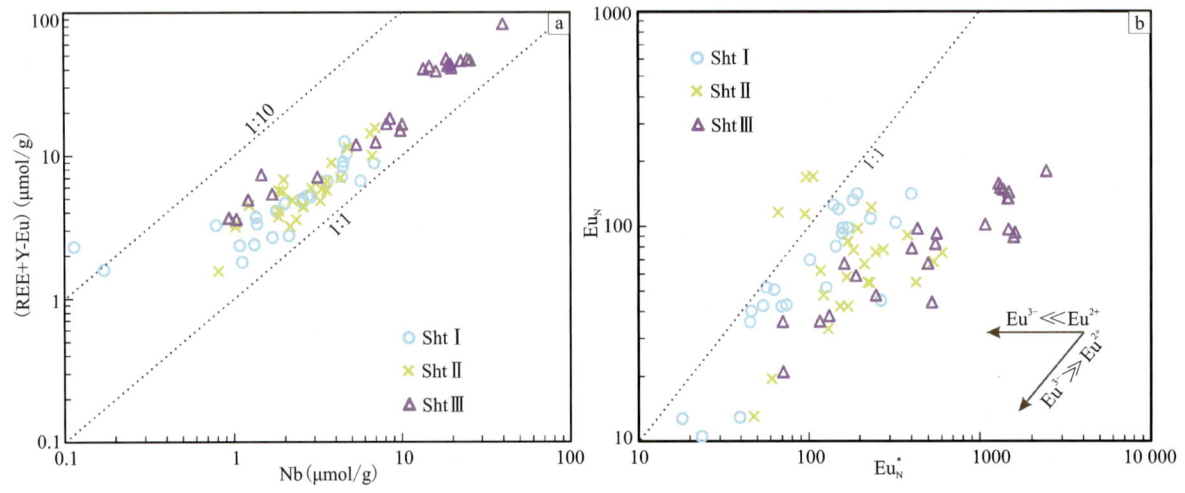

图5-8　官房钨矿床白钨矿 Nb 与 $\Sigma REE+Y-Eu$ 关系图(a)和 Eu_N^* 与 Eu_N 关系图(b)

ShtⅡ稀土元素在球粒陨石标准化分布图中呈"驼峰"状分布,表现出 MREE 富集(图5-7),与湖南包金山金钨矿床(彭建堂等,2021)、云南大坪金矿(熊德信等,2006)等的白钨矿相似,这种富 MREE 在西澳太古代绿岩带型金矿(Sylvester and Ghaderi,1997;Brugger et al.,2000)中亦有发现。MREE 富集型白钨矿,其 REE^{3+} 替换 Ca^{2+} 进入白钨矿晶格主要受以①为主的替换机制制约,形成的白钨矿具有较高的 Na 含量。由于八次配位时,Ca^{2+} 的晶格空位(1.12Å),$MREE^{3+}$ 半径约为1.06Å,故 MREE 最容易进入白钨矿晶格中,而离子半径偏离1.06Å较多的其他稀土元素,则相对较难进入白钨矿中。ShtⅡ应形成于一种富 Na^+ 的热液中,这种热液环境中有利于 $MREE^{3+}$ 与 Na^+ 组合方式,优先替换晶格中的 Ca^{2+} 而进入白钨矿中(Ghaderi et al.,1999)。另外相对于 ShtⅠ,ShtⅡ具有相对较高的 Nb,含量为 $(76\sim645)\times10^{-6}$,平均 279×10^{-6},在 $\Sigma REE+Y-Eu$ 与 Nb 含量协变图中均表现出明显的正相关关系,但略高于1:1演化线(图5-8),表明 ShtⅡ中可能存在 Nb 对 REE 的类质同象替换(机制②)。综合分析认为 ShtⅡ中可能同时存在受以晶体结构控制为主的 Na、Nb 对 REE 的类质同象替换。ShtⅡ稀土元素球粒陨石标准化分布图明显不同于薄竹山花岗岩球粒陨石标准化稀土元素分布型式图,这与流体的演化密切相关。ShtⅡ中代表较早生成的白钨矿颗粒的暗色部分与较晚生成的白钨矿颗粒的亮色部分的分析结果表明,随着流体的演化,早期富 MREE 白钨矿的大量分离结晶将导致残余流体中 MREE 的逐渐亏损,因此 ShtⅡ中 MREE 富集趋势逐渐减小,在稀土元素球粒陨石标准化分布图表现出上拱的幅度变小。

ShtⅢ具有较高的 Nb,含量为 $(87 \sim 3694) \times 10^{-6}$,平均 1131×10^{-6},在 $\Sigma REE+Y-Eu$ 与 Nb 含量协变图中均表现出明显的正相关关系,高于 1∶1 演化线(图 5-8),表明 ShtⅢ存在 Nb 对 REE 的类质同象替换(机制②)。ShtⅢ中代表较早生成的白钨矿颗粒的暗色部分(Nb 含量平均 1471×10^{-6})与较晚生成的白钨矿颗粒的亮色部分(Nb 含量平均 112×10^{-6})分析结果表明,此阶段早期白钨矿到晚期白钨矿稀土元素含量逐渐降低,Nb 含量亦急剧降低,从早期以 Nb 对 REE 的类质同象替换为主,转换为晚期与机制③共存。

2)成矿流体性质

Eu 作为变价元素,常以 Eu^{3+} 或 Eu^{2+} 替换白钨矿中的 Ca^{2+}。当 Eu 以 Eu^{3+} 形式出现时,它的行为像其他三价稀土元素一样,并且与 Eu_N^* 呈正相关,出现负 Eu 异常。在这种情况下,白钨矿中观察到的任何 Eu 异常都是继承于成矿流体中 Eu 的特征;当 Eu 以 Eu^{2+} 形式出现时,Eu^{2+} 更倾向于替换 Ca^{2+} 进入白钨矿中,且替换行为与三价 Sm 和 Gd 元素不一致,所以 Eu 与 Eu_N^* 无相关性,白钨矿球粒陨石标准化稀土元素配分图中呈现正 Eu 异常(Ghaderi et al.,1999)。因此,Eu 异常能够指示成矿流体的氧化还原性(Ghaderi et al.,1999;Brugger et al.,2000;Song et al.,2014)。

ShtⅠ白钨矿大致沿着虚线分布,表明 Eu 主要以 Eu^{3+} 形式出现,成矿流体为氧化性。结合 CL 图像,白钨矿颗粒暗色部分 δEu 值为 0.30~0.77,平均为 0.51;颗粒亮色部分 δEu 值为 0.3~0.89,平均为 0.65,代表演化过程中流体的氧化性减弱,这也可以从图 5-8b 中直接观察到。ShtⅡ白钨矿颗粒暗色部分 δEu 值为 0.12~0.50,平均为 0.24;亮色部分 δEu 值为 0.24~0.51,平均为 0.36,另有 4 个测点 δEu 值为 1.17~1.71,平均为 1.54。总体看,该阶段流体主要表现为氧化性,并且略强于 ShtⅠ。随着流体演化,流体氧化性减弱,局部微弱波动显示出弱还原性,部分 Eu 以 Eu^{2+} 形式出现。ShtⅡ白钨矿颗粒的生长环带揭示的 REE 含量及 δEu 值的变化,说明此阶段流体性质的脉动性变化。ShtⅢ白钨矿总体沿着虚线分布,表明 Eu 主要以 Eu^{3+} 形式出现,成矿流体为氧化性。白钨矿颗粒 CL 图像暗色部分 δEu 值为 0.06~0.19,平均为 0.12;亮色部分 δEu 值为 0.28~0.48,平均为 0.34,流体演化过程中氧化性亦有所减弱,这也可以从图 5-8b 中直接观察到。总体看,ShtⅠ、ShtⅡ、ShtⅢ白钨矿的 Eu 负异常,揭示其流体主要表现为氧化性,但 ShtⅡ局部微弱波动显示出弱还原性。

白钨矿晶体中 Mo 元素含量能够用于指示成矿流体的氧化还原性(Hsu et al.,1973;Linnen et al.,1990;Rempel et al.,2009;Song et al.,2014;Xie et al.,2019)。在氧化条件下,Mo 元素以 Mo^{6+} 替换 W^{6+} 的方式进入白钨矿中;在还原条件下,Mo^{6+} 还原成 Mo^{4+},并以辉钼矿形式沉淀。官房钨矿床 3 个阶段生成的白钨矿中,Mo 含量分别为 1735×10^{-6}、1891×10^{-6}、1346×10^{-6},矽卡岩阶段和退化蚀变阶段生成的白钨矿中 Mo 含量变化范围小,反映氧逸度基本稳定,至石英-硫化物阶段,Mo 含降低,也反映了成矿过程氧逸度的降低。这一特征与安徽东顾山、西藏努日、安徽逍遥—百丈崖等典型矽卡岩钨矿或含钨多金属矿床相似(Song et al.,2014;聂利青等,2017)。另外根据刘益等(2021)对官房钨矿床中的石榴子石、辉石电子探针分析,发现钨成矿作用主要与氧化型矽卡岩有关。

白钨矿中 Mo 含量及对应的 Eu 异常,连同石榴子石等对应的 Eu 异常,表明不同成矿阶段的成矿流体总体为氧化性,仅 ShtⅡ微弱波动显示出弱还原性。这可能与退化蚀变阶段相对较强的水岩反应,带入了围岩中的含碳物质有关。

3)成矿物质 W 的来源

Sr/Mo 值是常用来指示白钨矿形成环境的地球化学指标(Poulin et al.,2018;Sciuba et al.,2019)。在岩浆环境中,白钨矿来源于高度分异的长英质岩浆演化的含 W 流体,由于长英质岩浆亏损 Sr 元素,所以岩浆-热液矿床中白钨矿含有低的 Sr/Mo 值(Poulin et al.,2018),如加拿大 Cantung 矿床(Laznicka,2006)和中国东部朱溪矿床(Sun et al.,2019)。相反,在变质环境中,由于变质沉积岩可以释放出大量的 Sr 元素,因此变质环境中白钨矿含有较高的 Sr/Mo 值(Sciuba et al.,2019),如新西兰 Barewood 矿床(Pitcairn et al.,2006)和云南大坪金矿床(熊德信等,2006)。官房钨矿床不同阶段生成的白钨矿 Sr/Mo 值均落入岩浆-热液白钨矿区域,而明显区别于变质来源白钨矿的 Sr/Mo 值范围(图5-9a),暗示白钨矿来源于岩浆。官房钨矿矽卡岩阶段生成的白钨矿呈轻稀土元素富集、重稀土元素亏损的右倾模式(LREE/HREE 值为 4.8～20.1),与薄竹山花岗岩的稀土元素配分模式一致(LREE/HREE 值为 17.16～20.23,Zhang et al.,2018),表明 W 成矿流体与花岗岩有关。

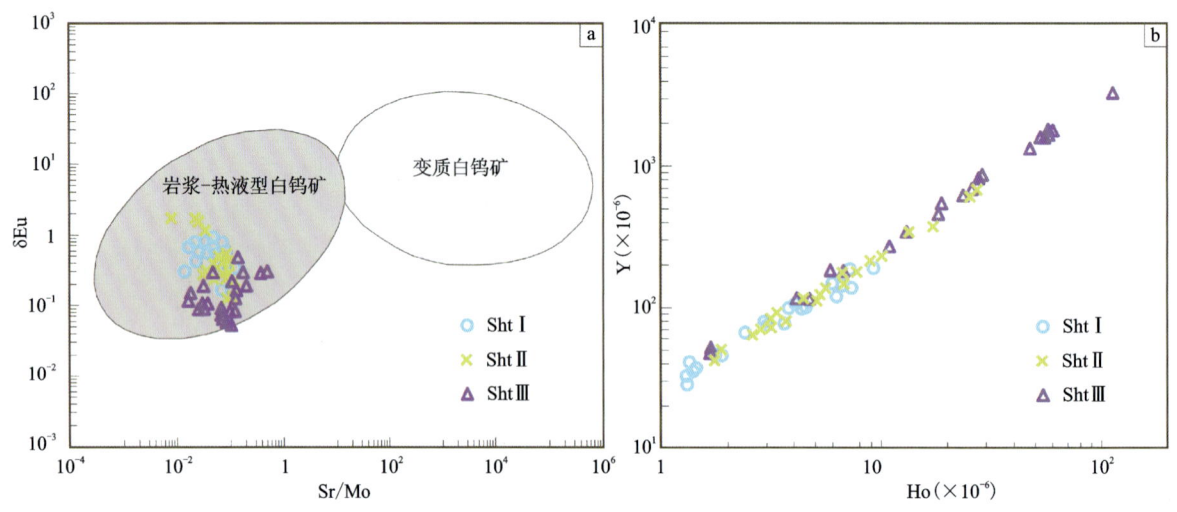

图 5-9　官房钨矿床白钨矿 δEu 与 Sr/Mo 关系图(a)和 Ho 与 Y 关系图(b)

本次分析表明,官房钨矿白钨矿的 Sr 同位素组成相对均一,3 个阶段白钨矿原位 Sr 同位素初始比值集中分布于 0.710 6～0.716 0 之间,与薄竹山花岗岩 Sr 同位素初始比值(0.712 6～0.725 7)相似,进一步说明钨成矿作用与花岗岩相关。前人研究表明花岗岩主微量元素的组成特征与大陆地壳岩石的主微量元素特征较为一致,暗示源岩部分来源于地壳(Chen et al.,2015;Zhang et al.,2016),官房钨矿床白钨矿 Sr 同位素初始比值变化范围较小(0.711 8～0.714 0),辉钼矿中 Re 含量与地壳 Re 含量相当,暗示没有地幔物质加入(Zhang et al.,2016)。根据 Chen 等(2015)的进一步研究,黑云母花岗岩的 ε_{Nd}(90Ma)为 −12.4～−11.2,锆石 ε_{Hf}(90Ma)为 −59.5～−6.1,花岗岩源于华夏新元古代基底的部分熔融,华夏新元古代基底可能为钨矿床提供成矿物质,这与聂利青等(2017)研究认为安徽东顾山钨矿床成矿物质来源于董岭式基底相似。

由于相似的电荷和离子半径,Y 与 Ho 具有相似的地球化学行为,同期结晶的矿物中 Y/Ho 与 La/Ho 值相对稳定,可以用来指示成矿流体来源(Bau et al.,1992;Irber,1999;Liu et al.,2019)。官房钨矿不同成矿阶段生成的白钨矿 Y/Ho 值范围小(19～31),Y 与 Ho 含量具有明显的相关性,Y 和 Ho 变化趋势明显相似,表明白钨矿经历了相同或相近的演化过程,指示不同成矿阶段成矿流体性质稳定,水岩反应或者交代作用引起的流体结晶分异微弱,故不同成矿阶段结晶的白钨矿 Y/Ho-La/Ho 大致呈水平分布,这可能与流体侵入层间裂隙这一相对封闭的体系,围岩中含有较多含泥物质阻碍相关反应有关。

根据上述分析认为,官房钨矿成矿物质 W 可能来源于华夏新元古代基底,流体演化过程受外部因素影响较小。

二、石榴子石

本次选取从 KT3 采取的 GF2015-2 样品中的石榴子石进行电子探针分析,共计分析 20 点,石榴子石分析结果及端元组分见表 5-3。

表 5-3 官房钨矿床 KT3 石榴子石电子探针分析结果及端元组分

单位:%

样品编号	SiO₂	TiO₂	Al₂O₃	FeO	MnO	MgO	CaO	总计	Si	Ti	Al^VI	Fe³⁺	Fe²⁺	Mn	Mg	Ca	Gro	Anr	Alm	Pyr	Spe	Ura	Alm+Pyr+Spe
GF2015-2-1	37.82	0.22	14.27	10.52	0.54	0.12	34.95	98.44	2.98	0.01	1.31	0.69		0.04	0.01	2.95	63.60	34.61		0.47	1.20		1.67
GF2015-2-2	38.32	0.22	14.20	10.95	0.55	0.10	35.23	99.57	2.98	0.01	1.30	0.70	0.01	0.04	0.01	2.94	62.72	35.19	0.30	0.39	1.21	0.06	1.90
GF2015-2-3	37.84	0.28	14.50	10.47	0.52	0.12	35.15	98.88	2.96	0.02	1.32	0.69		0.03	0.01	2.95	63.90	34.27		0.47	1.15	0.09	1.62
GF2015-2-4	38.20	0.23	13.67	11.26	0.49	0.12	35.02	98.99	3.00		1.26	0.72	0.02	0.03	0.01	2.94	61.06	36.00	0.66	0.47	1.09		2.22
GF2015-2-5	38.17	0.23	14.62	10.07	0.57	0.12	34.89	98.67	2.99		1.35	0.64	0.02	0.04	0.01	2.93	65.09	31.88	0.77	0.47	1.26	0.12	2.50
GF2015-2-6	38.28	0.16	14.11	10.74	0.61	0.12	35.31	99.33	2.99	0.01	1.29	0.70		0.04	0.01	2.95	62.85	35.04		0.47	1.34		1.81
GF2015-2-7	38.12	0.27	13.73	10.91	0.49	0.15	35.54	99.21	2.98	0.02	1.26	0.71		0.03	0.02	2.98	61.34	35.66		0.58	1.08	0.03	1.66
GF2015-2-8	38.41	0.16	14.11	10.76	0.55	0.10	35.60	99.69	2.99	0.01	1.29	0.70		0.04	0.01	2.96	62.77	34.97		0.39	1.21	0.03	1.60
GF2015-2-9	38.34	0.28	14.13	10.21	0.54	0.17	35.52	99.19	2.99		1.30	0.67		0.04	0.02	2.97	63.23	33.37		0.66	1.19		1.85
GF2015-2-10	38.39	0.19	14.80	9.79	0.60	0.11	35.38	99.26	2.99		1.36	0.64		0.04	0.01	2.95	66.16	31.88		0.43	1.32		1.75
GF2015-2-11	38.45	0.23	14.25	10.73	0.62	0.12	35.29	99.69	2.99	0.01	1.31	0.69	0.01	0.04	0.01	2.94	63.20	34.48	0.28	0.46	1.36	0.03	2.10
GF2015-2-12	38.09	0.20	13.66	11.14	0.54	0.11	35.05	98.79	2.99		1.26	0.73	0.01	0.04	0.01	2.95	61.49	36.37	0.17	0.43	1.20		1.80
GF2015-2-13	38.16	0.26	14.14	10.77	0.51	0.12	35.20	99.16	2.98	0.02	1.30	0.70		0.04	0.01	2.95	63.13	35.19		0.47	1.13		1.60
GF2015-2-14	38.31	0.20	13.61	11.26	0.63	0.11	35.24	99.36	2.99		1.25	0.74		0.04	0.01	2.95	60.90	36.82		0.43	1.39	0.03	1.82
GF2015-2-15	38.07	0.20	14.42	10.60	0.56	0.12	35.18	99.15	2.97	0.01	1.31	0.69		0.04	0.01	2.94	63.53	34.62		0.47	1.23		1.70
GF2015-2-16	38.16	0.19	13.98	10.76	0.55	0.11	35.27	99.02	2.99	0.01	1.29	0.70		0.04	0.01	2.96	62.73	35.22		0.43	1.22		1.65
GF2015-2-17	38.32	0.20	14.58	10.13	0.60	0.11	35.39	99.33	2.98	0.01	1.33	0.66		0.04	0.01	2.95	64.93	32.98		0.43	1.32	0.09	1.75
GF2015-2-18	38.24	0.23	13.82	10.82	0.61	0.13	35.09	98.94	3.00		1.28	0.70	0.01	0.04	0.02	2.95	61.83	35.17	0.23	0.51	1.35		2.09
GF2015-2-19	38.15	0.19	14.04	10.93	0.56	0.11	35.14	99.12	2.98	0.01	1.29	0.72		0.04	0.01	2.95	62.44	35.75		0.43	1.24	0.16	1.67
GF2015-2-20	38.41	0.22	13.98	10.80	0.53	0.12	35.09	99.15	3.00		1.29	0.68	0.03	0.04	0.01	2.94	62.06	34.05	0.92	0.47	1.17	0.03	2.56

根据分析结果,石榴子石化学成分 $w(SiO_2)$ 为 37.82%~38.45%,$w(CaO)$ 为 34.89%~35.60%,$w(Al_2O_3)$ 为 13.61%~14.80%,$w(FeO)$ 为 9.79%~11.26%,$w(TiO_2)$ 为 0.16%~0.28%,$w(MnO)$ 为 0.49%~0.63%,$w(MgO)$ 为 0.10%~0.17%。换算为标准矿物,KT3 样品属钙铝-钙铁榴石系列($Gro_{60.90-66.16}Anr_{31.88-36.82}Pyr_{1.60-2.56}$),总体以钙铝榴石(Gro)为主,另有较多的钙铁榴石(Anr),含少量锰铝榴石(Spe)、镁铝榴石(Pyr)和钙铬榴石(Uv)。根据刘益等(2021)研究,官房 KT5 属钙铁榴石-钙铝榴石系列($Anr_{60.56}Gro_{33.57}-Anr_{72.18}Gro_{23.04}$),总体以钙铁榴石(Anr)为主,另有较多的钙铝榴石(Gro)。分析表明,官房 KT3、KT5 的石榴子石均属钙铁榴石-钙铝榴石固溶体系列,前者具有更多的钙铝榴石组分,在石榴子石三角分类图(图 5-10a)中,采自 KT3 的石榴子石投入全球还原型 W 矽卡岩型矿床范围,而 KT5 的石榴子石投入全球氧化型 W 矽卡岩型矿床范围。数据分析显示,由靠近岩体的 KT3 矿体至远离岩体的 KT5 矿体,石榴子石的矿物成分出现规律性变化:近端矽卡岩(KT3)石榴子石总体以钙铝榴石(Gro)为主;远端矽卡岩(KT5)石榴子石总体以钙铁榴石(Anr)为主;随着石榴子石中成分的变化,其颜色也由浅褐色、淡黄色向深棕色、黄棕色过渡。由此可见,由近端矽卡岩至远端矽卡岩,石榴子石主要成分由钙铝榴石向钙铁榴石转化,其颜色由浅变深,矽卡岩由还原型 W 矽卡岩型过渡为氧化型 W 矽卡岩型。

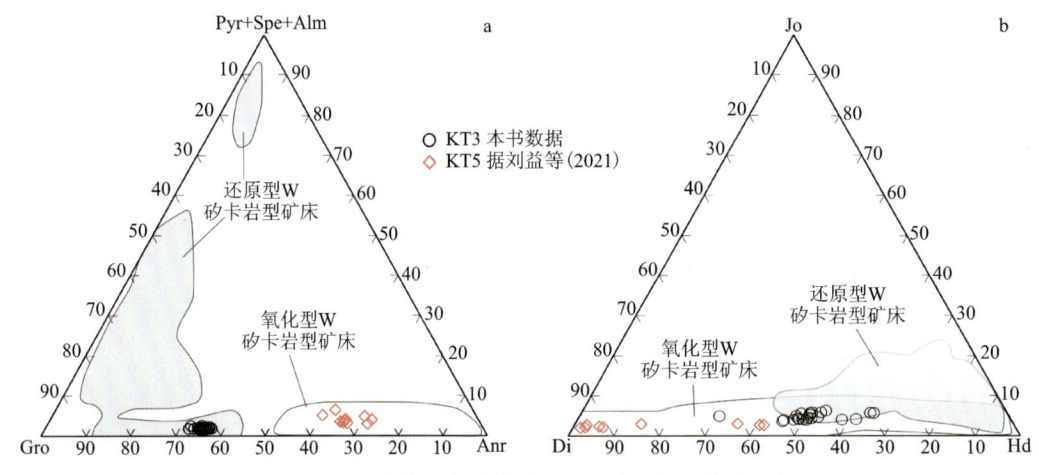

图 5-10 官房钨矿床石榴子石(a)和辉石(b)端元组成

官房矿区 KT3 石榴子石中稀土元素含量较高,变化范围为 $(70.62\sim88.24)\times10^{-6}$,平均 81.95×10^{-6},球粒陨石标准化图解中稀土元素配分曲线明显左倾,重稀土元素相对富集特征,LREE/HREE 值范围为 2.50~2.87,平均值 2.71,具有明显的 δEu 负异常(δEu 为 0.18~0.82)。相对于 KT5 的 LREE/HREE、δEu,KT3 表现出与 KT5 明显不同的特征(刘益等,2021)。

单矿物原位微量元素分析数据(表 5-4)表明,官房矿区 KT3 石榴子石亏损 Rb、Ba、Sr、K 等大离子亲石元素,但相对于 KT5 石榴子石亏损程度减弱;KT3 石榴子石亏损 Nb、Ta、Zr、Hf 等高场强元素,亏损程度与 KT5 相当(图 5-10a)。

三、辉石

KT3、KT5 的辉石分析结果见表 5-5。

KT3 的辉石主要成分 $w(SiO_2)$ 为 50.86%~53.45%,$w(MgO)$ 为 15.06%~17.45%,$w(CaO)$ 为 25.99%~27.09%,$w(Al_2O_3)$ 为 0.29%~0.43%,$w(FeO)$ 为 2.54%~6.90%,$w(MnO)$ 为 0.31%~0.60%,其他 $w(Cr_2O_3)$、$w(TiO_2)$、$w(Na_2O)$、$w(K_2O)$ 等较低。辉石端元(图 5-10b)组成以透辉石(Di)

为主,含量为86%~98%,含一定量钙铁辉石Hd(0%~13%),锰钙辉石(Jo)含量低(1%~2%)。KT5辉石主要成分$w(SiO_2)$为47.42%~48.40%,$w(MgO)$为2.07%~3.01%,$w(CaO)$为23.87%~24.45%,$w(Al_2O_3)$为0.08%~0.36%,$w(FeO)$为22.10%~23.42%,$w(MnO)$为1.47%~1.88%,其他$w(Cr_2O_3)$、$w(TiO_2)$、$w(Na_2O)$、$w(K_2O)$等较低,辉石端元组成以钙铁辉石Hd为主,含量为73%~79%,含一定量透辉石Di(14%~21%),锰钙辉石Jo含量低(6%~8%)。在辉石三角分类图中,KT3辉石主要投入全球还原型W矽卡岩型范围;KT5辉石主要投入全球氧化型W矽卡岩型范围。

官房钨矿床KT3辉石的ΣREE为$(0.71\sim25.32)\times10^{-6}$,LREE为$(0.7\sim22.68)\times10^{-6}$,HREE为$(0.01\sim2.64)\times10^{-6}$,LREE/HREE值在7.51~70.00之间,呈现出Eu负异常或异常不明显特征($\delta Eu=0.18\sim1.78$),具有明显的Ce正异常($\delta Ce=0\sim1.32$)。KT5辉石的ΣREE为$(0.7\sim7.44)\times10^{-6}$,LREE为$(0.69\sim7.33)\times10^{-6}$,HREE为$(0\sim0.16)\times10^{-6}$,LREE/HREE值在0~154之间,呈现出Eu负异常特征($\delta Eu=0\sim2.96$),具有明显的Ce正异常(δCe为0.92~1.37),KT5球粒陨石标准化图解中稀土元素配分曲线与KT3相似。

微量元素数据表明(表5-4),KT3、KT5辉石亏损Rb、Ba、K等大离子亲石元素,略微富集Nb、Ta、Zr、Hf高场强元素,KT3、KT5辉石原始地幔标准化微量元素蛛网图相似。

四、符山石

官房钨矿床KT3中符山石分析结果见表5-5。符山石化学成分以SiO_2、CaO、Al_2O_3为主,$w(SiO_2)$为36.36%~37.04%,$w(CaO)$为36.37%~37.54%,$w(Al_2O_3)$为14.36%~15.44%,$w(FeO)$为3.94%~4.70%、$w(MgO)$为0.03%~2.68%,其他组分含量较低。根据符山石三角图解(曹正民等,2000),本区符山石为普通符山石。

符山石的稀土元素总量非常高,一般超过1500×10^{-6},范围在$(1300\sim4150)\times10^{-6}$之间,平均$2887\times10^{-6}$,轻稀土元素显著富集,LREE/HREE值在21.29~93.34之间(均值52.25),其稀土元素配分模式为中等右倾曲线(图5-11e),中等的Eu负异常,轻微的Ce正异常,其δEu和δCe分别在0.13~0.72(均值0.30)和0.92~1.16(均值1.06)之间。整体而言,符山石稀土元素配分模式与外围薄竹山花岗岩的稀土元素组成特征较为相似,但稀土元素总体含量明显偏高。

符山石中多数成矿元素丰度较高,其中,$w(Zn)$为$(168.67\sim192.64)\times10^{-6}$(平均$180.68\times10^{-6}$),变化范围相对较小;$w(Sn)$和$w(Bi)$分别为$(18.16\sim120.32)\times10^{-6}$(平均$76.20\times10^{-6}$)和$(37.22\sim176.29)\times10^{-6}$(平均$119.67\times10^{-6}$),变化范围相对较大。符山石中的$w(W)$非常低(小于$0.22\times10^{-6}$),镜下观察到退化蚀变阶段的白钨矿常与符山石共生,可以用来解释这一现象。

微量元素数据表明,官房矿区KT3符山石亏损Rb、Ba、Sr、K等大离子亲石元素,富集Nb、Ta、Zr、Sm等高场强元素(表5-6、图5-11f)。

五、黑云母

1. 岩相学特征

官房矿区花岗岩的主要矿物为石英、钾长石、斜长石以及黑云母,手标本目估各种矿物的含量:石英25%~30%,钾长石20%~30%,斜长石10%~15%,黑云母5%~10%。副矿物中含有锆石、电气石、磷灰石、磁铁矿等。

表 5-4　官房钨矿床石榴子石、辉石微量元素组成

样品编号	石榴子石 (GF2015-2)				辉石 (GF2015-2)							辉石 (GF2020-23)														
样点号	9	10	11	12	5	6	7	8	17	18	19	1	2	3	4	5	7	8	13	14	15	16	17	18	19	20
La	0.01	0.01	0.02	0.02	0.93	0.10	0.70	0.22	0.30	0.50	1.42	0.34	0.41	0.40	0.10	0.65	0.33	0.05	0.37	0.34	0.30	0.93	0.56	0.06	0.28	0.37
Ce	0.11	0.01	0.10	0.10	3.60	0.30	2.10	0.50	1.10	2.20	6.62	1.60	1.93	1.74	0.27	2.77	1.40	0.30	1.77	1.55	1.26	3.63	2.28	0.26	1.18	1.49
Pr	0.10	0.00	0.04	0.03	0.63	0.03	0.30	0.10	0.14	0.37	1.13	0.30	0.32	0.31	0.05	0.48	0.30	0.06	0.33	0.23	0.21	0.44	0.40	0.06	0.21	0.25
Nd	0.94	0.01	0.53	0.56	2.91	0.21	1.00	0.14	0.42	2.00	5.20	0.96	0.86	1.10	0.20	1.55	1.02	0.32	1.11	0.83	0.84	1.85	1.45	0.33	0.70	0.81
Sm	1.50	0.10	0.77	1.61	0.72	0.02	0.24	0.10	0.10	0.60	1.60	0.12	0.10	0.07	0.05	0.14	0.06	0.05	0.07	0.07	0.07	0.12	0.20	0.06	0.06	0.09
Eu	0.22	0.10	0.10	0.21	0.11	0.01	0.03	0.01	0.01	0.04	0.30	0.02	0.01	0.01	0.00	0.02	0.01	0.00	0.01	0.00	0.03	0.03	0.03	0.01	0.01	0.03
Gd	4.84	0.53	3.45	5.10	0.72	0.02	0.24	0.03	0.10	0.64	1.50	0.03	0.04	0.03	0.00	0.07	0.02	0.00	0.03	0.01	0.05	0.08	0.07	0.02	0.01	0.06
Tb	1.38	0.41	0.84	1.25	0.12	0.00	0.03	0.01	0.01	0.00	0.21	0.01	0.00	0.01	0.00	0.00	0.02	0.00	0.01	0.00	0.00	0.00	0.00	0.00	0.00	0.01
Dy	8.60	4.46	7.45	8.85	0.80	0.00	0.15	0.04	0.10	0.54	1.20	0.03	0.01	0.01	0.00	0.03	0.02	0.00	0.02	0.00	0.00	0.04	0.03	0.02	0.00	0.05
Ho	1.87	1.45	1.77	1.91	0.10	0.00	0.02	0.00	0.01	0.11	0.23	0.01	0.00	0.00	0.00	0.01	0.00	0.00	0.00	0.00	0.00	0.00	0.01	0.00	0.00	0.01
Er	5.17	5.42	5.20	5.00	0.27	0.01	0.06	0.01	0.02	0.18	0.40	0.00	0.01	0.00	0.00	0.00	0.00	0.00	0.00	0.00	0.01	0.00	0.01	0.00	0.01	0.04
Tm	0.72	0.94	0.92	0.77	0.04	0.00	0.02	0.00	0.01	0.03	0.06	0.00	0.00	0.00	0.00	0.01	0.02	0.00	0.00	0.00	0.00	0.00	0.00	0.00	0.00	0.01
Yb	4.42	6.53	5.20	4.83	0.30	0.00	0.10	0.01	0.01	0.17	0.44	0.01	0.03	0.01	0.01	0.04	0.00	0.00	0.05	0.01	0.02	0.03	0.06	0.02	0.01	0.03
Lu	0.64	1.00	0.70	0.61	0.04	0.01	0.01	0.01	0.01	0.03	0.10	0.00	0.01	0.00	0.00	0.01	0.00	0.00	0.00	0.00	0.00	0.01	0.01	0.00	0.00	0.01
Y	57.72	49.65	54.50	56.50	3.21	0.01	0.71	0.20	0.21	2.36	4.91	0.12	0.10	0.07	0.01	0.16	0.10	0.02	0.08	0.05	0.03	0.25	0.14	0.03	0.05	0.41
ΣREE	88.24	70.62	81.59	87.35	14.5	0.71	5.71	1.37	2.55	10.55	25.32	3.55	3.83	3.77	0.70	5.94	3.28	0.80	3.85	3.10	2.82	7.44	5.26	0.86	2.53	3.67
LREE	65.44	50.41	59.51	64.13	12.83	0.70	5.32	1.30	2.38	8.71	22.68	3.49	3.77	3.73	0.69	5.84	3.24	0.80	3.77	3.08	2.79	7.33	5.13	0.83	2.50	3.51
HREE	22.80	20.21	22.08	23.22	1.67	0.01	0.39	0.07	0.17	1.16	2.64	0.06	0.06	0.04	0.01	0.10	0.04	0.00	0.08	0.02	0.03	0.11	0.13	0.03	0.03	0.16

续表 5-4

样品编号	石榴子石（GF2015-2）				辉石（GF2015-2）													辉石（GF2020-23）									
LREE/HREE	2.87	2.50	2.70	2.76	7.68	70.00	13.64	18.57	14.00	7.51	8.59	58.17	62.83	93.25	69.00	58.40	81.00	0.00	47.13	154.00	93.00	66.64	39.46	27.67	83.33	21.93
$(La/Yb)_N$	0.00	0.00	0.00	2.51	0.00	4.76	15.50	21.17	1.99	2.20	0.00	8.65	28.3	7.00	10.96	11.67	0.00	5.03	24.00	10.58	21.78	6.38	4.17	19.67	7.80
δEu	0.25	0.82	0.18	0.23	0.47	0.56	1.09	1.78	0.94	0.76	1.37	1.48	1.78	0.00	1.69	2.22	0.00	1.78	0.00	2.42	1.90	1.97	2.22	2.96	2.13
δCe	1	0.00	0.68	0.93	1.14	1.32	1.11	0.82	1.30	1.24	1.26	1.30	1.20	0.92	1.20	1.08	1.32	1.22	1.34	1.21	1.37	1.17	1.06	1.18	1.19
Rb	1.16	0.02	0.24	0.80	0.00	0.00	0.00	0.05	0.12	0.00	0.00	0.10	0.10	0.00	0.02	0.00	0.00	0.10	0.10	0.00	0.30	0.03	0.02	0.01	0.30
K	41.49	1.66	16.60	37.34	1.20	0.26	4.40	11.62	4.15	1.66	2.50	9.13	4.15	3.32	3.00	9.13	0.30	0.00	3.70	16.60	4.15	1.66	0.00	35.69
Ba	0.53	0.03	1.06	0.63	0.04	0.10	0.00	0.20	0.11	0.20	0.16	0.00	0.06	0.02	0.03	0.03	0.01	0.03	0.01	0.03	0.04	0.10	0.04	0.04	2.36
Th	0.01	0.00	0.00	0.01	0.10	0.30	0.10	0.01	0.00	0.01	1.00	0.00	0.01	0.01	0.01	0.00	0.00	0.01	0.00	0.02	0.04	0.02	0.01	0.01	0.03
U	0.00	0.00	0.00	0.04	0.04	0.00	0.20	0.10	0.03	0.05	0.32	0.00	0.01	0.02	0.02	0.01	0.00	0.02	0.01	0.01	0.01	0.01	0.01	0.01	0.03
Nb	15.88	10.06	15.03	13.90	4.00	0.30	2.10	0.50	1.10	2.20	1.04	2.00	2.00	0.30	3.00	1.40	0.30	2.00	2.00	0.01	0.03	0.04	0.00	0.00	0.01
Ce	0.11	42.10	0.09	0.08	14.21	29.93	18.31	19.63	11.95	13.31	6.62	20.44	19.94	9.68	32.20	16.01	10.59	15.40	13.10	2.00	3.63	2.30	0.30	1.20	1.50
Sr	0.73	0.11	1.38	0.74	132.44	85.00	114.40	70.40	49.28	132.00	16.73	132.00	145.64	151.63	118.80	158.40	154.00	164.56	123.20	13.70	24.70	24.61	10.40	12.00	20.10
P	32.75	43.66	37.11	39.30	2.67	2.26	3.00	5.63	3.31	2.47	34.37	2.83	3.25	0.68	7.04	2.55	0.72	3.50	2.50	148.28	106.92	136.40	145.20	83.60
Zr	296.40	390.20	266.80	380.0	132.44	2.26	3.00	5.63	3.31	2.47	34.37	2.83	4.13	0.68	7.04	2.55	0.72	3.50	2.11	5.20	6.23	1.00	2.20	3.00
Hf	6.14	7.46	5.67	0.10	0.12	0.03	0.20	0.06	0.81	0.05	0.07	0.06	0.02	0.13	0.05	0.01	0.06	0.10	0.14	0.12	0.01	0.01	0.10	0.10
Ti	1 440.0	1 560.0	1 080.0	1 380.0	66.00	42.00	62.40	78.60	42.00	114.00	408.00	58.80	73.80	59.40	18.60	135.00	66.00	24.60	80.40	55.80	52.20	120.60	132.60	30.60	50.40	58.80

注：$LREE/HREE、(La/Yb)_N$ 无单位，其他单位为 $\times 10^{-6}$。

表 5-5 官房钨矿床符山石 LA-ICP-MS 分析结果及端元组分

单位：%

样品编号	SiO$_2$	TiO$_2$	Al$_2$O$_3$	Cr$_2$O$_3$	FeO	MnO	MgO	CaO	Na$_2$O	K$_2$O	总计	Si	Fe^{3+}	Fe^{2+}	Mn	Mg	Ca	Na	Di	Jo	Hd
GF2015-2-5	52.64	0.01	0.29	0.00	3.13	0.38	16.83	26.52	0.02	0.00	99.83	1.92	0.00	0.10	0.01	0.92	1.04	0.00	0.90	0.01	0.09
GF2015-2-6	50.86	0.01	0.27	0.00	6.90	0.60	15.06	25.99	0.02	0.00	99.71	1.89	0.00	0.00	0.02	0.83	1.03	0.00	0.98	0.02	0.00
GF2015-2-7	51.91	0.01	0.32	0.00	2.82	0.48	17.45	26.84	0.02	0.00	99.83	1.89	0.00	0.10	0.02	0.95	1.05	0.00	0.90	0.01	0.08
GF2015-2-8	51.13	0.01	0.38	0.00	4.35	0.57	16.23	27.09	0.02	0.00	99.79	1.88	0.00	0.13	0.02	0.89	1.07	0.00	0.86	0.02	0.13
GF2015-2-17	53.02	0.01	0.41	0.00	2.83	0.60	16.61	26.36	0.02	0.00	99.85	1.94	0.00	0.09	0.02	0.91	1.03	0.00	0.90	0.02	0.09
GF2015-2-18	53.45	0.02	0.43	0.00	2.54	0.43	16.79	26.16	0.03	0.00	99.84	1.95	0.00	0.08	0.01	0.91	1.02	0.01	0.91	0.01	0.08
GF2015-2-19	52.87	0.07	0.33	0.00	3.39	0.31	16.26	26.50	0.06	0.00	99.79	1.94	0.00	0.10	0.01	0.89	1.04	0.00	0.89	0.01	0.10
GF2020-23-1	47.78	0.01	0.20	0.00	22.74	1.54	2.80	24.09	0.10	0.00	99.27	1.94	0.12	0.65	0.05	0.17	1.05	0.01	0.19	0.06	0.75
GF2020-23-2	48.07	0.01	0.22	0.00	22.42	1.50	2.76	24.16	0.13	0.00	99.28	1.95	0.11	0.66	0.05	0.17	1.05	0.01	0.19	0.06	0.75
GF2020-23-3	47.94	0.01	0.20	0.00	22.43	1.56	2.82	24.19	0.12	0.00	99.27	1.95	0.13	0.65	0.05	0.17	1.05	0.01	0.20	0.06	0.74
GF2020-23-4	47.63	0.00	0.08	0.00	22.42	1.88	2.76	24.45	0.04	0.00	99.26	1.94	0.13	0.63	0.07	0.17	1.06	0.00	0.19	0.08	0.73
GF2020-23-5	47.45	0.02	0.34	0.00	23.12	1.47	2.37	24.37	0.11	0.00	99.25	1.93	0.13	0.66	0.05	0.14	1.06	0.01	0.17	0.06	0.77
GF2020-23-7	47.94	0.01	0.19	0.00	22.45	1.52	2.80	24.26	0.08	0.00	99.26	1.95	0.10	0.66	0.05	0.17	1.06	0.01	0.19	0.06	0.74
GF2020-23-8	48.06	0.00	0.12	0.00	22.10	1.60	3.01	24.31	0.05	0.00	99.26	1.95	0.10	0.65	0.06	0.18	1.06	0.00	0.21	0.06	0.73
GF2020-23-13	48.40	0.01	0.22	0.00	22.44	1.49	2.74	23.87	0.11	0.00	99.27	1.96	0.07	0.69	0.05	0.17	1.04	0.01	0.18	0.06	0.76
GF2020-23-14	48.08	0.01	0.19	0.00	22.26	1.62	2.87	24.15	0.09	0.00	99.28	1.95	0.10	0.66	0.06	0.17	1.05	0.01	0.20	0.06	0.74
GF2020-23-15	47.74	0.01	0.17	0.00	22.53	1.59	2.80	24.34	0.08	0.00	99.27	1.94	0.12	0.64	0.06	0.17	1.06	0.01	0.20	0.06	0.74
GF2020-23-16	47.61	0.02	0.36	0.00	23.42	1.59	2.07	24.07	0.09	0.00	99.23	1.94	0.10	0.70	0.06	0.13	1.05	0.01	0.14	0.06	0.79
GF2020-23-17	47.42	0.02	0.34	0.00	23.10	1.52	2.31	24.43	0.10	0.00	99.25	1.93	0.13	0.66	0.05	0.14	1.07	0.01	0.17	0.06	0.77
GF2020-23-18	48.15	0.01	0.11	0.00	22.15	1.50	2.90	24.40	0.04	0.00	99.27	1.95	0.09	0.66	0.05	0.18	1.06	0.00	0.20	0.06	0.74
GF2020-23-19	48.12	0.01	0.16	0.00	22.20	1.76	2.81	24.13	0.07	0.00	99.27	1.95	0.09	0.66	0.06	0.17	1.05	0.01	0.19	0.07	0.74
GF2020-23-20	48.01	0.01	0.19	0.00	22.77	1.56	2.70	23.94	0.09	0.00	99.27	1.95	0.10	0.68	0.05	0.16	1.04	0.01	0.18	0.06	0.76

第五章 官房钨铅锌多金属矿床研究

表 5-6 官房钨矿床符山石主量元素、微量元素分析结果

样点号		GF2015-2-1	GF2015-2-2	GF2015-2-3	GF2015-2-4	GF2015-2-13	GF2015-2-14	GF2015-2-15	GF2015-2-23	GF2015-2-24	GF2015-2-25	GF2015-2-26	GF2015-2-27
主量元素 (%)	SiO_2	36.42	36.44	36.67	36.72	36.75	36.41	36.66	36.36	36.63	36.51	37.04	36.98
	TiO_2	4.08	2.99	2.36	4.59	3.38	3.09	3.13	4.11	2.58	2.17	3.13	2.19
	Al_2O_3	14.57	15.08	15.28	14.36	14.87	15.09	15.26	14.86	15.44	15.24	15.24	15.32
	FeO	4.11	4.07	4.70	4.26	4.03	3.94	3.95	3.94	4.37	4.62	3.96	4.52
	MnO	0.07	0.16	0.19	2.34	0.17	0.17	0.17	0.06	0.18	0.18	0.17	0.18
	MgO	2.46	2.50	2.68	0.03	2.46	2.37	2.41	2.25	2.47	2.68	2.48	2.60
	CaO	37.32	37.46	37.20	36.37	37.06	37.54	37.00	36.81	37.06	37.43	36.50	37.12
	Na_2O	0.06	0.03	0.02	0.08	0.03	0.03	0.03	0.08	0.02	0.02	0.03	0.02
	K_2O	0.00	0.00	0.00	0.00	0.00	0.00	0.00	0.00	0.00	0.00	0.00	0.00
	P_2O_5	0.09	0.08	0.06	0.03	0.03	0.03	0.04	0.05	0.03	0.04	0.03	0.03
	总计	99.17	98.82	99.17	98.78	98.77	98.66	98.64	98.51	98.78	98.88	98.56	98.97
微量元素 ($\times 10^{-6}$)	Zn	184.03	171.92	187.05	192.64	177.05	170.61	168.67	183.71	175.77	191.66	172.68	192.33
	Sn	32.82	74.13	118.88	18.16	80.53	73.48	73.62	30.29	95.95	120.32	79.90	116.30
	W	0.07	0.16	0.09	0.07	0.05	0.06	0.22	0.08	0.21	0.17	0.17	0.13
	Bi	76.92	176.29	150.85	37.22	146.80	137.85	145.06	53.92	125.87	121.69	145.20	118.42
	Y	83.26	168.89	178.80	123.10	180.60	184.76	194.82	134.03	158.08	150.64	186.41	155.36
	La	314.78	863.57	308.31	707.58	851.43	905.41	983.60	851.43	759.26	380.15	888.29	397.29
	Ce	951.28	2 429.54	673.31	2 163.36	2 417.58	2 824.78	2 923.84	3 054.39	2 035.07	893.37	2 846.91	877.76
	Pr	140.80	334.43	97.20	392.49	325.71	395.09	389.30	536.56	257.32	125.20	398.63	135.13
	Nd	694.35	1 607.93	547.10	2 031.97	1 581.00	1 833.88	1 829.79	2 646.25	1 238.42	679.44	1 877.75	766.25
	Sm	154.15	413.35	223.05	366.15	460.28	488.98	471.89	487.41	355.64	242.68	483.62	262.35
	Eu	18.74	22.11	15.37	78.15	19.27	16.86	17.86	75.24	16.37	14.31	16.23	16.19
	Gd	93.69	273.10	193.20	162.55	294.68	316.31	314.08	208.03	226.74	180.99	310.32	195.35

续表 5-6

	样点号	GF2015-2-1	GF2015-2-2	GF2015-2-3	GF2015-2-4	GF2015-2-13	GF2015-2-14	GF2015-2-15	GF2015-2-23	GF2015-2-24	GF2015-2-25	GF2015-2-26	GF2015-2-27
微量元素 ($\times 10^{-6}$)	Tb	7.90	21.08	16.86	13.36	23.93	24.75	24.92	15.90	17.77	15.58	24.20	16.83
	Dy	27.44	64.88	56.97	43.76	71.64	74.22	76.05	49.94	57.19	52.01	73.49	55.69
	Ho	3.07	6.86	6.38	4.94	7.29	7.30	7.81	5.55	6.23	5.83	7.46	6.12
	Er	6.34	10.59	11.11	8.28	9.79	9.59	9.84	8.85	9.88	9.32	11.43	9.94
	Tm	0.52	0.80	0.98	0.73	0.86	0.78	0.98	0.71	0.72	0.82	0.80	0.74
	Yb	2.69	3.32	3.95	2.87	3.16	3.06	3.39	2.95	3.24	3.41	3.07	2.96
	Lu	0.28	0.30	0.41	0.32	0.31	0.31	0.35	0.30	0.35	0.32	0.29	0.33
	Rb	0.05	0.02	0.00	0.14	0.02	0.27	0.00	0.01	0.00	0.10	0.10	0.00
	K	3.00	10.00	0.00	3.00	2.00	12.00	2.20	0.00	0.00	12.00	18.00	19.00
	Ba	0.20	0.10	0.14	0.16	0.00	0.30	0.02	0.13	0.02	0.15	0.17	0.18
	Th	138.95	102.17	33.21	250.35	142.94	274.64	169.98	349.30	33.40	74.93	688.30	48.90
	U	62.92	113.91	16.36	202.30	89.10	133.45	129.90	302.18	80.96	28.40	135.27	24.63
	Nb	5.34	4.67	20.86	1.66	4.18	2.63	3.01	2.16	7.29	15.60	3.20	13.43
	Ti	25 000	18 000	14 000	26 000	20 200	19 000	19 000	25 000	16 000	13 000	18 800	13 000
	P	370.00	360.00	280.00	150.00	130.00	140.00	170.00	200.00	140.00	170.00	120.00	130.00
	Ce	951.28	2429.54	673.32	2 163.36	2 417.58	2 824.78	2 923.84	3 054.39	2 035.07	893.37	2 846.91	877.76
	Hf	2.48	0.90	0.69	2.62	0.93	0.86	0.90	1.84	0.87	0.60	0.88	0.47
	Zr	122.79	75.94	58.42	122.90	89.98	84.23	85.60	93.41	65.64	48.93	86.94	43.89
	Sr	139.53	116.54	119.06	127.57	124.38	119.02	122.77	124.70	116.88	113.96	121.42	115.54
	Y	83.26	168.89	178.80	123.10	180.60	184.77	194.82	134.03	158.08	150.64	186.41	155.36
	ΣREE	2 416.04	6 051.84	2 154.22	5 976.51	6 066.93	6 901.33	7 053.70	7 943.51	4 984.21	2 603.42	6 942.48	2 742.94
	LREE	2 367.79	5 944.01	2 057.56	5 902.25	5 949.95	6 781.31	6 930.36	7 859.30	4 888.82	2 516.14	6 821.73	2 650.33
	HREE	48.25	107.83	96.67	74.26	116.98	120.01	123.34	84.20	95.38	87.29	120.76	92.61

续表 5-6

样点号		GF2015-2-1	GF2015-2-2	GF2015-2-3	GF2015-2-4	GF2015-2-13	GF2015-2-14	GF2015-2-15	GF2015-2-23	GF2015-2-24	GF2015-2-25	GF2015-2-26	GF2015-2-27
微量元素	LR/HR	49.07	55.13	21.29	79.48	50.86	56.50	56.19	93.34	51.25	28.83	56.49	28.62
	$(La/Sm)_N$	1.28	1.30	0.86	1.21	1.16	1.16	1.30	1.09	1.33	0.98	1.15	0.95
	$(Gd/Yb)_N$	28.13	66.46	39.53	45.83	75.54	83.51	75.06	57.08	56.65	42.88	81.70	53.37
	$(La/Yb)_N$	79.35	176.46	52.97	167.50	183.26	200.72	197.37	196.17	159.28	75.63	196.36	91.14
	δEu	0.48	0.20	0.23	0.98	0.16	0.13	0.14	0.72	0.18	0.21	0.13	0.22
	δCe	1.09	1.09	0.94	0.99	1.11	1.14	1.14	1.09	1.11	0.99	1.16	0.92
	Y/Ho	27.15	24.61	28.01	24.91	24.77	25.32	24.94	24.13	25.38	25.86	24.97	25.38

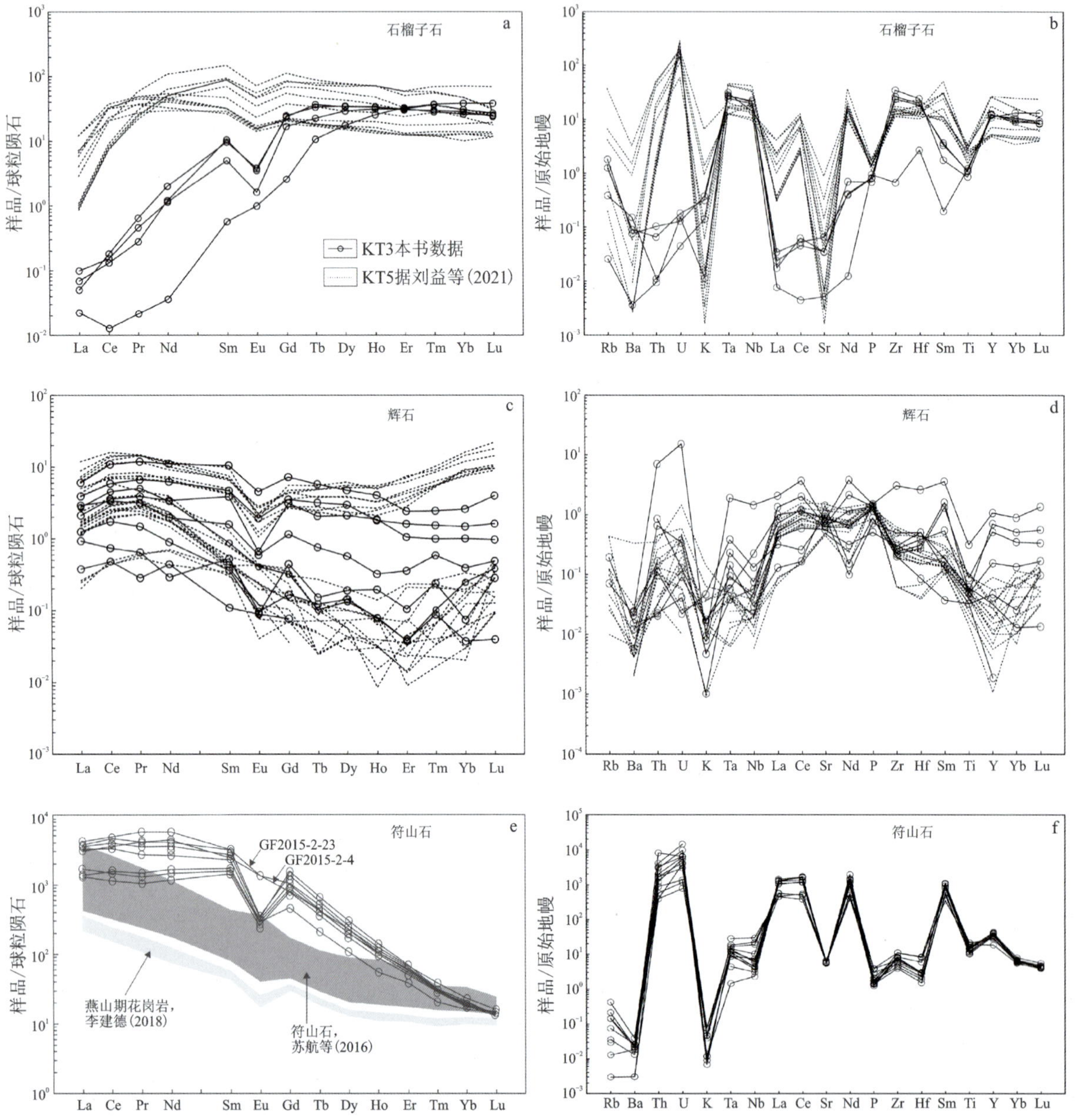

图 5-11 官房钨矿床球粒陨石标准化稀土元素配分模式图(a、c、e)和原始地幔标准化微量元素蛛网图(b、d、f)(标准化值据 McDonough et al.,1995)

石英呈不规则粒状;钾长石呈柱状、板状、粒状,自形程度较高且部分晶体的解理发育,发育卡斯巴双晶及卡钠复合双晶,内部可见自形程度较高的板状斜长石包体和粒状、柱状的锆石包体;斜长石大部分呈自形板状且聚片双晶较为发育,少部分钠长石以条带状或不规则状生长在钾长石内部形成条纹长石,部分钾长石外部发育钠长石边,部分斜长石内部可见自形粒状的锆石包体。黑云母呈自形—半自形的片状集合体,解理发育,可见褐黄色—红褐色多色性,偶见包裹副矿物(图 5-12)。

2. 地球化学特征

官房花岗岩中黑云母的电子探针波谱分析结果如表 5-7 所示,通过表中数据可知,官房花岗岩黑云母属富铝黑云母。以 22 个氧原子为基础对黑云母中的阳离子数及其他参数进行了计算,由于电子探针

Qz. 石英；Pl. 斜长石；Kf. 钾长石；Bi. 黑云母；Zr. 锆石

图 5-12 黑云母花岗岩显微图片

分析这一测试手段得出的是 FeO^T，无法直接获得 Fe^{2+} 和 Fe^{3+} 的具体含量，对此通过使用林文蔚和彭丽君(1994)提出的针对富铝黑云母 Fe^{2+}、Fe^{3+} 值的算法对电子探针测试数据进行分析。黑云母中的离子数和其他参数的计算结果如表 5-8 所示。结合表 5-7 和表 5-8 中数据，官房花岗岩的黑云母成分总体具有以下特征。

表 5-7 官房花岗岩黑云母电子探针分析结果　　　　　　　　　　　　单位：%

测点	F	Al_2O_3	SiO_2	Na_2O	MgO	K_2O	CaO	TiO_2	Cl	SO_3	P_2O_5	Cr_2O_3	MnO	FeO	总计
gf1-1	0.771	14.292	35.139	0.168	8.434	9.629	0.019	3.785	0.144	0.059	0	0.017	0.347	22.321	94.768
gf1-2	0.873	14.258	35.19	0.128	8.543	9.473	0	3.763	0.165	0.044	0	0	0.368	22.19	94.59
gf1-3	0.93	14	35.143	0.174	8.584	9.327	0.015	3.972	0.181	0.06	0	0.01	0.361	22.68	95.004
gf1-4	0.803	14.001	34.871	0.21	8.293	9.498	0	3.895	0.146	0.063	0	0	0.365	22.247	94.021
gf1-5	0.833	14.231	35.012	0.201	8.275	9.423	0	4.056	0.195	0.073	0	0.025	0.385	22.825	95.139
gf1-6	0.85	14.22	35.031	0.165	8.379	9.436	0	3.709	0.174	0.036	0.002	0.011	0.395	22.697	94.708
gf2-1	0.87	14.395	36.018	0.123	9.048	9.316	0.069	3.687	0.159	0.027	0.005	0.025	0.433	22.222	95.995
gf2-2	0.848	14.571	36.022	0.083	8.972	9.329	0.066	3.869	0.163	0.064	0	0.01	0.474	22.597	96.674
gf2-3	0.853	13.92	35.144	0.255	8.818	9.382	0.011	4.008	0.166	0.048	0.008	0.016	0.383	22.782	95.398
gf2-4	0.715	13.909	35.153	0.358	8.537	9.232	0.05	3.704	0.199	0.091	0.009	0.035	0.393	21.994	94.033
gf2-5	0.799	14.215	35.584	0.134	8.843	9.401	0.007	3.859	0.152	0.057	0	0.019	0.448	22.929	96.077
gf2-6	0.881	14.298	35.796	0.222	8.934	9.536	0.021	3.561	0.181	0.08	0	0.033	0.347	22.672	96.15
gf3-1	0.758	14.526	35.145	0.125	8.741	9.301	0.024	3.713	0.139	0.072	0	0.037	0.372	23.138	95.741

续表 5-7

测点	F	Al_2O_3	SiO_2	Na_2O	MgO	K_2O	CaO	TiO_2	Cl	SO_3	P_2O_5	Cr_2O_3	MnO	FeO	总计
gf3-2	0.729	14.432	35.402	0.161	8.604	9.409	0.024	3.64	0.129	0.048	0	0.093	0.357	23.103	95.795
gf3-3	0.775	14.128	35.065	0.144	8.679	9.463	0.003	3.803	0.16	0.051	0.013	0.04	0.397	22.935	95.294
gf3-4	0.788	14.262	35.254	0.112	9.006	9.35	0.028	3.949	0.142	0.071	0	0.01	0.329	22.941	95.878
gf4-1	0.833	14.447	35.25	0.109	8.791	9.323	0.031	3.809	0.154	0.031	0	0.015	0.39	23.398	96.195
gf4-2	0.883	14.273	35.46	0.096	8.948	9.523	0.016	3.807	0.166	0.058	0	0.002	0.349	22.735	95.907
gf4-3	0.971	14.361	35.385	0.07	8.964	9.577	0.03	3.63	0.164	0.055	0	0.015	0.362	22.622	95.76
gf4-4	0.865	14.54	35.504	0.135	9.011	9.542	0.014	3.796	0.138	0.057	0.002	0.022	0.333	22.465	96.029
gf4-5	0.829	14.333	35.371	0.11	8.747	9.501	0.047	3.491	0.176	0.075	0	0.006	0.418	23.051	95.766
gf4-6	0.869	14.591	35.815	0.1	9.166	9.599	0.019	3.714	0.135	0.036	0	0.02	0.342	22.984	96.994
gf5-1	0.818	14.141	34.939	0.228	8.666	9.397	0.04	3.938	0.177	0.069	0.006	0.021	0.334	22.665	95.123
gf5-2	0.772	14.786	35.298	0.179	8.721	9.561	0.025	4.101	0.186	0.044	0	0.025	0.304	22.147	95.782
gf5-3	0.717	14.966	35.376	0.15	8.889	9.663	0.021	3.892	0.148	0.047	0.004	0.027	0.33	22.03	95.925
gf5-4	0.729	14.475	35.15	0.132	8.661	9.484	0.045	4.104	0.16	0.067	0.01	0.013	0.332	22.216	95.235
gf5-5	0.714	14.972	35.462	0.127	8.632	9.863	0.06	3.907	0.138	0.069	0.016	0.029	0.374	21.873	95.904
gf5-6	0.833	14.718	35.586	0.166	8.955	9.543	0.044	3.914	0.159	0.072	0	0.021	0.376	21.675	95.675
gf6-1	0.843	14.562	35.632	0.095	8.95	9.689	0.03	3.576	0.156	0.051	0	0.005	0.349	22.717	96.265
gf6-2	0.816	14.14	35.672	0.135	8.942	9.457	0	3.736	0.176	0.068	0.005	0.023	0.328	22.338	95.452
gf6-3	0.803	14.436	35.347	0.143	8.564	9.696	0.026	3.986	0.138	0.065	0	0.006	0.393	22.407	95.641
gf6-4	0.736	14.816	35.535	0.141	8.554	9.432	0.013	3.73	0.131	0.049	0.018	0.015	0.332	22.46	95.622
gf6-5	0.766	14.463	35.038	0.134	8.283	9.487	0.048	3.95	0.153	0.064	0	0.02	0.414	22.906	95.368
gf6-6	0.742	14.523	35.303	0.148	8.405	9.327	0	3.948	0.163	0.065	0.019	0.007	0.342	22.638	95.281

官房花岗岩中黑云母 $w(SiO_2)$ 为 34.87%～36.02%，$w(Al_2O_3)$ 为 13.90%～14.97%，$w(TiO_2)$ 为 3.49%～4.10%，$w(K_2O)$ 为 9.23%～9.86%，$w(FeO^T)$ 为 21.68%～23.39%，$w(MgO)$ 为 8.28%～9.17%。总体而言，官房花岗岩中黑云母富 Si、Al、Ti、K、Fe、Mg 等元素，贫 Na、Mn、Ca 等元素，且部分测试样品的 Ca 含量低于检测限。

根据 Foster 的云母分类图解(图 5-13)，官房花岗岩中的黑云母样品测点皆落在铁黑云母范围内且十分接近镁黑云母，因此官房花岗岩的黑云母全部属富镁的铁质黑云母。

此次采集、制样、测试的官房花岗岩位于薄竹山岩体所作底单元的边部，样品中的云母皆为铁质黑云母，未见白云母，且黑云母富 Mg 贫 Na 的特征指示官房花岗岩的演化程度较低，这可能与岩体边部保温能力较弱，降温速度较快且岩浆持续供应不足相关。

表 5-8 官房花岗岩黑云母化学成分表

n_B（以 $n(O)=20$ 为基础计算的离子表）

测点	Si	Al_{IV}	Al_{VI}	Ti	Fe^{3+}	Fe^{2+}	Mn	Mg	Ca	Na	K	I_{MF}	I_{Mg}	I_{Fe}	$n(^TAl)$	T(℃)	p(MPa)	H(km)	$\lg f_{O_2}$
gf1-1	5.50	2.50	0.14	0.45	0.49	2.43	0.05	1.97	0.00	0.05	1.92	0.40	0.45	0.55	2.64	711.36	146.51	5.54	−16.42
gf1-2	5.51	2.49	0.14	0.44	0.54	2.37	0.05	1.99	0.00	0.04	1.89	0.40	0.46	0.54	2.63	711.91	144.04	5.44	−16.40
gf1-3	5.49	2.51	0.07	0.47	0.54	2.42	0.05	2.00	0.00	0.05	1.86	0.40	0.45	0.55	2.58	718.31	127.95	4.84	−16.20
gf1-4	5.51	2.49	0.11	0.46	0.50	2.43	0.05	1.95	0.00	0.06	1.91	0.40	0.45	0.55	2.61	716.12	136.71	5.17	−16.27
gf1-5	5.47	2.53	0.10	0.48	0.52	2.46	0.05	1.93	0.00	0.06	1.88	0.39	0.44	0.56	2.62	719.44	141.49	5.35	−16.17
gf1-6	5.49	2.51	0.12	0.44	0.51	2.47	0.05	1.96	0.00	0.05	1.89	0.39	0.44	0.56	2.63	708.04	143.51	5.42	−16.53
gf2-1	5.54	2.46	0.14	0.43	0.57	2.29	0.06	2.07	0.01	0.04	1.83	0.42	0.48	0.52	2.61	709.35	137.20	5.19	−16.49
gf2-2	5.51	2.49	0.13	0.45	0.57	2.32	0.06	2.05	0.01	0.02	1.82	0.41	0.47	0.53	2.63	714.22	142.63	5.39	−16.33
gf2-3	5.48	2.52	0.03	0.47	0.49	2.48	0.05	2.05	0.00	0.08	1.87	0.40	0.45	0.55	2.56	719.15	121.60	4.60	−16.18
gf2-4	5.54	2.46	0.13	0.44	0.50	2.40	0.05	2.01	0.01	0.11	1.86	0.40	0.46	0.54	2.59	710.39	130.27	4.92	−16.45
gf2-5	5.50	2.50	0.09	0.45	0.51	2.45	0.06	2.04	0.00	0.04	1.85	0.40	0.45	0.55	2.59	713.06	131.43	4.97	−16.37
gf2-6	5.52	2.48	0.12	0.41	0.50	2.42	0.05	2.05	0.00	0.07	1.88	0.41	0.46	0.54	2.60	702.24	134.36	5.08	−16.72
gf3-1	5.46	2.54	0.12	0.43	0.49	2.52	0.05	2.02	0.00	0.04	1.84	0.40	0.45	0.55	2.66	707.19	152.66	5.77	−16.55
gf3-2	5.50	2.50	0.14	0.43	0.48	2.52	0.05	1.99	0.00	0.05	1.86	0.40	0.44	0.56	2.64	703.80	147.22	5.56	−16.66
gf3-3	5.48	2.52	0.08	0.45	0.47	2.52	0.05	2.02	0.00	0.04	1.89	0.40	0.44	0.56	2.60	711.26	135.18	5.11	−16.43
gf3-4	5.46	2.54	0.06	0.46	0.49	2.48	0.04	2.08	0.00	0.03	1.85	0.41	0.46	0.54	2.60	716.95	135.94	5.14	−16.24
gf4-1	5.45	2.55	0.08	0.44	0.50	2.53	0.05	2.03	0.01	0.03	1.84	0.40	0.44	0.56	2.63	710.03	144.57	5.46	−16.46
gf4-2	5.48	2.52	0.09	0.44	0.51	2.43	0.05	2.06	0.01	0.03	1.88	0.41	0.46	0.54	2.60	712.13	135.28	5.11	−16.40
gf4-3	5.48	2.52	0.10	0.42	0.51	2.41	0.05	2.07	0.00	0.02	1.89	0.41	0.46	0.54	2.62	705.97	141.03	5.33	−16.59
gf4-4	5.48	2.52	0.12	0.44	0.51	2.39	0.04	2.07	0.00	0.04	1.88	0.41	0.46	0.54	2.64	712.13	147.81	5.59	−16.40
gf4-5	5.49	2.51	0.12	0.41	0.48	2.51	0.05	2.02	0.01	0.03	1.88	0.40	0.45	0.55	2.62	698.51	141.77	5.36	−16.84
gf4-6	5.47	2.53	0.10	0.43	0.49	2.45	0.04	2.09	0.00	0.03	1.87	0.41	0.46	0.54	2.63	707.28	143.51	5.42	−16.55

续表 5-8

测点	Si	Al$_{IV}$	Al$_{VI}$	Ti	Fe^{3+}	Fe^{2+}	Mn	Mg	Ca	Na	K	I$_{MF}$	I$_{Mg}$	I$_{Fe}$	n(^{T}Al)	T(°C)	p(MPa)	H(km)	lgf_{O_2}
gf5-1	5.46	2.54	0.07	0.46	0.48	2.48	0.04	2.02	0.02	0.07	1.87	0.40	0.45	0.55	2.61	716.71	136.41	5.16	−16.25
gf5-2	5.45	2.55	0.15	0.48	0.52	2.34	0.04	2.01	0.00	0.05	1.88	0.41	0.46	0.54	2.69	722.57	162.97	6.16	−16.06
gf5-3	5.46	2.54	0.18	0.45	0.49	2.35	0.04	2.04	0.00	0.04	1.90	0.41	0.47	0.53	2.72	715.71	171.47	6.48	−16.28
gf5-4	5.47	2.53	0.13	0.48	0.52	2.37	0.04	2.01	0.01	0.04	1.88	0.41	0.46	0.54	2.66	723.12	151.53	5.73	−16.05
gf5-5	5.48	2.52	0.20	0.45	0.49	2.33	0.05	1.99	0.01	0.04	1.94	0.41	0.46	0.54	2.72	715.63	172.60	6.52	−16.28
gf5-6	5.49	2.51	0.16	0.45	0.54	2.25	0.05	2.06	0.01	0.05	1.88	0.42	0.48	0.52	2.68	718.40	157.74	5.96	−16.20
gf6-1	5.49	2.51	0.13	0.41	0.49	2.44	0.05	2.06	0.00	0.03	1.90	0.41	0.46	0.54	2.64	702.48	148.18	5.60	−16.71
gf6-2	5.53	2.47	0.12	0.44	0.53	2.37	0.04	2.07	0.00	0.04	1.87	0.41	0.47	0.53	2.58	710.94	130.11	4.92	−16.44
gf6-3	5.48	2.52	0.12	0.47	0.50	2.40	0.05	1.98	0.00	0.04	1.92	0.40	0.45	0.55	2.64	717.78	146.88	5.55	−16.22
gf6-4	5.50	2.50	0.20	0.43	0.53	2.38	0.04	1.97	0.00	0.04	1.86	0.40	0.45	0.55	2.70	708.57	165.95	6.27	−16.51
gf6-5	5.47	2.53	0.13	0.46	0.50	2.48	0.05	1.93	0.01	0.04	1.89	0.39	0.44	0.56	2.66	715.19	152.77	5.77	−16.30
gf6-6	5.49	2.51	0.16	0.46	0.54	2.40	0.05	1.95	0.00	0.04	1.85	0.39	0.45	0.55	2.66	716.33	154.05	5.82	−16.26

n_B(以 $n(O)=20$ 为基础计算的离子数)

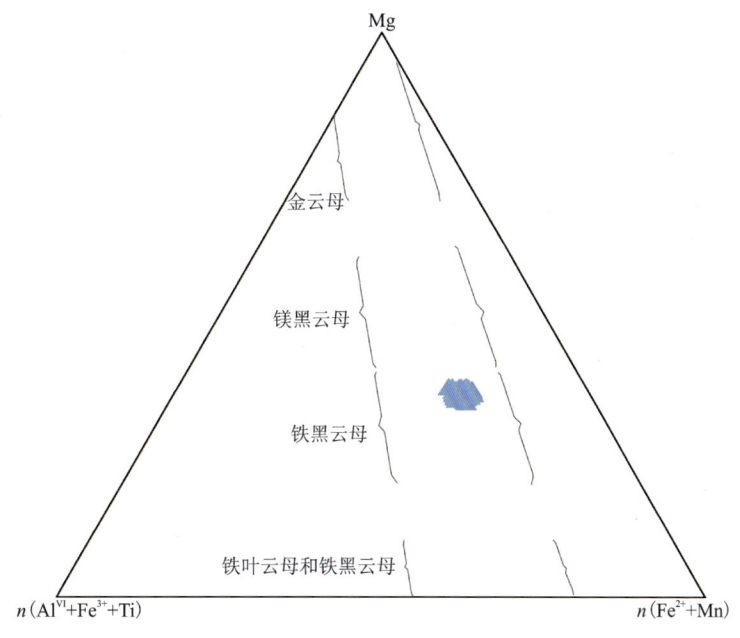

图 5-13　Foster 的云母分类图解

3. 成岩成矿指示意义

1) 黑云母成因类型

根据此次岩相学观察,可以发现官房花岗岩中的黑云母普遍呈板状、片状,自形程度较高,发育一组极完全解理,边缘较为清晰光滑,不发育暗化边,港湾状边发育程度不高,内部可见磁铁矿、磷灰石、锆石等副矿物包体;光性特征具有呈红棕色且具有灰黄色至褐绿色的强多色性,二轴晶负光性正延性,消光特征为平行消光。以上观察的特征与热液黑云母的低自形度细粒鳞片状浅绿色弱多色性的特征不符合,而与原生的岩浆黑云母自形程度高、边缘光滑,不发育暗化边及港湾状边,多呈红褐色,多色性强的特征。从岩相学特征上来说官房黑云母符合原生岩浆黑云母的特征。

根据元素组成特征判断黑云母成因也存在成熟的判别方式。刘彬等(2010)认为岩浆成因的黑云母其 Mg/(Mg+Fe)值应当介于 0.3~0.55 之间。根据此次电子探针分析的计算结果可以得出官房花岗岩中的黑云母 Mg/(Mg+Fe)值介于 0.44~0.48 之间,符合岩浆成因黑云母特征。并且此次测试的黑云母样品 $Fe^{2+}/(Mg+Fe^{2+})$ 值介于 0.52~0.56 之间,变化范围极小,表明黑云母未受后期流体改造。综上可以判断,官房花岗岩中的黑云母为原生的岩浆黑云母。

2) 黑云母结晶的物理化学条件

未经流体改造的、岩浆成因的黑云母结晶时的结晶温度压力以及氧逸度等物理化学条件是判别成岩环境的重要指标,也是研究岩浆演化的重要参数。官房花岗岩中的黑云母属于原生的岩浆黑云母,因此可以用来判别官房花岗岩的成岩环境和指示岩浆演化特征。

结晶温度、压力和侵入深度

前人研究表明,岩浆的结晶温度明显对黑云母的 Ti 含量具有显著影响。因此可以根据 $t=\{\ln n(Ti)-a-c(I_{Mg})^3/b\}^{0.333}$ ($a=-2.359, b=4.6482\times10^{-9}, c=-1.7283$) 这一公式进行计算。计算出的结果显示官房花岗岩中黑云母的结晶温度为 699~723℃,表明结晶环境为中高温环境。

Uchida 等(2007)认为,黑云母的 ^TAl 与花岗岩形成时的压力具有密切的关系,可以通过公式 $p=3.03n(^TAl)-6.53(\pm0.33)$ 进行计算。计算结果显示,黑云母固结时的压力为 121.6~172.6hMP。根据公式 $h=p/\rho g$(花岗岩的 ρ 取 2700kg/m³, $g=9.8$m/s²),可以换算出官房花岗岩侵入深度为 4.6~6.5km,属于中浅成花岗岩。

氧逸度

根据 Wones 和 Eugster(1965)的观点,当黑云母、钾长石、磁铁矿共生时,黑云母中的 Fe^{3+}、Fe^{2+} 和 Mg^{2+} 的原子百分数可以用于估算黑云母结晶时的氧逸度(图5-14)。

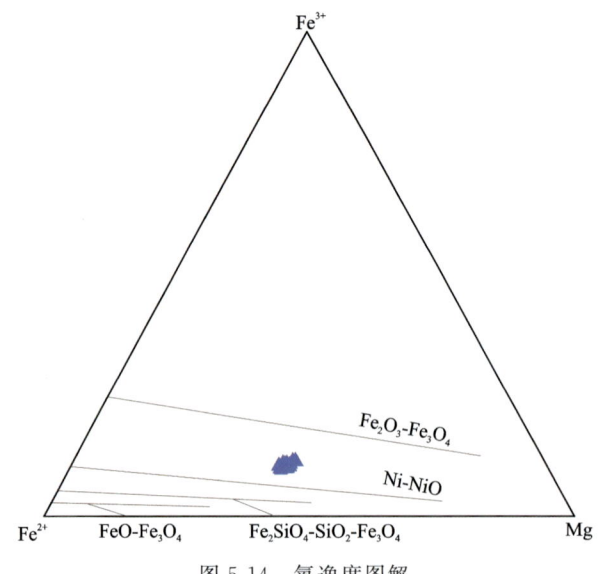

图 5-14　氧逸度图解

根据图解可以看出,所有样品氧逸度较为集中,皆落入 Ni-NiO 缓冲线和 Fe_2O_3-Fe_3O_4 缓冲线之间,且十分靠近 Ni-NiO 缓冲线。越靠近 Ni-NiO 缓冲线,黑云母结晶时的氧逸度越低。根据公式 $\lg f = -30\,930/(t+273)+14.98+0.142\times(p-1)/(t+273)$ 可以得出,官房花岗岩黑云母结晶时的氧逸度变化范围较小,为 $-16.0 \sim -16.8$。

3) 官房花岗岩岩石成因及构造环境

花岗岩中的黑云母的化学成分在一定程度上可以反映出该花岗岩的岩浆源区性质和成岩环境。官房花岗岩中的黑云母是原生的岩浆黑云母,根据其化学成分特征,官房花岗岩中的黑云母属于铁质黑云母,$w(FeO^T)$ 为 21.68%~23.39%,$w(MgO)$ 为 8.28%~9.17%,$w(Al_2O_3)$ 为 13.90%~14.97%,具有高 Fe、Al 含量及中等 Mg 含量的特征。

官房花岗岩中黑云母的氧化系数 $Fe^{3+}/(Fe^{3+}+Fe^{2+})$ 和镁质率 $Mg^{2+}/(Mg^{2+}+Mn+Fe^{2+})$ 是 I 型花岗岩和 S 型花岗岩的重要判别标志。I 型花岗岩一般而言具有较高的氧化系数和镁质率,氧化系数为 0.121~0.252,镁质率为 0.384~0.626;而 S 型花岗岩这两个值都较低。官房花岗岩黑云母的氧化系数为 0.16~0.20,$Mg^{2+}/(Mg^{2+}+Mn+Fe^{2+})$ 为 0.43~0.47。表明官房大型钨矿的花岗岩具有 I 型花岗岩的特征。黑云母的 MF 值可以用来区分同熔型花岗岩和改造型花岗岩,徐克勤等(1983)提出 MF<0.38 为改造型花岗岩,MF>0.38 为同熔型花岗岩。官房花岗岩中的黑云母的 MF 值为 0.39~0.48,平均值为 0.45,属于主要由上地幔衍生岩浆或下部地壳部分熔融形成岩浆并在上升过程中同化混染了硅铝物质或硅铝层熔融岩浆的同熔型花岗岩。

第四节　成矿时代

前人对薄竹山复式花岗岩体进行了年代学特征研究,张世涛等(1997)通过对不同单元的花岗岩进行定年,分别获得了雷达站单元 U-Pb 年龄为 75±14Ma,大山单元 Rb-Sr 年龄为 97.43±0.83Ma,洋芋树单元 Rb-Sr 年龄为 103.22±0.58Ma，所作底单元 Rb-Sr 年龄为 115±0.23Ma，均为燕山晚期白垩纪时代。张亚辉(2013)通过对官房矿区的辉钼矿进行 Re-Os 定年，获得了成矿年龄为 91.2±1.2Ma。刘益等(2021)通过开展石榴子石原位 U-Pb 定年，获得矽卡岩成岩时代为 87.6±2.3Ma。本研究中官房矿区的两件黑云母二长花岗岩样品 gf-b12、BZS-D9-B2 的加权平均年龄分别为 87.1±0.8Ma(MSWD=0.25, n=13)、88.3±0.7Ma(MSWD=0.34, n=13)；花岗细晶岩样品 GF24-9-2 锆石 U-Pb 年龄为 85.6±0.6Ma(图 5-15)。

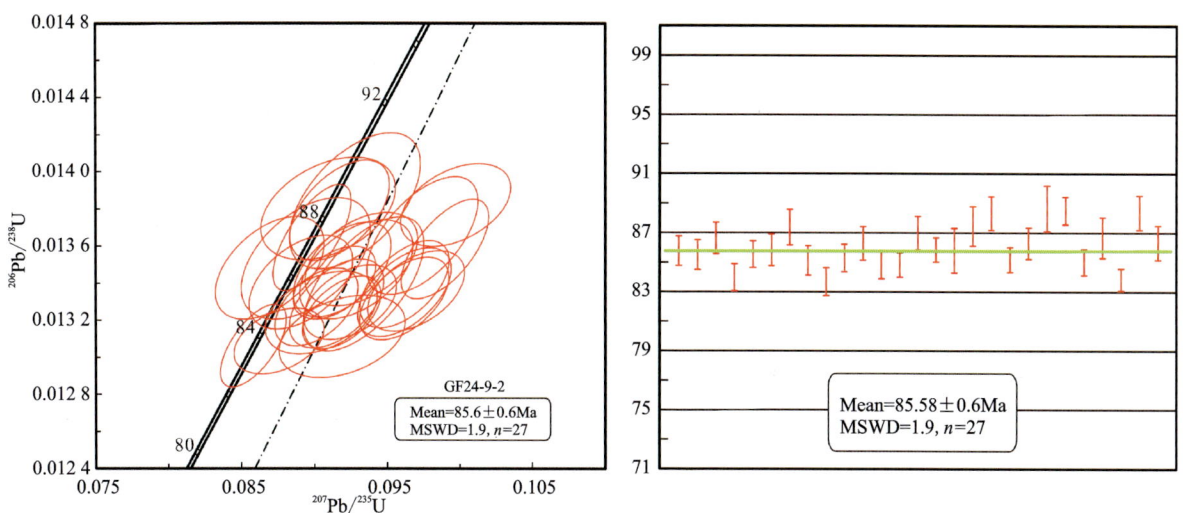

图 5-15 官房钨铅锌多金属矿床花岗细晶岩锆石 U-Pb 年龄谐和图

本次研究所获得的年龄与前人的研究结果在误差范围内一致，进一步说明了官房矿区成岩时代可能与华南西部晚白垩世成岩成矿岩浆成矿热事件有关。同时，根据花岗细晶岩锆石所获得的年龄，表明该矿区内存在多期的岩浆活动。

第五节 矿床成因类型及找矿标志

一、成因类型

矿区内的钨矿和铅锌矿分属不同的成因类型，其成因分述如下。

钨矿床主要产于花岗岩体外接触带矽卡岩中，白钨矿与矽卡岩密切共生，属典型的矽卡岩矿床。

据现有资料，成矿作用大致可分成两个阶段，第一阶段为矽卡岩期，第二阶段为石英-硫化物期。矽卡岩初期为无矿时期，生成的矿物为钙铝-钙铁榴石、透辉石-钙铁辉石、硅灰石等，主要是岛状和链状的无水硅酸盐矿物；从结构上来看，在同一矽卡岩中可分为细粒和中—粗粒。在内矽卡岩带可形成方柱石，它代表早期钠质交代的产物。在这一阶段中几乎没有任何金属矿石矿物的形成；矽卡岩晚期，形成的矿物主要为含水硅酸盐，如阳起石-透闪石，绿帘石-斜黝帘石-黝帘石，并可有磁铁矿集中成矿。白钨矿也开始形成，同时有透辉石，次透辉石的再次生成，因此常见白钨矿与它们共生。白钨矿延续至石英-硫化物初期消失，早期硫化物阶段生成的金属矿物有磁黄铁矿、毒砂、黄铁矿、辉铝矿、黄铜矿和辉铜矿，又可称铁-铜硫化物成矿阶段。随后则有黄铜矿、闪锌矿、方铅矿等硫化物形成，称为铅-锌硫化物成矿阶段。因此常有铜、铅、锌等伴生矿物出现，石英硫化物末期又有白钨矿与石英生成，形成含钨石英脉，局部形成脉状富钨矿体。

铅锌矿床产于近东西向断裂所产生的裂隙破碎带中,构造破碎带为铅锌矿的控矿和容矿构造,近矿围岩蚀变有硫铁矿化、方解石化、硅化等,成矿时间晚于矽卡岩化时间。因此铅锌矿的成因类型应为与花岗岩作用有关的后期热液矿床。

二、找矿标志

根据矿体与相邻地质体及地质现象的关系,结合矿区找矿实践经验,直接找矿标志有矽卡岩、硫铁矿化、铁帽等。间接找矿标志有化探次生晕,也存在其他找矿标志。

1) 直接找矿标志

(1) 矽卡岩:矿体主要产于矽卡岩中,与透辉石透闪石矽卡岩关系密切,出现透辉石透闪石矽卡岩的地方,一般就可能找到矿体。

(2) 硫铁矿化:产于矿体中及矿体近侧,常与白钨矿、方铅矿、闪锌矿、黄铜矿相伴生。所以硫铁矿为重要的找矿标志。

(3) 铁帽:与白钨矿伴生的金属硫化物氧化后,均伴有铁帽出现,根据铁帽可能找到矿体。

2) 间接找矿标志

化探次生晕:在矿体暴露地表风化后,矿体中的金属元素进入残坡积层、土壤、水系淤泥中,形成次生扩散晕。故次生晕是找该类矿床重要的标志之一。

3) 其他

石榴子石及辉石端元组分特征,以及稍高的 Mn/Fe 值和 Mg/Fe 值特征,综合指示其矿化类型属于铁铜锌等多金属矿化类型;符山石较低的 $w(W)$ 可作为钨矿的找矿标志。

第六章　薄竹山矿集区成矿系统研究

第一节　白牛厂银多金属矿床

白牛厂银多金属矿床是滇东南个旧—薄竹山—老君山锡钨多金属成矿带中重要组成部分,位于薄竹山花岗岩体的北西走向上,是一典型的超大型银多金属矿床。大地构造位置处于华南加里东褶皱系,滇东南褶皱带,文山-富宁褶皱束,薄竹山拱褶的西南缘(刘继顺等,2005;张洪培,2007;王燕子,2014)。矿区处于薄竹山北西部白牛厂北东向短轴背斜的倾伏端,北起牛作底河,南至鱼塘村,西到咪尾寨,东至阿尾寨,面积25km^2。

矿区发育北西—北北西向的褶皱、断层和层间破碎带,北东向的褶皱、断裂穿插其间组成基本构造格局,其中F_3剥离断层为矿区主要的控矿及容矿构造。区内赋矿地层主要为中寒武统田蓬组和龙哈组,前者以粉砂岩、板岩夹灰岩及砂质白云岩为主,后者主要以层状白云岩夹少量白云质粉砂岩为主。白牛厂矿区由咪尾、白羊、对门山、穿心洞和阿尾5个矿段组成,发现大小矿体100余个,均为隐伏矿体,赋矿围岩为中寒武统田蓬组上部粉砂岩、泥质粉砂岩和F_3断裂破碎带中,矿体呈似层状产出。V_1矿体横跨咪尾、白羊、对门山和阿尾矿段,延伸至穿心洞矿段,矿体总体宽大于2km,倾向延长大于5km,倾角15°~30°,呈缓倾、大体顺层的脉状,严格受F_3断裂控制。V_1矿体为Pb、Zn、Ag、Sn多组分共生矿,矿体厚度2~10m,平均3.27m,矿体平均品位Pb为0.03%~24.88%,Zn为0.02%~22.14%,Ag为1.4~2000g/t,Sn为0.01%~10.27%。次要矿体主要分布在V_1矿体上下附近,呈透镜状产出,产状与主矿体V_1基本一致。

矿石矿物成分复杂,金属矿物主要为黄铁矿、白铁矿、磁黄铁矿、铁闪锌矿、闪锌矿、方铅矿、毒砂和硫锑铅矿。银矿物主要有银黝铜矿、黝锑银矿、深红银矿和辉锑银矿,脉石矿物有石英、方解石、铁白云石、绿泥石、绢云母等。

第二节　官房钨铅锌多金属矿床

矿区位于薄竹山破背斜的南翼,出露地层为第四系、中寒武统田蓬组,其岩性有碳质板岩、绢云母板岩、泥质粉砂岩、角岩、灰岩、白云岩、大理岩及矽卡岩等。构造以近东西断裂为主,矿区内褶皱构造不发育,总体上为向南南东倾向的单斜构造,倾角25°~53°,在F_1断层旁侧,受断层影响,地层多有倒转,局部向北北西向陡倾。F_1断裂为正断层,走向近东西向,长度大于3.5km,倾向延深大于200m,断层倾向北西,倾角60°~80°,局部向南向陡倾。断层上盘地层主要为$\epsilon_2 t^{1-2}$、$\epsilon_2 t^{1-3}$,下盘地层主要为$\epsilon_2 t^{1-3}$,向东延入所作底单元花岗岩中。破碎带宽1~5m不等。破碎带由断层角砾、断层泥等组成。角砾成分以碳质板岩、角岩为主,其次为灰岩(大理岩)及石英、方解石等,角砾呈次棱角状,大小不一,胶结物为泥质、方解石细脉及少量金属硫化物组成,见摩擦镜面。岩浆岩有花岗岩及正长岩脉、辉长岩脉。

矿区内的铅锌矿体赋存于断裂带中。目前官房铅锌钨矿经地表工程、地下穿脉平坑和钻孔控制的矿体有11个,其中钨矿体10个,铅锌矿体1个,钨矿体以KT1、KT2、KT3、KT5、KT6、KT9为主矿体。矿体总体向SN倾伏,走向NNE,与岩层产状基本一致,矿体厚1.5～18.31m,平均8m,矿体中钨品位平均为0.39%,品位较低。

矿石矿物以白钨矿为主,其他见有黄铜矿、方铅矿、闪锌矿、辉钼矿、磁铁矿、毒砂等。白钨矿粒度介于0.1～0.2mm之间。脉石矿物主要有透辉石、次透辉石、透闪石、钙铝榴石、符山石、阳起石、绿帘石、绿泥石、沸石、斜长石、石英、方解石、金云母等。矿石结构以自形—半自形粒状结构为主,其次为包含结构、交代残余结构、胶状结构、不等粒变晶结构等;矿石结构主要为浸染状构造、细脉状构造及团块状构造。

第三节　菖蒲塘钨锡多金属矿床

菖蒲塘钨锡多金属矿床位于大湾田、菖蒲塘和张家坡以东一带,以铁矿化为主,伴生钨锡矿化,该区域属于薄竹山花岗岩的西南部接触带(图6-1),主要为寒武纪碎屑岩、碳酸盐与花岗岩接触变质作用形成的矽卡岩化和角岩化变质带(张东泽,2015;吴道文等,2019)。区内发育有北东向和北西向两组断裂,为区内重要的控岩控矿构造,其中F_2断裂在菖蒲塘矿区起着控岩、破矿和切割岩体及矿带的作用(图6-1)。

一、矿区地层

矿区出露地层主要为寒武系($\mathbb{C}$)、泥盆系(D)和第四系(Q),现将地层由老至新分述如下。

1. 寒武系($\mathbb{C}$)

寒武系为矿区主要地层,出露于薄竹山花岗岩体西南部,与花岗岩接触。出露下统冲庄组、中统大丫口组、田蓬组和龙哈组。

1)下寒武统冲庄组($\mathbb{C}_1ch$)

该地层为研究区最老地层,灰色—灰黄色中、薄层状轻变质长英质粉砂岩、粉砂岩质板岩,中厚层状轻变质中细粒石英砂岩的组合,靠近花岗岩体有明显的角岩化,厚259.1～552m。

2)中寒武统大丫口组($\mathbb{C}_2d$)

(1)第一段($\mathbb{C}_2d^1$):浅灰色、深灰色块状大理岩、灰质条带状灰岩,靠近岩体见不同程度的矽卡岩化现象,厚82m。

(2)第二段($\mathbb{C}_2d^2$):灰色粉砂岩、粉砂质泥岩夹浅灰色、深灰色灰岩、灰质条带灰岩。靠近岩体部分,碎屑岩见明显的角岩化;灰岩见大理岩化及矽卡岩化,厚265m。

(3)第三段($\mathbb{C}_2d^3$):浅灰色、深灰色中厚层状粉晶灰岩、灰质条带灰岩夹少量深灰色带褐色粉砂岩,灰岩具大理岩化或矽卡岩化,厚度大于50m。

3)中寒武统田蓬组($\mathbb{C}_2t$)

(1)第一段($\mathbb{C}_2t^1$):灰色、灰黄色薄—中层状粉砂岩,粉砂质板岩夹灰色中—厚层状砂质白云岩,厚112m。

(2)第二段($\mathbb{C}_2t^2$):灰色、灰黄色薄—中层状长石粉砂岩,粉砂质板岩,局部夹碳质板岩,厚165m。

4)中寒武统龙哈组($\mathbb{C}_2l$)

(1)第一段($\mathbb{C}_2l^1$):灰白色中厚层状粉砂质粉晶白云岩、灰黄色中厚层状中细粒长石粉砂岩,厚282m。

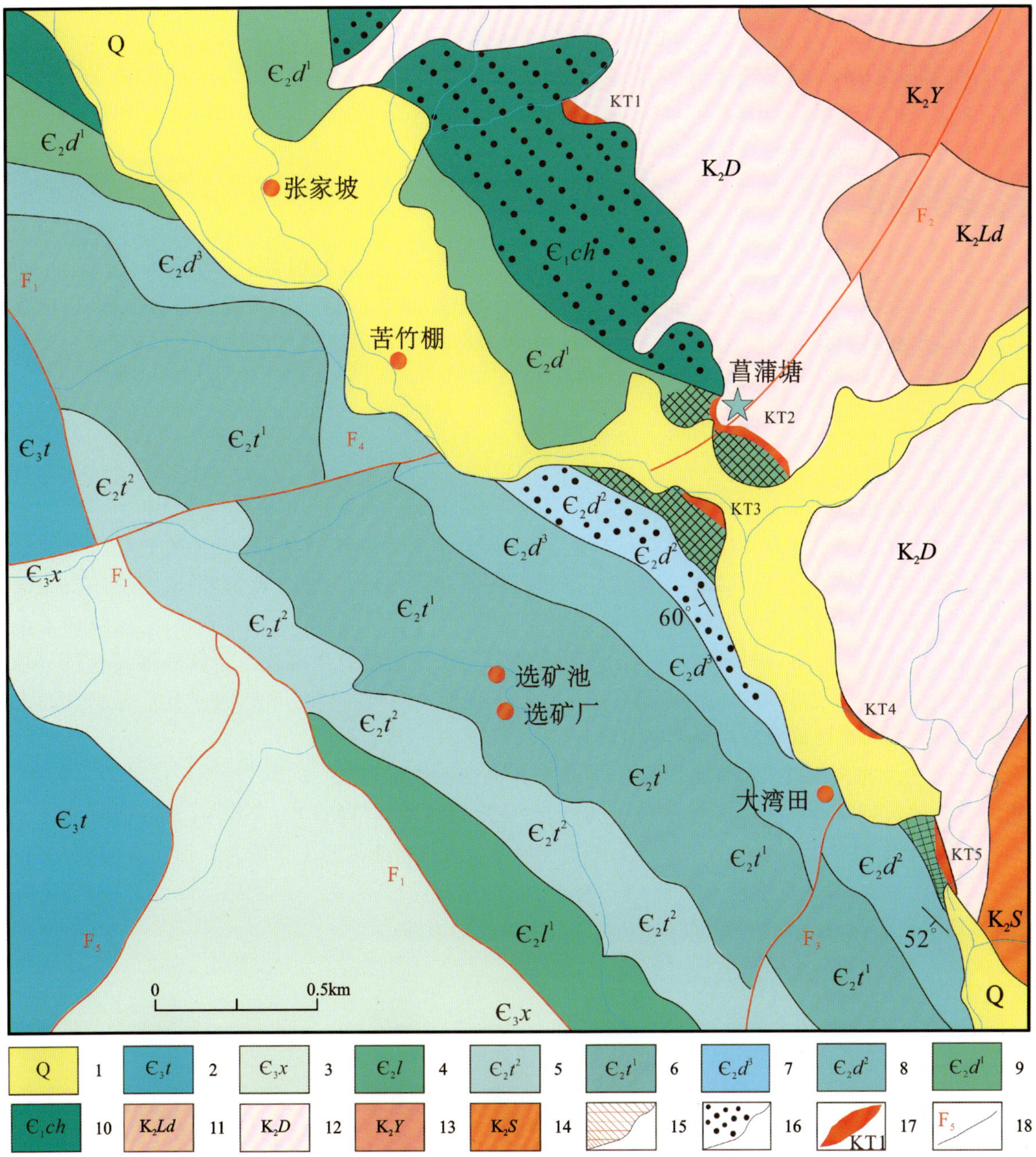

第六章 薄竹山矿集区成矿系统研究

图 6-1　菖蒲塘矿区地质图（据张磊，2014 修改）

1.第四系；2.唐家坝组；3.歇场组；4.龙哈组；5.田蓬组二段；6.田蓬组一段；7.大丫口组三段；8.大丫口组二段；9.大丫口组一段；10.冲庄组；11.雷达站单元；12.大山单元；13.洋芋树单元；14.所作底单元；15.矽卡岩化带；16.角岩化带；17.矿体及编号；18.断层

（2）第二段（$\epsilon_2 l^2$）：浅灰色砂质块状粉晶白云岩少量鲕粒白云岩、灰黄色薄—中层状长石粉砂岩，厚 205m。

（3）第三段（$\epsilon_2 l^3$）：浅灰色、灰黄色薄中层状泥质粉晶白云岩、灰黄色薄中层状长石粉砂岩、石英砂岩，厚 243m。

2. 泥盆系（D）

泥盆系主要出露于研究区北西部，薄竹山花岗岩体西侧。

1)下泥盆统坡松冲组（D_1ps）

（1）第一段（D_1ps^1）：紫红色、黄绿色岩屑砂岩、粉砂岩，底为砾岩，厚83m。

（2）第二段（D_1ps^2）：黄绿色石英砂岩、粉砂岩、粉砂质页岩，厚212m。

2)下泥盆统坡脚组（D_1p）

灰色薄层泥岩与粉砂泥岩互层，厚330m。

3. 第四系（Q）

矿区内主要为第四系全新统（Qh），分布于河床平缓开阔地带及缓坡处，可分为三大类。冲积（Qh^{al}）为以砾石、砂泥质为主的松散堆积物；洪积（Qh^{pl}）在菖蒲塘、腰店一带的花岗岩分布区，沿河流出山口处形成扇状洪积物，为粒径大小不一的砾石；残坡积（Qh^{edl}）由砾石、岩屑、砂和黏土等组成。

二、矿区构造

区内发育有北东向和北西向两组断裂。

F_1为北西向断裂。走向315°左右，倾向主要为南西，主要为张性断裂；其中区域上北西向的依格白-铁厂-那么果河断层：长约12km，该断层北部岩石破碎，断层两侧主要岩性为坡松冲组砂岩、独树柯组砂岩、下木都底组灰岩、博莱田组白云岩夹灰岩及坡脚组沙泥岩；南部沿那么果河展布，被第四系覆盖而隐伏。断层南西向倾斜，倾角约为70°，为张性正断层。北西向断裂为薄竹山岩体的形成提供了良好的就位空间，岩浆上涌顶托形成的北西向穹隆的拱起又促使北西向断裂的活化，并产生一系列北西向次级断裂。该断裂为矿区重要的控岩控矿构造。

$F_2 \sim F_5$为北东向断裂。总体走向为30°~60°，倾向北西或南东（图6-1）。作为矿区的主干构造，其演化历史久远，在不同构造期分别起着控矿、破矿和切割岩体及矿带的作用。其中，菖蒲塘断裂（F_2）长约5km，断面产状为NW∠60°，断层沿线主要表现为白云岩被挤压呈断层角砾岩。而花岗岩蚀变强烈，石英岩具压碎结构，并见宽约5m，倾向345°，倾角60°的挤压劈理带，为一逆断层。此外，沿断层还有一处温泉，地貌上断层沿沟谷平直展布，卫星上有清晰的线形影像。

三、岩浆岩

矿区出露岩浆岩主要为薄竹山复式花岗岩体，未见其他岩浆岩出露。薄竹山复式花岗岩位于研究区北东部，在矿区主要出露5个单元，即所作底单元、洋芋树单元、大山单元、雷达站单元和分水岭单元，主要岩性为黑云母二长花岗岩。

所作底单元（$K_{1-2}S$）：单元内围岩捕房体具强烈矽卡岩化、硅化；部分地段发育较特殊的龟裂纹构造。与寒武纪冲庄组、大丫口组、龙哈组呈侵入接触，接触面倾向围岩，倾角中等；内接触带常见白色细粒二长花岗岩冷凝边；围岩产生强烈的接触变质作用。岩性主要为灰色—灰白色细中粒黑云二长花岗岩，具似斑状结构，基质为细中粒半自形粒状结构。斑晶大小为（0.6~1.0）cm×（0.8~2.5）cm，含量5%~8%，为板状、板粒状钾长石；基质粒径1.5~3mm，矿物组分为钾长石（15%~30%）、斜长石（27%~45%）、石英（25%~30%）、黑云母（9%~12%）及少量磷灰石、锆石、磁铁矿等。

洋芋树单元（$K_{1-2}Y$）：该单元呈脉动侵入于所作底单元之中，常含所作底单元捕房体；沿接触带早次单元发育硅化蚀变带，本单元部分发育浅色细粒冷凝边。岩性为灰白色—浅肉红色中粒似斑状黑云二长花岗岩，似斑状结构，块状构造，基质为中粒半自形粒状。斑晶大小（0.5~0.8）cm×（1.2~0.8）cm，含量6%~15%，由板状、板粒状钾长石组成；基质粒径2~3mm，矿物成分为钾长石（25%~35%）、斜长石(26%～36%)、石英(28%～30%)、黑云母(7%～10%)及少量磷灰石、锆石、磁铁矿等。

大山单元($K_{1-2}D$)：分布在菖蒲塘和腰店地区，与寒武系呈侵入接触关系，岩性为灰白色—淡肉红色中粒少斑状黑云二长花岗岩，具似斑状结构，块状构造，基质为中粒半自形粒状结构，斑晶大小(0.4～1)cm×(0.5～2)cm，含量5%～8%，为板状钾长石；基质粒径以2～3mm为主。矿物成分为钾长石(27%～43%)、斜长石(20%～33%)、石英(28%～32%)、黑云母(5%～10%)及少量磷灰石、锆石、磁铁矿等。岩石发育石英脉体，脉体中局部可见电气石。

雷达站单元(K_2Ld)：在菖蒲塘北西一带与冲庄组呈侵入接触，在围岩中产生热接触变质作用。超动侵入陈家寨序列洋芋树单元、大山单元，沿接触带早次单元发生烘烤蚀变，该单元部分发育浅色细粒花岗岩冷凝边。内部多见早期单元的捕虏体。岩性为灰白色细中粒黑云二长花岗岩，具细中粒(1～3mm)半自形粒状结构，块状构造，矿物成分为钾长石(23%～38%)、斜长石(25%～37%)、石英(21%～30%)、黑云母(7%～10%)及少量磷灰石、锆石、磁铁矿等，偶见细小的黑云斜长质包体。

分水岭单元(K_2F)：超动侵入陈家寨序列洋芋树单元，涌动侵入雷达站单元。超动型接触带上之早期单元发育烘烤蚀变带，该单元内含早期单元捕虏体；涌动型接触带上发育约3cm宽的混合带。岩性为灰白色细中粒似斑状黑云二长花岗岩，似斑状结构，块状构造，基质为细中粒半自形粒状结构。斑晶大小(0.4～1.5)cm×(0.6～2)cm，含量12%～15%，为板粒状钾长石，基质粒径1～4mm，矿物成分为钾长石(28%～40%)、斜长石(22%～34%)、石英(20%～34%)、黑云母(5%～10%)及少量磷灰石、锆石、磁铁矿等。

四、矿体特征

矿体主要赋存于寒武纪碳酸盐岩与花岗岩接触的矽卡岩化带中，少数产于构造裂隙内，围岩蚀变有矽卡岩化、角岩化、大理岩化、绿泥石化、褐铁矿化等(图6-2)。总体走向北西，倾向南西，倾角变化较大，倾角25°～75°。所揭露的19个矿(体)化点中，以KT3、KT4、KT5、KT6、KT13为主，矿体大多有良好的露头，厚度变化较大且矿化不均匀。矿体断续长约480m，厚6～20m，TFe品位为25.54%～47.70%，WO_3品位为0.09%～0.48%，Sn品位为0.1%～0.21%。

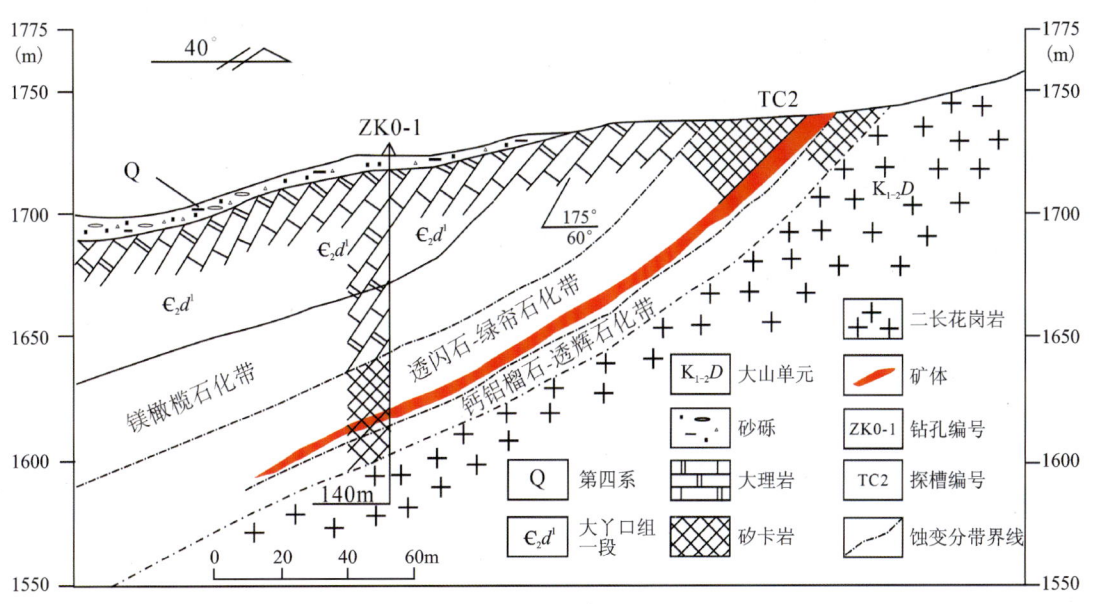

图6-2 薄竹山矿集区菖蒲塘钨矿0号勘探线剖面图(据吴道文等，2019修改)

五、矿石矿物结构构造特征

矿石矿物成分复杂,金属矿物主要为白钨矿、磁铁矿、锡石、黄铁矿、磁黄铁矿、毒砂和褐铁矿等,脉石矿物有石英、透辉石、石榴子石、透闪石、方解石、云母、符山石、堇青石等。矿石结构以他形粒状为主,少数为半自形、自形粒状晶、浸染状。矿石构造以块状、浸染状、星点状、细脉状为主。

六、围岩蚀变特征

与矿区矿化有关的蚀变主要有大理岩化、角岩化、矽卡岩化(钙铝榴石化、透辉石化、透闪石化和绿帘石化)、硅化等(图6-3),为研究区寻找钨锡多金属矿体起到了明显的指示作用。以上不同围岩蚀变类型的叠加,与矿化强度呈正相关性,即叠加形式越发育,矿体富集程度越强烈。

Qz.石英;Tl.透闪石;Di.透辉石;Sht.白钨矿;Cp.黄铜矿;Py.黄铁矿;Pyrh.磁黄铁矿;Tou.电气石

图6-3 菖蒲塘钨锡多金属矿区矿石结构构造特征

a.灰黑色矽卡岩化角岩,层间裂隙面发育少量立方体黄铁矿;b.白钨矿化透闪石石榴子石矽卡岩,白钨矿呈星点状发育,可见少量黄铁矿发育其中;c.灰黑色磁黄铁矿化、黄铜矿化、铅锌矿化石榴子石绿帘石矽卡岩,方铅矿、闪锌矿、磁黄铁矿呈稠密浸染状分布,偶见白钨矿,具弱磁性;d.磁黄铁矿与黄铁矿共生,可见立方体黄铁矿,发育少量白钨矿;e.黄铁矿沿岩石裂隙充填,少量黄铁矿呈三角形状;f.黄铁矿呈稠密浸染状发育,白钨矿与黄铁矿共生;g.石榴子石与透辉石、白钨矿共生(单偏光);h.石榴子石与透辉石、白钨矿密切共生(正交);i.黄铁矿发育于裂隙中,少量黄铁矿与毒砂密切共生;j.石英脉中发育长柱状电气石(单偏)

1.大理岩化

矿区大理岩化主要分布于离花岗岩体稍远地段,方解石呈团块状、细脉状、网状分布。该蚀变与矿化关系不密切,含矿热液充填于岩石裂隙间并于构造有利部位会发现矿化(图6-3e、f)。

2. 角岩化

研究区角岩类型主要为长英质角岩(图6-3a),为靠近花岗岩体的碎屑岩因岩浆烘烤作用而重结晶形成致密坚硬岩石。该蚀变类型在研究区矿化不太明显,仅紧靠岩体及角岩裂隙中有零星硫化矿分布(图6-3a)。

3. 矽卡岩化

矿区矽卡岩化最为强烈,与矿化关系最为密切(图6-3b、c)。其中矽卡岩化又包括钙铝榴石石化、透辉石化、透闪石化和绿帘石化。

钙铝榴石化在矿区分布广泛,蚀变强烈,主要分布于大山单元花岗岩和大丫口组碳酸盐岩接触带中,矽卡岩中的钙铝榴石呈他形混染分布于透辉石和少量碳酸盐及透闪石中,部分钙铝榴石呈细脉状贯入透辉石及透闪石。该蚀变类型主要发生在早期干矽卡岩化阶段,白钨矿呈星点状发育于石榴子石矽卡岩中(图6-3b、g、h)。

透辉石化:分布较为广泛,矽卡岩由粒度大小不等的透辉石、钙铝榴石及少量碳酸盐组成。透辉石呈柱粒状,集合体产出,与他形粒状石榴子石不均匀混杂分布,部分沿钙铝榴石裂隙贯入(图6-3g、h);碳酸盐呈泥晶状,多位于石榴子石颗粒之间。

透闪石化:为湿矽卡岩阶段产物,与矿化关系密切,表现为较晚形成的透闪石呈纤维状、长柱状集合体贯入早期形成的钙铝榴石和透辉石中,并交代这两种矿物(图6-3g、h),为矿区重要蚀变类型之一。

绿帘石化:亦为湿矽卡岩阶段产物,与矿化关系较为密切,表现为透辉石等先前生成的矿物残余状分布于透闪石及绿帘石间(图6-3c),被较晚期形成的透闪石、绿帘石及少量白钨矿所交代;绿帘石及少量白钨矿呈脉状贯入并交代不等粒粒状变晶结构的透辉石中。

4. 硅化

矿区硅化主要发育在矿体周围、断裂破碎带的粉砂岩中,与之有关的矿化主要为硫化矿。硅化分布不均匀,靠近矿体较强烈,远离矿体变弱甚至消失,表明与矿化存在着一定的联系。晚期石英脉中发育有电气石(图6-3i)。

七、成矿时代

前人对薄竹山复式花岗岩体进行了年代学特征研究,张世涛等(1997)通过对不同单元的花岗岩进行定年,分别获得了雷达站单元U-Pb年龄为75±14Ma,大山单元Rb-Sr年龄为97.43±0.83Ma,洋芋树单元Rb-Sr年龄为103.22±0.58Ma,所作底单元Rb-Sr年龄为115±0.23Ma,均为燕山晚期白垩纪时代。程彦博等(2010)通过锆石U-Pb定年测定了雷达站、洋芋树、所作底单元的年龄,获得的年龄分别为86.51±0.52Ma、87.83±0.39Ma和87.54±0.23Ma。张亚辉(2013)通过对官房矿区的辉钼矿进行Re-Os定年,获得了成矿年龄为91.2±1.2Ma。本研究菖蒲塘矿区的样品CPT-b3、BZS-D12-B3中锆石Th含量为$(289.2 \sim 1570) \times 10^{-6}$,U含量为$(1010 \sim 2193) \times 10^{-6}$,Th/U值为0.18~0.80;加权平均年龄分别为87.9±0.8Ma(MSWD=0.32,n=15)、88.8±0.9Ma(MSWD=0.32,n=14)(图6-4),表明岩体形成于晚白垩世,为燕山晚期岩浆活动的产物。

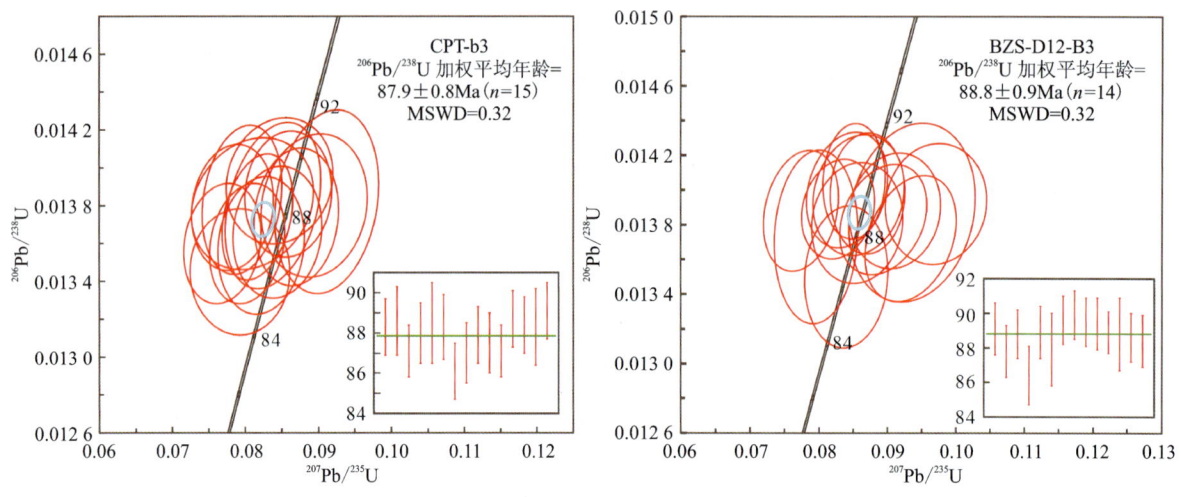

图6-4 菖蒲塘黑云母二长花岗岩锆石 U-Pb 年龄谐和图

八、矿床成因

薄竹山花岗岩体是主要的含矿母岩,岩体高硅、富钾富碱,成矿元素含量高,矿区内的花岗岩固结指数 SI 值为 1.85～8.15,表明花岗岩分异程度高,因此该岩浆在流体出溶前经历了一定程度的分离结晶,W 作为不相容元素在残留岩浆中富集;岩浆分异出的流体也继承了岩浆富集 K、W 的特征。由矿区矿体特征和矿物组合形式分析,矿区为一个与薄竹山花岗岩密切相关的接触交代矿床。晚白垩世的岩浆侵位带来了热液,岩浆热液不仅为形成大量矽卡岩提供了物化条件,也带来了大量的成矿物质,为成矿奠定了基础;碳酸盐岩为成矿创造有利条件。

大规模矽卡岩化作用后,在岩浆热驱动力的作用下,成矿流体沿浅部的 F_2 断层等有利构造通道运移,岩浆热液与大气降水混合形成混合流体,伴随着温度降低,金属硫化物在有利部位沉淀形成矿体。

第四节 大山脚砷铅锌多金属矿点

一、矿区地质

1. 地层

大山脚位于薄竹山岩体的东北部的所作底地区。矿内出露地层为古生界,矿区西南部主要出露寒武系和奥陶系,其余区域主要出露泥盆系(图2-1)。

寒武系为一套浅海陆棚相砂泥质沉积逐渐转化为滨海潮坪相白云质碳酸盐岩和砂泥质的沉积,与上覆奥陶系整合接触。奥陶系为一套浅海陆棚相碎屑岩—碳酸盐建造,岩性为灰色中厚层状粉晶灰岩、白云质灰岩和生物碎屑灰岩,与下伏寒武系呈整合接触,上被泥盆系超覆。厚度在 1km 以上。泥盆系为泥盆纪初期区内沉积河流相砂砾岩建造,海西旋回后广泛沉积了浅海陆棚—滨海相以碳酸盐岩为主的沉积建造。

2. 构造

该区位于薄竹山穹隆构造东北边缘部分，穹隆构造核部为薄竹山复式花岗岩体，岩体周围出露寒武系、奥陶系、泥盆系。岩层自岩体向外倾斜，靠近核部较陡，倾角可达70°；远离岩体变缓，倾角20°~55°，倾角变化较大。

3. 岩浆岩

大山脚矿区内花岗岩主要为部分所作底、大山单元及大山脚独立单元，燕山期是本区最主要的岩浆活动时期，区内岩浆活动与成矿关系最密切的主要是中酸性花岗岩，岩体分两期侵入，第一期主要岩石类型为黑云母二长花岗岩，侵入时代大致在114~97Ma之间，主要为所作底和大山单元。岩石具中粒不等粒结构。主要矿物成分为石英、正长石、条纹长石、斜长石和黑云母。副矿物含量较少，有磁铁矿、电气石及锆石等。

第二期主要为细粒二长花岗岩，少量碱长花岗岩，似斑状结构，斑晶为长石和石英。侵入时代大致在79~48Ma之间。主要为大山脚独立单元，由3个小岩株构成，总面积约0.3km²，其中一个较大的岩株侵入于下奥陶统下木都底组中，其余两个小岩株超动侵入于所作底单元和大山单元中。岩性为灰白色含黑云母电气石二长花岗岩，具细粒半自形粒状结构。主要矿物成分为石英、斜长石、正长石和条纹长石，副矿物含量极少，仅见黑云母周围析出的磁铁矿。

4. 变质岩作用及围岩蚀变

区域内较为明显的接触变质作用位于所作底单元，在砂泥质围岩中一般产生角岩和斑点板岩(图6-5)，在碳酸盐岩围岩中主要形成矽卡岩和大理岩。在大山单元中，也有强烈的热接触变质作用，主要变质岩石类型为角岩、大理岩，同样与围岩原岩类型有着密切的联系。在砂岩中产生角岩，碳酸盐岩中产生大理岩。

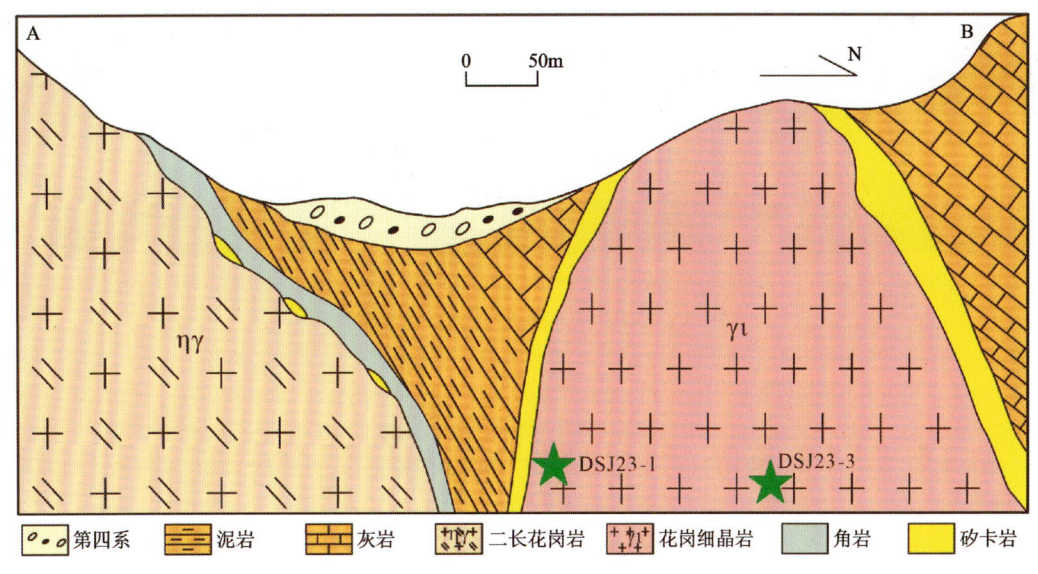

图6-5 大山脚一带花岗岩体接触带剖面图

5. 地球物理化学特征

1) 地球化学特征

该区域岩石部分属铝过饱和类型钙碱性岩类，$Al_2O_3/(K_2O+Na_2O+CaO)>1.1$；部分属铝过饱和类型碱性岩类,具高钾低钠的特点,均为 S 型花岗岩。因地处薄竹山花岗岩体接触带上,元素组合以 W、Sn、Pn、Rb、Nb、Li、Cu 相对富集,可见区内地层为部分金属元素富集成矿提供了良好的成矿条件。

2)地球物理特征

航磁异常资料表明,薄竹山地区北东向平缓升高的区域性正磁场为背景,形成了与区域沉积建造和构造环境相关的磁异常特征。区域内航磁异常特征表现为形态宽缓、强度低、梯度变化小、无负异常,幅值为 30～40nT。

6. 矿石矿物结构构造特征

矿石矿物成分复杂,金属矿物主要为毒砂、磁铁矿、黄铁矿、铁闪锌矿、方铅矿和白钨矿等(图 6-6),脉石矿物有石英、透辉石、石榴子石、透闪石、方解石、云母、符山石、硅灰石等。矿石结构以他形粒状为主,少数为半自形、自形粒状晶、浸染状。矿石构造以块状、浸染状、星点状、细脉状为主。

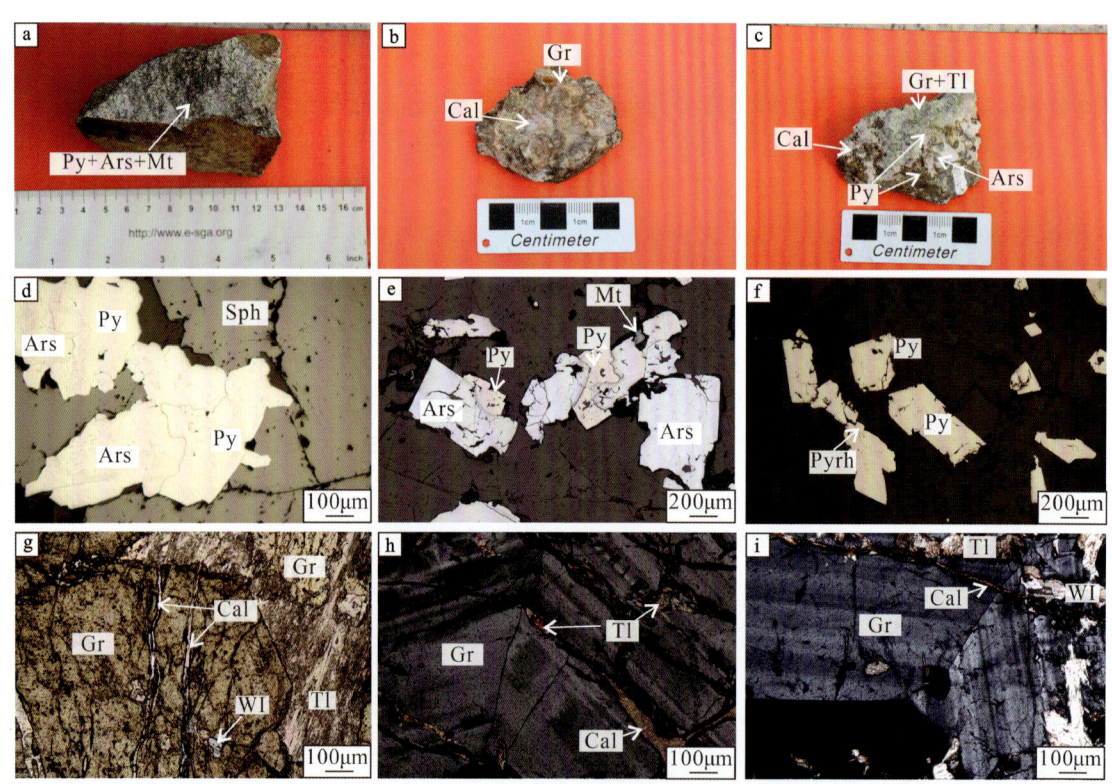

Cal. 方解石;Wl. 硅灰石;Tl. 透闪石;Ars. 毒砂;Mt. 磁铁矿;Py. 黄铁矿;Pyrh. 磁黄铁矿;Sph. 闪锌矿;Gr. 石榴子石

图 6-6 大山脚矿区典型岩矿石及显微照片

a. 磁黄铁矿化、毒砂矿化花岗细晶岩;b. 石榴子石矽卡岩,颗粒较大,发育少量方解石;c. 黄铁矿化、毒砂矿化透闪石石榴子石矽卡岩,黄铁矿多呈立方体,部分方解石棱柱状发育;d. 闪锌矿与毒砂、黄铁矿交代共生;e. 毒砂呈长柱状,具碎裂结构,晚期被黄铁矿穿切,可见少量磁铁矿;f. 黄铁矿长柱状,具环带结构,少量磁黄铁矿发育于黄铁矿中;g. 石榴子石颗粒较大,与透闪石交代共生,晚期被方解石细脉穿切;h. 石榴子石具环带结构,环带明暗相间,方解石、透闪石沿石榴子石裂隙发育;i. 石榴子石环带结构发育,与硅灰石、透闪石、方解石密切共生

二、大山脚花岗细晶岩

1. 岩相学研究

薄竹山大山脚细晶岩根据其矿物组成可大致分为正长细晶岩、花岗细晶岩。

大山脚正长细晶岩呈浅肉红色,细晶结构,块状构造(图6-7a),矿物组成主要为钾长石、斜长石和石英,金属矿物主要有黄铁矿和毒砂(图6-7b、c),其中钾长石含量约35%,呈肉红色,镜下可见发育卡式双晶;斜长石含量约25%,呈板状,玻璃光泽,镜下可见发育聚片双晶;石英含量约30%,呈无色透明,他形粒状,贝壳状断口,断口油脂光泽;岩石中黑云母、角闪石等暗色矿物含量低,小于5%。

大山脚花岗细晶岩呈灰白色,细晶结构,块状构造,发育一宽约3cm的含电气石石英脉(图6-7d)。矿物组成主要为石英、斜长石和钾长石(图6-7e、f),其中石英含量约为45%,斜长石含量约为25%,钾长石含量约为20%,岩石中暗色矿物偶见黑云母和角闪石,含量很低,小于5%。

Ars. 毒砂;Py. 黄铁矿;Bi. 黑云母;Qz. 石英;Pl. 斜长石;Kf. 钾长石;Tou. 电气石

图6-7 薄竹山大山脚细晶岩宏观及显微照片

2. 样品处理及测试方法

针对采自薄竹山大山脚的2件样品进行LA-ICP-MS锆石U-Pb定年测试,对5件样品进行岩石地球化学分析。

岩石主量、微量元素分析在自然资源实物地质资料中心完成。主量元素除FeO采用重铬酸钾容量法以外,其他元素均采用X射线荧光光谱仪法,检测方法精度优于5%。微量元素采用Aglient 7700e ICP-MS分析,分析精度优于5%。

选取的锆石在中国地质科学院地质研究所成矿流体实验室利用LA-ICP-MS方法进行U-Pb定年。本次分析的激光束斑和频率分别为32μm和5Hz。U-Pb同位素定年和微量元素含量处理中采用锆石标准91500和玻璃标准物质NIST610作外标分别进行同位素和微量元素分馏校正。对分析数据的离线处理采用iolite_v3.7软件完成,U-Pb年龄谐和图和加权平均年龄采用Isoplot 3.75(Ludwig,2003)完成。

3. 分析结果

1) 锆石U-Pb定年

薄竹山大山脚细晶岩中的锆石均呈透明—半透明,自形程度较高,呈柱状,长80~200μm,长宽比在1:1~1:4之间。阴极发光(CL)图像(图6-8)显示,锆石中发育清晰明显的韵律环带结构,属于岩浆结晶锆石,可以反映岩浆冷却结晶及岩体侵位的时代。锆石LA-ICP-MS U-Pb测试分析结果见表6-1,表中数据显示出锆石颗粒的Th含量为$(331.0\sim1260.0)\times10^{-6}$,U含量$(1117.0\sim4044.0)\times10^{-6}$,Th/U

值为 0.27～0.73，平均为 0.41（大于 0.40），反映为典型的岩浆成因锆石。剔除不谐和年龄数据后，DSJ23-1 样品剩余测点 $^{206}Pb/^{238}U$ 年龄范围为（87.7±1.6）～（89.1±1.2）Ma，加权平均年龄为 88.3±0.6Ma（MSWD=0.73，n=6）；DSJ23-3 样品剩余测点 $^{206}Pb/^{238}U$ 年龄范围为（87.1±2.5）～（89.1±1.3）Ma，加权平均年龄为 88.2±0.4Ma（MSWD=0.76，n=10），表明薄竹山大山脚细晶岩体形成时代为晚白垩世（图 6-9）。

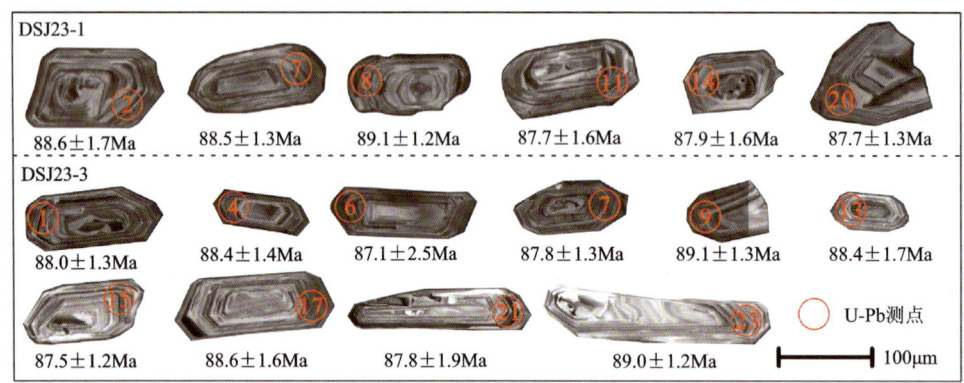

图 6-8　薄竹山大山脚细晶岩锆石阴极发光（CL）特征

表 6-1　薄竹山大山脚细晶岩样品 LA-ICP-MS 锆石 U-Pb 同位素分析结果

点号	含量		Th/U	同位素比值						年龄（Ma）						谐和度（%）
	U	Th		$^{207}Pb/^{206}Pb$	2σ	$^{207}Pb/^{235}U$	2σ	$^{206}Pb/^{238}U$	2σ	$^{207}Pb/^{206}Pb$	2σ	$^{207}Pb/^{235}U$	2σ	$^{206}Pb/^{238}U$	2σ	
DSJ23-1																
2	1 346.0	614.0	0.46	0.046 8	0.002 4	0.089 1	0.004 6	0.013 9	0.000 3	30.0	110.0	86.6	4.3	88.6	1.7	98
7	1 730.0	1 260.0	0.73	0.050 1	0.001 6	0.095 3	0.003 1	0.013 8	0.000 2	182.0	70.0	92.3	2.9	88.5	1.3	96
8	1 607.0	736.0	0.46	0.051 1	0.002 2	0.097 7	0.003 3	0.013 8	0.000 2	224.0	74.0	94.5	3.0	89.1	1.2	94
11	4 044.0	1 085.0	0.27	0.051 1	0.002 1	0.096 8	0.004 7	0.013 7	0.000 2	229.0	92.0	93.8	4.3	87.7	1.6	93
14	1 242.0	550.2	0.44	0.048 8	0.002 5	0.091 9	0.004 7	0.013 7	0.000 2	110.0	110.0	89.1	4.3	87.9	1.6	99
20	1 801.0	933.0	0.52	0.049 4	0.001 5	0.093 6	0.003 2	0.013 7	0.000 2	159.0	66.0	90.7	2.9	87.7	1.3	97
DSJ23-3																
1	1 874.0	963.0	0.51	0.049 7	0.001 4	0.093 1	0.002 6	0.013 7	0.000 2	163.0	61.0	90.6	2.5	88.1	1.3	97
4	1 117.0	331.0	0.30	0.048 7	0.002 7	0.092 2	0.005 2	0.013 8	0.000 2	110.0	120.0	89.4	4.7	88.4	1.4	99
6	2 060.0	663.2	0.32	0.052 7	0.002	0.098 8	0.004 4	0.013 7	0.000 4	306.0	88.0	95.6	4.2	87.1	2.5	91
7	1 925.0	1 059.0	0.55	0.05	0.001 5	0.093 8	0.002 6	0.013 7	0.000 2	173.0	65.0	90.9	2.4	87.8	1.3	97
9	1 383.0	495.7	0.36	0.047 9	0.001 8	0.091 3	0.003 3	0.013 9	0.000 2	79.0	77.0	88.5	3.2	89.1	1.3	99
13	1 313.0	745.0	0.57	0.050 4	0.002 4	0.095 3	0.004 4	0.013 8	0.000 3	190.0	100.0	92.1	4.2	88.4	1.7	96
15	1 464.0	423.5	0.29	0.048 3	0.001 8	0.090 6	0.003 2	0.013 8	0.000 3	105.0	73.0	88.7	2.8	87.5	1.2	99
17	1 621.0	530.9	0.33	0.048 3	0.001 9	0.092 1	0.003 8	0.013 8	0.000 3	101.0	84.0	89.3	3.6	88.6	1.6	99
21	2 490.0	734.0	0.29	0.048 3	0.001 8	0.091	0.003 3	0.013 7	0.000 3	100.0	78.0	88.3	3.3	87.8	1.9	99
23	1 568.0	457.5	0.29	0.047 5	0.001 9	0.091 2	0.003 6	0.013 9	0.000 2	88.0	81.0	88.4	3.4	89.0	1.2	99

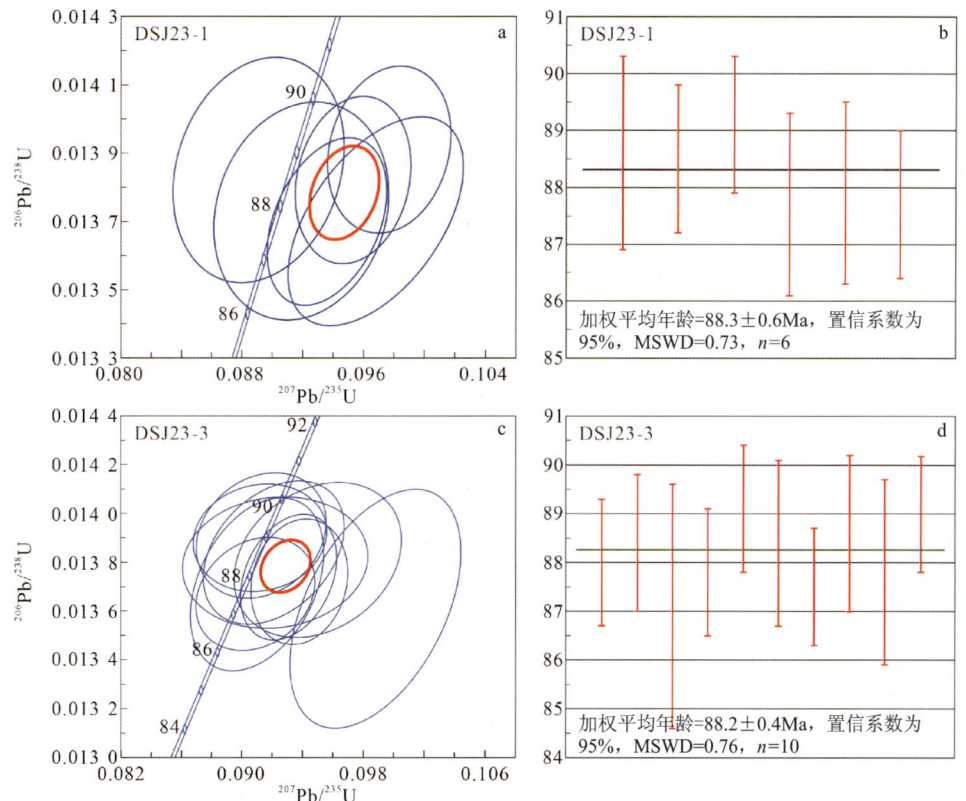

图 6-9 薄竹山大山脚细晶岩锆石 U-Pb 年龄谐和图(a、c)及直方图(b、d)

2) 岩石地球化学特征

本次工作选择了 5 件样品进行岩石地球化学分析，样品烧失量(LOI)变化范围为 0.02~3.28，平均值为 1.01，分析结果见表 6-2。

表 6-2 薄竹山大山脚细晶岩样品主量(%)、微量($\times 10^{-6}$)和稀土($\times 10^{-6}$)元素地球化学分析结果

样号	SiO_2(%)	TiO_2(%)	Al_2O_3(%)	Fe_2O_3(%)	FeO(%)	MnO(%)	MgO(%)	CaO(%)	Na_2O(%)
DSJ23-1-1	57.84	0.07	17.36	3.65	0.60	0.04	0.85	0.49	1.56
DSJ23-1-2	61.07	0.08	17.69	2.32	0.47	0.04	0.46	0.36	1.50
DSJ23-3-1	75.62	0.05	12.73	0.31	0.29	0.05	0.09	0.32	1.08
DSJ23-3-2	75.92	0.06	12.84	0.34	0.47	0.08	0.12	0.40	2.32
DSJ23-3-3	75.06	0.06	12.67	0.21	0.47	0.05	0.09	0.26	2.18
样号	K_2O(%)	P_2O_5(%)	LOI(%)	总计	K_2O+Na_2O	K_2O/Na_2O	A/CNK	A/NK	DI
DSJ23-1-1	13.48	0.03	3.28	95.97	15.04	8.64	0.96	1.01	90.59
DSJ23-1-2	14.22	0.03	1.49	98.24	15.72	9.47	0.95	0.99	93.99
DSJ23-3-1	8.67	0.11	0.09	99.33	9.75	8.03	1.11	1.14	96.47
DSJ23-3-2	6.71	0.09	0.02	99.35	9.03	2.89	1.11	1.16	95.57
DSJ23-3-3	6.96	0.09	0.18	98.11	9.14	3.20	1.11	1.14	96.35

续表 6-2

样号	La (×10⁻⁶)	Ce (×10⁻⁶)	Pr (×10⁻⁶)	Nd (×10⁻⁶)	Sm (×10⁻⁶)	Eu (×10⁻⁶)	Gd (×10⁻⁶)	Tb (×10⁻⁶)	Dy (×10⁻⁶)
DSJ23-1-1	6.71	16.95	2.48	10.24	3.84	0.19	4.06	0.84	5.71
DSJ23-1-2	5.94	15.89	2.36	9.56	3.34	0.17	3.42	0.70	4.81
DSJ23-3-1	14.72	33.92	3.84	13.03	3.82	0.11	3.68	0.75	5.19
DSJ23-3-2	13.87	28.81	3.42	11.83	3.57	0.09	3.38	0.68	4.56
DSJ23-3-3	15.08	30.87	3.87	13.20	3.97	0.09	3.73	0.72	4.78

样号	Ho (×10⁻⁶)	Er (×10⁻⁶)	Tm (×10⁻⁶)	Yb (×10⁻⁶)	Lu (×10⁻⁶)	Y (×10⁻⁶)	Rb (×10⁻⁶)	Ba (×10⁻⁶)	Th (×10⁻⁶)
DSJ23-1-1	1.13	3.58	0.65	4.23	0.55	31.87	848.89	675.89	20.07
DSJ23-1-2	0.97	3.05	0.54	3.49	0.46	28.00	876.37	970.67	17.59
DSJ23-3-1	1.07	3.59	0.68	4.76	0.65	29.37	521.49	116.53	14.19
DSJ23-3-2	0.93	3.04	0.53	3.62	0.48	24.89	564.20	89.72	12.27
DSJ23-3-3	0.96	3.02	0.54	3.52	0.47	24.84	627.34	49.24	14.29

样号	U (×10⁻⁶)	Nb (×10⁻⁶)	Ta (×10⁻⁶)	Sr (×10⁻⁶)	Zr (×10⁻⁶)	Hf (×10⁻⁶)	Pb (×10⁻⁶)	Cu (×10⁻⁶)	Zn (×10⁻⁶)
DSJ23-1-1	19.57	25.78	6.41	58.20	67.07	0.01	80.1	6.23	42.1
DSJ23-1-2	15.90	28.21	6.92	63.89	59.27	0.01	56.5	2.94	25.1
DSJ23-3-1	16.65	43.03	7.79	34.37	62.31	1.77	51.1	2.87	13.7
DSJ23-3-2	11.43	38.27	6.42	25.11	51.13	2.21	54.3	6.45	16.5
DSJ23-3-3	9.34	35.91	5.61	18.61	55.63	1.66	59.2	2.49	15.6

主量元素地球化学特征

薄竹山大山脚正长细晶岩（DSJ23-1）具有富 Si（SiO_2 平均含量 59.45%），富碱（全碱质量分数 K_2O+Na_2O 平均值 15.38%），高 Al（Al_2O_3 平均含量 17.53%），Na（K_2O/Na_2O 平均 15.38，大于 1），贫 Ti（TiO_2 平均含量 0.07%）、Mg（MgO 平均含量 0.66%）、Ca（CaO 平均含量 0.43%）、Mn（MnO 平均含量 0.04%）、P（P_2O_5 平均含量 0.03%）的特征；花岗细晶岩（DSJ23-3）具高 Si（SiO_2 平均含量 75.53%），富碱（全碱质量分数 K_2O+Na_2O 平均值 9.03%），富 Al（Al_2O_3 平均含量 12.67%），Na（K_2O/Na_2O 平均 2.89，大于 1），贫 Ti（TiO_2 平均含量 0.06%），Mg（MgO 平均含量 0.05%），Ca（CaO 平均含量 0.26%），Mn（MnO 平均含量 0.05%），P（P_2O_5 平均含量 0.09%）的特征。在 SiO_2-(Na_2O+K_2O) 图解中薄竹山大山脚细晶岩落在副长正长岩和花岗岩区域（图 6-10a），在 SiO_2-K_2O 图解中落在钾玄岩系列区域（图 6-10b），在 A/CNK-A/NK 图解中落在准铝质—过铝质区域（图 6-10c），平均分异指数达 90.59。

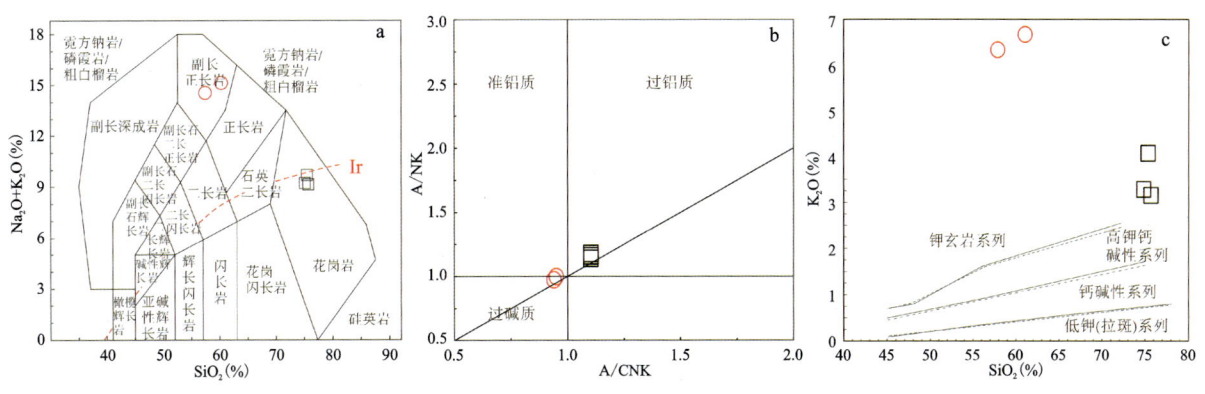

图 6-10 薄竹山大山脚细晶岩体图解

a. SiO_2-(Na_2O+K_2O)图解(底图据 Middlemost,1994);b. A/CNK-A/NK 图解(底图据 Maniar and Piccoli,1989);c. SiO_2-K_2O 图解(底图据 Pearce et al.,1984)

微量元素地球化学特征

研究样品稀土元素总量 ΣREE 值为(54.71~89.80)×10^{-6},平均值为 73.86×10^{-6},LREE/HREE 为 1.95~3.78,$(La/Yb)_N$ 为 1.14~3.07。球粒陨石标准化稀土元素配分型式图(图 6-11a)显示相对富集轻稀土,亏损重稀土的特征,球粒陨石标准化配分曲线为右倾海鸥型,$(La/Yb)_N$ 值较小,表明其轻重稀土分馏程度不高,具强负铕异常(δEu 为 0.07~0.15,平均为 0.11),δCe 值接近 1(δCe 为 0.99~1.11,平均值为 1.04),表明其铈异常不明显。在原始地幔标准化微量元素蛛网图上(图 6-11b),花岗细晶岩相对富集 Rb、Th、U、K,相对亏损 Ba、Sr、P、Ti。

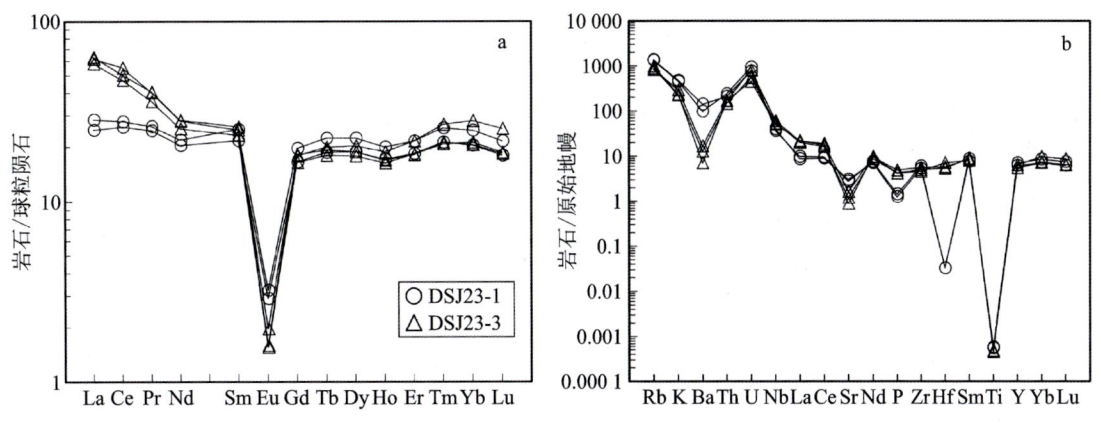

图 6-11 稀土元素球粒陨石标准化配分图(a)和微量元素原始地幔标准化蛛网图(b)(标准化值据 Sun and McDonough,1989)

4. 讨论

1)侵位时代

华南地区早中生代属特提斯构造域的重要组成部分,主要表现为陆—陆碰撞的构造背景;到晚中生代随着构造体制发生重大转变,主要为太平洋构造域洋—陆俯冲消减至伸展造山的构造背景(郭令智等,1980;Zhou et al.,2000;Niu et al.,2005;徐夕生和谢昕,2005)。位于滇东南的薄竹山地区,钨、锡多金属成矿事件与晚中生代大规模岩浆侵入活动呈现出有规律的分布,并具有较好的耦合性,可能受同一动力学背景的影响和控制(焦守涛等,2014)。

针对薄竹山矿集区内的花岗岩以往年代学的研究结果表明，薄竹山岩体所作底单元、洋芋树单元和雷达站单元的锆石U-Pb年龄分别为87.5±0.7Ma、87.8±0.4Ma、86.5±0.5Ma（程彦博等，2010），分水岭和薄竹坡2个岩石单元的锆石U-Pb年龄分别为(87.0±0.6)～(84.1±1.2)Ma、(85.1±1.3)～(84.7±1.9)Ma（李开文等，2013）；团山花岗岩锆石U-Pb年龄为(89.5±0.4)～(87.3±0.3)Ma（李建德等，2018），官房花岗岩锆石U-Pb年龄为91.2±1.2Ma（张亚辉等，2013）。本研究开展了薄竹山大山脚花岗细晶岩的形成时代的厘定工作，获得其锆石U-Pb年龄为88.3±0.6Ma、88.2±0.4Ma。年代学证据表明，大山脚花岗细晶岩与薄竹山复式花岗的岩体成岩时代相一致，属于晚白垩世岩浆活动的产物。

2）岩石成因与源区判别

花岗细晶岩样品的FeO^T/MgO值介于5.08～7.89之间，平均值为6.65，与A型花岗岩富铁（$FeO^T/MgO>10$，Whalen et al.，1987）的特征明显不同。其次，花岗细晶岩的$Zr+Nb+Ce+Y$值为$(131.38\sim168.62)\times10^{-6}$，平均为$146.41\times10^{-6}$，同样低于Whalen等(1987)建议的典型A型花岗岩下限值(350×10^{-6})，在相应图解上样品均投到了非A型花岗岩区（图6-12a）。因此，本次研究的花岗细晶岩不属于A型花岗岩。再者，花岗细晶岩与M型花岗岩所具典型的正Eu异常以及长石矿物仅含斜长石的特征(Whalen et al.，1987)也不同，因此，花岗细晶岩也不属M型花岗岩。在ACF图解中，大山脚花岗细晶岩样品点落在S型花岗岩区域（图6-12b）；在TiO_2-Zr图（图6-12a、c）上样品同样全部点落在S型花岗岩区域。

同时，大山脚花岗细晶岩具富硅、富钾、贫钙特征，A/CNK值介于0.95～1.11之间，CIPW标准矿物计算得到的岩浆分异指数介于90.59～96.47之间。综上，认为大山脚花岗细晶岩为准铝质—过铝质的钾玄岩系列高分异S型花岗岩。

花岗细晶岩样品具Rb、Th、K正异常和Sr、P、Ti负异常，指示其源区为古老地壳(He et al.，2016)。花岗质岩石锆石Hf同位素常用于岩浆源区的判别(吴福元等，2007)。花岗细晶岩样品的$\varepsilon_{Hf}(t)$为$-8.79\sim-5.07$，进一步表明其源岩为循环的古老地壳物质，二阶段Hf模式年龄为1300～1451Ma，表明其源岩组成物质从地幔储库中脱离的时间为中元古代。在Rb/Sr-Rb/Ba图解中，大山脚花岗细晶岩样品点落在富黏土区，指示其源岩为富黏土的泥质岩（图6-12d）。

3）构造动力学背景

滇东南成矿区内岩浆岩是南岭构造岩浆岩带的西延部分，岩浆活动具多期多阶段的特点，从元古宙至新生代的各主要构造活动时期，均有强度不等的岩浆活动。滇东南成矿区内侵入岩的时代主要有海西期、燕山期，其次为印支期。

根据花岗岩构造环境判别图可以看出，大山脚花岗细晶岩主要是位于同碰撞、火山弧和板内三区域的交界处（图6-13a）与同碰撞花岗岩中（图6-13b），根据前人的研究，把这部分区域划分为后碰撞，该区域处于火山弧和板内背景的过渡，在所构建的Y-Nb图解中可以很明显地观察到其是从火山弧+同碰撞花岗岩向板内花岗岩的过渡（图6-13c），是板块活动边缘向板块碰撞逐渐到板内构造演化的过渡，并逐渐从造山晚期后造山到非造山的重要时期的过渡。

薄竹山区域内多个典型矿床已被证实与薄竹山花岗质岩浆作用之间存在密切联系，如白牛厂银多金属矿床的形成与隐伏花岗岩及其演化后期花岗斑岩有密切成因联系（李晓波等，2005）；官房钨矿床的形成与薄竹山花岗质岩浆作用密切相关（张亚辉等，2011）。薄竹山矿集区晚白垩世花岗岩体形成于同碰撞造山及向碰撞后造山环境过渡的大地构造背景。综合认为大山脚花岗细晶岩与薄竹山燕山晚期岩体来源于同一岩浆活动。

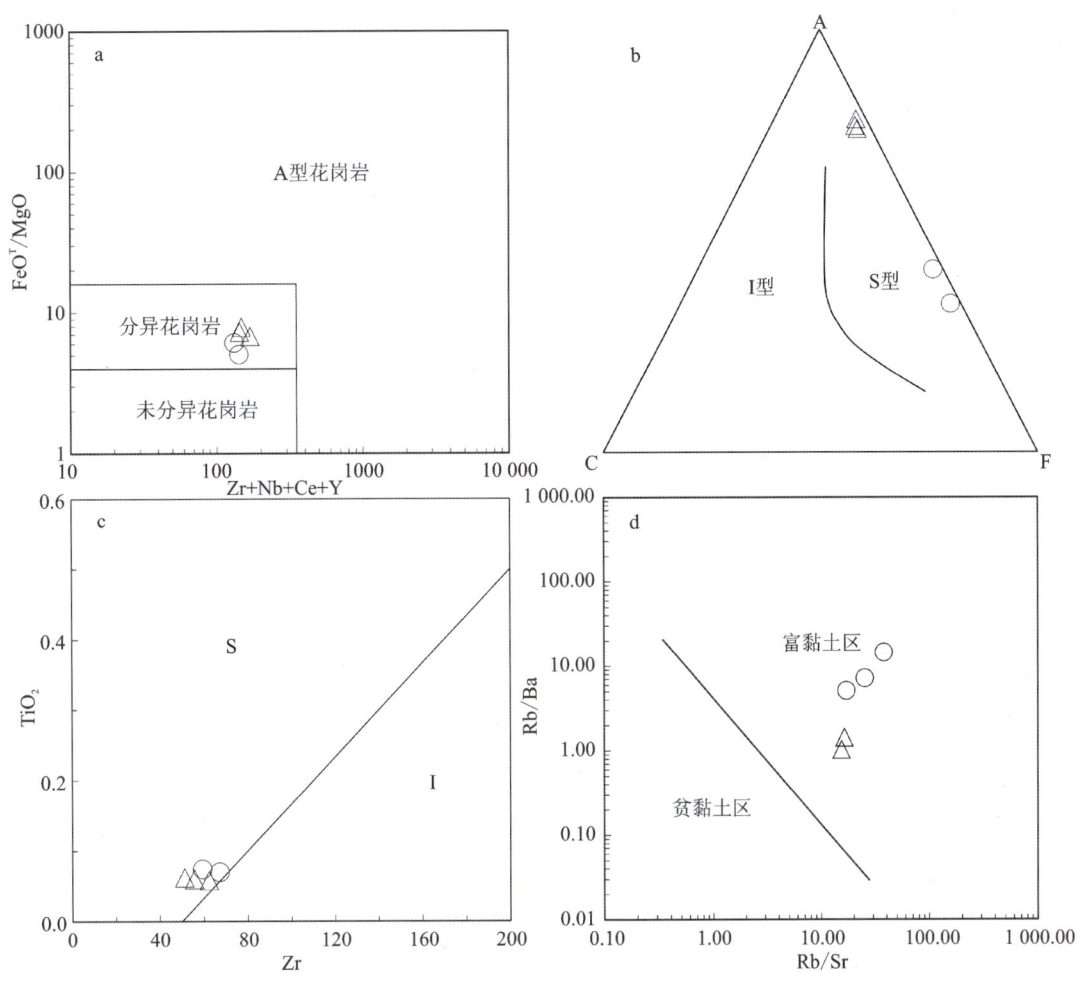

图6-12 大山脚花岗细晶岩成因判别图

三、大山脚石榴子石矿物学研究

1. 样品描述及分析方法

1）样品描述

薄竹山钙铝榴石多以集合体状产出,构成集合体的钙铝榴石颗粒的粒径为0.5~3.5cm。钙铝榴石集合体经过敲击破碎、筛选即可获得可供切割的宝石原料。此次研究共选取薄竹山钙铝榴石27件,颜色为淡橙黄色—艳橙色,透明度为半透明—透明,玻璃光泽,明度高,属于具有较高价值的优质钙铝榴石,部分样品肉眼观察可见色带。27件样品中,3件在昆明市五华区晶莹彩宝工艺品店进行切割加工,共制成刻面钙铝榴石宝石样品2件、素面钙铝榴石宝石样品1件。24件样品在河北廊坊宇能公司进行样品处理,共切制薄片2件,探针片2件,20粒钙铝榴石颗粒共同制成激光剥蚀靶1件。刻面宝石样品编号DSJ-K1~2,素面宝石样品编号DSJ-S,薄片编号DSJ-b1、DSJ-b2,探针片编号DSJ-23-4-C3和DSJ-23-5-C3,激光剥蚀靶钙铝榴石颗粒编号DSJ-23-5-1~DSJ-23-5-20。

2）测试方法

基础宝石学测试在云南省珠宝玉石质量监督检验研究院完成。背散射电子像拍摄和主量元素氧化

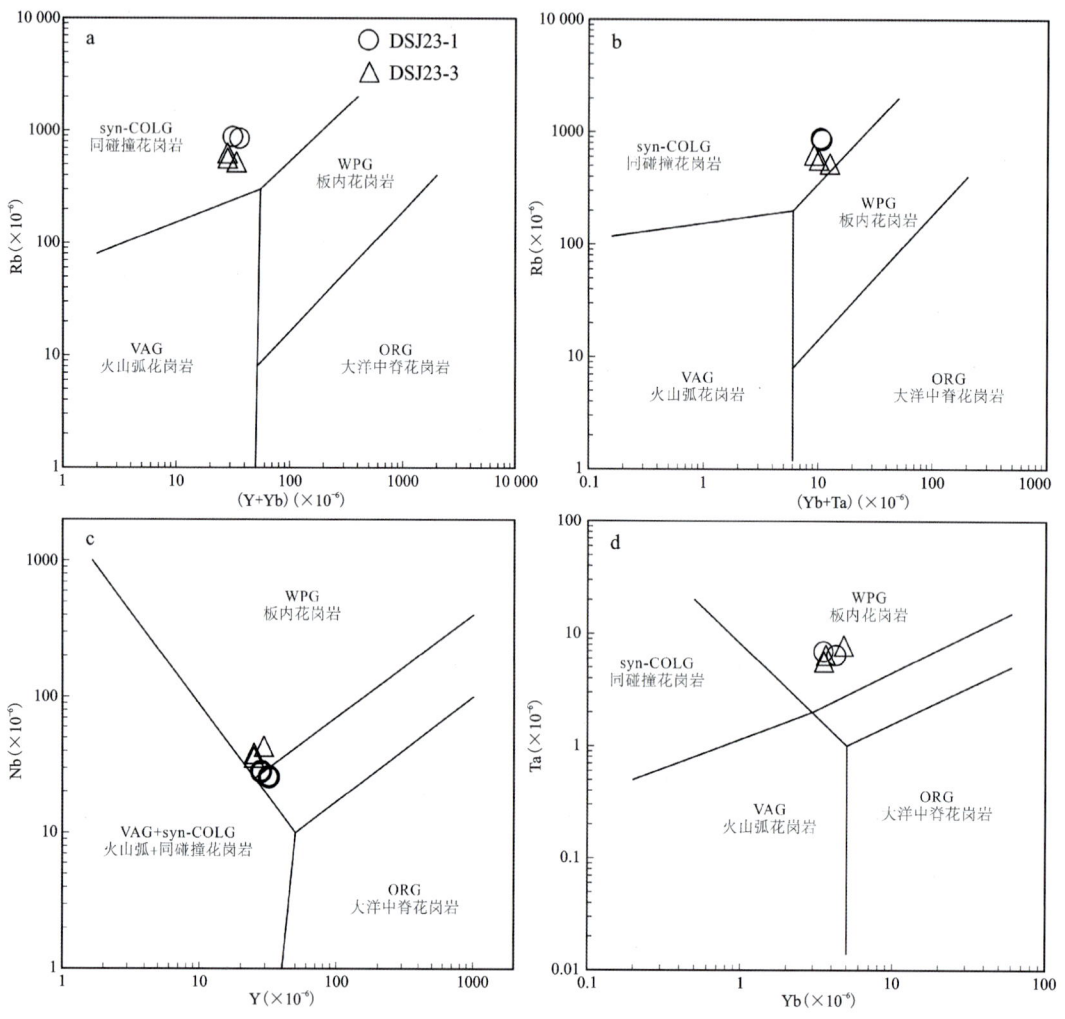

图 6-13 大山脚花岗细晶岩构造环境判别图

物含量测试使用电子探针分析法完成,电子探针测试在中国冶金地质总局山东局测试中心完成,使用的电子探针分析仪为 JXA-8230 型电子探针,测试参数:加速电压 15kV,工作电流 20nA,分析束斑直径 20μm。标样采用美国 SPI 矿物/金属标准的硬玉(SiO_2、Na_2O)、金红石(TiO_2)、钇铝榴石(Al_2O_3)、橄榄石(FeO、MgO)、蔷薇辉石(MnO)、透辉石(CaO)、透长石(K_2O)、磷灰石(P_2O_5、F)、硅铍铝钠石(Cl),矫正方法为 ZAF 修正法。

微量元素测试使用激光剥蚀电感耦合等离子体质谱法进行。激光剥蚀电感耦合等离子体质谱测试在中国地质科学院完成,激光剥蚀系统为美国 Conherent 公司生产的 GeoLasPro 193nm ArF 准分子系统,电感耦合等离子体质谱系统为 Thermo Fisher ICAP Q。激光剥蚀采样过程以氦气作为载气,氦气携带样品气溶胶在进入 ICP 之前通过一个"T"形三通接头与氩气(载气、等离子体气和补偿气)混合。通过调节氦气和氩气气流大小,以获得 NIST SRM 610(美国国家标准技术研究院研制的人工合成硅酸盐玻璃标准参考物质)最佳信号为条件实现测试系统最优化。束斑直径为 40μm、频率为 6Hz、激光剥蚀能量密度为 10~12J/cm²。样品测试时外标采用 NIST SRM 610、NIST SRM612、BCR-2G、BIR-1G,监控样为 CGSG-1G、CGSG-2G。采样方式为单点剥蚀、跳峰采集;采集时间模式为:25s 气体空白+60s 样品剥蚀+25s 冲洗;每 10 个样品点插入一组成分标样 NIST610 和 NIST612。样品的元素含量计算采用 ICPMSDataCal 数据处理程序,采用归一化法(Ca)校正。

红外光谱测试在昆明理工大学分析测试中心完成,使用 Thermo NICOLET Is50 型傅里叶变换红外光谱仪,漫反射附件采用 Pike 公司生产的 UpIR,测试条件:扫描次数 8 次,分辨率为 $4cm^{-1}$,漫反射采集范围为 $400\sim 4000cm^{-1}$。

激光拉曼测试在昆明理工大学分析测试中心完成,使用法国 HORIBA 生产的 LabRAM HR Evolution 拉曼光谱仪,测试条件:激光波长 532nm,波数范围 $100\sim 4000cm^{-1}$,分辨率 $1cm^{-1}$,积分次数 5 次,检测时间 5min。

2. 测试结果与讨论

1)宝石学特征

在此次研究中,薄竹山钙铝榴石宝石样品折射率为 1.73~1.74,处于钙铝榴石折射率的理论范围之中。使用静水力学法测得相对密度为 3.4~3.5,略低于其他产地的钙铝榴石(朱琳,2015;崔悦,2021),这一现象可能与其铁含量较低且所含包裹体较多有关;薄竹山钙铝榴石在二色镜下未见二色性;在查尔斯滤色镜下颜色不发生变化;在 365nm 长波紫外荧光灯和主波段为 253.7nm 的短波紫外荧光灯下均呈荧光惰性。

2)显微特征

对薄竹山钙铝榴石宝石刻面和素面进行观察和显微照片拍摄(图 6-14),显微放大观察中可以发现薄竹山钙铝榴石普遍发育簇状分布的针状、丝状固相包裹体,数量较少的气液两相包裹体的尺寸相较于固相包裹体小很多。气液两相包裹体根据形态和分布规律可以分为两种类型,即在固相包裹体周围零星分布的椭圆状气液两相包裹体和沿愈合裂隙分布的指纹状气液两相包裹体。

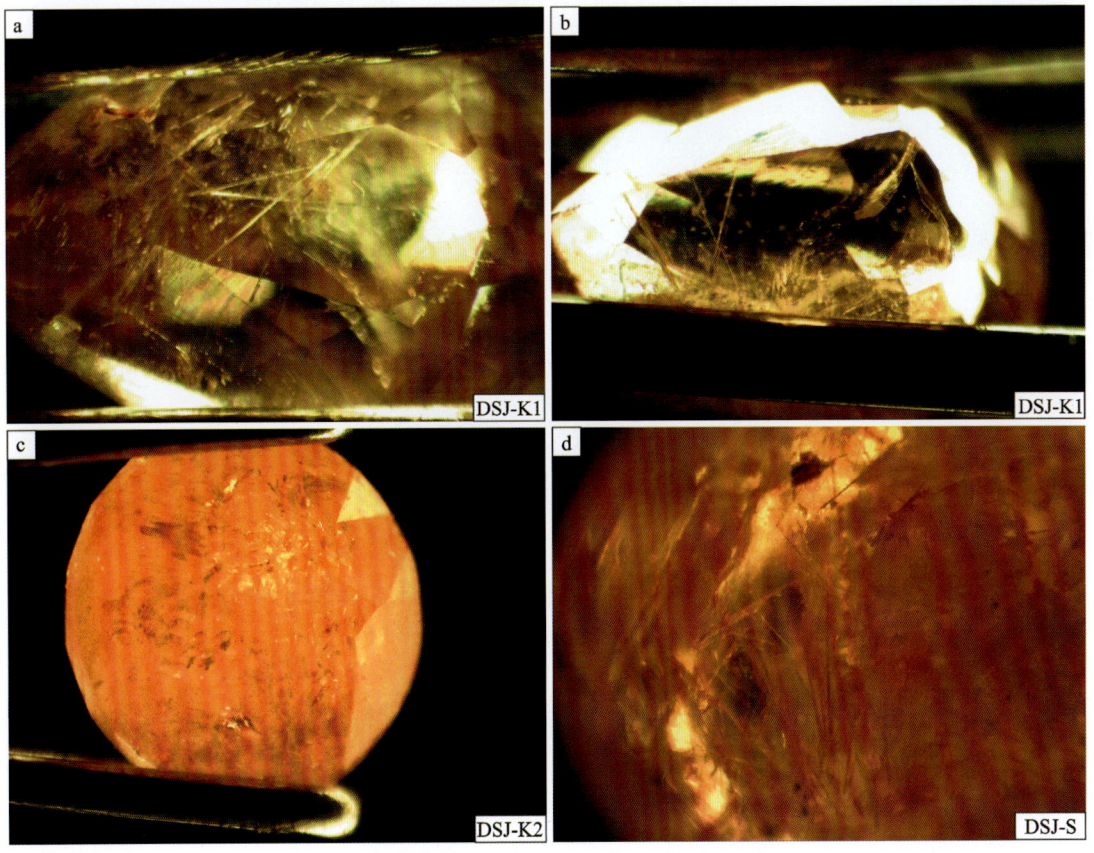

图 6-14 薄竹山钙铝榴石中的内含物照片

使用SOPTOP CX40P型偏光显微系统对薄竹山钙铝榴石薄片进行镜下鉴定和拍照(图6-15)。薄片观察发现,钙铝榴石在围岩中与阳起石、方解石等矿物密切共生。薄片中的钙铝榴石环带发育并含有阳起石包裹体,其中阳起石包裹体形态较为符合纤维放大观察中发现的丝状、针状包裹体的形态,并且薄片中的阳起石多呈簇状分布,也比较符合显微放大观察中发现的丝状、针状包裹体的分布规律。此外,薄片中还可以发现薄竹山钙铝榴石裂隙和边缘处具有蚀变现象,部分裂隙和钙铝榴石晶体边缘可见交代结构。

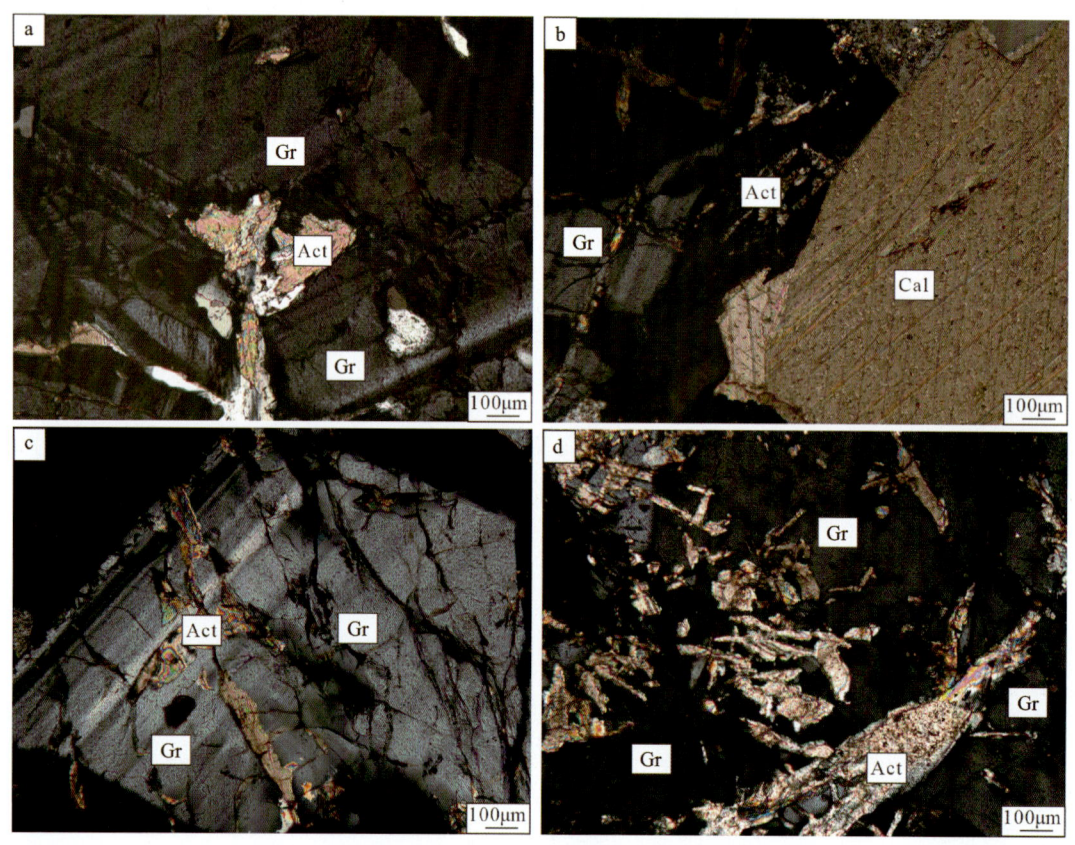

Gr. 石榴子石;Act. 阳起石;Cal. 方解石

图6-15 DSJ-B1和DSJ-B2的显微照片

a.石榴子石具典型的环带结构,与阳起石共生(DSJ-B1);b.石榴子石与阳起石、方解石共生(DSJ-B1);c.石榴子石具明暗相间的条带,后期被阳起石穿切(DSJ-B2);d.石榴子石与阳起石共生,蚀变作用较强(DSJ-B2)

3)化学成分分析

化学成分分析包括电子探针分析和LA-ICP-MS分析两个部分。电子探针测试可获得样品的背散射电子图像、主量元素氧化物含量特征,然后通过计算获得薄竹山钙铝榴石的离子数、平均端元组分,最后获得薄竹山钙铝榴石的晶体化学式。LA-ICP-MS分析是对组成薄竹山钙铝榴石的各元素含量进行定量测定,并着重对可能影响钙铝榴石颜色的微量元素进行分析。

主量成分分析

在两件探针片中的典型钙铝榴石上各选取10个点位进行电子探针波谱分析,对薄竹山钙铝榴石的主量元素氧化物含量进行测定,结果如表6-3所示。

使用电子探针分析仪对探针片DSJ-23-4-C3和探针片DSJ-23-5-C3中的典型钙铝榴石颗粒进行背散射电子成像拍照,背散射电子图像中显示(图6-16),薄竹山钙铝榴石环带十分发育,裂隙和愈合裂隙发育的部位可见遭受蚀变产生的"港湾"状结构。此外,在背散射电子图像中,还可以发现薄竹山钙铝榴石内部含有少量小颗粒金属矿物包裹体。

表 6-3 薄竹山钙铝榴石电子探针分析结果　　　　　　　　　　　　　单位:%

测点	SiO$_2$	TiO$_2$	Al$_2$O$_3$	Cr$_2$O$_3$	FeO	MnO	MgO	CaO	Na$_2$O	K$_2$O	总计
DSJ23-4-C3-1	39.123	0.006	21.157	0	2.092	1.62	0.05	35.012	0	0.007	99.067
DSJ23-4-C3-2	39.301	0	20.99	0	2.396	1.565	0.082	34.946	0.017	0	99.297
DSJ23-4-C3-3	39.298	0.009	21.069	0	2.153	1.563	0.059	35.152	0.046	0.002	99.351
DSJ23-4-C3-4	39.313	0	20.88	0.003	2.578	1.547	0.047	34.922	0.006	0	99.296
DSJ23-4-C3-5	38.885	0.109	20.821	0	2.293	1.545	0.064	35.113	0.031	0.018	98.879
DSJ23-4-C3-6	38.938	0.19	20.398	0.004	3.296	1.91	0.039	34.408	0.022	0.007	99.212
DSJ23-4-C3-7	39.282	0	20.839	0.011	2.381	1.63	0.048	34.856	0	0.005	99.052
DSJ23-4-C3-8	39.446	0.011	20.031	0	3.477	1.546	0.033	34.879	0.019	0.018	99.46
DSJ23-4-C3-9	38.873	0.068	19.941	0	3.818	1.766	0.035	34.28	0.029	0.003	98.813
DSJ23-4-C3-10	39.206	0	20.443	0	3.045	1.322	0.022	35.043	0.016	0	99.097
DSJ23-5-C3-1	39.457	0.008	20.783	0.008	2.716	1.675	0.032	35.012	0.024	0	99.715
DSJ23-5-C3-2	39.122	0.202	20.825	0	2.324	1.4	0.096	35.281	0	0	99.25
DSJ23-5-C3-3	39.062	0.107	20.153	0	3.435	1.879	0.041	34.065	0	0	98.742
DSJ23-5-C3-4	39.086	0.006	20.772	0	2.322	1.39	0.083	35.046	0	0.008	98.713
DSJ23-5-C3-5	39.339	0.107	20.718	0	2.607	1.348	0.051	35.125	0.009	0	99.304
DSJ23-5-C3-6	39.314	0.033	20.627	0	2.624	1.524	0.033	34.593	0	0	98.748
DSJ23-5-C3-7	39.195	0.003	19.888	0	3.895	1.475	0.025	34.975	0	0	99.456
DSJ23-5-C3-8	39.254	0	20.347	0	3.14	1.528	0.026	34.851	0	0	99.146
DSJ23-5-C3-9	39.259	0	20.505	0.016	3.127	1.595	0.039	34.513	0.035	0	99.089
DSJ23-5-C3-10	39.523	0.002	20.415	0	2.992	1.311	0.028	35.03	0.004	0	99.305

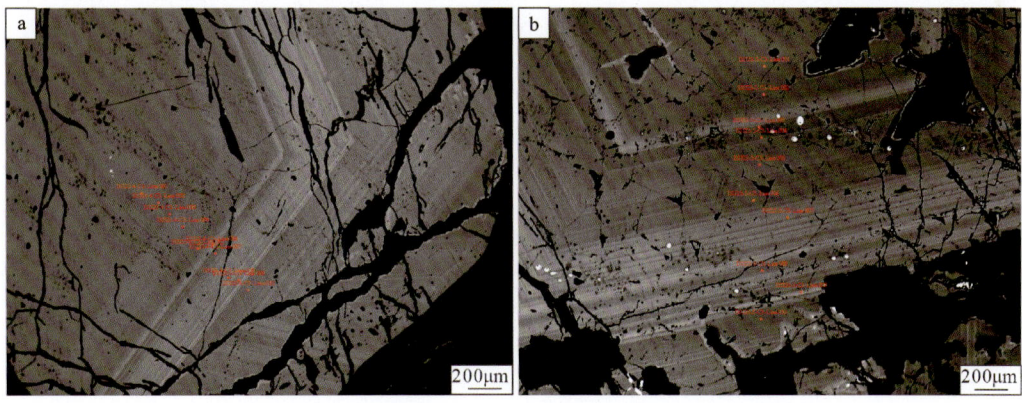

图 6-16 薄竹山钙铝榴石的背散射电子图像

电子探针测试获得了薄竹山钙铝榴石样品氧化物百分含量,通过电价平衡法计算得到 Fe$_2$O$_3$ 和 FeO 的值(郑巧荣,1983),使用地球化学数据处理软件 GeoKit 对电子探针原始数据进行处理(路远发, 2004),以 12 个氧原子和 8 个阳离子为基准,计算样品的离子数结果如表 6-4 所示。根据计算出的离子数来计算样品的晶体化学式。计算结果显示薄竹山钙铝榴石的晶体化学式为(Ca$_{2.81-2.88}$,Mn$_{0.08-0.12}$, Fe$_{0.00-0.18}$,Mg$_{0.00-0.01}$)$_3$(Al$_{1.7918-1.9039}$,Fe$_{0.0967-0.2156}$,Cr$_{0.0000-0.0010}$)$_2$Si$_{2.9771-3.0177}$O$_{12}$,十分接近于钙铝榴石的理论化学式 Ca$_3$Al$_2$(SiO$_4$)$_3$。

表 6-4　薄竹山钙铝榴石的离子数 n_B

测点	Si	Ti	Al^{IV}	Ti*	Al^{VI}	Cr	Fe^{3+}	Fe^{2+}	Mn	Mg	Ca
DSJ23-4-C3-1	2.987 1	0.00	0.00	0.000 3	1.903 9	0.000 0	0.121 2	0.01	0.10	0.01	2.86
DSJ23-4-C3-2	2.995 8	0.00	0.00	0.000 0	1.885 7	0.000 0	0.122 7	0.03	0.10	0.01	2.86
DSJ23-4-C3-3	2.992 5	0.00	0.00	0.000 5	1.890 9	0.000 0	0.123 1	0.01	0.10	0.01	2.87
DSJ23-4-C3-4	2.998 6	0.00	0.00	0.000 0	1.877 0	0.000 2	0.125 6	0.04	0.10	0.01	2.85
DSJ23-4-C3-5	2.977 1	0.00	0.00	0.006 3	1.878 7	0.000 0	0.146 8	0.00	0.10	0.01	2.88
DSJ23-4-C3-6	2.982 3	0.00	0.00	0.010 9	1.841 3	0.000 2	0.171 9	0.04	0.12	0.00	2.83
DSJ23-4-C3-7	3.003 1	0.00	0.00	0.000 0	1.877 6	0.000 7	0.115 5	0.04	0.11	0.01	2.86
DSJ23-4-C3-8	3.013 2	0.00	0.00	0.000 6	1.803 3	0.000 0	0.169 1	0.05	0.10	0.00	2.86
DSJ23-4-C3-9	2.992 3	0.00	0.00	0.003 9	1.809 1	0.000 0	0.198 5	0.05	0.12	0.00	2.83
DSJ23-4-C3-10	2.999 7	0.00	0.00	0.000 0	1.843 4	0.000 0	0.157 3	0.04	0.09	0.00	2.87
DSJ23-5-C3-1	2.999 4	0.00	0.00	0.000 5	1.862 0	0.000 5	0.137 7	0.03	0.11	0.00	2.85
DSJ23-5-C3-2	2.983 8	0.00	0.00	0.011 6	1.871 9	0.000 0	0.137 3	0.01	0.09	0.01	2.88
DSJ23-5-C3-3	3.007 1	0.00	0.00	0.006 2	1.828 5	0.000 0	0.144 9	0.08	0.12	0.00	2.81
DSJ23-5-C3-4	2.996 0	0.00	0.00	0.000 3	1.876 5	0.000 0	0.130 9	0.02	0.09	0.01	2.88
DSJ23-5-C3-5	3.000 7	0.00	0.00	0.006 1	1.862 5	0.000 0	0.123 7	0.04	0.09	0.01	2.87
DSJ23-5-C3-6	3.016 9	0.00	0.00	0.001 9	1.865 6	0.000 0	0.096 7	0.07	0.10	0.00	2.84
DSJ23-5-C3-7	2.996 1	0.00	0.00	0.000 2	1.791 8	0.000 0	0.215 6	0.03	0.10	0.00	2.86
DSJ23-5-C3-8	3.004 1	0.00	0.00	0.000 0	1.835 2	0.000 0	0.156 6	0.04	0.10	0.00	2.86
DSJ23-5-C3-9	3.006 2	0.00	0.00	0.000 0	1.850 5	0.001 0	0.136 2	0.06	0.10	0.00	2.83
DSJ23-5-C3-10	3.017 7	0.00	0.00	0.000 1	1.837 1	0.000 0	0.127 3	0.06	0.08	0.00	2.87

注：石榴子石的分子通式为 $A_3B_2(SiO_3)_4$。离子数计算以 12 个氧原子和 8 个阳离子为基础，Na、K 离子数除以 2 合并到 Ca 离子中。

使用地球化学数据处理软件 GeoKit 对薄竹山钙铝榴石的端元组分进行计算（路远发，2004），计算结果如表 6-5 所示。计算结果显示，测试样品是以钙铝榴石为主要成分的石榴子石，并且含有少量的钙铁榴石、锰铝榴石、铁铝榴石、镁铝榴石成分，部分测点还包含极微量钙铬榴石成分。

表 6-5　薄竹山钙铝榴石的平均端元组分

测点	Uv	Pyr	Spe	Anr	Gro	Alm	Ski	其他类
DSJ23-4-C3-1	0.00	0.19	3.48	6.04	89.21	0.41	0.00	0.67
DSJ23-4-C3-2	0.00	0.31	3.37	6.13	88.97	1.00	0.00	0.22
DSJ23-4-C3-3	0.00	0.22	3.36	6.15	89.43	0.46	0.00	0.37
DSJ23-4-C3-4	0.01	0.18	3.33	6.28	88.84	1.30	0.00	0.07
DSJ23-4-C3-5	0.00	0.24	3.33	7.32	88.48	0.00	0.00	0.63
DSJ23-4-C3-6	0.01	0.15	4.12	8.58	85.47	1.31	0.00	0.36
DSJ23-4-C3-7	0.03	0.18	3.52	5.78	89.01	1.22	0.00	0.25
DSJ23-4-C3-8	0.00	0.13	3.34	8.48	85.17	1.77	0.00	1.11

续表 6-5

测点	Uv	Pyr	Spe	Anr	Gro	Alm	Ski	其他类
DSJ23-4-C3-9	0.00	0.13	3.84	9.91	84.34	1.58	0.00	0.20
DSJ23-4-C3-10	0.00	0.08	2.86	7.86	87.93	1.25	0.00	0.02
DSJ23-5-C3-1	0.02	0.12	3.59	6.89	88.20	1.16	0.00	0.01
DSJ23-5-C3-2	0.00	0.36	3.01	6.86	89.16	0.36	0.00	0.25
DSJ23-5-C3-3	0.00	0.16	4.09	7.26	84.87	2.55	0.00	1.07
DSJ23-5-C3-4	0.00	0.32	3.01	6.54	89.34	0.60	0.00	0.20
DSJ23-5-C3-5	0.00	0.19	2.91	6.19	88.73	1.42	0.00	0.55
DSJ23-5-C3-6	0.00	0.13	3.31	4.85	87.79	2.40	0.00	1.51
DSJ23-5-C3-7	0.00	0.09	3.18	10.77	84.64	1.11	0.00	0.20
DSJ23-5-C3-8	0.00	0.10	3.30	7.84	86.95	1.48	0.00	0.33
DSJ23-5-C3-9	0.05	0.15	3.45	6.82	86.90	2.14	0.00	0.49
DSJ23-5-C3-10	0.00	0.11	2.84	6.39	87.11	2.13	0.00	1.43

注：Uv. 钙铬榴石；Pyr. 镁铝榴石；Spe. 锰铝榴石；Anr. 钙铁榴石；Alm. 铁铝榴石；Gro. 钙铝榴石；Ski. 铁榴石；Ti* 不参与端元组分。过剩的三价阳离子(Al)或二价阳离子(Ca)除5后归到其他类，并参与端元分子比例的计算。

微量成分分析

使用 LA-ICP-MS 对激光剥蚀靶 DSJ23-5-1～DSJ23-5-20 中的钙铝榴石进行单点剥蚀测试，以获得薄竹山钙铝榴石各元素的含量特征，测试结果如表 6-6 所示。薄竹山钙铝榴石 Si 含量为 $(4\,401\,000 \sim 473\,000) \times 10^{-6}$，平均 $4\,570\,600 \times 10^{-6}$；Ca 含量为 $(231\,400 \sim 238\,700) \times 10^{-6}$，平均 $234\,855 \times 10^{-6}$；Al 含量为 $(106\,600 \sim 115\,800) \times 10^{-6}$，平均 $111\,065 \times 10^{-6}$，Mn 含量为 $(11\,810 \sim 15\,110 \times 10^{-6}$，平均 $13\,399 \times 10^{-6}$，Fe 含量在 $(10\,480 \sim 266\,680) \times 10^{-6}$，平均 $19\,737 \times 10^{-6}$，Mg 含量在 $(85.6 \sim 455.6) \times 10^{-6}$，平均 333.8×10^{-6}[1]。测试结果显示，薄竹山钙铝榴石成分较为纯净，杂质元素含量少。含有一定的产生红色调并导致明度下降的 Fe(崔悦，2021；张海坤等，2021)和产生橙黄色调并导致明度降低的 Mn(朱琳，2015；陶隆凤等，2017；杨菩月，2021)，且 Fe 含量变化较大。因此，薄竹山钙铝榴石的颜色分布可以从淡橙黄色过渡到艳橙色，并且由于 Fe 和 Mn 含量都较低，薄竹山钙铝榴石的明度都较为优良。此外，能使薄竹山钙铝榴石产生绿色调的 V 和 Cr 含量微乎其微(Jang-Green et al.，2009；吕林素等，2014)，因此此次研究的样品全部都不具有绿色调。

表 6-6　薄竹山钙铝榴石 LA-ICP-MS 测试数据　　　　　　　　　　　单位：$\times 10^{-6}$

样品编号	Si	Li	Na	Mg	Al	K	Ca	Rb	Ti	V	Cr	Mn	Fe	Cs
DSJ23-5-1	4 495 000	1.72	bdl	360.4	111 000	bdl	234 500	bdl	105.2	0.58	bdl	13 500	17 510	bdl
DSJ23-5-2	4 607 000	1.104	3.08	335.9	112 300	bdl	234 500	0.002 4	99.4	0.373	bdl	13 370	17 290	bdl
DSJ23-5-3	4 589 000	1.164	3.71	319.1	111 500	bdl	233 500	bdl	144.6	0.381	bdl	14 150	17 550	bdl
DSJ23-5-4	4 401 000	0.28	4.59	85.6	115 800	5.1	238 400	0.097	411.3	1.068	bdl	14 890	10 480	0.197
DSJ23-5-5	4 566 000	1.46	3.62	240.2	109 800	bdl	232 300	bdl	216.4	1.173	bdl	15 110	18 050	bdl
DSJ23-5-6	4 552 000	3.42	3.12	428.7	111 500	bdl	231 400	bdl	183.4	1.399	bdl	14 020	17 940	bdl
DSJ23-5-7	4 683 000	0.688	5.7	209.3	106 800	1.7	233 500	0.094	64.6	1.084	bdl	14 380	25970	0.15
DSJ23-5-8	4 644 000	1.66	48	186.4	109 900	75	235 300	1.59	171.9	2.47	40	13 800	25 150	2.13

续表 6-6

样品编号	Si	Li	Na	Mg	Al	K	Ca	Rb	Ti	V	Cr	Mn	Fe	Cs
DSJ23-5-9	4 595 000	1.2	bdl	198.6	110 900	bdl	234 200	0.008 4	19.2	0.293	bdl	13 520	21 900	0.007 8
DSJ23-5-10	4 730 000	0.614	4.01	207.4	106 600	1.8	231 900	bdl	56.2	0.963	bdl	13 960	26 680	0.003 3
DSJ23-5-11	4 437 000	5.39	10.17	434.4	110 300	bdl	232 700	bdl	2516	2.3	bdl	13 120	17 660	bdl
DSJ23-5-12	4 523 000	2.62	7.96	455.6	110 600	2.41	234 100	bdl	1212	1.072	bdl	11 920	20 070	bdl
DSJ23-5-13	4 527 000	1.81	5.45	408.3	112 100	2.71	237 600	0.053	276.6	0.363	bdl	12 700	20 040	0.083
DSJ23-5-14	4 591 000	1.64	4.91	386.4	112 100	1.14	238 700	0.044	202.6	0.309	bdl	12 590	20 540	0.075
DSJ23-5-15	4 603 000	1.62	5.46	352.4	112 100	bdl	236 100	0.047	55	0.192	bdl	12 860	20 730	0.111
DSJ23-5-16	4 482 000	1.75	3.41	382.9	111 500	bdl	235 900	bdl	533	0.454	bdl	12 410	19 460	bdl
DSJ23-5-17	4 615 000	10.49	18.92	406.2	108 700	bdl	231 800	0.020 8	3976	4.08	bdl	13 390	17 560	bdl
DSJ23-5-18	4 566 000	2.42	5.33	455	112 200	bdl	236 700	0.010 1	773	0.956	bdl	12 990	20 030	0.022 6
DSJ23-5-19	4 578 000	1.94	8.89	422.7	111 600	5.7	235 600	0.096	457	0.527	0.86	11 810	19 810	0.209
DSJ23-5-20	4 628 000	1.74	4.33	401	114 200	bdl	238 400	bdl	122	0.277	bdl	13 490	20 320	bdl

注：bdl 代表元素含量低于检测限。

4）红外光谱分析

傅里叶变换红外光谱分析作为一种分析测试手段,在岩石学、矿物学、宝石学中有广泛运用,利用傅里叶变换红外光谱仪可以高效、快速、无损分析宝石品种。由于傅里叶变换红外光谱分析需要良好的抛光面,因此选择样品为 DSJ-S、DSJ-K1 和 DSJ-K2,测试结果如图 6-17 所示,有效数据范围 100～1300 cm^{-1}。钙铝榴石所属的石榴子石族矿物,其红外光谱主要有 $[SiO_4]^{4-}$ 基团振动以及阳离子晶格振动。理论上 800～1100 cm^{-1} 存在 $[SiO_4]^{4-}$ 反对称伸缩振动 V_3。

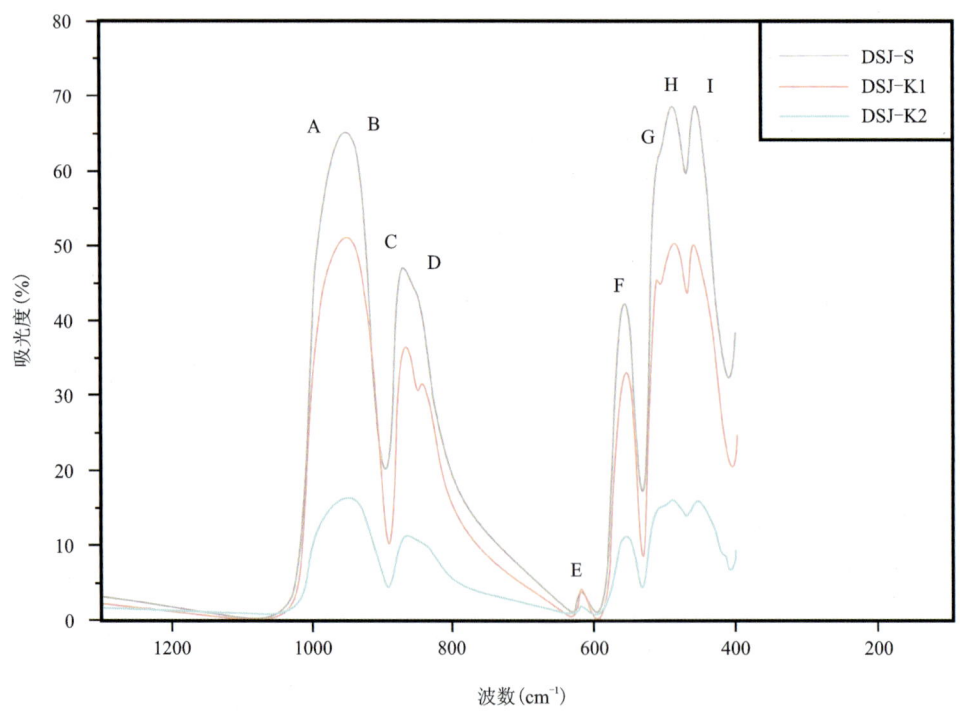

图 6-17　薄竹山钙铝榴石的红外吸收光谱图

三重简并分裂形成4个吸收峰。500~700cm⁻¹存在由[SiO₄]⁴⁻对称弯曲振动 V_2 的双重简并或 V_4 的三重简并所形成的3个吸收峰。500cm⁻¹以下均为 Si^{4+} 以外所有阳离子导致的晶格振动(崔悦,2021)。

大山脚钙铝榴石的峰位测试结果为 A:964±4cm⁻¹、C:866±3cm⁻¹、D:841±5cm⁻¹、E:616±1cm⁻¹、F:553±3cm⁻¹、G:510±3cm⁻¹、H:488±3cm⁻¹、I:455±5cm⁻¹。其中理论上在945cm⁻¹存在B位吸收峰,然而实际测试所有样品均未测得,可能与A峰合并。

5)拉曼光谱分析

拉曼光谱是一种无损、高效的分析测试手段,常用于材料学、矿物学、宝石学等学科的研究中,其通过激光与样品结构基团直接发生相互作用,样品的分子振动和分子转动使波长发生偏移,通过入射光和散射光的频率差值来反映拉曼位移。根据前人研究,总体来说石榴子石理论上产生25个活性拉曼峰,表示为 $\Gamma = 3A_{1g} + 5A_{2g} + 8E_g + 14F_{1g} + 14F_{2g} + 5A_{1u} + 5A_{2u} + 10E_u + 17F_{1u} + 16F_{2u}$,其中 A_{1g}、E_g、F_{2g} 为拉曼活性(Kolesov and Geiger,1998),而钙铝榴石理论上存在24个活性模(Kolesov and Geiger,1998)。此次拉曼测试选取表面平整度好,洁净度高的样品 DSJ-K1、DSJ-K2、DSJ-S、DSJ-B1。计划测试薄竹山钙铝榴石及其内含物,但是由于钙铝榴石内含物深度太深,所用设备性能无法满足,因此未能测得钙铝榴石内含物拉曼光谱。经拉曼光谱测试,由于样品荧光背景过强,实际数据有效范围为0~1600cm⁻¹。实际测得12个拉曼活性模,推测是一些峰位重叠、一些峰位强度太低以及荧光背景太强导致未测出,薄竹山钙铝榴石的拉曼光谱图如图6-18所示,所测得拉曼活性模包含:1027±1cm⁻¹、894±2cm⁻¹、838±1cm⁻¹、646±1cm⁻¹、561±1cm⁻¹、524±2cm⁻¹、429±1cm⁻¹、388±2cm⁻¹、344±2cm⁻¹、292±1cm⁻¹、261±1cm⁻¹、195±1cm⁻¹。其中1027±1cm⁻¹、894±2cm⁻¹、838±1cm⁻¹归属为[SiO₄]⁴⁻四面体中的非桥氧对称伸缩振动(Si-O)$_{str}$;646±1cm⁻¹、561±1cm⁻¹、524±2cm⁻¹、429±1cm⁻¹归属为[SiO₄]⁴⁻四面体间桥氧弯曲振动(Si-O)$_{bend}$,它可以反映桥氧的键角及键长变化;388±2cm⁻¹、344±2cm⁻¹、292±1cm⁻¹、261±1cm⁻¹、195±1cm⁻¹是[SiO₄]⁴⁻四面体旋转振动 $R(SiO_4)^{4-}$ 产生的(Kolesov and Geiger,1998;王一川,2020)。

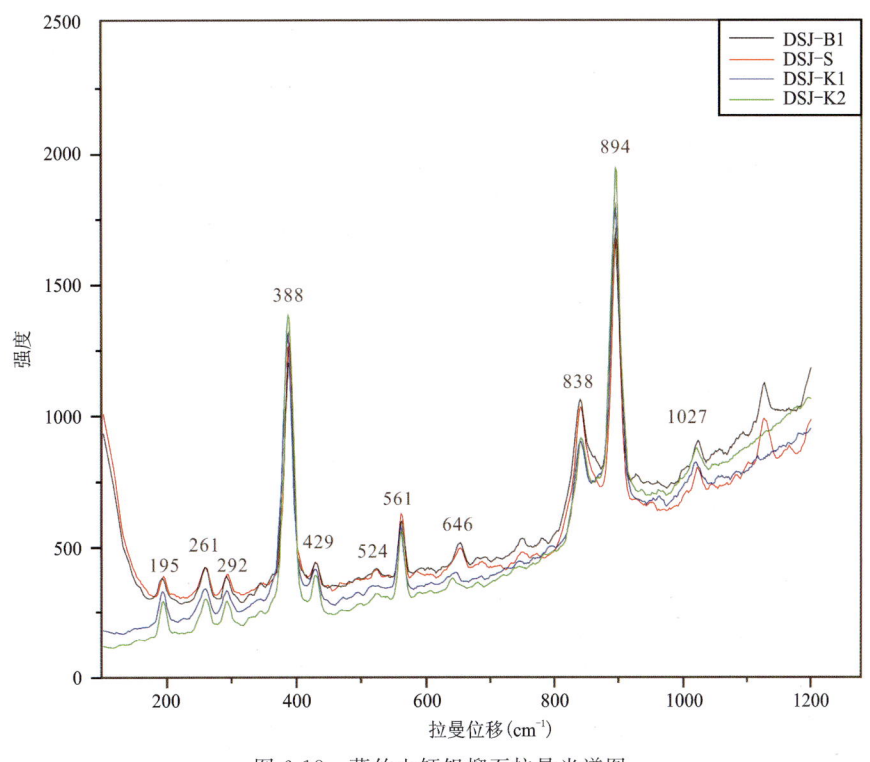

图6-18 薄竹山钙铝榴石拉曼光谱图

根据前人研究,钙铝榴石—钙铁榴石固溶体体系中,拉曼位移会随着钙铁榴石组分的增加而向短波方向偏移,反之拉曼位移会随着钙铝榴石组分的增加而向长波方向偏移。此次所测样品普遍具有拉曼活性模向长波方向偏移的特征,这可能是此次所测样品钙铝榴石组分很高,钙铁榴石组分极低,同时样品中又含有少量锰铝榴石、铁铝榴石、镁铝榴石组分以及极微量钙铬榴石组分这几种因素共同导致的。

3. 小结

(1)薄竹山钙铝榴石的颜色呈淡橙黄色至艳橙色,明度较高,属于价值较高的钙铝榴石。其比重较理论值低,可能与其含铁量低以及包裹体较多有关。

(2)钙铝榴石普遍发育簇状分布的针状、丝状固相包裹体,其成分应该是阳起石。数量较少的气液两相包裹体尺寸较固相包裹体小,并且存在两种形态,即椭圆状气液两相包裹体零星分布在固相包裹体周围和沿愈合裂隙分布的气液两相包裹体呈指纹状。

(3)背散射电子图像中显示,薄竹山钙铝榴石环带十分发育,裂隙和愈合裂隙发育的部位可见蚀变的现象。电子探针波谱测试经过计算后得出,薄竹山钙铝榴石的晶体化学式为$(Ca_{2.81-2.88}Mn_{0.08-0.12}Fe_{0.00-0.18}Mg_{0.00-0.01})_3(Al_{1.791\,8-1.903\,9}Fe_{0.096\,7-0.215\,6}Cr_{0.000\,0-0.001\,0})_2Si_{2.977\,1-3.017\,7}O_{12}$;端元成分计算结果表明薄竹山钙铝榴石是以钙铝榴石为主要成分的石榴子石,并且含有少量钙铁榴石、锰铝榴石、铁铝榴石、镁铝榴石成分,部分测点还包含极微量钙铬榴石成分。

(4)LA-ICP-MS测试结果显示,薄竹山钙铝榴石成分较纯,含有影响明度和颜色的Fe和Mn都较少,同时样品所含产生绿色调的Cr和V极低,因此样品呈现明度较高的淡橙黄色至艳橙色。

(5)钙铝榴石的傅里叶变换红外光谱理论上在$100\sim1300cm^{-1}$范围内有9个峰,而薄竹山钙铝榴石样品共测得8个峰,理论上存在的B峰位可能与A峰位形成了合并峰。

(6)薄竹山钙铝榴石激光拉曼光谱测试数据在有效范围$0\sim1600cm^{-1}$内共获得12个拉曼活性模,而钙铝榴石理论上存在24个拉曼活性模,所测得的拉曼活性模数量少于理论数量的原因可能为部分峰位重叠,部分峰位强度太低以及样品荧光背景太强。

第五节 牛滚塘铜锡多金属矿床

牛滚塘铜锡多金属矿床位于蒙自市白牛厂钨、锡、铅、锌、铜、铁、砷、银多金属矿区南部(图6-19),其成矿地质、构造环境、岩浆岩等成矿地质条件与白牛厂银多金属矿区基本一致。

一、地层

矿区位于白牛厂银多金属矿南部和西南部,出露地层以寒武系和泥盆系为主,东南角零星出露有石炭系。由老到新依次为:中寒武统大丫口组($\mathbb{C}_2d$)、田蓬组($\mathbb{C}_2t$)、龙哈组($\mathbb{C}_2l$),岩性主要以泥岩、粉砂岩、白云岩为主;下泥盆统坡松冲组(D_1ps)、坡脚组(D_1p)、芭蕉箐组(D_1b),岩性主要以砂岩、泥岩、泥质粉砂岩、生物灰岩等为主;中下泥盆统古木组($D_{1-2}g$)、东岗岭组(D_2d),岩性主要以灰岩、白云岩为主;石炭纪董有组(Cd)、旧司组和上司组并层($Cj\text{-}s$)、坝达组(C_1b),岩性主要以灰岩为主;第四系以砂砾、冲积为主。

1)中寒武统大丫口组($\mathbb{C}_2d$)

大丫口组仅出露在调查评价区西部颇者村西南一带,岩性为深灰色薄—厚层状粉晶灰岩夹泥质条带灰岩、粉砂质板岩、粉砂岩,厚312.45m。与上覆中寒武统田蓬组($\mathbb{C}_2t$)呈整合接触。按岩石组合特征可进一步划分为两个岩性段。

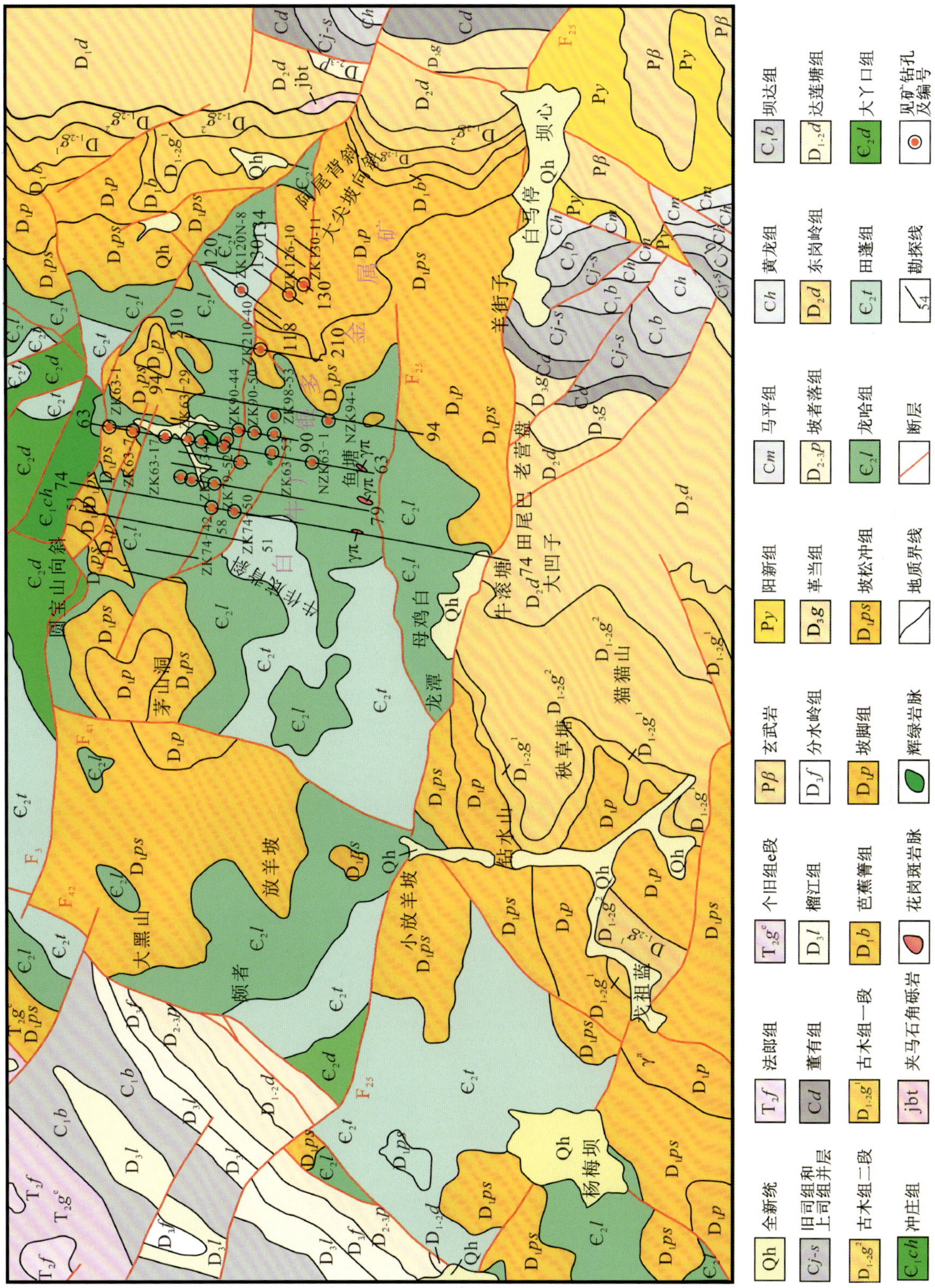

图 6-19 牛滚塘铜锡多金属矿区地质图(据云南省地质矿产勘查院,2023修改)

大丫口组一段（C_2d^1）：深灰色厚层状粉晶灰岩，中部夹砂质板岩、泥质粉砂岩，厚72.97m。

大丫口组二段（C_2d^2）：上部灰色、深灰色薄—厚层状粉晶灰岩、泥质条带灰岩与粉砂质泥岩互层，下部灰色、灰绿色砂质板岩夹灰色、灰白色粉砂岩，局部夹深灰色薄—中层状泥质条带灰岩，厚239.48m。

2）中寒武统田蓬组（C_2t）

田蓬组主要分布在调查评价区西部和北部。岩性为灰黄色薄—中层状轻变质粉砂岩、粉砂质板岩、粉细晶白云岩、砂质白云岩。厚度大于225.87m，属于次级断陷盆地次深水环境下的沉积相。矿区与白牛厂银多金属矿区划分一致，将田蓬组划分为3个岩性段，为矿区重要的赋矿层位。与上覆寒武系中统龙哈组（C_2l）呈整合接触。按岩石组合特征近一步划分为3个岩性段。

田蓬组一段（C_2t^1）：上部深灰色、暗灰色薄—中厚层状粉晶白云岩，岩石中普遍有后期白云石脉穿插。下部为灰色、灰黄色薄—中层状粉砂质泥岩、细砂岩，厚42.87～71.19m。

田蓬组二段（C_2t^2）：上部灰黄色砂质板岩、泥质粉砂岩，中部灰色、灰黄色中厚层状泥质粉砂岩、泥质细砂岩互层，间夹绢云母粉砂岩，下部灰黄色页岩及泥质粉砂岩，层纹状水平层理发育，厚128.31m。

田蓬组三段（C_2t^3）：灰色、深灰色薄—中厚层状生物碎屑灰岩、鲕状灰岩、条带状碳泥质灰岩互层，间夹不等厚层状钙质泥岩、碳泥质粉砂岩、粉砂质泥岩组成。碳泥质条带状灰岩、粉砂质—泥质岩石中发育层纹状层理、带状水平层理、斜层理、交错层理、包卷层理等，厚度大于26.37m。

3）中寒武统龙哈组（C_2l）

龙哈组主要分布在矿区北部鱼塘村一带及工作区西部。岩性为灰色粉—微晶白云岩，夹鲕状白云岩、砂质白云岩和粉砂岩。中部夹石盐假晶层和渣状角砾岩，属滨岸潮上高能带的潟湖环境产物。与上覆下泥盆统坡松冲组（D_1ps）呈不整合接触。龙哈组可划分为4个岩性段。

龙哈组一段（C_2l^1）：上部灰黄色薄层状、粉砂质泥岩，中部夹薄层状白云岩、粉砂质白云岩，下部深灰色薄层状粉砂岩，局部为灰黄色、暗紫色粉砂岩，水平层理发育，厚66.34m。

龙哈组二段（C_2l^2）：上部灰色薄—中层状粉晶白云岩、砂质白云岩夹黄色长石细砂岩，中部灰色、深灰色中层状粉晶白云岩、泥质条带白云岩夹绢云母粉砂岩，下部灰色薄—中层状白云质灰岩、砂质白云岩，厚92.14m。

龙哈组三段（C_2l^3）：上部灰黄色薄层状、粉砂质泥岩，中部薄层状白云岩、粉砂质白云岩，局部夹深灰色燧石灰岩，下部深灰色薄层状粉砂岩，局部为灰黄色、暗紫色粉砂岩，水平层理发育，厚度大于81.47m。

龙哈组四段（C_2l^4）：上部灰色、深灰色中层状白云岩与灰色、灰紫色粉砂质白云岩、泥质条带白云岩互层，水平层理发育，下部灰色、深灰色薄—中层状粉晶白云岩、内碎屑白云岩、球粒状白云岩、粉砂质白云岩，含石盐假晶，部分白云岩有重结晶现象，厚360.66m。

4）下泥盆统坡松冲组（D_1ps）

坡松冲组主要出露在矿区西部小放羊坡一带及东部白马亭以北地区，岩性为灰色、灰黄色、紫红色薄—中厚层状粉砂岩、含砾石英砂岩夹黑色页岩，底部常有底砾岩。厚80.05m。与上覆下泥盆统坡脚组（D_1p）呈整合接触。

按岩石组合特征进一步划分为两个岩性段。

坡松冲组一段（D_1ps^1）：顶部紫红色、暗紫色含砾中—粗粒石英砂岩，中上部为灰色细—中粗粒岩屑石英砂岩，中下部为灰色、灰褐色铁质含砾砂岩，局部见黄铁矿结核底部为暗紫色底砾岩，厚25.59m。

坡松冲组二段（D_1ps^2）：上部紫红色、暗紫色中厚层状细—粉砂岩、岩屑砂岩，中部灰色、灰黄色粉砂岩夹黑色页岩，底部灰色薄—中厚层状细粒长石石英砂岩，厚54.46m。

5）下泥盆统坡脚组（D_1p）

坡脚组出露于秧草塘村西北方向和调查评价区东部，岩性为灰色、灰黄色、棕黄色薄—中厚层状粉砂质泥岩、泥质粉砂岩,夹石英细砂岩、含铁质细砂岩及铁质粉砂岩,局部见黄铁矿结核。厚64.66m。与上覆下泥盆统古木组(Dg)呈整合接触。

按岩石组合特征进一步划分为两个岩性段。

坡脚组一段(D_1p^1):灰黄色、褐黄色及褐黑色铁质石英砂岩及层间角砾岩,底部为灰色铁质砂岩夹页岩,厚1.81m。

坡脚组二段(D_1p^2):上部灰色、灰黑色页岩,下部灰色薄—中厚层状粉砂岩夹灰色、灰黑色页岩,厚62.85m。

6)中—下泥盆统古木组(Dg)

古木组零星分布于矿区东部边缘和秧草塘村一带,岩性主要为灰白色、灰色、深灰色厚层状、块状粉晶灰岩、白云岩,厚470.45m。与上覆中泥盆统东岗岭组(D_2d)呈整合接触。

按岩石组合特征进一步划分为3个岩性段。

古木组一段(Dg^1):下部深灰色灰岩,上部深灰色厚层状白云质灰岩,厚207.31m。

古木组二段(Dg^2):上、下部均为深灰色厚层—块状白云岩,中部为深灰色厚层—块状灰岩,厚83.81m。

古木组三段(Dg^3):上部为灰色厚层状含岩屑灰岩,中下部为灰色、深灰色厚层—块状粉晶质灰岩,厚179.33m。

7)中泥盆统东岗岭组(D_2d)

东岗岭组大面积出露于矿区中南部,深灰色薄层状泥粉晶灰岩,夹硅质岩薄层、条带,厚度大于257.65m。与上覆上泥盆统革当组(D_3g)呈整合接触。

按岩石组合特征进一步划分为3个岩性段。

东岗岭组一段(D_2d^1):岩性为灰色、深灰色厚层泥—粉晶灰岩,厚37.31m。

东岗岭组二段(D_2d^2):岩性灰色厚层状粉—细晶白云岩夹灰岩,厚87.83m。

东岗岭组三段(D_2d^3):岩性为灰色白云岩、灰质白云岩,厚度大于132.51m。

8)上泥盆统革当组(D_3g)

革当组主要出露在老营盘以南一带,岩性主要为灰色块状粗晶生物灰岩、中细粒结晶灰岩,局部见塌积角砾岩,厚567.79m。与上覆地层炎方组(D-Cy)呈整合接触。

9)炎方组(D-Cy)

炎方组少量出露于调查评价区东南角,岩性为浅灰色块状粉晶灰岩,灰白色薄—厚层泥粉晶灰岩,厚210.16m。

10)下石炭统梓门桥组(Cz)

梓门桥组出露于研究区东南角,岩性为浅灰色块状粉晶灰岩,骨屑灰岩,厚624.88m。

按岩石组合特征进一步划分为两个岩性段。

梓门桥组一段(Cz^1):岩性为浅灰色块状粉晶灰岩,灰白色薄—厚层泥粉晶灰岩,厚293.30m。

梓门桥组二段(Cz^2):岩性为浅灰色块状骨屑灰岩、生物(腕足类为主)灰岩,厚331.58m。

11)第四系全新统(Qh)

全新统主要出露于矿区中部母鸡白及东部白马亭一带,主要为砂砾、黏土、冲积、残积、坡积、松散堆积物,厚度一般小于25m。

二、构造

矿区主体构造线方向以北西西向为主。箐角—老营盘断裂(F_{25})贯穿整个调查评价区,呈北西西向展布,其活动可能具多期性,1∶5万区域地质调查报告显示主体为一条右行正断层,倾向南,晚期可能表现为左形特征,对地层进行了错移。北西西向构造为白牛厂矿区重要的含矿构造,已知主矿体均产于该组断层派生的次级断裂带内。此外,区内发育多条北东向和北西向断层。

矿区主体处于白牛厂隆起南部,表现为向东倾的单斜构造,秧草塘发育一条近东西向复式背斜,核部地层为下泥盆统坡脚组和古木组一段,两翼为古木组二段;北侧发育一条近东西向向斜,核部为古木组二段,两翼为下泥盆统坡脚组和古木组一段;其他地方发育局部小褶曲。

三、岩浆岩

矿区内岩浆岩以燕山晚期酸性侵入岩为主,区内无喷出岩。酸性岩以隐伏花岗岩为主(图6-20a、b),由钻孔NZK63-1、NZK94-1控制,深部揭露的花岗岩深度分别为1078m、1114m。岩性为黑云母二长花岗岩,由斜长石、钾长石、石英、黑云母等组成。斜长石自形颗粒发育,具有环带结构,卡纳复合双晶常见;黑云母多色性明显,少量绢云母化(图6-20c、d)。岩浆活动提供了大量的成矿物质和重要的容矿构造,与成矿作用关系密切。

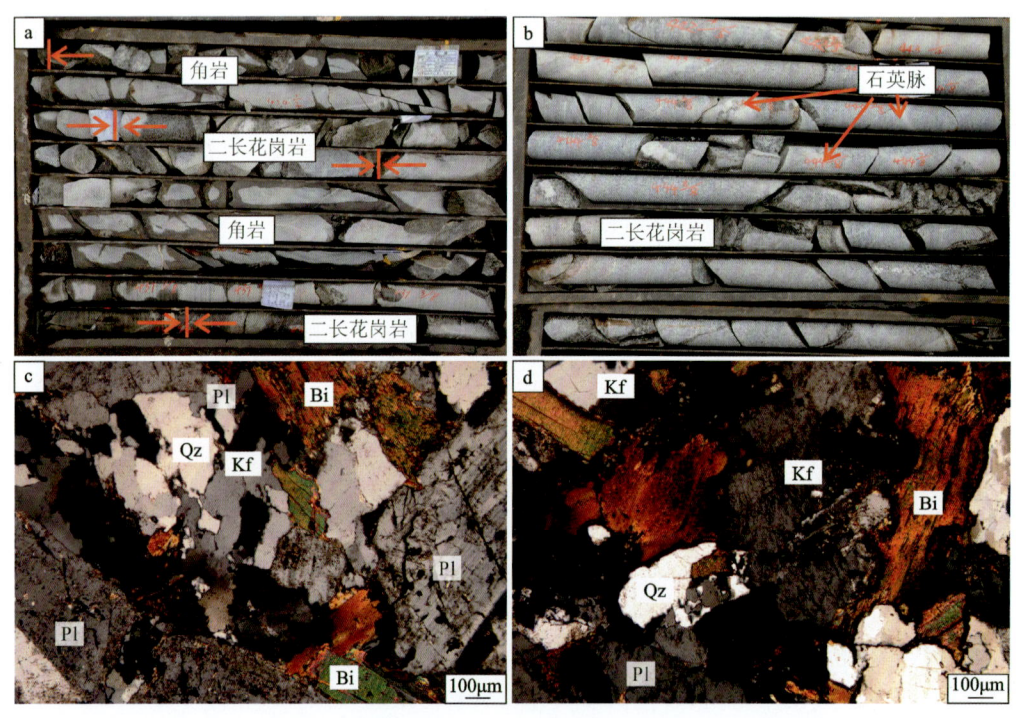

Qz. 石英;Pl. 斜长石;Kf. 钾长石;Bi. 黑云母

图6-20 牛滚塘铜锡多金属矿区二长花岗岩样品及显微照片

a.角岩与隐伏黑云母二长花岗岩呈互层接触;b.黑云母二长花岗岩中发育少量的石英脉;c.黑云母二长花岗岩由斜长石、钾长石、石英、黑云母等组成,斜长石具环带结构,斜长石具卡纳复合双晶;d.主要由黑云母、钾长石、斜长石、石英等组成,黑云母多色性明显,具绢云母化

矿区中北部鱼塘村一带发现3条花岗斑岩脉,与白牛厂矿区白羊矿段及豺狗坡一带花岗斑岩脉及钻孔、坑道中揭露的花岗斑岩脉特征相似。1∶5万重力成果推测调查评价区深部存在隐伏花岗岩。矿区北部鱼塘重点调查评价区位于白牛厂隐伏花岗岩隆起南部,1∶5万重力推测隐伏花岗岩顶板标高为700～1500m,云南省地质矿产勘查院2022年开展的大地电磁测深(EH-4)成果也推测鱼塘工区深部可能存在隐伏花岗岩体。此外,1∶5万重力在老营盘地区推测存在另一个隐伏花岗岩隆起,推测隐伏花岗岩顶板标高为700～900m,与低缓磁异常和岩石地球化学异常相对应。

四、变质作用及围岩蚀变

矿区内变质作用较弱,主要为接触变质作用,发育于环隐伏花岗岩体接触带,表现为与成矿作用关系密切的岩浆热液蚀变作用,主要变质类型有矽卡岩化、角岩化、大理岩化、硅化等(图6-21a～f)。动力变质作用仅发生在断裂带附近,以碎裂作用为主要表现形式,常出现断层角砾岩、断层泥等(图6-21a、f)。

矿(化)体的围岩主要是泥岩、砂岩及灰岩,主要蚀变有角岩化、硅化、大理岩化、绿泥石化、矽卡岩化、黄铁矿化、磁黄铁矿化。

Qz. 石英;Cal. 方解石;Cp. 黄铜矿;Ga. 方铅矿;Py. 黄铁矿;Sph. 闪锌矿;Pyrh. 磁黄铁矿;Ars. 毒砂

图6-21 牛滚塘铜锡多金属矿区矿石结构构造特征

a. 深灰色磁黄铁矿化、弱黄铁矿化泥质粉砂岩,发育方解石细脉,可见少量方铅矿与黄铁矿、磁黄铁矿共生;b. 石英脉与浸染状磁黄铁矿矿体共生,可见少量毒砂、黄铜矿、黄铁矿;c. 块状含锡硫化物矿石,金属矿物主要为磁黄铁矿、黄铜矿、方铅矿、闪锌矿、毒砂;d. 深灰色磁黄铁矿化、弱黄铁矿化泥质粉砂岩,可见少量方铅矿与黄铁矿、磁黄铁矿共生;e. 泥质粉砂岩中发育稠密浸染状磁黄铁矿,发育少量黄铁矿;f. 含银块状断层泥,呈破碎状,发育有黄铜矿、磁黄铁矿、方铅矿;g. 稠密浸染状磁黄铁矿与黄铜矿交代共生,少量毒砂发育于磁黄铁矿中;h. 方铅矿呈细脉状发育,黄铁矿具自形晶结构,闪锌矿与黄铁矿交代共生,具反应边结构;i. 黄铁矿发育于裂隙中,少量黄铁矿与毒砂密切共生;j. 磁黄铁矿与黄铁矿、毒砂、闪锌矿、黄铜矿密切共生;k. 黄铁矿交代磁黄铁矿,黄铜矿呈固溶体分离结构发育于闪锌矿中,可见少量方铅矿;l. 黄铜矿与磁黄铁矿、黄铁矿、毒砂、方铅矿密切共生,闪锌矿与黄铜矿交代共生呈港湾状,黄铁矿具自形—半自形结构,毒砂具碎裂结构

（1）角岩化：在花岗岩体接触带之上，矿体以下（图6-20a）。岩性有透辉石绢云母角岩、石英角岩、石英斜长石角岩等。常伴随有黄铁矿化、硅化、绿泥石化。

（2）硅化：从隐伏花岗岩顶部至矽卡岩、角岩化带，常有硅化带分布。硅化程度高时可形成石英岩，含极少量的绢云母和碳酸盐分布于石英裂隙及粒间，越靠近矿体蚀变越强，伴有黄铁矿化（图6-21b）。

（3）大理岩化：分布范围较大，主要是由灰岩接触变质而成的大理岩，主要由等粒方解石组成。

（4）绿泥石化：在矿带和矿体中大量存在，分布不均匀，与石英、碳酸盐矿物共同存在，呈片状、鳞片状产出。

（5）矽卡岩化：出现在矿体附近，主要为透辉石矽卡岩，由透辉石和部分石英、绿帘石、透闪石及金属矿物等混杂组成。主要伴有磁黄铁矿化、黄铜矿化、方铅矿化等（图6-21g、h、i）。

（6）黄铁矿化：具有多期性，早期黄铁矿化呈半自形立方体（图6-21h），局部富集。晚期黄铁矿化呈较细粒半自形—他形稠密浸染或稀疏浸染分布（图6-21i）。少数与磁黄铁矿、闪锌矿、黄铜矿、毒砂伴生（图6-21j、l）。

总体上，围岩蚀变由岩体→围岩依次出现：角岩化—矽卡岩化—大理岩化—硅化、黄铁矿化、绿泥石化的空间分带。

五、岩矿石地球化学特征

1. 主量元素特征

对两件岩矿石样品（NGT23-1、NGT23-5）进行岩石地球化学分析，分析结果见表6-7，地球化学特征变化归纳如下：SiO_2含量为49.67%～51.79%，Al_2O_3含量为9.01%～10.19%，FeO含量为1.72%～10.53%，Fe_2O_3含量为1.82%～4.09%，Na_2O含量为3.11%～4.14%，K_2O含量为1.81%～5.23%，MgO含量为0.685%～2.26%，TiO_2含量为0.04%～0.41%，烧失量（LOI）为1.70%～6.18%，S含量为3.67%～6.02%，样品含大量的蚀变矿物，蚀变作用较为强烈。

表6-7 牛滚塘矿区岩矿石主量元素（%）和微量元素（×10⁻⁶）分析结果

样品号	NGT23-1	NGT23-5	样品号	NGT23-1	NGT23-5	样品号	NGT23-1	NGT23-5
SiO_2	51.79	49.67	TiO_2	0.413	0.043	Al_2O_3	10.19	9.01
FeO	10.53	1.72	Fe_2O_3	1.82	4.09	CaO	4.05	0.685
LOI	6.18	1.70	MgO	2.26	0.685	Na_2O	1.98	1.36
MnO	0.214	0.027	K_2O	1.81	5.23	TFe_2O_3	13.52	6.01
P_2O_5	0.614	0.095	S	6.02	3.67	总计	99.04	78.18
Li	50.0	14.0	Mo	1.07	50.2	Dy	3.73	1.68
Be	2.51	1.60	Cd	8.80	3.81	Ho	0.73	0.34
Sc	9.21	2.37	In	4.75	1.28	Er	2.02	1.02
V	56.0	9.13	Sn	46.2	58.9	Tm	0.311	0.17
Cr	44.3	6.89	Sb	81.7	970	Yb	1.88	1.06
Co	150	344	Te	0.91	290	Lu	0.296	0.18
Ni	43.4	381	Cs	21.2	18.8	Hf	3.34	4.76

续表6-7

样品号	NGT23-1	NGT23-5	样品号	NGT23-1	NGT23-5	样品号	NGT23-1	NGT23-5
Ga	15.0	19.0	Ba	291	368	Ta	0.70	0.39
Ge	1.58	5.97	La	28.7	9.03	W	16.6	6.79
As	24 066	41 878	Ce	55.2	17.6	Tl	0.99	1.87
Se	0.34	13.3	Pr	6.53	2.21	Bi	99.1	72 534
Rb	111	434	Nd	24.4	8.28	Th	10.1	9.28
Sr	355	69.7	Sm	4.93	1.86	U	2.06	3.93
Y	21.0	10.1	Eu	1.35	0.359	Ag	10.9	507
Zr	127	389	Gd	4.55	1.67	Re	1.09	5.58
Nb	9.99	4.06	Tb	0.71	0.29	Cu	2426	230
Zn	1577	726	Pb	377	2047			

2. 微量及稀土元素特征

微量及稀土元素分析测试结果详见表6-7。微量元素蛛网图中(图6-22a),元素分布总体呈现右倾的趋势,但又出现不同峰和谷,反映了不同微量元素的行为差异,岩矿石样品较富集 Rb、U、La、Zr 等元素,相对亏损 K、Ba、Nb、Ti、P、Sr 等元素。对成矿元素数据分析可知,样品 Cu 的含量较高,在$(230\sim 2426)\times 10^{-6}$之间。Zn 的含量在$(726\sim 1577)\times 10^{-6}$之间。Pb 的含量在$(377\sim 2047)\times 10^{-6}$之间。As 含量在$(24\,066\sim 41\,878)\times 10^{-6}$之间。Ag 含量为$(10.9\sim 507)\times 10^{-6}$。以上数据表明牛滚塘矿区 Ag、Pb、Zn、Cu 元素富集,且与白牛厂矿床元素的分布具有十分相似的规律。

牛滚塘铜锡多金属矿区岩矿石 LREE 含量为$(39.37\sim 121.04)\times 10^{-6}$,HREE 含量为$(6.40\sim 14.22)\times 10^{-6}$,ΣREE 值为$(55.87\sim 156.27)\times 10^{-6}$,LREE/HREE 值为 6.15~8.51,表现为明显的轻稀土富集、重稀土亏损的特征,稀土配分模式呈右倾趋势(图6-21b);$(La/Yb)_N$为6.12~10.93,δEu 为0.62~0.87,显示弱负铕异常,δCe 为0.97~0.99,无明显的铈异常。

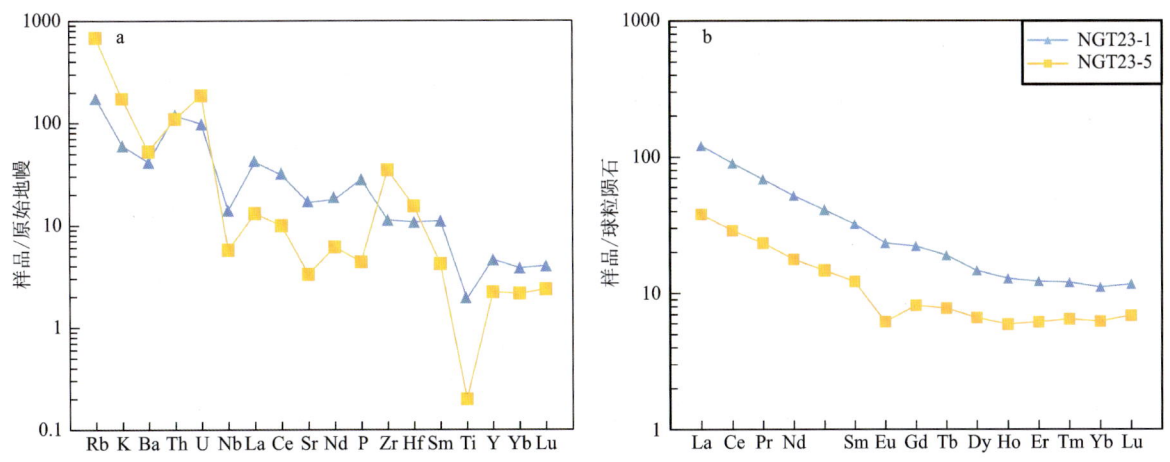

图6-22 牛滚塘铜锡多金属矿区微量元素原始地幔标准化蛛网图(a)及稀土元素球粒陨石标准化蛛网图(b)(标准化值据 Sun and McDonough,1989)

六、地球物理特征

1. 物性特征

综合多年测定的区域物性资料，区内岩（矿）石物性变化的基本特征如下：①岩矿石的密度值主要与岩石类型有关。不同时代地层的同类岩石具有相同或相近的密度值，同一时代地层的不同岩石具有显著的密度差异。具体概括为碳酸盐岩类密度值大于碎屑岩类，基性岩类大于酸性岩类。②区内主要地层的综合密度值由小到大依次为奥陶系＜泥盆系＜石炭系＜三叠系＜寒武系＜二叠系，反映了相应的沉积建造特征。上述地层与花岗岩存在着$(0.05\sim0.13)\times10^3\ kg/m^3$的密度差，是应用重力法圈定隐伏花岗岩体的物理前提。③区内主要的沉积岩类与花岗岩均为无磁性岩石。具有较强磁性的岩石主要为两类，一类是银锡铜铅锌等多金属矿化矿产有关的磁铁矿和矽卡岩，另一类是玄武岩。

据云南省地质矿产勘查院磁性测量结果，岩体大致可分为3类。

1）弱磁性类

①泥盆系（D）、寒武系（C_2）的碳酸盐类及碎屑岩类，为工作区地表出露的主要岩性，以白云岩、灰岩、砂岩、页岩及泥岩为主。该类岩性磁化率在$(1.91\sim690.42)\times4\pi\cdot10^{-6}$ SI之间，平均为$80.68\times4\pi\cdot10^{-6}$ SI，剩磁在$(4.15\sim155.3)\times10^{-3}$ A/m之间，平均为34.29×10^{-3} A/m，表现为弱磁性或无磁性，不引起磁异常。

②来自白牛厂矿区的隐伏花岗岩体，其磁化率在$(24.64\sim290.6)\times4\pi\cdot10^{-6}$ SI之间，平均为$99.17\times4\pi\cdot10^{-6}$ SI，剩磁在$(25.91\sim93.49)\times10^{-3}$ A/m之间，平均为57.37×10^{-3} A/m，亦为弱磁性特征。

2）中等磁性类

①矿区较大面积分布风化红土，由于吸附了较多铁质，表现出磁性，本次采集了数个风化红土样进行测试，样品呈碎裂状。磁化率在$(178.77\sim948.98)\times4\pi\cdot10^{-6}$ SI之间，平均为$546.49\times4\pi\cdot10^{-6}$ SI，剩磁在$(13.9\sim138.9)\times10^{-3}$ A/m之间，平均为41.13×10^{-3} A/m，表现为中等磁性。地表红土分布较广，部分地段厚度较大，形成较多的小规模磁异常，磁异常幅值高，变化复杂，没有明显的宏观规律。

②在老营盘至大凹子一带，地表、残坡积层中分布有风化残余的褐紫色铁质泥岩，以残块形式存在，磨圆度较高。其铁质含量较高，但不均匀，部分具明显的赤铁矿化，其磁化率在$(49.37\sim31\ 383.2)\times4\pi\cdot10^{-6}$ SI之间，平均为$508.17\times4\pi\cdot10^{-6}$ SI，剩磁在$(23.63\sim31\ 732.18)\times10^{-3}$ A/m之间，平均为433.39×10^{-3} A/m，磁性极不均匀，整体表现为中等磁性。该类残块在部分地段较为集中，如老营盘西南侧公路边，在地表低洼处聚集了较多该类岩石，并形成了一定规模的磁异常。

③在庄水山北侧采石场处，出露一处坡脚组（D_1p）的具有硅化、褐铁矿化的砂岩，具有一定厚度，产状不清。蚀变推测有构造热液引起，岩石整体破碎。其磁化率在$(148.64\sim479.86)\times4\pi\cdot10^{-6}$ SI之间，平均为$293.29\times4\pi\cdot10^{-6}$ SI，剩磁在$(97.65\sim237.53)\times10^{-3}$ A/m之间，平均为137.24×10^{-3} A/m，表现为中等磁性，推测为引起庄水山北侧小规模高值磁异常的磁性源。工作区其余地段未见有该类岩石分布。

④来自白牛厂矿区的灰绿色矽卡岩，矽卡岩变质程度相对较低，具有磁黄铁矿化、黄铁矿化。磁化率在$(133.63\sim1\ 035.82)\times4\pi\cdot10^{-6}$ SI之间，平均为$400.08\times4\pi\cdot10^{-6}$ SI，剩磁在$(52.03\sim327.75)\times10^{-3}$ A/m之间，平均为205.68×10^{-3} A/m，表现为中等磁性。矽卡岩主要分布于深部隐伏岩体上部，如果具有较大规模，可在地表引起磁异常。

3）强磁性类

来自白牛厂矿区灰色、灰黑色磁黄铁矿石，具有铅锌矿化、铜矿化、黄铁矿化等多种矿化，磁黄铁矿含量在30%～90%之间。使用磁性笔简单测试即表现出强磁性，本次测试其磁化率在（1 073.85～

32 579.0)×4π·10^{-6}SI 之间，平均为 5 016.25×4π·10^{-6}SI，剩磁在(582.83～309 133.87)×10^{-3}A/m 之间，平均为 7 298.86×10^{-3}A/m，表现出强磁性，为矿区附近磁性最强的物质，是引起地表磁异常的主要磁性源。

2. 1:5万重力异常特征

在1:5万布格重力异常图(图6-23)上，区内重力场总体为西高东低，南缓北陡的异常特征和分布格局。由薄竹山至白牛厂一带，重力场变化达 16×10^{-5}m/s² 以上。以茅山洞为界，区内重力场划分为东、西两个部分，东部为薄竹山至白牛厂重力低主体异常，呈北西继而转东西走向，其上叠加了一系列局部重力高或重力低异常；西部为干冲重力低异常，呈北东走向，梯度显著变缓，表明与白牛厂重力低异常不同的特征，反映了高密度沉积环境下，场源埋深较大的特征，在主体异常的南北两侧，表现为等值线密集的重力梯度带，反映了两条北西走向的断裂存在。

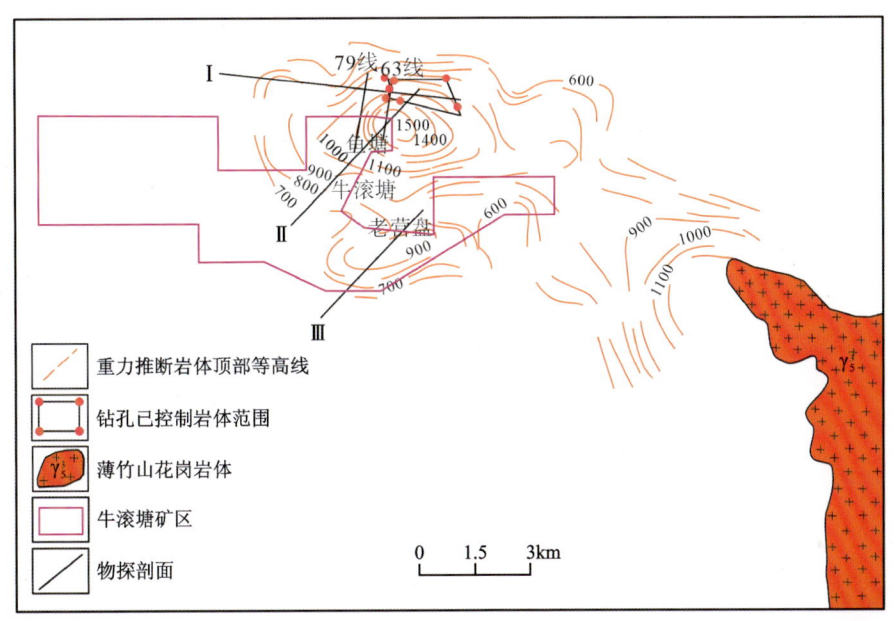

图 6-23　白牛厂地区 1:5万重力推断岩体顶板等高线示意图(据云南省地质矿产勘查院，2023 修改)

云南省地质矿产局物探队根据 1:20 万区域重力测量(1970 年)和 1:5万矿区重力测量(1989 年)资料，对区内隐伏花岗岩顶界面进行了反演计算，圈定了隐伏花岗岩体的范围及空间基本形态，绘制了隐伏花岗岩体顶板界面等高线图。以牛滚塘矿区中部的箐角—老营盘断裂为界，推测出两个岩体隆起。北部隐伏岩体隆起位于白牛厂矿区阿尾矿段和对门山矿段，顶板最高标高1500m。根据钻孔资料统计发现：隐伏花岗岩体顶面标高一般在1200～1440m之间，呈北西西—南东东走向，侵位于中寒武统田蓬组及其下伏地层中，长度大于2400m，宽度350～950m。

南部老营盘岩体隆起位于牛滚塘调查评价区南部老营盘一带，顶板出露标高1000m左右，综合分析认为，推测的南部岩体隆起埋深更大的原因可能是受到了左行正断层——箐角-老营盘断裂的影响，埋深加大，并向东偏移，该区为另一个重要的找矿有利地区。

3. 1:5万磁异常特征

白牛厂地区 1:5万航磁 ΔZ 磁异常显示南北为弱正磁异常，中间牛滚塘一带位于零等值线附近，局部表现为非常弱的负磁异常。

北部正磁异常与白牛厂银多金属矿床相对应，向南延入矿区北部鱼塘村一带，表现为20nT等值线包围的团块状马蹄形,规模约 4km²,内部呈北东向分布的宽缓磁异常,梯度变化较小,异常中心幅值为 80nT 左右,磁异常反映的形态和特征与白牛厂银多金属矿区钻孔中所见磁性矿物(主要为磁铁矿、磁黄铁矿、铁闪锌矿)分布一致,表明矿体中磁性矿物的富集是引起白牛厂矿床宽缓磁异常的主要原因。矿区北部鱼塘村—母鸡白一带则表现为正磁异常和负磁异常转换部位。

牛滚塘以南表现为近东西走向的不规则形状的磁异常,南部延入矿区以外;最高值位于老营盘西南部,最高可到 60nT,与重力推断的老营盘花岗岩体隆起部位基本对应。此外,矿区东部圈定一个磁异常,异常呈近东西向展布的椭圆形,异常值可达 100nT,面积 3km²。

4. 1∶1万磁异常特征

根据地面 1∶1万高精度磁测工作(图 6-24),可将矿区磁异常大体可以分为 3 个区块,分别为西部区块、中部区块及东部区块,不同区块表现出不同的磁异常特征。

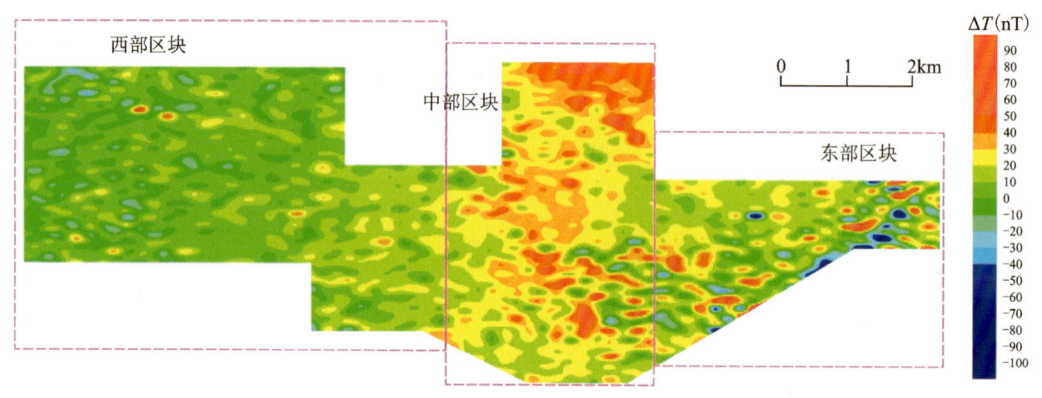

图 6-24　牛滚塘工作区地面高精度磁测 ΔT 等值线图(据云南省地质矿产勘查院,2023 修改)

1)西部区块磁场特征

西部区块为龙潭村以西至干冲一带的研究区块,ΔT 值整体较低,除个别单点值较高外,大部分均在 $-20\sim20$nT 之间,均值在 6.7nT 左右,ΔT 变化幅度均较小,为无异常区。从数值变化上看,西部区块表现出从西往东 ΔT 幅值缓慢升高的变化趋势。

2)东部区块磁场特征

东部区块为羊街子以东的工作区域,区内整体 ΔT 值较低,均值约为 8nT。有多个小规模的磁异常,异常幅值大,正负异常伴生,异常值最高位 153nT,最低为 -170nT,不见有明显宏观规律,表现出浅表异常的特征。

3)中部区块磁场特征

中部区块是工作区内主要的磁异常区。该区内 ΔT 值整体较高,ΔT 值在 30nT 以上的点在该区较为集中,ΔT 均值约为 25nT,明显高于东西两侧。中部区块磁异常具有北高南低的变化趋势,这个变化趋势主要从 ΔT 值的大体变化反映出来,在 C1 磁异常一带,ΔT 平均值约为 41nT,往南至 C2 磁异常,ΔT 平均值下降至为 31nT,在牛滚塘—大凹子一带,ΔT 平均值为 27nT,在大凹子以南区域,ΔT 平均值为 22nT。

5. 物探的解释与推断

1)C1 磁异常解释推断

C1 磁异常为鱼塘村以南、田尾巴以北的区域,面积约为 5.4km²,最大值 147.56nT,最小值为 -73.58nT,平均 32.08nT。区内 ΔT 值普遍较高,尤其在鱼塘村以北一带,平均达到了 41nT,是工作区主要的磁异常区。C1 磁异常由南向北有升高趋势,受范围限制,异常不圈闭,形态复杂,连续性好。区内总体人文干扰较小,但在鱼塘村以及鱼塘村南侧的成排风力发电机,具有极高的磁测干扰,在剔除明显的干扰数据之后,依然形成如图 6-25a 的黑色虚线所示的一北西向的相对低值异常带,参考平剖图以及化极图,相对低值异常带的南北两侧,在形态、变化趋势上是相似的,假如不存在干扰,应该是一连续的异常区,故圈为一个异常。

C1 异常区北侧的大部分区域,地层以龙哈组为主,由西向东,分别为龙哈组一段至四段,岩性以白云岩为主,夹少量粉砂岩、泥岩。鱼塘村东侧、东南侧出露泥盆系坡松冲组,岩性以砂岩、砂砾岩、砾岩为主。在异常区南侧,地层为古木组,岩性以灰岩为主。区内构造以断层为主,主要是东西向的 F_9 以"X"形切割南北向的 F_{16},其次为 F_9、F_{25}、F_{16} 在南侧相交。区内出露少量的灰白色似斑状花岗岩,仅在鱼塘村南侧风车路边少量出露,风化较强,含俘虏体较多,大小从几厘米到几十厘米不等,部分俘虏体风化淋滤出岩体,形成孔洞。根据地表地质信息,除少数人文干扰之外,片区内地表不存在引起磁异常的地质体。

根据化极及上延结果来看(图 6-25),化极后异常范围及幅值略有降低,异常中心向北东移动,有向白牛厂银多金属矿区收缩的趋势。从不同高度上延磁异常平面图中可看出:异常随着延拓高度的增加,异常幅值整体缓慢降低,异常范围随之缓慢减小,但异常的细节迅速消减。这表明该磁异常具有浅表异常叠加深部异常的特点,在上延过程中,浅表因素所致细微异常迅速消减,而异常整体在上延过程中为一个较为缓慢的变化过程,直至 1000m 时,鱼塘北侧依然存在 20nT 左右的磁异常,磁性体埋深较大。推测 C1 磁异常由白牛厂银多金属矿区具有磁性的多金属磁黄铁矿或矿化蚀变带南延引起。

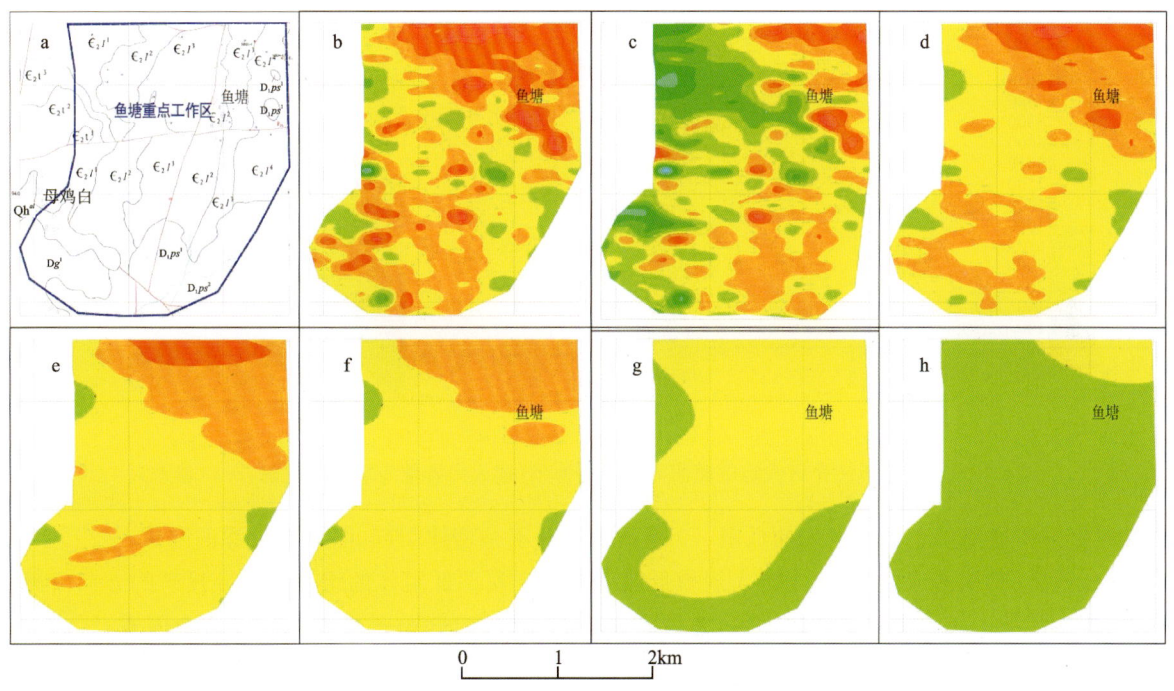

图 6-25 C1 磁异常解析图(据云南省地质矿产勘查院,2023 修改)

a.C1 异常区地质简图;b.C1 异常等值线图;c.C1 异常化极图;d.C1 异常上延 50m 等值线图;e.C1 异常上延 100m 等值线图;f.C1 异常上延 200m 等值线图;g.C1 异常上延 500m 等值线图;h.C1 异常上延 1000m 等值线图

此外,鱼塘重点工作区的 3 条线,加上前期调研开展 63 线北段,鱼塘地区共开展了 4 条物探综合剖面,通过图 6-26 可知,从西向东,南侧高阻体规模逐步变小,深部延伸变小,低阻体规模变大,阻值也相应更低,同时埋深也变浅。东侧 94 线推测隐伏岩体顶部标高最高约为 1450m,往西 90 线约为 1350m,到了 63 线已经深至标高 1100m 左右,79 线低阻区与另外 3 条已有明显区别,另外 3 条线推测隐伏岩体所对应的电阻率均在 260Ω·m 以下,整体在 60~100Ω·m 之间,而 79 线低阻区电阻率在 260~630Ω·m

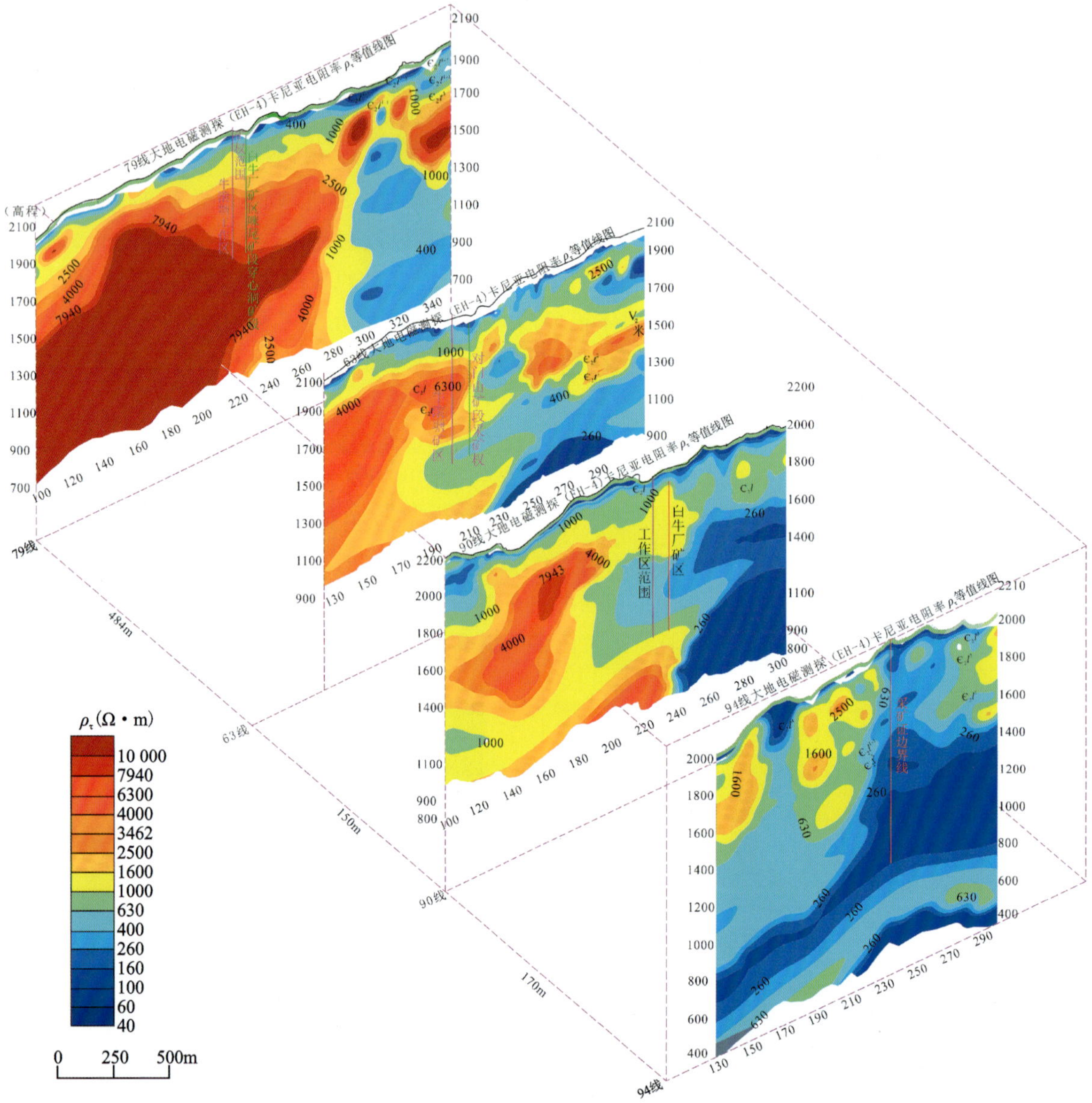

图 6-26　鱼塘重点工作区大地电磁测深联合剖面图（据云南省地质矿产勘查院，2023 修改）

之间,电阻率明显高于东侧 3 条线的低阻,79 线低阻区并不是岩体引起,岩体在更深的部位。

综合地质、物探的成果,认为本区大规模低缓磁异常＋深部低阻体的组合是指导找矿的方向。磁黄铁矿化是本区一个较为重要的矿化现象,是指导找矿的重要信息,抛开磁黄铁矿化这个因素,区内没有其他可以引起大规模低缓磁异常的磁性体存在,通过分析研究磁异常可以锁定磁黄铁矿化地段,圈定找矿靶区。在磁异常区内布设电磁测深工作,深部的低阻体为岩体的可能性较大,低阻岩体可能具有明显的矿化蚀变,其上部有低阻体存在,低阻体可能是矿(化)体,也可能是田蓬组的砂泥岩类。高阻亦有可能是岩体,但高阻岩体矿化较弱。

C1 异常区的南部,在母鸡白东侧,大凹子北侧一带,人文干扰较小,磁异常明显且规模较大,推测有同样的磁性体存在,具有找矿意义,但也注意到,该区域的异常值明显低于北侧鱼塘工作区,磁性体可能埋深更大。

2)C2 磁异常解释推断

C2 磁异常在田尾巴以南,大凹子一带,东至老银盘,面积约为 $3km^2$,最大值 149.18nT,最小值为

−120.9nT,平均23.62nT。区内 ΔT 值相对较低,有数个小规模组成,幅值高、断续性差、形态复杂。

C2异常区内地层均为泥盆系,主要为革当组、东岗岭组和古木组,岩性以灰岩为主,也存在红土干扰的情况。构造发育,4条断层穿过片区。

上延至100m时,异常依然存在,但高值的小规模磁异常已经大幅衰减,说明小规模的高值异常为浅表磁性体引起,而上延至100m后,异常依然清晰明显,又表现出与浅表异常区别明显的深源特征,认为C2磁异常为深部低缓异常与浅表高幅值异常叠加的结果(图6-27)。

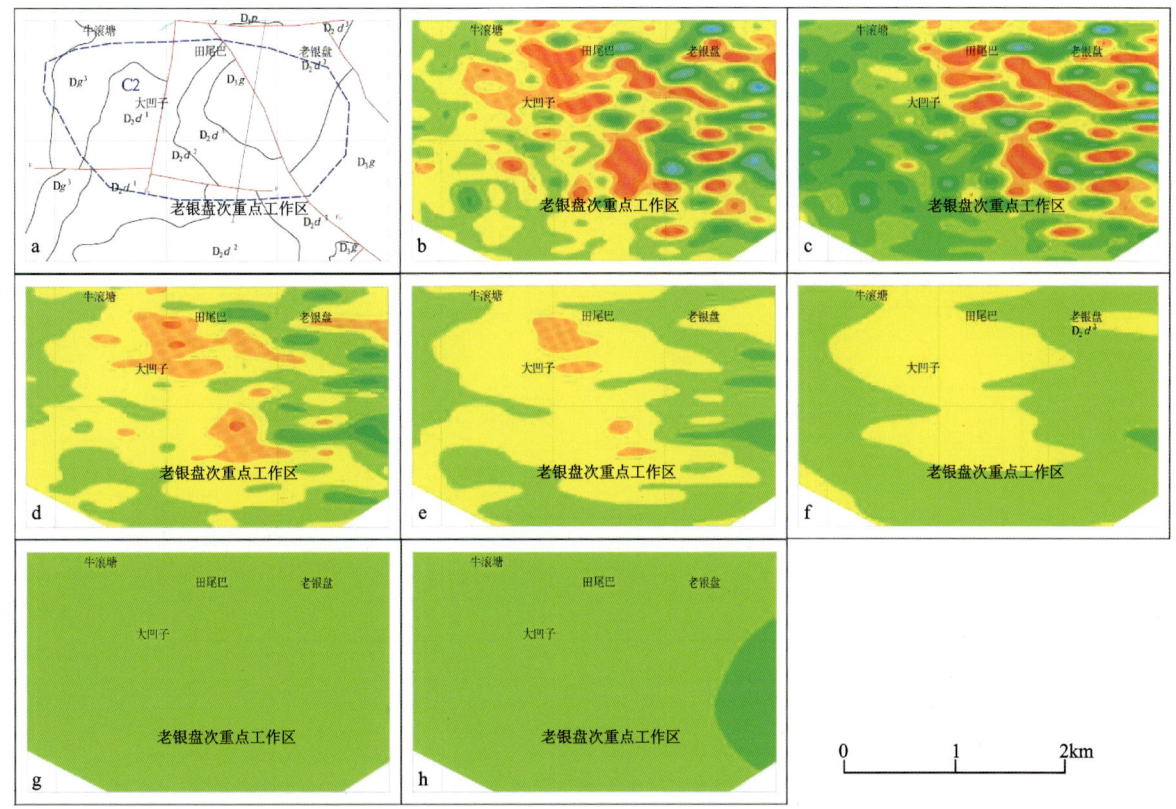

图6-27 C2磁异常解析图(据云南省地质矿产勘查院,2023修改)

a.C1异常区地质简图;b.C1异常等值线图;c.C1异常化极图;d.C1异常上延50m等值线图;e.C1异常上延100m等值线图;f.C1异常上延200m等值线图;g.C1异常上延500m等值线图;h.C1异常上延1000m等值线图

异常区广布灰岩,地表红土覆盖,而且老营盘至田尾巴一带地表、残坡积层中分布有风化残余的褐紫色铁质泥岩,以上的红土与铁质泥岩都具有中等磁性,认为C2磁异常内的浅表高幅值异常由红土与铁质泥岩共同引起。C2磁异常的深源特征,推测与隐伏岩体的矿化有关。1:5万的重力测量显示,在C2异常区有一明显的重力低,类似的重力低在白牛厂隐伏岩体上也有显示,亦是C2异常深部存在隐伏岩体有力证据,而隐伏岩体或岩体周边的矿化蚀变,是引起C2异常深源特性的磁性体。

七、地球化学特征

1.1:5万岩石地球化学特征

1:5万岩石地球化学测量,在牛滚塘调查评价区内圈定了AR4、AR5、AR6共3个综合异常,其中,AR4、AR5高、中、低温元素异常发育齐全,与白牛厂矿区异常特征相似(图6-28);AR6异常则以Pb、

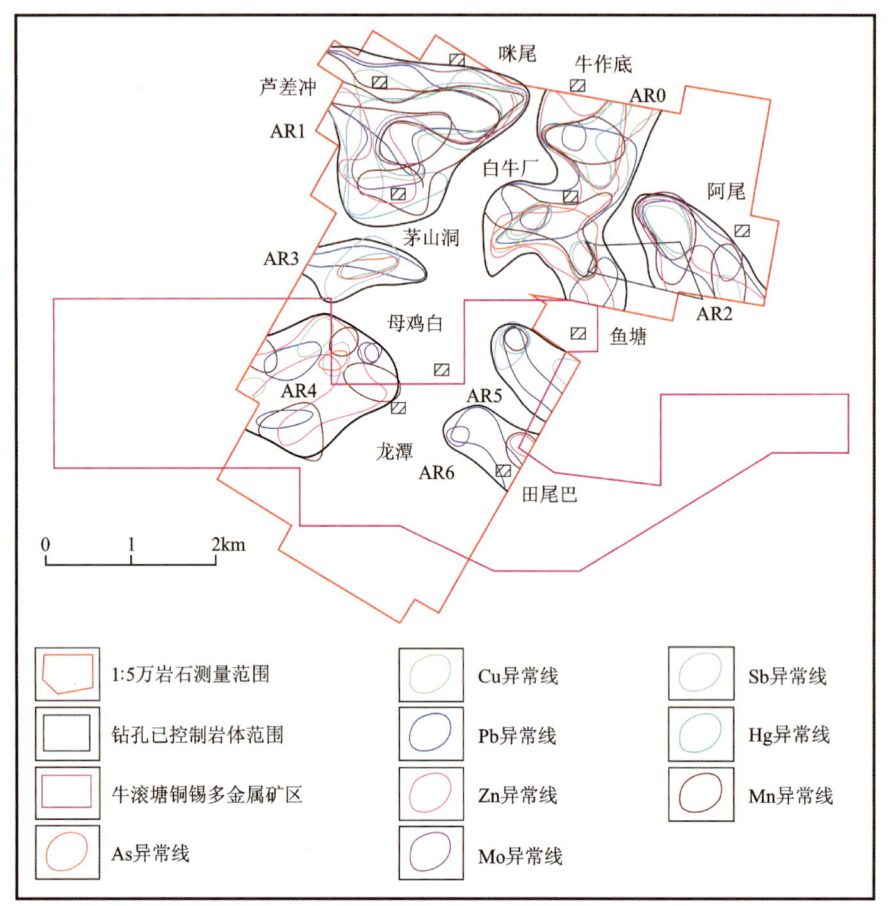

图 6-28 白牛厂—牛滚塘地区 1:5 万岩石地球化学测量综合异常图（据云南省地质矿产勘查院，2023 修改）

Zn、Mo、Mn 元素异常为主，其他元素异常相对不发育。

2. 1:1 万岩石地球化学剖面测量

云南省地质矿产勘查院在矿区西部的庄水山村东北部布设了 3 条剖面对 AR4 号异常及高精度磁测高值区开展解剖，在矿区中部田尾巴—鱼塘一带布设了 2 条剖面对 AR5、AR6 号及高精度磁测圈定的异常区开展解剖，共分析了 W、Sn、Mo、Bi、Cu、Pb、Zn、Ag、Au、As、Sb、Hg 共 12 种元素。

1）YP1 地球化学特征

与地壳丰度对比，Pb、Sb、Hg 元素显著富集，Au、As 元素明显富集，W 元素相对富集，Bi 元素相对稳定，Mo、Cu、Sn、Ag 元素相对贫化，Zn 元素贫化。

Cu、Pb、Zn、Ag、Au、As、Sb、W 元素含量变化系数 CV 值均大于 1.5，表明这些元素（为区内主要成矿及伴生指示元素）在区内分布极不均匀，往往在某一地质构造单元或局部地段形成明显的富集或贫化，即易在局部构造成矿有利地段成晕或成矿；而 Mo 元素变化系数 CV 值在 1～1.5 之间，表明 Mo 元素在区内分布不均匀，可在局部富集成晕形成异常；Sn、Bi 元素 CV 值小于 1，表明这些元素背景面变化较为平缓，不易在局部地段形成明显的富集或贫化。

2）YP2 地球化学特征

与地壳丰度对比，Hg、Sb 元素明显富集，Mo、Bi、W 元素相对贫化，Au、As、Sn、Cu、Pb、Zn、Ag 元素贫化。

Mo、As、W、Sn、Pb、Sb、Hg、Cu 元素含量变化系数 CV 值均大于 1.5，表明这些元素（为区内主要成矿及伴生指示元素)在区内分布极不均匀,往往在某一地质构造单元或局部地段形成明显的富集或贫化,即易在局部构造成矿有利地段成晕或成矿;而 Ag、Zn 元素变化系数 CV 值在 1～1.5 之间,表明 Ag、Zn 元素在区内分布不均匀,可在局部富集成晕形成异常;Au、Bi 元素 CV 值小于 1,表明这些元素背景面变化较为平缓,不易在局部地段形成明显的富集或贫化。

3)YP3 地球化学特征

与地壳丰度对比,Sb、Hg 元素显著富集,Bi、As 元素明显富集,W 元素相对富集,Mo、Pb、Sn 元素相对稳定,Cu、Zn、Ag、Au 相对贫化。

Sb 元素含量变化系数 CV 值均大于 1.5,表明该元素在区内分布极不均匀,往往在某一地质构造单元或局部地段形成明显的富集或贫化,即易在局部构造成矿有利地段成晕或成矿;而 As、Zn、Hg 元素变化系数 CV 值在 1～1.5 之间,表明 As、Zn、Hg 元素在区内分布不均匀,可在局部富集成晕形成异常;Ag、Sn、Cu、W、Pb、Mo、Au、Bi 元素 CV 值小于 1,表明这些元素背景面变化较为平缓,不易在局部地段形成明显的富集或贫化。

4)YP4 地球化学特征

与地壳丰度对比,Sb 元素显著富集,Hg、Bi、As、W 元素明显富集,Mo、Pb、Sn、Zn 元素相对富集,Cu 元素相对稳定,Ag、Au 元素相对贫化。

Zn 元素变化系数 CV 值在 1～1.5 之间,表明该元素在区内分布不均匀,可在局部富集成晕形成异常;其余元素 CV 值小于 1,表明这些元素背景面变化较为平缓,不易在局部地段形成明显的富集或贫化。

5)YP5 地球化学特征

与地壳丰度对比,Bi、Sb、W、Hg 元素明显富集,As、Mo、Pb、Sn 元素相对富集,Cu 元素相对稳定,Zn、Au 元素相对贫化,Ag 元素贫化。

Hg 元素变化系数 CV 值在 1～1.5 之间,表明该元素在区内分布不均匀,可在局部富集成晕形成异常;其余元素 CV 值小于 1,表明这些元素背景面变化较为平缓,不易在局部地段形成明显的富集或贫化。

八、矿体特征

在矿内揭露控制了 3 条矿体,均位于鱼塘重点工作区。其中铜矿体 2 条,编号 V_{1-Cu}、V_{3-Cu};铅锌矿体 1 条,编号 V_{Pb-Zn},各矿体特征如下。

1. V_{1-Cu} 矿体

V_{1-Cu} 矿体为白牛厂银多金属矿区主矿体 V_1 倾向南延部分,矿体受 F_3 断层控制,矿体产状与 F_3 断层及下盘岩层产状基本一致,呈似层状产出。倾向南南西,倾角 9°～37°,一般为 24°。矿体西起于穿心洞矿段 57 线,东至于对门山矿段 102 线,共有 23 个钻孔工程控制,矿体走向长 1900m,倾斜延深 1150m。矿体单工程厚 1.02～23.87m,平均 6.83m,厚度变化系数 109.8%。单工程铜品位 0.31%～3.04%,平均 0.69%,品位变化系数 78.8%。矿石类型为黄铜矿磁黄铁矿毒砂型矿石。已探获铜远景资源规模达中型。

调查评价区内 V_{1-Cu} 矿体(图 6-29)由已完成施工的 NZK63-1 钻孔控制,钻孔于 874.59m 揭露 F_3 断层;于 900.35～904.11m 揭露到 V_{1-Cu} 矿体,厚度 3.59m,铜平均品位 0.55%、mFe 平均品位 14.83%、S 平均品位 13.93%、伴生银平均品位 3.68×10^{-6}。

2. V_{3-Cu} 矿体

V_{3-Cu} 矿体位于白牛厂银多金属矿区主矿体 V_1 下部,呈似层状、透镜状产出,产状基本与 V_1 矿体一致。控制矿体主要分布于63线和90线,共有4个钻孔工程控制,矿体走向长240m,倾斜延深510m,63线以西可能受钻孔孔深限制未完全揭露。矿体单工程厚 3.37~11m,平均 7.64m。单工程铜品位 0.41%~0.63%,平均 0.52%。矿石类型为黄铁矿黄铜矿毒砂型矿石。

调查评价区内 V_{3-Cu} 矿体(图 6-29)由已完成施工的 NZK63-1 钻孔控制,钻孔于 937.22~938.39m 揭露到 V_{3-Cu} 矿体,厚度 1.12m,铜平均品位 1.15%,银平均品位 83.4×10^{-6}。从 63 线剖面图中可以看出矿体在倾向上具尖灭再现特征,但灭再现后矿体厚度变薄品位变高。

3. V_{Pb-Zn} 矿体

V_{Pb-Zn} 矿体(图 6-29)为本次调查评价工作新发现矿体,位于含矿构造 F_3 上部,呈脉状、稀疏浸染状产出。产状南南西,倾角约 25°,由本次施工的 NZK63-1 与 NZK94-1 两个钻孔控制,矿体走向长 330m,矿体平均厚度 1.52m,铅平均品位 1.23%,锌平均品位 1.57%,银平均品位 46.83×10^{-6}。矿石类型为黄铁矿型铅锌银矿石。

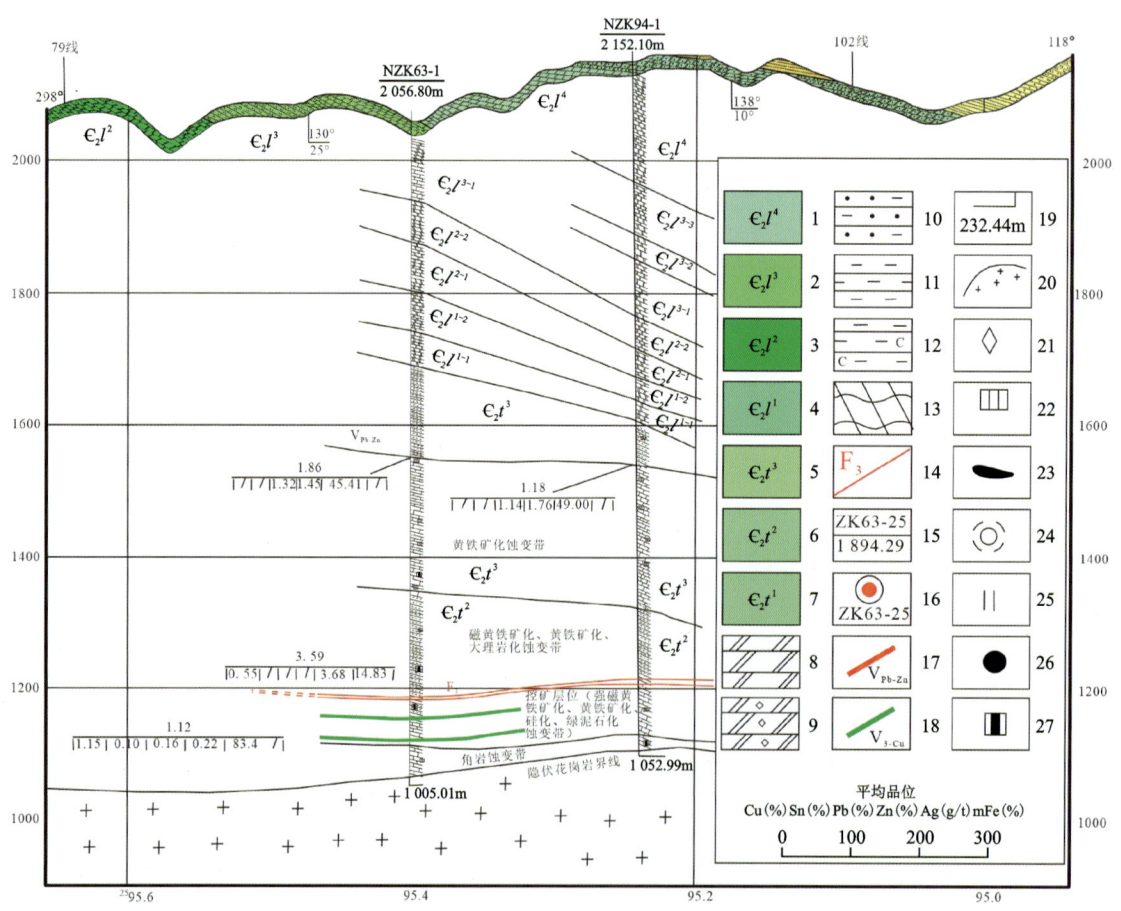

1.龙哈组第四段;2.龙哈组第三段;3.龙哈组第二段;4.龙哈组第一段;5.田蓬组第三段;6.田蓬组第二段;7.田蓬组第一段;8.白云岩;9.亮晶白云岩;10.泥质砂岩;11.泥岩;12.含碳质泥岩;13.角岩;14.正断层;15.钻孔编号/孔口标高;16.见矿钻孔及编号;17.铅锌矿体;18.Cu矿体及编号;19.终孔孔深;20.推测隐伏岩体;21.方解石化;22.黄铁矿化;23.绿泥石化;24.硅化;25.黄铁矿化;26.绿泥石化;27.磁铁矿化

图 6-29 牛滚塘铜锡多金属矿区矿体纵剖面图(据云南省地质矿产勘查院,2023 修改)

九、成矿时代

1. 实验方法

锆石 U-Pb 同位素定年和微量元素含量在中国地质科学院地质研究所成矿流体实验室利用 LA-ICP-MS 同时分析完成(Zong et al.,2017)。GeolasPro 激光剥蚀系统由 COMPexPro 102 ArF 193nm 准分子激光器和 MicroLas 光学系统组成,ICP-MS 型号为 Agilent 7900。激光剥蚀过程中采用氦气作载气、氩气作补偿气以调节灵敏度,二者在进入 ICP 之前通过一个"T"形接头混合,激光剥蚀系统配置有信号平滑装置(Hu et al.,2015)。本次分析的激光束斑直径和频率分别为 $32\mu m$ 和 5Hz。U-Pb 同位素定年和微量元素含量处理中采用锆石标准 91500 和玻璃标准物质 NIST610 作外标分别进行同位素和微量元素分馏校正。每个时间的分析数据包括 20~30s 空白信号和 50s 样品信号,分析数据的离线处理(包括对样品和空白信号的选择、仪器灵敏度漂移校正、元素含量及 U-Pb 同位素比值和年龄计算)采用软件 ICPMSDataCal(Liu et al.,2008;Liu et al.,2010)完成。锆石样品的 U-Pb 年龄谐和图绘制和年龄加权平均计算采用 Isoplot/Ex_ver3(Ludwig,2003)完成。

2. 锆石 U-Pb 年代学特征

对牛滚塘铜多金属矿区的 1 件样品(NGT-D1-B5)进行 LA-ICP-MS 锆石 U-Pb 定年分析(图 6-30),其中有效数据的锆石共 13 个点,锆石长 200~600μm,长宽比为 1:1~4:1,普遍发育密集振荡环带,属典型岩浆型锆石特征(图 6-30)。具体分析结果见表 6-8。

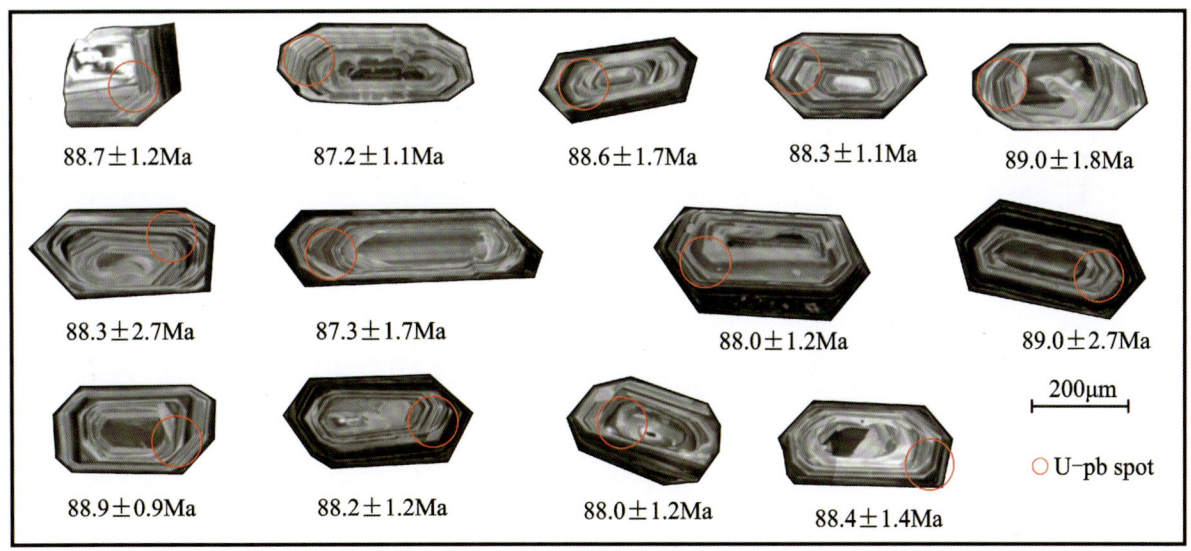

图 6-30 牛滚塘铜多金属矿区锆石阴极发光(CL)图像

牛滚塘矿区的样品 NGT-D1-B5 中锆石 Th 含量为 $(538~2380)\times 10^{-6}$,U 含量为 $(993~3079)\times 10^{-6}$,Th/U 值为 0.30~1.23;加权平均年龄分别为 $88.28\pm 0.36Ma(MSWD=0.80, n=13)$。

牛滚塘铜锡多金属地区黑云母二长花岗岩锆石 U-Pb 年龄为 $88.28\pm 0.36Ma$(图 6-31),表明隐伏花岗岩体形成于晚白垩世,为燕山晚期岩浆活动的产物,与白牛厂隐伏花岗岩体、薄竹山岩体的形成年龄一致。

表 6-8 牛滚塘矿区花岗岩体样品 LA-ICP-MS 锆石 U-Pb 测年分析结果

测点号	ω_B (×10⁻⁶)			Th/U	同位素比值						年龄(Ma)						谐和度(%)
	Pb	Th	U		$^{207}Pb/^{206}Pb$	2σ	$^{207}Pb/^{235}U$	2σ	$^{206}Pb/^{238}U$	2σ	$^{207}Pb/^{206}Pb$	2σ	$^{207}Pb/^{235}U$	2σ	$^{206}Pb/^{238}U$	2σ	
NGT-D1-B5-01	39.1	914	993	0.92	0.047 7	0.002 0	0.091 9	0.004 0	0.013 86	0.000 18	64	85	89.1	3.7	88.7	1.2	100
NGT-D1-B5-03	26.6	570	1471	0.39	0.051 9	0.001 7	0.098 3	0.003 3	0.013 63	0.000 18	262	71	95.5	3.1	87.2	1.1	91
NGT-D1-B5-07	104.6	2380	1942	1.23	0.048 9	0.002 0	0.093 8	0.003 8	0.013 84	0.000 26	124	87	91	3.5	88.6	1.7	97
NGT-D1-B5-09	24.47	568	1553	0.37	0.048 2	0.001 6	0.092 3	0.003 3	0.013 78	0.000 17	103	68	89.5	3	88.3	1.1	99
NGT-D1-B5-10	23.7	538	1809	0.30	0.048 1	0.002 6	0.093 0	0.005 1	0.013 9	0.000 28	80	110	91.2	5.1	89	1.8	98
NGT-D1-B5-12	91.8	2170	1830	0.38	0.051 9	0.003 2	0.100 2	0.007 1	0.013 79	0.000 42	240	130	96.7	6.5	88.3	2.7	91
NGT-D1-B5-15	51.1	1035	2719	1.19	0.048 5	0.001 5	0.092 1	0.002 8	0.013 64	0.000 27	127	69	90	2.7	87.3	1.7	97
NGT-D1-B5-16	50.4	1112	2760	0.38	0.048 3	0.001 4	0.091 9	0.002 6	0.013 75	0.000 19	98	60	89.1	2.4	88	1.2	99
NGT-D1-B5-18	61.3	1348	2420	0.40	0.050 4	0.002 1	0.097 5	0.004 4	0.013 91	0.000 42	200	93	94.4	4.1	89	2.7	94
NGT-D1-B5-19	54.4	1239	1594	0.56	0.048 2	0.001 6	0.094 0	0.003 1	0.013 9	0.000 14	101	69	91	2.9	88.99	0.91	98
NGT-D1-B5-20	104.3	2287	3079	0.78	0.047 5	0.001 1	0.091 7	0.002 2	0.013 78	0.000 18	78	52	89	2	88.2	1.2	99
NGT-D1-B5-21	58.5	1268	1775	0.74	0.051 8	0.001 6	0.099 4	0.003 3	0.013 75	0.000 21	248	68	96.1	3	88	1.3	91
NGT-D1-B5-22	48.9	1094	1263	0.71	0.048 0	0.002 0	0.092 6	0.003 9	0.013 81	0.000 22	81	87	89.8	3.6	88.4	1.4	98

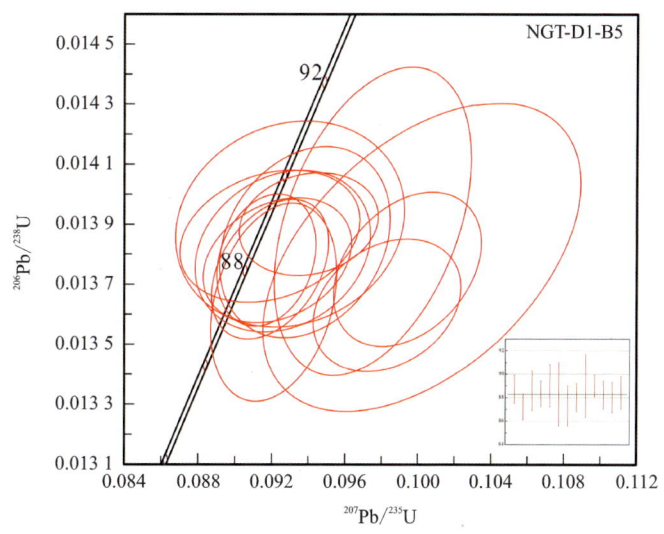

图 6-31　牛滚塘铜多金属矿区锆石 U-Pb 年龄谐和图

第六节　薄竹山复式花岗岩体矿物学特征

长期以来,人们对薄竹山复式岩体的研究比较粗略,认为该岩体为单一侵入体。该区 1∶5 万区域地质调查发现,薄竹山岩体是由多个侵入体组合而成的复式岩体,并将该岩体划分为 7 个单元、2 个序列和 1 个独立单元,其中 2 个序列分别为陈家寨序列(包含洋芋树单元、大山单元、所作底单元 3 个单元)、薄竹山序列(包含雷达站单元、分水岭单元、薄竹坡单元 3 个单元),独立单元为大山脚单元。薄竹山岩体周边的接触带是该地区重要的成矿带之一,矿床受花岗岩浆控制,在岩浆作用的后期,岩浆热液与碳酸盐岩发生交代形成矽卡岩型钨锡多金属矿床,其矿产类型主要为锡、钨、铅、锌等。

电气石是最重要的硼硅酸盐矿物,它普遍存在于各种地质环境中,且可以产生多样性的岩石学信息(Henry et al.,1996)。电气石矿物通常产于酸性程度较高的花岗岩、伟晶岩中,其热液活动不但可以形成不同类型的热液矿床,还会伴生具有代表性特征的矿物(黄雪飞等,2012)。电气石可以作为花岗岩岩浆演化的示踪剂和钨、锡矿化的潜在指示物(Da Costa et al.,2014)。磷灰石在地质学研究中是不可或缺的矿物之一,能为岩浆结晶历史、矿石沉积及多种地质过程提供宝贵的制约信息。同时,其微量元素的测试也成为揭示陆地和地外环境中流体和挥发分的重要手段。因此,在研究电气石、磷灰石矿物宏观、微观结构特征的基础上,利用 EPMA、LA-ICP-MS、硼同位素等分析测试,探讨电气石、磷灰石的成因、岩浆-热液演化关系及成矿作用具有重要地质意义。

一、电气石

电气石是"电气石超群"矿物的统称。作为最重要的硼硅酸盐矿物,电气石形成于多种地质环境中,并为了解特定地质环境的岩石学特征提供了重要依据(Henry et al.,1995)。这种环状硅酸盐矿物广泛分布于地壳岩层中,因其宽广的 P-T 稳定范围和成分可变性(根本上受控于所处地球化学环境),被视为灵敏的岩石成因指示剂(van Hinsberg et al.,2011)。该矿物相展现出对物理化学变化的卓越抗性,能在地质时间尺度上保存诊断性特征。电气石常呈现双相结晶特征:初生晶核形成于岩浆结晶阶段,而晚期矿物相则发育于亚固相线向热液条件的转变过程中。这种延展的结晶条件,涵盖了从残余熔体渗透到热液叠加作用的全过程，使电气石成为重建岩浆演化系统中流体-熔体演化轨迹的关键矿物（Burianek and Nov'ak,2007）。电气石通常形成于酸度较高的花岗岩和伟晶岩中（黄雪飞等,2012）。

电气石可以作为花岗岩岩浆演化的示踪剂和钨、锡矿化的潜在指示物（Da Costa et al.,2014）。薄竹山花岗岩体周边分布有岩羊坡岩浆岩型钨矿，腰店、官房二河沟等矽卡岩型钨矿床，东瓜林锡矿，老君山矽卡岩型钨矿，所作底矽卡岩型铅锌矿，下厂碎屑岩碳酸盐型银矿等，前人已经对该地区的矿床做过了比较完整的研究。但是，薄竹山地区有着大量的电气石，直到目前为止，没有人针对电气石做过详细的研究，电气石与钨、锡矿石的关系尚不清楚。

1. 样品描述及分析方法

1）样品描述

前人研究表明，薄竹山岩体的脉体活动与各单元岩体活动基本处在同一时期。为此，本研究依据张世涛等（1997）对薄竹山岩体的划分方法，选择以陈家寨序列（所作底单元、洋芋树单元、大山单元）、薄竹山序列（薄竹坡单元、雷达站单元、分水岭单元）、大山脚独立单元为背景进行各序列、单元的采样，以采集地附近的地标进行命名（如菖蒲塘—CPT）。通过野外观察以及室内岩相学特征分析，目前已经查明，赋存着3种类型的电气石，样品编号及特征如下。

放射状电气石（图6-32）

CJZ：采自洋芋树单元，灰白色含电气石花岗伟晶岩，电气石为黑色，呈放射状分布；在显微镜下电气石呈放射状，单偏光下呈黄褐色，平行C轴下呈黄褐色，垂直C轴呈蓝绿色、黄绿色，发育基本韵律环带，未见矿化。

LNT：采自分水岭单元，灰白色含电气石花岗伟晶岩，电气石在岩体中为深褐色，呈放射状分布；在显微镜下电气石呈放射状，单偏光下呈淡黄色，平行C轴下呈淡黄色，垂直C轴呈黄绿色、蓝绿色，未见矿化。

图6-32 薄竹山放射状电气石手标本及镜下特征图

LDZ：采自雷达站单元，灰白色含电气石花岗伟晶岩，电气石为深褐色，呈针状集合体分布；在显微镜下电气石呈放射状，单偏光下呈淡黄色，平行C轴下呈淡黄色，垂直C轴呈黄绿色，正交偏光下呈黄绿色，未见矿化。

囊状—似囊状电气石（图6-33）

DGL：采自大山单元，灰白色含电气石花岗伟晶岩，电气石为黑色，呈囊状—似囊状分布；在单偏光下电气石呈黄褐色，平行C轴下呈淡蓝色，垂直C轴呈黄褐色、黄绿色，在其周边有蓝绿色电气石，可见韵律环带，未见矿化。

DSJ：采自大山脚单元，灰白色含电气石花岗细晶岩，电气石为黑色，呈囊状—似囊状分布；在单偏光下电气石呈黄褐色，部分截面近似六边形，部分可见韵律环带，未见矿化。

GF：采自所作底单元，灰白色含电气石花岗细晶岩，电气石为黑色，呈囊状—似囊状分布；在显微镜下部分电气石截面近似球面三角，单偏光下呈黄褐色，平行C轴下呈淡黄绿色，垂直C轴呈蓝绿色、黑色，核部呈黄褐色，边部为黄绿色、蓝绿色，环带发育，见黄铜矿、黄铁矿和磁黄铁矿化。

XC：采自所作底单元，灰白色含电气石花岗伟晶岩，电气石为黑色，呈囊状—似囊状分布；在单偏光下电气石呈黄褐色，平行C轴下呈黄褐色，垂直C轴呈深褐色，可见蓝色边，部分可见韵律环带，见黄铁矿、黄铜矿，矿体呈星点状分布。

CPT：采自大山单元，灰白色含电气石花岗伟晶岩，电气石为黑色，呈囊状—似囊状分布；在单偏光下电气石呈黄绿色，正交偏光下呈黄绿色，环带发育，核部近似六边形，在外围边部还发育蓝色电气石，偶见黄铁矿呈星点状分布。

图6-33　薄竹山囊状—似囊状电气石手标本及镜下特征图

柱状电气石（图6-34）

EHG：采自所作底单元，白色、灰白色含白钨矿电气石伟晶岩，电气石为黑色，呈柱状分布，白钨矿在其表面呈星点状分布；在显微镜下电气石截面近似球面三角，单偏光下呈黄褐色，平行C轴下呈淡黄色，垂直C轴呈黄绿色，正交偏光下呈黄色、蓝绿色，偶见金属矿物呈星点状分布。

2）分析方法

电子探针

电子探针主量元素分析在中国冶金地质总局山东局测试中心完成。仪器型号为JEOL（日本电子）JXA-8230型电子探针显微分析仪。分析条件为工作电压15kV，工作电流2×10^{-8}A，分析束斑直径10μm。所有数据采用ZAF法进行基体校正；主量元素（含量大于1%）：峰值积分时间10~20s，背景积

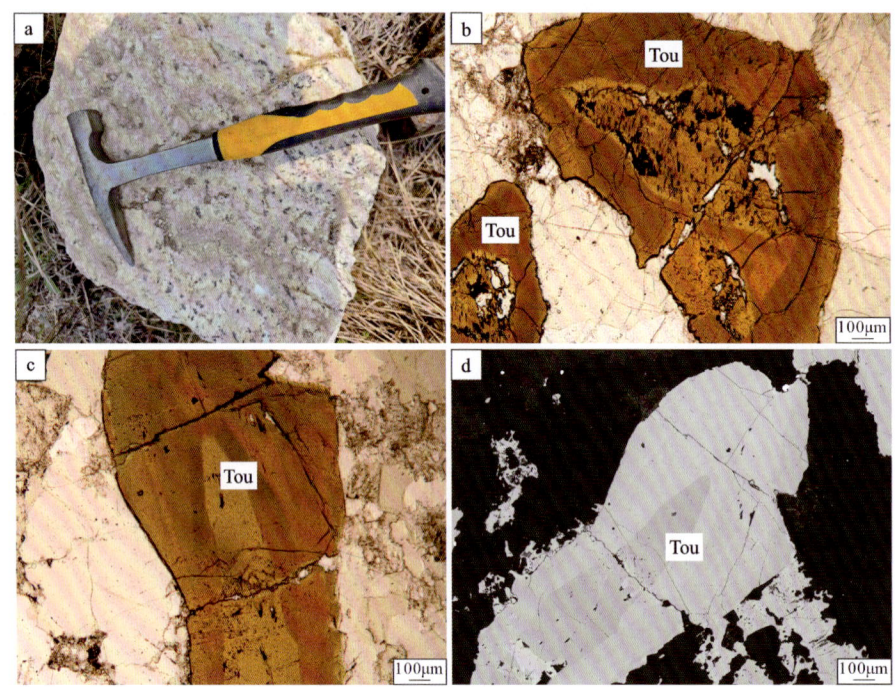

图 6-34 薄竹山柱状电气石手标本及镜下特征图

分时间 5~10s；微量元素（含量小于 1%）：峰值积分时间 20~40s，背景积分时间 10~20s；标准样品为美国 SPI 矿物/金属标准和中国国家标准样品 GSB；严格参照中华人民共和国国家标准《硅酸盐矿物的电子探针定量分析方法》(GB/T 15617—2002)。电子探针的分析元素包括 F、Si、Al、Na、Mg、K、Ca、Ti、Cl、Fe 等。

LA-ICP-MS 原位微区微量元素分析

LA-ICP-MS 原位微区微量元素分析在中国冶金地质总局山东局测试中心完成。LA-ICP-MS 激光剥蚀系统为美国 Conherent 公司生产的 GeoLasPro 193nm ArF 准分子系统，ICP-MS 为 Thermo Fisher ICAP Q。在束斑直径分别为 20μm、30μm、40μm，频率为 5Hz，能量密度约为 10^{-12} J/cm² 激光剥蚀条件下，单点剥蚀 NIST SRM 610 可获得：^{238}U 灵敏度大于 $4×10^5$ cps/$×10^{-6}$；^{208}Pb 灵敏度大于 $3×10^5$ cps/$×10^{-6}$；氧化物产率 ThO/Th 小于 0.1%；^{204}Pb 气体空白小于 100cps；绝大部分元素（REE，U，Th，Pb）RSD 小于 3%。未知样品测试时外标采用 NIST SRM 610、612、BCR-2G、BIR-1G，监控样为 CGSG-1、CGSG-2。采样方式为单点剥蚀、跳峰采集；采集时间模式为 25s 气体空白＋60s 样品剥蚀＋25s 冲洗；每 5~10 个未知样品点插入一组成分标样 NIST610、612。样品的元素含量计算采用 ICPMSDataCal 数据处理程序，采用归一化法（Si）校正。

电气石 B 同位素分析

电气石 LA-MC-ICP-MS 原位微区硼同位素分析在科荟测试（天津）科技有限公司完成。分析所用仪器为 Neptune Plus 多接收等离子体质谱仪和 RESOlution SE 193nm 固体激光器，剥蚀采用点剥蚀以获得平稳的信号，剥蚀直径为 30μm，剥蚀频率 8Hz，激光能量密度为 6J/cm²，10B 和 11B 用法拉第杯（L3 和 H3）静态同时接收，积分时间为 0.131s，采集 200 组数据，共需时约 27s。采用 He（约 400mL/min）作为载气，吹出剥蚀产生的气溶胶，与 Ar 混合后载入 MC-ICP-MS 进行质谱测试。测试前，以电气石硼同位素标样对仪器进行调试，分析过程以 IAEA B4 为标样，样品点前后测试 2 个标样点，采用标准—样品—标准法（SSB 法）对仪器质量歧视和同位素分馏进行校正。以电气石标样 IMR RB1 作为监控标样，本实验中 IMR RB1 分析点给出的 δ^{11}B 结果为 $-13.36±0.37‰(2\sigma)$，与 Hou 等（2010）报道的 $-12.96±0.97‰(2\sigma)$ 在误差范围内一致。

2. 分析结果

1）主量元素分析

电子探针的主量元素分析测试结果见表6-9。广义的电气石结构化学式为$XY_3Z_6(T_6O_{18})(BO_3)_3V_3W$，X 的位置主要有 Na^+、Ca^{2+}、K^+ 和空位；Y 的位置主要有 Fe^{2+}、Mg^{2+}、Mn^{2+}、Al^{3+}、Li^+、Fe^{3+} 和 Cr^{3+}；Z 的位置主要有 Al^{3+}、Fe^{3+}、Mg^{2+} 和 Cr^{3+}；T 的位置主要有 Si^{4+}、Al^{3+} 和 B^{3+}；V 的位置主要有 OH^- 和 O^{2-}；W 的位置主要有 OH^-、F^- 和 O^{2-}（Henry et al.，2011）。本研究以 Henry 等（1996）提出的（T+Y+Z）结构单元的 15 个阳离子数标准化来计算电气石结构。根据电气石晶体阳离子 X 位置的占位情况，薄竹山电气石基本上属于碱基电气石；根据 Ca-Fe-Mg 三元图所反映的特征（图 6-35），所测试的样品大都属于 2 区，形成于贫 Li 的花岗岩、伟晶岩环境，LDZ 样品、LNT 样品、CJZ 样品则显示与贫 Ca 变质泥岩、变质砂岩和石英—电气石岩有关。在 $Fe/(Fe+Mg)$-$X_{vac}/(Na+K+X_{vac})$、$Fe/(Fe+Mg)$-$Na/(Na+Ca)$、$Fe/(Fe+Mg)$-Al 的电气石分类图解中（图 6-36），所有测试的电气石大都属于黑电气石系列，而 LDZ 样品、LNT 样品、CJZ 样品则呈现出镁电气石特征和铁—镁电气石过渡特征。因此，薄竹山电气石属于碱性电气石中的黑电气石—镁电气石固溶体系列。

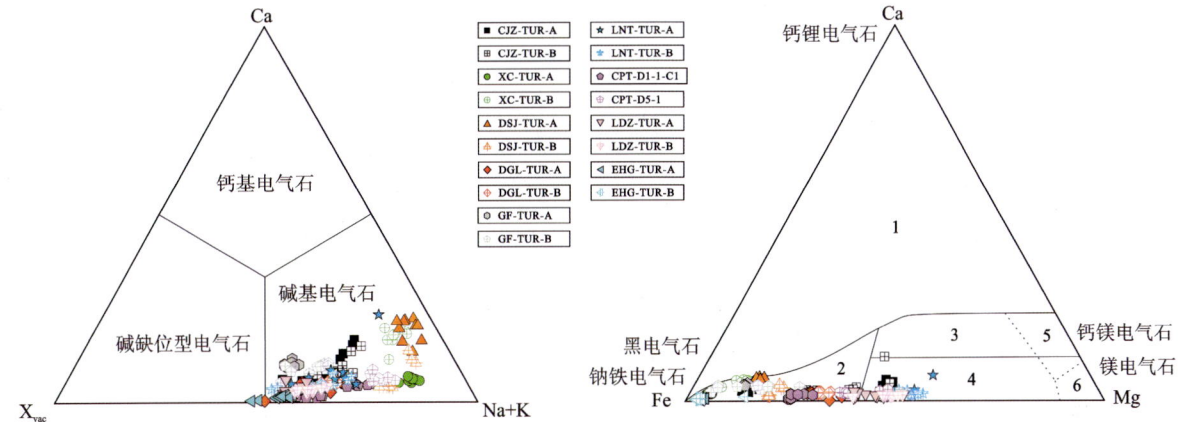

1.富 Li 花岗岩及相关的伟晶岩、细晶岩；2.贫 Li 花岗岩及相关的伟晶岩、细晶岩；3.富 Ca 变质泥岩，变质砂岩及钙硅酸盐；4.贫 Ca 变质泥岩，变质砂岩和石英—电气石岩；5.变质碳酸盐岩；6.变超铁镁质岩

图 6-35　基 X 占位的薄竹山电气石类别划分图（Henry et al.，2011）

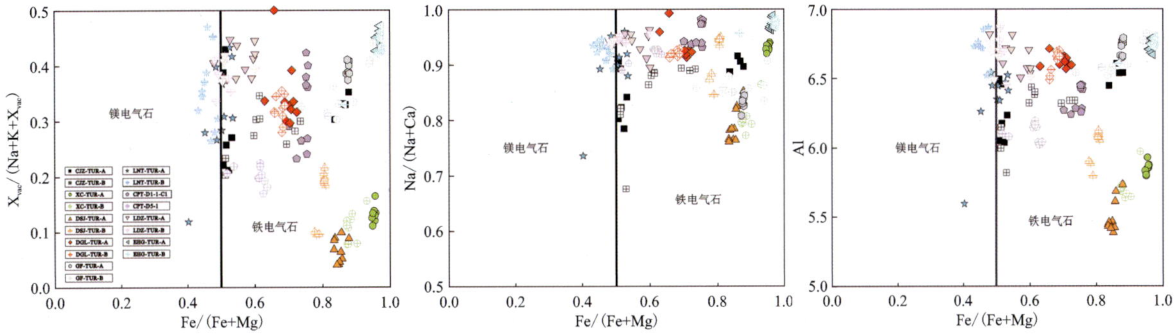

图 6-36　基于 $Fe/(Fe+Mg)$-$X_{vac}/(Na+K+X_{vac})$、$Fe/(Fe+Mg)$-$Na/(Na+Ca)$、$Fe/(Fe+Mg)$-Al 的薄竹山电气石分类（Henry et al.，2011）

在电气石中，多数元素替代主要发生在 X 位和 Y 位。在 Mg-Fe 图中，Mg 和 Fe 呈现出负相关的关系，说明 Y 位置的 Mg^{2+} 和 Fe^{2+} 发生了重要的相互替代作用。在 Al_{tot}-Fe 图与 Al_{tot}-X_{vac} 图中（图 6-37），前者呈现出负相关关系，后者呈现出正相关关系，说明 Al 在 Y 位置上主要是通过 $(AlO)(FeOH)_{-1}$ 和 $(X_{vac}Al)(NaR^{2+})_{-1}$ 的替代方式进入的。在 Fe-X_{vac} 图与 Mg-Fe 图中（图 6-37），二者呈现出负相关关系，分别通过 $(NaFe^{2+})(X_{vac}Al)_{-1}$ 和 $Fe^{2+}Mg_{-1}$ 进行了置换。

表6-9 薄竹山电气石主量元素分析结果

单位：%

类型	CJZ-TUR-A(n=10) 范围	平均值	CJZ-TUR-B(n=10) 范围	平均值	XC-TUR-A(n=10) 范围	平均值	XC-TUR-B(n=10) 范围	平均值	DSJ-TUR-A(n=10) 范围	平均值	DSJ-TUR-B(n=10) 范围	平均值	DGL-TUR-A(n=10) 范围	平均值	DGL-TUR-B(n=10) 范围	平均值	GF-TUR-A(n=10) 范围	平均值
SiO_2	34.19~35.92	35.20	34.81~36.27	35.42	34.07~34.64	34.38	33.85~34.29	34.02	33.94~34.40	34.23	34.57~35.30	35.01	34.38~36.18	35.00	34.69~35.11	34.95	34.19~34.87	34.46
TiO_2	0.35~0.93	0.70	0.30~1.04	0.64	0.88~1.09	1.02	0.79~1.25	1.09	0.67~1.72	1.36	0.43~1.15	0.65	0.23~0.71	0.57	0.47~0.72	0.59	0.30~0.58	0.38
Al_2O_3	30.69~33.41	32.19	29.32~32.87	31.74	28.25~29.13	28.60	27.35~28.99	27.75	26.19~27.77	26.74	28.51~30.62	29.96	33.23~34.76	33.75	32.98~34.36	33.78	33.35~34.29	33.96
FeO	9.14~14.36	11.62	9.53~13.78	11.65	19.12~19.62	19.47	18.45~20.07	19.06	18.19~19.66	19.07	15.63~16.42	16.07	10.81~12.56	11.96	11.57~11.90	11.71	14.18~14.85	14.46
MnO	0.01~1.10	0.43	0.06~0.21	0.11	0.57~0.73	0.66	0.38~0.53	0.42	0.46~0.59	0.53	0.33~0.39	0.36	0.06~0.14	0.09	0.06~0.12	0.08	0.30~0.37	0.33
MgO	1.12~5.69	3.65	2.79~5.71	4.14	0.48~0.62	0.55	0.76~1.55	1.39	1.48~2.15	1.91	2.11~2.62	2.27	2.67~3.61	2.96	2.93~3.41	3.13	1.08~1.21	1.14
CaO	0.31~0.93	0.53	0.41~1.88	0.66	0.28~0.37	0.32	0.61~1.05	0.92	0.71~1.20	1.03	0.22~0.74	0.36	0.02~0.30	0.25	0.26~0.33	0.30	0.50~0.64	0.56
Na_2O	1.58~1.91	1.81	1.78~2.16	1.94	2.29~2.43	2.36	1.97~2.15	2.08	2.03~2.27	2.15	2.21~2.37	2.28	1.56~1.98	1.87	1.83~2.05	1.92	1.49~1.60	1.53
K_2O	0.01~0.09	0.05	0.05~0.97	0.15	0.06~0.09	0.08	0.06~0.09	0.07	0.05~0.08	0.07	0.05~0.09	0.07	0.01~0.09	0.05	0.03~0.07	0.05	0.02~0.08	0.05
F	0.06~0.32	0.21	0.08~0.36	0.21	0.78~0.85	0.81	0.41~0.63	0.49	0.63~0.72	0.66	0.43~0.85	0.59	0.14~0.55	0.43	0.44~0.68	0.54	0.22~0.38	0.31
Cl	0.00~0.01	0.00	0.00~0.28	0.03	0.00~0.01	0.01	0.00~0.01	0.01	0.00~0.02	0.01	0.00~0.03	0.01	0.00~0.02	0.01	0.00~0.03	0.01	0.00~0.02	0.01
SO_3	0.00~0.03	0.01	0.00~0.17	0.02	0.00~0.04	0.01	0.00~0.03	0.01	0.00~0.04	0.02	0.00~0.02	0.01	0.00~0.01	0.00	0.00~0.05	0.01	0.00~0.03	0.01
P_2O_5	0.00~0.02	0.01	0.00~0.06	0.01	0.00~0.02	0.00	0.00~0.03	0.01	0.00~0.02	0.00	0.00~0.02	0.01	0.00~0.04	0.01	0.00~0.03	0.01	0.00~0.01	0.00
Cr_2O_3	0.00~0.04	0.00	0.00~0.04	0.01	0.00~0.01	0.00	0.00~0.03	0.00	0.00~0.03	0.01	0.00~0.03	0.00	0.00~0.02	0.01	0.00~0.03	0.01	0.00~0.02	0.01
B_2O_3	10.17~10.54	10.37	10.30~10.52	10.40	9.97~10.07	10.02	9.92~9.99	9.94	9.90~10.02	9.95	10.07~10.24	10.20	10.35~10.61	10.44	10.39~10.50	10.44	10.27~10.41	10.34

T-site

Si	5.82~5.97	5.9	5.87~6.11	5.92	5.93~5.99	5.97	5.91~5.98	5.95	5.95~6.01	5.98	5.92~5.99	5.97	5.76~5.93	5.83	5.78~5.86	5.82	5.78~5.82	5.80
Al	0.03~0.18	0.1	0.00~0.13	0.09	0.01~0.07	0.03	0.02~0.09	0.05	0.00~0.05	0.02	0.01~0.08	0.03	0.07~0.24	0.17	0.14~0.22	0.18	0.18~0.22	0.21

Y-site

Al	0.00~0.45	0.26	0.00~0.32	0.19	0.00	0.00	0.00	0.00	0.00	0.00	0.00~0.08	0.04	0.37~0.64	0.45	0.35~0.52	0.44	0.45~0.57	0.52
Ti	0.04~0.12	0.09	0.04~0.13	0.08	0.11~0.14	0.13	0.10~0.16	0.14	0.09~0.22	0.18	0.05~0.15	0.08	0.03~0.09	0.07	0.06~0.09	0.07	0.04~0.07	0.05
Fe	1.26~2.04	1.63	1.34~1.95	1.63	2.76~2.85	2.83	2.70~2.92	2.79	2.67~2.87	2.79	2.22~2.37	2.29	1.48~1.76	1.67	1.61~1.66	1.63	1.99~2.10	2.03
Mn	0.00~0.16	0.06	0.01~0.03	0.02	0.08~0.11	0.10	0.06~0.08	0.06	0.07~0.09	0.08	0.05~0.06	0.05	0.01~0.02	0.01	0.01~0.02	0.01	0.04~0.05	0.05
Mg	0.28~1.39	0.91	0.70~1.35	1.00	0.00~0.03	0.00	0.00~0.11	0.04	0.39~0.56	0.52	0.66~0.90	0.74	0.72~0.85	0.78	0.27~0.30	0.29		

Z-site

Al	5.97~6.00	6.00	5.82~6.00	5.97	5.78~5.89	5.81	5.58~5.91	5.67	5.37~5.71	5.49	5.76~6.00	5.94	5.37~5.71	5.83	5.78~5.86	6.00	6.00	6.00
Mg	0~0.03	0.00	0.00~0.18	0.03	0.11~0.16	0.14	0.09~0.37	0.32	0.29~0.56	0.47	0.00~0.24	0.06	0.29~0.56	0.17	0.14~0.22	0.00	0.00	0.00

续表 6-9

类型	CJZ-TUR-A(n=10)		CJZ-TUR-B(n=10)		XC-TUR-A(n=10)		XC-TUR-B(n=10)		DSJ-TUR-A(n=10)		DSJ-TUR-B(n=10)		DGL-TUR-A(n=10)		DGL-TUR-B(n=10)		GF-TUR-A(n=10)	
	范围	平均值	范围	平均值	范围	平均值	范围	平均值	范围	平均值	范围	平均值	范围	平均值	范围	平均值	范围	平均值
									X-site									
Ca	0.06~0.17	0.10	0.07~0.34	0.12	0.05~0.07	0.06	0.11~0.20	0.17	0.13~0.22	0.19	0.04~0.14	0.06	0.00~0.05	0.04	0.05~0.06	0.05	0.09~0.12	0.10
Na	0.51~0.62	0.59	0.57~0.71	0.63	0.77~0.82	0.79	0.67~0.73	0.71	0.69~0.77	0.73	0.73~0.79	0.75	0.49~0.64	0.60	0.59~0.66	0.62	0.48~0.52	0.50
K	0.00~0.02	0.01	0.01~0.21	0.03	0.01~0.02	0.02	0.01~0.02	0.02	0.01~0.02	0.02	0.01~0.02	0.02	0.00~0.02	0.01	0.01~0.02	0.01	0.00~0.02	0.01
X_{vac}	0.21~0.43	0.31	0.20~0.34	0.27	0.11~0.16	0.13	0.08~0.15	0.11	0.04~0.10	0.07	0.09~0.21	0.16	0.29~0.50	0.34	0.28~0.35	0.32	0.37~0.41	0.39
Al 总和	6.04~6.61	6.36	5.82~6.44	6.25	5.80~5.93	5.85	5.64~5.97	5.72	5.39~5.73	5.51	5.80~6.13	6.02	6.57~6.71	6.62	6.49~6.70	6.62	6.65~6.79	6.73
SiO_2	34.10~34.83	34.43	35.80~37.02	36.45	35.67~36.68	36.29	35.02~36.20	35.55	34.88~35.52	35.14	35.83~36.93	36.38	36.30~36.75	36.55	34.85~35.89	35.28	34.30~35.10	34.72
TiO_2	0.39~1.00	0.74	0.17~1.22	0.51	0.13~0.71	0.30	0.38~0.99	0.65	0.70~1.02	0.83	0.06~0.50	0.25	0.10~0.61	0.28	0.25~0.68	0.50	0.56~0.70	0.63
Al_2O_3	32.94~34.56	33.41	28.59~34.36	32.88	33.40~36.00	34.94	31.22~32.76	32.05	29.98~30.91	30.55	33.52~35.76	34.57	33.58~36.07	34.75	33.89~34.80	34.21	33.31~34.41	34.09
FeO	13.07~15.13	14.35	8.51~9.81	9.18	7.00~8.50	7.53	12.60~13.71	12.94	10.12~12.51	11.61	7.50~10.20	9.18	7.44~10.41	8.42	14.42~15.58	14.94	14.55~15.29	14.97
MnO	0.18~0.40	0.29	0.01~0.08	0.05	0.02~0.06	0.04	0.26~0.31	0.29	0.13~0.22	0.19	0.03~0.07	0.05	0.01~0.06	0.03	0.36~0.45	0.41	0.42~0.63	0.53
MgO	0.42~2.60	1.32	4.59~7.66	5.33	4.50~5.21	4.93	2.30~3.02	2.49	4.00~5.28	4.30	3.69~4.55	4.06	3.85~4.88	4.43	0.26~0.39	0.31	0.20~1.28	0.33
CaO	0.29~0.57	0.50	0.13~1.30	0.41	0.19~0.42	0.28	0.06~0.27	0.17	0.30~0.48	0.35	0.12~0.34	0.21	0.15~0.24	0.19	0.03~0.12	0.08	0.06~0.16	0.09
Na_2O	1.49~1.80	1.68	1.69~2.16	1.91	1.57~2.09	1.88	1.72~2.18	1.96	2.12~2.29	2.20	1.61~1.87	1.74	1.75~1.95	1.83	1.44~1.70	1.60	1.58~1.96	1.69
K_2O	0.04~0.13	0.06	0.01~0.04	0.03	0.01~0.05	0.02	0.03~0.07	0.05	0.04~0.09	0.06	0.00~0.05	0.02	0.04	0.04	0.01~0.09	0.04	0.02~0.06	0.04
F	0.09~0.43	0.35	0.00~0.37	0.08	0.00~0.09	0.02	0.28~0.65	0.47	0.68~0.83	0.74	0.00~0.01	0.00	0.00~0.15	0.03	0.27~0.49	0.38	0.37~0.49	0.43
Cl	0.00~0.02	0.01	0.00~0.03	0.00	0.00~0.01	0.00	0.00~0.02	0.01	0.00~0.01	0.00	0.00~0.01	0.01	0.00~0.01	0.00	0.00~0.01	0.01	0.00~0.01	0.01
SO_3	0.00~0.03	0.01	0.00~0.02	0.01	0.00~0.02	0.01	0.00~0.01	0.01	0.00~0.01	0.01	0.00~0.01	0.01	0.00~0.02	0.01	0.00~0.01	0.01	0.00~0.03	0.01
P_2O_5	0.00~0.02	0.01	0.00~0.02	0.01	0.00~0.02	0.01	0.00~0.01	0.01	0.00~0.01	0.01	0.00~0.06	0.03	0.00~0.09	0.02	0.00~0.01	0.00	0.00~0.03	0.01
Cr_2O_3	0.00~0.04	0.00	0.00~0.06	0.01	0.00~0.03	0.01	0.00~0.01	0.01	0.00~0.03	0.01	0.00~0.05	0.01	0.00~0.03	0.01	0.00~0.01	0.01	0.00~0.02	0.01
B_2O_3	10.25~10.40	10.32	10.47~10.77	10.62	10.52~10.78	10.69	10.25~10.44	10.33	10.18~10.34	10.24	10.52~10.76	10.64	10.57~10.76	10.69	10.30~10.50	10.41	10.29~10.40	10.35
									T-site									
Si	5.75~5.84	5.80	5.89~6.03	5.96	5.88~5.92	5.90	5.94~6.03	5.98	5.94~5.98	5.96	5.89~6.05	5.94	5.91~6.00	5.94	5.83~5.95	5.89	5.79~5.87	5.83
Al	0.16~0.25	0.20	0.00~0.11	0.04	0.08~0.12	0.10	0.00~0.06	0.03	0.02~0.06	0.04	0.00~0.11	0.06	0.00~0.09	0.06	0.05~0.17	0.11	0.13~0.21	0.17

续表 6-9

类型	GF-TUR-B(n=10) 范围	平均值	LNT-TUR-A(n=10) 范围	平均值	LNT-TUR-B(n=10) 范围	平均值	CPT-D1-1-C1(n=10) 范围	平均值	CPT-D5-1(n=10) 范围	平均值	LDZ-TUR-A(n=10) 范围	平均值	LDZ-TUR-B(n=10) 范围	平均值	EHG-TUR-A(n=10) 范围	平均值	EHG-TUR-B(n=10) 范围	平均值
									Y-site									
Al	0.34~0.66	0.43	0.00~0.52	0.34	0.39~0.77	0.60	0.19~0.45	0.33	0.00~0.14	0.07	0.46~0.74	0.60	0.43~0.78	0.61	0.54~0.73	0.62	0.42~0.65	0.58
Ti	0.05~0.13	0.10	0.02~0.15	0.06	0.02~0.09	0.04	0.05~0.13	0.08	0.09~0.13	0.11	0.01~0.06	0.03	0.01~0.07	0.03	0.03~0.09	0.06	0.07~0.09	0.08
Fe	1.83~2.13	2.02	1.15~1.35	1.26	0.95~1.17	1.03	1.77~1.94	1.82	1.42~1.78	1.65	1.01~1.41	1.26	1.01~1.43	1.15	2.01~2.18	2.09	2.03~2.14	2.10
Mn	0.03~0.06	0.04	0.00~0.01	0.01	0.00~0.01	0.01	0.04~0.04	0.04	0.02~0.03	0.03	0.00~0.01	0.01	0.00~0.01	0.00	0.05~0.06	0.06	0.06~0.09	0.08
Mg	0.11~0.65	0.33	1.12~1.49	1.26	1.09~1.25	1.19	0.57~0.76	0.63	1.01~1.32	1.09	0.90~1.10	0.99	0.94~1.19	1.07	0.06~0.10	0.08	0.05~0.32	0.08
									Z-site									
Al	6.00	6.00	5.59~6.00	5.96	6.00	6.00	6.00	6.00	5.99~6.00	6.00	6.00	6.00	6.00	6.00	6.00	6.00	6.00	6.00
Mg	0.00	0.00	0.00~0.41	0.04	0.00	0.00	0.00	0.00	0.00~0.01	0.00	0.00	0.00	0.00	0.00	0.00	0.00	0.00	0.00
									X-site									
Ca	0.05~0.10	0.09	0.02~0.23	0.07	0.03~0.07	0.05	0.01~0.05	0.03	0.05~0.09	0.07	0.02~0.06	0.04	0.03~0.04	0.03	0.01~0.02	0.02	0.01~0.03	0.02
Na	0.49~0.59	0.55	0.54~0.68	0.61	0.49~0.67	0.59	0.56~0.72	0.64	0.70~0.76	0.73	0.52~0.59	0.55	0.55~0.62	0.58	0.46~0.55	0.52	0.51~0.64	0.55
K	0.01~0.03	0.01	0.00~0.01	0.01	0.00~0.01	0.01	0.01~0.01	0.01	0.01~0.02	0.01	0.00~0.01	0.01	0.00~0.01	0.01	0.00~0.02	0.01	0.00~0.01	0.01
X_{vac}	0.30~0.44	0.35	0.12~0.43	0.32	0.26~0.47	0.35	0.23~0.42	0.32	0.17~0.22	0.20	0.37~0.45	0.41	0.33~0.42	0.38	0.43~0.53	0.46	0.33~0.47	0.43
Al 总和	6.52~6.82	6.63	5.59~6.54	6.34	6.50~6.87	6.70	6.24~6.45	6.35	6.02~6.19	6.11	6.51~6.82	6.66	6.45~6.87	6.66	6.67~6.79	6.73	6.61~6.80	6.75

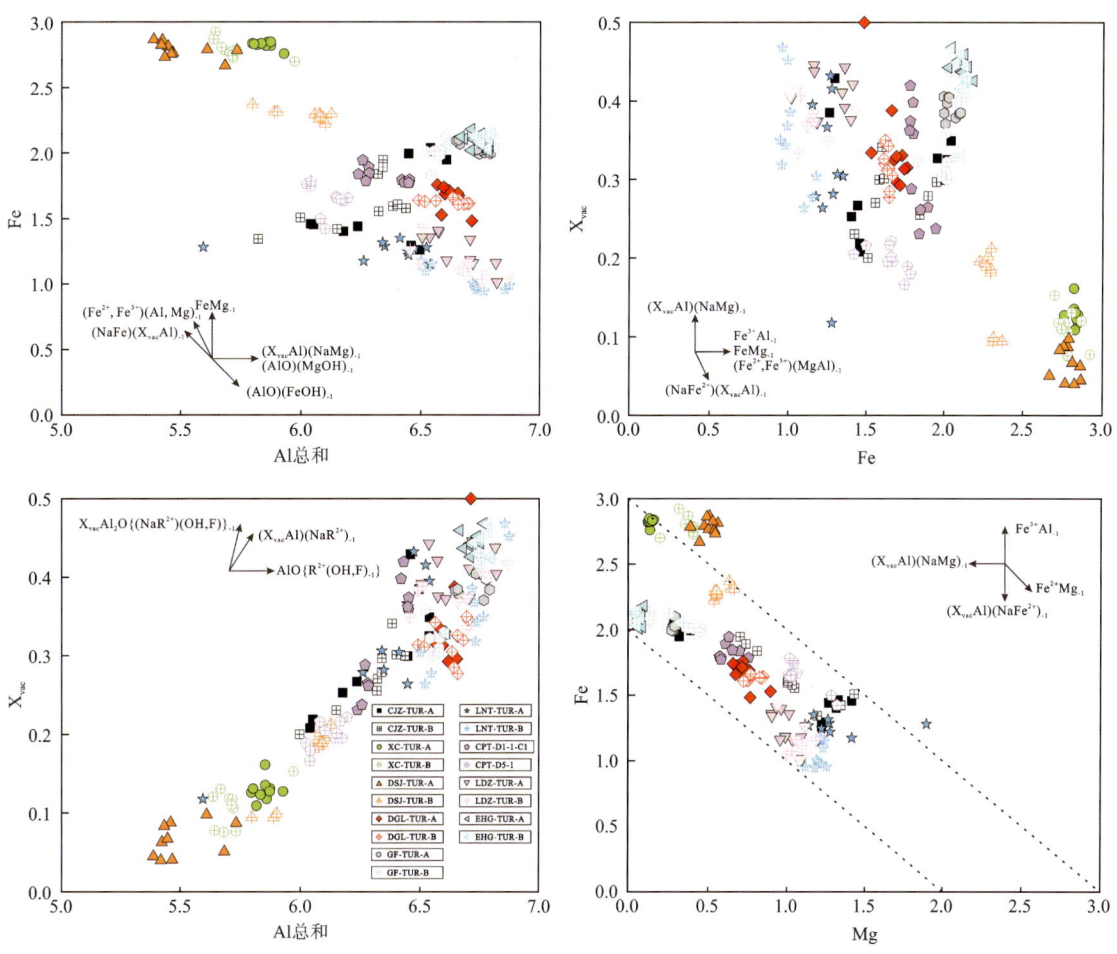

图 6-37 薄竹山电气石化学成分演变趋势图

2）微量、稀土元素分析

LA-ICP-MS 的元素分析数据见表 6-10。本研究在张世涛等（1997）的研究基础上，将电气石采集地的原岩与其对应单元的岩体进行对比（图 6-38）。一方面，9 组样品的微量数据中，大离子亲石元素 Ba、Rb、Th、U、Pb 等比较贫瘠，此外，Li [含量（10.72～1 036.41）$\times 10^{-6}$]、Sc [含量（6.00～304.71）$\times 10^{-6}$]、Zn [含量（78.03～477.64）$\times 10^{-6}$]、Ga [含量（82.21～193.15）$\times 10^{-6}$] 和 Sn [含量（11.86～342.75）$\times 10^{-6}$] 等微量元素在电气石中显著富集。其中，Zn 和 Ga 的含量最高，平均值均超过 100×10^{-6}。不同采样地点的地球化学特征存在差异：GF、DSJ、DGL、XC、EHG 和 CPT 样品中的 Li 含量显著富集（平均值分别为 86.74×10^{-6}、745.54×10^{-6}、117.67×10^{-6}、96.54×10^{-6}、166.11×10^{-6} 和 58.97×10^{-6}），明显高于区域背景值。相反，CJZ（276.56×10^{-6}）、DGL（49.67×10^{-6}）、LNT（244.29ppm）、XC（36.86×10^{-6}）、LDZ（47.88×10^{-6}）和 CPT（116.39×10^{-6}）样品中的 V 含量则呈现亏损趋势。

另一方面，分析样品中稀土元素（REE）的总含量差异显著（$1.27 \sim 132.24 \times 10^{-6}$）。所有样品均呈现轻稀土元素（LREE）富集而重稀土元素（HREE）亏损的特征；但轻稀土与重稀土的比值（LREE/HREE，范围 0.00～608.15）在样品间差异显著。通过对比 $(La/Yb)_N$ 和 $(La/Sm)_N$ 的比值，所有样品均表现出轻稀土元素富集、重稀土元素亏损的特征。其中，CJZ、DGL、LNT 和 LDZ 四组样品显示出明显的正 Eu 异常（δEu 分别为 2.11～4.23、3.11～3.30、7.21～23.16 和 1.54～25.90），CPT 样品也呈现正 Eu 异常（δEu 为 0.74～3.71）。而 DSJ、XC 和 EHG 样品则表现出明显的负 Eu 异常（δEu 分别为 0.04～0.20、0.05～1.14 和 0.01～0.28）。此外，GF、DSJ、XC 和 EHG 样品均呈现正 Ce 异常（Ce>1，δCe 分别为 0.97～1.19、1.02～1.09、0.98～1.27 和 1.13～1.43），表明其形成于氧化环境。其余样品则呈现负 Ce 异常（Ce<1），表明其形成于还原环境。

表 6-10 薄竹山电气石微量元素分析结果

单位：$\times 10^{-6}$

类型	CJZ(n=10) 范围	平均值	GF(n=10) 范围	平均值	DSJ(n=15) 范围	平均值	DGL(n=15) 范围	平均值	LNT(n=10) 范围	平均值	XC(n=10) 范围	平均值	LDZ(n=10) 范围	平均值	EHG(n=10) 范围	平均值	CPT(n=10) 范围	平均值
Li	10.72~23.90	16.95	52.91~103.05	86.74	641.51~1036.41	745.54	60.55~140.34	117.67	16.54~24.26	19.81	51.05~181.08	96.54	14.65~22.40	18.77	43.04~267.72	166.11	38.74~86.40	58.97
Be	1.26~42.84	14.15	8.04~17.63	13.66	5.46~37.72	16.31	1.17~5.72	3.42	1.64~16.25	8.70	1.56~10.16	5.69	1.99~19.32	8.21	0.72~5.70	3.05	5.25~10.10	6.98
Sc	13.44~80.35	41.39	27.89~152.18	77.78	120.71~223.94	155.31	27.43~54.49	36.15	20.89~53.48	31.94	190.51~304.71	237.02	6.00~31.80	13.04	54.15~135.72	93.59	25.48~41.17	31.68
V	160.87~341.29	276.56	0.20~4.93	1.53	0.24~4.91	1.48	10.95~211.35	49.67	182.25~533.76	244.29	2.70~80.03	36.86	19.91~106.09	47.88	bdl~15.38	1.95	41.50~147.90	116.39
Cr	bdl~5.46	2.74	bdl~6.42	3.46	bdl~3.98	2.23	1.21~26.38	7.90	3.23~123.06	43.10	bdl~6.85	3.69	bdl~5.91	3.60	bdl~6.59	3.18	1.00~28.60	11.15
Co	16.90~31.25	22.03	0.08~0.75	0.39	bdl~0.58	0.41	18.43~30.30	20.70	13.62~22.62	17.80	0.41~4.05	1.97	6.44~20.06	14.86	2.02~9.26	3.19	15.96~25.06	21.77
Ni	3.55~25.46	8.60	bdl~2.26	0.98	bdl~1.46	0.78	4.17~37.07	10.44	1.13~13.60	5.47	bdl~4.81	2.47	bdl~3.96	2.47	bdl~1.77	0.75	6.08~18.58	14.04
Cu	0.18~1.85	0.66	bdl~1.06	0.64	bdl~1.83	0.88	0.13~1.05	0.52	bdl~0.92	0.55	bdl~1.09	0.77	0.14~5.75	1.07	bdl~0.45	0.17	bdl~5.00	0.81
Zn	125.48~167.04	142.81	262.06~345.34	312.21	195.39~218.56	203.40	193.07~330.89	306.29	81.34~108.74	99.48	299.08~477.64	425.04	78.03~129.01	102.59	336.22~402.48	376.95	307.60~388.00	336.33
Ga	94.33~107.70	101.73	88.87~157.52	132.63	133.96~157.97	146.79	94.90~160.79	144.22	92.28~115.71	101.17	115.77~191.75	138.22	82.21~115.16	91.68	158.83~193.15	181.63	98.70~121.00	107.41
Ge	0.95~5.23	3.30	4.58~30.79	20.94	4.40~8.39	6.01	1.81~8.31	6.03	1.21~6.05	3.43	2.34~10.42	5.34	2.77~7.03	4.60	0.51~5.28	3.71	6.26~9.06	7.36
Rb	bdl~0.57	0.23	bdl~0.61	0.22	bdl~2.74	0.58	bdl~0.29	0.14	bdl~1.01	0.46	0.07~0.36	0.23	bdl~0.18	0.11	0.16	0.09	0.02~3.90	0.61
Sr	14.03~36.69	29.70	22.34~37.37	28.31	2.50~4.16	3.06	6.07~8.85	7.39	37.93~235.43	84.64	2.00~368.36	70.98	24.43~67.74	41.71	0.01~0.81	0.14	4.03~9.68	7.08
Y	0.01~2.81	0.60	0.05~1.65	0.33	0.04~0.29	0.17	bdl~0.05	0.02	0.03~5.25	1.24	0.18~10.68	2.28	0.01~0.23	0.06	0.01~0.22	0.11	0.02~0.06	0.04
Zr	bdl~6.24	1.88	bdl~1.24	0.62	0.29~1.05	0.53	bdl~0.63	0.31	0.16~2.05	1.02	0.32~1.63	0.64	0.07~0.33	0.15	0.09~0.57	0.23	bdl	0.22
Nb	0.92~10.81	4.37	2.92~14.07	7.70	3.43~6.93	4.68	0.85~3.14	2.07	0.38~15.82	4.82	1.91~12.09	4.42	0.44~2.06	0.89	0.67~3.60	1.52	1.10~3.38	1.89
Mo	bdl~0.16	0.11	bdl~0.31	0.17	bdl~0.32	0.15	bdl~0.12	0.08	bdl~0.13	0.13	bdl~0.22	0.12	bdl~0.28	0.11	bdl~0.21	0.12	bdl	bdl
Sn	22.16~212.76	88.47	43.52~127.61	95.24	23.90~31.09	26.27	18.93~98.31	67.42	48.35~239.33	138.46	118.38~342.75	188.42	33.70~44.47	38.63	11.86~25.07	19.63	45.67~100.20	69.70
Sb	bdl~0.23	0.15	bdl~8.05	1.76	bdl~26.14	4.05	bdl~0.53	0.16	bdl~0.38	0.18	bdl~7.61	1.52	bdl~0.69	0.22	bdl~0.69	0.30	bdl~7.10	7.10
Cs	bdl~0.23	0.10	bdl~11.69	1.94	bdl~30.23	3.92	bdl~1.31	0.28	bdl~2.05	0.70	0.01~2.24	0.60	bdl~0.18	0.04	bdl~0.03	0.02	bdl~19.00	5.59
Ba	0.08~0.46	0.26	bdl~0.72	0.25	bdl~0.12	0.09	bdl~0.22	0.08	0.16~2.05	0.84	2.08	0.51	0.07~0.33	0.15	bdl~0.09	0.06	bdl~0.08	0.04
La	0.57~3.52	1.74	10.19~40.12	28.71	9.01~14.96	11.48	0.74~3.08	2.50	0.42~3.20	1.28	3.60~8.42	6.28	0.44~2.06	0.89	0.94~11.57	5.75	2.01~6.06	3.25
Ce	0.82~5.13	2.64	23.02~73.14	52.99	17.94~28.41	22.67	1.02~4.16	3.15	0.80~4.70	1.91	6.92~19.14	12.31	0.49~3.18	1.33	2.30~37.74	18.90	3.25~8.97	4.90
Pr	0.06~0.58	0.25	1.93~5.92	4.08	1.73~2.48	2.11	bdl~0.29	0.22	0.07~0.33	0.14	0.70~1.91	1.14	0.03~0.27	0.12	0.26~4.33	2.15	0.26~0.72	0.38
Nd	0.29~1.41	0.71	4.60~15.85	9.29	4.49~7.59	6.14	0.26~0.66	0.46	0.26~1.10	0.47	1.74~5.06	3.04	0.11~0.70	0.29	0.88~13.94	6.89	0.58~1.75	0.99
Sm	bdl~0.16	0.08	0.32~1.34	0.75	0.46~1.27	0.96	bdl~0.08	0.04	bdl~0.19	0.09	0.26~0.88	0.43	bdl~0.10	0.05	0.09~2.24	1.13	0.03~0.21	0.09
Eu	bdl~0.18	0.10	0.09~0.21	0.14	0.05~0.05	0.03	bdl~0.05	0.03	bdl~0.44	0.23	0.01~0.09	0.03	0.05~0.31	0.15	bdl~0.02	0.01	0.01~0.05	0.03
Gd	bdl~0.23	0.08	0.11~0.53	0.26	0.13~0.60	0.34	bdl~0.06	0.03	0.10~0.09	0.05	bdl~0.83	0.23	bdl~0.12	0.04	bdl~0.84	0.38	bdl~0.05	0.03
Tb	bdl~0.03	0.01	bdl~0.06	0.03	0.00~0.05	0.02	bdl~0.01	0.01	bdl~0.02	0.01	bdl~0.11	0.03	bdl~0.01	0.01	0.00~0.07	0.03	bdl~0.00	0.00

续表 6-10

类型	CJZ(n=10) 范围	平均值	GF(n=10) 范围	平均值	DSJ(n=15) 范围	平均值	DGL(n=15) 范围	平均值	LNT(n=10) 范围	平均值	XC(n=10) 范围	平均值	LDZ(n=10) 范围	平均值	EHG(n=10) 范围	平均值	CPT(n=10) 范围	平均值
Dy	bdl~0.21	0.10	bdl~0.29	0.08	bdl~0.16	0.09	bdl~0.03	0.02	bdl~0.43	0.11	0.02~1.05	0.21	bdl~0.08	0.03	bdl~0.14	0.06	bdl~0.00	0.01
Ho	bdl~0.10	0.04	bdl~0.05	0.01	bdl~0.03	0.01	bdl~0.01	0.01	bdl~0.18	0.05	bdl~0.32	0.09	bdl~0.01	0.01	bdl~0.01	0.01	bdl~0.00	0.00
Er	bdl~0.50	0.18	bdl~0.19	0.04	bdl~0.06	0.03	bdl~0.03	0.02	bdl~0.58	0.19	bdl~1.05	0.25	bdl~0.03	0.02	bdl~0.04	0.02	bdl	bdl
Tm	bdl~0.15	0.06	bdl~0.05	0.02	b.d.l~0.02	0.01	bdl~0.00	0.00	bdl~0.13	0.07	bdl~0.27	0.07	bdl~0.01	0.00	bdl~0.00	0.00	bdl	bdl
Yb	bdl~2.89	0.79	0.03~0.46	0.10	bdl~0.08	0.05	bdl~0.03	0.03	bdl~1.02	0.42	0.04~3.76	0.75	bdl~0.06	0.03	bdl~0.05	0.03	bdl~0.01	0.01
Lu	bdl~0.58	0.24	0.00~0.08	0.03	bdl~0.03	0.01	bdl~0.00	0.00	bdl~0.23	0.08	0.02~0.72	0.15	bdl~0.01	0.00	bdl~0.01	0.01	bdl	bdl
Hf	bdl~1.49	0.39	0.05~1.11	0.53	0.00~0.17	0.08	bdl~0.18	0.11	bdl~0.14	0.07	bdl~1.79	0.47	0.01~0.22	0.08	0.01~0.29	0.09	0.04~0.11	0.06
Ta	0.86~26.22	8.91	2.83~22.98	13.55	2.64~8.77	4.98	0.38~4.97	1.94	0.08~1.60	0.66	1.25~37.72	7.65	0.85~11.70	3.36	0.16~1.22	0.72	0.83~4.65	2.22
W	bdl~0.63	0.30	bdl~0.45	0.20	bdl~0.66	0.26	bdl~0.13	0.10	0.10~1.72	0.63	bdl~0.33	0.13	0.19~69.01	9.12	bdl~0.07	0.06	bdl~0.07	0.03
Pb	3.49~8.71	6.67	7.40~17.00	10.52	9.45~20.88	11.36	3.27~4.57	3.95	1.80~4.72	2.89	9.71~19.11	16.55	2.71~4.02	3.15	0.55~3.09	1.83	4.19~16.20	6.32
Bi	bdl~0.41	0.07	bdl~0.02	0.01	bdl~0.28	0.07	bdl~0.05	0.02	bdl~0.12	0.04	bdl~0.03	0.02	bdl~1.33	0.22	bdl~0.03	0.01	bdl~1.83	0.92
Th	0.00~0.38	0.06	0.02~0.45	0.18	0.04~0.25	0.13	bdl~0.05	0.02	0.01~0.11	0.06	0.01~0.11	0.04	0.00~0.35	0.07	bdl~0.02	0.01	0.01~0.03	0.02
U	bdl~0.07	0.03	bdl~0.10	0.04	bdl~0.03	0.01	bdl~0.04	0.02	bdl~0.17	0.07	0.01~0.23	0.06	bdl~1.12	0.16	bdl~0.07	0.03	bdl~0.02	0.02

注：bdl 表示低于检测限。

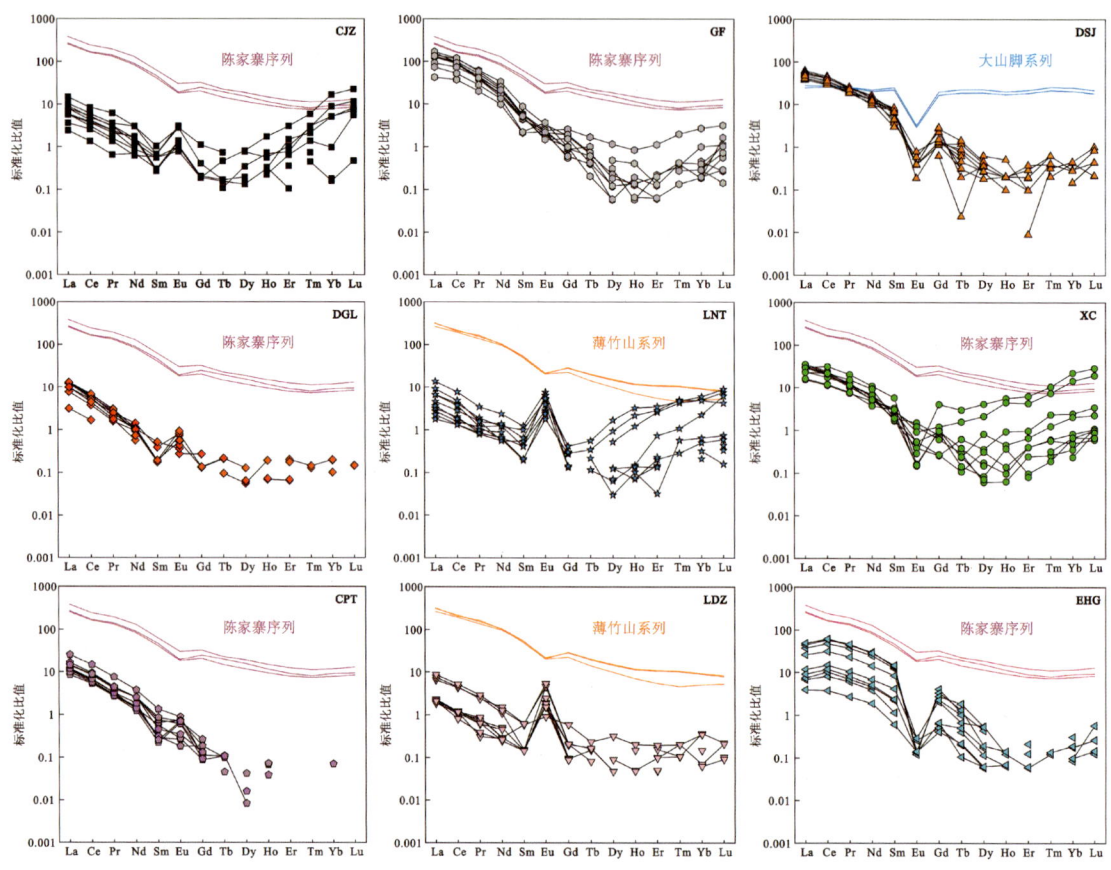

图 6-38 薄竹山电气石微量元素蛛网图和稀土元素蛛网图

3）硼同位素分析

对来自薄竹山的 9 个样品各进行了 15 个点的分析（共计 135 个点），分析结果（表 6-11）显示 $\delta^{11}B$ 值范围为 $-15.89‰\sim-12.66‰$（图 6-39）。其中，CPT、CJZ、XC 和 DSJ 样品的 $\delta^{11}B$ 值变化范围较小（分别为 $-13.35‰\sim-13.02‰$、$-14.88‰\sim-14.66‰$、$-15.27‰\sim-15.07‰$、$-14.67‰\sim-14.21‰$），而 LNT、DGL、GF、EHG 和 LDZ 样品的 $\delta^{11}B$ 值变化范围相对较大。根据 $\delta^{11}B$ 值的增加趋势，这些样品可大致划分为三个数据段：第一段包括 CPT、DGL、EHG 和 GF 样品，其 $\delta^{11}B$ 平均值范围为 $-13.89‰\sim-13.19‰$；第二段包括 CJZ 和 DSJ 样品，其 $\delta^{11}B$ 平均值范围为 $-14.75‰\sim-14.32‰$；第三段包括 XC 和 LNT 样品，其 $\delta^{11}B$ 平均值范围为 $-15.33‰\sim-15.18‰$。

表 6-11 薄竹山电气石 $\delta^{11}B$ 值

样品号（点数）	$\delta^{11}B(‰)$		
	最小值	最大值	平均值
CPT-TUR($n=15$)	-13.35	-13.02	-13.19
CJZ-TUR($n=15$)	-14.88	-14.66	-14.75
XC-TUR($n=15$)	-15.27	-15.07	-15.18
LNT-TUR($n=15$)	-15.89	-14.35	-15.33
DGL-TUR($n=15$)	-14.19	-13.55	-13.88
GF-TUR($n=15$)	-14.92	-12.66	-13.89
DSJ-TUR($n=15$)	-14.67	-14.21	-14.39
EHG-TUR($n=15$)	-12.77	-13.68	-13.22
LDZ-TUR($n=15$)	-13.78	-15.29	-14.32

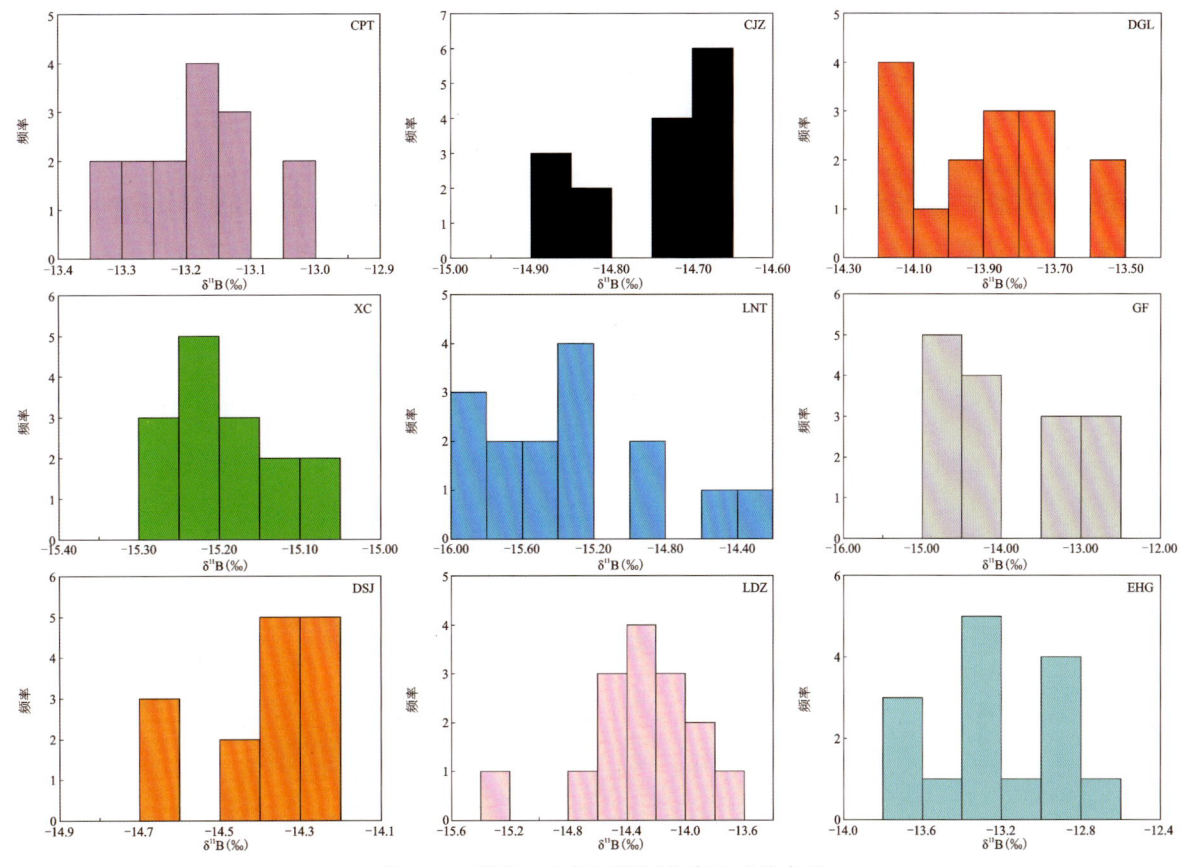

图 6-39 薄竹山电气石硼同位素组成分布图

3. 讨论

1)电气石成因及岩浆-热液演化

黄雪飞等(2012)在研究中指出,岩浆成因的电气石在组成上是均一的,没有分带,以高 Fe/Mg 值和在 Y 位中具有高 Al 为特征;而热液成因的电气石显示有细尺度的组成上振荡分带,以富 Mg 及 Y 位中无 Al 或低 Al 为特征。

来自薄竹山的部分电气石样品在显微镜及电子探针背散射图像中呈现出清晰的简单韵律环带结构。实验数据显示:CJZ 样品的 Fe/(Fe+Mg) 比值为 0.51～0.88apfu(均值 0.63apfu),Y 位点 Al 含量为 0.00～0.45apfu(均值 0.22apfu);XC 样品 Fe/(Fe+Mg) 比值为 0.87～0.96apfu(均值 0.92apfu),Y 位点 Al 含量为 0;DSJ 样品 Fe/(Fe+Mg) 比值为 0.78～0.88apfu(均值 0.82apfu),Y 位点 Al 含量为 0～0.08apfu(均值 0.02apfu);DGL 样品 Fe/(Fe+Mg) 比值为 0.63～0.73apfu(均值 0.69apfu),Y 位点 Al 含量为 0.35～0.64apfu(均值 0.45apfu);GF 样品 Fe/(Fe+Mg) 比值为 0.74～0.95apfu(均值 0.87apfu),Y 位点 Al 含量为 0.34～0.66apfu(均值 0.48apfu);LNT 样品 Fe/(Fe+Mg) 比值为 0.40～0.54apfu(均值 0.48apfu),Y 位点 Al 含量为 0.00～0.77apfu(均值 0.47apfu);CPT 样品 Fe/(Fe+Mg) 比值为 0.52～0.76apfu(均值 0.67apfu),Y 位点 Al 含量为 0.00～0.45apfu(均值 0.20apfu);LDZ 样品 Fe/(Fe+Mg) 比值为 0.48～0.60apfu(均值 0.54apfu),Y 位点 Al 含量为 0.43～0.78apfu(均值 0.60apfu);EHG 样品 Fe/(Fe+Mg) 比值为 0.87～0.98apfu(均值 0.96apfu),Y 位点 Al 含量为 0.42～0.73apfu(均值 0.60apfu)。其中,CJZ、XC、DSJ 和 CPT 样品的 Y 位点呈现低 Al 至无 Al 特征,而其他样品 Y 位点 Al 含量较高,表明电气石的形成过程以岩浆作用为主导,并在岩浆期后受到热液活动影

响。孙海田等(1989)认为,富 Fe 电气石主要结晶于岩浆房近端区域,其 Fe-Mg 替代趋势受岩浆-热液演化过程控制。从早阶段岩浆作用到晚阶段热液作用,Fe/(Fe+Mg)的比值呈现递减趋势。这种元素分异特征反映:在高度分异的伟晶岩熔体中,高氧逸度条件下首先形成富铁成分,随后在热液叠加过程中通过流体介导的交代作用发生 Mg 富集。本研究中 DSJ、XC、GF 和 EHG 样品与该演化模式吻合较好。LNT 和 LDZ 样品呈现钙镁电气石特征,这既与电气石晚期 Mg 富集有关,也与寒武纪地层中镁质岩石(如砂岩)与岩浆体的接触变质作用相关(郑贝琪等,2023)。此外,XC、DSJ 样品中 Y 位的 Al 为 0,这可能由于形成该电气石的岩浆熔体中的 Al 仅能够进入硅氧四面体结构中结合形成钾长石和斜长石,而无过剩的 Al 进入电气石结构中(黄小勇等,2008)。

为了更好地观察微量元素变化,本研究将薄竹山电气石的微量元素(Li/Sr 值)作为流体来源的代表,与前人的研究结果进行比较(Harlaux et al.,2020)。结果显示,EHG、DSJ 样品落于岩浆电气石区域内,LNT、CJZ 样品更倾向于变质电气石,其余样品则落于岩浆电气石—变质电气石重叠区域内(图 6-40),这表明形成电气石的流体主要是岩浆成因,其变质特征不仅与母岩的变质程度有关,还与主岩混合部分平衡的外部流体有关(Harlaux et al.,2020)。

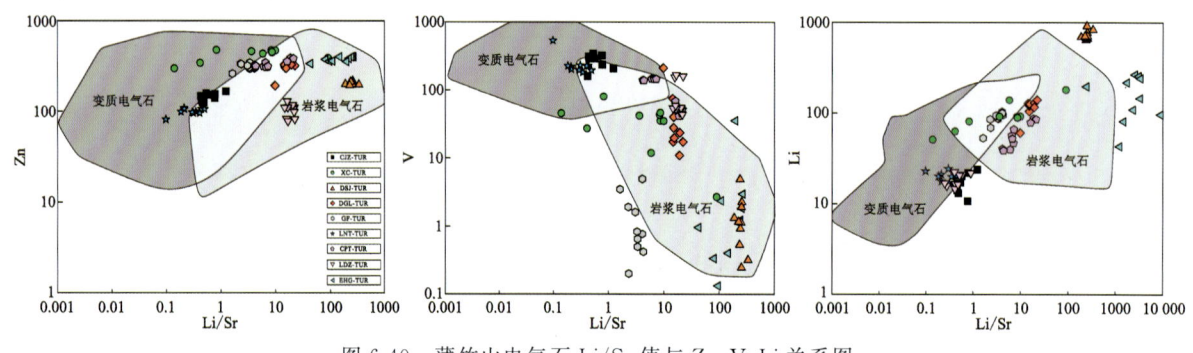

图 6-40 薄竹山电气石 Li/Sr 值与 Zn、V、Li 关系图

在电气石的微量元素中,V 元素的变化已被用作电气石形成的相对时间的指示(Drivenes et al.,2015;Yang et al.,2015),因为 V 元素在岩浆结晶过程中优先分馏成钛铁矿和云母,并且优先在熔体中分配成电气石(van Hinsberg,2011)。GF、DSJ、EHG 样品的 V 元素含量都比较低,分别为 $(0.20 \sim 4.93) \times 10^{-6}$、$(0.25 \sim 4.91) \times 10^{-6}$ 和 $(0.01 \sim 15.39) \times 10^{-6}$,由此可以判断 GF、DSJ、EHG 样品可能代表早期的电气石。Hu 等(2020)通过研究发现,大气降水可能将地层中的 V 元素带入热液系统,导致热液晚期 V 含量急剧增加,Co、Sr、Zn 等元素也与之相关,本研究中也有类似的现象,这表明其成因可能与晚期不混溶富硼熔或流体对早期造岩矿物的交代作用有关,从而代表岩浆-热液转换阶段(Hu et al.,2020;郭佳等,2022;任玆宇等,2024)。

在图 6-37 中,薄竹山的两大序列(陈家寨序列、薄竹山序列)、一个独立单元(大山脚单元)均呈现出右倾模式,LREE 富集,HREE 亏损,且存在较为明显的 Eu 负异常;而薄竹山电气石的稀土元素蛛网图中,CJZ、DGL、LNT、LDZ、CPT 样品表现为多数 LREE 略比 HREE 富集,且有明显 Eu 正异常特征;DSJ、XC、EHG 样品中,除 XC 样品的 HREE 略富集,其余样品 LREE 略高于 HREE,三者具有明显的负异常特征;GF 样品的没有明显的特征异常,总体趋势平缓,LREE 比 HREE 富集。Van Hinsberg(2011)认为,电气石更倾向于结合 Eu^{2+} 而不是 Eu^{3+}。薄竹山花岗岩在稀土元素蛛网图中略有 Eu 负异常特征,部分电气石的 Eu 特征与之相反。Sverjensky(1984)认为在温度高于 250℃时,Eu 主要是以二价形式存在,大多数形成电气石的热液流体中 Eu 应该是以 Eu^{2+} 形式进入电气石晶格,这与岩浆成因的电气石特征相符。此外,电气石表现出强烈的正 Eu 异常,表明热液流体处于还原环境。值得注意的是,正 Eu 异常常伴随负 Ce 异常出现,这表明其形成时的氧逸度水平相对较高。然而,上述观点仍存在争议。Eu 的价态取决于电气石形成时的氧化还原条件。在结晶过程中,电气石可富集 Eu 元素,且所有 Eu 可能以三价阳离子形式存在于电气石结构中。因此，在天然样品中，富三价 Eu 的电气石不应被完全排除。

在花岗岩及各类热液矿床的成矿作用和矿床成因中，人们普遍采用电气石的硼同位素进行研究，并采用电气石的 $\delta^{11}B$ 值与地壳硼原岩进行对比(Jiang et al.,2000;肖军等,2012;Foster,G. L. et al.,2018;Ji,M. et al.,2023)。研究发现，大陆地壳相较于蚀变洋壳明显富集轻硼同位素组成，大部分大陆地壳岩石的 $\delta^{11}B$ 为负值，其中 I 型岩浆岩(均值为 $-2‰$)和 S 型岩浆岩(大部分 $\delta^{11}B$ 为 $-8‰\sim-20‰$)的硼同位素之间存在较大差异(代作文等,2019)。薄竹山 9 组样品的电气石 $\delta^{11}B$ 值位于 $-15.89‰\sim-12.66‰$ 之间，位于花岗岩电气石 $\delta^{11}B$ 值变化范围内，也位于 S 型岩浆岩的 $\delta^{11}B$ 值内(图 6-41)，这与前人对薄竹山花岗岩的地球化学特征研究结果相对应(张世涛,1997;张亚辉,2012;黄建国,2024)。薄竹山电气石的硼同位素组成变化范围变化较大，不仅低于海相沉积岩或遭受过海水蚀变的岩浆岩或者

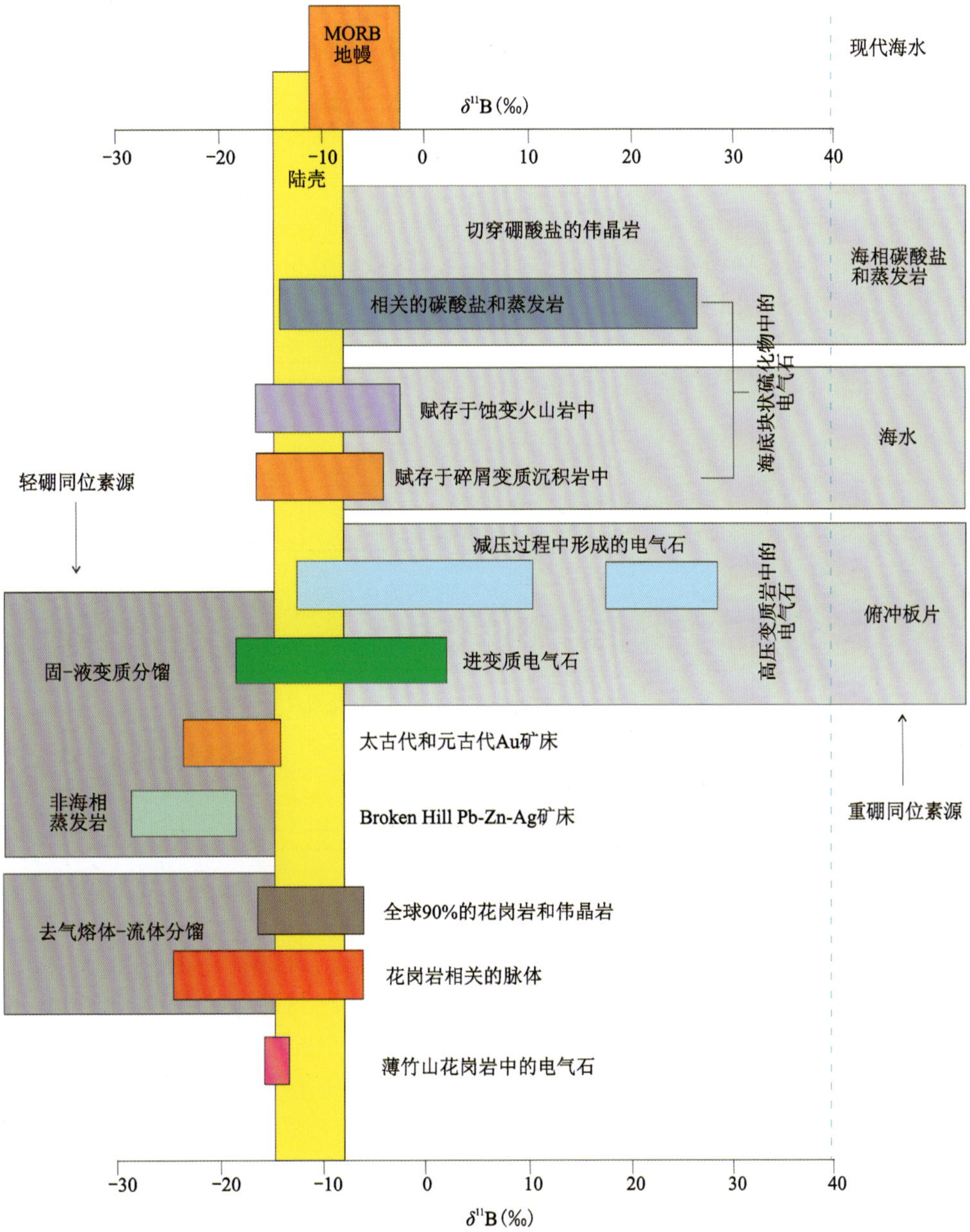

图 6-41　不同岩石类型中电气石硼同位素特征及其推测硼的源区(Marschall et al.,2011)

产于其中电气石和流体的 $\delta^{11}B$ 值(Marschall and Jiang,2011),还低于变质流体中结晶形成的电气石(Jiang et al.,2008),说明其成矿流体主要来自花岗质岩浆(Jiang,1998)。Marschall and Jiang(2011)认为源自壳源沉积物的花岗岩中的电气石有着非常类似的 $\delta^{11}B$ 值,并与大陆地壳的 $\delta^{11}B$ 平均值(-10 ± 3‰)非常接近。薄竹山电气石 $\delta^{11}B$ 值平均值(-15.33‰～-13.19‰)比较接近大陆地壳平均值,其同位素直方图中也显示出塔式分布特征,结合薄竹山 S 型花岗岩的特征,硼同位素特征反映了其源区主要为变质沉积岩(Jiang,2001;张林奎等,2018;代作文等,2019),另外,硼同位素的分布比较均一稳定,可能指示着较为单一的硼的来源(张林奎等,2018)。构造活动已被证实可引发地幔源区岩浆的局部上涌。在薄竹山地区,晚燕山期花岗质岩浆的侵入导致上地壳熔融,并产生大量富硼熔体,这些熔体为电气石的结晶提供了有效的硼元素供给。

2)成矿意义

许多研究表明,电气石能够指示成岩成矿的环境,其地球化学特征可以反映锡矿及钨锡矿床的形成(毛景文,1993;蒋少涌,2001;任洪宇,2024)。Pirajno 和 Smithies(1992)通过研究南非、纳米比亚和新西兰与花岗岩有关的 Sn 和 W-Sn 热液成矿过程中的电气石,认为 $Fe^{\#}$ 值[FeO/(FeO+MgO)]可以清楚地区分 W-Sn 矿床是近花岗岩端矿床还是远花岗岩端矿床,具体表现为:高 $Fe^{\#}$ 值(>0.8)是形成于近源电气石的标志(图 6-42);中等 $Fe^{\#}$ 值(0.8～0.6)是近源到远源脉体系内电气石的标志;而低 $Fe^{\#}$(<0.6)电气石及有关矿床的形成或许反映了流体远距离运移的结果。薄竹山电气石的 $Fe^{\#}$ 为 0.55～0.99,且在 FeO/(FeO+MgO)-MgO 图解中样品点全部落入近端和中、近端区域内,说明距岩体数百米至 1km 的中源距离为有利矿化区。

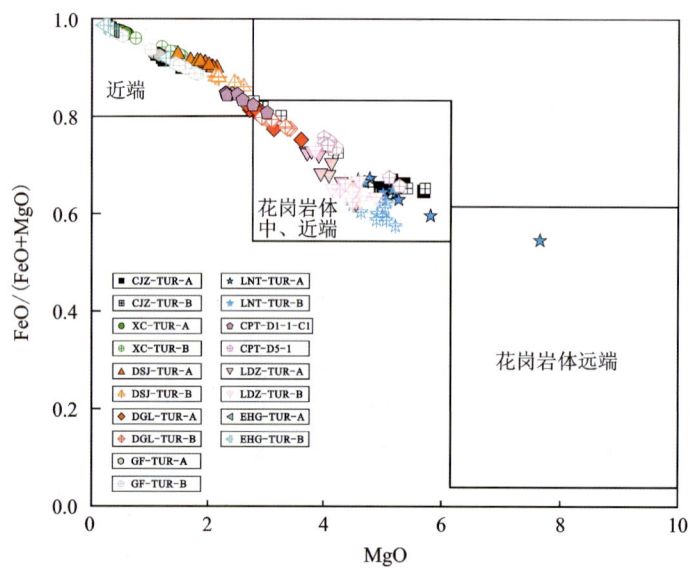

图 6-42 W-Sn 矿床与花岗岩关系中的电气石 FeO/(FeO+MgO)-MgO 图解(Pirajno et al.,1992)

Hong 等(2017)在研究中发现,电气石中 Sn 的含量可以用于 Sn 成矿花岗岩中,利用 Co/La、Co/Nb、Zn/Nb 的值(图 6-43)来反映出富 Sn 和贫 Sn 花岗岩。通过分析,所测数据大都落于 Sn 成矿花岗岩附近,这与前人的研究成果相对应(刘学龙等,2014),这说明该地区具有非常好的成矿潜力。

研究表明,晚白垩世华南西部大区域范围内存在一期受到同一动力学环境控制的岩浆事件,在这样的伸展构造背景下,岩石圈伸展作用引起地壳减薄、岩浆上涌,导致了下地壳熔融。晚白垩世的岩浆侵位活动,带来了大量的成矿物质。随着岩浆的不断结晶分异,薄竹山花岗质岩浆形成了含有多种成矿元素的成矿岩浆流,在岩浆上涌的过程中侵位于寒武系,与碳酸盐岩发生接触交代作用,形成钨锡矿化(张洪培,2007;程彦博等,2010;张亚辉,2012;张磊,2014;刘学龙,2024)。

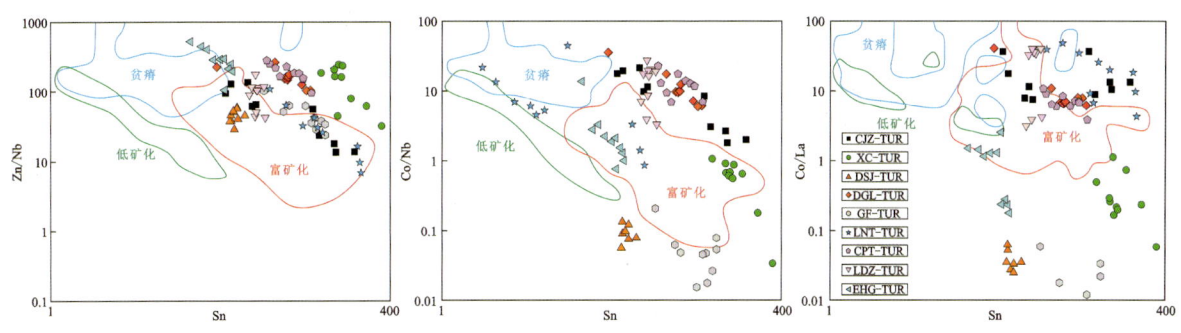

图 6-43 薄竹山电气石的 Sn 与 Zn/Nb、Co/Nb、Co/La 值关系图

4. 小结

(1)薄竹山电气石大部分被归类为铁电气石和镁电气石。电气石的形成过程以岩浆作用为主导,并具有岩浆-热液过渡的特征。大多数电气石成分属于贫 Li 花岗岩类及其相关伟晶岩和细晶岩、贫 Ca 变质泥质岩、变质砂岩以及石英-电气石岩中形成的碱性亚组,其元素替代主要以 $Fe^{2+}Mg_{-1}$ 以及 $(X_{vac}Al)(NaR^{2+})$ 为主。此外,电气石的微量元素特征表明,其成分不仅与寄主岩石有关,还受到外部环境的影响;电气石的稀土元素分布图显示出轻稀土元素的富集和重稀土元素的亏损,这表明了分异作用的存在。

(2)薄竹山电气石的 $δ^{11}B$ 值与花岗岩相关电气石及典型 S 型花岗岩的硼同位素范围存在重叠。其硼同位素组成与大陆地壳硼储库的组成特征高度相似。这一特征表明,研究区电气石的硼源具有均一性,且主要源自变质沉积岩。

(3)薄竹山电气石的地球化学特征表明,该地区具有显著的矿化潜力,这可能与晚白垩世发生的岩浆侵入活动密切相关。岩浆期后热液流体与碳酸盐岩的相互作用,促进了矿质元素的沉淀与富集。

二、磷灰石

1. 测试方法

1)岩相学分析

探针薄片的磨制和磷灰石的分选在北京首钢地质勘查院完成。分选时使用标准重液法和磁性方法从整个岩石样品中分离磷灰石晶体,然后在双目显微镜下手工挑选形态完整的颗粒晶体。磷灰石单矿物制靶在武汉上谱分析科技有限责任公司完成,将选定的磷灰石颗粒安装在环氧树脂中抛光制靶。在样品制靶完成后,对样品进行显微拍照(透射光和反射光)和扫描电镜阴极发光(CL)拍照,再将样品全部靶的照片进行拼接以便观察并圈定合适的测试点位。样品磷灰石原位光片电子背散射(BSE)拍照同样在武汉上谱分析科技有限责任公司完成。

2)主、微量元素分析

在武汉上谱分析科技有限责任公司利用电子探针(EPMA)对磷灰石进行了波长色散广谱仪的定量分析。仪器型号为日本电子生产的 JEOL JXA-8230,配备 4 台波谱仪。在分析之前,样品被涂上一层厚度约为 20nm 的碳膜。由于磷灰石中 F、Cl、Ca 和 P 等元素相对不稳定,故对这些元素单独采用较低强度的电压电流进行测试分析。背散射电子成像显示了晶粒形貌,为电子探针分析点的选择提供了依据。根据矿物粒径,本实验分析的电压和电流分别为 15kV 和 10nA,束斑直径为 10μm。对 Ca、P 进行峰值测试的时间为 10s,对 Na、Mg、Si、Fe、Mn、Sr、F、Cl 进行测试的时间为 20s。背景测试时间为峰值测试时间的一半。主量元素含量的校正标样使用由 SPI 公司提供的磷灰石(Ca、P)、硬玉(Na、Si)、镁橄榄石(Mg)、金红石(Ti)、赤铁矿(Fe)、蔷薇辉石(Mn)、天青石(Sr)、金云母(F)和硅铍铝钠石(Cl)等。数据校正方法采用日本电子的 ZAF 校正方法进行修正。

磷灰石的微量元素测定在武汉上谱分析科技有限责任公司完成,使用激光剥蚀系统为 NWR193 Arf,输出波长 193nm,烧蚀斑点 2~150μm,ICP-MS 为布鲁克 M90,此次分析的激光束斑为 40μm,脉冲频率为 8Hz,激光能量为 4J/cm²。激光器工作频率为 10Hz,以氦气与氩气的混合气体为载气,流量为 0.55L/min。^{31}P、^{44}Ca、^{140}Ce、^{202}Hg、^{204}Pb、^{206}Pb、^{207}Pb、^{208}Pb、^{232}Th、^{238}U,每 0.18s 测量一次,Pb 同位素计数时间较其他元素长,以 SRM610 为外标,^{44}Ca 为内标,对磷灰石微量元素进行定量。

3) U-Pb 定年

磷灰石的 U-Pb 定年测定在武汉上谱分析科技有限责任公司完成,使用激光剥蚀系统为 NWR193 Arf,输出波长 193nm,烧蚀斑点 2~150μm,ICP-MS 为布鲁克 M90,此次分析的激光束斑为 40μm,脉冲频率为 8Hz,激光能量为 4J/cm²。激光器工作频率为 10Hz,以氦气与氩气的混合气体为载气,流量为 0.55L/min。采用磷灰石标准 Otter Lake、MAD2 以及 McClure Mt44,45 对分析过程中的 U、Pb 同位素分馏进行校正,计算磷灰石 Pb/U 值以及仪器漂移和质量偏差校正系数,对数据的处理分析参考 Meffre 和 Chew 等的处理方法。

4) Sr-Nd 同位素分析

磷灰石 Sr-Nd 同位素分析在武汉上谱分析科技有限责任公司采用 Thermo Fisher Scientific 生产的 Neptune Plus 型多接收器等离子体质谱仪(MC-ICP-MS)和 193nMarF 准分子激光剥蚀系统上进行。仪器配备了从 L4 到 H3 共 9 个法拉第杯收集器,收集 Kr、Rb、Er、Yb 和 Sr 的离子信号,并带有标准样品和用于 Sr-Nd 同位素分析的 H 型撇渣器。Yang 等(2014)对仪器操作、分析方法和数据处理进行了详细描述。对于原位 Rb-Sr 分析,^{83}Kr、^{84}Sr、^{85}Rb、^{86}Sr、^{87}Sr、^{88}Sr、^{167}Er^{2+}(83.5)、^{171}Yb^{2+}(85.5)、^{173}Yb^{2+}(86.5)的原始计数频率被用于等价干扰校正,即应用了 8Hz 的激光脉冲频率和 15J/cm² 的能量密度,束斑直径为 90μm。分析过程包括 40s 的样品数据采集和 60s 的清洗。氦被用作载气(680mL/min)。在剥蚀前,根据天然同位素比率 ^{83}Kr/^{84}Kr 为 0.201 75 和 ^{83}Kr/^{86}Kr 为 0.664 74,用 30s 的气体空白测量对 Kr 同位素干扰进行校正(Christensen et al.,1995)。在激光剥蚀分析过程中,必须评估各种干扰。稀土元素 Er 和 Yb 的双电荷离子同位素干扰用非干扰同位素 ^{167}Er^{2+}、^{171}Yb^{2+}、^{173}Yb^{2+} 和其自然同位素丰度(Chartier et al.,1999)进行校正。^{87}Rb 和 ^{87}Sr 的干扰用 ^{85}Rb/^{87}Rb 为 2.593 的自然比值进行校正(Christensen et al.,1995;Yang et al.,2008)。Ca 对 Sr 同位素分析影响不明显。在分析过程中,^{88}Sr 的信号调整至大于 3.0V。重复分析内部标准磷灰石 AP1 和磷灰石 Slyudyanka 获得 ^{87}Sr/^{86}Sr 的值分别是 0.711 521±52(2σ;n=22)和 0.707 886±74(2σ;n=22)。这与通过溶液法获得的值和 LA-MC-ICP-MS 的长期测定值相同(Yang et al.,2014)。

Sm-Nd 同位素测定点位与 Sr 同位素的点位一致,原始数据用 ^{142}Nd、^{143}Nd、^{144}Nd、^{145}Nd、^{146}Nd、^{147}Sm、^{149}Sm、^{153}Eu、^{155}Gd 进行同位素干扰校正。激光脉冲频率为 6Hz,能量密度为 15J/cm²,束斑直径为 120μm。由于 Ce/Nd 值较低,^{142}Ce 对 ^{142}Nd 的影响不明显(Yang et al.,2008)。因此磷灰石 Nd 同位素主要干扰来自 ^{144}Sm 对 ^{144}Nd 的干扰,采用 McFarlane 和 McCulloch(2007)所描述的方法进行了校正,其中采用 Sm 的质量偏差,使用天然 Sm 同位素比值 ^{147}Sm/^{149}Sm 为 1.068 60 和 ^{144}Sm/^{149}Sm 为 0.223 32(Dubois et al.,1992;Isnard et al.,2005)。^{146}Nd/^{144}Nd 的值被用来计算 Nd 的分馏系数,该系数被应用于 ^{143}Nd/^{144}Nd 和 ^{145}Nd/^{144}Nd 值的标准化(Yang et al.,2008)。每 15~20 个样品分析后,对一套内标磷灰石进行分析,包括 1 个 NW-1,2~3 个 Otter Lake 和 1~2 个 MAD。在分析期间,^{146}Nd 信号保持在 1.0V 以上,根据每组样品分析前后的内标 NW-1 分析,将 ^{147}Sm/^{144}Nd 值与其推荐值(0.101 0±0.001 8;Yang et al.,2014)的相对偏差应用于未知和其他标准磷灰石样品的离线 ^{147}Sm/^{144}Nd 校准。

2. 测试结果

1) 磷灰石岩相学特征

本次以磷灰石作为研究对象,研究重点包括薄竹山及邻区侵入岩、薄竹山南端官房钨多金属矿床中的磷灰石。

侵入岩中的岩浆磷灰石

作为岩浆岩中广泛存在的一种副矿物,磷灰石在薄竹山侵入岩体及邻区隐伏花岗岩体中广泛分布,薄竹山侵入岩体岩性主要为二长花岗岩(图6-44a)、黑云二长花岗岩、花岗闪长岩。此外,区内还发育浅成相演化分异度更高的花岗斑岩(如白牛厂花岗斑岩)。薄竹山地区大面积分布的二长花岗岩、黑云二长花岗岩、花岗闪长岩均具花岗结构(图6-44a),岩石中石英及钾长石自形程度不及斜长石,岩石中常见副矿物为锆石、磷灰石、榍石等。磷灰石在二长花岗岩和花岗闪长岩中普遍存在,但含量及粒度在不同区域略有差别,如在官房、白牛厂等地的岩体中磷灰石含量相对较少,呈粒状且粒径不大。而在菖蒲塘等地岩体中磷灰石含量增多,粒度增大且常见其呈延长的柱状。镜下观察磷灰石常呈被包裹矿物分布于造岩矿物内部,分布于黑云母中(图6-44b),或包裹于石英内部(图6-44c),或位于长石的粒间或内部(图6-44d)。通过单矿物分选可知,岩体中的磷灰石多数为数十微米,少数为$100\sim300\mu m$(可见阴极发光及单矿物背散射图),因此在低倍及中倍物镜下还有许多磷灰石是难以被观察的。

官房矿床中的热液磷灰石

本次所获取热液型磷灰石来自薄竹山南端的官房钨多金属矿床中,该类磷灰石主要产于热液铅锌多金属矿体或相邻的蚀变岩石中,其岩相学特征如下。

①对于矿化弱的样品,其岩石类型为石英化岩、碳酸盐化岩或二者的过渡类型。石英化岩为硅化岩的一种,由硅化作用形成,官房矿床石英化岩的特征为:石英的粒度和形态多变,或由粒径差异很大的他形状单体集合而成,或较大的颗粒与金属矿物一起共呈镶嵌状(图6-44e),或具定向组构特征(图6-44g),或石英呈板条状交错,与较自形的黄铁矿共生。陈曼云(2009)认为,在变质岩石中具有板条状半自形或自形的石英是由硅化作用形成的标型特征之一,由气液变质作用形成的石英化岩的另一特征是岩石中石英晶体的粒径大小不一,且在岩石中分布很不均匀,有的石英较粗,有的为中细粒和显微晶质,这一情况在其他成因的石英岩中较少见。这些样品与石英化岩的典型特征是一致的,属气液交代变质成因。

除了石英化外,官房矿段矿体中的碳酸盐化也是普遍存在的(图6-45a、b),常见金属硫化物集合体呈脉状、网脉状穿插于方解石集合体间(图6-45a),碳酸盐化与石英化二者交替出现,当岩石几乎全部为碳酸盐矿物时,则为碳酸盐化岩,更常见的是样品中方解石和石英都较多,且常伴随着硫化物的出现,于是出现硅化和碳酸盐化的过渡岩石类型,如硅化碳酸盐化岩中产出较自形的闪锌矿(图6-45c)。

此外,矿体中还广泛存在矽卡岩化,主要表现为微细粒透辉石集合体交代原岩组分(图6-45d),由此可推断该矿床的形成应与矽卡岩化、热液交代—充填的成矿方式有密切联系。

②对于矿石样品,其也是本次获取磷灰石的重要来源,官房矿床产出的矿石类型多样,包括矽卡岩矿石、热液脉型矿石等。本次磷灰石来源的样品特征为金属硫化物以闪锌矿、方铅矿、黄铁矿为主,脉石矿物为石英、方解石,主要为热液充填—蚀变的矿石类型。方铅矿、闪锌矿集合体与石英、方解石集合体可能具有较清晰的界线(图6-45e),硫化物集中的部位与浅色矿物集中的部位相间而使矿石呈斑杂状构造,有的矿石呈致密块状构造,金属硫化物含量很高,或呈他形粒状分布(图6-45f,反射偏光),或不规则状(图6-45g,反射偏光)。矿石中的石英和方解石集合体孔隙中也常见硫化物的充填(图6-45h)。

热液磷灰石低倍和中倍镜下难以识别,一是粒度较细,二是其光性特征与长英质较为相似,但通过单矿物分选得到了与岩浆岩中具不同外观特征和内部构造特征的磷灰石。

2)年代学特征

本研究对热液型多金属矿石以及薄竹山花岗岩进行磷灰石原位 LA-ICP-MS 同位素测试,但仅测得样品 SS-6 磷灰石年龄数据,其他样品未测得可参考的有效数据,结果见表6-12。样品 SS-6 共测得20个有效测点,U 含量为$(2.95\sim133.61)\times10^{-6}$,平均$28.9\times10^{-6}$,样品普遍具有较高的 U 含量,确保了磷灰石中放射性成因的 Pb 含量也较高,得到的磷灰石结晶年龄也较为可靠。$^{206}Pb/^{238}U$ 值变化范围为 $0.015\,0\sim0.369\,9$(平均$0.081\,7$),$^{207}Pb/^{206}Pb$ 值变化范围为 $0.224\,0\sim0.841\,1$(平均$0.573\,4$)。

 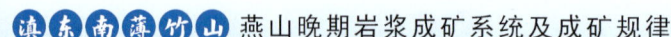

Qz.石英；Bi.黑云母；Kf.钾长石；Pl.斜长石；Ap.磷灰石

图 6-44 薄竹山地区花岗岩类镜下显微特征

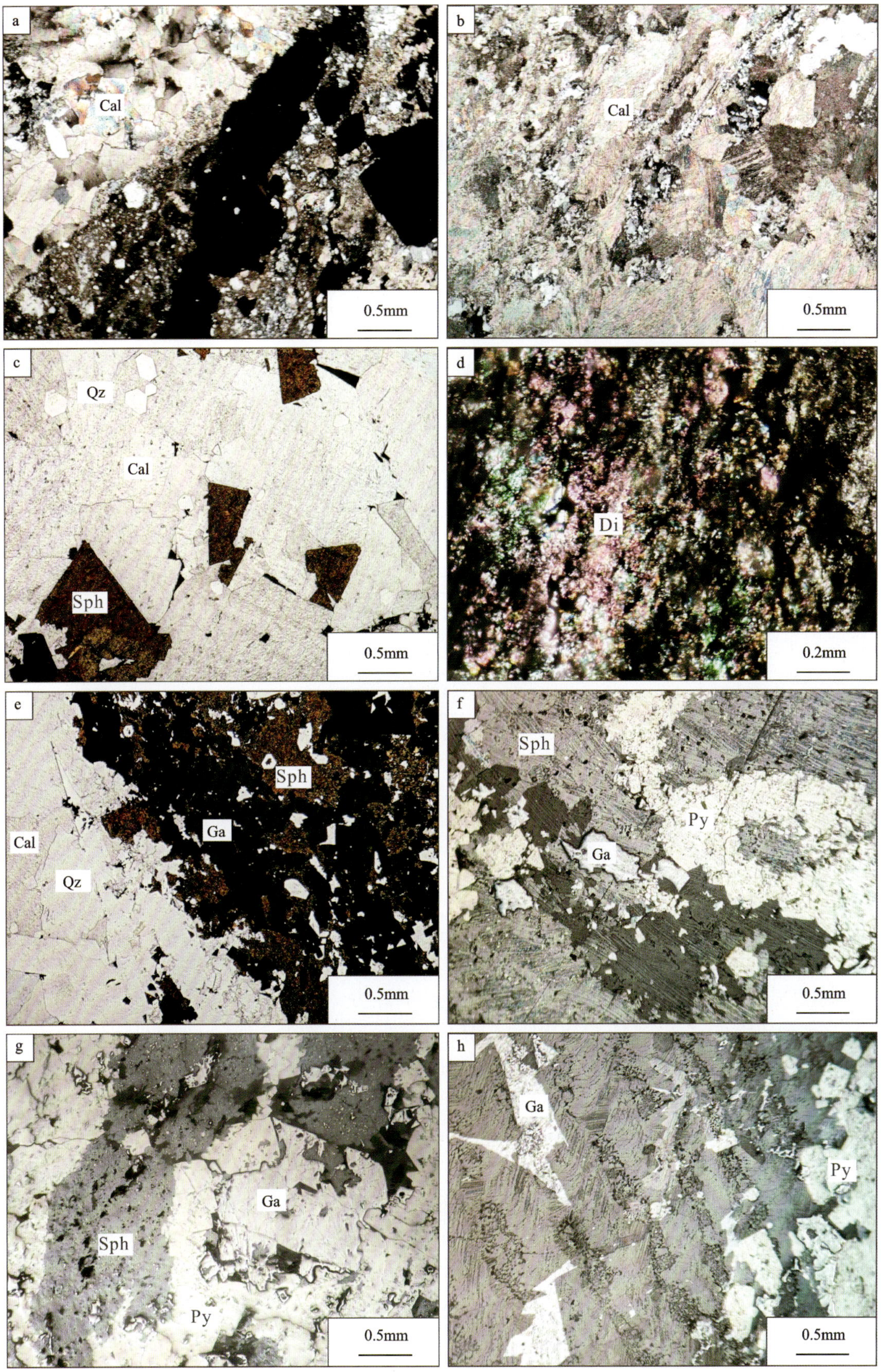

Cal.方解石；Qz.石英；Sph.闪锌矿；Di.透辉石；Ga.方铅矿；Py.黄铁矿

图 6-45 官房山水矿段热液型 Pb-Zn 硫化物矿石镜下显微特征

表 6-12 磷灰石年龄 LA-ICP-MS U-Pb 测试结果

样品	元素含量 ($\times 10^{-6}$)			同位素比值						年龄（Ma）	
	Pb	Th	U	$^{207}Pb/^{206}Pb$	$\pm 2\sigma$	$^{207}Pb/^{235}U$	$\pm 2\sigma$	$^{206}Pb/^{238}U$	$\pm 2\sigma$	^{207}Pb 校正	$\pm 2\sigma$
SS-6-03	1.73	16.4	15.2	0.615 4	0.067 9	4.510 2	0.522 8	0.056 2	0.008 4	103.163 7	50.220 6
SS-6-06	2.14	11.2	73.0	0.358 2	0.024 8	1.089 6	0.108 9	0.021 6	0.000 9	84.221 8	5.986 4
SS-6-07	1.65	15.1	134	0.224 0	0.026 2	0.456 5	0.065 2	0.015 0	0.000 7	74.825 5	4.525 6
SS-6-08	0.63	14.8	11.7	0.537 4	0.073 9	2.937 4	1.032 1	0.044 9	0.012 5	110.646 7	73.557 9
SS-6-09	0.58	4.65	4.43	0.701 7	0.074 7	12.471 5	4.447 3	0.127 1	0.035 0	144.931 1	176.546 3
SS-6-10	0.84	19.3	9.94	0.536 1	0.072 2	2.298 3	0.299 8	0.032 9	0.002 2	81.561 3	13.766 9
SS-6-11	3.45	19.1	14.2	0.757 6	0.041 6	9.114 4	0.655 1	0.092 3	0.007 7	64.193 8	44.262 3
SS-6-12	1.47	6.04	18.3	0.624 6	0.053 0	6.003 8	0.913 5	0.067 4	0.008 4	118.624 7	50.514 8
SS-6-14	3.39	19.7	78.9	0.446 8	0.067 5	2.879 8	0.755 5	0.038 4	0.007 5	122.555 0	46.477 5
SS-6-16	0.81	8.80	7.53	0.635 8	0.069 9	4.277 3	0.440 9	0.050 2	0.004 2	84.110 0	25.959 9
SS-6-18	0.66	9.85	5.77	0.653 7	0.092 2	10.719 4	5.776 9	0.110 3	0.053 2	168.075 0	252.270 4
SS-6-19	0.76	19.0	13.0	0.442 5	0.040 5	1.713 5	0.205 6	0.027 8	0.001 9	89.624 7	11.992 1
SS-6-21	0.51	8.08	3.79	0.642 3	0.076 5	4.810 9	0.612 3	0.057 3	0.005 5	92.937 7	33.125 4
SS-6-23	1.70	23.0	31.0	0.500 2	0.034 7	2.318 1	0.210 7	0.032 7	0.001 8	90.369 6	11.364 0
SS-6-24	2.12	21.2	94.6	0.262 4	0.032 4	0.585 4	0.089 6	0.016 2	0.001 1	75.839 0	7.063 7
SS-6-25	9.68	11.4	13.9	0.526 9	0.066 4	2.230 9	0.307 9	0.029 3	0.002 7	74.721 1	16.919 5
SS-6-26	0.98	6.71	2.95	0.783 5	0.058 4	13.213 2	1.073 7	0.126 5	0.008 8	61.656 0	50.210 0
SS-6-27	2.18	11.2	37.0	0.562 5	0.056 0	6.767 2	1.487 6	0.070 2	0.012 1	158.330 2	71.563 1
SS-6-28	5.33	6.36	4.49	0.815 3	0.030 5	41.935 2	1.825 0	0.369 9	0.015 3	85.437 3	71.768 0
SS-6-30	4.25	5.66	4.72	0.841 1	0.044 6	28.425 7	1.087 9	0.248 1	0.013 3	5.795 9	68.147 6

测试结果显示，SS-6 矿石磷灰石谐和图下交点年龄为 77.9±3.0Ma（MSWD＝1.12，n＝20）（图 6-46），平均年龄 79.8±5.5Ma（MSWD＝0.45）。磷灰石 CL 图像表明，所选磷灰石测试区域未受后期热液事件改造，因此，获得的磷灰石 U-Pb 年龄可以代表其成矿年龄，属于燕山晚期。

3）地球化学特征

主量元素

针对薄竹山矿集区的 10 个样品磷灰石的主量元素分别进行了测试，SS-6 共测试 11 点，SS-7 共测试 9 点，SS-8 共测试 13 点，SS-10 共测试 7 点，BZS308-15 共测试 13 点，BZS308-23 共测试 7 点，LSC23-22 共测试 12 点，MJB23-26 共测试 19 点，BNC22-54 共测试 12 点，BNC22-64 共测试 9 点。电子探针分析结果见表 6-13，根据其主量元素特征，可以认为样品中的磷灰石大部分具有岩浆磷灰石的特征，有部分磷灰石有热液磷灰石特征（图 6-47）。其中热液型 Pb-Zn 硫化物矿石中磷灰石的 CaO、P_2O_5 含量略高于其他样品，MnO、FeO 含量低于其他样品。所有样品磷灰石 SO_3 含量小于 0.19%，多数低于检出限，样品间差异不大。

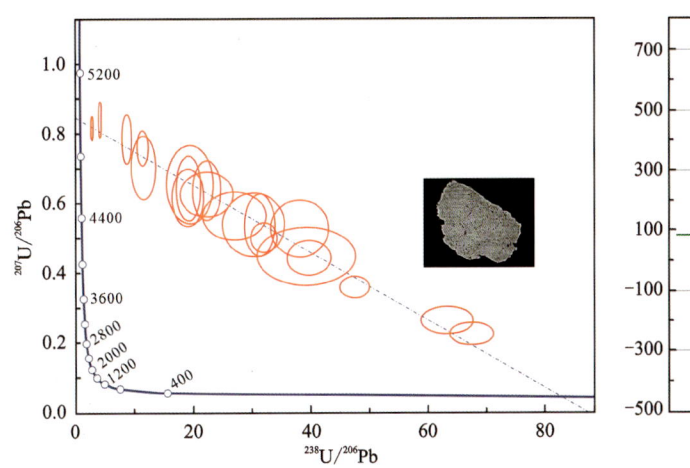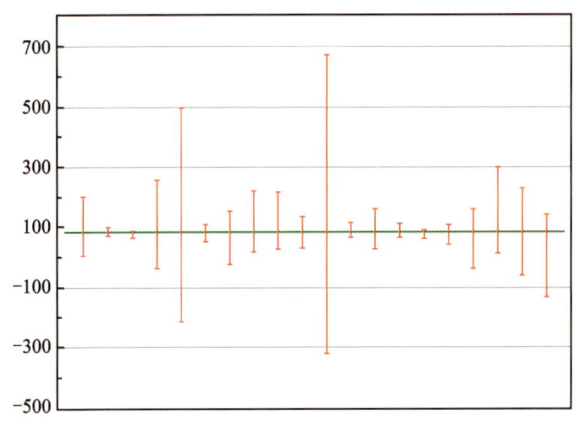

图 6-46 磷灰石 LA-ICP-MS U-Pb 定年结果

表 6-13 磷灰石主量元素电子探针分析结果　　　　　　　单位：%

样品编号	P_2O_5	CaO	SiO_2	Al_2O_3	MnO	MgO	Na_2O	K_2O	FeO	SO_3	F	Cl	共计
SS-6	41.91	56.39	0.04	0	0	0	0	0.00	0	0.02	2.90	0.01	100.23
	41.40	56.95	0.01	0.03	0.05	0.01	0.00	0	0	0.02	2.94	0.00	100.24
	41.75	56.98	0.04	0	0.07	0	0	0.01	0	0.01	2.75	0.03	100.75
	41.34	56.07	0.00	0.01	0.01	0.01	0	0	0	0.03	2.88	0.00	99.33
	42.10	56.77	0.00	0.02	0	0.03	0	0	0.02	0	2.79	0.00	100.71
	41.60	56.64	0.03	0	0.03	0	0	0	0.04	0	2.46	0.00	100.10
	42.19	56.41	0.00	0	0.03	0.01	0	0	0.04	0.01	3.13	0.00	100.77
	41.72	55.89	0.15	0.15	0.06	0.12	0.04	0.02	0.08	0.01	3.08	0.00	100.13
	41.82	56.60	0.08	0	0	0	0	0.03	0.00	0.02	2.83	0.00	100.42
	41.78	56.08	0.04	0.00	0.01	0.00	0	0	0.02	0	3.12	0.00	99.89
	41.87	56.08	0.10	0	0.05	0	0.02	0	0.01	0.02	2.89	0.00	100.56
SS-7	41.87	56.20	0.00	0	0.07	0.00	0	0.01	0.04	0	2.40	0.08	100.00
	41.43	55.45	0.05	0.01	0.08	0	0	0.04	0.04	0.02	2.58	0.05	99.03
	40.97	56.73	0.00	0	0.03	0	0	0	0	0	2.42	0.08	99.45
	41.80	56.62	0.04	0	0.05	0	0	0.01	0	0.02	2.67	0.02	100.36
	41.56	56.68	0.03	0	0	0.01	0	0	0	0	2.75	0.04	100.12
	41.29	56.12	0.04	0	0.02	0	0.02	0.00	0	0.02	2.51	0.06	99.36
	41.41	56.70	0.07	0.00	0	0.03	0	0	0.01	0	2.43	0.02	99.74
	41.47	56.31	0.02	0	0.01	0	0	0.01	0	0.01	2.69	0.04	99.74
	41.78	56.56	0.07	0	0.02	0	0.02	0	0	0	2.57	0.01	100.17
	42.16	55.79	0.07	0	0.03	0	0	0.01	0	0	1.84	0.30	99.78

续表 6-13

样品编号	P_2O_5	CaO	SiO_2	Al_2O_3	MnO	MgO	Na_2O	K_2O	FeO	SO_3	F	Cl	共计
SS-8	41.49	56.31	0.16	0.022	0	0	0	0.00	0.08	0.01	2.24	0.28	100.06
	40.74	56.33	0.04	0	0.04	0.01	0.01	0.02	0.01	0	2.03	0.31	99.00
	41.73	56.10	0.14	0.00	0.02	0.00	0	0.01	0.06	0	2.16	0.29	100.14
	40.89	56.11	0.09	0	0.06	0	0	0.00	0	0	2.09	0.38	99.23
	41.14	56.02	0.14	0.01	0.02	0	0.02	0.04	0.05	0	1.95	0.33	99.20
	42.03	56.26	0.14	0	0.03	0.00	0	0.01	0	0	2.18	0.27	100.51
	41.16	55.81	0.08	0	0.01	0.02	0	0	0	0	2.22	0.38	99.01
	41.16	56.49	0.10	0.00	0.01	0.01	0	0.02	0.06	0.00	2.20	0.33	100.16
	41.47	55.78	0.15	0	0.05	0.02	0.01	0.01	0.04	0.01	1.96	0.36	99.46
	41.93	55.80	0.15	0.02	0.01	0	0.01	0.01	0.04	0	2.19	0.39	100.04
	41.69	56.60	0.10	0.01	0.07	0.01	0	0.02	0.04	0.02	1.95	0.31	100.48
	41.81	56.02	0.19	0.00	0.00	0	0	0.00	0.01	0.03	1.97	0.40	100.10
SS-10	41.25	56.24	0.07	0	0	0.01	0	0.01	0.03	0.03	2.80	0.01	99.69
	40.93	55.88	0.05	0	0.06	0	0	0.02	0.01	0.01	3.31	0.02	99.35
	40.74	55.95	0.07	0	0	0	0	0	0.02	0.02	2.82	0.00	99.00
	41.96	56.23	0.08	0.00	0.01	0	0.04	0	0	0.02	2.58	0.02	100.49
	41.37	56.63	0.11	0	0	0.01	0	0.02	0.03	0	2.61	0.04	100.10
	41.08	56.45	0.03	0.02	0.04	0	0.02	0.00	0	0	2.97	0.01	99.75
	41.77	55.51	0.06	0	0.01	0	0	0	0	0.00	2.86	0.01	99.48
BZS308-15	41.08	55.43	0.05	0.01	0.47	0.02	0.04	0	0.62	0	2.48	0.16	99.47
	40.33	53.56	0.14	0.01	0.87	0.08	0.14	0	0.76	0.03	2.33	0.25	98.42
	40.26	52.69	0.43	0.00	0.92	0.03	0.08	0	0.71	0	2.37	0.24	98.04
	40.11	53.33	0.35	0.00	0.88	0.12	0.12	0	0.85	0.06	2.45	0.30	99.04
	40.35	52.90	0.26	0.00	0.88	0.12	0.12	0	0.73	0	2.53	0.25	97.89
	40.62	53.03	0.31	0.04	0.91	0.06	0.11	0	0.81	0	2.47	0.30	98.64
	40.50	53.77	0.20	0.01	0.85	0.13	0.11	0.00	0.73	0.00	2.50	0.28	98.58
	40.82	54.16	0.27	0.04	0.51	0.04	0.04	0.03	0.63	0.01	2.55	0.18	98.80
	40.12	52.92	0.40	0.00	0.91	0.06	0.08	0	0.78	0	2.39	0.27	98.16
	39.85	53.63	0.25	0.00	0.85	0.06	0.09	0	0.72	0.03	2.44	0.26	98.09
	40.34	53.37	0.33	0.00	0.90	0.07	0.13	0.00	0.76	0.02	2.37	0.28	98.62
	40.11	53.19	0.22	0.00	0.92	0.13	0.11	0	0.77	0	2.53	0.29	97.98
	40.49	53.16	0.19	0.00	0.94	0.06	0.15	0	0.49	0	2.53	0.22	98.05

续表 6-13

样品编号	P₂O₅	CaO	SiO₂	Al₂O₃	MnO	MgO	Na₂O	K₂O	FeO	SO₃	F	Cl	共计
BZS308-23	40.71	55.49	0	0.04	0.16	0	0.06	0	0.05	0	2.37	0.04	98.40
	41.05	55.26	0	0	0.16	0.00	0.05	0.01	0.06	0.01	2.49	0.06	98.48
	40.72	55.30	0.24	0	0.11	0	0.02	0	0.03	0.02	2.56	0.03	98.84
	40.20	55.23	0.41	0	0.14	0.03	0.07	0	0.04	0.00	2.34	0.05	98.31
	40.48	54.82	0.29	0	0.17	0	0.06	0.00	0.03	0.03	2.52	0.03	98.30
	40.83	54.43	0.39	0	0.16	0	0.10	0	0.04	0	2.41	0.05	98.39
	40.38	55.20	0.17	0	0.14	0.03	0.13	0	0.03	0	2.36	0.06	98.27
LSC23-22	40.03	55.98	0.04	0.01	0.06	0	0.01	0	0.10	0	2.17	0.08	98.36
	39.95	55.10	0.18	0	0.13	0.02	0.07	0	0.13	0	2.29	0.15	97.99
	40.21	55.03	0.43	0	0.16	0.00	0.02	0.01	0.09	0	2.13	0.25	98.68
	40.66	54.81	0.02	0	0.12	0.00	0.09	0	0.09	0.00	2.21	0.25	97.70
	39.99	55.26	0.34	0.02	0.20	0	0.07	0.05	0.13	0.03	2.10	0.25	98.74
	40.72	54.62	0.32	0	0.14	0.01	0.00	0	0.07	0	2.40	0.07	98.41
	40.84	55.22	0.16	0	0.13	0.02	0.17	0	0.13	0.04	2.03	0.29	98.75
	40.08	54.33	0.39	0	0.09	0	0.06	0	0.07	0	2.22	0.30	97.74
	40.31	54.63	0.15	0	0.16	0	0.09	0.00	0.13	0.02	2.47	0.16	97.89
	39.72	54.53	0.54	0.02	0.17	0.03	0.05	0.01	0.13	0	2.19	0.16	97.66
	40.22	55.09	0.16	0	0.12	0	0.09	0	0.11	0	2.06	0.25	98.07
	40.21	55.26	0.18	0.02	0.14	0.08	0.09	0.03	0.10	0.03	2.15	0.27	98.17
MJB23-26	40.26	55.19	0.34	0.00	0.14	0.05	0.08	0	0.11	0.03	1.85	0.66	99.09
	40.00	54.77	0.23	0.00	0.15	0.02	0.02	0.01	0.14	0.02	1.60	0.71	97.40
	39.65	55.35	0.30	0.00	0.21	0.00	0.06	0.00	0.15	0	1.61	0.71	98.13
	39.75	54.56	0.41	0.07	0.20	0.02	0.07	0	0.17	0	1.63	0.74	98.41
	39.89	54.58	0.32	0.00	0.08	0.05	0.08	0	0.17	0.02	1.51	0.67	97.59
	40.04	53.96	0.35	0.03	0.13	0.02	0.07	0	0.19	0	1.55	0.77	97.68
	40.17	54.63	0.44	0.03	0.14	0.01	0.10	0	0.15	0	1.38	0.76	98.18
	40.30	54.75	0.06	0.01	0.12	0.02	0.00	0	0.15	0.03	1.68	0.76	97.37
	40.36	54.50	0.25	0.00	0.19	0.03	0.08	0	0.16	0	1.64	0.69	98.11
	40.11	55.25	0.09	0.04	0.16	0.02	0.06	0	0.10	0	1.59	0.61	97.76
	40.02	55.03	0.00	0.00	0.15	0.05	0.10	0.02	0.14	0	1.49	0.69	97.42
	40.45	55.01	0.12	0.00	0.11	0.04	0.06	0.01	0.12	0.04	1.62	0.67	97.91
	39.63	54.69	0.24	0.00	0.14	0.07	0.03	0.02	0.18	0	1.67	0.72	97.31
	39.77	54.58	0.39	0.01	0.20	0.13	0.00	0	0.46	0	1.69	0.64	98.08
	40.17	54.97	0.10	0.05	0.13	0.05	0.03	0.01	0.12	0	1.63	0.68	97.89
	39.54	54.82	0.28	0.00	0.12	0.03	0.06	0	0.21	0	1.70	0.76	97.37
	39.85	55.16	0.23	0.00	0.15	0.05	0.05	0	0.15	0.02	1.66	0.72	97.95
	40.20	55.52	0.05	0.01	0.10	0.05	0.10	0.01	0.10	0.02	1.67	0.72	98.57
	40.36	54.64	0.17	0.00	0.14	0.04	0.09	0	0.20	0.01	1.57	0.70	98.11

续表 6-13

样品编号	P_2O_5	CaO	SiO_2	Al_2O_3	MnO	MgO	Na_2O	K_2O	FeO	SO_3	F	Cl	共计
BNC22-64	40.32	54.51	0.33	0.00	0.21	0.01	0.08	0.01	0.14	0	2.43	0.17	98.36
	40.65	55.03	0.04	0.00	0.13	0.02	0.03	0	0.11	0.03	2.28	0.11	98.04
	40.02	55.01	0.39	0.00	0.18	0.01	0.05	0.02	0.15	0.01	2.17	0.14	98.50
	40.36	55.07	0.06	0.00	0.17	0.01	0.12	0	0.10	0.04	2.44	0.11	98.28
	39.86	54.74	0.47	0.00	0.17	0.02	0.09	0.00	0.12	0	2.28	0.13	97.98
	40.20	55.09	0.37	0.00	0.16	0.02	0.03	0	0.17	0.03	2.36	0.09	98.71
	39.87	54.29	0.52	0.00	0.28	0.00	0.07	0	0.12	0	2.08	0.20	97.97
	40.22	54.89	0.21	0.01	0.19	0.05	0.05	0	0.08	0	2.27	0.09	98.36
	40.62	54.93	0.23	0.01	0.22	0.00	0.07	0.01	0.08	0.02	2.40	0.08	98.77
BNC22-54	40.48	55.03	0.17	0.03	0.15	0	0.10	0.02	0.09	0	2.61	0.10	98.56
	40.92	55.64	0.03	0.01	0.24	0	0.19	0	0.06	0	2.80	0.10	99.28
	40.41	54.75	0.34	0	0.19	0.01	0.03	0	0.16	0	2.52	0.08	98.68
	40.48	55.07	0.33	0	0.21	0.03	0.03	0.03	0.16	0	2.52	0.10	98.82
	40.72	54.59	0.19	0.02	0.34	0.04	0.10	0.01	0.12	0.00	2.38	0.14	98.47
	39.88	54.37	0.49	0	0.24	0	0.12	0	0.06	0.04	2.41	0.10	97.87
	40.22	54.05	0.33	0.04	0.30	0.04	0.07	0	0.13	0	2.21	0.10	97.64
	40.38	54.76	0.14	0	0.28	0.01	0.09	0.01	0.08	0.01	2.39	0.09	98.23
	40.98	55.28	0.21	0	0.29	0.04	0.03	0.02	0.09	0.04	2.28	0.09	99.03
	39.90	55.11	0.19	0	0.19	0	0.07	0.02	0.09	0	2.53	0.07	98.00
	40.43	54.19	0.33	0	0.30	0.05	0.14	0	0.13	0	2.45	0.10	98.44
	39.76	54.35	0.41	0	0.29	0.01	0.11	0.01	0.07	0	2.51	0.10	97.82

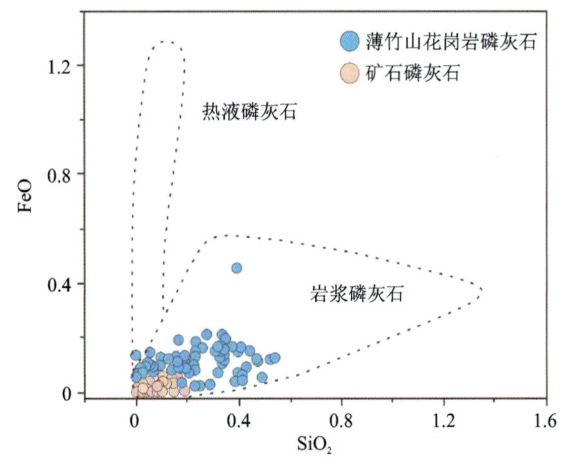 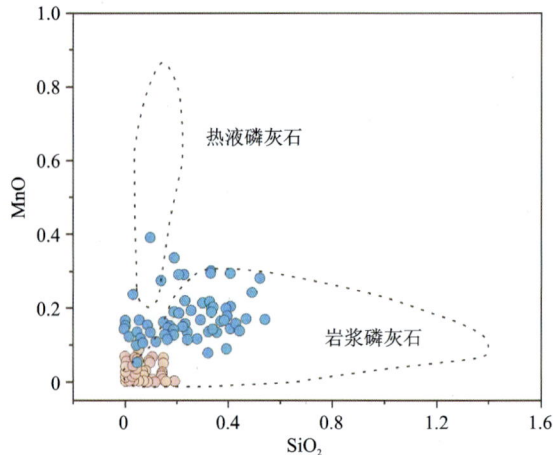

图 6-47 磷灰石分类图解

卤族元素

样品中卤族元素含量见表6-13,所有样品磷灰石明显富F元素,贫Cl元素,属于氟磷灰石。薄竹山花岗岩F含量2.33%~2.56%,平均2.45%,Cl含量0.03%~0.3%,平均0.18%;白牛厂二长花岗岩F含量2.08%~2.80%,平均2.40%,Cl含量0.07%~0.17%,平均0.11%;白牛厂花岗斑岩F含量1.38%~2.47%,平均1.84%,Cl含量0.07%~0.76%,平均0.51%。而热液型Pb-Zn硫化物矿石磷灰石的F元素含量,明显高于其他样品。F元素含量1.84%~3.31%,平均2.54%,Cl含量0~0.4%,平均0.12%。

微量元素

SS-6共测试11点,SS-7共测试9点,SS-8共测试5点,SS-10共测试7点,BZS308-15共测试13点,BZS308-23共测试7点,LSC23-22共测试12点,MJB23-26共测试19点,BNC22-54共测试12点,BNC22-64共测试9点。所有样品微量元素测试分析结果见表6-14,原始地幔标准化蛛网图见图6-48,可以发现都有较为明显的Rb、Ba、Sr等大离子亲石元素的亏损,以及Th、U等高场强元素的富集,同时亏损Ta、Nb。

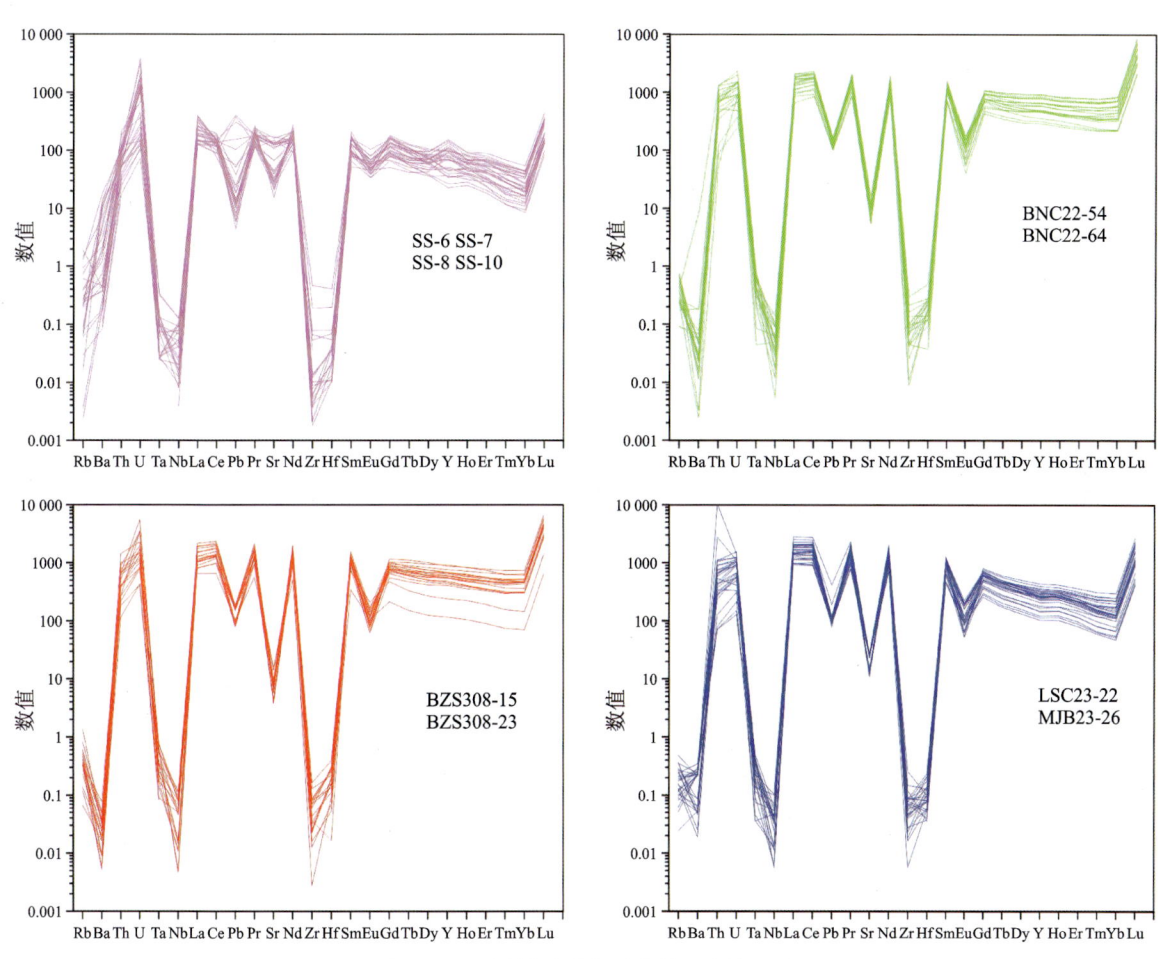

图6-48 不同样品磷灰石微量元素蛛网图

Sr和Y测试结果表明(图6-49a),热液型Pb-Zn矿石磷灰石Sr含量分布范围(331~3587)×10^{-6},平均1583.48×10^{-6},Y含量分布范围(104~700)×10^{-6},平均353.57×10^{-6},Sr含量高,Y含量低;薄竹山花岗岩、白牛厂花岗岩、白牛厂花岗斑岩磷灰石Sr含量分布范围分别为(80.2~335)×10^{-6}、(118~339)×10^{-6}、(233~591)×10^{-6},平均分别为159×10^{-6}、178×10^{-6}、443×10^{-6},Y含量分布范围分别为(535~4232)×10^{-6}、(1321~4236)×10^{-6}、(479~1999)×10^{-6},平均分别为2552×10^{-6}、2744×10^{-6}、1172×10^{-6},Sr含量低,Y含量高。

表 6-14 磷灰石微量元素 LA-ICP-MS 分析结果

样品编号		Rb	Sr	Ba	Y	Ga	La	Ce	Pr	Nd	Sm	Eu	Gd	Tb	Dy	Ho	Er	Tm	Yb
SS-6		0.15	437	2.71	371	2.30	127	273	63.0	338	81.6	7.27	92.1	11.7	63.1	11.2	25.1	2.33	11.1
		0.25	618	8.59	310	2.28	138	256	55.8	285	68.2	10.7	82.5	10.03	53.6	9.23	20.6	2.07	9.17
		0.18	577	11.1	442	2.26	126	244	53.0	286	76.8	6.86	98.0	13.3	73.0	12.9	30.0	2.93	13.1
		0.26	331	12.7	448	2.66	177	350	74.6	382	93.4	8.89	108	13.8	78.0	13.7	31.0	3.07	13.5
		0.20	834	3.97	226	1.40	91.7	158	35.5	178	41.0	6.48	48.2	6.23	34.0	6.30	15.1	1.64	7.93
		0.39	843	3.27	323	1.68	108	180	40.6	213	52.6	6.51	67.9	8.36	46.6	8.56	20.2	2.07	10.1
		0.14	535	5.40	311	1.91	99.4	212	47.5	258	70.3	7.71	81.6	10.9	58.4	10.02	22.5	2.12	9.59
		0.12	676	3.26	345	1.74	103	211	50.4	268	69.6	8.33	82.4	10.7	59.8	10.3	24.3	2.46	11.0
		1.23	472	2.93	325	2.15	160	294	58.4	278	58.4	11.8	67.2	8.08	44.1	8.24	19.2	2.04	9.56
		0.17	604	2.56	238	1.42	86.4	160	36.5	187	44.7	6.67	53.0	6.65	37.6	6.70	16.0	1.69	8.11
		0.63	785	10.2	484	3.07	275	399	78.3	356	76.8	9.70	88.3	11.7	66.4	12.9	31.1	3.24	15.7
		0.039	971	1.16	180	1.62	86.9	207	32.1	175	55.2	11.6	79.0	9.41	44.6	6.69	13.8	1.29	8.09
		0.000 0	606	1.21	205	2.31	150	335	48.6	246	72.1	13.2	98.4	11.6	55.1	8.38	16.7	1.50	8.39
		0.019	1415	0.60	157	1.48	101	236	35.9	199	65.6	13.7	95.1	10.6	46.3	6.46	11.7	0.88	4.22
		0.050	623	1.27	121	1.51	104	240	32.4	155	39.0	5.76	53.7	5.98	28.8	4.68	9.91	1.00	5.49
		0.000 0	917	0.75	206	1.80	104	245	38.5	205	72.4	11.4	104	11.9	55.4	7.93	15.3	1.32	6.26
		0.000 0	717	1.51	206	1.64	103	252	40.3	223	71.9	9.72	97.8	11.4	53.1	7.96	15.3	1.41	7.16
		0.001 5	2257	1.37	159	2.38	132	317	48.0	250	72.2	17.5	94.4	9.81	42.2	6.00	11.4	1.08	6.04
		0.000 0	1414	1.64	104	1.55	89.9	224	32.8	171	43.4	8.30	55.8	6.00	27.5	4.13	8.88	0.87	4.67
SS-7		0.002 3	484	2.03	168	1.79	122	261	32.0	134	29.0	5.71	39.2	4.81	26.7	5.21	13.8	1.68	11.1

续表 6-14

样品编号	Rb	Sr	Ba	Y	Ga	La	Ce	Pr	Nd	Sm	Eu	Gd	Tb	Dy	Ho	Er	Tm	Yb
SS-8	0.13	2903	96.7	415	1.68	186	206	42.0	180	35.3	7.80	46.7	6.63	44.5	9.52	26.6	3.18	17.0
	0.95	2853	51.9	437	3.02	216	245	48.8	208	41.5	8.57	51.4	7.36	47.7	10.3	28.3	3.36	19.3
	0.60	2616	15.5	478	2.66	234	258	52.2	217	41.7	9.34	54.7	7.72	51.5	10.9	31.2	3.61	19.9
	0.83	2612	129	413	1.78	233	273	50.8	206	38.6	8.46	46.6	6.78	42.4	9.71	26.3	3.25	17.4
	0.47	2704	21.9	501	1.79	212	233	49.6	211	41.6	8.22	58.3	8.12	52.0	11.7	32.9	3.88	22.4
	0.16	2879	33.4	509	1.95	217	209	52.9	227	45.1	8.10	59.7	8.20	54.0	11.4	31.0	3.78	19.2
	0.010	3140	86.5	376	1.12	165	138	30.9	126	23.3	7.74	30.3	4.53	31.7	7.17	21.7	2.82	16.0
	0.041	3417	76.1	700	2.08	276	265	66.7	285	57.7	11.7	71.2	10.7	70.2	15.2	43.1	5.06	26.9
SS-10	0.14	3587	14.9	557	1.77	245	261	50.5	201	37.5	9.76	49.0	7.32	50.9	11.2	33.4	4.02	21.3
	0.042	2709	96.5	613	2.21	259	255	63.0	276	55.5	10.1	69.9	9.89	62.1	13.2	35.8	4.11	21.2
	0.056	2419	67.4	325	1.57	190	225	44.7	189	35.3	10.8	40.7	5.53	34.9	7.35	20.0	2.36	11.9
	0.055	2719	41.3	660	2.31	268	268	67.7	296	58.5	10.0	77.8	10.8	70.0	14.6	38.5	4.34	21.8
	0.043	335	0.11	535	7.64	452	1173	159	696	154	18.0	129	16.6	93.3	17.4	43.9	5.60	35.2
	0.21	89.7	0.037	3055	13.1	566	1757	265	1247	442	10.6	527	90.6	560	105	273	36.4	234
	0.22	156	0.040	2789	19.3	1070	3127	451	2081	556	21.0	498	77.6	483	88.5	239	33.8	227
	0.38	121	0.23	3158	28.5	1313	3899	576	2694	698	28.4	624	92.6	560	102	271	38.1	258
	0.33	85.5	0.065	4232	19.6	898	2807	417	1937	595	21.2	622	110	707	136	378	54.7	368
	0.23	126	0.16	2501	28.2	1498	4199	593	2654	631	24.0	537	77.0	449	80.4	206	27.5	182
BZS308-15	0.087	126	0.14	2509	17.0	799	2373	349	1630	448	16.7	418	66.4	415	78.0	214	30.9	216
	0.30	300	0.34	1099	16.2	902	2375	326	1470	329	35.6	285	36.1	200	37.3	93.6	11.7	72.5
	0.38	89.5	0.27	4026	16.9	717	2256	345	1639	587	14.0	699	121	754	139	360	47.2	306
	0.26	207	0.26	2221	24.7	1342	3668	512	2300	547	24.2	452	64.9	377	67.6	173	24.0	158
	0.21	166	0.55	2114	23.9	1233	3477	501	2300	561	26.7	467	65.2	374	66.4	170	22.6	152
	0.076	91.0	0.22	3117	15.4	748	2273	335	1542	466	18.8	468	79.6	510	97.7	272	39.3	263
	0.17	80.2	0.35	3508	17.3	727	2281	349	1662	563	15.8	586	97.0	616	119	326	46.9	319

续表 6-14

样品编号	Rb	Sr	Ba	Y	Ga	La	Ce	Pr	Nd	Sm	Eu	Gd	Tb	Dy	Ho	Er	Tm	Yb
BZS308-23	0.20	171	0.063	1876	12.5	559	1763	269	1275	364	10.6	335	51.6	310	59.4	160	22.1	156
	0.23	206	0.0000	1334	10.9	462	1468	223	1050	285	9.78	259	38.4	228	43.1	114	15.2	105
	0.15	163	0.18	2713	16.5	711	2331	365	1732	502	13.8	474	72.7	458	88.1	239	34.0	231
	0.26	158	0.0000	2727	18.2	795	2508	381	1816	513	13.6	477	73.8	453	86.2	236	33.8	237
	0.21	196	0.12	1990	17.3	787	2443	363	1697	440	14.4	395	57.5	345	63.9	169	23.0	151
	0.076	158	0.063	2981	22.4	1034	3259	494	2298	618	19.4	559	84.0	510	95.3	259	36.2	248
	0.17	153	0.12	2558	14.8	624	2120	336	1614	479	12.6	440	68.4	428	82.2	229	32.9	231
	0.23	247	0.32	1511	18.6	950	2711	390	1776	431	10.8	363	50.3	290	53.2	135	17.6	111
	0.095	273	0.62	1192	14.0	786	2153	309	1405	332	10.6	284	38.6	221	40.7	104	13.7	85.4
	0.068	289	0.45	1516	19.0	1048	2919	419	1882	449	14.3	377	50.7	292	52.8	133	17.0	109
	0.19	336	0.60	834	11.9	664	1791	254	1155	274	8.97	228	29.4	164	29.2	72.8	8.96	55.8
LSC23-22	0.077	305	0.36	1338	18.4	1014	2782	393	1810	416	16.1	356	47.1	262	47.3	116	14.1	86.7
	0.015	294	0.37	1602	22.3	1258	3448	484	2172	493	16.5	409	54.4	303	55.5	138	17.5	111
	0.100	275	0.18	1448	18.0	1008	2832	406	1860	439	11.4	372	49.9	283	50.9	127	15.9	98.8
	0.17	293	0.34	1810	22.9	1324	3628	518	2353	547	20.5	453	61.5	344	61.8	155	19.8	124
	0.16	233	0.34	1652	17.2	953	2694	388	1772	432	9.19	372	51.4	307	56.1	146	19.2	124
	0.23	259	0.40	1999	23.9	1323	3676	526	2388	570	17.9	479	65.3	376	68.9	175	23.3	148
	0.082	287	0.13	1258	15.9	899	2458	347	1560	366	11.1	305	40.4	233	42.3	107	13.6	87.8
	0.057	291	0.36	1228	17.2	986	2672	372	1665	384	14.8	310	41.9	234	42.8	106	13.4	81.2
	0.0000	539	1.55	1203	23.8	1422	3711	504	2285	488	33.0	399	48.5	260	45.6	103.1	11.2	61.9
	0.12	501	1.66	773	13.4	844	2115	289	1314	293	21.0	246	30.8	163	28.7	65.4	7.36	39.1
MJB23-26	0.31	542	1.50	1186	23.2	1405	3603	495	2193	470	34.0	377	47.3	252	43.3	102.0	11.5	63.9
	0.051	551	1.56	1316	26.1	1558	4038	560	2510	543	34.3	434	53.8	284	49.5	115	12.8	69.5
	0.073	545	1.88	1071	19.7	1165	3016	413	1863	409	30.6	330	41.7	222	38.8	90.6	10.3	56.8

续表 6-14

样品编号	Rb	Sr	Ba	Y	Ga	La	Ce	Pr	Nd	Sm	Eu	Gd	Tb	Dy	Ho	Er	Tm	Yb
	0.11	573	1.64	1246	31.2	1937	4855	643	2776	549	38.2	426	51.3	273	46.0	107	11.9	64.2
	0.15	591	2.43	1120	22.5	1399	3556	482	2148	456	30.9	365	45.0	238	41.5	95.2	10.6	58.4
	0.078	516	1.49	523	10.7	627	1608	220	997	214	14.7	171	20.2	110	19.0	43.2	4.74	25.9
	0.000 0	553	1.43	1190	23.7	1421	3681	504	2290	488	31.9	397	48.6	258	43.9	100.3	11.2	62.0
	0.040	510	1.67	561	10.6	666	1626	218	963	215	15.5	181	22.1	119	20.4	47.3	4.93	27.5
	0.063	557	1.64	957	18.8	1135	2900	393	1750	370	27.9	300	37.1	199	35.1	80.9	9.06	50.0
MJB23-26	0.079	587	2.04	676	15.4	971	2392	319	1402	290	19.4	226	27.2	145	24.7	56.6	6.01	33.2
	0.13	543	1.55	1056	21.7	1278	3310	452	2021	441	27.4	353	42.7	228	38.7	88.7	10.0	55.3
	0.14	488	1.75	1371	24.5	1402	3752	529	2400	532	34.0	430	54.1	292	50.6	117	13.1	74.7
	0.033	540	1.65	1147	20.7	1272	3287	450	2007	436	32.8	357	44.7	239	41.6	97.8	10.8	61.4
	0.23	568	1.70	1178	28.5	1747	4382	582	2545	513	34.8	403	49.3	259	44.9	102	11.1	61.2
	0.11	535	2.00	1232	23.5	1389	3639	501	2271	497	30.9	395	49.0	261	45.7	105	11.7	63.2
	0.060	570	1.61	479	11.1	674	1655	218	962	199	14.8	154	18.9	99	17.0	39.1	4.47	23.7
	0.17	537	1.58	671	13.2	784	2001	274	1231	265	17.4	214	26.2	142	24.5	55.8	6.09	33.6
	0.17	273	1.27	2155	23.7	1271	3501	506	2329	575	15.7	477	66.9	385	70.8	186	25.4	168
	0.17	232	0.22	1442	13.5	690	1922	282	1304	331	9.99	284	41.5	243	45.2	120	16.5	110
	0.15	248	0.21	2241	20.6	1121	3151	460	2122	542	20.5	465	66.1	389	71.6	188	25.9	175
	0.059	237	0.39	1321	11.6	593	1654	241	1108	294	6.91	255	37.0	222	41.8	112	15.9	108
BNC22-64	0.14	249	0.53	2064	21.0	1178	3236	459	2090	509	20.9	430	59.7	352	64.1	168	23.4	159
	0.17	196	0.17	2916	26.1	1311	3792	558	2601	671	17.5	580	82.7	497	94.3	251	35.6	244
	0.11	339	1.29	1602	24.4	1411	3770	522	2336	511	29.3	408	52.7	292	53.2	132	17.5	111
	0.21	205	0.38	2681	27.2	1460	4031	574	2615	641	20.9	533	76.3	450	83.4	226	31.9	220
	0.058	273	0.48	2151	22.5	1173	3155	449	2055	513	11.4	424	60.4	355	65.8	177	24.7	174

续表 6-14

样品编号		Rb	Sr	Ba	Nb	Ta	Y	Pb	Ga	La	Ce	Pr	Nd	Sm	Eu	Gd	Tb	Dy	Ho	Er	Tm	Yb
		0.24	123	0.12	0.009 6	0.005 6	3012	0.427	14.7	633	2072	319	1515	466	12.0	466	76.1	496	99	275	40.1	285
		0.15	127	0.017	0.019	0.004 4	2097	1.333	11.3	460	1506	233	1091	323	9.09	321	52.6	344	68.0	191	27.6	198
		0.28	118	59.6	0.015	0.001 0	4150	3.632	23.9	1016	3292	506	2352	672	21.7	649	105	693	134	385	57.1	410
		0.35	155	0.34	0.037	0.003 2	2631	2.679	25.1	1263	3698	527	2322	562	25.3	454	68.6	430	81.9	237	36.6	279
		0.19	171	0.22	0.011	0.006 0	2241	26.997	17.9	941	2698	379	1663	411	24.8	347	53.8	344	66.1	188	29.5	219
BNC22-54		0.41	118	0.080	0.012	0.004 1	4236	0.584	22.8	1020	3171	479	2235	652	22.8	640	107	694	138	391	57.7	420
		0.32	124	0.10	0.056	0.003 0	3618	0.703	20.3	882	2781	419	1928	565	19.0	554	90.3	593	118	332	48.8	355
		0.47	126	0.18	0.090	0.014	3585	0.825	21.5	969	3005	450	2084	590	25.8	561	91.5	583	115	318	46.9	341
		0.27	122	0.31	0.002 8	0.000 0	3025	0.32	16.3	784	2399	357	1660	471	15.2	464	75.8	494	96.7	272	39.9	284
		0.16	121	0.20	0.006 6	0.001 2	2913	3.972	18.6	761	2440	369	1731	489	15.5	465	75.3	490	96.1	269	40.1	292
		0.42	127	0.15	0.055	0.011	3670	3.295	23.8	1025	3171	473	2179	613	26.4	578	93.1	597	116	327	48.1	346
		0.46	128	0.023			3881		27.1	1227	3788	554	2569	690	29.1	635	99.9	634	123	345	50.4	362

样品编号		Lu	Nb	Ta	Pb	Th	U	Zr	Hf	ΣREE	LREE	HREE	LREE/HREE	(La/Yb)$_N$	δEu	δCe
		1.13				6.12	9.66	0.072	0.007 0	1 107.11	889.42	217.69	4.09	8.19	0.26	0.74
		1.06				7.16	27.4	0.12	0.003 4	1 002.15	813.85	188.30	4.32	10.80	0.43	0.71
		1.35				11.8	64.6	0.087	0.006 3	1037.93	793.40	244.53	3.24	6.93	0.24	0.73
		1.48				16.1	7.61	0.000 0	0.020	1 348.99	1 086.41	262.58	4.14	9.45	0.27	0.75
		0.99				6.57	4.28	0.000 0	0.000 0	631.57	511.14	120.43	4.24	8.29	0.44	0.68
SS-6		1.20				8.23	80.0	5.29	0.13	765.77	600.78	164.99	3.64	7.61	0.33	0.67
		1.03				4.45	2.53	0.064	0.014	891.22	695.15	196.08	3.55	7.44	0.31	0.75
		1.17				5.61	5.24	0.41	0.000 0	912.86	710.66	202.19	3.51	6.68	0.34	0.72
		1.09				18.1	14.6	2.14	0.061	1 018.75	859.32	159.43	5.39	11.98	0.57	0.74
		0.98				4.57	3.28	0.049	0.007 2	652.17	521.37	130.80	3.99	7.65	0.42	0.70
		1.70				49.8	999	2.89	0.048	1 425.09	1 194.12	230.97	5.17	12.54	0.36	0.66

续表 6-14

样品编号		Lu	Nb	Ta	Pb	Th	U	Zr	Hf	ΣREE	LREE	HREE	LREE/HREE	$(La/Yb)_N$	δEu	δCe
SS-7		1.47	0.017	0.003 9	0.411 4	3.37	4.04	0.041	0.000 0	732.23	567.86	164.37	3.45	7.71	0.54	0.96
		1.46	0.008 3	0.000 0	1.014 9	4.57	3.67	0.041	0.012	1 066.84	865.36	201.48	4.29	12.85	0.48	0.96
		0.62	0.014	0.002 0	0.962 1	1.53	1.53	0.000 0	0.009 2	826.80	650.92	175.88	3.70	17.21	0.53	0.96
		1.00	0.020	0.000 0	0.837 7	3.01	2.90	0.000 0	0.009 2	685.87	575.26	110.61	5.20	13.55	0.38	1.01
		0.97	0.006 2	0.000 0	0.886 4	2.13	2.27	0.025	0.006 2	878.38	675.67	202.71	3.33	11.86	0.40	0.95
		1.20	0.005 8	0.003 1	0.829 2	4.53	2.70	0.000 0	0.013	894.86	699.56	195.30	3.58	10.29	0.35	0.96
		0.99	0.009 1	0.001 1	0.913 0	10.3	3.05	0.000 0	0.003 3	1 009.33	837.47	171.86	4.87	15.74	0.65	0.97
		0.74	0.005 9	0.000 0	0.895 3	2.66	2.16	0.044	0.003 2	678.00	569.47	108.53	5.25	13.80	0.52	1.01
		1.98	0.040	0.001 1	0.827 7	5.95	6.00	0.000 0	0.003 3	687.88	583.43	104.45	5.59	7.89	0.52	1.01
SS-8		2.29	0.029	0.004 4	0.880 7	4.69	25.3	0.024	0.000 0	812.80	656.40	156.40	4.20	7.85	0.59	0.55
		2.48	0.035	0.001 4	11.093	7.36	22.3	0.060	0.004 2	937.24	767.20	170.04	4.51	8.03	0.57	0.56
		2.71	0.092	0.013	7.350	7.83	32.8	0.60	0.022	994.61	812.42	182.19	4.46	8.44	0.60	0.55
		2.26	0.066	0.002 6	21.801	8.48	21.7	0.14	0.012	964.13	809.44	154.70	5.23	9.61	0.61	0.59
		2.74	0.049	0.003 9	29.124	7.65	25.3	0.028	0.000 0	947.38	755.45	191.93	3.94	6.78	0.51	0.54
		2.41	0.066	0.005 4	1.614 9	8.86	44.0	0.75	0.017	948.54	758.90	189.63	4.00	8.10	0.48	0.46
		2.07	0.071	0.001 1	1.051 6	4.35	25.3	0.89	0.025	606.81	490.51	116.30	4.22	7.40	0.89	0.44
		3.30	0.035	0.000 0	0.504 7	8.21	43.5	0.15	0.011	1 208.01	962.36	245.65	3.92	7.37	0.56	0.46
SS-10		2.49	0.032	0.000 0	1.768	6.01	37.8	0.10	0.003 5	984.47	804.94	179.54	4.48	8.26	0.70	0.55
		2.55	0.079	0.001 1	0.848 9	10.5	28.8	0.17	0.000 0	1 137.63	918.77	218.86	4.20	8.74	0.50	0.48
		1.51	0.056	0.001 1	0.780 3	9.61	22.8	0.020	0.003 4	819.00	694.73	124.27	5.59	11.45	0.87	0.58
		2.59	0.030	0.001 2	1.309 3	7.32	37.2	0.15	0.011	1 208.53	968.12	240.41	4.03	8.82	0.45	0.47

续表6-14

样品编号	Lu	Nb	Ta	Pb	Th	U	Zr	Hf	ΣREE	LREE	HREE	LREE/HREE	$(La/Yb)_N$	δEu	δCe
	4.88	0.000 0	0.003 5	7.47	15.8	8.77	0.14	0.022	2 998.02	2 652.15	345.87	7.67	9.20	0.38	1.07
	32.0	0.003 7	0.027	11.40	23.2	72.3	0.96	0.086	6 147.16	4 288.45	1 858.71	2.31	1.73	0.07	1.11
	30.8	0.012	0.014	12.06	55.0	41.8	0.99	0.085	8 983.50	7 305.47	1 678.03	4.35	3.38	0.12	1.10
	34.8	0.070	0.032	13.16	123	47.9	1.47	0.069	11 191.45	9 209.71	1 981.73	4.65	3.65	0.13	1.10
	50.0	0.057	0.032	12.54	76.2	69.9	0.91	0.079	9 101.51	6 675.15	2 426.36	2.75	1.75	0.11	1.12
	24.0	0.011	0.009 4	12.13	84.9	31.5	0.82	0.050	11 181.31	9 599.10	1 582.21	6.07	5.91	0.12	1.09
BZS308-15	29.0	0.012	0.014	10.77	34.8	16.8	0.29	0.060	7 083.42	5 616.24	1 467.17	3.83	2.66	0.12	1.10
	10.5	0.059	0.011	7.04	66.9	31.4	0.79	0.043	6 184.51	5 437.11	747.40	7.27	8.92	0.35	1.07
	41.3	0.003 4	0.027	11.82	56.5	118	1.86	0.12	8 027.43	5 559.14	2 468.29	2.25	1.68	0.07	1.11
	20.6	0.007 8	0.007 2	11.45	58.7	24.9	0.41	0.005 2	9 729.43	8 393.32	1 336.11	6.28	6.10	0.14	1.08
	20.3	0.082	0.015	11.74	52.9	23.2	0.93	0.042	9 436.03	8 099.87	1 336.16	6.06	5.84	0.15	1.08
	36.2	0.051	0.007 3	12.33	33.1	36.8	0.48	0.035	7 148.62	5 383.20	1 765.42	3.05	2.04	0.12	1.11
	44.1	0.063	0.025	12.52	44.1	75.1	0.67	0.097	7 752.19	5 598.55	2 153.64	2.60	1.64	0.08	1.11
	21.8	0.008 4	0.005 7	5.97	9.9	9.01	0.032	0.029	5 357.48	4 241.48	1 116.00	3.80	2.57	0.09	1.11
	14.5	0.000 1	0.012	6.05	3.26	3.70	0.096	0.030	4 315.67	3 498.74	816.93	4.28	3.17	0.11	1.11
	32.0	0.041	0.015	6.25	32.0	29.1	0.27	0.050	7 283.64	5 654.45	1 629.20	3.47	2.21	0.09	1.11
BZS308-23	33.7	0.085	0.023	5.83	34.7	21.6	0.25	0.064	7 657.42	6 026.82	1 630.61	3.70	2.41	0.08	1.11
	20.7	0.036	0.003 7	5.80	22.9	17.9	0.36	0.050	6 969.55	5 743.42	1 226.13	4.68	3.73	0.10	1.12
	34.8	0.037	0.009 5	6.76	56.2	32.1	0.80	0.091	9 547.81	7 722.17	1 825.64	4.23	2.99	0.10	1.11
	32.9	0.033	0.022	5.64	18.8	16.6	0.18	0.016	6 731.30	5 186.59	1 544.71	3.36	1.94	0.08	1.12

续表 6-14

样品编号	Lu	Nb	Ta	Pb	Th	U	Zr	Hf	ΣREE	LREE	HREE	LREE/HREE	$(La/Yb)_N$	δEu	δCe
	15.2	0.046	0.021	7.29	34.4	19.1	0.51	0.044	7 304.62	6 269.38	1 035.24	6.06	6.12	0.08	1.09
	12.0	0.046	0.000 0	7.02	23.2	11.9	0.18	0.019	5 794.59	4 995.55	799.04	6.25	6.60	0.10	1.07
	14.3	0.009 1	0.001 5	8.04	39.1	20.1	0.51	0.025	7 776.66	6 731.25	1 045.41	6.44	6.89	0.10	1.08
	7.19	0.009 1	0.016	6.227	10.9	6.55	0.20	0.031	4 742.57	4 146.91	595.67	6.96	8.54	0.11	1.07
	11.5	0.023	0.012	7.71	31.8	14.0	0.78	0.012	7370.90	6 430.79	940.12	6.84	8.39	0.13	1.08
LSC23-22	15.2	0.037	0.000 0	5.56	56.5	19.2	0.81	0.016	8 973.83	7 869.97	1 103.86	7.13	8.11	0.11	1.08
	13.3	0.023	0.000 0	7.08	45.8	8.63	2.91	0.031	7 567.45	6 556.45	1 011.00	6.49	7.32	0.08	1.09
	16.5	0.072	0.005 8	7.52	62.8	22.6	0.71	0.056	9 625.98	8 390.71	1 235.26	6.79	7.68	0.12	1.07
	17.5	0.041	0.014	6.62	37.8	11.4	1.01	0.025	7 338.80	6 246.67	1 092.13	5.72	5.52	0.07	1.09
	19.9	0.031	0.008 3	7.59	78.5	21.9	0.98	0.025	9 855.75	8 500.48	1 355.27	6.27	6.41	0.10	1.08
	11.7	0.027	0.014	6.83	27.1	12.1	0.44	0.024	6 481.32	5 641.27	840.04	6.72	7.34	0.10	1.08
	10.9	0.004 0	0.021	7.23	24.8	13.3	0.30	0.019	6 934.20	6 093.31	840.89	7.25	8.71	0.13	1.08
	7.91	0.052	0.005 9	8.38	233	23.3	0.65	0.024	9 379.38	8 442.17	937.22	9.01	16.49	0.22	1.07
	4.98	0.004 4	0.004 0	7.24	24.1	10.5	0.46	0.031	5 459.68	4 874.95	584.73	8.34	15.49	0.23	1.05
	8.19	0.039	0.003 1	13.68	892	29.8	0.85	0.066	9 104.57	8 199.49	905.08	9.06	15.77	0.24	1.06
MJB23-26	8.67	0.031	0.018	7.18	89.9	26.3	0.68	0.042	10 269.92	9 243.12	1 026.80	9.00	16.08	0.21	1.06
	7.36	0.026	0.009 7	7.54	49.9	20.1	0.99	0.041	7 694.30	6 896.69	797.61	8.65	14.71	0.25	1.06
	8.25	0.025	0.007 6	29.66	95.7	25.5	1.38	0.011	11 785.58	10 796.85	988.73	10.92	21.64	0.23	1.06
	7.39	0.017	0.018	8.76	65.8	18.0	0.96	0.030	8 932.97	8 071.99	860.99	9.38	17.20	0.22	1.06
	3.19	0.000 0	0.007 8	6.366	6.16	3.16	0.064	0.018	4 077.91	3 680.90	397.01	9.27	17.35	0.23	1.06

续表 6-14

样品编号	Lu	Nb	Ta	Pb	Th	U	Zr	Hf	ΣREE	LREE	HREE	LREE/HREE	$(La/Yb)_N$	δEu	δCe
MJB23-26	8.00	0.018	0.012	7.26	76.1	23.6	1.02	0.055	9 343.68	8 415.18	928.50	9.06	16.44	0.21	1.06
	3.49	0.008 4	0.001 9	6.274	6.82	4.49	0.31	0.012	4 129.29	3 703.52	425.77	8.70	17.36	0.23	1.04
	6.50	0.034	0.001 5	6.99	37.3	14.2	0.53	0.023	7 293.98	6 575.93	718.04	9.16	16.30	0.25	1.06
	3.95	0.030	0.005 9	6.63	20.1	12.3	0.26	0.041	5 916.43	5 393.53	522.90	10.31	20.94	0.22	1.05
	6.87	0.007 9	0.007 2	7.02	56.4	21.3	0.58	0.065	8 353.08	7 530.12	822.96	9.15	16.57	0.21	1.07
	9.39	0.038	0.004 9	7.70	92.9	32.5	0.96	0.074	9 689.54	8 647.87	1 041.67	8.30	13.46	0.21	1.07
	7.91	0.029	0.016	7.58	52.3	24.1	0.47	0.034	8 344.08	7 483.66	860.42	8.70	14.85	0.25	1.06
	7.72	0.076	0.009 4	7.65	75.4	23.9	1.68	0.040	10 743.09	9 804.57	938.51	10.45	20.48	0.23	1.06
	8.17	0.030	0.012	7.07	57.5	22.0	0.88	0.017	9 266.85	8 328.04	938.81	8.87	15.75	0.21	1.07
	3.08	0.004 2	0.007 7	6.558	6.08	2.71	0.000 0	0.017	4 083.34	3 723.31	360.02	10.34	20.40	0.25	1.05
	4.04	0.009 6	0.011	6.55	29.4	6.98	0.19	0.000 0	5 077.98	4 571.66	506.32	9.03	16.75	0.22	1.06
	23.5	0.045	0.003 5	7.31	63.6	19.6	3.35	0.15	9 599.62	8 197.46	1 402.15	5.85	5.42	0.09	1.07
	15.7	0.013	0.018	7.30	10.7	7.91	0.098	0.061	5 414.46	4 538.29	876.17	5.18	4.48	0.10	1.07
	24.4	0.008 6	0.007 8	8.04	59.9	19.0	0.51	0.029	8 821.25	7 415.68	1 405.57	5.28	4.58	0.12	1.08
	15.4	0.008 5	0.000 0	7.10	7.43	5.16	0.13	0.059	4 704.53	3 897.50	807.04	4.83	3.94	0.08	1.07
BNC22-64	22.0	0.064	0.009 6	8.46	46.1	18.8	0.51	0.012	8 771.75	7 493.43	1 278.32	5.86	5.31	0.13	1.08
	34.7	0.074	0.022	7.67	93.1	29.3	0.98	0.068	10 771.31	8 951.11	1 820.20	4.92	3.85	0.08	1.09
	15.2	0.044	0.013	8.12	57.1	24.2	0.95	0.044	9 662.18	8 579.70	1 082.48	7.93	9.08	0.19	1.08
	31.0	0.024	0.018	8.30	72.4	25.6	0.53	0.076	10 994.63	9 342.64	1 652.00	5.66	4.75	0.11	1.08
	23.7	0.020	0.009 0	7.66	43.2	10.1	1.53	0.044	8 661.59	7 356.95	1 304.64	5.64	4.84	0.07	1.07

续表 6-14

样品编号	Lu	Nb	Ta	Pb	Th	U	Zr	Hf	ΣREE	LREE	HREE	LREE/HREE	$(La/Yb)_N$	δEu	δCe
	41.6	0.062	0.018	9.02	28.9	14.9	1.10	0.037	6 795.85	5 017.11	1 778.74	2.82	1.59	0.08	1.12
	29.0	0.019	0.030	7.169	4.59	19.1	0.000 0	0.020	4 852.75	3 622.06	1 230.69	2.94	1.67	0.09	1.12
	60.2	0.034	0.024	10.52	110	48.6	1.10	0.081	10 351.87	7 859.43	2 492.44	3.15	1.78	0.10	1.12
	41.5	0.10	0.018	11.91	66.8	26.3	0.50	0.055	10 024.86	8 397.24	1 627.62	5.16	3.25	0.15	1.11
	32.8	0.036	0.001 8	10.62	37.1	17.9	0.47	0.038	7 397.61	6 116.63	1 280.98	4.77	3.09	0.20	1.11
BNC22-54	61.6	0.012	0.031	10.92	109	31.7	2.40	0.087	10 089.13	7 580.49	2 508.64	3.02	1.74	0.11	1.11
	52.0	0.024	0.027	10.58	57.4	31.8	0.73	0.076	8 736.66	6 594.56	2 142.10	3.08	1.78	0.10	1.12
	49.2	0.039	0.016	10.84	69.6	31.7	0.84	0.037	9 229.56	7 123.23	2 106.33	3.38	2.04	0.14	1.11
	41.9	0.027	0.014	10.01	38.0	14.3	1.16	0.080	7 453.54	5 685.35	1 768.19	3.22	1.98	0.10	1.11
	42.9	0.003 8	0.020	9.51	55.6	31.6	0.29	0.059	7 576.34	5 805.69	1 770.65	3.28	1.87	0.10	1.12
	50.7	0.066	0.028	10.93	76.9	32.1	1.82	0.080	9 644.41	7 488.01	2 156.39	3.47	2.13	0.13	1.11
	52.5	0.039	0.032	11.30	114	41.8	0.83	0.090	11 158.32	8 856.87	2 301.45	3.85	2.43	0.13	1.12

注：LREE/HREE、$(La/Yb)_N$、δEu、δCe 无量纲，其余项单位为 $\times 10^{-6}$。

Th 和 U 的测试数据显示(图 6-49b),热液型 Pb-Zn 矿石磷灰石 Th 含量分布范围(1.53~49.8)× 10^{-6},平均 $8.4×10^{-6}$,U 含量分布范围(1.53~999)× 10^{-6},平均 $50.4×10^{-6}$;薄竹山花岗岩、白牛厂花岗岩、白牛厂花岗斑岩磷灰石 Th 含量分布范围分别为(9.9~123)× 10^{-6}、(4.59~114)× 10^{-6}、(6.1~892)× 10^{-6},平均分别为 $45.2×10^{-6}$、$58.2×10^{-6}$、$80.3×10^{-6}$,U 含量分布范围分别为(3.7~118)× 10^{-6}、(5.2~48.6)× 10^{-6}、(3.2~32.5)× 10^{-6},平均分别为 $36.4×10^{-6}$、$23.9×10^{-6}$、$17.3×10^{-6}$。

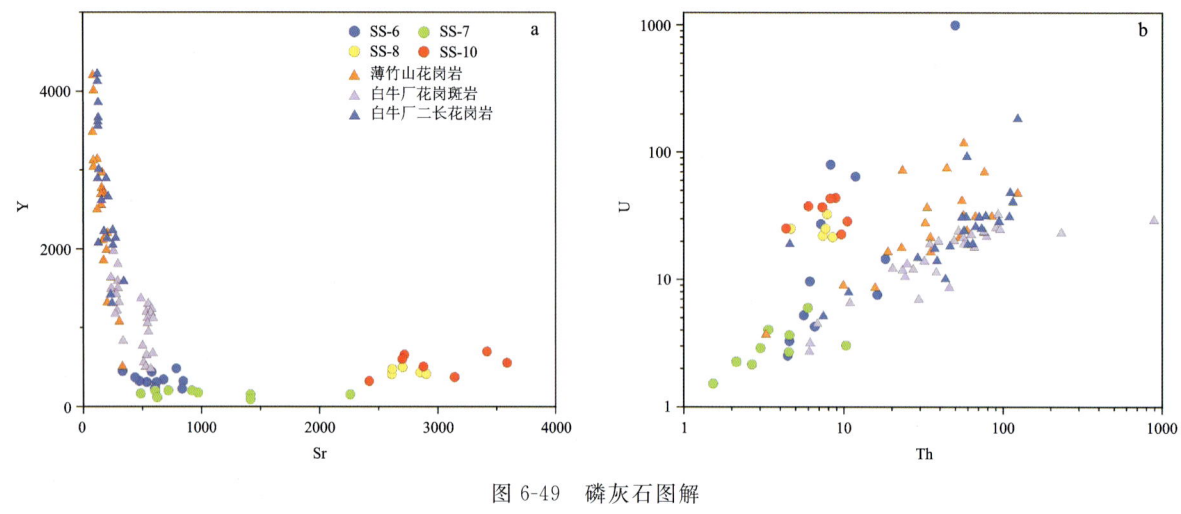

图 6-49 磷灰石图解

a. Sr-Y 图解;b. Th-U 图解

稀土元素

在球粒陨石标准化稀土元素配分图解中(图 6-50),样品磷灰石均显示出轻稀土富集,重稀土亏损的特点,曲线呈右倾模式,但不同样品的配分曲线倾斜程度不同,且具不同程度的 Eu 异常。热液型 Pb-Zn 矿石磷灰石稀土元素总量(606.81~1 425.09)× 10^{-6},平均 $932.0×10^{-6}$,$(La/Yb)_N$ 分布范围 6.68~17.21,平均 9.67,说明轻重稀土之间分异程度强烈;白牛厂花岗斑岩磷灰石稀土元素总量(4 083.34~11 785.85)× 10^{-6},平均 $7 700.40×10^{-6}$,$(La/Yb)_N$ 分布范围 5.52~21.64,平均 13.28,说明轻重稀土之间分异程度更加强烈;其余样品磷灰石稀土元素总量(4 315.67~11 158.32)× 10^{-6},平均 $8 045.81× 10^{-6}$,$(La/Yb)_N$ 分布范围 1.50~9.61,平均 3.45,说明轻重稀土之间分异程度较弱。磷灰石中的 Eu、Ce 的含量常常被用来反映岩浆的氧化还原状态。从配分图解中可以看到,热液型 Pb-Zn 矿石磷灰石均具有一定的 Ce 异常,Ce 异常分布范围 0.44~1.01,平均 0.71,但薄竹山地区的 6 个花岗岩类样品 Ce 异常不明显,Ce 异常分布范围 1.04~1.54,平均 1.09。同时样品之间的 Eu 异常也有较大的差异,热液型 Pb-Zn 矿石磷灰石也具有一定 Eu 异常,Eu 异常分布范围 0.23~0.89,平均 0.49,但其余样品具有更明显的 Eu 负异常,Eu 异常分布范围 0.07~0.35,平均 0.14。

4)磷灰石 Sr-Nd 同位素特征

热液型 Pb-Zn 矿石和薄竹山地区花岗岩类岩石中磷灰石的 Sr-Nd 同位素分析结果如表 6-15 所示。样品 SS-6、SS-7、SS-8、SS-10 中磷灰石的初始 $(^{87}Sr/^{86}Sr)_i$ 范围分别为 0.713 22~0.716 15、0.713 33~0.715 00、0.710 27~0.710 44、0.710 65~0.711 50,平均值分别为 0.710 22、0.714 27、0.710 36、0.711 01。$\varepsilon_{Nd}(t)$ 的变化范围分别为 -11.5~-9.9、-9.2~-7.5、-14.1~-12.2、-9.0~-9.0,平均分别为 -10.8、-8.3、-13.2、-9.0。

薄竹山花岗岩样品 BZS308-15、BZS308-23 中磷灰石的 $(^{87}Sr/^{86}Sr)_i$ 范围分别为 0.705 43~0.714 10、0.704 99~0.711 21,平均分别为 0.710 90、0.707 43。$\varepsilon_{Nd}(t)$ 的变化范围分别为 -10.4~-9.7、-10.3~-9.4,平均分别为 -10.1、-10.0。白牛厂二长花岗岩样品 BNC22-64 中磷灰石的

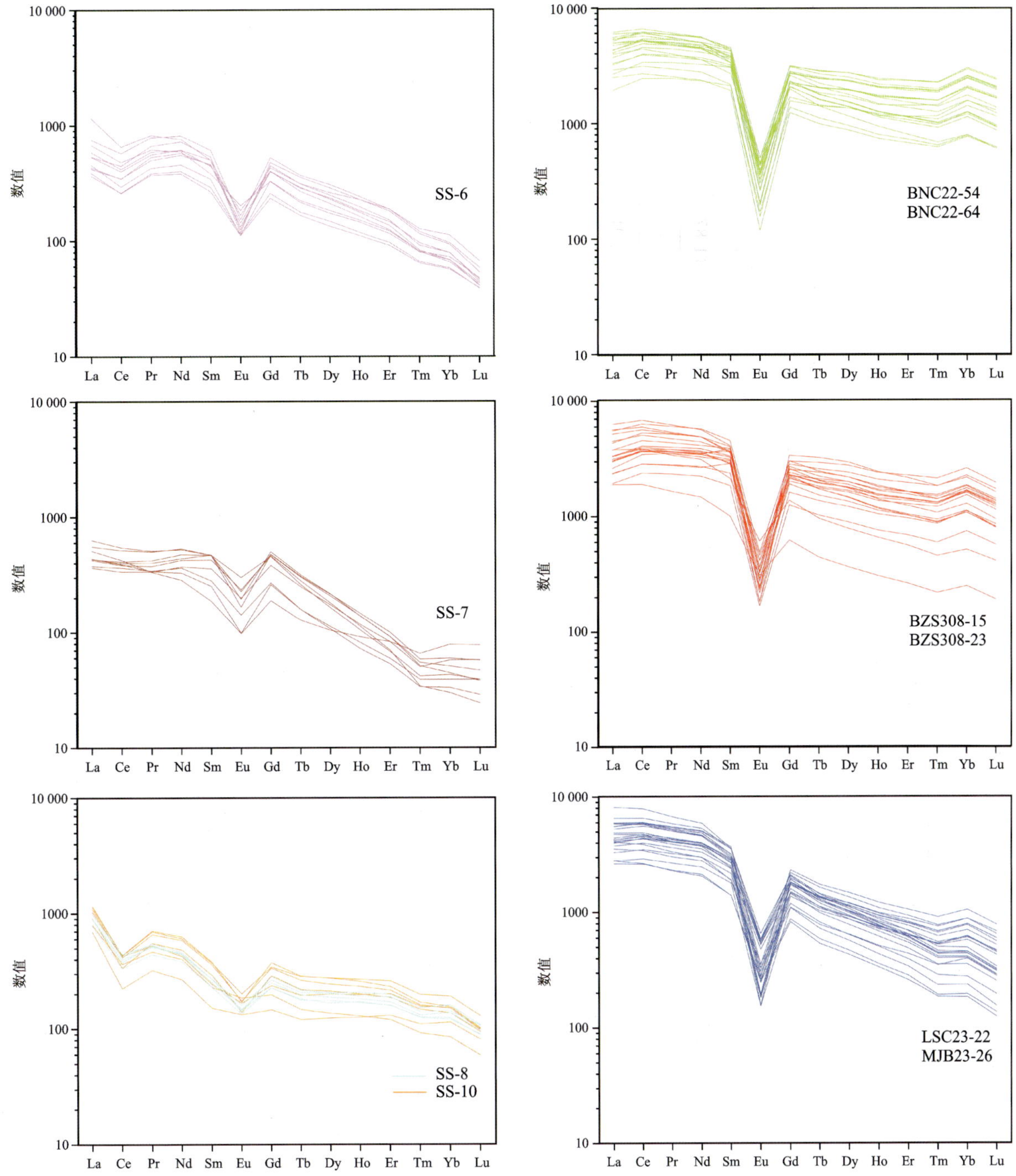

图 6-50 不同样品磷灰石稀土元素蛛网图

($^{87}Sr/^{86}Sr)_i$ 范围为 0.709 15～0.711 27，平均为 0.709 59。$\varepsilon_{Nd}(t)$ 的变化范围为 −10.0～−9.2，平均为 −9.6。白牛厂花岗斑岩样品 LSC23-22、MJB23-26 中磷灰石的 ($^{87}Sr/^{86}Sr)_i$ 范围分别为 0.710 07～0.711 62、0.711 74～0.713 98，平均分别为 0.710 91、0.712 28。$\varepsilon_{Nd}(t)$ 变化范围为 −10.6～−9.7、−10.6～−9.7，平均分别为 −10.1、−10.1。

表 6-15 磷灰石原位 Sr-Nd 同位素测试结果

样品编号	$^{87}Rb/^{86}Sr$	$^{87}Sr/^{86}Sr$	2σ	$(^{87}Sr/^{86}Sr)_i$	$^{147}Sm/^{144}Nd$	$^{143}Nd/^{144}Nd$	2σ	$(^{143}Nd/^{144}Nd)_i$	$\varepsilon_{Nd}(0)$	$\varepsilon_{Nd}(t)$
SS-6-01	0.002 83	0.716 147	0.000 140	0.716 13	0.144 607	0.512 029	0.000 085	0.511 75	−11.9	−9.9
SS-6-02	0.006 24	0.713 224	0.000 034	0.713 20	0.139 337	0.511 907	0.000 047	0.511 63	−14.3	−12.1
SS-6-03	0.018 20	0.715 147	0.000 084	0.715 07	0.121 078	0.511 976	0.000 031	0.511 74	−12.9	−10.0
SS-6-04	0.023 41	0.715 648	0.000 099	0.715 55	0.150 396	0.512 004	0.000 039	0.511 71	−12.4	−10.6
SS-6-05	0.093 68	0.714 633	0.000 072	0.714 23	0.134 331	0.511 928	0.000 041	0.511 66	−13.8	−11.5
SS-7-01	0.001 23	0.713 691	0.000 041	0.713 69	0.156 273	0.512 088	0.000 055	0.511 78	−10.7	−9.2
SS-7-02	0.004 84	0.714 699	0.000 061	0.714 68	0.198 038	0.512 256	0.000 050	0.511 87	−7.5	−7.5
SS-8-01	0.000 88	0.710 287	0.000 030	0.710 29	0.116 622	0.511 913	0.000 059	0.511 91	−14.1	−14.1
SS-8-02	0.011 25	0.710 267	0.000 034	0.710 27	0.119 265	0.512 010	0.000 073	0.512 01	−12.2	−12.2
SS-10-01	0.001 62	0.711 497	0.000 020	0.711 49	0.202 28	0.512 025	0.000 070	0.511 79	−12.0	−9.0
BZS308-15-01	0.064 47	0.714 102	0.000 428	0.714 10	0.146 508	0.512 122	0.000 029	0.512 12	−10.1	−10.1
BZS308-15-02	0.367 93	0.705 432	0.000 844	0.705 43	0.156 781	0.512 110	0.000 028	0.512 11	−10.3	−10.3
BZS308-15-03	0.223 84	0.713 841	0.000 135	0.713 84	0.173 267	0.512 104	0.000 039	0.512 10	−10.4	−10.4
BZS308-15-04	0.314 16	0.710 595	0.000 326	0.710 59	0.163 995	0.512 143	0.000 036	0.512 14	−9.7	−9.7
BZS308-15-05	0.424 27	0.710 511	0.000 463	0.710 51	0.203 781	0.512 125	0.000 032	0.512 12	−10.0	−10.0
BZS308-23-01	0.100 92	0.707 915	0.000 172	0.707 92	0.170 377	0.512 156	0.000 030	0.512 16	−9.4	−9.4
BZS308-23-02	0.084 86	0.711 210	0.000 145	0.711 21	0.158 387	0.512 135	0.000 029	0.512 13	−9.8	−9.8
BZS308-23-03	0.111 02	0.706 412	0.000 217	0.706 41	0.161 405	0.512 117	0.000 028	0.512 12	−10.2	−10.2
BZS308-23-04	0.106 44	0.704 990	0.000 344	0.704 99	0.171 389	0.512 111	0.000 027	0.512 11	−10.3	−10.3
BZS308-23-05	0.085 54	0.708 727	0.000 247	0.708 73	0.144 273	0.512 128	0.000 023	0.512 13	−9.9	−9.9
BZS308-23-06	0.123 83	0.705 306	0.000 297	0.705 31	0.156 035	0.512 111	0.000 024	0.512 11	−10.3	−10.3
LSC23-22-01	0.085 50	0.710 615	0.000 140	0.710 62	0.133 266	0.512 100	0.000 023	0.512 10	−10.5	−10.5
LSC23-22-02	0.074 37	0.710 740	0.000 156	0.710 74	0.130 422	0.512 094	0.000 034	0.512 09	−10.6	−10.6

续表 6-15

样品编号	$^{87}Rb/^{86}Sr$	$^{87}Sr/^{86}Sr$	2σ	$(^{87}Sr/^{86}Sr)_i$	$^{147}Sm/^{144}Nd$	$^{143}Nd/^{144}Nd$	2σ	$(^{143}Nd/^{144}Nd)_i$	$\varepsilon_{Nd}(0)$	$\varepsilon_{Nd}(t)$
LSC23-22-03	0.080 37	0.711 043	0.000 142	0.711 04	0.124 135	0.512 137	0.000 027	0.512 14	−9.8	−9.8
LSC23-22-04	0.053 66	0.710 069	0.000 198	0.710 07	0.128 108	0.512 130	0.000 024	0.512 13	−9.9	−9.9
LSC23-22-05	0.073 10	0.711 617	0.000 165	0.711 62	0.136 102	0.512 139	0.000 027	0.512 14	−9.7	−9.7
LSC23-22-06	0.054 69	0.711 353	0.000 115	0.711 35	0.140 831	0.512 118	0.000 027	0.512 12	−10.1	−10.1
MJB23-26-1	0.044 98	0.712 121	0.000 094	0.712 12	0.124 292	0.512 093	0.000 048	0.512 09	−10.6	−10.6
MJB23-26-2	0.041 82	0.712 306	0.000 175	0.712 31	0.127 682	0.512 125	0.000 027	0.512 13	−10.0	−10.0
MJB23-26-3	0.073 01	0.712 034	0.000 149	0.712 03	0.123 075	0.512 102	0.000 032	0.512 10	−10.5	−10.5
MJB23-26-4	0.037 72	0.711 736	0.000 129	0.711 74	0.123 238	0.512 128	0.000 027	0.512 13	−9.9	−9.9
MJB23-26-5	0.040 01	0.712 038	0.000 205	0.712 04	0.125 678	0.512 133	0.000 049	0.512 13	−9.8	−9.8
MJB23-26-6	0.149 68	0.712 021	0.000 143	0.712 02	0.126 021	0.512 140	0.000 036	0.512 14	−9.7	−9.7
MJB23-26-7	0.042 90	0.712 213	0.000 216	0.712 21	0.124 904	0.512 092	0.000 023	0.512 09	−10.6	−10.6
MJB23-26-8	0.035 73	0.713 975	0.000 160	0.713 98	0.131 796	0.512 137	0.000 026	0.512 14	−9.8	−9.8
MJB23-26-9	0.038 03	0.712 109	0.000 123	0.712 11	0.123 925	0.512 112	0.000 020	0.512 11	−10.3	−10.3
BNC22-64-01	0.077 54	0.710 684	0.000 168	0.714 10	0.142 498	0.512 140	0.000 022	0.512 14	−9.7	−9.7
BNC22-64-02	0.090 97	0.709 147	0.000 152	0.705 43	0.139 746	0.512 142	0.000 023	0.512 14	−9.7	−9.7
BNC22-64-03	0.093 86	0.707 049	0.000 214	0.713 84	0.146 421	0.512 152	0.000 022	0.512 15	−9.5	−9.5
BNC22-64-04	0.086 73	0.711 267	0.000 125	0.710 59	0.132 194	0.512 123	0.000 025	0.512 12	−10.0	−10.0
BNC22-64-05	0.098 22	0.709 805	0.000 158	0.710 51	0.146 738	0.512 167	0.000 029	0.512 17	−9.2	−9.2

3. 岩浆演化过程及对成矿的指示意义

1) 岩浆氧化还原条件

磷灰石中的 Mn、Ce、Eu 等元素的含量、价态变化可以用来指示成矿岩浆的氧逸度高低与氧化还原程度(Cao et al.,2012;Economos et al.,2017;Xing et al.,2020;Jia et al.,2020)。这是因为 Mn、Eu、Ce 这些元素进入磷灰石时都具有多种价态,分别为 $Mn^{5+} \rightarrow Mn^{3+} \rightarrow Mn^{2+}$、$Eu^{3+} \rightarrow Eu^{2+}$、$Ce^{4+} \rightarrow Ce^{3+}$。当磷灰石中发生原子替换时,$Mn^{2+}$、$Eu^{3+}$、$Ce^{3+}$ 相较于其他离子,更容易置换磷灰石中的 Ca^{2+} 进入磷灰石晶格中,呈现一种亲磷灰石的价态。但是由于磷灰石中 Mn、Eu、Ce 等元素的单一变化会受到其他物理化学因素的影响,并不能用来直接反映岩浆的氧化还原状态。因此,选取它们来进行分析时,应当综合考虑。

Eu 和 Ce 属于差异较大的两种元素,当岩浆氧化还原状态发生改变时,这两组元素在磷灰石中的含量也会发生相应的变化,这对于判别岩浆的氧化状态具有重要的意义(Sha and Chappell,1999;Cao et al.,2012)。前文提到过熔体中的 Eu、Ce 通常会占据磷灰石中 9 配位数的 $^{IX}Ca^{2+}$ 和 7 配位数的 $^{VII}Ca^{2+}$ 位置进入磷灰石。而磷灰石中的 $^{IX}Ca^{2+}$ 和 $^{VII}Ca^{2+}$ 位置的离子半径分别为 1.06Å 和 1.18Å,而 Eu^{3+} (1.01Å 和 1.12Å)相较于 Eu^{2+} (1.20Å 和 1.30Å),在这两个位置上具有与 Ca^{2+} 更相似的离子半径,因此 Eu^{3+} 会优先替代磷灰石中的 Ca^{2+}。当岩浆氧逸度较低时,熔体中的高价态的 Eu^{3+} 和 Ce^{4+} 的相对比例也会相应降低,进而导致熔体中的 Eu^{2+}/Eu^{3+}、Ce^{3+}/Ce^{4+} 值升高,在导致有限的 Eu^{3+} 进入磷灰石的同时,大量的 Ce^{3+} 也进入到了磷灰石中,使得磷灰石具有较为强烈的 Eu 负异常和 Ce 正异常,当岩浆氧逸度较高时,情况则相反。前人研究认为,Eu 异常相较于 Ce 异常能够更好地反映岩浆的氧化还原状态,这是因为 Ce 在不同岩浆中基本都以 Ce^{3+} 的形式出现,Ce^{4+} 只占很小的比例(通常 $Ce^{4+}/Ce^{3+} < 0.01$)。因此,通常认为较为强烈的负 Eu 异常代表了比较还原的环境,较弱的负 Eu 异常则代表了较为氧化的环境(Cao et al.,2012)。但如果熔体中长石的分离结晶要早于磷灰石,就会导致熔体中 Eu 浓度的下降,而后结晶的磷灰石则会有更加明显的 Eu 负异常(Chu et al.,2009;Ding et al.,2015)。

从 $(Eu/Eu^*)_N$-$(Ce/Ce^*)_N$ 图解中(图 6-51)可以看到薄竹山花岗岩、白牛厂二长花岗岩、白牛厂花岗斑岩磷灰石基本处于中等还原状态,而热液型 Pb-Zn 多金属矿石磷灰石基本位于氧化—中等氧化状态。SS-6 矿石磷灰石多位于中等还原和中等氧化状态之间。

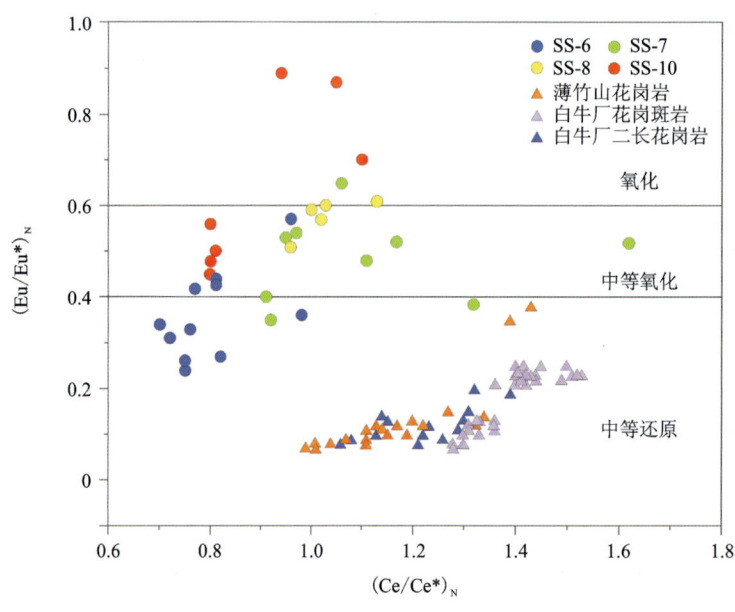

图 6-51 磷灰石$(Eu/Eu^*)_N$-$(Ce/Ce^*)_N$图解

一般认为,氧化程度较高的环境有益于 Cu、Pb 等元素的成矿,这是因为在低氧化环境中,硫多以 S^{2-} 离子的形式出现,Cu、Pb 等元素在早期就会与 S^{2-} 结合形成硫化物,由于硫化物在硅酸盐熔体中的溶解度极低,那么这些硫化物就会提前沉淀,不利于成矿。而在氧化程度较高的环境内,硫多以 SO_4^{2-} 的形式存在,Cu、Pb 等元素就不会提前发生过饱和沉淀出来,同时,Cu、Pb 等元素也更易富集,有利于成矿(Nadeau et al.,2010;Sun et al.,2004)。因此,高氧逸度环境对 Pb 等元素的成矿十分重要。

磷灰石的氧逸度可以用来反映岩浆的来源(Ding et al.,2015;Blevin and Chappell,1995),一般认为氧化性岩浆与地壳物质和地幔物质的混染有关,而还原性岩浆则与上地壳的部分熔融有关。从磷灰石的氧逸度角度分析,可以推测薄竹山花岗岩、白牛厂二长花岗岩、白牛厂花岗斑岩岩浆源区以地壳的部分熔融为主,有幔源物质的参与,热液型 Pb-Zn 多金属矿石岩浆来源于壳幔混染后形成的源区。

2)岩浆来源

磷灰石作为一种稀土任意配分型矿物,它既不像独居石属于轻稀土强选择型配分矿物,也不像磷钇矿属于重稀土强选择型配分矿物。因此,磷灰石中稀土元素的组成往往决定于它形成时体系(岩浆或流体)中稀土组成特点,利用磷灰石的这一特点,就可以反映其寄主岩石稀土元素特征(Hughes and Rakovan,2015;Mao et al.,2016;Chu et al.,2009)。朱笑青等(2004)在针对多个不同类型的矿床与花岗岩中磷灰石的稀土元素的开展研究后,发现不同类型岩石中磷灰石的稀土元素配分模式往往具有显著的差异。通常,壳源型(S 型花岗岩)磷灰石的稀土元素配分模式特征是轻重稀土元素高低差别较小,具有明显的 Eu 负异常;壳幔同熔型(I 型花岗岩)磷灰石的稀土元素配分模式特征是一条右倾的线,Eu 负异常中等或较弱。

在本次测试样品的磷灰石稀土元素球粒陨石标准化模式图中(图 6-50),薄竹山花岗岩、白牛厂二长花岗岩、白牛厂花岗斑岩都具有强烈的 Eu 负异常,轻稀土含量高于重稀土,呈右倾曲线,而热液型 Pb-Zn 多金属矿石同样轻稀土含量高于重稀土,但 Eu 负异常有较大差别。因此,我们推断这几类岩石的母源岩浆中都混入了地幔物质,但地幔物质的占比有所不同。

在样品的 LREE-MREE-HREE 三角图中(图 6-52a),可以看到样品基本全部位于壳幔混合区,但比例有所差异。薄竹山花岗岩、白牛厂二长花岗岩和热液型 Pb-Zn 硫化物矿石主要靠近地壳区域,说明地壳成分占比较大,可能有地幔物质的参与。

同时,Bruand 等(2020)的实验研究结果表明,可以利用磷灰石中 LREE、Sr 和 Y 的含量来推测其母岩浆来源。在图 6-52c 中,薄竹山花岗岩、白牛厂二长花岗岩和部分白牛厂花岗斑岩主要位于 S 型花岗岩(过铝质)的区域内,而还有一部分白牛厂花岗斑岩则落在 I 型花岗岩区域内,热液型 Pb-Zn 硫化物矿石则主要位于深部幔源(赞岐岩)区域内。

此外根据前人研究,磷灰石中 Sr/Th 与 La/Sm 可以反映板块俯冲过程中受到沉积物熔融和板块脱水影响的大小,由海洋沉积物熔融而引发的岩浆活动所形成的岩石 La/Sm 值变化较大,Sr/Th 值较稳定,而由板块俯冲产生的流体交代上覆地幔楔物质形成的岩石则表现出相反的性质(Ding et al.,2015;Laurent et al.,2017)。在样品的 Sr/Th-La/Sm 图解中(图 6-52b),薄竹山花岗岩、白牛厂二长花岗岩、白牛厂花岗斑岩主要显示为沉积物熔融的特征,而热液型 Pb-Zn 硫化物矿石则表现为明显的板块脱水的趋势,部分样品具沉积物熔融的特征。

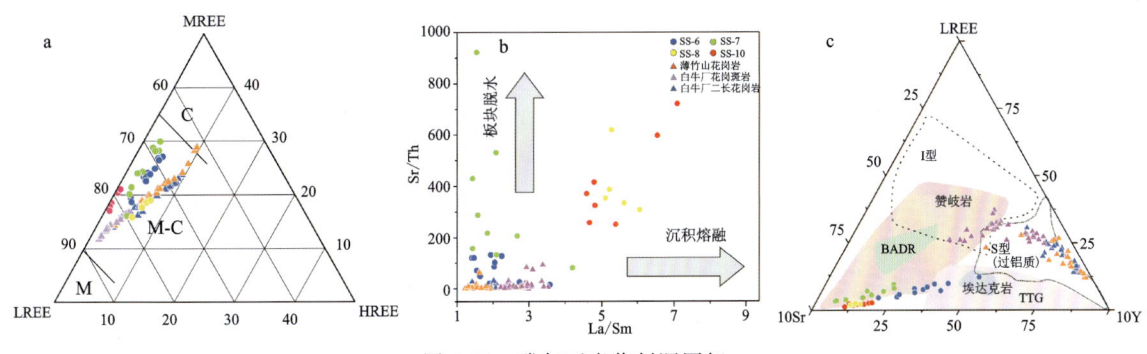

图 6-52 磷灰石岩浆判源图解

a. LREE-MREE-HREE 三角图;b. Sr/Th-La/Sm 图;c. LREE-Sr-Y 岩浆判源图(TTG 表示英云闪长岩-奥长花岗岩-花岗闪长岩,BADR 表示玄武岩-安山岩-英安岩-流纹岩)

因此，综合来看，薄竹山花岗岩、白牛厂二长花岗岩、白牛厂花岗斑岩的源区可能都与地壳沉积物的熔融有关，同时混入了部分的地幔物质。而热液型 Pb-Zn 硫化物矿石的源区则可能为俯冲时产生的流体而后交代上覆地幔楔后产生的源区。

3）对成矿作用的指示

磷灰石中微量元素的变化可作矿床勘探的指示矿物（Belousova et al.，2002；Mao et al.，2016；Pan et al.，2016）。薄竹山地区花岗岩类样品和热液型 Pb-Zn 硫化物矿石中磷灰石的组分特征存在显著的差异，矿石磷灰石比岩体磷灰石具有更高 F、Ca，更低 Cl、S、Si、Mn。矿石磷灰石中 CaO 含量为 55.45%～56.98%（平均为 56.26%），薄竹山花岗岩磷灰石中 CaO 含量为 52.69%～55.98%（平均为 54.66%），Bouzari 等（2011）、Mao 等（2016）也指出由于矿化岩体中稀土总量较低，而稀土主要占据 Ca1 或 Ca2 位置，所以矿化岩体中磷灰石具有更高的 Ca 含量；在磷灰石 MnO-SiO$_2$ 图解中（图 6-53），矿石中磷灰石具有较低的 SiO$_2$ 和 MnO，低 Si 是因为矿石磷灰石中更低的 S，S 与 Si

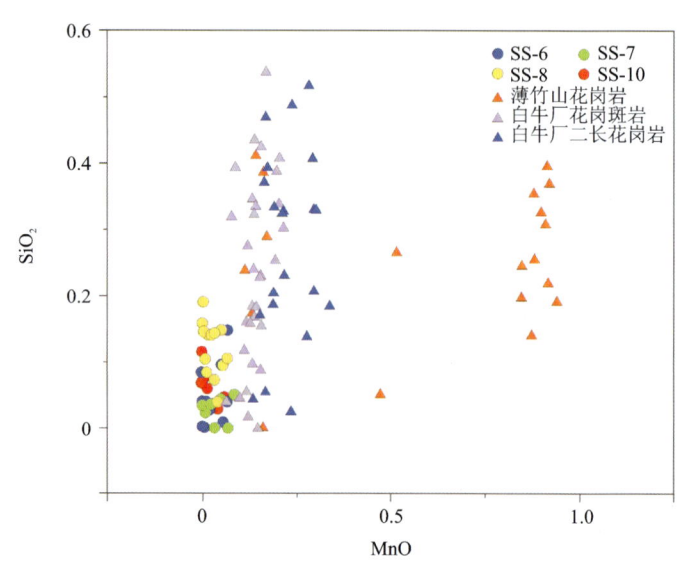

图 6-53　磷灰石 MnO-SiO$_2$ 图解

在磷灰石中以 $S^{6+}+Si^{4+}=2P^{5+}$ 共同替代 P（Parat et al.，2011），更低的 MnO 含量反映矿石氧逸度更高（Miles et al.，2014）。白牛厂矿区的二长花岗岩和花岗斑岩相较于薄竹山花岗岩具有更低的 MnO 含量，可能是其中具有部分矿化现象导致的。

Kieffer 等（2023）在对加拿大 Sept-Iles 矿床中富铁钛磷灰石和贫铁钛磷灰石的研究中，为了将元素差异性对判断的影响最小化，选择了二者之间差异较大的元素，即总 REE+Y 含量、Sr 含量以及 Eu/Eu* 的数值来进行比较。根据 Kieffer 等（2023）提供的模型，我们通过对比薄竹山地区花岗岩类样品和热液型 Pb-Zn 硫化物矿石中磷灰石的元素特征（图 6-54）发现，薄竹山花岗岩中的磷灰石全部落在未矿化区域，而矿石中的磷灰石大部分落在了矿化区域，这表明磷灰石总 REE+Y 含量、Sr 含量以及 Eu/Eu* 也可用于区分岩体是否发生矿化。

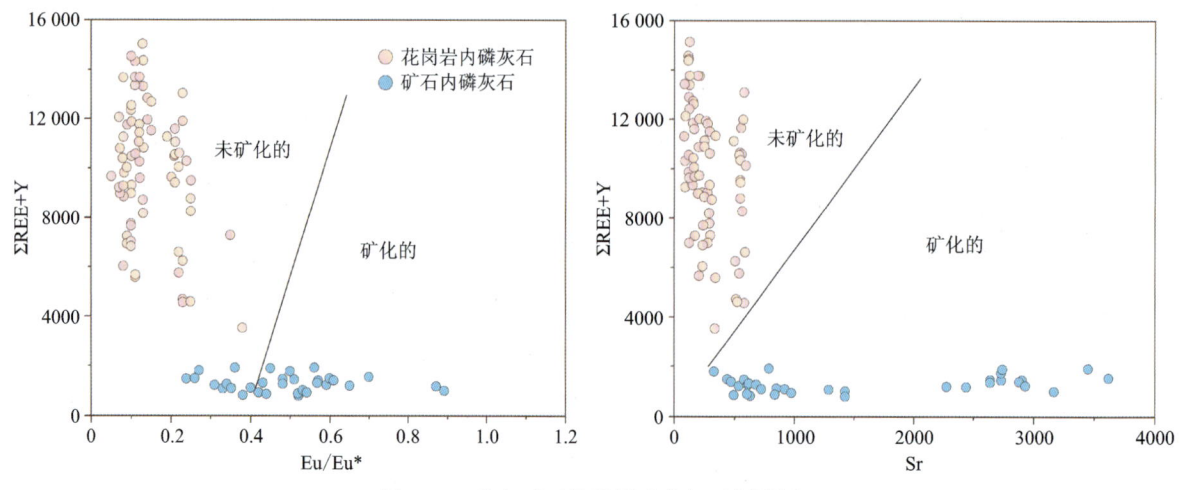

图 6-54　磷灰石区分岩层矿化与否判别图

因此，热液型 Pb-Zn 硫化物矿石中的磷灰石比薄竹山花岗岩中磷灰石具有更高的 F、CaO、Eu/Eu*、Sr 含量，更低的 Cl、SiO_2、MnO、SO_3、ΣREE+Y 含量，这可以用来区别岩体是否发生矿化，对指导区域找矿有借鉴意义。

第七节 成矿系统分析

一、矿床空间分布特征

区内矿床均围绕着薄竹山岩体分布，其中以超大型白牛厂银多金属矿床和官房大型铅锌钨多金属矿床最为典型。薄竹山花岗岩体周边分布有岩羊坡岩浆热液型钨矿，腰店、官房、二河沟、马鹿塘等矽卡岩型钨矿床；羊血地、东瓜林锡（铁铜、砷）矽卡岩矿床；老君山矽卡岩型钨、铜、砷矿床；依格白矽卡岩型铁铜矿床，所作底矽卡岩型铅锌矿床；下厂碎屑岩碳酸盐型银矿床等，其矿床特征如表 6-16 所示。

二、成矿时代

华南地区早中生代属特提斯构造域的重要组成部分，主要表现为陆—陆碰撞的构造背景；到晚中生代随着构造体制发生重大转变，主要为太平洋构造域洋—陆俯冲消减至伸展造山的构造背景（郭令智等，1980；Zhou et al.，2000；Niu et al.，2005；徐夕生和谢昕，2005）。位于滇东南的薄竹山地区，钨、锡多金属成矿事件与晚中生代大规模岩浆侵入活动呈现出有规律的分布，可能受同一动力学背景的影响和控制（焦守涛等，2014）。

针对薄竹山矿集区内的花岗岩以往年代学的研究结果表明（表 6-17），薄竹山岩体所作底单元、洋芋树单元和雷达站单元的锆石 U-Pb 年龄分别为 87.5±0.7Ma、87.8±0.4Ma、86.5±0.5Ma（程彦博等，2010），分水岭和薄竹坡 2 个岩石单元的锆石 U-Pb 年龄分别为（87.0±0.6）～（84.1±1.2）Ma、（85.1±1.3）～（84.7±1.9）Ma（李开文等，2013）。白牛厂矿区花岗岩的锆石 U-Pb 年龄为（91.2±0.8）～（89.1±1.0）Ma，团山花岗岩锆石 U-Pb 年龄为（89.5±0.4）～（87.3±0.3）Ma，小街花子洞花岗岩、闪长岩的锆石 U-Pb 年龄分别为 88.6±0.8Ma、88.9±0.8Ma。本次研究系统开展了薄竹山白牛厂银多金属矿床隐伏二长花岗岩、花岗斑岩及辉绿岩的形成时代的厘定，获得其锆石 U-Pb 年龄分别为（88.51±0.54）～（87.08±0.46）Ma、（87.51±0.47）～（87.38±0.47）Ma、（87.70±0.78）～（85.58±0.70）Ma。这些年代学数据证据表明，薄竹山复式花岗的岩体成岩世代可以追溯至 91～84Ma，属于晚白垩世岩浆活动的产物。

区内成矿时代的研究表明，白牛厂银多金属矿床锡石原位 U-Pb 年龄分别为（88.4±4.3）～（87.4±3.7）Ma（李开文等，2013a）；闪锌矿 Sm-Nd 等时线年龄为 79±31Ma，全岩 Sm-Nd 等时线年龄为 83±16Ma，方解石 Sm-Nd 等时线年龄为 81±19Ma（李开文等，2013b）。张亚辉（2016）测得官房铅锌钨矿床辉钼矿 Re-Os 等时线年龄为 91.6±3.4Ma；对石榴子石原位 U-Pb 定年结果表明，石榴子石矽卡岩的形成年龄为 101.3±5.4Ma 和 87.6±2.3Ma，这也反映出该区可能存在早白垩世和晚白垩世两期矽卡岩成矿事件（刘益等，2021）。值得一提的是，本研究也获得了白牛厂超大型银多金属矿床石榴子石原位 LA-SF-ICP-MS U-Pb 年龄为（88.1±2.2）～（84.9±3.9）Ma。上述成矿时代与薄竹山花岗岩的成岩时代相一致，表明区内锡银铅锌钨多金属矿床成矿事件与岩浆作用存在密切联系，认为成岩成矿年代基本一致，为同期岩浆作用的产物。

表 6-16 滇东南薄竹山矿集区锡银铅锌钨多金属矿床地质特征

序号	矿床名称	矿床类型	主成矿元素	矿区主要地层	矿体特征	金属矿物	围岩蚀变类型	矿石品位	矿床规模
1	白牛厂	岩浆热液型、矽卡岩型	Ag-Pb-Zn-Sn-Cu	龙哈组、田蓬组、大丫口组	矿体按产状可分为与沉积岩层产状基本一致的整合矿体（层状、似层状、透镜状）和地层不整合的矿体（脉状、网脉状和浸染状）	方铅矿、铁闪锌矿、黄铁矿、磁黄铁矿、毒砂、黄铜矿为主、主要银矿物有银黝铜矿、黝锑银矿、深红银矿和辉锑银矿	云英岩化、矽卡岩化、硅化、泥化、碳酸盐化	Ag 107.42g/t Pb 1.54% Zn 2.58% Sn 0.41% Cu 0.57%	超大型
2	官房	矽卡岩型	Pb-Zn-W	田蓬组、大丫口组和下统冲庄组	矿体呈似层状、透镜状产出，受花岗岩与围岩接触带构造和层间裂隙控制	白钨矿为主，其他见有黄铜矿、方铅矿、闪锌矿、辉钼矿、磁铁矿	透辉石化、钙铝榴石化、透闪石化、硅镁石化、金云母化	WO_3 0.10%~1.78%	大型
3	菖蒲塘	矽卡岩型	Pb-Zn-W	冲庄组、田蓬组、大丫口组	矿体产于寒武系碳酸盐岩与花岗岩接触的矽卡岩带，受岩性、构造控制明显	白钨矿、锡石、毒砂、磁黄铁矿、黄铜矿、黄铁矿、方铅矿、闪锌矿	大理岩化、矽卡岩化、角岩化、硅化	WO_3 0.09%~0.48% Sn 0.1%~0.24% TFe 29.1%	小型
4	团山	矽卡岩型	Fe-W	冲庄组、大丫口组	矿体呈似层状产出，垂向分带上有分岔现象	白钨矿、磁铁矿、黄铜矿、方铅矿、闪锌矿、辉钼矿、磁铁矿等	矽卡岩化、大理岩化、角岩化等	WO_3 0.07%~3.76%	小型
5	小平坝	矽卡岩型	Fe-W-Pb-Zn	田蓬组、下木都组、博莱田组	矿体受花岗岩与围岩接触带的控制，呈层状、似层状产出	铁矿、磁黄铁矿、黄铜矿、白钨矿、镜铁矿、锡石、方铅矿、斑铜矿为主，次为黄铜矿、辉铜矿	矽卡岩化、角岩化、硅化、绢云母化、大理岩化、绿泥石化、碳酸盐化		矿点

续表 6-16

序号	矿床名称	矿床类型	主成矿元素	矿区主要地层	矿体特征	金属矿物	围岩蚀变类型	矿石品位	矿床规模
6	下厂	矽卡岩型	Ag-Pb-Zn	田蓬组、大丫口组、冲庄组	矿体产于 F_2 断层破碎带中,矿体呈似层状、透镜状、扁豆状产出,矿体产状与断层产状一致	银黝铜矿、深红银矿、辉锑银铜矿、自然银、黄铁矿、毒砂、闪锌矿、方铅矿、锰铁质黏土	硅化、碳酸盐化、绿泥石化、黄铁矿化、砂卡岩化、角岩化、大理岩化	Ag 1559g/t Pb 4.52% Zn 11.58%	小型
7	茅山洞	热液脉型	Sb-Fe	大寨组、冲庄组、龙哈组、田蓬组、大丫口组	矿体产状及旁侧次级张性裂隙分布,沿断裂与断裂一致	辉锑矿、黄铁矿、磁黄铁矿等	硅化、重晶石化、次生石英岩化、褐铁矿化、黄铁矿化、绢云母化		小型
8	嘣岩头	矽卡岩型	Fe-Cu-W	大寨组、田蓬组	矿体呈似层状、透镜状、脉状和不规则状产出,均沿近北东向和东西向展布	磁铁矿、磁黄铁矿、褐铁矿、黄铁矿	砂卡岩化、褐铁矿化、磁铁矿化、黄铁矿化、硅化、重晶石化	Cu 0.29%~0.98% TFe 31.89%~53.52% Sn 0.16%~0.18% WO_3 0.19%~0.39%	矿点
9	虎山城	矽卡岩型	Pb-Zn-Fe-Sn-W	下奥陶统、泥盆系、石炭系及三叠系	矿体呈层状、透镜状产出,矿产状与接触带构造基本一致	磁铁矿、磁黄铁矿、黄锡矿、黄铜矿、方铅矿、白钨矿	砂卡岩化、大理岩化、角岩化、硅化	Sn 0.2%	矿点
10	米西冲	矽卡岩型	Pb-Zn	田蓬组、龙哈组、歇场组、唐家坝组、博莱田组	矿体产于田蓬组与花岗岩接触带中	黄铜矿、斑铜矿、辉铜矿、黄铁矿、褐铁矿、闪锌矿	砂卡岩化、大理岩化	Cu 0.02% Hg 0.0002%	矿点
11	白牛厂 (屏边县)	矽卡岩型	Pb-Zn	田蓬组、歇场组、唐家坝组、博莱田组	矿体呈透镜体状产出,受断层控制明显	磁铁矿、黄铁矿、黄铜矿、方铅矿、闪锌矿	角岩化、砂卡岩化	TFe 23.90%	小型

表 6-17 滇东南薄竹山矿集区成岩成矿时代

序号	采样位置	岩性	测定对象	测试方法	年代(Ma)	资料来源
1	所作底		锆石	U-Pb 定年	87.54±0.65Ma	程彦博等,2010
2	洋芋树单元		锆石	U-Pb 定年	87.83±0.39Ma	程彦博等,2010
3	雷达站单元		锆石	U-Pb 定年	86.51±0.52Ma	程彦博等,2010
4	白牛厂	二长花岗岩	锆石	U-Pb 定年	87.75±0.48Ma 87.34±0.42Ma 88.51±0.54Ma 87.08±0.46Ma	米雪等,2024
5	白牛厂	辉绿岩	锆石	U-Pb 定年	85.58±0.70Ma 87.70±0.78Ma	本书项目组
6	白牛厂	花岗斑岩	锆石	U-Pb 定年	87.38±0.47Ma 87.51±0.47Ma	本书项目组
7	白牛厂	二长花岗岩	独居石	U-Pb 定年	87.49±0.69Ma	Lu et al.,2024
8	白牛厂	矽卡岩	石榴子石	U-Pb 定年	84.9±3.9Ma 88.1±2.2Ma 85.4±5.2Ma 86.8±6.1Ma	本书项目组
9	白牛厂	铅锌矿	全岩	Sm-Nd	83±16Ma	李开文等,2013a
10	白牛厂	铅锌矿	闪锌矿	Rb-Sr	126±0.41Ma	李开文等,2013a
11	白牛厂	铅锌矿	闪锌矿	Sm-Nd	79±31Ma	李开文等,2013a
12	白牛厂	精矿	锡石	U-Pb 定年	87.4±3.7Ma 88.4±4.3Ma	李开文等,2013b
13	白牛厂	黑云母二长花岗岩	锆石	U-Pb 定年	89.06±0.92Ma 90.50±1.0Ma 91.17±0.77Ma	李建德等,2018
14	白牛厂	花岗岩	全岩	Rb-Sr	68.80±2.60Ma	张洪培,2007
15	白牛厂	花岗岩	锆石	U-Pb 定年	85.34±0.65Ma	塞龙,2016
16	白牛厂	花岗斑岩	锆石	U-Pb 定年	84.7±1.7Ma	塞龙,2016
17	团山	花岗岩	锆石	U-Pb 定年	87.33±0.33Ma	李建德等,2018
18	团山	花岗岩	锆石	U-Pb 定年	89.49±0.41Ma	李建德等,2018
19	官房	矽卡岩	石榴子石	U-Pb 定年	101.3±5.4Ma 87.6±2.3Ma	刘益等,2021
20	官房	花岗岩	锆石	U-Pb 定年	91.2±1.2Ma	张亚辉等,2013
21	官房	含辉钼矿矽卡岩	辉钼矿	Re-Os 定年	91.55±3.4Ma	张亚辉等,2013
22	官房	花岗细晶岩	锆石	U-Pb 定年	85.6±0.6Ma	本书项目组

续表 6-17

序号	采样位置	岩性	测定对象	测试方法	年代(Ma)	资料来源
23	官房	黑云母二长花岗岩	锆石	U-Pb 定年	88.3±0.8Ma 87.1±0.7Ma	本书项目组
24	菖蒲塘	黑云母二长花岗岩	锆石	U-Pb 定年	87.9±0.8Ma 88.8±0.9Ma	本书项目组
25	大山脚	花岗细晶岩	锆石	U-Pb 定年	88.3±0.6Ma 88.2±0.4Ma 82.5±1.7Ma 83.3±0.8Ma	本书项目组
26	下厂	花岗细晶岩	锆石	U-Pb 定年	85.2±0.6Ma	本书项目组

此外，本次研究还获得了大山脚砷铅锌多金属矿点花岗细晶岩的锆石 U-Pb 年龄为 (83.3±0.8)~(82.5±1.7)Ma，官房钨铅锌多金属矿床中花岗细晶岩锆石 U-Pb 年龄为 85.6±0.6Ma，下厂银矿花岗细晶岩锆石 U-Pb 年龄为 85.2±0.6Ma，成岩时代均为晚白垩世（图 6-55），其与主成岩成矿时代有 3~5Ma 的年龄差，表明矿集区内存在多期的岩浆活动。

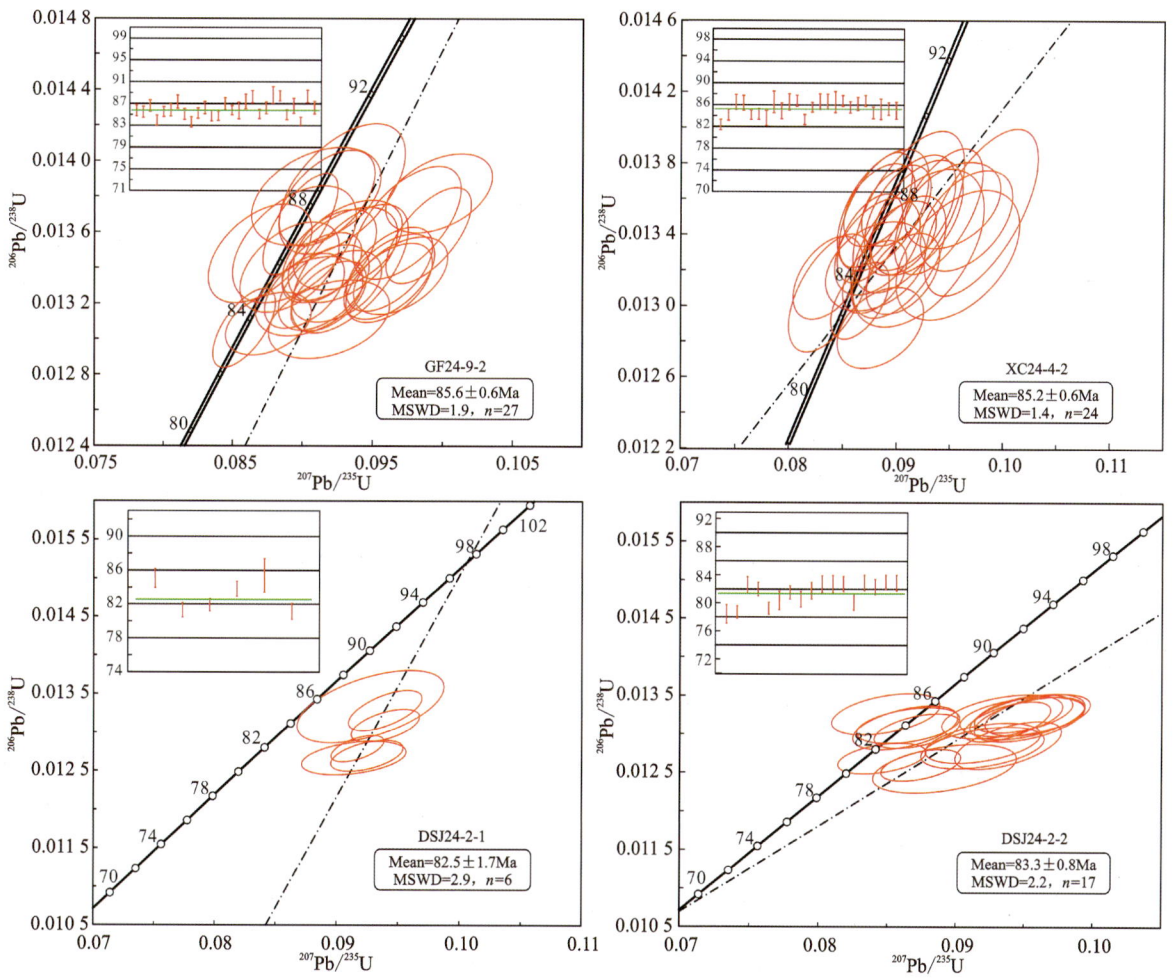

图 6-55 大山脚、官房、下厂花岗细晶岩锆石 U-Pb 年龄谐和图

三、成矿物质来源

1. 硫同位素特征

硫同位素:云南地矿局第二地质大队测定矿石中黄铁矿 δS^{34} 值为 0.2‰~8.6‰,磁黄铁矿 δS^{34} 值为 0.3‰~5.3‰,闪锌矿 δS^{34} 值为 -9.4‰~4.54‰,方铅矿 δS^{34} 值为 2‰~10.95‰,硫锑铅矿 δS^{34} 值为 0.92‰~2.9‰,辉锑矿 δS^{34} 值为 0.4‰~0.4‰。δS^{34} 值为 9.4‰~10.95‰,变化范围较大,说明硫具有多源性,也暗示成矿具有多阶段性。

2. 碳氧同位素特征

碳氧同位素:云南地矿局第二地质大队测定围岩的 δC^{13} 值为 -3.6‰~-0.4‰,δO^{18} 值为 14.6‰~22.2‰,矿石和碳酸盐脉的 δC^{13} 值为 -8.3‰~-0.1‰,δO^{18} 值为 9.3‰~17.0‰。围岩的投影点大部分落在沉积岩范围内,矿石和碳酸盐脉的投影点大都分布在蚀变或再沉积碳酸盐岩区域;说明碳主要来自围岩,部分碳来自岩浆。

3. 铅同位素特征

铅同位素:云南地矿局第二地质大队对围岩及矿石铅同位素进行测定,矿石的 $^{206}Pb/^{204}Pb$ 值为 18.035~18.420,$^{207}Pb/^{204}Pb$ 值为 15.409~15.805,$^{208}Pb/^{204}Pb$ 值为 38.150~38.945;围岩的 $^{206}Pb/^{204}Pb$ 值为 18.455~21.260,$^{207}Pb/^{204}Pb$ 值为 15.660~16.090,$^{208}Pb/^{204}Pb$ 值为 38.970~50.460;隐伏花岗岩的 $^{206}Pb/^{204}Pb$ 值为 17.952~18.540,$^{207}Pb/^{204}Pb$ 值为 15.366~15.730,$^{208}Pb/^{204}Pb$ 值为 37.724~39.110;显示铅同位素组成较均匀,变化范围窄,矿石的铅同位素组成介于花岗岩和围岩铅同位素组成之间,说明铅既有来自岩浆的,也有来自地层的。

四、成矿流体来源

1. 成矿温度

矿区各阶段流体包裹体的温度(包括盐度、密度及压力)见表6-18,矿床成矿温度介于 51~520℃ 之间,但主要集中分布在 150~320℃ 区间;其中矽卡岩阶段成矿温度为 470~520℃,锡石—硫化物阶段成矿温度为 224~346℃,硫化物—石英阶段成矿温度为 163~275℃,硫化物—硫盐—碳酸盐阶段成矿温度为 108~215℃,碳酸盐阶段成矿温度为 51~154℃。温度数据显示,距离花岗岩体越近,成矿温度越高。

2. 成矿流体的盐度、密度

由表6-18可以看出,成矿流体的盐度变化在 3.6~21.3% 之间,从早阶段到晚阶段,流体的盐度逐渐降低;成矿流体密度变化在 0.7762~0.9990 g/cm³ 之间,从早到晚,伴随着成矿温度的降低,流体密度也相应增大。

3. 成矿压力

由表6-18可以看出成矿压力变化较大,其变化范围为 $(42~160) \times 10^6$ Pa。

表 6-18 白牛厂矿床各成矿阶段流体包裹体温度、盐度、密度和压力统计表（据高子英，1998 修改）

成矿阶段	测试矿物	温度（℃） 均一法	温度（℃） 爆裂法	盐度（%）	密度（g/cm³）	压力（×10⁶ Pa）
矽卡岩	石榴子石	482～520(6)		19.8～21.3	0.776 2～0.795 1	160～240
矽卡岩	透辉石	470～481(5)		19.0	0.802 3(1)	280
锡石—硫化物	黄铁矿		224～346(95)			
锡石—硫化物	磁黄铁矿		227～345(73)			
锡石—硫化物	毒砂		292～317(7)			
锡石—硫化物	黄铜矿		218～298(23)			
锡石—硫化物	闪锌矿		232～290(26)			
锡石—硫化物	石英	225～316(22)		7.8～16.8(147)	0.807 9～0.888 5(14)	102～130
硫化物—石英	黄铁矿		185～255(58)			
硫化物—石英	磁黄铁矿		204～251(20)			
硫化物—石英	闪锌矿		185～253(11)			
硫化物—石英	方铅矿		181～275(15)			
硫化物—石英	石英	192～288(5)		10.5～17.1(5)	0.911 5～0.967 5(5)	84～160
硫化物—石英	碳酸盐岩矿物	163～180(7)		3.6～7.3(7)	0.901 0～0.997 2(7)	43～120
硫化物—硫盐—碳酸盐	黄铁矿		114～215(61)			
硫化物—硫盐—碳酸盐	闪锌矿		178～208(9)			
硫化物—硫盐—碳酸盐	方铅矿		151～204(18)			
硫化物—硫盐—碳酸盐	硫盐矿物		137～154(3)			
硫化物—硫盐—碳酸盐	石英	119～148(2)				
硫化物—硫盐—碳酸盐	碳酸盐岩矿物	108～152(21)		3.6～9.4(10)	0.963 5～0.998 6(10)	60～74
锑矿—碳酸盐	辉锑矿		143～156(2)			
锑矿—碳酸盐	黄铁矿		51～100(29)			
锑矿—碳酸盐	碳酸盐岩矿物	51～93(19)		6.5～10.6(4)	0.988 0～0.999 0(4)	42～70
锑矿—碳酸盐	石英	74(1)		11.4(1)	0.998 2(1)	51
全矿床		51～520(538)		3.6～21.3(44)	0.776 2～0.999 0(44)	42～280

注：括号内为测试样品数。

第八节 成矿作用机理

滇东南成矿带大地构造位置特殊，位于华南板块、印度板块和太平洋板块交会处，晚白垩世岩浆岩活动广泛分布，同时在广西西部、越南北部等地区也大规模分布，华南板块西南部岩浆活动持续时间较短（峰值 95～80Ma）（Yang et al.，2020）。前人研究表明，滇东南地区的成岩成矿时间也集中于一个很窄的时间范围内，且受到欧亚大陆应力变化的影响，使得滇东南地区在晚白垩世时期岩石圈处于伸展的构造环境(Yang et al.,2020),因此,薄竹山矿集区内晚白垩世岩浆岩的动力学背景和岩浆构造演化也与岩石圈伸展密切相关(Cheng et al.,2010,2016;Mao et al.,2008)。薄竹山矿集区内矿床主要围绕花岗岩体及围岩接触带分布,其分布和成矿时间基本一致(表6-16、表6-17),构造环境基本为同碰撞和后碰撞造山阶段(图6-56)。

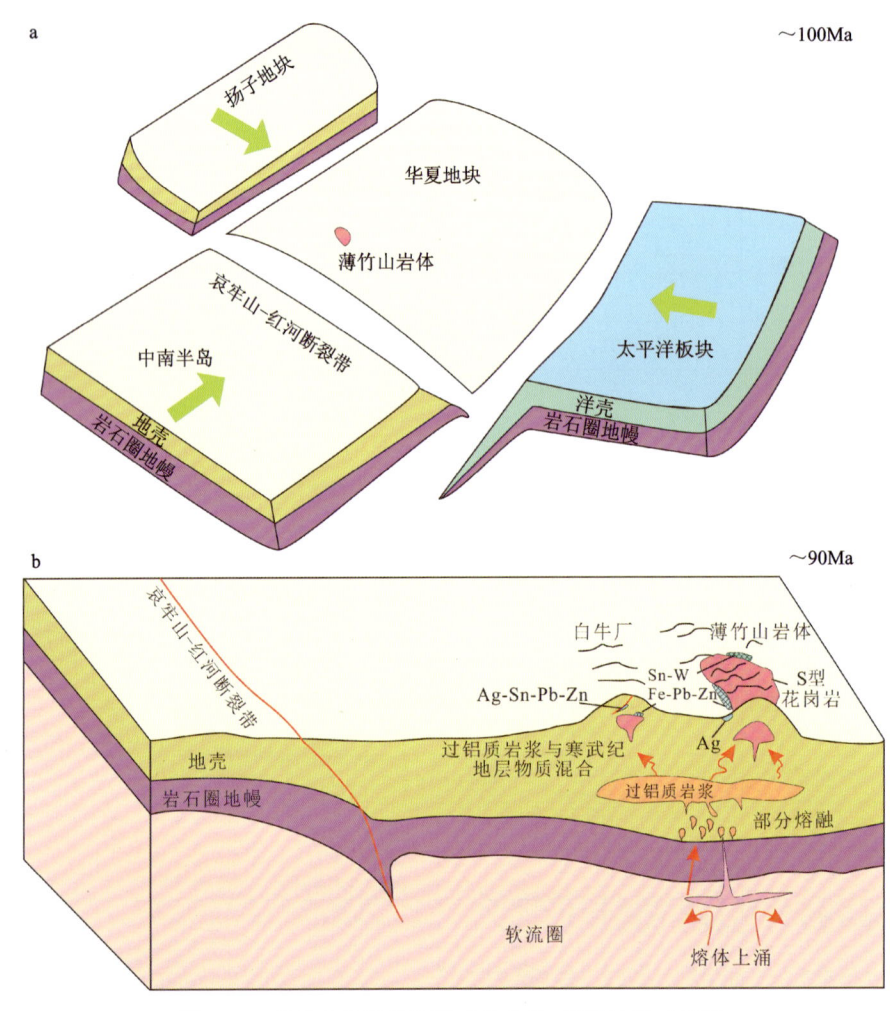

图6-56 薄竹山花岗岩体形成的构造-岩浆过程示意图

a.薄竹山矿集区区域构造示意图(据刘艳宾,2017修改);b.白牛厂—薄竹山地区岩体岩浆演化和成矿示意图

晚白垩世阶段,滇东南地区受印度板块、扬子地块和太平洋板块的挤压俯冲作用(图6-56a),引起软流圈熔体上升。在岩石圈伸展背景下,熔体携带的成矿物质经过地幔,交代下地壳使其部分熔融形成过铝质S型岩浆(图6-56b),W、Sn、Ag、Cu、Pb、Zn、Sb等多种成矿元素从岩浆熔体中分离出来,形成含矿岩浆流体。结合岩石地球化学数据特征,薄竹山矿集区内花岗岩中W含量为$(1.44\sim14.7)\times10^{-6}$,Sn含量为$(3.93\sim236.79)\times10^{-6}$,Cu含量为$(1.12\sim402.26)\times10^{-6}$,Zn含量为$(20.47\sim4\,384.44)\times10^{-6}$,Pb含量为$(12.03\sim4\,124.14)\times10^{-6}$,与同地区邻近的个旧花岗岩、老君山花岗岩相似(张洪培等,2006;解洪晶,2009;许赛华,2019;Liu et al.,2022),成矿金属元素含量均高于世界花岗岩平均值的数倍至数百倍(Vinogradov,1962),也远高于上、下地壳Sn平均值$(5.5\times10^{-6},0.2\times10^{-6})$和W的地壳平均值$(2\times10^{-6},0.7\times10^{-6})$,花岗质岩浆中成矿金属元素的高丰度值为薄竹山矿集区形成超大型银、锡、钨等多金属矿床提供了重要的物质基础。花岗质岩浆的上升侵位过程中,沿构造薄弱地带迁移且发生分异作用。岩浆热动力驱动下,花岗质岩浆与围岩产生接触交代作用,形成矽卡岩化带、角岩化带,成矿流体在内接触带和外接触带上沉淀成矿,形成高温的矽卡岩型矿床,如官房、菖蒲塘矿床。含矿流体

向压力更低的浅部运移,并不断萃取围岩中的 Ag、Pb、Zn 等成矿元素,此过程中有大量低温—低盐度大气降水和岩浆水的混入(张亚辉,2013;塞龙,2016),成矿物理化学条件发生改变,流体中成矿金属元素浓度升高至过饱和状态结晶析出,沉淀富集形成脉状、似层状矿体。同时,流体与原富含 Pb、Zn、Ag 等的寒武系碳酸盐岩—碎屑岩地层相互作用(图 6-56b),发生叠加复合成矿,最终了形成银铅锌锡多金属矿床(如白牛厂、下厂)。从薄竹山花岗岩体、白牛厂隐伏岩体至围岩形成一个连续的温度梯带,矿石矿物具有从高温→中低温→低温的共生组合特点,有明显的 Sn(W)→Cu→Zn→Pb→Ag→Sb 的矿化空间分布规律。

然而,白牛厂银多金属矿床与沿薄竹山花岗岩体发育的矿床存在明显差别。白牛厂银多金属矿床以银铅锌锡多金属为主,成矿作用主要以热液脉型为主,矽卡岩不发育,主要矿体形态受断裂及层间破碎带形态控制,矿体产状与断裂及岩层产状基本一致,呈层状、似层状;而薄竹山岩体则以钨锡铁铅锌多金属为主,成矿作用主要以接触交代作用为主,矿体主要产于似斑状黑云母二长花岗岩体与寒武系碳酸盐岩接触带部位,受控于岩体与围岩接触带构造形态。燕山期,由于印度板块向扬子地块的俯冲挤压作用,在红河断裂一带深部由于地壳重融形成过铝质 S 型花岗质岩浆。在白牛厂矿区,在北东向的伸展作用下,形成了北西—北西西向的剥离断层构造体系;随着岩浆的持续侵位,形成薄竹山、白牛厂两个短轴背斜穹隆构造。岩浆活动晚期,岩浆分异作用不断富集 Sn、Pb、Zn 等多种成矿元素。岩浆内部所富含 Sn、W、H_2O 等多种成矿元素或成矿溶剂不断从岩浆熔体中分离出来,形成含矿流体。白牛厂矿区地层由陆缘海泥质-碎屑岩建造向浅海-滨海碎屑岩-碳酸盐岩建造过渡,因其富含 Ag、Pb、Zn、Sn、Sb 等成矿元素,同时白牛厂矿区内二长花岗岩体及花岗斑岩富含 Sn、Pb、Zn、Cu 等多种成矿元素,当花岗岩侵位于寒武系大理岩中在阿尾矿段部分围岩发生矽卡岩化,形成锡矿化;同时在岩浆活动热驱动下,成矿流体沿着断裂等通道向浅部运移,此时与大气降水混合,随着温度降低,在 F_3 断层中形成富厚的铅锌银矿体,同时伴生锡矿体。薄竹山花岗岩体周缘则以寒武系、奥陶系、泥盆系为主,大理岩较发育,岩浆侵位过程中与碳酸盐岩围岩接触,发生矽卡岩化,形成钨、锡、铁矿化,在薄竹山岩体南部发育一系列矽卡岩型钨锡多金属矿床(菖蒲塘、官房、二河沟等)。

第九节 成矿模式

薄竹山银铅锌钨锡多金属矿集区位于华南褶皱系西缘,属于滇东南岩浆成矿带的重要组成部分。区内矿产资源丰富,以银铅锌钨锡矿床为主,兼有铁铜等多种金属矿产,矿床均围绕薄竹山岩体分布,其中以白牛厂超大型银多金属矿和官房大型钨铅锌多金属矿最为典型。研究表明,薄竹山矿集区银铅锌钨锡多金属矿床的形成与晚白垩世岩浆活动存在密切的联系,其复式岩体成岩时代可以追溯至 91.2~84.1Ma,属晚白垩世岩浆活动的产物。晚白垩世酸性岩浆沿着薄竹山背斜核部与北西向断裂交合地带大规模侵位,在岩浆的顶托作用和底辟作用下,最终形成了薄竹山复式花岗岩体及白牛厂隐伏花岗岩体。薄竹山各单元岩体与白牛厂二长花岗岩、花岗斑岩,以及团山、官房花岗岩均表现出一致的富硅、富钾的特征,岩石富集 LREE,具中等负铕异常,各岩体明显富集大离子亲石元素,而相对亏损高场强元素,为一套准铝质—过铝质的钙碱性—高钾钙碱性 S 型花岗岩,形成于同碰撞造山及向碰撞后造山环境过渡的大地构造背景,属于造山运动的产物。区内成矿物质的迁移与富集主要围绕着花岗岩体进行,由于岩浆分异作用,同时受到断裂、层间破碎带及穹隆构造的控制,发育形成了花岗岩接触带的矽卡岩型 W、Sn、Fe 矿床(官房、菖蒲塘等),碎屑岩-碳酸盐建造中的岩浆热液型 Ag、Pb-Zn、Sn、Cu 矿床(白牛厂)及外围地层中低温热液型 Sb 矿(茅山洞),这在区域上构成较为完整的与花岗岩侵位有关的岩浆热液成矿系统。

综上，受岩石圈伸展构造背景的影响，在同碰撞和后碰撞造山阶段，软流圈熔体上涌经过地幔。下地壳减压使得中元古代变质沉积物发生部分熔融，形成过铝质岩浆，深部花岗质岩浆广泛侵入带来了大量的成矿物质，且在上升过程中不断萃取寒武系中的成矿物质，成矿流体和成矿物质在上升、运移过程中沿构造有利部位沉淀成矿，其岩浆演化及成矿模式如图6-57所示。

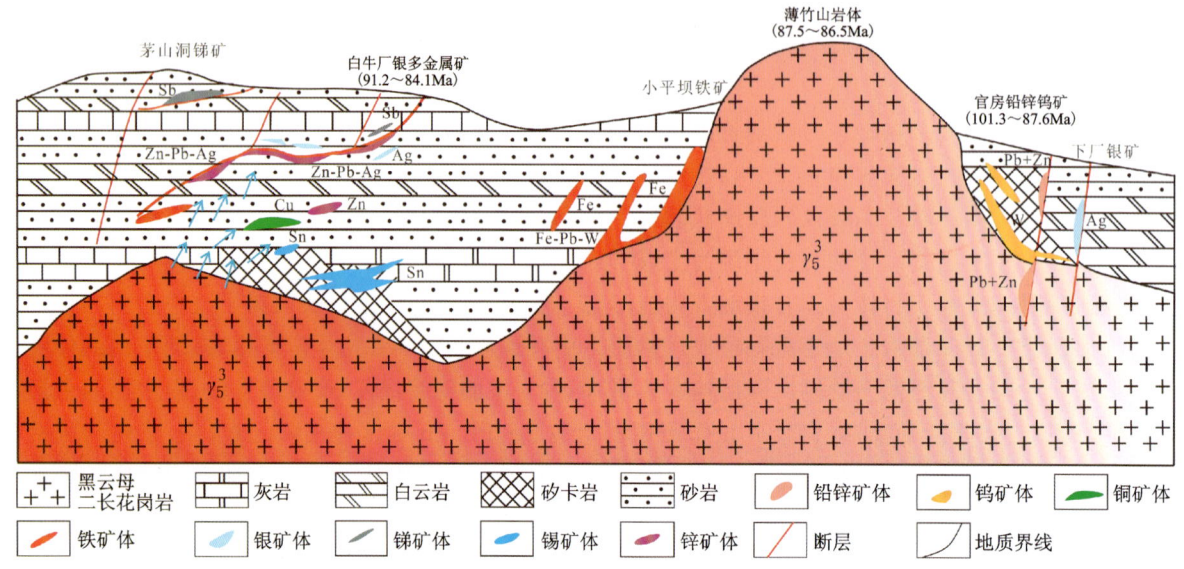

图6-57　薄竹山矿集区矿床成矿模式图

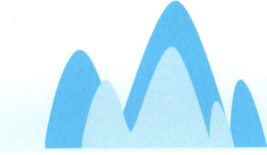

第七章　薄竹山矿集区成矿规律研究

滇东南薄竹山矿集区地处印支期北东向挤压褶皱与北西向燕山晚期酸性岩浆侵入的复合部位，燕山晚期酸性岩浆沿先成北东向背斜部位侵位，形成了薄竹山大型酸性复式岩体和白牛厂隐伏花岗岩体。在花岗岩上侵定位的顶托作用下，围绕岩体形成一系列伸展滑脱构造，这些构造的形成，为含矿岩浆热液的输送和沉淀、交代提供了重要的通道和空间。白牛厂地区的北西—北西西向的剥离断层构造体系正是形成于这一构造背景。花岗质岩浆的上侵致使上覆沉积岩上拱，形成薄竹山穹隆和白牛厂穹隆构造。由于岩浆分异作用，不断富集的 W、Sn、Cu、Pb、Zn、Ag、Sb 等多种成矿元素从岩浆熔体中分离出来，形成含矿流体。在岩浆热动力驱动下与围岩发生交代作用，在岩体周围产生热液交代蚀变，形成高温矿床，如 W、Sn、Fe 矿床，含矿热液向压力更低浅部运移的过程中不断萃取围岩中的 Pb、Zn、Ag 等成矿元素，上升至适宜部位（如 F_3 断层）沉淀成矿或与原富含 Pb、Zn、Ag 多金属的寒武系碳酸盐岩—碎屑岩地层相互作用，经叠加、改造后，富集成矿，形成 Ag、Pb、Zn、Sn、Cu 多金属矿床。随着热液温度降低，热液到达前部沉淀形成 Sb 矿床。从薄竹山花岗岩体和白牛厂隐伏岩体至围岩，矿石矿物具有从高温→中低温→低温的共生组合特点，矿化元素也有明显的 Sn(W)→Cu→Zn→Pb→Ag→Sb 矿化空间分带规律。成矿物质的来源、迁移和富集都是围绕着花岗岩体进行。可以认为，区内一系列矿床都是形成于同一岩浆驱动机制之下，花岗岩岩浆既是矿物质的来源，同时也是矿床形成的动力来源。

第一节　矿床成因类型

一、断裂控制的中温岩浆热液矿床

此类矿床主要分布在白牛厂隐伏花岗岩上方（白牛厂、牛滚塘）和薄竹山花岗岩体南侧的下厂、官房和大腰店等。矿体都分布在断层破碎带中，顶底板均为围岩。此类矿床具有如下特征。

(1) 矿体距花岗岩体较很近。围岩蚀变、岩石变质等都显示热液蚀变和花岗岩热力变质特征。

(2) 矿体受断裂带控制，呈穿层分部，逐步向花岗岩体接近。

(3) 矿体分布于花岗体岩体外接触的中高温热液蚀变带中。由隐伏岩体接触带到围岩地层范围内，矿石的矿物组合出现明显的分带。岩体顶部及接触带主要金属矿物组合为磁黄铁矿—磁铁矿—毒砂—黄铜矿—闪锌矿—方铅矿，往上逐渐变为磁黄铁矿—黄铁矿—毒砂—闪锌矿—方铅矿组合，至白羊矿段上部出现黄铁矿—白铁矿—闪锌矿—方铅矿—硫盐矿物组合，至咪尾上部出现辉锑矿—闪锌矿—方铅矿组合。矿化元素出现明显的 Sn(W)→Cu→Zn→Pb→Ag→Sb 矿化空间分带规律。其矿物共生组合也具有从高温到中低温至低温的规律性分布特点。

(4) 白牛厂矿床矿石的铅同位素范围较花岗质岩石与沉积岩分布范围大，说明其铅源的复杂性。与沉积岩相比,花岗岩的铅同位素值更接近矿石。矿石与沉积岩的分布范围有相对独立的区间,局部互相重叠。花岗岩则位于两者之间,靠近矿石范围。说明本区成矿物质大部分来源于花岗质岩浆。

1. 铅锌矿石类型

铅锌矿石类型划分,主要按矿石结构构造、氧化程度不同划分。

1)按结构构造划分

按结构构造可分为星点状、浸染状、次块状、土状、皮壳状、胶状铅锌矿石。矿区硫化矿石主要为浸染状矿石,混合矿主要在矿石表层形成为土状、胶状矿石,在矿石内部大都保留浸染状矿石特征。

2)按氧化程度划分

按氧化程度不同分为硫化矿(氧化率小于10%),氧化矿(氧化率大于30%)和混合矿(氧化率10%~30%)。矿区铅锌矿以硫化矿为主,混合矿次之,氧化矿很少。混合矿、氧化矿零星分布,未单独圈出。

铅锌矿石工业类型划分见表7-1。

表7-1 矿石类型划分简表

划分依据	矿石类型	主要金属矿物组合	脉石矿物组合	分布范围
结构构造	星点状、浸染状及次块状矿石	方铅矿、闪锌矿、黄铁矿、黄铜矿	方解石、石英、重晶石、黏土类矿物	矿体原生带及氧化残留包体
	土状、皮壳状及胶状矿石	水锌矿、菱锌矿、铅矾、白铅矿、褐铁矿、孔雀石	石英、方解石、铁泥质等	混合矿氧化带
矿石氧化率	混合矿(氧化率10%~30%)	方铅矿、闪锌矿、菱锌矿、铅矾、白铅矿、褐铁矿、孔雀石	石英、方解石、铁泥质、重晶石等	混合矿氧化带
	硫化矿(氧化率小于10%)	方铅矿、闪锌矿、黄铁矿、黄铜矿	方解石、石英、重晶石、黏土类矿物	矿体原生带及氧化残留包体

2. 矿石共生组合

矿石矿物:硫化矿以方铅矿、闪锌矿为主,次为黄铜矿、斑铜矿等;氧化矿物以白铅矿、菱锌矿、水锌矿为主,次为铅矾、褐铁矿、孔雀石。

脉石矿物:黄铁矿、白铁矿、石英、方解石、重晶石,黏土矿物等。

二、矽卡岩型钨锡矿床

这种类型矿床主要分布在薄竹山岩体南部外接触带,围岩主要为碳酸盐岩夹碎屑岩,矿体顶底板以矽卡岩、大理岩为主,少部分角岩,局部底板为花岗岩。矿体与矽卡岩类围岩接触界线不清楚,肉眼不能分辨。矿体与大理岩类、角岩类围岩接触界线一般清楚,肉眼即可分辨,但部分地段由于白钨矿呈微粒星点状分布于围岩中,品位可达边界品位以上。矿体中常见少量夹石,以大理岩为主,多呈不规则状,厚度一般为1~3m。

据现有资料,成矿作用大致可分成两个阶段,第一阶段为矽卡岩期,第二阶段为石英硫化物期。

矽卡岩初期为无矿时期,生成的矿物为钙铝—钙铁榴石、透辉石—钙铁辉石、硅灰石等,主要是岛状和链状的无水硅酸盐矿物;从结构上来看,在同一矽卡岩中可分为细粒和中—粗粒。在内矽卡岩带可形成方柱石,它代表早期钠质交代的产物。在这一阶段中几乎没有任何金属矿石矿物的形成。

矽卡岩晚期,形成的矿物主要为含水硅酸盐,如阳起石—透闪石,绿帘石—斜黝帘石—黝帘石,并可能有磁铁矿集中成矿。白钨矿也开始形成,同时有透辉石,次透辉石的再次生成,因此常见白钨矿与它们共生。白钨矿延续至石英硫化物期的初期消失,早期硫化物阶段生成的金属矿物有磁黄铁矿、毒砂、黄铁矿、辉铝矿、黄铜矿和辉铜矿,又可称铁铜硫化物阶段。随后则有黄铜矿、闪锌矿、方铅矿等硫化物形成,称为铅锌硫化物成矿阶段。因此常有铜、铅、锌等伴生矿物出现。石英硫化物末期又有白钨矿与石英生成,形成含钨石英脉。

1. 主要矿石类型

按照白钨矿矿石的矿物组合,可以分为下列三种工业类型。

(1)硅酸盐-白钨矿类型:主要组成矿物为钙镁、铝的岛状、链状、架状和环状等硅酸盐矿物及白钨矿,含硫化物极少。

(2)硫化物-磁铁矿-白钨矿类型:含数量较多的硫化物、磁铁矿,其余为矽卡岩及白钨矿。

(3)氧化矿类型:风化土状物,数量极少。

2. 矿石共生组合

矿石矿物:以白钨矿为主,其他见有黄铜矿、方铅矿、闪锌矿、辉钼矿、磁铁矿等。白钨矿粒度0.1～0.2mm,微粒状,无色,正极高突起,干涉色可达一级紫红。

脉石矿物:主要有透辉石、次透辉石、透闪石、钙铝榴石、符山石、阳起石、绿帘石、绿泥石、沸石、斜长石、石英、方解石、金云母、磁黄铁矿、黄铁矿、毒砂等。

三、矽卡岩型钨锡铁矿床

此类矿体主要分布在薄竹山岩体北部外接触带,围岩以碎屑岩为主,主要包括寒武纪冲庄组,奥陶纪独树柯组、下木都底组,泥盆纪坡脚组、坡松冲组,局部夹碳酸盐岩。围岩蚀变以角岩化和矽卡岩化为主。区内此类矿床研究程度很低。

此类矿床的成因类型属于与燕山晚期花岗岩浆活动有关的中—高温热液接触交代变质矽卡岩型矿床。成矿过程比较复杂,其形成过程为沉积→岩浆热液叠加→接触交代变质,其主要依据为矿化具有一定的分带性,以花岗岩边界由内向外为内接触带(钨→铜、钨,含矿岩性为矽卡岩)—外接触带(铁、铜→铁,含矿岩性主要为矽卡岩,其次为角岩、变质砂岩,蚀变稍稍变弱)。远离岩体,热液特征逐渐减弱,蚀变、变质程度也逐渐减弱。

此类矿床成矿与花岗岩岩体有明显的空间关系,区内多金属矿的形成是矿液受岩浆与围岩的接触关系、岩性组合和交代变质综合作用的结果。含矿层具有强烈的蚀变现象,在含矿岩石中方解石、石英脉相当发育,部分矿物与方解石、石英结合在一起。

矿体围岩主要是矽卡岩、大理岩、角岩、弱蚀变粉砂岩等,这些岩类与矿体接触构成矿体顶板。顶板岩石的蚀变具强弱不等的矽卡岩化、大理岩化、角岩化、绢云母化、绿泥石化和磁铁矿化、磁黄铁矿化等。

1. 矿石类型

据野外观察,钨、锡矿自然类型为白钨矿、黄锡石、磁铁矿,工业类型为矽卡岩型钨、锡、铁矿石。

2. 矿石的矿物组成

经野外观察确定矿区内矿石金属矿物 5 种，脉石矿物 7 种。

主要金属矿物为白钨矿、黄锡矿、磁铁矿、磁黄铁矿，次为黄铁矿，少量方铅矿、闪锌矿等。

脉石矿物有透辉石、石榴子石、石英、方解石、白云石、透闪石、绿泥石等。

3. 矿石结构、构造

矿石结构：自形—半自形粒状结构、微粒结构、粒状结构、破裂似角砾状结构、碎裂结构等。

矿石构造：主要有致密块状、粒团状构造，浸染状构造等。

4. 矿石共生组合

矿物共生组合：透辉石、石榴子石、符山石、绿帘石、硅灰岩、云母、绿泥石、石英、方解石和微量硫化矿物组合。

5. 矿化富集规律

铁铜钨锡多金属矿的富集与围岩岩性关系密切。碳酸盐岩一般与花岗岩接触易形成矽卡岩，而此类多金属矿常赋存于矽卡岩中，少量赋存于砂岩、砂质板岩中；泥岩、碎屑岩等则不利于矿物质的赋存。常见 Fe-Cu、W-Sn 共生，其次为 Cu-W、Fe-Cu-W-Sn 伴生。

第二节 控矿因素分析

一、控矿地质因素

1. 地层控矿

1）成矿元素地球化学异常区是成矿的物质基础

区域地层地球化学和区域岩石学研究已表明：震旦纪至寒武纪，滇东南地区在元古界中深变质岩结晶基底上沉积了一套陆源碎屑岩-浅海碎屑岩-碳酸盐岩建造，地层中 Ag、Pb、Zn、Cu、Sn 等成矿元素丰度较高，为形成超大型矿床提供了有利的成矿地质背景。就薄竹山地区而言，在西北部白牛厂矿区，其 Sn、Cu、Pb、Zn、Ag 在各地层中不同程度富集，碎屑岩层富集 Sn、Pb、Zn、Ag、W，碳酸盐层富集 Sn、Pb、Zn、Cu、Sb、Ag、W。通过前人研究，地层、花岗斑岩、黑云母二长花岗岩都具有高于同类岩石克拉克值的成矿元素，包括 Sn、W、Ag、Cu、Pb、Zn、Sb。区内整体富集钨锡铅锌银多金属元素，这正是白牛厂银多金属超大型矿床形成的物质基础。

2）地层与成矿流体发生水岩反应，为成矿流体沉淀提供了有利条件

深部流体与岩石的相互作用是获取金属的一种主要方式。碳酸盐岩地层，往往与岩浆热液发生水岩反应而形成矽卡岩体，在水岩反应过程中，改变了成矿流体 pH、Eh 值，从而促使成矿物质的沉淀成矿，如官房钨铅锌多金属矿床、菖蒲塘钨锡多金属矿床、二河沟钨多金属矿床等。

2. 构造控矿

区内北西向断层的发生和发展经历了一个漫长的地质演化过程，在不同构造发展阶段都有其特定的变形和组合形式，反映出本区构造活动的复杂性和长期性。

中寒武世田蓬期，白牛厂地区位处一个伸展背景下的次级断陷盆地，使 F_2 成为盆地北缘的同生断裂。中寒武世龙哈期以后，伴随本区地壳的全面隆升，在区域上形成了北西向白牛厂短轴宽缓背斜的雏形，处于背斜转折端部位的白牛厂矿区，不仅导致 F_2 的生成并促使其继续以拉张性质活动，还形成了 F_1 及其伴生的 F_4、F_5、F_6、F_7 和 F_8 等次级小断层，构成一组阶梯状的高角度正断层。晚二叠世早期，在近南北向挤压收缩作用下，形成北西西向小型宽缓褶皱，其间介于 V_1 矿体与上伏同生角砾岩这一弱结合面产生层间滑动，形成 F_3 断层雏形。随着地壳挤压收缩作用的加强，处于 F_3 断层上盘的 F_4、F_5、F_6、F_7 及 F_8 断层，由拉张作用转化为挤压作用，向深部剪切延伸交于或止于 F_3 断层，组合为叠瓦式逆冲断层组。白垩世晚期燕山运动，伴随大规模酸性岩浆上隆侵位，尤其是区内隐伏岩体巨大的托顶作用，本区北西西向高角度正断层再度舒展以拉张的形式活动，导致先形成的缓倾角的 F_3 断层继承性产生正向剪切滑动而最终形成剥离断层。在以后的地质时期中，这组断层虽遭受各种不同程度的破坏，但因能量微弱，始终难以改变其原始面貌。在本区构造活动中，总体上体现由伸展拉张持续断陷转向挤压收缩隆升的构造特征。

在北西西向断裂构造中，以 F_3、F_7 断层的控矿作用最为显著，它们代表着区内主要的断裂控矿类型和断裂控矿特征。F_3 断裂（剥离断层）是区内规模最大的控矿断层，控制着 V_1 主矿体的空间展布及形态规模，具有多期次活动的特点。一方面造成先期形成的 V_1 矿体上部矿石破碎甚至拉长变薄；另一方面由于顶部断层泥的屏蔽作用，使得深部岩浆期后含矿热液沿其构造通道上升、运移，叠加在原矿体之上，导致银、铅、锌增高和锡组分的出现，特别是在断层走向由北西向北西西向偏转处及断层倾角由陡变缓处等产状变化部位及断层泥遮挡部位，矿体增厚变富趋势尤为明显。本次研究工作提出，滇东南薄竹山地区锡银铅锌钨多金属矿床主要赋存于隐伏花岗岩与剥离断层带，矿体受隐伏岩体穹隆、系列逆冲推覆断裂破碎带、岩性界面的严格控制，这种控矿规律可概括为剥离断层系统控矿理论。

3. 岩浆岩控矿

燕山晚期，本区发生了规模最大的一次岩浆成矿作用，是最主要的成矿阶段，黑云母二长花岗岩是成矿关键因素，为成矿提供了热源和成矿物质，成矿元素组合为 W、Sn、Ag、Pb、Zn、Fe、Cu 多金属。

与主期成矿作用同时发生的地质事件不是区域变质作用，而是黑云母二长花岗岩的定位。此间，黑云母二长花岗岩对成矿的贡献有两种意义：其一，地壳重熔生成的花岗岩经过充分的分异作用，导致原分散在地层和岩浆中的钨锡多金属矿质与挥发组分一起首先聚集在其岩隆及与围岩接触带部位，继而成矿；其二，黑云母二长花岗岩作为一个巨大的热能机，促使成矿流体继续沿断裂、层间破碎带等通道迁移上升至浅部有利构造富集沉淀，同时加热其周围的地下水而形成对流循环系统。热水在循环过程中从周围岩石中汲取部分金属矿质，逐渐演变为含矿热卤水，这些热卤水与岩浆热液含矿流体混合，运移至上部浅层断层、裂隙中卸载成矿。

热液交代成矿作用时期成为该成矿系列的最主要时期，在矽卡岩型、热液脉型矿床中均有体现，由于受燕山期中酸性岩浆活动的影响，岩浆含矿热液沿构造薄弱地带发生迁移，岩浆的分异作用，使得岩浆中所富含的 Sn、W 多种成矿元素不断从岩浆熔体中分离出来，形成含矿流体，在岩浆热量和流体作用下，热液与碳酸盐岩发生 Si、Ca 交换，形成矽卡岩（温度 500℃ 左右，压力 100~200MPa），在侵入体内接触带和外接触带有利部位堆积成矿，形成矽卡岩型 Sn、W、Mo 矿体和少量云英岩型 W-Sn 矿体，当遇到碎屑岩围岩时，只是发生热液烘烤作用，形成角岩化，无矿化发生。随着温压的逐步降低（温度 300℃ 左右，压力 84~160MPa），石英—硫化物早阶段，形成 Cu、Fe、Zn、Sn，主要产于碳酸盐岩层间破碎带及层间裂隙中，此时与浅层低温低盐度高密度的大气降水混合，成矿流体演变成低温、低盐度、高密度流体，导致成矿物质的进一步卸载；成矿流体在岩浆热量和流体作用下，继续沿着构造薄弱部位如断裂、层间破碎带、层间裂隙继续迁移、上升，在有利的构造空间沉淀富集，形成热液脉型 Ag、Pb、Zn 矿体（温度 100～200℃，压力 30MPa），最后形成低温低压条件沉淀的 Sb 矿体（50℃，50MPa），至此形成了一系列与燕山晚期中酸性侵入岩有关的热液型（热液脉型、矽卡岩型）。目前发现的白牛厂银多金属矿床、官房钨锡铅锌多金属矿床确定为超大型、大型，其次在岩体周围还分布有 10 多个中小型矿床。

二、地球物理因素

薄竹山矿集区重力异常显示（图 2-5），北西向的薄竹山至白牛厂重力低值异常区主体为花岗岩体的反映。在主体异常的西南、东北两侧，重力异常表现为等值线密集的重力梯度带，反映了两条北西走向的断裂存在。C1 磁异常带恰位于花岗岩体西南侧等值线密集的重力梯度带附近，反映为薄竹山花岗岩与寒武系接触带。从地层分布、化探、重力异常特征，结合 C1 磁异常带附近矿点及区域成矿规律，推断 C1 磁异常带为较有利的成矿区带，以花岗岩体与酸性岩接触带上有利。尤其是花岗岩体与寒武系白云岩、灰岩接触带最为有利，其次为花岗岩体与砂岩、粉砂岩、页岩接触带。另外，磁异常上延 500m 后，磁异常已很弱近乎消失，说明磁铁矿化体规模较小或向下延伸不大。

已知矿点与本次磁测对比结果显示，多数含钼、含钨矿化体无磁性反应，说明其含磁铁矿物很少。推断 C1 磁异常与含钼、含钨矿化体直接关联度不高，说明在无明显磁异常区域仍然可能存在含钼、含钨或含铅锌矿化体。在平面分布上，含钼、含钨或含铅锌矿化体基本上分布在 C1 磁异常区带上或靠近区带，即位于花岗岩接触带或呈脉状产内接触带于花岗岩中，呈现一定的规律性。

在老君山—薄竹山—白牛厂一带，布格重力场形成了一规模巨大呈北西走向、封闭的重力低异常（图 7-1）。重力场由北西向南东逐渐降低，并在薄竹山岩体西北及东南部形成了两个圈闭的低值中心，异常幅值变化达 -18×10^{-15} m/s^2。在重力异常的北东、南东及南侧，即沿牛克—小平坝—老君山—老寨街一线，异常梯度变化较陡，平均变化率为 2.23×10^{-15} m/s^2/km，而在烂泥洞—白牛厂方向梯度变化最小，仅 0.79×10^{-15} m/s^2/km。结合区域物性资料，上述特征清楚地表明薄竹山花山岗岩自烂泥洞向白牛厂方向倾伏，显示白牛厂地区隐伏花岗岩分布范围较大，呈现出北西走向的特征。在 1:5 万布格重力异常图上，区内重力场总体为西高东低，南缓北陡的异常特征和分布格局。

由薄竹山至白牛厂一带，重力场变化达 16×10^{-15} m/s^2 以上。以 F_{40} 断裂为界区内重力场划分为东西两个部分，东部为薄竹山至白牛厂重力低主体异常，呈北西继而转东西走向，其上叠加了一系列局部重力高或重力低异常。西部为干冲重力低异常，呈北东走向，梯度显著变缓，表明与白牛厂重力低异常不同的特征，反映了高密度沉积环境下，场源埋深较大的特征，在主体异常的南北两侧，表现为等值线密集的重力梯度带，反映了两条北西走向的断裂存在。

据重力资料，花岗岩基底在烂泥洞以西隐伏于地下后继续向北西延伸至白牛厂背斜轴部，形成埋藏于地表以下数百米至三千余米的岩基隐伏部分。隐伏岩基侵位高差达千余米的多峰状突起和凹陷。在乌鸦山、阿尾突起北坡之寒武系中，在白牛厂矿区内产出与银铅锌多金属矿共生的大型锡矿床。该矿床是薄竹山岩体向北西倾伏地段，产于中寒武统龙哈组与田蓬组的接触部位，碎屑岩与白云岩过渡带。此外，还有中寒武统与岩体的接触带可能存在隐伏层控，叠加接触交代含锡银铅锌矿床。

三、地球化学因素

区内地球化学元素的分布明显受到区域性断裂的控制，最为典型的是沿乐诗冲—白牛厂—茅山洞一带，断裂依次形成 Cu、W、Mo、Pb、Zn-Pb、Zn、Ag、Sn、(As、Sb)-Sb、Hg、As、Pb、Zn 等元素异常呈串珠状断续分布,反映了与花岗岩演化方向一致的区域成矿晕特征(图7-1)。白牛厂异常总体表现为北东—南西向的椭圆状,其中Ag略显示出北西—南东向的椭圆状,Pb显示出北西—南东与北东—南西向的复合。异常分布范围约100km²,异常的元素组合为Cu、Ag、Sn、Pb、Zn、W,其中Ag、Sn、Pb异常重合性较好,与矿床套合;Zn异常分布在上述异常的东南边;Cu异常又位于Zn异常的东南边;W异常由独立的2个子异常组成,处于Ag、Sn、Pb异常的南、北缘。Cu、Pb具内浓度分带;Ag具中浓度分带;其他元素仅具外浓度分带。元素从东→西(由矿床→东侧外缘)显示出一定的水平分带现象,即Ag、Sn、Pb→Zn→Cu。异常处于北东—南西向背斜上,其核部地层为寒武纪田蓬组,两翼地层为寒武纪龙哈组至二叠系。断层构造有北西—南东、北东—南西、近南北向三组。根据重力异常推测,白牛厂银多金属矿区有隐伏花岗岩体分布,这在矿区已经有钻孔证实。

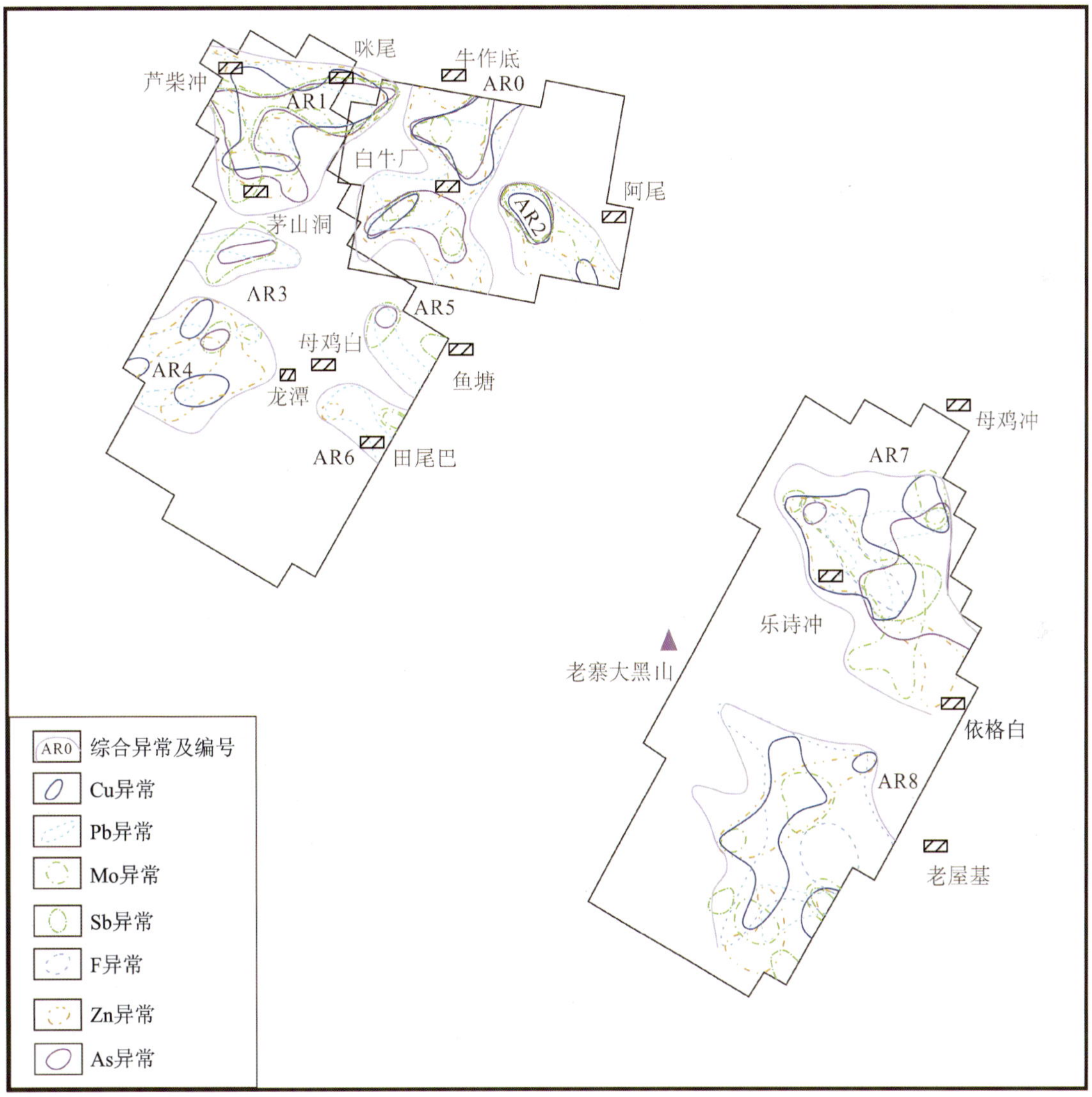

图7-1 白牛厂—薄竹山地区地球化学异常图(据云南省地质调查局,2015修改)

第三节 找矿标志与找矿方向

一、找矿标志

1. 花岗岩体标志

燕山期花岗岩体是找矿的标志。有一定规模的、深部很可能与岩浆房连通的、多期次侵入的复式岩体,是长时间强烈岩浆活动的产物,可作为有利的找矿间接标志。

当地表未出露花岗岩体时,在褶皱构造隆起区见有花岗斑岩,预示相邻区域可能有隐伏岩体的存在,也可作为找矿的标志。

2. 地层岩石标志

中寒武统大丫口组、田蓬组岩石为粉砂岩、灰岩、白云岩等复杂组合,往往构成明显的物理/化学界面及层间破碎带构造。其岩石本身富含较高的 Pb、Zn、Ag 等元素,可以被岩浆驱动下的流体所活化、萃取而进入成矿流体,因此是部分成矿物质的提供者。在有花岗质岩浆侵入地区,田蓬组其本身是重要的含矿标志层,应注意对碳酸盐岩与碎屑岩界面及附近的找矿评价。

3. 构造标志

燕山期花岗岩上隆必然对上覆沉积岩地层及构造产生影响,形成新的构造格局。短轴背斜构造以及剥离断层体系或周围环状断裂构造体系很可能预示其下是隐伏花岗岩隆起部位。

剥离断层或层间破碎带规模较大,往往被岩体上部的纵向断裂和裂隙切割而与深部岩体贯通,成为成矿流体中—远程定位的有利构造。岩体上部围岩密集张裂带为细脉状、网脉状矿体形成提供了空间。

花岗岩形态产状具有重要的找矿意义。"岩凸""凹兜"及岩体超覆部位是良好的聚矿场所,有利于工业矿体的形成。

4. 矿化及矿化分带标志

黄铁矿是最普遍的金属矿物,分布远大于工业矿体的范围,因此是最可靠的找矿标志之一。在表生条件下,黄铁矿及其他硫化物常被氧化,形成的铁帽、铁锰氧化物成为最明显的找矿标志。

通常,在岩体外接触带 1000m 左右,应注意 Sb、Ag 矿体的寻找;岩体外接触带 400～1000m 范围应以寻找 Zn、Pb-Ag、Sn 共生矿或独立矿体为目标;岩体上部 200～300m 左右范围可能存在 Cu、Zn、Sn 独立或共生矿体;岩体顶部、接触变质带是寻找矽卡岩型 Sn-W、Cu 矿体的有利部位。

5. 围岩蚀变标志

从岩体外接触带至花岗岩体存在明显的围岩蚀变分带:硅化、碳酸盐化、重晶石化-碳酸盐化、绿泥石化、硅化-碳酸盐化、硅化、大理岩化-矽卡岩化、角岩化-矽卡岩化-云英岩化。硅化、碳酸盐化、重晶石化是 Sb 矿体找矿标志;碳酸盐化、绿泥石化、硅化是 Zn-Pb-Ag-Sn 矿体的找矿标志;碳酸盐化、硅化、大理岩化是 Cu、Zn、Sn 矿体的找矿标志;大理岩化、角岩化是 Cu、Sn 矿体的找矿标志;矽卡岩化及云英岩化是 Sn 矿体或 Sn(W) 矿体的找矿标志。

6. 地球化学标志

白牛厂矿床发育以隐伏花岗岩体为中心的地球化学原生晕。其地球化学异常特征表现为矿异常规模大、强度大、形态规则、浓度分带清晰；元素组合较复杂，为 Cu、Mo、Bi、W、Sn、Pb、Zn、Ag、As、Sb、Hg 多元素组合且具有明显的分带性(图 7-2)。

沿区域性大断裂分布的一系列串珠状异常构成的异常带、沿花岗岩接触带呈弧形分布的异常带、吻合较好的岩石异常与土壤异常以及有明显的多元素组合的中小比例尺水系沉积物测量异常等，具有隐伏矿床预测的标志意义。

As-Sb-Hg 是直接寻找 Sb 矿的指示元素组合，同时也是寻找 Zn-Pb-Ag-Sn 矿体的远矿指示元素组合；Sn-Pb-Zn-Ag 是寻找 Zn-Pb-Ag-Sn 矿体的近矿指示元素组合，也是 Cu-Sn(W) 矿体的远矿指示元素组合；Cu-Mo—Sn 是 Sn(W)、Cu-Sn 矿体的近矿指示元素组合。

7. 地球物理标志

地球物理方法，特别是地质—地球物理—地球化学相结合的方法可用来预测隐伏花岗岩，因此具有重要的间接找矿意义。一定规模的重力负异常和低缓磁异常配套可能是隐伏花岗岩隆起的标志；在平缓升高的背景磁场上叠加有一定强度和梯度的磁异常，并有与之中心基本吻合的磁源重力高异常。两者位于布格重力场的梯度带上，与后者有显著位移，这是此类矿床的重要信息标志。

二、找矿远景方向

综上所述，本区具有成矿较为有利的地层岩性条件、构造条件及岩浆条件，形成了白牛厂银多金属超大型矿床等。通过薄竹山构造-岩浆及成矿作用的研究与对白牛厂银多金属矿床的解剖，认为本区具备继续扩大矿床规模的成矿地质条件。在穿心洞—对门山—阿尾矿段深部隐伏花岗岩体接触带、南部及阿尾矿段北部已有稀疏的钻孔见到 Cu、Sn 或 Pb、Zn 矿化体；南部 V_1 主矿体未圈边，主要控矿断层 F_3 向南呈波状倾斜延伸趋势明显，EH-4 系统电磁探测显示尚有较大的延伸空间；鱼塘村附近地表已见花岗斑岩出露，推测该地段下部存在隐伏花岗岩体；阿尾背斜核部及北翼中寒武统大丫口组发现具一定规模新的银铅锌矿体。表明该区域矿化较为集中，找矿潜力较大。

第四节　成矿远景区评价

矿集区内矿点密集，成矿条件优越，进一步扩大资源量的潜力较大。综合该矿区的地层特征、构造及蚀变特征，磁法、重力异常、化探异常、EH-4 剖面测量及其矿区外围的矿化点、花岗岩及矽卡岩的分布特征，综合典型矿床研究和区域成矿模式，认为该区域找矿潜力巨大，并提出牛滚塘、铁厂-菖蒲塘、摆依寨、东瓜林、母鸡冲 5 个找矿靶区(图 7-2)。

一、牛滚塘铜锡多金属矿成矿靶区

该区位于白牛厂银多金属矿区以南(图 7-2)。大致以箐角—老营盘断裂(F_{25})为界，其北侧鱼塘村一带，主要发育寒武系大丫口组、龙哈组、田蓬组；通过 2022 年度施工钻孔，已验证了主含矿构造 F_3 及

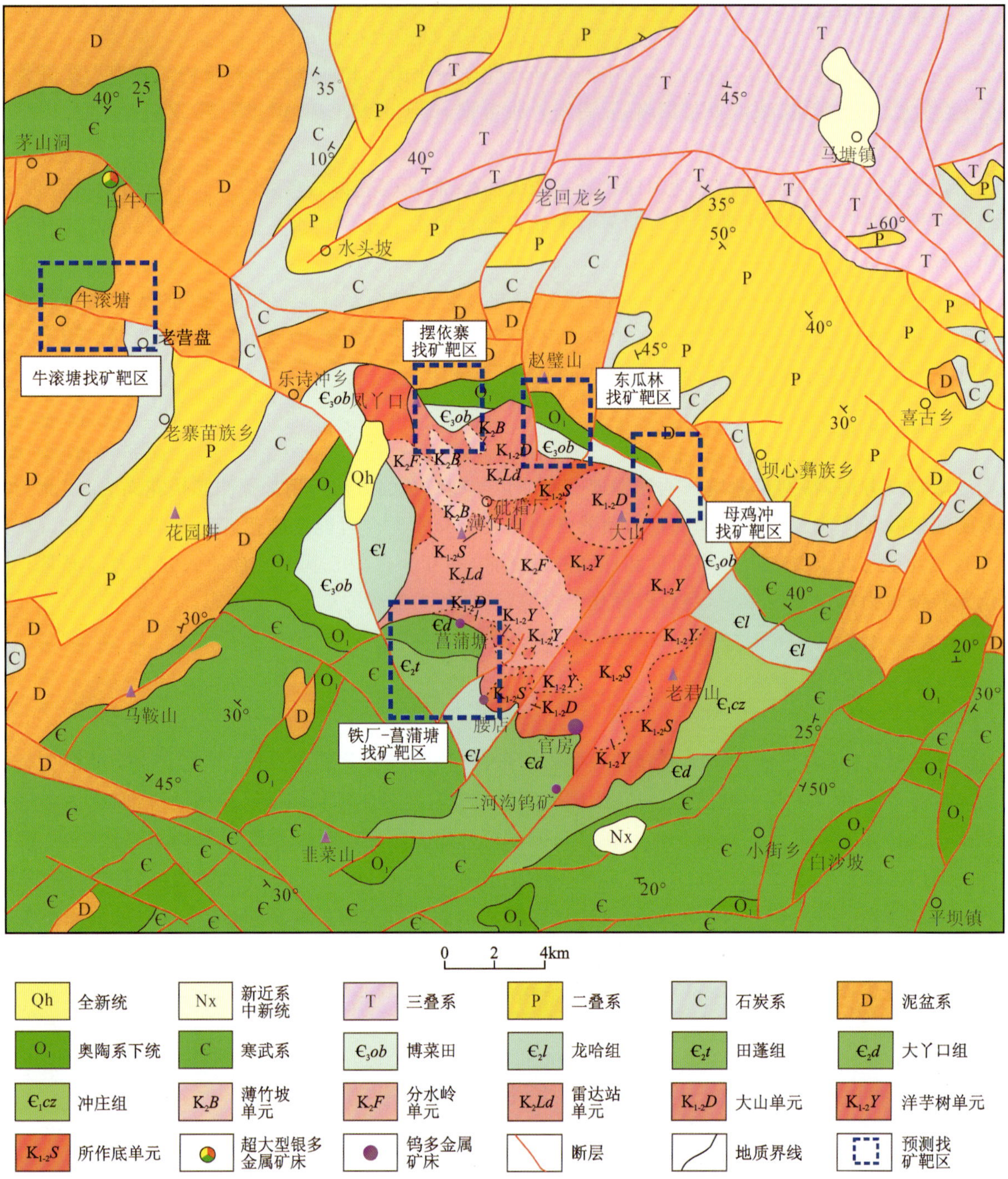

图 7-2 薄竹山矿集区成矿远景预测靶区

V_{1-Cu} 矿体南延进入本次工作区,并揭露到了重力推测的隐伏花岗岩体。同时本年度在 F_3 构造之上新发现的铅锌银矿体,走向稳定,矿体是否会变厚、变富,值得进一步探索。

区内主要出露泥盆系,东南角零星出露石炭系,根据层序推测白牛厂银多金属矿主要含矿层位为寒武系。同时 1:5 万重力推测在老营盘工作区存在另一个岩体凸起。大地电磁测深已经在深部发现类似鱼塘重点工作区的低阻异常,推测为隐伏岩体凸起,结合磁异常(C2 异常区),岩体或岩体上方可能存在矿化蚀变。

该区具备白牛厂矿床成矿地质条件,是否存在另一个"白牛厂式矿床"值得探索。C1 异常区的南部,在母鸡白东侧,大凹子北侧一带,人为干扰较小,磁异常明显且规模较大,推测有同类型磁性体存在。

且异常以西母鸡白探矿权锡矿资源量规模已达中型,母鸡白探矿权矿体有延入调查评价区的可能。调查评价区紧邻白牛厂矿床,成矿地质条件有利,进一步工作有望发现中型以上规模的矿产地。

二、薄竹山岩体西南侧铁厂-菖蒲塘成矿靶区

大量调查研究和分析测试研究认为,薄竹山岩体西南侧具备良好的成矿条件,初步工作已经发现了矿化显示和矿床揭示,具有找到大型矿床的潜力,现已发现了较好的矿体,远景较大,找矿前景良好。目前探获资源量 WO_3 已接近10万t。调查研究发现,沿着花岗岩外接触带形成了一个连续的矽卡岩成矿带,但是这一成矿带的研究程度和勘探程度都还很浅,尤其深部大多没有开展工作。只要加大勘查力度,这一成矿带有望发展成为一个超大型钨锡多金属矿床。

三、薄竹山岩体北侧摆依寨地区成矿靶区

1∶2.5万土壤地球化学异常显示该区元素组合异常主要为 Ag 最大值 $1.63×10^{-6}$、Zn 最大值 $1021×10^{-6}$、W 最大值 $467.5×10^{-6}$、Sn 最大值 $76.4×10^{-6}$;在矿区南部 900m 处地表可见有大量的矽卡岩体与薄竹山花岗岩主岩体,并且在矽卡岩中发现有大量的钨、锡、磁铁、黄铁矿、黄铜矿等矿物;在摆衣寨南西方向 1850m 地段附近出现磁异常。该异常长约 890m,宽 100~550m,异常展布方向为近东西向,异常西侧未封闭,在磁异常对应地段,EH-4 测量表现为明显的高阻与低阻突变接触特征,电阻率值由几千突变成 200~300Ω·m。激电测深异常表现为低阻高极化特征,视极化率异常值最高 5.53%(低阻高极化特征出现在深部)。该磁异常与1∶20万的重力异常显示在摆依寨深部隐藏有北东向延伸的花岗岩岩体基本重合,综合分析在摆依寨深部可能有隐伏的花岗岩出现。目前施工完成的 ZK0001 钻孔在深部 647.62m 处也揭露了花岗岩体顶板。摆依寨深部具有较大的找矿远景(图7-2)。

四、薄竹山岩体北侧东瓜林成矿靶区

1∶2.5万土壤地球化学异常显示该区元素组合异常主要为 $Au(76×10^{-9})$、$Pb(1340×10^{-6})$。在矿区中西部东瓜林村正南平距约 250m 处地表可见有薄层状的矽卡岩体与薄竹山花岗岩主岩体,并且在矽卡岩中发现有大量的磁铁矿及少量的钨、黄铁矿、黄铜矿、铅锌等矿物;在矿区范围内也发现有少量的方铅矿化点及矽卡岩带。在矽卡岩中含有少量的铅、锌、锡、铜等矿物。根据东瓜林附近地段的磁异常显示,异常长约 250m,宽 40~350m,异常展布方向为东西向。该异常范围小,异常西侧未封闭。该磁异常主要表现为较规则平缓渐变型正异常,磁正异常最高值达 104nT(一般为 40~60nT)。异常主要位于奥陶纪下木都底组与花岗岩体的接触带附近。在该异常附近有矿化出现。推测该异常主要由奥陶纪下木都底组与花岗岩体内外接触带含多金属矿的矽卡岩引起。结合1∶20万的重力异常分析,在该地段深部隐藏有花岗岩体。

五、薄竹山岩体北侧母鸡冲成矿靶区

1∶2.5万土壤地球化学异常显示该区元素组合异常主要为 $W(84.5×10^{-6})$、$Sb(294.7×10^{-6})$、$Zn(602×10^{-6})$,地层总体朝北西转北东倾斜(图7-2)。该区块虽然在地表没有发现有用的矿化点;但在矿

区西部平距约500m处ZK1-1号钻孔中290.58～294.08m见矿锡铅锌矿体:Pb(0.98%～3.27%)、Zn(0.72%～3.90%)、Sn(0.11%～0.84%)、Ag(82～162g/t),816.62m揭露花岗岩体。且在矿区南部地表可见有薄竹山花岗岩主岩体,根据1:20万重力异常显示,深部花岗岩岩体深部有向北西方向延伸的趋势。在花岗岩与泥盆纪达莲塘组(深灰色、黑色薄—中层状灰岩与硅质岩、硅质页岩互层)有较强的磁异常显示。异常长约1620m,宽250～430m,异常展布方向为东西向,异常南侧未封闭。该异常单由磁异常组成。该异常中磁异常表现为较规则的突变陡倾型正负异常,异常等值线密度大。在该异常中,正异常最高值达868nT,负异常最高值达－152nT。根据虎山城铅锌铁多金属矿区已知矿点的地质情况、成矿规律、矿体特征和岩(矿)石的物性特征,并结合工作区内化探、EH-4剖面和重力异常特征,推测磁异常主要由泥盆纪达莲塘组与花岗岩体接触带中磁铁矿体引起。综合以上地质、物化探异常特征,认为该磁异常处于成矿有利地段。该异常内具有较好的找矿潜力。

主要参考文献

艾永富,金玲年,1981.石榴石成分与矿化关系的初步研究[J].北京大学学报(自然科学版)(1):83-90.

白金刚,池三川,梅建明,1995.云南白牛厂超大型银多金属矿床黄铁矿的标型特征及其成因意义[J].贵金属地质(4):302-306.

柏道远,黄建中,马铁球,等,2006.湘东南志留纪彭公庙花岗岩体的地质地球化学特征及其构造环境[J].现代地质(1):130-140.

边晓龙,张静,王佳琳,等,2019.滇西北红山矽卡岩型铜矿床石榴子石原位成分及其地质意义[J].岩石学报,35(5):1463-1477.

蔡金定,刘益,孔志岗,等,2024.滇东南官房钨矿床矽卡岩矿物学特征及其地质意义[J].矿床地质,43(3):527-546.

曹锦山,王国良,刘建栋,等,2023.东昆仑东段早泥盆世"A"型花岗岩的确定——来自乌兰东地区都南哑合黑云母花岗岩锆石 U-Pb 年代学、元素地球化学证据[J].新疆地质,41(2):167-177.

曹原.2022.滇东南白牛厂银多金属矿床中闪锌矿稀散元素的超常富集机制[D].昆明:云南大学.

曹正民,朱红,2000.一种巨晶符山石的矿物学研究[J].岩石矿物学杂志,19(1):69-77.

陈建林,郭原生,付善明,2004.花岗岩研究进展——ISMA 花岗岩类分类综述[J].甘肃地质学报,13(1):67-73.

陈姣姣,黎应书,陈楠,等,2023.云南省蒙自县白牛厂银多金属矿床成矿条件分析[J].贵州大学学报(自然科学版),30(4):40-42.

陈曼云,金巍,郑常青,2009.包含变质岩分类三要素的主要变质岩分类表[J].岩石学报,25(8):1749-1752.

陈思佳,郭敏毅,柯鸿沛,等,2015.云南南秧田与福建丁家山白钨矿成分特征对比研究[J].福建地质,34(3):171-180.

陈学明,邓军,白金刚,等,2000.云南白牛厂矿区古生代沉积盆地的成矿流体系统[J].现代地质,14(2):173-178.

陈学明,林棕,谢富昌,1998.云南白牛厂超大型银多金属矿床叠加成矿的地质地化特征[J].地质科学,33(1):116-125.

程彦博,2012.个旧超大型锡多金属矿区成岩成矿时空演化及一些关键问题探讨[D].北京:中国地质大学(北京).

程彦博,毛景文,陈小林,等,2010.滇东南薄竹山花岗岩的 LA-ICP-MS 锆石 U-Pb 定年及地质意义[J].吉林大学学报(地球科学版),40(4):869-878.

崔晓琳,张琦玮,吴华英,等,2022.腾冲地块晚白垩世—古近纪富锡花岗岩成因:岩浆源区及分异演化条件[J].岩石学报,38(1):253-266.

崔悦,2021.黄色—橙红色石榴石的宝石学特征及色度学研究[D].北京:中国地质大学(北京).

代作文,李光明,丁俊,等,2019.西藏错那洞电气石花岗岩中电气石化学组成、硼同位素特征及意义[J].地球科学,44(6):1849-1859.

董庆吉,陈建平,唐宇,2008.R型因子分析在矿床成矿预测中的应用——以山东黄埠岭金矿为例[J].地质与勘探,44(4):64-68.

EBY G,王宾,1994.A型花岗岩类的化学分类:岩石成因和构造意义[J].国外火山地质,41(1):38-42.

冯佳睿,2011.云南麻栗坡南秧田钨矿床成矿流体特征与成矿作用[D].北京:中国地质科学院.

高雪,邓军,孟健寅,等,2014.滇西红牛矽卡岩型铜矿床石榴子石特征[J].岩石学报,30(9):2695-2708.

高子英,1996.蒙自白牛厂银多金属矿床的成因研究[J].云南地质(1):91-102.

巩鑫,张志博,杜蔺,等,2023.上黑龙江盆地前哨林场黑云母二长花岗岩锆石U-Pb年龄、地球化学特征及地质意义[J].地球学报,44(6):1017-1035.

官容生,1991.滇东南构造岩浆带花岗岩体的含矿性探讨[J].矿物岩石,11(1):92-101.

郭令智,施央申,马瑞士,1980.华南大地构造格架和地壳演化:国际交流地质学术论文集[C].北京:地质出版社.

胡晓燕,尚林波,毕献武,等,2007.锡在流体和花岗质硅酸盐熔体间分配行为的实验研究[J].矿物岩石地球化学通报,26(4):359-365.

华洁文,周云,刘奕志,等,2023.滇东南个旧矿区花岗岩黑云母成分特征及其对锡成矿的指示[J].地质科学,58(2):580-597.

黄建国,任涛,刘红卫,等,2024.滇东南薄竹山花岗岩年代学、地球化学特征及地质意义[J].矿物岩石地球化学通报,43(3):621-635.

黄小勇,张辉,唐勇,等,2008.广西银屏富B花岗岩及其晶洞中电气石的化学组成特征以及对岩浆-热液演化的指示[J].矿物学报,28(1):25-35.

黄雪飞,张宝林,李晓利,等,2012.电气石研究进展及其找矿意义[J].黄金科学技术,20(3):56-65.

贾小辉,王强,唐功建,2009.A型花岗岩的研究进展及意义[J].大地构造与成矿学,33(3):465-480.

蹇龙,2016.云南蒙自白牛厂超大型银多金属矿床叠加成矿系统及成矿模式[D].昆明:昆明理工大学.

江鑫培,1994.蒙自白牛厂银-多金属矿矿床特征和成矿作用探讨[J].云南地质(4):291-307.

蒋少涌,于际民,倪培,等,2000.电气石——成岩成矿作用的灵敏示踪剂[J].地质论评,46(6):594-604.

焦守涛,祝新友,李顺庭,等,2014.滇东南成矿地质体的岩石地球化学特征[J].矿床地质,33(S1):407-408.

解洪晶,2009.滇东南薄竹山花岗岩岩石学、地球化学特征及其与成矿关系[D].贵阳:中国科学院地球化学研究所.

解洪晶,张乾,祝朝辉,等,2009.滇东南薄竹山花岗岩岩石学及其稀土-微量元素地球化学[J].矿物学报,29(4):481-490.

康永孚,李崇佑,1991.中国钨矿床地质特征、类型及其分布[J].矿床地质,10(1):19-26.

蓝江波,刘玉平,叶霖,等,2016.滇东南燕山晚期老君山花岗岩的地球化学特征与年龄谱系[J].矿物学报,36(4):441-454.

冷秋锋,李文昌,戴成龙,等,2022.中拉萨地块那茶淌地区晚侏罗世—早白垩世花岗岩成因及构造背景:地球化学、年代学及Hf同位素制约[J].岩石学报,38(1):209-229.

李鸿莉,毕献武,胡瑞忠,等,2007a.芙蓉锡矿田骑田岭花岗岩黑云母矿物化学组成及其对锡成矿的指示意义[J].岩石学报,23(10):2605-2614.

李鸿莉,毕献武,涂光炽,等,2007b.岩背花岗岩黑云母矿物化学研究及其对成矿意义的指示[J].矿物岩石,27(3):49-54.

李佳黛,李晓峰,2020.矽卡岩型钨矿床成矿作用研究进展[J].矿床地质,39(2):256-272.

李嘉曾,1984.内生过程铅锌的分离聚合及其成矿意义——浙江五部铅锌矿床成矿物质来源[J].桂林冶金地质学院学报(1):39-48.

李建德,2018.滇东南薄竹山矿集区花岗岩地球化学特征、锆石 U-Pb 定年及其构造意义[D].北京:中国地质大学(北京).

李建康,王登红,李华芹,等,2013.云南老君山矿集区的晚侏罗世—早白垩世成矿事件[J].地球科学(中国地质大学学报),38(5):1023-1036.

李开文,2013.滇东南白牛厂多金属矿床成岩成矿地球化学及年代学[D].贵阳:中国科学院大学.

李开文,张恺,郭君功,等,2018.云南白牛厂银多金属矿床硫同位素组成及滇东南多金属矿找矿远景[J].金属矿山(10):138-140+143-145+141-142.

李开文,张乾,王大鹏,等,2010.云南蒙自白牛厂银多金属矿床同位素地球化学研究[J].矿床地质,29(S1):462-463.

李开文,张乾,王大鹏,等,2013a.滇东南白牛厂多金属矿床铅同位素组成及铅来源新认识[J].地球化学,42(2):116-130.

李开文,张乾,王大鹏,等,2013b.云南蒙自白牛厂多金属矿床锡石原位 LA-MC-ICP-MS U-Pb 年代学[J].矿物学报,33(2):203-209.

李尚军,韦东广,林剑飞,2024.广西砂子岭银多金属矿床成因:来自流体包裹体及 H-O-S 同位素的制约[J].矿产与地质,38(1):53-60.

李守奎,刘学龙,周云满,等,2023.滇西北红牛-红山矽卡岩型铜矿床石榴子石原位 LA-SF-ICP-MS U-Pb 定年及地球化学特征[J].地质通报,42(11):1818-1833.

李文昌,李建威,谢桂青,等,2022.中国关键矿产现状、研究内容与资源战略分析[J].地学前缘,29(1):1-13.

李文昌,尹光候,卢映祥,等,2016.西南三江南段有色、贵金属成矿带成矿规律及矿产预测[M].北京:地质出版社.

李献华,李武显,李正祥,2007.再论南岭燕山早期花岗岩的成因类型与构造意义[J].科学通报,52(9):981-991.

李翔,2019.锡铜共生矿床微区地球化学分析及成矿机制研究[D].武汉:中国地质大学(武汉).

李晓波,2005.云南省蒙自县白牛厂银多金属矿床成矿地质特征及成矿模式[D].长沙:中南大学.

李晓波,刘继顺,张洪培,等,2005.云南省蒙自县白牛厂银多金属矿床控矿因素分析[J].地质找矿论丛,20(2):111-114.

李肖龙,毛景文,程彦博,等,2012.云南个旧高峰山花岗岩成因:锆石 U-Pb 年代学及地球化学约束[J].岩石学报,28(1):183-198.

李秀章,王立功,李衣鑫,等,2022.胶东艾山岩体二长花岗岩地球化学、锆石 U-Pb 年代学及 Lu-Hf 同位素特征研究[J].现代地质,36(1):333-346.

李瀛玲,2014.云南蒙自白牛厂银多金属矿床立体找矿模型与控矿因素研究[D].昆明:昆明理工大学.

李占轲,李建威,陈蕾,等,2010.河南洛宁沙沟 Ag-Pb-Zn 矿床银的赋存状态及成矿机理[J].地球科学(中国地质大学学报),35(4):621-636.

李壮,唐菊兴,王立强,等,2017.西藏列廷冈铁多金属矿床矽卡岩矿物学特征及其地质意义[J].矿床地质,36(6):1289-1315.

梁祥济,1994.钙铝-钙铁系列石榴子石的特征及其交代机理[J].岩石矿物学杂志,13(4):342-352.

林文蔚,彭丽君,1994.由电子探针分析数据估算角闪石、黑云母中的Fe^{3+}、Fe^{2+}[J].长春地质学院学报,24(2):155-162.

刘彬,马昌前,刘园园,等,2010.鄂东南铜山口铜(钼)矿床黑云母矿物化学特征及其对岩石成因与成矿的指示[J].岩石矿物学杂志,29(2):151-165.

刘彬,徐雨,马昌前,等,2023.北羌塘宁多地区三叠纪过铝质花岗岩的成因及其地球动力学背景[J].地球科学,48(9):3296-3311.

刘继顺,张洪培,方维萱,等,2005.云南蒙自白牛厂银多金属矿床若干地质问题探讨[J].中国工程科学,7(S1):238-244+251.

刘建平,郑旭,陈卫康,等,2021.滇东南白牛厂银多金属矿床铟分布规律及富集机制[J].中南大学学报(自然科学版),52(9):3015-3033.

刘学龙,李文昌,杨富成,等,2017.云南格咱岛弧带休瓦促Mo-W-Cu矿床两期岩浆作用的锆石U-Pb年龄、Hf同位素组成及构造意义[J].地质学报,91(4):849-863.

刘学龙,李文昌,张世涛,等,2024.滇东南薄竹山矿集区晚白垩世岩浆活动及锡银铅锌钨多金属成矿作用[J].沉积与特提斯地质,44(2):437-453.

刘艳宾,2017.滇东南老君山地区燕山期花岗岩成因机制及钨锡成矿规律[D].北京:中国地质大学(北京).

刘益,孔志岗,陈港,等,2021.滇东南官房钨矿床石榴子石原位LA-SF-ICP-MS U-Pb定年及地质意义[J].岩石学报,37(3):847-864.

刘英俊,马东升,1984.江西隘上沉积-叠加成因钨矿床的元素地球化学判据[J].中国科学(B辑 化学 生物学 农学 医学 地学)(12):1126-1135.

刘玉平,李正祥,李惠民,等,2007.都龙锡锌矿床锡石和锆石U-Pb年代学:滇东南白垩纪大规模花岗岩成岩-成矿事件[J].岩石学报,23(5):967-976.

路远发,2004.GeoKit:一个用VBA构建的地球化学工具软件包[J].地球化学,33(5):459-464.

吕伯西,王增,张能德,等,1993.三江地区花岗岩类及其成矿专属性[M].北京:地质出版社.

吕林素,彭艳菊,李宏博,等,2015.东非宝石级铬钒钙铝榴石(察沃石)矿床成因模式探讨[J].矿床地质,34(2):404-422.

毛景文,程彦博,郭春丽,等,2008.云南个旧锡矿田:矿床模型及若干问题讨论[J].地质学报,82(11):1455-1467.

毛景文,吴胜华,宋世伟,等,2020.江南世界级钨矿带:地质特征、成矿规律和矿床模型[J].科学通报,65(33):3746-3672.

毛景文,谢桂青,李晓峰,等,2004.华南地区中生代大规模成矿作用与岩石圈多阶段伸展[J].地学前缘,11(1):45-55.

米雪,刘学龙,张世涛,等,2024.滇东南白牛厂银多金属矿床二长花岗岩岩石成因及对成矿作用的指示:来自地球化学、U-Pb年代学和Hf同位素的约束[J/OL].现代地质,1-26.

聂利青,周涛发,张千明,等,2017.安徽东顾山钨矿床白钨矿主微量元素和Sr-Nd同位素特征及其对成矿作用的指示[J].岩石学报,33(11):3518-3530.

宁思远,汪方跃,薛维栋,等,2017.长江中下游铜陵地区宝山岩体地球化学研究[J].地球化学,46(5):397-412.

欧阳永棚,2013.滇东南钨锡多金属成矿多样性及矿床谱系[D].北京:中国地质大学(北京).

潘兆橹,1993.结晶学及矿物学[M].北京:地质出版社.

彭建堂,王川,李玉坤,等,2021.湖南包金山矿区白钨矿的地球化学特征及Sm-Nd同位素年代学[J].岩石学报,37(3):665-682.

祁进平,宋要武,李双庆,等,2009.河南省栾川县西沟铅锌银矿床单矿物铷-锶同位素组成特征[J].岩石学报,25(11):2843-2854.

邱检生,肖娥,胡建,等,2008.福建北东沿海高分异Ⅰ型花岗岩的成因:锆石U-Pb年代学、地球化学和Nd-Hf同位素制约[J].岩石学报,24(11):2468-2484.

权晓莹,刘春花,孙洪军,等,2019.内蒙双尖子山Pb-Zn-Ag矿床金属矿物学研究与银的富集机理[J].地质学报,93(9):2308-2329.

任玹宇,李超,江小均,等,2024.云南个旧锡多金属矿集区电气石地球化学组成和硼同位素特征——对成矿流体性质和演化的约束[J].地球学报,45(4):575-590.

盛夏,张达,阙朝阳,等,2023.滇东南洒西钨铍矿床成矿流体来源和演化:来自流体包裹体和H-O同位素证据[J].地质科技通报,42(1):158-169+273.

施琳,陈吉琛,吴上龙,等,1989.滇西锡矿带成矿规律[M].北京:地质出版社.

石洪召,林方成,张林奎,2009.钨矿床的时空分布及研究现状[J].沉积与特提斯地质,29(4):90-95.

苏航,王小娟,陈智明,等,2016.滇东南都龙锡锌多金属矿床中符山石的发现与地质意义[J].矿物学报,36(4):529-534.

苏航,韦文彪,陶志华,等,2016.云南都龙矿区隐伏花岗岩地质地球化学特征与锡锌成矿作用[J].矿物学报,36(4):488-496.

隋清霖,祝红丽,孙赛军,等,2020.锡的地球化学性质与华南晚白垩世锡矿成因[J].岩石学报,36(1):23-34.

孙海田,葛朝华,冀树楷,1989.中条山铜矿区电气石特征及其对成岩成矿作用的示踪意义[J].岩石矿物学杂志,8(3):232-242.

唐茂云,刘静,李翠平,等,2021.青藏高原东南缘的新生代盆地古高度重建研究与进展[J].地震地质,43(3):576-599.

唐攀,唐菊兴,郑文宝,等,2017.岩浆黑云母和热液黑云母矿物化学研究进展[J].矿床地质,36(4):935-950.

陶隆凤,胡孝霆,童榆岚,等,2017.斯里兰卡Elahera矿区中镁铝榴石的宝石学性质及致色机理研究[J].硅酸盐通报,36(S1):179-183.

涂光炽,2002.我国西南地区两个别具一格的成矿带(域)[J].矿物岩石地球化学通报,21(1):1-2.

万博,张连昌,2006.新疆阿尔泰南缘泥盆纪多金属成矿带Sr-Nd-Pb同位素地球化学与构造背景探讨[J].岩石学报,22(1):145-152.

汪方跃,葛粲,宁思远,等,2017.一个新的矿物面扫描分析方法开发和地质学应用[J].岩石学报,33(11):3422-3436.

王春林,李小军,2020.滇东南晚寒武世—早奥陶世唐家坝组—博莱田组碳酸盐岩碳氧同位素特征及意义[J].四川地质学报,40(4):680-685.

王金良,王小娟,刘玉平,等,2016.都龙锌锡矿床矽卡岩石榴子石地球化学特征与成矿-找矿意义[J].矿物学报,36(4):519-528.

王启林,张金阳,严德天,等,2023.黄铜矿微量元素对矿床成因类型的指示[J].地质科技通报,42(1):126-143.

王喜龙,刘家军,翟德高,等,2014.内蒙古林西边家大院银多金属矿床同位素地球化学特征及成矿物质来源探讨[J].中国地质,41(4):1288-1303.

王燕子,2014.云南蒙自白牛厂银多金属矿床地球化学特征及成因分析[D].昆明:昆明理工大学.

王一川,2020.钙铝榴石-钙铁榴石固溶体的拉曼光谱[J].高压物理学报,34(4):3-11.

王一川,段登飞,2021.矽卡岩中石榴子石的稀土配分特征及其成因指示[J].北京大学学报(自然科学版),57(3):446-458.

吴道文,张世涛,张磊,等,2019.滇东南薄竹山菖蒲塘钨锡多金属矿床地质特征及成矿模型[J].科技通报,35(5):21-29.

吴福元,李献华,杨进辉,等,2007.花岗岩成因研究的若干问题[J].岩石学报,23(6):1217-1238.

吴锁平,王梅英,戚开静,2007.A型花岗岩研究现状及其述评[J].岩石矿物学杂志,26(1):57-66.

夏庆霖,汪新庆,刘壮壮,等,2018.中国钨矿成矿地质特征与资源潜力分析[J].地学前缘,25(3):50-58.

萧珂,孙祥,张鑫,等,2023.滇西南云岭锡矿三叠纪花岗岩年代学、地球化学与云母矿物学特征:对锡成矿的指示意义[J].岩石学报,39(2):515-531.

肖昌浩,申玉科,韦昌山,等,2018.广西右江褶皱带东南缘西大明山矿集区燕山期酸性岩浆锆石U-Pb年龄、Hf同位素和Ce(Ⅳ)/Ce(Ⅲ)特征[J].现代地质,32(2):289-304.

肖军,贺茂勇,肖应凯,等,2012.硼同位素地球化学应用研究进展[J].海洋地质前沿,28(9):20-33.

谢兆元,张世涛,张光政,2015.滇东南薄竹山花岗岩体多金属矿床成矿模式[J].中国市场(35):214-215.

忻建刚,袁奎荣,1998.云南都龙隐伏花岗岩的特征及其成矿作用[J].桂林冶金地质学院学报,13(2):121-129.

邢光福,卢清地,陈荣,等,2008.华南晚中生代构造体制转折结束时限研究——兼与华北燕山地区对比[J].地质学报,82(4):451-463.

熊德信,孙晓明,翟伟,等,2006.云南大坪金矿含金石英脉中高结晶度石墨包裹体:下地壳麻粒岩相变质流体参与成矿的证据[J].地质学报,80(9):1448-1456+1492.

徐剑南,2022.热液体系中银的赋存状态及其迁移机制研究[D].武汉:中国地质大学.

徐克勤,胡受奚,孙明志,等,1983.论花岗岩的成因系列——以华南中生代花岗岩为例[J].地质学报(2):107-118.

徐克勤,涂光炽,1986.花岗岩地质和成矿关系[M].南京:江苏科学技术出版社.

徐夕生,谢昕,2005.中国东南部晚中生代—新生代玄武岩与壳幔作用[J].高校地质学报,11(3):318-334.

徐先兵,张岳桥,贾东,等,2009.华南早中生代大地构造过程[J].中国地质,36(3):573-593.

许赛华,任涛,吕昶良,等,2019.滇东南白垩纪高分异S型花岗岩研究进展[J].矿物学报,39(2):149-165.

杨德彬,许文良,裴福萍,等,2009.蚌埠隆起区古元古代钾长花岗岩的成因:岩石地球化学、锆石U-Pb年代学与Hf同位素的制约[J].地球科学(中国地质大学学报),34(1):148-164.

杨瀚海,2010.滇东南几个重要的微细粒浸染型金矿层位[J].云南地质,29(4):393-395.

杨菩月,2021.铁镁铝榴石成分特征及其颜色质量评价[D].北京:中国地质大学(北京).

杨阳,王晓霞,于晓卫,等,2017.胶西北中生代花岗岩中黑云母和角闪石成分特征及成岩成矿意义[J].岩石学报,33(10):3123-3136.

姚洪忠,2016.岩浆岩温度和氧逸度的估算[D].合肥:合肥工业大学.

印贤波,王杰亭,刘争,2018.滇东南南部老君山地区成矿地质特征[J].西部资源,2018(3):21-23.

于津海,赵蕾,周旋,2004.闽东南含石榴子石Ⅰ型花岗岩的矿物学特征及成因[J].高校地质学报

(3):364-377.

袁建国,任永健,姜振宁,等,2017.内蒙古锡林浩特毛登牧场早石炭世花岗岩锆石 U-Pb 年龄、地球化学特征及其地质意义[J].现代地质,31(6):1131-1146.

云南省地质调查局,2015.云南省滇东南薄竹山地区钨铅锌银多金属矿整装勘查项目成果报告[R].

云南省地质矿产局,1991.中华人民共和国区域地质报告(1∶50000)老寨街幅[R].

云南省地质矿产勘查开发局第二地质大队,2009.云南蒙自县白牛厂银多金属矿区咪尾—穿心洞、阿尾矿段详查报告[R].

云南省地质矿产勘查院,2023.云南省蒙自市牛滚塘铜锡多金属矿调查评价成果报告[R].

曾敏,胡登攀,李波,2015.滇东南薄竹山地区成矿地质条件分析[J].矿物学报,35(S1):974.

曾庆丰,1986.脉体充填的力学机制[J].地质科学,10(2):114-124.

翟裕生,2002.中国区域成矿特征探讨[J].地质与勘探,38(5):1-4.

翟裕生,姚书振,林新多,等,1992.长江中下游地区铁、铜等成矿规律研究[J].矿床地质,11(1):1-12.

张东泽,2015.滇东南薄竹山花岗岩体北部接触带构造成矿地质条件分析[D].昆明:昆明理工大学.

张海坤,刘翠红,宋秋容,等,2021.赞比亚锰铝榴石的宝石学和化学成分特征[J].宝石和宝石学杂志(中英文),23(2):1-10.

张洪培,2007.云南蒙自白牛厂银多金属矿床——与花岗质岩浆作用有关的超大型矿床[D].长沙:中南大学.

张洪培,刘继顺,李晓波,等,2006.滇东南花岗岩与锡、银、铜、铅、锌多金属矿床的成因关系[J].地质找矿论丛,21(2):87-90.

张磊,范玉华,张世涛,等,2014.滇东南薄竹山花岗岩体西侧矽卡岩型钨锡多金属矿床地质条件及找矿预测[J].河南科学,32(5):846-850.

张林奎,张彬,张斌辉,等,2018.云南南秧田钨矿床电气石的成分和硼同位素特征及成矿意义[J].矿床地质,37(3):481-501.

张旗,2012.评花岗岩的哈克图解[J].岩石矿物学杂志,31(3):425-431.

张乾,李开文,王大鹏,等,2009.滇东南白牛厂多金属矿床成因的地质地球化学新证据[J].矿物学报,29(S1):355-356.

张世涛,陈国昌,1997.滇东南薄竹山复式岩体的地质特征及其演化规律[J].云南地质,16(3):222-232.

张亚辉,2013.滇东南薄竹山晚燕山期酸性岩浆热液成矿作用研究[D].昆明:昆明理工大学.

张亚辉,张世涛,2011.官房钨矿控矿构造特征及其找矿意义[J].有色金属(矿山部分),63(6):22-26.

张亚辉,张世涛,2011.云南文山官房钨矿床花岗岩地球化学特征及其地质意义[J].地质与勘探,47(6):1002-1008.

张亚辉,张世涛,范玉华,等,2014.云南省文山县官房钨矿床矿床地质和流体包裹体研究[J].岩石学报,30(3):877-888.

张亚辉,张世涛,刘红卫,2012.滇东南薄竹山地区大型多金属矿床控矿因素对比研究[J].昆明理工大学学报(自然科学版),37(6):1-7.

张振,段晓侠,陈斌,等,2019.黑云母地球化学特征对武山铜矿和竹溪岭钨矿成矿岩浆体系差异的指示[J].岩石矿物学杂志,38(5):673-692.

赵斌,李统锦,李昭平,1983.夕卡岩形成的物理化学条件实验研究[J].地球化学(3):256-267+331.

赵斌,赵劲松,刘海臣,1999.长江中下游地区若干Cu(Au)、Cu-Fe(Au)和Fe矿床中钙质夕卡岩的稀土元素地球化学[J].地球化学,28(2):113-125.

赵江南,2012.滇西羊拉铜矿矿体地质地球化学特征及深部找矿预测[D].北京:中国地质大学(北京).

赵盼捞,袁顺达,原垭斌,2018.湘南黄沙坪多金属矿床石榴子石地球化学特征及其对Cu与W-Sn复合成矿机理的指示[J].岩石学报,34(9):2581-2597.

赵一鸣,李大新,1987.云南个旧锡矿床花岗岩接触带的交代现象[J].中国地质科学院院报(2):7-252.

赵一鸣,李大新,吴良士,等,2012.内蒙古磨石山沉积变质型锐钛矿矿床:一个大型新类型钛矿床的发现、勘查和研究[J].地质学报,86(9):1350-1366.

赵一鸣,张轶男,林文蔚,1997.我国夕卡岩矿床中的辉石和似辉石特征及其与金属矿化的关系[J].矿床地质,16(4):318-329.

赵振华,赵惠兰,杨蔚华,等,1987.碓边和武山寒武-奥陶系界线剖面微量元素地球化学特征[J].地球化学(2):99-112.

郑贝琪,陈斌,孙杨,2023.阿尔泰青河伟晶岩中电气石成分和硼同位素对伟晶岩体系演化及其与围岩相互作用的示踪[J].岩石学报,39(1):187-204.

郑巧荣,1983.由电子探针分析值计算Fe^{3+}和Fe^{2+}[J].矿物学报(1):55-62.

郑震,杜杨松,曹毅,等,2012.安徽冬瓜山矽卡岩铜矿石榴石成分特征及其成因探讨[J].岩石矿物学杂志,31(2):235-242.

周建平,徐克勤,华仁民,等,1997.滇东南锡多金属矿床成因商榷[J].云南地质,16(4):309-349.

周建平,徐克勤,华仁民,等,1998.滇东南喷流沉积块状硫化物特征与矿床成因[J].矿物学报,18(2):158-168.

周作侠,1986.湖北丰山洞岩体成因探讨[J].岩石学报,2(1):59-70.

朱琳,2015.红色—黄色系列石榴石的宝石学特征研究[D].北京:中国地质大学(北京).

朱笑青,王中刚,黄艳,等,2004.磷灰石的稀土组成及其示踪意义[J].稀土,25(5):41-46.

祝朝辉,刘淑霞,张乾,等,2009.云南白牛厂银多金属矿床成矿作用特征的稀土元素地球化学约束[J].矿物岩石地球化学通报,28(4):365-376.

祝朝辉,刘淑霞,张乾,等,2010.云南白牛厂银多金属矿床喷流沉积成因证据:容矿岩石的地球化学约束[J].现代地质,24(1):120-130.

祝朝辉,张乾,何玉良,2005.滇东南白牛厂银多金属矿床成矿元素特征[J].矿物岩石地球化学通报,24(4):327-332.

祝朝辉,张乾,邵树勋,等,2006.云南白牛厂银多金属矿床成因[J].世界地质,25(4):353-359.

邹兴志,任涛,2023.滇东南薄竹山雷达站花岗岩黑云母矿物化学特征与成岩成矿[J].矿物学报,43(1):83-92.

ABDEL-RAHMAN A M,1994. Nature of biotites from alkaline, calc-alkaline, and peraluminous magmas[J]. Journal of petrology,35(2):525-541.

AGTERBERG F P,1974. Geomathematics: Mathematical background and geo-science applications[M]. Amsterdam: Elsevier.

ALLEGRE C J, HART S R,1978. Trace elements in igneous petrology[M]. Amsterdam: Elsevier.

ALLEN D E, SEYFRIED W E,2005. REE controls in ultramafic hosted MOR hydrothermal

systems: An experimental study at elevated temperature and pressure[J]. Geochimica et Cosmochimica Acta, 69(3): 675-683.

APPLEBY S K, Gillespie M R, Graham C M, et al., 2010. Do S-type granites commonly sample infracrustal sources? New results from an integrated O, U-Pb and Hf isotope study of zircon[J]. Contributions to Mineralogy and Petrology, 160: 115-132.

BAI T B, KOSTER VAN GROOS A F, 1999. The distribution of Na, K, Rb, Sr, Al, Ge, Cu, W, Mo, La, and Ce between granitic melts and coexisting aqueous fluids[J]. Geochimica et Cosmochimica Acta, 63(7-8): 1117-1131.

BALLARD S, POLLACK H N, 1987. Diversion of heat by Archean cratons: A model for southern Africa[J]. Earth and Planetary Science Letters, 85(1-3): 253-264.

BATCHELOR R A, Bowden P, 1985. Petrogenetic interpretation of granitoid rock series using multicationic parameters[J]. Chemical Geology, 48(1-4): 43-55.

BAU M, 1991. Rare-earth element mobility during hydrothermal and metamorphic fluid-rock interaction and the significance of the oxidation state of europium[J]. Chemical Geology, 939(3-4): 219-230.

BAU M, MOELLER P, 1992. Rare earth element fractionation in meta-morphogenic hydrothermal calcite, magnesite and siderite[J]. Mineral Petrol, 45(3): 231-246.

BEAUMONT C, JAMIESON R A, NGUYEN M H, et al., 2004. Crustal channel flows: 1. Numerical models with applications to the tectonics of the Himalayan-Tibetan Orogen[J]. Journal of Geophysical Research: Solid Earth, 109(B6): B06406.

BELOUSOVA E A, GRIFFN W L, O'REILLY S Y, 2002. Apatite as an indicator mineral for mineral exploration: Trace-element compositions and their relationship to host rock type[J]. Journal of Geochemical Exploration, 76(1): 45-69.

BERND L, 1990. Lecture notes in earth sciences 32: Metallogeny of tin[M]. Berlin: Springer Verlag.

BLEVIN P L, CHAPPELL B W, 1992. The role of magma sources, oxidation states and fractionation in determining the granite metallogeny of eastern Australia[J]. Earth and Environmental Science Transactions of the Royal Society of Edinburgh, 83(1-2): 305-316.

BLEVIN P L, CHAPPELL B W, 1995. Chemistry, origin, and evolution of mineralized granites in the Lachlan Fold Belt, Australia; the metallogeny of I- and S-type granites[J]. Economic Geology, 90(6): 1604-1619.

BOUZARI F, HART C J R, BARKER S, et al., 2011. Exploration for concealed deposits using porphyry indicator minerals (PIMs): Application of apatite texture and chemistry[C]//25th International Applied Geochemistry Symposium, 92-1: 89-90.

BRAXTON D P, COOKE D R, DUNLAP J, et al., 2012. From crucible to graben in 2.3 Ma: A high-resolution geochronological study of porphyry life cycles, Boyongan-Bayugo copper-gold deposits, Philippines[J]. Geology, 40(5): 471-474.

BROWN R W, SUMMERFIELD M A, GLEADOW A J W, 1994. Apatite fission track analysis: its potential for the estimation of denudation rates and implications for models of longterm landscape development[J]. Process Models and Theoretical Geomorphology, 23-53.

BRUAND E, FOWLER M, STOREY C, et al., 2020. Accessory mineral constraints on crustal evolution: elemental fingerprints for magma discrimination[J]. Geochemical Perspectives Letters, 7-12.

BRUAND E, STOREY C, FOWLER M, 2016. An apatite for progress: Inclusions in zircon and titanite constrain petrogenesis and provenance[J]. Geology, 44(2):91-94.

BRUGGER J, BETTIOL A A, COSTA S, et al., 2000. Mapping REE distribution in scheelite using luminescence[J]. Mineralogiacl Magazine, 64(5):891-903.

BRUGGER J, ETSCHMANN B, POWNCEBY M, et al., 2008. Oxidation state of europium in scheelite: Tracking fluid-rock interaction in gold deposits[J]. Chemistry Geology, 257(1-2):26-33.

BURET Y, VON Q A, HEINRICH C, 2016. From a long-lived upper-crustal magma chamber to rapid porphyry copper-emplacement: Reading the geochemistry of zircon crystals at Bajo de la Alumbrera(NW Argentina)[J]. Earth and Planetary Science Letters, 450:120-131.

BURETY, WOTZLAW J F, ROOZEN S, et al., 2017. Zircon petrochronological evidence for a plutonic-volcanic connection in porphyry copper deposits[J]. Geology, 45(7):623-626.

BURIANEK D, NOVAK M, 2007. Compositional evolution and substitutions in disseminated and nodular tourmaline from leucocratic granites: Examples from the Bohemian Massif, Czech Republic[J]. Lithos, 95(1-2):148-164.

BURT D M, 1989. Compositional and phase relations among rare earth elements[J]. Reviews in Mineralogy and Geochemistry, 21(1):259-307.

CAMBARDELLA C A, MOORMAN T, NOVAK J, et al., 1994. Field-scale variability of soil properties in central Iowa soils[J]. Soil Science Society of America Journal, 58(5):1501-1511.

CAO K, WANG G C, PETER V D B, et al., 2013. Cenozoic thermo-tectonic evolution of the northeastern Pamir revealed by zircon and apatite fission-track thermochronology[J]. Tectonophysic, 589:17-32.

CAO M, LI G, QIN K, et al., 2012. Major and Trace Element Characteristics ofApatites in Granitoids from Central Kazakhstan: Implications for Petrogenesis and Mineralization[J]. Resource Geology, 62(1):63-83.

CARLSON W D, 2012. Rates and mechanism of Y, REE, and Cr diffusion in garnet[J]. American Mineralogist, 97(10):1598-1618.

CARLSON W D, DONELICK R A, KETCHAM R A, 1999. Variability of apatite fission-track annealing kinetics I: Experimental results[J]. American Mineralogist, 84(9):1213-1223.

CARLSON W D, GALE J D, WRIGHT K, 2014. Incorporation of Y and REEs in aluminosilicate garnet: energetics from atomistic simulation[J]. American Mineralogist, 99(5/6):1022-1034.

CHAPPELL B W, 1999. Aluminium saturation in I- and S-type granites and the characterization of fractionated haplogranites[J]. Lithos, 46(3):535-551.

CHAPPELL B W, White A J R, 1992. I- and S-type granites in the Lachlan Fold Belt[J]. Earth and Environmental Science Transactions of the Royal Society of Edinburgh, 83:1-26.

CHARTIER F, AUBERT M, SALMON M, et al., 1999. Determination of erbium in nuclear fuels by isotope dilution thermal ionization mass spectrometry and glow discharge mass spectrometry[J]. Journal of Analytical Atomic Spectrometry, 14(9):1461-1465.

CHELLE-MICHOU C, CHIARADIA M, OVTCHAROVA M, et al., 2014. Zircon petrochronology reveals the temporal link between porphyry systems and the magmatic evolution of their hidden plutonic roots(the Eocene Coroccohuayco deposit, Peru)[J]. Lithos, 198-199:129-140.

CHEN X C, HU R Z, BI X W, et al., 2015. Zircon U-Pb ages and Hf-O isotopes, and whole-rock Sr-Nd isotopes of the Bozhushan granite, Yunnan province, SW China: Constraints on petrogenesis and tectonic setting[J]. Journal of Asian Earth Sciences,99:57-71.

CHENG Y B,MAO J W,2010. Age and geochemistry of granites in Gejiu area,Yunnan province, SW China:Constraints on their petrogenesis and tectonic setting[J]. Lithos,120(3-4):258-276.

CHENG Y B, MAO J W, LIU P, 2016. Geodynamic setting of Late Cretaceous Sn-W mineralization in southeastern Yunnan and northeastern Vietnam[J]. Solid Earth Sciences, 1(3): 79-88.

CHENG Y B,MAO J W,SPANDLER C,2013. Petrogenesis and geodynamic implications of the Gejiu igneous complex in the western Cathaysia block,South China[J]. Lithos,175-176:213-229.

CHEW D M,DONELICK R A,SYLVESTER P,2012. Combined apatite fission track and U-Pb dating by LA-ICP-MS and its application in apatite provenance analysis[J]. Mineralogical Association of Canada Short Course,42:219-247.

CHEW D M,SPIKINGS R A,2015. Geochronology and Thermochronology Using Apatite:Time and Temperature,Lower Crust to Surface[J]. Elements,11(3):189-194.

CHIARADIA M, CARICCHI L, 2017. Stochastic modelling of deep magmatic controls on porphyry copper deposit endowment[J]. Scientific Reports(7):44523.

CHIARADIA M,SCHALTEGGER U,SPIKINGS R,2013. How Accurately Can We Date the Duration of Magmatic-Hydrothermal Events in Porphyry Systems? An Invited Paper[J]. Economic Geology,108(4):565-584.

CHIARADIA M,VALLANCE J,FONTBOTE L,2009. U-Pb,Re-Os,and $^{40}Ar/^{39}Ar$ geochronology of the Nambija Au-skarn and Pangui porphyry Cu deposits, Ecuador: Implications for the Jurassic metallogenic belt of the Northern Andes[J]. Mineralium Deposita,44:371-387.

CHRISTENSEN J N,HALLIDAY A N,LEE D C,et al. ,1995. In situ Sr isotopic analysis by laser ablation[J]. Earth and Planetary Science Letters,136(1-2):79-85.

CHU M,WANG K,GRIFFIN W L, et al. , 2009. Apatite Composition: Tracing Petrogenetic Processes inTranshimalayan Granitoids[J]. Journal of Petrology,50(10):1829-1855.

CHUTAS N I,KRESS V,GHIORSO M,et al. ,2008. A solution model for high-temperature PbS-$AgSbS_2$-$AgBiS_2$ galena[J]. American Mineralogist,93:1630-1640.

CLARK M K,BUSH J W,ROYDEN L H,2005b. Dynamic topography produced by lower crustal flow against rheological strength heterogeneities bordering the Tibetan Plateau [J]. Geophysical Journal International,162(2):575-590.

CLARK M K,HOUSE M A,ROYDEN L H,et al. ,2005a. Late Cenozoic uplift of southeastern Tibet[J]. Geology,33(6):525-528.

COLLINS W,BEAMS S D,WHITE A J R,et al. ,1982. Nature and origin of A-type granites with particular reference to SE Australia[J]. Contributions to Mineralogy and Petrology,80:189-200.

Da Costa I R,Mourão C,Récio C,et al. ,2014. Tourmaline occurrences within the Penamacor-Monsanto granitic pluton and host-rocks (Central Portugal):genetic implications of crystal-chemical and isotopic features[J]. Contributions to Mineralogy & Petrology,167:993.

DAVIS J C,SAMPSON R J,2002. Statistics and Data Analysis in Geology[M]. New York:Wiley.

DAYEM K E,HOUESEMAN G A,MOLNAR P,2009. Localization of shear along a lithospheric strength discontinuity:Application of a continuous deformation model to the boundary between Tibet and the Tarim Basin[J]. Tectonics,28(3):TC3002.

DAYEM K E,MOLNAR P,CLARK M K,et al. ,2009b. Far-field lithospheric deformation in

Tibet during continental collision[J]. Tectonics, 28(6): TC6005.

DE GRAVE J, GLORIE S, ZHIMULEY F I, et al., 2011. Emplacement and exhumation of the Kuznetsk-Alatau basement (Iberia): implications for the tectonic evolution of the Central Asian Orogenic Belt and sediment supply to the Kuznetsk, Minusa and West Siberian Basins[J]. Terra Nova, 23(4): 248-256.

DEER W A, HOWIE R A, ZUSSMAN J, 1997. Rock-forming Minerals[M]. Ipswich: Ebsco Publishing.

DENG X D, LI J W, LUO T, et al., 2017. Dating magmatic and hydrothermal processes using andradite-rich garnet U-Pb geochronometry[J]. Contributions to Mineralogy and Petrology, 172 (9): 71.

DING L, XU Q, YUE Y H, et al., 2014. The Andean-type Gangdese Mountains: Paleoelevation record from the Paleocene-Eocene Linzhou Basin[J]. Earth and Planetary Science Letters, 392: 250-264.

DING T, MA D S, LU J J, et al., 2018. Garnet and scheelite as indicators of multistage tungsten mineralization in the Huangshaping deposit, southern Hunan province, China[J]. Ore Geology Reviews, 94: 193-211.

DING T, MA D, LU J, et al., 2015. Apatite in granitoids related to polymetallic mineral deposits in southeastern Hunan Province, Shi-Hang zone, China: Implications for petrogenesis andmetallogenesis [J]. Ore Geology Reviews, 69: 104-117.

DONELICK R A, KETCHAM R A, CARLSON W D, 1999. Variability of apatite fission-track annealing kinetics: Ⅱ, Crystallographic orientation effects[J]. American Mineralogist, 84(9): 1224-1234.

DRIVENES K, LARSEN R B, MULLER A, 2015. Late-magmatic immiscibility during batholith formation: assessment of B isotopes and trace elements in tourmaline from the Land's End granite, SW England[J]. Contributions to Mineralogy & Petrology, 169: 56.

DRUMMOND S E, OHMOTO H, 1985. Chemical evolution and mineral deposition in boiling hydrothermal systems[J]. Economic Geology, 80(1): 126-147.

DUBOIS J C, RETALI G, CESARIO J, 1992. Isotopic analysis of rare earth elements by total vaporization of samples in thermal ionization mass spectrometry[J]. International Journal of Mass Spectrometry and Ion Processes, 120(3): 163-177.

DURAN C J, DUBE-LOUBERT H, PAGE P, et al., 2019. Applications of trace element chemistry of pyrite and chalcopyrite in glacial sediments to mineral exploration targeting: Example from the Churchill Province, northern Quebec, Canada[J]. Journal of Geochemical Exploration, 196: 105-130.

DUVALL A R, CLARK M K, VAN DER PLUIJM B, et al., 2011. Direct dating of Eocene reverse faulting in northeastern Tibet using Ar-dating of fault clays and low-temperature thermochronometry [J]. Earth and Planetary Science Letters, 304(3-4): 520-526.

EBY G N, 1992. Chemical subdivision of the A-type granitoids: Petrogenetic and tectonic implications[J]. Geology, 20: 641-644.

ECONOMOS R, BOEHNKE P, BURGISSER A., 2017. Sulfur isotopic zoning in apatite crystals: A new record of dynamic sulfur behavior in magmas[J]. Geochimica et Cosmochimica Acta, 215: 387-403.

EINAUDI M T, BURT D M, 1982. Introduction: Terminology, Classification, and Compositon of

Skarn Deposits[J]. Economic Geology,77(4):745-754.

EINAUDI M T,MEINERT L D,NEWBERRY R J,1981. Skarn deposits[M]//Seventy-Fifith Anniversary Volume. Littleton:Economic Geology Publishing Company.

ENGLAND P C,MOLNAR P,1990. Right-lateral shear and rotation as the explanation for strike-slip faulting in eastern Tibet[J]. Nature,344:140-142.

FAN L G,MENG Q R,WU G L,et al.,2019. Paleogene crustal extension in the eastern segment of the NE Tibetan plateau[J]. Earth and Planetary Science Letters,514:62-74.

FARGES F,LINNEN R L,BROWN G E,2006. Redox and speciation of tin in hydrous silicate glasses:A comparison with Nb,Ta,Mo and W [J]. The Canadian Mineralogist,44(3):795-810.

FODEN J,SOSSI P A,WAWRYK C M,2015. Fe isotopes and the contrasting petrogenesis of A-,I-and S-type granite[J]. Lithos,212-215:32-44.

FOORD E E,SHAWE D R,1989. The Pb-Bi-Ag-Cu-(Hg) chemistry of galena and some associated sulfosalts:a review and some new data from Colorado,California and Pennsylvania[J]. The Canadian Mineralogist,27(3):363-382.

FOSTER G L,MARSCHALL H R,PALMER M R,2018 . Boron Isotope Analysis of Geological Materials[M]. Berlin:Springer.

FRENZEL M,HIRSCH T,GUTZMER J,2016. Gallium,germanium,indium,and other trace and minor elements in sphalerite as a function of deposit type-A meta-analysis[J]. Ore Geology Reviews,76:52-78.

GAMMONS C H,BARNES H L,1989. The solubility of Ag_2S in near-neutral aqueous sulfide solutions at 25 to 300℃[J]. Geochimica et Cosmochimica Acta,53(2):279-290.

GARVER J I,REINERS P W,WALKER L J,et al.,2005. Implications for Timing of Andean Uplift from Thermal Resetting of Radiation-Damaged Zircon in the Cordillera Huayhuash,Northern Peru[J]. The Journal of Geology,113(2):117-138.

GASPAR M,KNAACK C,MEINERT L D,et al.,2008. REE in skarn systems:A LA-ICP-MS study of garnets from the Crown Jewel gold deposit[J]. Geochimica et Cosmochimica Acta,72(1):185-205.

GEORGE L,COOK N J,CIOBANU C L,et al.,2015. Trace and minor elements in galena:A reconnaissance LA-ICP-MS study[J]. American Mineralogist,100(2-3):548-569.

GHADERI M,PALIN J M,CAMPBELL I H,et al.,1999. Rare earth element systematics in scheelite from hydrothermal gold deposits in the Kalgoorlie-Norseman region,Western Australia[J]. Economic Geology,94(3):423-437.

GIULIANI G,CHEILLETZ A,MECHICHE M,1987. Behaviour of REE during thermal metamorphism and hydrothermal infiltration associated with skarn and vein-type tungsten ore bodies in central Morocco[J]. Chemical Geology,64(3-4):279-294.

GLEADOW A J W,DUDDY I R,1981. A natural long-term annealing experiment for apatite[J]. Nuclear Tracks,5(1-2):169-174.

GLEADOW A J W,DUDDY I R,GREEN P F,et al.,1986. Confined fission track lengths in apatite:a diagnostic tool for thermal history analysis[J]. Contributions to Mineralogy and Petrology,94(4):405-415.

GOMBOSI D J,GARVER J I,BALDWIN S L,2014. On the development of electron microprobe zircon fission-track geochronology[J]. Chemical geology,363:312-321.

GREEN P F,1981. A new look at statistics in fission-track dating[J]. Nuclear Tracks,5(1-2):77-86.

GREEN P F,Duddy I R,GLEADOW A J W,et al.,1986. Thermal annealing of fission tracks in apatite 1. A quantitative description[J]. Chemical Geology:Isotopes Geoscience Section,59:237-253.

GREW E S,MARSH J H,YATES M G,et al.,2010. Menzerite-(Y),a new species,$\{(Y,REE)(Ca,Fe^{2+})_2\}[(Mg,Fe^{2+})(Fe^{3+},Al)](Si_3)O_{12}$,from a felsic granulite,Parry Sound,Ontario,and a new garnet end-member,$\{Y_2Ca\}[Mg_2](Si_3)O_{12}$[J]. The Canadian Mineralogist,48(5):1171-1193.

GUO Z F,WILSON M,2012. The Himalayan leucogranites:Constraints on the nature of their crustal source region and geodynamic setting[J]. Gondwana Research,22(2):360-376.

HARLAUX M,KOUZMANOV K,GIALLI S,2020. Tourmaline as a Tracer of Late-Magmatic to Hydrothermal Fluid Evolution:The World-Class San Rafael Tin (-Copper) Deposit,Peru[J]. Economic Geology,115(8):1665-1697.

HARRIS,NIGEL B W,et al.,1986. Geochemical characteristics of collision-zone magmatism[J]. Geological Society,19(S):67-81.

HE P L,HUANG X L,YANG F et al.,2020. Mineralogy constraints on magmatic processes controlling adakitic features of Early Permian high-magnesium diorites in the western Tianshan orogenic belt[J]. Journal of Petrology,61(11-12):114.

HEINRICH C A,1990. The chemistry of hydrothermal tin (-tungsten) ore deposition [J]. Economic Geology,85(3):457-481.

HENRY D J,DUTROW B L,1996. Metamorphic tourmaline and its petrologic applications[J]. Reviews in Mineralogy and Geochemistry,33(1):503-557.

HENRY D J,GUIDOTTI C V,THOMSON J A,2005. The Ti-saturation surface for low-to-medium pressure metapelitic biotites:Implications for geothermometry and Ti-substitution mechanisms [J]. American Mineralogist,90(2/3):316-328.

HENRY D J,NOVAK M.,HAWTHORNE F C,et al.,2011. Nomenclature of the tourmaline-supergroup minerals[J]. American Mineralogist,96(5/6):895-913.

HINSBERG V J V,HENRY D J,DUTROW B L,2011. Tourmaline as a Petrologic Forensic Mineral:A Unique Recorder of Its Geologic Past[J]. Elements,7(5):327-332.

HOKE G D,GIAMBIAGI L B,GARZIONE C N,et al.,2014. Neogene paleoelevation of intermontane basins in a narrow,compressional mountain range,southern Central Andes of Argentina [J]. Earth and Planetary Science Letters,406:153-164.

HONG W,COOKE D R,ZHANG L,2017. Tourmaline-rich features in the Heemskirk and Pieman Heads granites from western Tasmania,Australia:Characteristics,origins,and implications for tin mineralization[J]. American Mineralogist,102(4):876-899.

HSU L C,GALLI P E,1973. Origin of the Scheelite-Powellite Series of Minerals[J]. Economic Geology,68(5):681-696.

HU D L,JIANG S Y,2020. In-situ elemental and boron isotopic variations of tourmaline from the Maogongdong deposit in the Dahutang W-Cu ore field of northern Jiangxi Province,South China:Insights into magmatic-hydrothermal evolution[J]. Ore Geology Reviews,122:103502.

HU X M,Garzanti E,WANG J G,et al.,2016. The timing of India-Asia collision onset-Facts,theories,controversies[J]. Earth-Science Reviews,160:264-299.

HUGHES J M, RAKOVAN J F, 2015. Structurally Robust, Chemically Diverse: Apatite and Apatite Supergroup Minerals[J]. Elements, 11(3):165-170.

HUTFORD A J, GREEN P F, 1983. The zeta age calibration of fission-track dating [J]. Chemical Geology, 41:285-317.

IKEDA T, 1993. Compositional zoning patterns of garnet during prograde metamorphism from the Yanai district, Ryoke Metamorphic Belt, Southwest Japan[J]. Lithos, 30(2):109-121.

IRBER W, 1999. The lanthanide tetrad effect and its correlation with K/Rb, Eu/Eu*, Sr/Eu, Y/Ho, and Zr/Hf of evolving peraluminous granite suites[J]. Geochimica et Cosmochimica Acta, 63(3-4):489-508.

ISHIHARA S, 1977. The Magnetite-series and Ilmenite-series Granitic Rocks [J]. Mining Geology, 27:293-305.

ISHIHARA S, 1981. The granitoid series and mineralization[M]//Seventy-Fifth Anniversary Volume. Littleton: Economic Geology Publishing Company.

ISNARD H, BRENNETOT R, CAUSSIGNAC C, et al., 2005. Investigations for determination of Gd and Sm isotopic compositions in spent nuclear fuels samples by MC ICPMS[J]. International Journal of Mass Spectrometry, 246(1/3):66-73.

JANG-GREEN H, BEATON D, 2009. Light yellow-green grossular from Kenya [J]. Gems & Gemology, 45(1):65-66.

JI M, GAO X Y, CHEN Y X, et al., 2023. Boron isotope behavior during metamorphic dehydration and partial melting of continental crust: Constraints from tourmaline in metapelites and leucocratic dikes, Himalayan orogen[J]. Geochimica et Cosmochimica Acta, 362:1-21.

JIA F J, YANG C T, ZHENG G L, et al., 2023. Mineralization Regularities of the Bainiuchang Ag Polymetallic Deposit in Yunnan Province, China[J]. Minerals, 13(3):418.

JIA F, ZHANG C, LIU H, et al., 2020. In situ major and trace element compositions of apatite from the Yangla skarn Cu deposit, southwest China: Implications for petrogenesis and mineralization [J]. Ore Geology Reviews, 127:103360.

JIANG S Y, PALMER M R, 1998. Boron isotope systematics of Tourmaline from granites and pegmatites: A synthesis[J]. European Journal of Mineralogy, 10(6):1253-1265

JIANG S Y, PALMER M R, SLACK J F, 1999. Boron isotope systematics of tourmaline formation in the Sullivan Pb-Zn-Ag deposit, British Columbia, Canada[J]. Chemical Geology, 158(1-2):131-144.

JIANG S Y, RADVANCE M, NAKAMURAE, et al., 2008. Chemical and Boron Isotopic Variations of Tourmaline in the Hnilec Granite -Related Hydrothermal System, Slovakia: Constraints on Magmatic and Metamorphic Fluid Evolution[J]. Lithos, 106(1-2):1-11.

JIANG Y H, ZHAO P, ZHOU Q, et al., 2011. Petrogenesis and tectonic implications of Early Cretaceous S- and A-type granites in the northwest of the Gan-Hang rift, SE China[J]. Lithos, 121:55-73.

JINES V, 1987. A palaeoecological study of the post-glacial acidification of the Round Loch of Glenhead and its catchment[D]. London: University of London.

JOLIVET M, DOMINGUEZ S, CHARREAU J, et al., 2010. Mesozoic and Cenozoic Tectonic History of the Central Chinese Tian Shan: Reactivated Tectonic Structures and Active Deformation [J]. Tectonics, 29(6):TC6019.

JUNG S, PFANDER J A, 2007. Source composition and melting temperatures of orogenic granitoids:constraints from CaO/Na_2O, Al_2O_3/TiO_2 and accessory mineral saturation thermometry [J]. Northwest Medical Education,19(6):859-870.

KASUYA M,NAESER C W,1988. The effect of α-damage on fission-track annealing in zircon [J]. International Journal of Radiation Applications and Instrumentation. Part D. Nuclear Tracks and Radiation MeasurementS,14(4):477-480.

KETCHAM R A,DONELICK R A,CARLSON W D,1999. Variability of apatite fission-track annealing kinetics:Ⅲ. Extrapolation to geological time scales [J]. American Mineralogist, 84: 1235-1255.

KETCHAM R A,DONELICK R A,DONELICK M B,2003. AFTSolve:A program for multi-kinetic modeling of apatite fission-track data[J]. Geological Materials Research,2(5-6):929-929.

KIEFFER M A,DARE S A S,NAMUR O,2023. The use of trace elements in apatite to trace differentiation of a ferrobasaltic melt in the Sept-Iles Intrusive Suite,Quebec,Canada:Implications for provenance discrimination[J]. Geochimica et Cosmochimica Acta,342:169-197.

KING P L,WHITE A J R,CHAPPELL B W,et al., 1997. Characterization and origin of aluminous A-type granites from the Lachlan Fold Belt, southeastern Australia [J]. Journal of petrology,38(3):371-391.

KITAURA M,KAMADA K,INA T,et al.,2021. Structural analyses of $Gd_3(Al,Ga)_5O_{12}$ garnet solid solutions via X-ray and UV absorption spectroscopy experiments for Gd atoms[J]. Journal of Alloys and Compounds,867:159055.

KODERA P,LEXA J,RANKIN A H,et al.,2005. Epithermal gold veins in a caldera setting: Banská Hodruša,Slovakia[J]. Mineralium Deposita,39(8):921- 943.

KOESTER E,PAWLEY A R,FERNANDES L A D,et al.,2002. Experimental Melting of Cordierite Gneiss and the Petrogenesis of Syntranscurrent Peraluminous Granites in Southern Brazil [J]. Journal of Petrology,43(8):1595-1616.

KOHN B L,FOSTER D A,1996. Exceptional chlorine variation in the Stillwater Complex, Montana:Thermochronological consequences[C]. International Work-shop on Fission-Track Dating, Ghent.

KOLESOV B,GEIGER C,1998. Raman spectra of silicate garnets[J]. Physics and Chemistry of Minerals,25:142-151.

KUMAR S,PATHAK M,2010. Mineralogy and geochemistry of biotites from Proterozoic granitoids of western Arunachal Himalaya:Evidence of bimodal granitogeny and tectonic affinity[J]. Journal of the Geological Society of India,75(5):715-730.

KYLE J R,LI N,2002. Jinding:A giant Tertiary sandstone-hosted Zn-Pb deposit,Yunnan,China [J]. SEG Discovery(50):1-16.

LASLETT G M,GREEN P F,DUDDY I R,et al.,1987. Thermal annealing of fission tracks in apatite. 2. A quantitative analysis[J]. Chemical Geology Isotopes Geoscience Section,65:1-13.

LAURENT O,ZEH A,GERDES A,et al.,2017. How do granitoid magmas mix with each other? Insights from textures,trace element and Sr-Nd isotopic composition of apatite and titanitefrom the Matok pluton (South Africa)[J]. Contributions to Mineralogy & Petrology,172(9):1-22.

LAZNICKA P,2006. Giant metallic deposits:Future sources of industrial metals[M]. Berlin: Springer.

LEHMANN B,1990. Metallogeny of Tin[M]. Berlin:Springer.

LEHMANN B,2021. Formation of tin ore deposits: A reassessment[J]. Lithos,402-403:105756.

LEHMANN B,MAHAWAT C,1989. Metallogeny of tin in central Thailand: A genetic concept[J]. Geology,17(5):426-429.

LEHMANN B,MAHAWAT C,1989. Metallogeny of tin in central Thailand: A genetic concept[J]. Geology,17(5):426-429.

LENG C B,COOKE D R,HOU Z Q,et al.,2018. Quantifying Exhumation at the Giant Pulang Porphyry Cu-Au Deposit Using U-Pb-He Dating[J]. Economic Geology,113(5):1077-1092.

LI C,ZHOU LM,ZHAO Z,et al.,2018. In-situ Sr isotopic measurement of scheelite using fs-LA-MC-ICPMS[J]. Journal of Asian Earth Sciences,160:38-47.

LI J,LI X,XIAO R,2019. Multiple-stage tungsten mineralization in the Silurian Jiepai W skarn deposit,South China:insights from cathodoluminescence images,trace elements,and fluid inclusions of scheelite[J]. Asian Earth Sciences,181:103898.

LI S H,DENG C L,DONG W,et al.,2015. Magnetostratigraphy of the Xiaolongtan Formation bearing Lufengpithecus keiyuanensis in Yunnan,southwestern China:Constraint on the initiation time of the southern segment of the Xianshuihe-Xiaojiang fault[J]. Tectonophysics,655(1):213-226.

LI W,XIE G,COOK N J,et al.,2021. Tracking dynamic hydrothermal processes:Textures,in-situ Sr-Nd isotopes and trace element analysis of scheelite from the Yangjiashan vein-type W deposit,South China[J]. American Mineralogist,106(12):1987-2002.

LI X H,LI Z X,LI W X,et al.,2006. U-Pb zircon,geochemical and Sr-Nd-Hf isotopic constraints on age and origin of Jurassic I- and A-type granites from central Guangdong,SE China: A major igneous event in response to foundering of a subducted flat-slab? [J]. Lithos,96(1):186-204.

LIMA M S,CORFU F,NEIVA M A,et al.,2012. U-Pb IDTIMS dating applied to U-rich inclusions in garnet[J]. American Mineralogist,97(5-6):800-806.

LINNEN R L, PICHAVANT M, HOLTZ F,1996. The combined effects of f_{O_2} and melt composition on SnO_2 solubility and tin diffusivity in haplogranitic melts [J]. Geochimica et Cosmochimica Acta,60(2):4965-4976.

LINNEN R L,PICHAVANT M,HOLTZ F,et al.,1995. The effect of on the solubility,diffusion,and speciation of tin in haplogranitic melt at 850℃ and 2 kbar[J]. Geochimica et Cosmochimica Acta,59(8):1579-1588.

LIU H, LIAO R Q, ZHANG L P, et al., 2020. Plate subduction, oxygen fugacity, and mineralization[J]. Journal of Oceanology and Limnology,38(1):64-74.

LIU Y S,HU Z C,GAO S,et al.,2008. In situ analysis of major and trace elements of anhydrous minerals by LA-ICP-MS without applying an internal standard[J]. Chemical Geology,257(1-2):34-43.

LIU Y S, HU Z C, ZONG K Q, et al., 2010. Reappraisement and refinement of zircon U-Pb isotope and trace element analyses by LA-ICP-MS[J]. Chinese Science Bulletin,55(15):1535-1546.

LIU Z,TAN S C,WANG G C,2022. Peraluminous granite related to tin mineralization formed by magmatic differentiation and fluid exsolution of metaluminous melt:A case study from the Bozhushan batholith,South China Block[J]. Ore Geology Reviews,150:105-148.

LIU-ZENG J, ZHANG J, MCPHILLIPS D, et al., 2018. Multiple episodes of fast exhumation since Cretaceous in southeast Tibet, revealed by low-temperature thermochronology[J]. Earth & Planetary Science Letters,490(1):62-76.

LU B D,LI W C,LIU X L,et al.,2024. U-Pb dating of monazite in the Bainiuchang silver polymetallic deposit, Yunnan Province, and its limitation on Mesozoic mineralization[J]. China Geology,7(3):592-595.

LU B D,LI W C,LIU X L,et al.,2024. U-Pb dating of monazite in theBainiuchang silver polymetallic deposit, Yunnan Province, and its limitation on Mesozoic mineralization[J]. China Geology,7(3):592-595.

LUDWIG K R,2003. Isoplot 3.00:A Geochronological Toolkit for Microsoft Excel[J]. Berkeley,4:60-61.

MANIAR P D,PICCOLI P M,1989. Tectonic discrimination of granitoids[J]. GeoScience World,101(5):635-643.

MAO J W,OUYANG H G,SONG S W,et al.,2019. Geology and metallogeny of tungsten and tin deposits in China[J]. Society of Economic Geologists,22(S):411-482.

MAO J W,WANG PA,WANG DH,et al.,1993. The Tracer of Tourmaline for Rock-forming and Metallogenic environments and Its Applied Conditions[J]. Geological Review,39(6):497-507.

MAO M,RUKHLOV A S,ROWINS S M,et al.,2016. Apatite Trace Element Compositions:A Robust New Tool for Mineral Exploration[J]. Economic Geology,111(5):1187-1222.

MARSCHALL H R,JIANG S Y,2011. Tourmaline Isotopes:No Element Left Behind[J]. Elements,7(5):313-319.

MAYANOVIC R A, ANDERSON A J, BASSELT W A ,et al.,2007. On the formation and structure of rare-earth element complexes in aqueous solutions under hydrothermal conditions with new data on gadolinium aqua and chloro complexes[J]. Chemical Geology,239(3-4):266-283.

MAYANOVIC R A,JAYANETTI S,ANDERSON A J,et al.,2002. The structure of Yb^{3+} aquo ion and chloro complexes in aqueous solutions at up to 500°C and 270 MPa[J]. The Joumal of Physical Chemistry A,106(28):6591-6599.

MCCARRON J J, SMELLIE J L,1998. Tectonic implications of fore-arc magmatism and generation of high-magnesian andesites:Alexande[J]. Journal of the Geological Society,155(2):269.

MCDONOUGH W F,SUN S,1995. The composition of the Earth-Science direct[J]. Chemical Geology,120(3-4):223-253.

MCFARLANE C R M,MCCULLOCH M T,2007. Coupling of in-situ Sm-Nd systematics and U-Pb dating of monazite and allanite with applications to crustal evolution studies[J]. Chemical Geology,245(1-2):45-60.

MCINNES B I A, EVANS N J, FU F Q,et al.,2005. Application of thermochronology to hydrothermal ore deposits[J]. Reviews in Mineralogy and geochemistry,58(1):467-498.

MEINERT L D,DIPPLE G M,NICOLESCU S,2005. World Skarn Deposits[M]. Littleton:Society of Economic Geologists.

MIDDLEMOST E A K,1986. Magmas and Magmatic Rocks:An Introduction to Igneous Petrology[J]. Geological Magazine,123(1):87-88.

MIDDLEMOST E A K,1994. Naming materials in the magma/igneous rock system[J]. Earth-Science Reviews,37(3-4):215-224.

MILES A J,GRAHAM C M,HAWKESWORTH C J,et al.,2014. Apatite:A new redox proxy for silicic magmas?[J]. Geochimica et Cosmochimica Acta,132(1):101-119.

MO X X, HOU Z Q, NIU Y L,et al.,2008. Mantle contributions to crustal thickening during continental collision:Evidence from Cenozoic igneous rocks in southern Tibet[J]. Lithos,96(1-2):225-

242.

MUNOZ J L,1984. F-OH and Cl-OH exchange in micas with applications to hydrothermal ore deposits[J]. Reviews in Mineralogy and Geochemistry,13(1):469-493.

MUNOZ J L,1992. Calculation of HF and HCl fugacities from biotite compositions: Revised equations[J]. Geological society of America abstract with program,24:A221.

NACHIT H,IBHI A,ABIA E H,et al.,2007. Discrimination between primary magmatic biotites, reequilibrated biotites and neoformed biotites[J]. Comptes Rendus Geoscience,337(16):1415-1420.

NADEAU O,WILLIAMS A E,STIX J.,2010. Sulphide magma as a source of metals in arc-related magmatic hydrothermal ore fluids[J]. Nature Geoscience,3(7):501-505.

NAKADA S,TAKAHASHI M,1979. Regional variationin chemistry of the Miocene intermediate to felsic magmas in the Outer Zone and the Setouchi Province of Southwest Japan[J]. The Geological Society of Japan,85(9):571-582.

NAKANO T,YOSHINO T,SHIMAZAKI H et al.,1994. Pyroxene composition as an indicator in the classification of skarn deposits[J]. Economic Geology,89(7):1567-1580.

NASSAU K,LOIACONO G M,1963. Calcium tungstate—Ⅲ: Trivalent rare earth substitution [J]. Journal of Physics and Chemistry of Solids,24(12):1503-1510.

NIU Y L,2005. Generation and evolution of basaltic magmas: Some basic concepts and a hypothesis for the origin of the Mesozoic-Cenozoic volcanism in eastern China[J]. Geological Journal of China Universities,11:9-46.

OLIEROOK K H,BARHAM M,FITZSIMONS C I,et al.,2019. Tectonic controls on sediment provenance evolution in rift basins:Detrital zircon U-Pb and Hf isotope analysis from the Perth Basin, Western Australia[J]. Gondwana Research,66:126-142.

PAN L C,HU R Z,WANG X S,et al.,2016. Apatite trace element and halogen compositions as petrogenetic-metallogenic indicators: Examples from four granite plutons in the Sanjiang region, SW China[J]. Lithos,254-255:118-130.

PARAT F,HOLTZ F,KLÜGEL A,2011. S-rich apatite-hosted glass inclusions in xenoliths from La Palma: Constraints on the volatile partitioning in evolved alkaline magmas[J]. Contributions to Mineralogy and Petrology,162(3):463-478.

PARK C P,SONG Y G,KANG I M,et al.,2017. Metasomatic changes during periodic fluid flux recorded in grandite garnet from the Weondong W skarn deposit,South Korea[J]. Chemical Geology, 451:135-153.

PARSAPOOR A,KHALILI M,TEPLEY F,et al.,2015. Mineral chemistry and isotopic composition of magmatic, re-equilibrated and hydrothermal biotites from Darreh-Zar porphyry copper deposit, Kerman (Southeast of Iran) [J]. Ore Geology Reviews,66:200-218.

PATINO D A E,JOHNSON A D,1991. Phase equilibria and melting productivity in the politic system:Implication for the origin of peraluminous granites and aluminous granites[J]. Contributions to Mineralogy and Petrology,107:202-218.

PEARCE J A,HARRIS N B W,TINDLE A G,1984. Trace Element Discrimination Diagrams for the Tectonic Interpretation of Granitic Rocks[J]. Journalof Petrology,25(4):956-983

PECCERILLO A,TAYLOR S R,1976. Geochemistry of eocene calc-alkaline volcanic rocks from the Kastamonu area,Northern Turkey[J]. Contributions to Mineralogy and Petrology,58(1):63-81.

PIRAJNO F,SMITHIES R H,1992. The FeO/(FeO + MgO) ratio of tourmaline: A useful indicator of spatial variations in granite-related hydrothermal mineral deposits[J]. Journal of Geochemical Exploration,42(2-3):371-381.

PITCAIRN I K,TEAGLE D A H,CRAW D,et al.,2006. Sources of metals and fluids in orogenic gold deposits:insights from the Otago and Alpine schists,New Zealand[J]. Economic Geology,101(8):1525-1546.

POLLARD P J,PICHAVANTT M,CHAROY B,1987. Contrasting evolution of fluorine-and boron-rich tin systems[J]. Mineralium Deposita,2(4):315-321.

PRING A,WILLIAMS T B,1994. A HRTEM study of defects in silver-doped galena[J]. Mineralogical Magazine,58(392):455-459.

QUARTIERI S,ANTONIONLI G,GEIGER C A,et al.,1999. XAFS characterization of the structural site of Yb in synthetic pyrope and grossular garnets[J]. Physics and Chemistry of Minerals,26(3):251-256.

RAHN M K,BRANDON M T,BATT G E,et al.,2004. A zero-damage model for fission-track annealing in zircon[J]. American Mineralogist,89(4):473-484.

RAPP R P,WATSON E B,1995. Dehydration melting of meta basalt at 8~32 kbar:Implications for continental growth and crust mantle recycling[J]. Journal of Petrology,36(4):891-931.

RENOCK D,BECKER U,2011. A first principles study of coupled substitution in galena[J]. Ore Geology Reviews,42(1):71-83.

ROGER F,CALASSOU S,LANCELOT J,et al.,1995. Miocene emplacement and deformation of the Konga Shan granite (Xianshuihe fault zone,west Sichuan,China):Geodynamic implications[J]. Earth and Planetary Science Letters,130(1-4):201-216.

ROGER F,LELOUP P H,JOLIVET M,et al.,2000. Long and complex thermal history of the Song Chay metamorphic dome (northern Vietnam) by multi-system geochronology[J]. Tectonophysics,321(4):449-466.

RUDNICK R L,GAO S,2003. Composition of the Continental Crust[J]. Treatise on Geochemistry,3:1-64.

SCHELLART W P,CHEN Z,STRAK V,et al.,2019. Pacific subduction control on Asian continental deformation including Tibetan extension and eastward extrusion tectonics[J]. Nature Communications,10(1):4480.

SCHOENBOHM M L,BURCHFIEL C B,LIANG Z C,et al.,2006. Miocene to present activity along the Red River fault,China,in the context of continental extrusion,upper-crustal rotation,and lower-crustal flow[J]. Geological Society of America Bulletin,118(5-6):672-688.

SHA L,CHAPPELL B W,1999. Apatite chemical composition,determined by electron microprobe and laser-ablation inductively coupled plasma mass spectrometry,as a probe into granite petrogenesis[J]. Geochimica et Cosmochimica Acta,63(22):3861-3881.

SHANNON R D,1976. Revised effective ionic radii and systematic studies of interatomic distances in halides and chalcogenides[J]. Acta Crystallographica Section A,32(5):751-767.

SHEN W Z,WANG D Z,LIU C S,1998. Isotope Geochemical Characteristics and Material Sources of Tin-Bearing Porphyries in South China[J]. Acta Geologica Sinica (English Edition),9(2):181-192.

SHENG J F,LIU L J,WANG D H,et al.,2015. A preliminary review of metallogenic regularity of tungsten deposits in China[J]. Acta Geologica Sinica(English Edition),89(4):1359-1374.

SHI N, ZHU J, LIU X L, et al., 2025. Geochemistry and U-Pb geochronology of the granite porphyry inBainiuchang, Southeastern Yunnan, China[J]. Acta Geochimica, 44: 325-347.

SHI N, ZHU J, LIU X L, et al., 2025. Geochemistry and U-Pb geochronology of the granite porphyry inBainiuchang, Southeastern Yunnan, China[J]. Acta Geochimica, 44: 325-347.

SILLITOE H R, 2010. Porphyry Copper Systems [J]. Economic geology and the bulletin of the Society of Economic Geologists, 105(1): 3-41.

SILLITOE H R, MORTENSEN K J, 2010. Longevity of Porphyry Copper Formation at Quellaveco, Peru[J]. Economic geology and the bulletin of the Society of Economic Geologists, 105(6): 1157-1162.

SMITH M P, HENDERSON P, JEFFRIES T E R, et al., 2004. The rare earth elements and uranium in garnets from the Be inn an Dubhaich Aureole, Skye, Scotland, UK: Constraints on pro cesses in a dynamic hydrothermal system[J]. Journal of Petrology, 45(3): 457-484.

SONG G X, QIN K Z, LI G M, et al., 2014. Scheelite elemental and isotopic signatures: Implications for the genesis of skarn-type W-Mo deposits in the Chizhou Area, Anhui Province, eastern China[J]. American Mineralogist, 99(2-3): 303-317.

SPIKINGS R A, FOSTER D, KOHN B, 1997. Phanerozoic Denudation History of the Mount Isa Inlier, Northern Australia: Response of a Proterozoic Mobile Belt to Intraplate Tectonics [J]. International Geology Review, 39(2): 107-124.

STEFANSSON A, SEWARD T M, 2003. Stability of chloridogold(I) complexes in aqueous solutions from 300 to 600°C and from 500 to 1800 bar[J]. Geochimica et Cosmochimica Acta, 67(23): 4559-4576.

STONE D, 2000. Temperature and pressure variations in suites of archean felsic plutonic rocks, berens river area, northwest superior province, Ontario, Canada[J]. Canadian Mineralogist, 38(2): 455-470.

SUN B, LIU Y, KONG Z G, et al., 2024. Multiple-stage W mineralization in the Guanfang W deposit, southeastern Yunnan Province, China: Insights from scheelite in-situ trace elemental and Sr isotopic analyses[J]. Acta Geochimica, 1-16.

SUN K, CHEN B, DENG J, 2019. Ore genesis of the Zhuxi supergiant W-Cu skarn polymetallic deposit, South China: Evidence from scheelite geochemistry[J]. Ore Geology Reviews, 107: 14-29.

SUN S S, McDonough W F, 1989. Chemical and isotopic systematics of oceanic basalts: implications for mantle composition and processes[J]. Geological Society, 42(1): 313-345.

SUN W, ARCULUS R J, KAMENETSKY V S, et al., 2004. Release of gold-bearing fluids in convergent margin magmas prompted by magnetite crystallization[J]. Nature, 431(7011): 975-978.

SVERJENSKY DM, 1984. Europium redox equilibria in aqueous solution[J]. Earth and Planetary Science Letters, 67(1): 70-78.

SYLVESTER P J, 1998. Post-collisional strongly peraluminous granites[J]. Lithos, 45(1-4): 29-44.

SYLVESTER P J, GHADERI M, 1997. Trace element analysis of scheelite by excimer laser ablation-inductively coupled plasma-mass spectrometry (ELA-ICP-MS) using a synthetic silicate glass standard[J]. Chemical Geology, 141(1-2): 49-65.

TAGAMI T, DUMITRU T A, 1996. Provenance and thermal history of the Franciscan accretionary complex: Constraints from zircon fission track thermochronology [J]. Journal of

Geophysical Research:Solid Earth,101(B5):11353-11364.

TAGAMI T,GALBRAITH R F,YAMADA R,et al.,1998. Revised Annealing Kinetics of Fission Tracks in Zircon and Geological Implications[M]//Haute P,Corte F,Eds. Advances in Fission-Track Geochronology. Netherlands:Springer,10:99-112.

TAGAMI T,SHIMADA C,1996. Natural long-term annealing of the zircon fission track system around a granitic pluton[J]. Journal of Geophysical Research:Solid Earth,101(B4):8245-8255.

TAPPONNIER P,XU Z Q,ROGER F,2001. Oblique Stepwise Rise and Growth of the Tibet Plateau[J]. Science,294(5547):1671-1677.

TIAN Y T,KOHN B P,GLEADOW A J W,et al.,2014. A thermochronological perspective on the morphotectonic evolution of the southeastern Tibetan Plateau[J]. Journal of Geophysical Research:Solid Earth,119(1):676-698.

TIAN Z D,LENG C B,ZHANG X C,et al.,2019. Chemical composition genesis and exploration implication of garnet from the Hongshan Cu-Mo skarn deposit,SW China[J]. Ore Geology Reviews,112:103016.

UCHIDA E,ENDO S,MAKINO M.,2007. Relationship Between Solidification Depth of Granitic Rocks and Formation of Hydrothermal Ore Deposits[J]. Resource Geology,57(1):47-56.

UNWIN D J,2009. International Encyclopedia of Human Geography[M]. Oxford:Elsevier.

VAN HOOK H J,1960. The ternary system Ag_2S-Bi_2S_3-PbS[J]. Economic Geology,55(4):759-788.

VANDER A J,ANDRE L,1991. Trace elements (REE) and isotopes (O,C,Sr) to characterize the metasomatic fluid sources:evidence from the skarn deposit (Fe,W,Cu) of Traversella (Ivrea,Italy)[J]. Contributions to Mineralogy and Petrology,106(3):325-339.

VINOGRADOV A P,1962. Average contents of chemical elements in the principal types of igneous rocks of the Earth's crust[J]. Geochemistry,7:641-664.

VON QUADT A,ERNI M,MARTINEK K,et al.,2011. Zircon crystallization and the lifetimes of ore-forming magmatic-hydrothermal systems[J]. Geology,39(8):731-734.

WANG E,KIRBY E,FURLONG K P,et al.,2012. Two-phase growth of high topography in eastern Tibet during the Cenozoic[J]. Nature Geoscience,5(9):640-645.

WANG G C,LIU Z,TAN S C,et al.,2021. Petrogenesis of biotite granite with transitional I-A-type affinities:Implications for continental crust generation[J]. Lithos,396-397:106199.

WANG Q,MCDERMOTT F,XU J F,et al.,2005. Cenozoic K-rich adakitic volcanic rocks in the Hohxil area,northern Tibet:Lower-crustal melting in an intracontinental setting[J]. Geology,33(6):465-468.

WANG S F,FANG X M,ZHENG D W,et al.,2009. Initiation of slip along the Xianshuihe fault zone,eastern Tibet,constrained by K/Ar and fission-track ages[J]. International Geology Review,51(12):1121-1131.

WANG Y Y,KERKHOF A V D,XIAO Y L,et al.,2017. Geochemistry and fluid inclusions of scheelite mineralized granodiorite porphyries from southern Anhui Province,China[J]. Ore Geology Reviews,89:988-1005.

WEBSTER J,THOMAS R,FORSTER HJ,et al.,2004. Geochemical evolution of halogen-enriched granite magmas and mineralizing fluids of the Zinnwald tin-tungsten mining district,Erzgebirge,Germany[J]. Mineralium Deposita,39:452-472.

WEI D, LI X H, WANG Q, et al., 2014. Paleoproterozoic S-type granites in the Helanshan Complex, Khondalite Belt, North China Craton: Implications for rapid sediment recycling during slab break-off[J]. Precambrian Research, 254:59-72.

WHALEN J, CURRIE K, CHAPELL B, 1987. A-type granites: geochemical characteristics, discrimination and petrogenesis[J]. Contributions to Mineralogy and Petrology, 95(4):407-419.

WOHLGEMUTH-UEBERWASSER C C, VILJOEN F, PETERSEN S, et al., 2015. Distribution and solubility limits of trace elements in hydrothermal black smoker sulfides: An in-situ LA-ICP-MS study[J]. Geochimica et Cosmochimica Acta: Journal of the Geochemical Society and the Meteoritical Society, 159(15):16-41.

WOLF M, ROMER R L, FRANZ L, et al., 2018. Tin in granitic melts: The role of melting temperature and protolith composition[J]. Lithos, 310-311:20-30.

WONES D R, 1989. Significance of the assemblage titanite + magnetite + quartz in granitic rocks [J]. American Mineralogist, 74(7-8):744-749.

WONES D R, EUGSTER H P, 1965. Stability of biotite: Experiment, theory, and application[J]. American Mineralogist, 50(9):1228-1272.

WU F L, FANG X M, YANG Y B, et al., 2022. Reorganization of Asian climate in relation to Tibetan Plateau uplift[J]. Nature Reviews Earth & Environment, 3(10):684-700.

XIAO X, ZHOU T F, WHITE N C, et al., 2018. The formation and trace elements of garnet in the skarn zone from the Xinqiao Cu-S-Fe-Au deposit, Tongling ore district, Anhui Province, Eastern China [J]. Lithos, 302-303:467-479.

XING K, SHU Q, LENTA D R, et al., 2020. Zircon and Apatite Geochemical Constraints on the Formation of theHuojihe Porphyry Mo Deposit in the Lesser Xing'an Range, NE China[J]. American Mineralogist, 105(3):382-396.

XUE C J, ZENG R, LIU S W, et al., 2007. Geologic, fluid inclusion and isotopic characteristics of the Jinding Zn-Pb deposit, western Yunnan, South China: A review[J]. Ore Geology Reviews, 31(1-4):337-359.

YAMADA R, MURAKAMI M, TAGAMI T, 2007. Statistical modelling of annealing kinetics of fission tracks in zircon: Reassessment of laboratory experiments[J]. Chemical Geology, 236(1-2):75-91.

YAMADA R, TAGAMI T, NISHIMURA S, et al., 1995. Annealing kinetics of fission tracks in zircon: an experimental study[J]. Chemical Geology, 122(1-4):249-258.

YAN D P, ZHOU M F, WANG C Y, er al., 2006. Structural and geochronological constraints on the tectonic evolution of the Dulong-Song Chay tectonic dome in Yunnan province, SW China[J]. Journal of Asian Earth Sciences, 28(4-6):332-353.

YANG G S, WEN H J, REN T et al., 2020. Geochronology, geochemistry and Hf isotopic composition of Late Cretaceous Laojunshan granites in the western Cathaysia block of South China and their metallogenic and tectonic implications[J]. Ore Geology Reviews, 117:103297.

YANG S Y, JIANG S Y, ZHAO K D, et al., 2015. Tourmaline as a recorder of magmatic-hydrothermal evolution: an in situ major and trace element analysis of tourmaline from the Qitianling batholith, South China[J]. Contributions to Mineralogy and Petrology, 170:42.

YANG Y H, SUN J F, XIE L W, et al., 2008. In situ Nd isotopic measurement of natural geological materials by LA-MC-ICPMS[J]. Chinese Science Bulletin,53(7):1062-1070.

YANG Y H,WU F Y,YANG J H,et al.,2014. Sr and Nd isotopic compositions of apatite reference materials used in U-Th-Pb geochronology[J]. Chemical Geology,385:35-55.

YANG Z M,LU Y J,Hou Z Q,et al.,2015. High-Mg Diorite from Qulong in Southern Tibet: Implications for the Genesis of Adakite-like Intrusions and Associated Porphyry Cu Deposits in Collisional Orogens[J]. Journal of Petrology,56(2):227-253.

YARDLEY B,BOTTRELL S,CLIFF R,1991. Evidence for a regional-scale fluid loss event during mid-crustal metamorphism[J]. Nature,349:151-154.

YIN A,RUMELHART P E,BUTLER R,et al.,2002. Tectonic history of the Altyn Tagh fault system in northern Tibet inferred from Cenozoic sedimentation[J]. Geological Society of America Bulletin,114(10):1257-1295.

ZHANG H P,OSKIN M E,LIU-ZENG J,et al.,2016. Pulsed exhumation of interior eastern Tibet:Implications for relief generation mechanisms and the origin of high-elevation planation surfaces [J]. Earth and Planetary Science Letters,449:176-185.

ZHANG J Q,LI S R,SANTOSH M,et al.,2015. Mineral chemistry of high-Mg diorites and skarn in the Han-Xing Iron deposits of South Taihang Mountains,China:Constraints on mineralization process[J]. Ore Geology Reviews,64:200-214.

ZHANG J W,HUANG Z L,DAI C G,et al.,2015. Age and petrogenesis of Anisian magnesian alkali basalt sand their genetic association with the Kafang stratiform Cu de posit in the Gejiu supergiant tin-polymetallic district,SW China[J]. Ore Geology Reviews,69:403-416.

ZHANG QIAN,1987. Trace Elements in Galena and Sphalerite and Their Geochemical Significance in Distinguishing the Genetic Types of Pb-Zn Ore Deposits[J]. Chinese Journal of Geochemistry(English Language Edition),6(2):177-190.

ZHANG QIAN,1987. Trace Elements in Galena and Sphalerite and Their Geochemical Significance in Distinguishing the Genetic Types of Pb-Zn Ore Deposits[J]. Chinese Journal ofGeochemistry(English Language Edition),6(2):177-190.

ZHANG Y H,ZHANG S T,CUI S C,et al.,2016. The genetic relationship between the large Guanfang W deposit and granitic intrusions,in Yunnan Province,Southwest China:Evidence from U-Pb and Re-Os geochronology and Pb and Sr isotopic characteristics[J]. Ore Geology Reviews,79:332-345.

ZHANG Y H,ZHOU J X,TAN S C,et al.,2022. New insights into the petrogenesis of the Bozhushan W-Sn mineralization-associated granites,Yunnan province,SW China:Evidence of microgranitoid enclaves[J]. Ore Geology Reviews,145:104906.

ZHANG Y,SHAO Y J,WU C D,et al.,2017. LA-ICP-MS trace element geochemistry of garnets: Constraints on hydrothermal fluid evolution and genesis of the Xinqiao Cu-S-Fe-Au deposit,eastern China[J]. Ore Geology Reviews,86:426-439.

ZHAO L D,JIAO J G,ZHENG X T,et al.,2024. Garnet texture, geochemistry, and geochronology revealing molybdenum mineralization in the Northern Qinling Belt,Central China[J]. Ore Geology Reviews,165:105914.

ZHAO W W,ZHOU M F,WILLIAMS-JONES A E,et al.,2018. Constraints on the uptake of REE by scheelite in the Baoshan tungsten skarn deposit,South China[J]. Chemical Geology,477:

123-136.

ZHAO Y M,LIN W W,BI C S,2012. Skarn deposits in China[M]. Beijing:Geological Publishing House.

ZHOU X M,LI W X,2000. Origin of Late Mesozoic igneous rocks in Southeastern China: implications for lithosphere subduction and underplating of mafic magmas[J]. Tectonophysics,326(3-4):269-287.

ZHU D C,MO X X,WANG L Q,et al.,2009. Petrogenesis of highly fractionated I-type granites in the Zayu area of eastern Gangdese, Tibet: Constraints from zircon U-Pb geochronology, geochemistry and Sr-Nd-Hf isotopes[J]. Science in China Series D:Earth Sciences,52(9):1223-1239.